华章数学译丛

78

A First Course in Probability

Tenth Edition

概率论基础教程

（原书第10版）

[美] 谢尔登·M. 罗斯（Sheldon M. Ross）著

梁宝生 童行伟 译

图书在版编目（CIP）数据

概率论基础教程：原书第 10 版 /（美）谢尔登 · M. 罗斯（Sheldon M. Ross）著；梁宝生，童行伟译 . -- 北京：机械工业出版社，2022.1（2024.11 重印）
（华章数学译丛）
书名原文：A First Course in Probability, Tenth Edition
ISBN 978-7-111-69856-2

I. ①概… II. ①谢… ②梁… ③童… III. ①概率论 - 教材 IV. ① O211

中国版本图书馆 CIP 数据核字（2021）第 267847 号

北京市版权局著作权合同登记 图字：01-2019-2167 号。

这本经典的概率论教材通过大量的例子系统地介绍了概率论的基础知识及其应用，主要涵盖组合分析、概率论公理、条件概率、离散型随机变量、连续型随机变量、随机变量的联合分布、期望的性质、极限定理和模拟等。全书内容丰富，通俗易懂。各章末附有大量的练习，分为习题、理论习题和自检习题三大类，并在书末给出了自检习题的全部解答 .

本书是概率论的入门书，适合作为数学、统计学、经济学、生物学、管理学、计算机科学及其他各工学专业本科生的教材，也适合作为研究生和应用工作者的参考书 .

出版发行：机械工业出版社（北京市西城区百万庄大街 22 号 邮政编码：100037）
责任编辑：王春华 责任校对：马荣敏
印 刷：北京富资园科技发展有限公司 版 次：2024 年 11 月第 1 版第 6 次印刷
开 本：186mm × 240mm 1/16 印 张：28.75
书 号：ISBN 978-7-111-69856-2 定 价：99.00 元

客服电话：(010) 88361066 68326294

译 者 序

概率论是研究自然科学和社会科学中随机现象的数量规律的数学分支，它是统计学的理论基石，也是研究统计建模方法、参数估计方法和算法及其理论性质必不可少的重要工具．现如今，概率论的理论和方法已经成为所有科学工作者、工程人员、医务人员、企业家、金融家乃至政府管理决策人员等进行量化分析的基本工具．概率论和高等数学一样，已经成为我国高等院校各专业普遍设立的一门基础课．

本书是一本不可多得的好教材，非常有特色，知识结构系统性强，应用案例积累深厚，表述深入浅出，尽管关于概率论的教材非常多，但是能出其右者寥寥．本书不仅介绍了概率理论和方法，而且采用了大量生动的例子来说明这些理论和方法是如何应用在实际生活中的，让读者在获得概率论知识的同时，也体会到概率论的应用魅力．书中侧重介绍了概率论中最基本的概念，如概率、条件概率、期望、贝叶斯公式、大数定律、中心极限定理、马尔可夫链等．同时，书中还提供了大量实践练习题，分为习题、理论习题和自检习题三大类．从习题中，读者也可受益匪浅．本书设定的自学门槛较低，有初等微积分知识的读者都可以读懂，是一本非常好的“概率论”入门书．

本书初版于1976年，经过作者几十年的修改和锤炼，内容得到了极大的丰富，在美国概率论教材中的市场占有率达到55%．当然，这个数字的准确性我们无法验证，但我们能证明的是，斯坦福大学、华盛顿大学、普度大学、密歇根大学和约翰霍普金斯大学等众多名校都采用这本书作为“概率论”课程的教材．本书的前几版都曾引进到国内，颇受国内师生的欢迎，像北京大学数学科学学院的郑忠国教授就使用本书作为教材授课，这对我国的概率论教学产生了广泛的影响，我们相信这个版本也一定会受到国内各界的欢迎．

我们在翻译本书的过程中，参考了第6版和第7版的中译本，在此对这两个版本的译者表示衷心的感谢．特别地，针对第10版英文原著，我们在翻译过程中对多处内容有针对性地做了相应的修改和增减．另外，北京师范大学数学科学学院的李昕泽、郭菲菲两位同学为本书的翻译做了许多深入细致的工作．郭菲菲同学对本书前三章的翻译提出了许多宝贵意见，李昕泽同学参与了本书最后三章的翻译工作，并提出了许多建设性意见，对此我们表示衷心的感谢．尽管我们尽力提供优秀的作品，但由于译者的精力和水平有限，难免会存在错漏之处，敬请有识之士指正！

译者
2021年10月

前　言

“我们看到，概率论实际上只是将常识归结为计算，它使我们能够用理性的头脑精确地评价凭某种直觉感受到的、往往又不能解释清楚的见解……引人注意的是，概率论这门起源于对机会游戏进行思考的科学，早就应该成为人类知识中最重要的组成部分……生活中那些最重要的问题绝大部分其实只是概率论的问题.”著名的法国数学家和天文学家拉普拉斯侯爵(人称“法国的牛顿”)如是说．尽管许多人认为，这位对概率论的发展作出过重大贡献的著名侯爵说话夸张了一些，但是概率论已经成为几乎所有科学工作者、工程师、医务人员、法律工作者和企业家手中的基本工具，这是一个不争的事实．实际上，有见识的人们不再问：“是这样吗?”而是问：“有多大的概率是这样?”

一般方法和数学水平

本书是概率论的入门教材，适用于具备初等微积分知识的数学、统计、工程和其他学科(包括计算机科学、生物学、社会科学和管理科学)的学生．书中不仅介绍了概率论的数学理论，而且通过大量例子展示了这门学科的广泛应用．

内容和课程计划

第 1 章阐述了组合分析的基本原理，它是计算概率的最有用的工具．

第 2 章介绍了概率论的公理体系，并且阐明了如何应用这些公理进行概率计算．

第 3 章讨论概率论中极为重要的两个概念，即事件的条件概率和事件的独立性．通过一系列例子说明：当部分信息可利用时，条件概率就会起作用；即使在没有部分信息时，条件概率也可以使概率的计算变得容易．利用“条件”计算概率这一极为重要的技巧还将出现在第 7 章，在那里我们用它来计算期望．

第 4～6 章引入随机变量的概念．第 4 章讨论离散型随机变量，第 5 章讨论连续型随机变量，第 6 章讨论随机变量的联合分布．在第 4 章和第 5 章中讨论了两个重要概念，即随机变量的期望值和方差，并且对许多常见的随机变量求出了相应的期望值和方差．

第 7 章进一步讨论了期望值的一些重要性质．书中引入了许多例子，解释如何利用随机变量和的期望等于随机变量期望的和这一重要规律来计算随机变量的期望值．该章中还有几节介绍条件期望(包括它在预测方面的应用)和矩母函数．该章最后一节介绍了多元正态分布，同时给出了来自正态总体的样本均值和样本方差的联合分布的简单证明．

在第 8 章我们介绍了概率论的主要理论结果．特别地，我们证明了强大数定律和中心极限定理．在强大数定律的证明中，我们假定随机变量具有有限的四阶矩，因为在这种假定之下，证明非常简单．在中心极限定理的证明中，我们假定莱维连续性定理成立．在该章中，我们还介绍了若干概率不等式，如马尔可夫不等式、切比雪夫不等式和切尔诺夫界．在该章最后一节，我们给出用有相同期望值的泊松随机变量的相应概率去近似独立伯努利随机变量和的相关概率的误差界.

第 9 章阐述了一些额外的论题，如马尔可夫链、泊松过程以及信息编码理论初步. 第 10 章介绍了统计模拟.

与以前的版本一样，在每章末给出了三组练习题——习题、理论习题和自检习题. 自检习题的全部解答在附录 B 给出，这部分练习题可以帮助学生检测他们对知识的掌握程度并为考试做准备.

第 10 版的特色

第 10 版继续对教材进行微调和优化，除了大量的小修改使得教材更加清晰外，本版还包括了很多新的或更新的练习题和正文内容，内容的选择不仅因为它们本身具有趣味性，更是为了用它们来建立学生对概率的直觉. 第 3 章的例 4n 和第 4 章例 5b 就是这个目标的最好例证，例 4n 计算 NCAA 篮球锦标赛获胜概率，例 5b 介绍友谊悖论. 还新增了帕雷托分布(5.6.5 节)、泊松极限结果(8.5 节)，以及洛伦兹曲线(8.7 节)相关内容.

致谢

我要感谢下面这些为了改进本教材而慷慨地与我联系并提出意见的人们：Amir Ardestani(德黑兰理工大学)，Joe Blitzstein(哈佛大学)，Peter Nuesch(洛桑大学)，Joseph Mitchell(纽约州立大学石溪分校)，Alan Chambless(精算师)，Robert Kriner、Israel David(本-古里安大学)，T. Lim(乔治梅森大学)，Wei Chen(罗格斯大学)，D. Monrad(伊利诺伊大学)，W. Rosenberger(乔治梅森大学)，E. Ionides(密歇根大学)，J. Corvino(拉法叶学院)，T. Seppalainen(威斯康星大学)，Jack Goldberg(密歇根大学)，Sunil Dhar(新泽西理工学院)，Vladislav Kargin(斯坦福大学)，Marlene Miller、Ahmad Parsian 和 Fritz Scholz(华盛顿大学).

我也要特别感谢第 9 版和第 10 版的审查者：Richard Laugesen(伊利诺伊大学)，Stacey Hancock(克拉克大学)，Stefan Heinz(怀俄明大学)，Brian Thelen(密歇根大学)，Mark Ward(普度大学). 准确性的审查者 Stacey Hancock(蒙大拿州立大学)非常仔细地审查了书稿内容，在此也要特别感谢她.

最后，我要感谢下面这些审查者提出了很有用的评论意见，其中第 10 版的审查者用星号标记.

K. B. Athreya(爱荷华州立大学)
Richard Bass(康涅狄格大学)
Robert Bauer(伊利诺伊大学厄巴纳-尚佩恩分校)
Phillip Beckwith(密歇根科技大学)
Arthur Benjamin(哈维姆德学院)
Geoffrey Berresford(长岛大学)
Baidurya Bhattacharya(特拉华大学)
Howard Bird(圣克劳德州立大学)
Shahar Boneh(丹佛大都会州立学院)
Jean Cadet(纽约州立大学石溪分校)
Steven Chiappari(圣塔克拉拉大学)

Nicolas Christou(加州大学洛杉矶分校)
James Clay(亚利桑那大学图森分校)
Francis Conlan(圣克拉拉大学)
Justin Corvino(拉法叶学院)
Jay DeVore(加州州立理工大学圣路易斯奥比斯波分校)
Scott Emerson(华盛顿大学)
Thomas R. Fischer(德州农工大学)
Anant Godbole(密歇根科技大学)
Zakkula Govindarajulu(肯塔基大学)
Richard Groeneveld(爱荷华州立大学)
* Stacey Hancock(克拉克大学)
Mike Hardy(麻省理工学院)
Bernard Harris(威斯康星大学)
Larry Harris(肯塔基大学)
David Heath(康奈尔大学)
* Stefan Heinz(怀俄明大学)
Stephen Herschkorn(罗格斯大学)
Julia L. Higle(亚利桑那大学)
Mark Huber(杜克大学)
Edward Ionides(密歇根大学)
Anastasia Ivanova(北卡罗来纳大学)
Hamid Jafarkhani(加州大学欧文分校)
Chuanshu Ji(北卡罗来纳大学教堂山分校)
Robert Keener(密歇根大学)
* Richard Laugesen(伊利诺伊大学)
Fred Leysieffer(佛罗里达州立大学)
Thomas Liggett(加州大学洛杉矶分校)
Helmut Mayer(佐治亚大学)
Bill McCormick(佐治亚大学)
Ian McKeague(佛罗里达州立大学)
R. Miller(斯坦福大学)
Ditlev Monrad(伊利诺伊大学)
Robb J. Muirhead(密歇根大学)
Joe Naus(罗格斯大学)
Nhu Nguyen(新墨西哥州立大学)
Ellen O'Brien(乔治梅森大学)
N. U. Prabhu(康奈尔大学)
Kathryn Prewitt(亚利桑那州立大学)
Jim Propp(威斯康星大学)
William F. Rosenberger(乔治梅森大学)
Myra Samuels(普度大学)
I. R. Savage(耶鲁大学)
Art Schwartz(密歇根大学安阿伯分校)
Therese Shelton(西南大学)
Malcolm Sherman(纽约州立大学奥尔巴尼分校)
Murad Taqqu(波士顿大学)
* Brian Thelen(密歇根大学)
Eli Upfal(布朗大学)
Ed Wheeler(田纳西大学)
Allen Webster(布拉德利大学)

S. R.
smross@usc. edu

目　　录

第1章 组合分析

1.1 引言

首先，我们看一个经典的概率论问题：一个通信系统由 n 个天线组成，它们按线性顺序排成一排. 只要不是两个相邻的天线都失效，这个系统就能接收到所有进来的信号，此时称这个通信系统是有效的. 如果已经知道这 n 个天线里恰好有 m 个天线是失效的，那么此通信系统仍然有效的概率是多大？例如，设 $n=4$，$m=2$，那么共有 6 种可能的系统配置，即

$$\begin{array}{ccc} 0\ 1\ 1\ 0 & 0\ 1\ 0\ 1 & 1\ 0\ 1\ 0 \\ 0\ 0\ 1\ 1 & 1\ 0\ 0\ 1 & 1\ 1\ 0\ 0 \end{array}$$

其中，1 表示天线有效，0 表示天线失效. 可以看出前 3 种排列下通信系统仍然有效，而后 3 种排列下系统将失效，因此，所求的概率应该是 $3/6=1/2$. 对于一般的 n 和 m 来说，用类似的方法可以计算出系统有效的概率. 即先计算使得系统有效的配置方式有多少种，再计算总共有多少种配置方式，两者相除即为所求概率.

从上述讨论可以看出，一个有效的计算事件可能发生结果的数目的方法是非常有用的. 事实上，概率论中的很多问题只要通过计算某个事件发生结果的数目就能得以解决. 关于计数的数学理论通常称为组合分析(combinatorial analysis).

1

1.2 计数基本法则

在本节的讨论中，我们都是以计数基本法则为基础的. 简单地说，若一个试验有 m 种可能的结果，而另一个试验又有 n 种可能的结果，则这两个试验一共有 mn 种可能的结果.

计数基本法则

假设有两个试验，其中试验 1 有 m 种可能的结果，对应于试验 1 的每一个结果，试验 2 有 n 种可能的结果，则这两个试验一共有 mn 种可能的结果.

基本法则的证明 通过列举两个试验所有可能的结果可以证明这个问题，即

$$\begin{array}{cccc} (1,1), & (1,2), & \cdots, & (1,n) \\ (2,1), & (2,2), & \cdots, & (2,n) \\ \vdots & \vdots & \vdots & \vdots \\ (m,1), & (m,2), & \cdots, & (m,n) \end{array}$$

其中，(i, j)表示试验 1 出现第 i 种可能的结果，试验 2 出现第 j 种可能的结果. 因此，所有可能的结果组成一个矩阵，共有 m 行 n 列，元素的总数为 $m\times n$，这样就完成了证明.

例 2a 一个小团体由 10 位妇女组成，其中每位妇女又有 3 个孩子. 现在要从中选取一位妇女和这位妇女的孩子中的一个作为“年度母亲和年度儿童”，问一共有多少种可能的

选取方式？

解　将选择妇女看成试验1，而接下来选择这位妇女三个孩子中的一个看作试验2，那么根据计数基本法则可知，一共有$10\times3=30$种可能的选取方式．■

当有2个以上的试验时，基本法则可以推广．

2

推广的计数基本法则

如果一共有r个试验，试验1有n_1种可能的结果．对应于试验1的每一种可能的结果，试验2有n_2种可能的结果，对应于前两个试验的每一种可能的结果，试验3有n_3种可能的结果……那么这r个试验一共有$n_1\times n_2\times\cdots\times n_r$种可能的结果．

例2b　一个大学计划委员会由3名大一新生、4名大二学生、5名大三学生和2名大四学生组成，现在要从中选4个人组成一个分委员会，要求这4个人来自不同的年级，那么可能有多少种不同的分委员会？

解　可以把这个问题理解为从每个年级选取一个代表，从而有4个独立的试验，根据推广的计数基本法则，一共有$3\times4\times5\times2=120$种可能的分委员会．■

例2c　对于7位车牌号，如果要求前3位必须是字母，后4位必须是数字，那么一共有多少种不同的7位车牌号？

解　根据推广的计数基本法则，可知答案为$26\times26\times26\times10\times10\times10\times10=175\,760\,000$．■

例2d　对于只定义在n个点上的函数，如果每个函数的取值只能是0或1，那么这样的函数共有多少个？

解　设这n个点为1，2，…，n，既然对每个点来说，$f(i)$的取值只能是0或者1，那么一共有2^n个可能的函数．■

例2e　在例2c中，如果不允许字母或数字重复，一共有多少种可能的车牌号？

解　这种情况下，一共有$26\times25\times24\times10\times9\times8\times7=78\,624\,000$种可能的车牌号．■

1.3　排列

随意排列字母a，b，c，一共有多少种不同的排列方式？通过直接列举，可知一共有6种，即abc，acb，bac，bca，cab和cba．每一种都称为一个排列(permutation)．因此，3个元素一共有6种可能的排列方式．这个结果能通过计数基本法则得到：在排列中第一个位置可供选择的元素有3个，第二个位置可供选择的元素是剩下的两个元素之一，第三个位置只能选择剩下的1个元素．因此，一共有$3\times2\times1=6$种可能的排列．

假设有n个元素，那么用上述类似的推理，可知一共有

$$n\times(n-1)\times(n-2)\times\cdots\times3\times2\times1=n!$$

种不同的排列方式．

这里当n为正整数时，$n!$（读作“n的阶乘”）等于$1\times2\times\cdots\times n$，同时定义$0!=1$．

例 3a 一个有 9 名队员的垒球队可能有多少种不同的击球顺序？

解 一共有 $9!=362\,880$ 种可能的击球顺序. ■ 3

例 3b 某概率论班共有 6 名男生、4 名女生，有次测验是根据他们的表现来排名次，假设没有两个学生成绩一样.

(a) 一共有多少种可能的名次？

(b) 如果限定男生和女生分开排名次，那么一共有多少种可能的名次？

解

(a) 因为每种名次都对应着一个 10 人的排列方式，所以答案是 $10!=3\,628\,800$.

(b) 男生一起排名次有 $6!$ 种可能，女生一起排名次有 $4!$ 种可能，根据计数基本法则，一共有 $6!\times 4!=720\times 24=17\,280$ 种可能的名次. ■

例 3c Jones 女士要把 10 本书放到书架上，其中有 4 本数学书、3 本化学书、2 本历史书和 1 本语文书. 现在 Jones 女士想整理她的书，如果相同学科的所有图书都必须放在一起，那么一共可能有多少种放法？

解 如果最先摆放数学书，接下来放化学书，再下来放历史书，最后放语文书，那么一共有 $4!\times 3!\times 2!\times 1!$ 种排列方式. 而这 4 种学科的顺序一共有 $4!$ 种，因此，所求答案是 $4!\times 4!\times 3!\times 2!\times 1!=6912$. ■

接下来讨论如果有 n 个元素，其中有些是不可区分的，那么这种排列数如何计算？看下面的例子.

例 3d 用 6 个字母 PEPPER 进行排列，一共有多少种不同的排列方式？

解 如果 3 个字母 P 和 2 个字母 E 都是可以区分的(标上号)，即 $P_1E_1P_2P_3E_2R$，那么一共有 $6!$ 种排列方式. 然而，考察其中任一个排列，比如 $P_1P_2E_1P_3E_2R$，如果分别将 3 个字母 P 和 2 个字母 E 重排，那么得到的结果仍然是 PPEPER，即总共有 $3!\times 2!$ 种排列：

$$
\begin{array}{ll}
P_1P_2E_1P_3E_2R & P_1P_2E_2P_3E_1R \\
P_1P_3E_1P_2E_2R & P_1P_3E_2P_2E_1R \\
P_2P_1E_1P_3E_2R & P_2P_1E_2P_3E_1R \\
P_2P_3E_1P_1E_2R & P_2P_3E_2P_1E_1R \\
P_3P_1E_1P_2E_2R & P_3P_1E_2P_2E_1R \\
P_3P_2E_1P_1E_2R & P_3P_2E_2P_1E_1R
\end{array}
$$

这些排列都是同一种形式 PPEPER. 因此，一共有 $6!/(3!\times 2!)=60$ 种不同的排列方式. ■

一般来说，利用例 3d 同样的推理可知，对于 n 个元素，如果其中 n_1 个元素彼此相同，另 n_2 个彼此相同，…，n_r 个也彼此相同，那么一共有

$$\frac{n!}{n_1!\,n_2!\cdots n_r!}$$

种不同的排列方式.

4

例 3e 一个棋类比赛一共有 10 个选手，其中 4 个来自俄罗斯，3 个来自美国，2 个来

自英国，另1个来自巴西．如果比赛结果只记录选手的国籍，那么一共有多少种可能的结果？

解　一共有

$$\frac{10!}{4!\times 3!\times 2!\times 1!}=12\,600$$

种可能的结果．■

例3f　将9面小旗排列在一条直线上，其中4面白色、3面红色和2面蓝色，且颜色相同的旗是完全一样的．如果不同的排列方式代表不同的信号，那么这9面旗一共可组成多少种不同的信号？

解　一共有

$$\frac{9!}{4!\times 3!\times 2!}=1260$$

种不同的信号．■

1.4　组合

从n个元素当中取r个组成一组，一共有多少个不同的组？这也是我们感兴趣的问题．比如，从A，B，C，D和E这5个元素中选取3个组成一组，一共有多少个不同的组？为回答这个问题，可做如下推理：取第一个元素有5种取法，取第2个元素有4种取法，取第三个元素有3种取法，所以，如果考虑选择顺序，那么一共有$5\times 4\times 3$种取法．但是，每一个包含3个元素的组(如包含A，B，C的组)都被计算了6次(即如果考虑顺序，所有的排列ABC，ACB，BAC，BCA，CAB，CBA都被算了一次)，所以，组的总数为

$$\frac{5\times 4\times 3}{3\times 2\times 1}=10$$

一般来说，如果考虑顺序，从n个元素中取r个排成一组，一共有$n(n-1)\cdots(n-r+1)$种不同的方式，而每个含r个元素的小组都被重复计算了$r!$次．所以，从n个元素中取r个组成不同组的数目为

$$\frac{n(n-1)\cdots(n-r+1)}{r!}=\frac{n!}{(n-r)!r!}$$

记号与术语

对于$r\leqslant n$，我们定义$\binom{n}{r}$如下：

$$\binom{n}{r}=\frac{n!}{(n-r)!r!}$$

5

这样$\binom{n}{r}$(读作“n取r”)就表示从n个元素中一次取r个的可能组合数．

因此，如果不考虑抽取顺序，$\binom{n}{r}$就表示从n个元素中取r个元素所组成的不同组的

数目.

等价地，$\binom{n}{r}$就是从一个大小为 n 的集合中选出大小为 r 的子集的个数. 由 $0!=1$，注意

$$\binom{n}{n}=\binom{n}{0}=\frac{n!}{0!\times n!}=1$$

这与前面的解释是一致的，因为在一个大小为 n 的集合里恰好只有一个大小为 n 的子集(也就是全集)，而且也恰好只有一个大小为 0 的子集(也就是空集). 一个有用的约定就是：当 $r>n$ 或 $r<0$ 时，定义 $\binom{n}{r}=0$.

例 4a　从 20 人当中选 3 人组成委员会，可能有多少种不同的委员会?

解　一共有 $\binom{20}{3}=\frac{20\times19\times18}{3\times2\times1}=1140$ 种可能的委员会. ■

例 4b　一个团体共有 12 人，其中 5 位女士，7 位男士，现从中选取 2 位女士和 3 位男士组成一个委员会，问有多少种不同的委员会? 另外，如果其中 2 位男士之间有矛盾，并且拒绝一起工作，那又有多少种不同的委员会?

解　因为有 $\binom{5}{2}$种方法选取女士，有 $\binom{7}{3}$种方法选取男士，所以根据基本计数法则，一共有

$$\binom{5}{2}\times\binom{7}{3}=\frac{5\times4}{2\times1}\times\frac{7\times6\times5}{3\times2\times1}=350$$

种可能的委员会.

现在来看，如果有 2 位男士拒绝一起工作，那么选取 3 位男士的 $\binom{7}{3}=35$ 种方法中，有 $\binom{2}{2}\times\binom{5}{1}=5$ 种同时包含了这两位男士，所以，一共有 $35-5=30$ 种选取方法不同时包含那两位有矛盾的男士；另外，选取 2 位女士的方法仍是 $\binom{5}{2}=10$ 种，所以，一共有 $30\times10=300$ 种可能的委员会. ■

例 4c　假设在一排 n 个天线中，有 m 个是失效的，另 $n-m$ 个是有效的，并且假设所有有效的天线之间不可区分，同样，所有失效的天线之间也不可区分. 问有多少种线性排列方式，使得任何两个失效的天线都不相邻?

6

解　先将 $n-m$ 个有效天线排成一排，既然没有连续两个失效的，那么在两个有效天线之间，必然至多只能放置一个失效的. 即在 $n-m+1$ 个可能位置中(见图 1-1 中的插入符号)，选择 m 个来放置失效天线. 因此有 $\binom{n-m+1}{m}$种可能方式确保在两个失效天线之间至少存在一个有效天线. ■

$\wedge 1 \wedge 1 \wedge 1 \cdots \wedge 1 \wedge 1 \wedge$

1 = 有效天线

∧ = 至多放一个失效天线

图 1-1　天线的排列

以下是一个非常有用的组合恒等式(称为帕斯卡等式)：

$$\binom{n}{r}=\binom{n-1}{r-1}+\binom{n-1}{r}\qquad 1\leqslant r\leqslant n \tag{4.1}$$

式(4.1)可用分析的方法证明，也可从组合的角度来证明．设想从 n 个元素中取 r 个，一共有 $\binom{n}{r}$ 种取法．从另一个角度来考虑，不妨设这 n 个元素里有一个特殊的，记为元素1，那么取 r 个元素就有两种结果，取元素1或者不取元素1．取元素1的方法一共有 $\binom{n-1}{r-1}$ 种(从 $n-1$ 个元素里面取 $r-1$ 个)；不取元素1的方法一共有 $\binom{n-1}{r}$ 种(从去掉元素1的剩下 $n-1$ 个元素中取 r 个)．两者之和就是从 n 个元素里取 r 个的方法之和，而从 n 个元素中取 r 个共有 $\binom{n}{r}$ 种方法，所以式(4.1)成立．

值 $\binom{n}{r}$ 经常称为二项式系数(binomial coefficient)，因为它们是下面二项式定理中重要的系数．

二项式定理

$$(x+y)^n=\sum_{k=0}^{n}\binom{n}{k}x^k y^{n-k} \tag{4.2}$$

下面将介绍二项式定理的两种证明方法，其一是数学归纳法，其二是基于组合考虑的证明．

二项式定理的归纳法证明　当 $n=1$ 时，式(4.2)可化为

7

$$x+y=\binom{1}{0}x^0y^1+\binom{1}{1}x^1y^0=y+x$$

假设式(4.2)对于 $n-1$ 成立，那么对于 n，

$$\begin{aligned}(x+y)^n&=(x+y)(x+y)^{n-1}=(x+y)\sum_{k=0}^{n-1}\binom{n-1}{k}x^k y^{n-1-k}\\&=\sum_{k=0}^{n-1}\binom{n-1}{k}x^{k+1}y^{n-1-k}+\sum_{k=0}^{n-1}\binom{n-1}{k}x^k y^{n-k}\end{aligned}$$

在前面的求和公式里令 $i=k+1$，后面的求和公式里令 $i=k$，那么有

$$\begin{aligned}(x+y)^n&=\sum_{i=1}^{n}\binom{n-1}{i-1}x^i y^{n-i}+\sum_{i=0}^{n-1}\binom{n-1}{i}x^i y^{n-i}\\&=x^n+\sum_{i=1}^{n-1}\left[\binom{n-1}{i-1}+\binom{n-1}{i}\right]x^i y^{n-i}+y^n\\&=x^n+\sum_{i=1}^{n-1}\binom{n}{i}x^i y^{n-i}+y^n=\sum_{i=0}^{n}\binom{n}{i}x^i y^{n-i}\end{aligned}$$

其中倒数第二个等式由式(4.1)得到. 根据归纳法，定理得证. ■

二项式定理的组合法证明 考虑乘积

$$(x_1 + y_1)(x_2 + y_2)\cdots(x_n + y_n)$$

它展开后一共包含 2^n 个求和项，每一项都是 n 个因子的乘积，而且每一项都包含因子 x_i 或 y_i，$i=1, 2, \cdots, n$，例如，

$$(x_1 + y_1)(x_2 + y_2) = x_1x_2 + x_1y_2 + y_1x_2 + y_1y_2$$

这 2^n 个求和项中，一共有多少项含有 k 个 x_i 和 $n-k$ 个 y_i 作为因子？含有 k 个 x_i 和 $n-k$ 个 y_i 的每一项对应了从 n 个元素 $x_1, x_2, \cdots, x_n$ 里取 k 个元素构成一组的取法. 因此，一共有 $\binom{n}{k}$ 个这样的项. 这样，令 $x_i=x$，$y_i=y$，$i=1, \cdots, n$，可以看出

$$(x+y)^n = \sum_{k=0}^{n}\binom{n}{k}x^k y^{n-k}$$

8

例 4d 展开 $(x+y)^3$.

解

$$\begin{aligned}(x+y)^3 &= \binom{3}{0}x^0y^3 + \binom{3}{1}x^1y^2 + \binom{3}{2}x^2y^1 + \binom{3}{3}x^3y^0 \\ &= y^3 + 3xy^2 + 3x^2y + x^3\end{aligned}$$

■

例 4e 一个有 n 个元素的集合共有多少子集？

解 含有 k 个元素的子集一共有 $\binom{n}{k}$ 个，因此所求答案为

$$\sum_{k=0}^{n}\binom{n}{k} = (1+1)^n = 2^n$$

该结果还可以这样得到：给该集合里的每个元素都标上 1 或 0，每种标法都一一对应了一个子集，例如，当把所有元素都标为 1 时，就对应着一个含有所有元素的子集. 因为一共有 2^n 种可能的标法，所以一共有 2^n 个子集.

上述结论包含了一个元素都没有的子集(即空集)，所以至少有一个元素的子集一共有 2^n-1 个. ■

1.5 多项式系数

在本节中，我们考虑如下问题：把 n 个不同的元素分成 r 组，每组分别有 $n_1, n_2, \cdots, n_r$ 个元素，其中 $\sum_{i=1}^{r} n_i = n$，一共有多少种不同的分法？要回答这个问题，我们注意，第一组元素有 $\binom{n}{n_1}$ 种选取方法，选定第一组元素后，只能从剩下的 $n-n_1$ 个元素中选第二组元素，一共有 $\binom{n-n_1}{n_2}$ 种取法，接下来第三组有 $\binom{n-n_1-n_2}{n_3}$ 种取法，等等. 因此，根据推广的计数基本法则，将 n 个元素分成 r 组可能存在

$$\binom{n}{n_1}\binom{n-n_1}{n_2}\cdots\binom{n-n_1-n_2-\cdots-n_{r-1}}{n_r}$$
$$=\frac{n!}{(n-n_1)!n_1!}\cdot\frac{(n-n_1)!}{(n-n_1-n_2)!n_2!}\cdots\frac{(n-n_1-n_2-\cdots-n_{r-1})!}{0!n_r!}$$
$$=\frac{n!}{n_1!n_2!\cdots n_r!}$$

种分法.

用另一种方法也可以得到这个结果：考虑 n 个值 1，1，…，1，2，…，2，…，r，…，r，其中对于 $i=1$，…，r，i 出现 n_i 次. 这些值的每个排列对应于按如下方式将 n 个元素分成 r 组的一种分法：令排列 i_1，i_2，…，i_r 对应于第 1 项归到组 i_1 中，第 2 项归到组 i_2 中，以此类推. 例如，若 $n=8$ 且 $n_1=4$，$n_2=3$，$n_3=1$，则排列 1，1，2，3，2，1，2，1 对应于将第 1，2，6，8 项归到第一组，第 3，5，7 项归到第二组，第 4 项归到第三组. 因为每个排列产生一种分法并且每个可能的分法是从相同的排列中得到的，所以将 n 个元素分成大小为 n_1，n_2，…，n_r 这样不同 r 组的分法数量，与 n 个值中 n_1 相同，n_2 相同，…，n_r 相同的排列数是相等的，正如 1.3 节中所示，这等于 $\frac{n!}{n_1!n_2!\cdots n_r!}$.

9

记号

如果 $n_1+n_2+\cdots+n_r=n$，则定义 $\binom{n}{n_1, n_2, \cdots, n_r}$ 为

$$\binom{n}{n_1,n_2,\cdots,n_r}=\frac{n!}{n_1!n_2!\cdots n_r!}$$

因此，$\binom{n}{n_1, n_2, \cdots, n_r}$ 表示把 n 个不同的元素分成大小分别为 n_1，n_2，…，n_r 的 r 个不同组的组合数.

例 5a　某个小城的警察局有 10 名警察，其中 5 名警察需要在街道巡逻，2 名警察需要在局里值班，另外 3 名留在局里待命. 问把 10 名警察分成这样的 3 组共有多少种不同分法?

解　一共有 $10!/(5!\times2!\times3!)=2520$ 种分法. ■

例 5b　将 10 个小孩平均分成 A，B 两队分别去参加两场不同的比赛，一共有多少种分法?

解　一共有 $10!/(5!\times5!)=252$ 种分法. ■

例 5c　把 10 个孩子平均分成两组进行篮球比赛，一共有多少种分法?

解　这个问题与例 5b 的不同之处在于分成的两组是不用考虑顺序的. 也就是说，这里没有 A，B 两组之分，仅仅分成各自为 5 人的两组，故所求答案为 $\frac{10!/(5!\times5!)}{2!}=126$. ■

下面的定理是二项式定理的推广，其证明留作习题.

多项式定理

$$(x_1+x_2+\cdots+x_r)^n=\sum_{\substack{(n_1,\cdots,n_r):\\ n_1+\cdots+n_r=n}}\binom{n}{n_1,n_2,\cdots,n_r}x_1^{n_1}x_2^{n_2}\cdots x_r^{n_r}$$

上式的求和号是对满足 $n_1+n_2+\cdots+n_r=n$ 的所有非负整数向量 $(n_1, n_2, \cdots, n_r)$ 求和.

$\binom{n}{n_1, n_2, \cdots, n_r}$ 也称为多项式系数(multinomial coefficient).

10

例 5d 在第一轮淘汰赛中有 $n=2^m$ 名选手，这 n 名选手被分成 $n/2$ 组，每组都要相互比赛. 每一场比赛的败者将被淘汰而胜者将晋级下一轮，这个过程持续到只有一名选手留下. 假设我们有一场淘汰赛，其中有 8 名选手.

(a) 第一轮之后有多少种可能的结果?（如一种结果是 1 赢了 2，3 赢了 4，5 赢了 6，7 赢了 8.）

(b) 这场淘汰赛有多少种可能的结果，其中每个结果包含了所有轮次的完整信息?

解 一种确定第一轮比赛后可能的结果数的方法是首先确定那轮的可能的分组数. 注意，将 8 名选手分成第一组、第二组、第三组和第四组共有 $\binom{8}{2, 2, 2, 2}=8!/2^4$ 种方法. 当这 4 组没有序的差别时，可能的分组方法是 $8!/(2^4\times4!)$ 种. 对每一组来说，一场比赛的胜者有两种可能的选择，所以一轮比赛结束有 $(8!\times2^4)/(2^4\times4!)=8!/4!$ 种可能的结果.（另一种方法是注意 4 名胜者的可能的选择有 $\binom{8}{4}$ 种，而对于每种选择来说，这里有 $4!$ 种方法来给 4 名胜者和 4 名败者配对，所以可以得出第一轮比赛之后有 $4!\times\binom{8}{4}=8!/4!$ 种可能的结果.）

类似地，对于第一轮结束后的每个结果，第二轮有 $4!/2!$ 种可能的结果，然后对于前两轮的每种结果，第三轮有 $2!/1!$ 种可能的结果. 再根据推广的计数基本法则可以得到这次淘汰赛有 $(8!/4!)\times(4!/2!)\times(2!/1!)=8!$ 种可能的结果. 事实上，由同样的论证方式可以得出，当淘汰赛有 $n=2^m$ 名选手时会有 $n!$ 种可能的结果.

11

知道上述结果后，提出下面这个更加直接的结论就不困难了. 在淘汰赛可能的结果的集合和 $1, \cdots, n$ 的所有排列的集合之间存在着一个一一对应关系. 要得到这样一个对应，需要把所有淘汰赛结果的选手进行如下排序：将淘汰赛的冠军排为第 1 名，将最终轮的败者排为第 2 名. 对倒数第二轮中的两个败者，将输给第 1 名的选手排为第 3 名，将输给第 2 名的选手排为第 4 名. 对倒数第三轮中的四个败者，将输给第 1 名的选手排为第 5 名，将输给第 2 名的选手排为第 6 名，将输给第 3 名的选手排为第 7 名，将输给第 4 名的选手排为第 8 名. 按照这种方法给每名选手排名次.（一种更简洁的描述是将淘汰赛的胜者排为第 1 名，其余选手的排名按照输的那轮的比赛次数 2^k 次加上打败他的选手的排名得到，$k=0, \cdots, m-1$.）在这种方法下，淘汰赛的结果可以用排列 $i_1, i_2, \cdots, i_n$ 表示，其中 i_j

是被排名为第 j 的选手. 因为不同的淘汰赛结果导致不同的排列，而且每个淘汰赛的结果对应一个排列，于是得出结论：淘汰赛的可能结果数与 1，…，n 的排列数相同. ■

例 5e

$$(x_1+x_2+x_3)^2=\binom{2}{2,0,0}x_1^2x_2^0x_3^0+\binom{2}{0,2,0}x_1^0x_2^2x_3^0+\binom{2}{0,0,2}x_1^0x_2^0x_3^2$$
$$+\binom{2}{1,1,0}x_1^1x_2^1x_3^0+\binom{2}{1,0,1}x_1^1x_2^0x_3^1+\binom{2}{0,1,1}x_1^0x_2^1x_3^1$$
$$=x_1^2+x_2^2+x_3^2+2x_1x_2+2x_1x_3+2x_2x_3$$ ■

*1.6　方程的整数解个数[⊖]

一个人去 Ticonderoga 湖钓鱼，湖中共有 4 种不同的鱼：鳟鱼、鲶鱼、鲈鱼和竹荚鱼. 如果将这次钓鱼之旅的结果定为钓到每种类型的鱼的数量，那么计算在总共钓到 10 条鱼的情况下有多少种不同的结果. 首先我们可以用向量(x_1, x_2, x_3, x_4)来定义钓鱼之旅的结果，其中 x_1 表示鳟鱼的数量，x_2 表示鲶鱼的数量，x_3 表示鲈鱼的数量，x_4 表示竹荚鱼的数量. 因此，可能的结果数就是和为 10 的非负向量(x_1, x_2, x_3, x_4)的个数.

更一般地，如果我们假设有 r 种鱼且一共钓到 n 条鱼，那么可能的结果数就是满足

$$x_1+x_2+\cdots+x_r=n \tag{6.1}$$

的非负整数向量$(x_1, x_2, \cdots, x_r)$的个数. 要计算这个数，我们要先考虑符合上述条件的正整数向量$(x_1, x_2, \cdots, x_r)$的个数. 为此，假设有 n 个连续的数值 0 排成一行：

12

$$0\ 0\ 0\ \cdots\ 0\ 0$$

注意，从 $n-1$ 个相邻的 0 的间隔中选出 $r-1$ 个间隔(见图 1-2)的每一种选择对应式(6.1)的一个正数解，使得 x_1 等于第一个被选择的间隔之前的 0 的个数，x_2 等于第一个和第二个被选择的间隔之间的 0 的个数，……，x_n 等于最后一个被选的间隔后面的 0 的个数.

$0\wedge0\wedge0\wedge\cdots\wedge0\wedge0$
n个对象0
在间隔 ∧ 处选择$r-1$个

图 1-2　正数解的个数

例如，如果 $n=8$，$r=3$，那么(选择用点表示)选择

$$0.0000.000$$

对应解 $x_1=1$，$x_2=4$，$x_3=3$. 式(6.1)的正数解以一对一的方式对应于从 $n-1$ 个间隔中选择 $r-1$ 个间隔的结果，由此得出不同的正数解的个数等于从 $n-1$ 个间隔里选择$r-1$ 的方法个数. 于是，我们得到如下命题.

命题 6.1　共有$\binom{n-1}{r-1}$个不同的正整数向量$(x_1, x_2, \cdots, x_r)$满足

$$x_1+x_2+\cdots+x_r=n \qquad x_i>0, i=1,\cdots,r$$

为了得到非负整数解(而不是正整数解)的个数，注意，$x_1+x_2+\cdots+x_r=n$ 的非负整数解个数与 $y_1+y_2+\cdots+y_r=n+r$ 的正整数解个数是相同的(令 $y_i=x_i+1$，$i=1$，…，r). 因此，利用命题 6.1，可得到如下命题.

⊖ 本书中打 * 号表示这些内容可以选学.

命题 6.2 共有$\binom{n+r-1}{r-1}$个不同的非负整数向量(x_1, x_2, …, x_r)满足

$$x_1+x_2+\cdots+x_r=n$$

因此，由命题 6.2 可得，在 Ticonderoga 湖共钓到 10 条鱼的情况下总共有$\binom{13}{3}=286$种可能的结果.

13

例 6a 方程 $x_1+x_2=3$ 共有多少组不同的非负整数解?

解 一共有$\binom{3+2-1}{2-1}=4$ 组解：(0, 3), (1, 2), (2, 1), (3, 0). ■

例 6b 一位投资者有 2 万美元可投资到 4 个项目上，且每种投资必须是 1000 美元的整数倍. 如果要求将 2 万美元全部投资，一共有多少种可行的投资方法？如果不要求将钱全部投资呢？

解 如果令 $x_i(i=1, 2, 3, 4)$分别表示 4 个项目的投资额(单位：千美元)，那么，4 个项目的投资额就是方程

$$x_1+x_2+x_3+x_4=20 \qquad x_i \geqslant 0$$

的非负整数解. 因此，根据命题 6.2，一共有$\binom{23}{3}=1771$ 种可能的投资方式. 如果并不需要将钱全部投资，那么假设 x_5 表示剩余资金，一种投资策略就对应了如下方程的一个非负整数解：

$$x_1+x_2+x_3+x_4+x_5=20$$

再由命题 6.2 知，存在$\binom{24}{4}=10\,626$ 种可能的投资策略. ■

例 6c 在$(x_1+x_2+\cdots+x_r)^n$ 的展开式中，一共有多少项?

解

$$(x_1+x_2+\cdots+x_r)^n=\sum\binom{n}{n_1,\cdots,n_r}x_1^{n_1}\cdots x_r^{n_r}$$

其中，求和针对所有满足 $n_1+\cdots+n_r=n$ 的非负整数(n_1, …, n_r). 因此，根据命题 6.2，一共有$\binom{n+r-1}{r-1}$项. ■

例 6d 再来讨论例 4c，有 n 个天线，其中 m 个是不可分辨的失效天线，另 $n-m$ 个天线也是不可分辨但却有效的. 现在要求出排成一排且没有相邻两个失效天线的可能排列数. 为此，设想 m 个失效的天线排成一排，现找出放 $n-m$ 个有效天线的位置. 如果是排成了如下方式：

$$x_1\ 0\ x_2\ 0 \cdots x_m\ 0\ x_{m+1}$$

其中 $x_1 \geqslant 0$ 是放在最左边的有效天线数，$x_i>0(i=2, \cdots, m)$是放在第 $i-1$ 个失效天线和第 i 个失效天线之间的有效天线数，$x_{m+1} \geqslant 0$ 是放在最右边的有效天线数. 这样的配置意味着任两个失效天线之间都至少有一个有效天线，因此，满足条件的可能的结果数是下列方程的向量解的个数：

$$x_1+\cdots+x_{m+1}=n-m \qquad x_1 \geqslant 0, x_{m+1} \geqslant 0, x_i>0, i=2,\cdots,m$$

14

令 $y_1=x_1+1$，$y_i=x_i(i=2,\cdots,m)$，$y_{m+1}=x_{m+1}+1$，可以看出这个数等同于以下方程的正整数向量解的个数：

$$y_1+y_2+\cdots+y_{m+1}=n-m+2$$

由命题6.1知，一共有$\binom{n-m+1}{m}$种这样的配置方式，这与例4c的结果一致.

现在来考虑每两个失效天线之间至少有2个有效天线这种情况的排列数，根据上述同样的推理可知，结果为如下方程的向量解的个数：

$$x_1+\cdots+x_{m+1}=n-m \qquad x_1\geqslant 0,x_{m+1}\geqslant 0,x_i\geqslant 2,i=2,\cdots,m$$

令 $y_1=x_1+1$，$y_i=x_i-1(i=2,\cdots,m)$，$y_{m+1}=x_{m+1}+1$，可以看出这个数等同于以下方程的正整数向量解的个数：

$$y_1+y_2+\cdots+y_{m+1}=n-2m+3$$

因此，由命题6.1可知，一共有$\binom{n-2m+2}{m}$种配置方式. ■

小结

计数基本法则阐述了如下事实：如果一个试验分成两个阶段，第一个阶段有 n 种可能的结果，每种结果又对应于第二个阶段的 m 种可能的结果，那么该试验一共有 nm 种可能的结果.

n 个元素一共有 $n!=n(n-1)\cdots 3\cdot 2\cdot 1$ 种可能的排列方式. 特别地，定义 $0!=1$.

令

$$\binom{n}{i}=\frac{n!}{(n-i)!i!}$$

其中 $0\leqslant i\leqslant n$，否则等于0. 此式表明了从 n 个元素中选取 i 个元素组的所有可能的组数. 因其在二项式定理中的突出地位，它也常称为**二项式系数**，二项式定理是说

$$(x+y)^n=\sum_{i=0}^{n}\binom{n}{i}x^i y^{n-i}$$

对于任意和为 n 的非负整数 $n_1,\cdots,n_r$，

$$\binom{n}{n_1,n_2,\cdots,n_r}=\frac{n!}{n_1!n_2!\cdots n_r!}$$

它等于把 n 个元素分成互不重叠的 r 部分且各个部分的元素个数分别是 $n_1,n_2,\cdots,n_r$ 的分法数. 这些数称为**多项式系数**.

习题

1.1 (a) 前2位为字母，后5位为数字的7位汽车牌照一共多少种？
(b) 在上述条件下，如果不允许字母和数字重复又有多少种？

1.2 掷一枚骰子4次，一共有多少种结果序列？例如，如果第一次为3，第二次为4，第三次为3，第四次为1，那么结果就是“3，4，3，1”.

1.3 把20份不同的工作分派给20个工人，每个工人一份工作，问有多少种可能的分派方式？

1.4 约翰、吉姆、杰伊和杰克组成一个有 4 种乐器的乐队，如果每个人都会演奏这 4 种乐器，问可以有多少种不同的组合？如果约翰和吉姆会演奏这 4 种乐器，而杰伊和杰克分别只会弹钢琴及打鼓，那么又有多少种不同的组合？

1.5 一直以来，美国和加拿大的电话区号都由 3 位数字组成. 第一位是 2～9 之间的任一数字；第二位是 0 或者 1；第三位是 1～9 之间的任一数字，问一共有多少种可能的区号？以 4 开头的区号一共有多少种可能？

1.6 有个熟知的童谣：

我出发去圣-艾弗斯，
路上碰见一个人，
带着他 7 个老婆，
每个老婆挎着 7 个包，
每个包里装着 7 只猫，
每只猫生了 7 只小猫，
数数看，我到底看到了多少只小猫？

1.7 (a) 3 个男孩和 3 个女孩坐在一排，一共有多少种坐法？
(b) 如果男孩和女孩分别坐在一起，一共有多少种坐法？
(c) 如果只要求男孩坐在一起，一共有多少种坐法？
(d) 如果相邻的座位上必须坐异性，一共有多少种坐法？

1.8 下面 4 个单词中，将所有的字母进行排列，可以形成多少个不同的字母组合？
(a) Fluke；(b) Propose；(c) Mississippi；(d) Arrange.

1.9 一个孩子有 12 块积木，其中 6 块黑色、4 块红色、1 块白色和 1 块蓝色. 孩子想把这些积木排成一排，一共有多少种排法？

1.10 8 人坐在一排，一共有多少种坐法？如果
(a) 没什么限制；(b) A 和 B 必须坐在一起；
(c) 一共 4 个男人，4 个女人，且任何两个男人不能坐在一起，任何两个女人也不能坐在一起；
(d) 共有 5 个男人，且他们必须坐在一起；(e) 有 4 对夫妇，每对夫妇必须坐在一起.

1.11 要把 3 本小说、2 本数学书和 1 本化学书摆放到书架上，一共有多少种摆放方法？
(a) 书可以以任何顺序；(b) 要求数学书必须放一起，小说必须放一起；
(c) 小说必须放一起，其他书无所谓.

1.12 从 0 到 9，至少有 2 个位数相同的三位数有多少个？恰有 2 个位数相同的三位数有多少个？

1.13 将 M、O、T、T、O 排列成任意长度的不同字母，请问总共有多少个组合？(比如，长度为 1 的不同字母组合有 3 个，即“M”“O”“T”.)

1.14 某个班级有 30 名学生，有 5 个不同的奖项(成绩奖和组织奖等)要颁发，一共有多少种不同的颁奖方式？
(a) 一个学生可以得多个奖项；(b) 每个学生最多只能得 1 个奖项.

1.15 有 20 个人，每人都要与其他人握一次手，一共要握多少次手？

1.16 从一副牌的 52 张中任意抽取 5 张，一共有多少种抽取结果？

1.17 一个舞蹈班有 22 名学生，10 女 12 男，要挑选 5 男 5 女然后配对，一共有多少种配法？

1.18 某学生从 6 本数学书、7 本科学书和 4 本经济学书里卖掉 2 本，他有多少种选择？如果
(a) 两本书同一科目；(b) 两本书不同科目.

1.19 有7件不同的礼物要分给10个孩子，如果每个孩子最多只能拿1件礼物，一共有多少种分法？

1.20 有5名共和党人、6名民主党人和4名无党派人士，要从中分别选取2名共和党人、2名民主党人和3名无党派人士组成一个7人委员会. 一共有多少种选取结果？

1.21 从8女6男里选择3女3男组成委员会，一共有多少种选取结果？

(a) 其中有两个男人拒绝同时进入委员会；(b) 其中有两个女人拒绝同时进入委员会；

(c) 其中有一男一女拒绝同时进入委员会.

1.22 某人有8个朋友，他打算邀请其中5人参加聚会，

(a) 如果有某两人长期不和，不能同时参加聚会，他有多少种邀请方案？

(b) 如果有某两人只能同时被邀请，一共有多少种邀请方案？

1.23 如图1-3所示，从标有A的地方出发，每一步只能向上或者向右移动，问移动到B一共有多少种移动方式？

提示：从A到B需向右4步，向上3步.

图　1-3

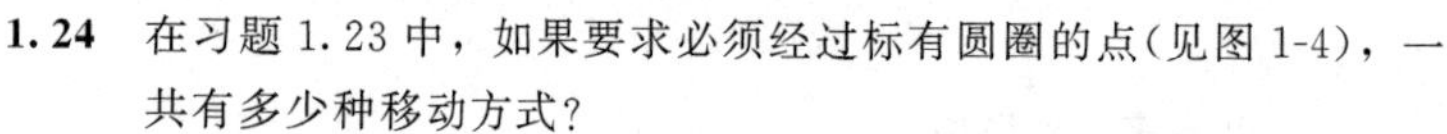

1.24 在习题1.23中，如果要求必须经过标有圆圈的点(见图1-4)，一共有多少种移动方式？

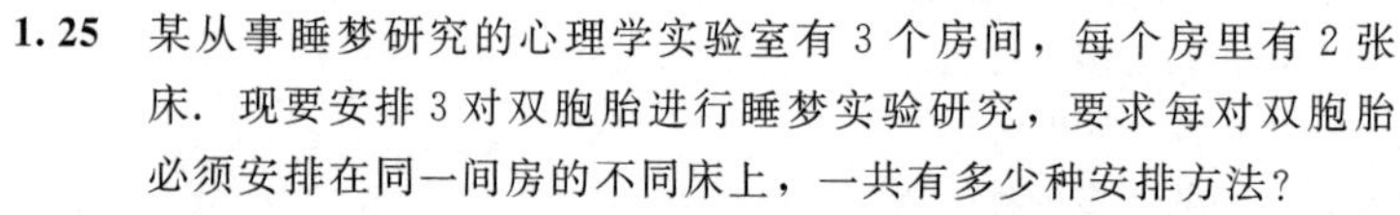

1.25 某从事睡梦研究的心理学实验室有3个房间，每个房里有2张床. 现要安排3对双胞胎进行睡梦实验研究，要求每对双胞胎必须安排在同一间房的不同床上，一共有多少种安排方法？

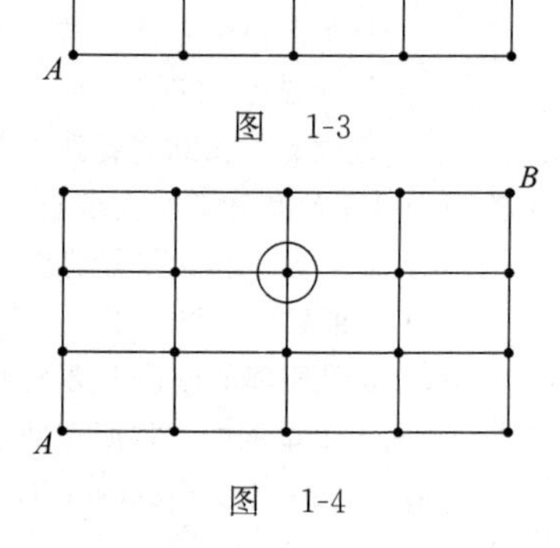

图　1-4

1.26 (a)证明 $\sum_{k=0}^{n}\binom{n}{k}2^k = 3^n$

(b)化简 $\sum_{k=0}^{n}\binom{n}{k}x^k$

1.27 展开$(3x^2+y)^5$.

1.28 桥牌比赛中有4个选手，每人分到13张牌，一共有多少种分法？

1.29 展开$(x_1+2x_2+3x_3)^4$.

1.30 把12个人分成3个委员会，各委员会分别有3人、4人和5人，一共有多少种方法？

1.31 把8个老师分配到4个学校，一共有多少种分法？如果要求每个学校必须接收2个老师呢？

1.32 一共10个举重选手参加比赛，其中3名美国选手、4名俄罗斯选手、2名中国选手和1名加拿大选手. 如果成绩只记录每个选手的国籍，一共有多少种可能的结果？如果美国选手有1名在总成绩前三名，另两名在总成绩的最后三名中，那么一共有多少种可能的结果？

1.33 有分别来自俄国、法国、英国和美国等10个国家的代表坐在一排，如果法国代表和英国代表必须坐在一起，而俄国代表和美国代表不能坐在一起，一共有多少种坐法？

***1.34** 8块相同的黑板分给4所学校，一共有多少种分法？如果要求每所学校至少分到1块黑板呢？

***1.35** 电梯载着8个人(不包括电梯工)自底层启动，到顶层6楼后，乘客已全部下完. 如果电梯工只注意每层楼出去的人数，那么他能看到多少种离开电梯的方式？如果8个乘客中有5个男人和3个女人，而电梯工又同时注意出去人的性别，问题的答案又是多少？

***1.36** 有2万美元要投资到4个项目上，每份投资必须是1000美元的整数倍，且每个项目如果有投资的话，最少投资额分别为2000，2000，3000和4000美元，一共有多少种可行的投资方法？如果：

(a) 每个项目都要投资；(b) 至少投资其中3个项目.

***1.37** 假设一个湖中共有5种鱼，现从中捕到了10条鱼.

(a) 如果每种鱼都有捕到，那么有多少种可能的不同结果？

(b) 如果有 3 条鱼是鳟鱼，那么有多少种可能的不同结果？

(c) 如果至少有 2 条鱼是鳟鱼，那么有多少种可能的不同结果？

17

理论习题

1.1 证明推广的计数基本法则.

1.2 做两个试验，第一个试验有 m 种结果. 对应其第 i 个结果，第二个试验有 n_i 种结果，$i=1, 2, \cdots, m$. 问这两个试验一共多少种可能的结果？

1.3 从 n 个元素里取 r 个，如考虑抽取次序的话有多少种取法？

1.4 有 n 个球，其中 r 个黑球，$n-r$ 个白球，把它们排成一排，用组合学知识解释共有 $\binom{n}{r}$ 种排列方式.

1.5 计算形如$(x_1, x_2, \cdots, x_n)$的向量的个数，其中 x_i 等于 0 或者 1，且

$$\sum_{i=1}^{n} x_i \geqslant k$$

1.6 有多少个这样的向量$(x_1, \cdots, x_k)$，其中 x_i 是正整数，且满足 $1 \leqslant x_i \leqslant n$ 和 $x_1 < x_2 < \cdots < x_k$？

1.7 用分析的方法证明式(4.1).

1.8 证明：

$$\binom{n+m}{r} = \binom{n}{0}\binom{m}{r} + \binom{n}{1}\binom{m}{r-1} + \cdots + \binom{n}{r}\binom{m}{0}$$

提示：设有 n 个男人和 m 个女人，从中挑选 r 人组成一组，一共有多少个不同的组？

1.9 利用理论习题 1.8 的结论证明：

$$\binom{2n}{n} = \sum_{k=0}^{n} \binom{n}{k}^2$$

1.10 从 n 个人中选取 k 个人组成一个委员会，$k \leqslant n$，其中一人被任命为主席.

(a) 考虑先选出 k 个人，然后任命其中一人为主席，说明一共有 $\binom{n}{k}k$ 种可能的选择.

(b) 考虑先选出 $k-1$ 个人，其中没有主席，然后再在剩下的 $n-k+1$ 个人中选一人为主席，说明一共有 $\binom{n}{k-1}(n-k+1)$种可能的选择.

(c) 考虑先选出主席，然后再选出其他委员会成员，说明一共有 $n\binom{n-1}{k-1}$种可能的选择.

(d) 总结(a)、(b)、(c)，得出

$$k\binom{n}{k} = (n-k+1)\binom{n}{k-1} = n\binom{n-1}{k-1}$$

(e) 利用$\binom{m}{r}$的阶乘定义证明(d)中的恒等式.

1.11 以下是著名的费马组合恒等式：

$$\binom{n}{k} = \sum_{i=k}^{n} \binom{i-1}{k-1} \qquad n \geqslant k$$

试从组合的角度(不用计算)来验证该恒等式.

提示：考虑从 1，2，…，n 的集合中选择，以 i 为最大值的含有 k 个元素的子集一共有多少个？

1.12 考虑如下组合恒等式：

$$\sum_{k=1}^{n} k\binom{n}{k} = n \cdot 2^{n-1}$$

(a) 试从组合的角度解释上式，可考虑从 n 个人中挑选若干人组成委员会并在其中选定一名主席的可能方式的两种计算方法.

提示：

(i) 如果选择 k 个人组成委员会并选定一名主席，一共有多少种方法？

(ii) 先选好主席，然后再选择其他成员，一共有多少种选法？

(b) 证明以下等式对 $n=1$，2，3，4，5 都成立：

$$\sum_{k=1}^{n} \binom{n}{k} k^2 = 2^{n-2} n(n+1)$$

为了从组合的角度证明上式，指出上式的两边都等于如下的可能选择方式：考虑有 n 个人，从中选择若干人组成一个委员会，并选定一名主席和一名秘书(有可能是同一人).

18

提示：

(i) 如果委员会一共有 k 个人，一共有多少种选择方式？

(ii) 如果主席和秘书为同一人，一共有多少种选择方式？

(iii) 如果主席和秘书为不同的人，一共有多少种选择方式？

(c) 证明：

$$\sum_{k=1}^{n} \binom{n}{k} k^3 = 2^{n-3} n^2 (n+3)$$

1.13 证明：对于 $n>0$，有

$$\sum_{i=0}^{n} (-1)^i \binom{n}{i} = 0$$

提示：利用二项式定理.

1.14 从 n 个人里选择 j 个人组成委员会，再从这个委员会里选择 $i(i\leqslant j)$ 个人组成分委员会.

(a) 通过用两种方法分别计算委员会和分委员会的可能选择数来导出组合恒等式. 其中，第一种方法是先选择 j 人组成委员会，再从中选择 i 人组成分委员会. 第二种方法是先选择 i 人组成分委员会，再补充 $j-i$ 人组成委员会.

(b) 利用(a)证明组合恒等式：

$$\sum_{j=i}^{n} \binom{n}{j}\binom{j}{i} = \binom{n}{i} 2^{n-i} \qquad i \leqslant n$$

(c) 利用(a)和理论习题 1.13 证明：

$$\sum_{j=i}^{n} \binom{n}{j}\binom{j}{i} (-1)^{n-j} = 0 \qquad i < n$$

1.15 令 $H_k(n)$ 为向量 $(x_1, x_2, \cdots, x_k)$ 的数目，其中 x_i 是正整数且满足 $1\leqslant x_i\leqslant n$ 及 $x_1\leqslant x_2\leqslant\cdots\leqslant x_k$.

(a) 不用任何计算，证明：

$$H_1(n) = n$$

$$H_k(n) = \sum_{j=1}^{n} H_{k-1}(j) \qquad k > 1$$

提示：如果 $x_k = j$，那么一共有多少向量？

(b) 利用上述递推公式计算 $H_3(5)$.

提示：先计算 $H_2(n)$，$n=1, 2, 3, 4, 5$.

1.16 有 n 个选手参加比赛，最后排定成绩，并且允许选手排名相同．即可以按成绩排名将选手分成组，成绩最好的为第一组，成绩其次的为第二组，等等．用 $N(n)$ 表示不同结果的可能数，比如 $N(2)=3$，因为在一个只有 2 名选手参加的比赛中，比赛结果一共有 3 种：第一个选手获第一，第二个选手获第一，两个选手并列第一．

(a) 列出所有 $n=3$ 时的可能结果．

(b) 令 $N(0)=1$，不用任何计算，证明：

$$N(n)=\sum_{i=1}^{n}\binom{n}{i}N(n-i)$$

提示：共有 i 个选手并列最后一名，一共有多少种结果？

(c) 证明：(b)中的公式等价于

$$N(n)=\sum_{i=0}^{n-1}\binom{n}{i}N(i)$$

(d) 利用上述递推公式，求出 $N(3)$ 和 $N(4)$.

1.17 从组合的角度解释 $\binom{n}{r}=\binom{n}{r,\ n-r}$.

1.18 证明：

$$\binom{n}{n_1,n_2,\cdots,n_r}=\binom{n-1}{n_1-1,n_2,\cdots,n_r}+\binom{n-1}{n_1,n_2-1,\cdots,n_r}+\cdots+\binom{n-1}{n_1,n_2,\cdots,n_r-1}$$

提示：利用证明式(4.1)的类似方法．

1.19 证明多项式定理．

***1.20** 将 n 个相同的球放到 r 个坛子里，要求第 i 个坛子至少有 $m_i(i=1, \cdots, r)$ 个球，一共有多少种放法？假设 $n\geqslant\sum_{i=1}^{r}m_i$.

***1.21** 证明：方程

$$x_1+x_2+\cdots+x_r=n$$

正好有 $\binom{r}{k}\binom{n-1}{n-r+k}$ 个解，其中恰好有 k 个 x_i 为 0.

19

***1.22** 考虑 n 元函数 $f(x_1, \cdots, x_n)$，f 一共有多少个 r 阶偏导数？

***1.23** 求向量 $(x_1, \cdots, x_n)$ 的数目，其中 x_i 为非负整数且满足

$$\sum_{i=1}^{n}x_i\leqslant k$$

自检习题

1.1 字母 A，B，C，D，E，F 一共有多少种排列方式？如果

(a) A 和 B 必须在一起；(b) A 在 B 之前；(c) A 在 B 之前，B 在 C 之前；

(d) A 在 B 之前，C 在 D 之前；(e) A 和 B 必须在一起，C 和 D 也必须在一起；(f) E 不在最后．

1.2 如果 4 个美国人、3 个法国人和 3 个英国人坐在一排，要求相同国籍的人必须坐在一起，那么一共有多少种坐法？

1.3 从有 10 个人的俱乐部中分别选 1 名总裁、1 名财务和 1 名秘书，一共有多少种选法？如果

(a) 没有任何限制；(b) A和B不能同时被选；(c) C和D要么同时被选，要么同时不被选；
(d) E必须被选；(e) F被选中的话，必须担任总裁.

1.4 在一次考试中，学生应从10道考题中选择7道回答，一共有多少种选法？如果规定必须在前5道中至少选3道，那么有多少种选法？

1.5 某人将7件礼物分给他的3个孩子，其中老大得3件，其余两人分别得2件，一共有多少种分法？

1.6 一个7位汽车牌照中有3位是字母，4位是数字，如果允许字母或数字重复且位置没有任何限制，一共有多少种可能的牌照号？

1.7 从组合的角度解释下列恒等式：

$$\binom{n}{r}=\binom{n}{n-r}$$

1.8 考虑一个n位数，每位数字都是0，1，…，9中的一个，一共有多少个这样的数？如果
(a) 没有连续的相同的两个数字；(b) 0出现i次，$i=0$，…，n.

1.9 考虑3个班级，每个班级有n名学生，从这$3n$名学生中选3人.
(a) 一共有多少种选法？
(b) 如果3人来自相同的班级，一共有多少种选法？
(c) 如果有2人来自相同的班级，另1人来自其他班级，一共有多少种选法？
(d) 3人分别来自不同的班级，一共有多少种选法？
(e) 利用(a)到(d)的结果，写出一个组合恒等式.

1.10 由整数1，2，…，9组成的5位数一共有多少？要求每一个数中不容许有数字重复多于2次(如41434是不容许的).

1.11 从10对已婚人士中选出6人组成一组，其中不容许包含任何一对夫妇. (a) 有多少种选择？(b) 如果这6个人里必须包含3男3女，有多少种选择？

1.12 从7个男人和8个女人中选取6人组成委员会. 如果要求至少3个女人、2个男人，一共有多少种选取方法？

***1.13** 一个艺术品收藏拍卖会共有15件艺术品要拍卖，其中4件达利的、5件凡·高的和6件毕加索的. 共有5位艺术品收藏家买下了这批艺术品. 而某记者只记载了每位收藏家得到的达利、凡·高和毕加索作品的数量，问销售记录能有多少种不同的结果？

20

***1.14** 计算向量$(x_1, \cdots, x_n)$的个数，这里要求x_i是正整数，且

$$\sum_{i=1}^{n} x_i \leqslant k$$

其中$k \geqslant n$.

1.15 n名学生参加保险精算师考试，公榜结果只列出那些通过考试的学生名单，并且按照他们的分数由高到低进行排序，例如，公榜结果为“Brown，Cho”意味着只有Brown和Cho通过了考试，而且Brown的分数比Cho的高，如果没有相同的分数，那么公布的考试结果一共有多少种情况？

1.16 从集合$S=\{1, 2, \cdots, 20\}$中选4个元素组成子集，并且1，2，3，4，5中至少有一个被选中，一共有多少个不同的子集？

1.17 给出下列恒等式的分析证明：

$$\binom{n}{2}=\binom{k}{2}+k(n-k)+\binom{n-k}{2} \qquad 1 \leqslant k \leqslant n$$

并给出该恒等式的组合解释.

1.18 在某一个社区里，有3个家庭是由1个家长和1个孩子组成，3个家庭是由1个家长和2个孩子组成，5

个家庭是由 2 个家长和 1 个孩子组成，7 个家庭是由 2 个家长和 2 个孩子组成，6 个家庭是由 2 个家长和 3 个孩子组成. 如果来自同样家庭的 1 个家长和 1 个孩子将要被选，会有多少种不同的选择？

1.19 如果对数字和字母所放的位置没有限制，由不重复的 5 个字母和 3 个数字组成的 8 位汽车牌照有多少种可能的结果？如果三个数字是连续的呢？

1.20 证明等式

$$\sum_{x_1+\cdots+x_r=n,\, x_i\geqslant 0} \frac{n!}{x_1!x_2!\cdots x_r!} = r^n$$

先证明当 $n=3$，$r=2$ 时等式成立，然后再证明对任意的 n 和 r 等式总是成立的. (求和是对所有 r 个非负整数值的和是 n 的向量进行的.) 提示：在字母表中由前 r 个字母组成的 n 字母序列有多少种？在字母表中使用了字母 i 总共 $x_i(i=1, \cdots, r)$ 次，这样组成的 n 字母序列有多少种？

(a) 从组合的角度验证，首先注意 r^n 是 r 个字母组成的字母表中不同 n 字母序列数，然后确定使用字母 1 总共 x_1 次、字母 2 总共 x_2 次……字母 r 总共 x_r 次的字母序列有多少种.

(b) 使用多项式定理.

1.21 化简 $n-\binom{n}{2}+\binom{n}{3}-\cdots+(-1)^{n+1}\binom{n}{n}$.

21

第2章 概率论公理

2.1 引言

本章介绍事件的概率的概念，然后展示在某些特定情形下计算概率的方法．然而在引入概率的概念之前，我们需要学习更基本的概念，即试验的样本空间和事件．

2.2 样本空间和事件

考虑一个试验，其结果是不可肯定地预测的．当然，尽管在试验之前无法得知结果，但是假设所有可能结果的集合是已知的．所有可能的结果构成的集合，称为该试验的样本空间(sample space)，并记为 S．以下是样本空间的一些例子．

1．若试验是考察新生婴儿的性别，那么所有可能结果的集合

$$S=\{\mathrm{g},\mathrm{b}\}$$

就是一个样本空间，其中 g 表示“女孩”，b 表示“男孩”．

2．若试验是赛马比赛，一共有 7 匹马参赛，这 7 匹马分别标以 1，2，3，4，5，6，7，那么所有可能的比赛结果的集合

$$S=\{(1,2,3,4,5,6,7)\text{ 的所有 }7!\text{ 种排列}\}$$

就是一个样本空间．例如，(2，3，1，6，5，4，7)就表示 2 号马跑第一，3 号马跑第二，接下来是 1 号马，等等．

3．若试验是掷两枚硬币，考察哪一面朝上，那么样本空间一共包含如下四种结果：

$$S=\{(\mathrm{H},\mathrm{H}),(\mathrm{H},\mathrm{T}),(\mathrm{T},\mathrm{H}),(\mathrm{T},\mathrm{T})\}$$

其中(H，H)表示两枚硬币都是正面朝上；(H，T)表示第一枚硬币正面朝上，第二枚反面朝上；(T，H)表示第一枚硬币反面朝上，第二枚正面朝上；(T，T)表示两枚硬币都是反面朝上．

4．若试验是掷两枚骰子，考察两枚骰子的点数，那么样本空间包含 36 种结果：

$$S=\{(i,j):i,j=1,2,3,4,5,6\}$$

其中，(i,j)表示第一枚骰子的点数是 i，第二枚骰子的点数是 j．

5．若试验是考察一个晶体管的寿命(小时)，那么样本空间是所有的非负实数，即

$$S=\{x:0\leqslant x<\infty\}$$

样本空间的任一子集 E 称为事件(event)，换句话说，事件就是由试验的某些可能结果组成的一个集合．如果试验的结果包含在 E 里面，那么就称事件 E 发生了．以下是事件的一些例子．

在前面的例 1 中，令 $E=\{\mathrm{g}\}$，那么 E 就表示事件“新生儿是个女孩”，类似地，$F=\{\mathrm{b}\}$就表示事件“新生儿是个男孩”．

在例 2 中，如果

$$E=\{S\text{ 中所有以 3 开头的排列}\}$$

那么 E 就表示事件“3 号马获得了第一名”.

在例 3 中，如果 $E=\{(\mathrm{H},\ \mathrm{H}),\ (\mathrm{H},\ \mathrm{T})\}$，那么 E 就表示事件“第一枚硬币正面朝上”.

在例 4 中，如果 $E=\{(1,\ 6),\ (2,\ 5),\ (3,\ 4),\ (4,\ 3),\ (5,\ 2),\ (6,\ 1)\}$，那么 E 就表示“两枚骰子的点数之和为 7”这一事件.

在例 5 中，如果 $E=\{x:\ 0\leqslant x\leqslant 5\}$，那么 E 就表示“晶体管的寿命不超过 5 小时”这一事件.

对于同一个样本空间 S 的任意两个事件 E 和 F，定义一个新的事件 $E\cup F$，它由以下结果组成：这些结果或在 E 中，或在 F 中，或既在 E 中也在 F 中. 也就是说，如果事件 E 或者事件 F 中有一个发生，那么 $E\cup F$ 就发生. 例如，在例 1 中，如果 $E=\{\mathrm{g}\}$ 表示新生儿是女孩，$F=\{\mathrm{b}\}$ 表示新生儿是男孩，那么

$$E\cup F=\{\mathrm{g},\mathrm{b}\}$$

即 $E\cup F$ 与整个样本空间 S 是一致的. 在例 3 中，如果 $E=\{(\mathrm{H},\ \mathrm{H}),\ (\mathrm{H},\ \mathrm{T})\}$ 表示第一枚硬币是正面朝上，$F=\{(\mathrm{T},\ \mathrm{H}),\ (\mathrm{H},\ \mathrm{H})\}$ 表示第一枚硬币反面朝上且第二枚硬币正面朝上，那么

$$E\cup F=\{(\mathrm{H},\mathrm{H}),(\mathrm{H},\mathrm{T}),(\mathrm{T},\mathrm{H})\}$$

因此，$E\cup F$ 意味着“至少有一枚硬币正面朝上”.

事件 $E\cup F$ 称为事件 E 和事件 F 的**并**(union).

类似地，对于任意两个事件 E 和 F，还可以定义事件 EF，称为 E 和 F 的**交**(intersection)，它由 E 和 F 的公共元素组成. 即事件 EF(有时也记为 $E\cap F$)发生当且仅当 E 和 F 同时发生. 例如在例 3 中，事件 $E=\{(\mathrm{H},\ \mathrm{H}),\ (\mathrm{H},\ \mathrm{T}),\ (\mathrm{T},\ \mathrm{H})\}$ 表示“至少有一枚硬币正面朝上”，而 $F=\{(\mathrm{H},\ \mathrm{T}),\ (\mathrm{T},\ \mathrm{H}),\ (\mathrm{T},\ \mathrm{T})\}$ 表示“至少有一枚硬币反面朝上”，那么

23

$$EF=\{(\mathrm{H},\mathrm{T}),(\mathrm{T},\mathrm{H})\}$$

就表示“恰好一枚硬币正面朝上和一枚硬币反面朝上”. 在例 4 中，事件 $E=\{(1,6),(2,5),(3,4),(4,3),(5,2),(6,1)\}$ 表示两枚骰子的点数之和为 7，而 $F=\{(1,\ 5),\ (2,\ 4),\ (3,\ 3),\ (4,\ 2),\ (5,\ 1)\}$ 表示两枚骰子的点数之和为 6，那么 EF 不包含任何试验结果，因此它也不可能发生. 类似这样的事件，称为**不可能事件**，记为 $\varnothing$(即 $\varnothing$ 是不包含任何结果的事件). 如果 $EF=\varnothing$，则称 E 和 F 是**互不相容的**(mutually exclusive).

用类似的方式可以定义两个以上事件的并和交. 设 E_1，E_2，…是一系列事件，这些事件的并记为 $\bigcup_{n=1}^{\infty}E_n$，它表示至少包含在某一个 E_n 中的所有结果所构成的事件. 同样，这些事件的交记为 $\bigcap_{n=1}^{\infty}E_n$，它表示包含在所有 E_n 中的所有结果构成的事件.

最后，对于任意事件 E，可以定义 E 的补，记为 E^c，它表示包含在样本空间中但不包含在 E 中的所有结果构成的事件. 即 E^c 发生当且仅当 E 不发生. 在例 4 中，如果

$$E=\{(1,6),(2,5),(3,4),(4,3),(5,2),(6,1)\},$$

那么当两枚骰子的点数之和不等于 7 时，E^c 发生. 注意，样本空间 S 的补 $S^c=\varnothing$.

对于任意两个事件 E 和 F，如果 E 中的所有结果都在 F 中，那么称 E 包含于 F 或者 E 是 F 的子集，记为 $E\subset F$(或者 $F\supset E$，有时候称 F 是 E 的一个超集)．因此，如果 $E\subset F$，那么 E 发生就表示 F 也发生．如果 $E\subset F$ 和 $F\subset E$，那么称 E 和 F 是相等的，记为 $E=F$.

维恩图(Venn Diagram)是一种用来阐述事件之间的逻辑关系的非常实用的几何表示方法．样本空间 S 用一个大的矩形表示，意即它包含了所有可能结果，事件 E，F，G，…用包含在矩形之内的一个个小圆表示，所关心的事件可以用相应的阴影区域表示．例如，在图 2-1 的 3 个维恩图中，阴影部分分别表示 $E\cup F$、EF 和 E^c．图 2-2 表示 $E\subset F$.

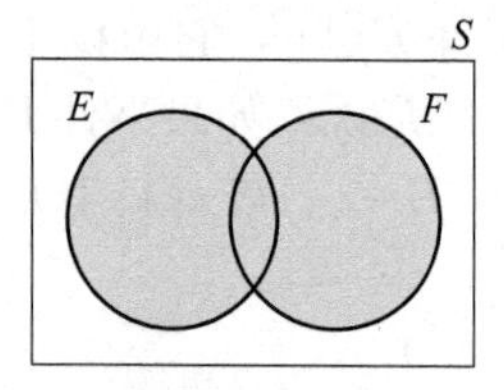

a）阴影区域：$E\cup F$

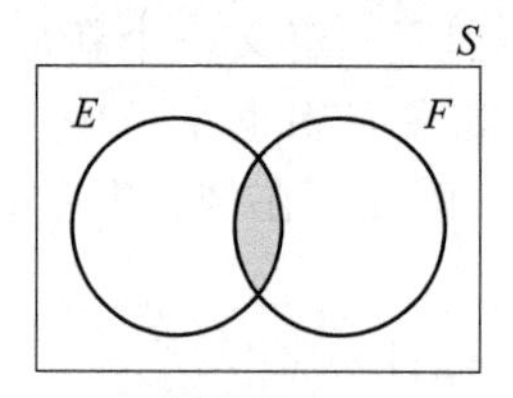

b）阴影区域：EF

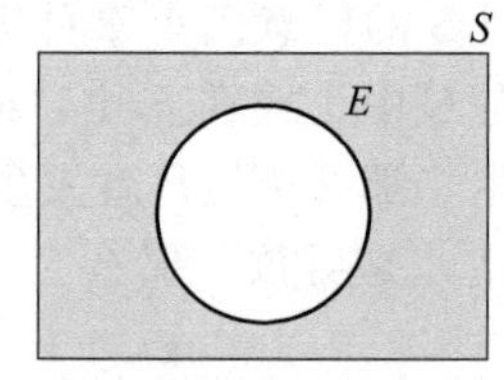

c）阴影区域：E^c

图 2-1　维恩图

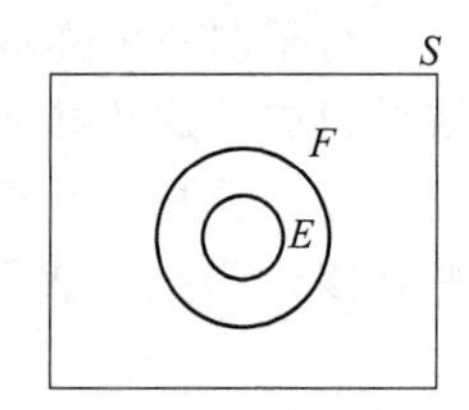

图 2-2　$E\subset F$

事件的并、交和补遵循类似于代数学里的一些运算法则，例如：

交换律：$E\cup F=F\cup E$　　　　　　$EF=FE$

结合律：$(E\cup F)\cup G=E\cup(F\cup G)$　　　$(EF)G=E(FG)$

分配律：$(E\cup F)G=EG\cup FG$　　　　$EF\cup G=(E\cup G)(F\cup G)$

上述关系可以通过以下方式来证明：先证明等式左边的事件中的任一结果必然包含于等式右边的事件中，再证明等式右边的事件中的任一结果也包含于等式左边的事件中．另一种证明方法就是利用维恩图，例如，图 2-3 就表示了分配律.

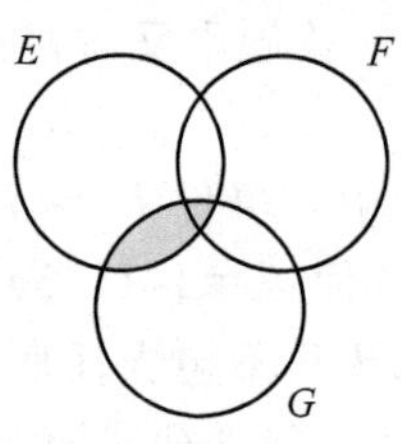

a）阴影区域：EG

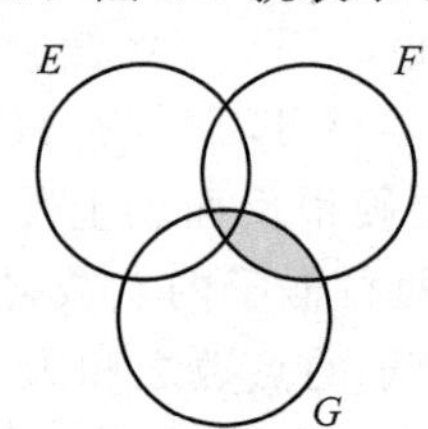

b）阴影区域：FG

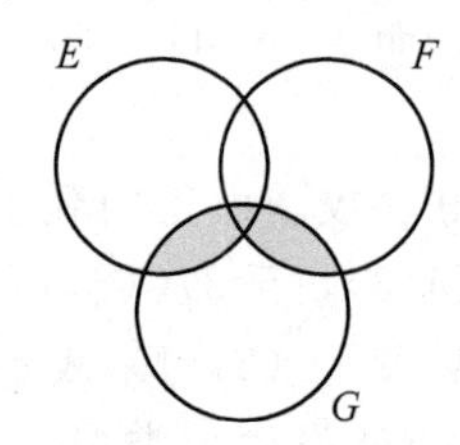

c）阴影区域：$(E\cup F)G$

24～25

图 2-3　$(E\cup F)G=EG\cup FG$

下面关于事件的并、交和补这三个基本运算之间的重要的关系式称为德摩根律(DeMorgan's laws)：

$$\left(\bigcup_{i=1}^{n} E_i\right)^c=\bigcap_{i=1}^{n} E_i^c \qquad \left(\bigcap_{i=1}^{n} E_i\right)^c=\bigcup_{i=1}^{n} E_i^c$$

例如，对于事件 E 和 F，德摩根律表明 $(E\cup F)^c=E^cF^c$ 和 $(EF)^c=E^c\cup F^c$．通过维恩图可以很容易地得到这个结果(见理论习题 2.7).

对于一般的 n，为了证明德摩根律，首先假设 x 是 $\left(\bigcup_{i=1}^{n} E_i\right)^c$ 里的一个元素，那么 x 不包

含于$\bigcup_{i=1}^{n} E_i$，这就意味着x并不包含于任一个事件$E_i(i=1, 2, \cdots, n)$，所以对任意$i(i=1, 2, \cdots, n)$来说，x就包含于E_i^c，即x包含于$\bigcap_{i=1}^{n} E_i^c$. 另一方面，假设x包含于$\bigcap_{i=1}^{n} E_i^c$，那么对任一$i(i=1, 2, \cdots, n)$，x包含于E_i^c，这就意味着x不属于任何E_i，所以x不包含于$\bigcup_{i=1}^{n} E_i$，即x包含于$\left(\bigcup_{i=1}^{n} E_i\right)^c$. 这样就证明了德摩根律的第一条.

现证明德摩根律的第二条，由第一条定律可知，

$$\left(\bigcup_{i=1}^{n} E_i^c\right)^c = \bigcap_{i=1}^{n} (E_i^c)^c$$

这样，由于$(E^c)^c = E$，因此上式等价于

$$\left(\bigcup_{i=1}^{n} E_i^c\right)^c = \bigcap_{i=1}^{n} E_i$$

对两边取补运算，就得到所要的结果，即

$$\bigcup_{i=1}^{n} E_i^c = \left(\bigcap_{i=1}^{n} E_i\right)^c$$

2.3 概率论公理

一种定义事件发生概率的方法是利用事件发生的*相对频率*. 定义如下：假设有一个样本空间为S的试验，它在相同的条件下可重复进行. 对于样本空间S中的事件E，记$n(E)$为n次重复试验中事件E发生的次数. 那么，该事件发生的概率$P(E)$就定义如下： [26]

$$P(E) = \lim_{n \to \infty} \frac{n(E)}{n}$$

即定义概率$P(E)$为E发生的次数占试验总次数的比例的极限，也即E发生相对频率的极限.

虽然上述定义很直观，而且大多读者也一直这么认为，但它却有很严重的缺陷：怎么就知道$n(E)/n$会收敛到一个固定的常数，而且如果进行另一次重复试验，它也会收敛到这个相同的常数？例如，设想进行这样的试验：重复掷一枚硬币n次，怎么能保证在n次试验中正面朝上的比例会随着n的增大而收敛于某个常数？而且，即使它确实收敛于某个数，又如何保证进行另一次同样的重复试验，正面朝上的比例也会趋于同样的值？

用相对频率来定义概率的支持者常常如下回答上述问题：他们认为$n(E)/n$趋于某常数极限值是整个系统的一个假设，或者说一个*公理*(axiom). 但是，这个假设似乎异常复杂，因为尽管事实上需要假定频率的极限是存在的，但是这却不是一个最基本、最简单的假设. 同时，这样的假设也不一定被所有人认同. 事实上，先假定一些更简单、更显而易见的关于概率的公理，然后证明频率在某种意义下趋于一个常数极限不是更合情合理吗？这也正是本书采纳的现代概率论公理化方法. 特别地，我们假定对于样本空间中的任一事件E，都存在一个值$P(E)$(指的就是事件E的概率)，并假定这些概率值符合一系列公理. 读者一定会认可这些与我们对概率的直觉认识相一致的公理.

假设某个试验的样本空间为 S，对应于其中任一事件 E，定义一个数 $P(E)$，它满足如下3条公理.

概率的三条公理

公理1

$$0 \leqslant P(E) \leqslant 1$$

公理2

$$P(S) = 1$$

公理3　对任一列互不相容的事件 $E_1, E_2, \cdots$（即如果 $i \neq j$，则 $E_iE_j = \varnothing$），有

$$P\left(\bigcup_{i=1}^{\infty} E_i\right) = \sum_{i=1}^{\infty} P(E_i)$$

27

我们把满足以上3条公理的 $P(E)$ 称为事件 E 的概率.

公理1说明，任何事件 E 的概率在0到1之间. 公理2说明，S 作为必然发生的事件，其概率定义为1. 公理3说明对任意一列互不相容事件，至少有一事件发生的概率等于各事件发生的概率之和.

设 $E_1, E_2, \cdots$ 为一列特殊的事件，其中 $E_1 = S$，$E_i = \varnothing (i > 1)$，那么，因为各个事件互不相容，且 $S = \bigcup_{i=1}^{\infty} E_i$. 由公理3可以得到

$$P(S) = \sum_{i=1}^{\infty} P(E_i) = P(S) + \sum_{i=2}^{\infty} P(\varnothing)$$

这就说明

$$P(\varnothing) = 0$$

即不可能事件发生的概率为0.

注意，对于有限个互不相容事件的序列 $E_1, E_2, \cdots, E_n$，有

$$P\left(\bigcup_{1}^{n} E_i\right) = \sum_{i=1}^{n} P(E_i) \tag{3.1}$$

为证明这个结论，只需在公理3中令所有 $E_i (i > n)$ 为不可能事件即可. 当样本空间为有限集时，公理3与式(3.1)是等价的，但当样本空间是无限集时，公理3的推广就是必要的.

例3a　如果试验是掷一枚硬币，记正面朝上的事件为H，反面朝上的事件为T. 假设两个事件是等可能的，那么

$$P(\{\mathrm{H}\}) = P(\{\mathrm{T}\}) = \frac{1}{2}$$

另外，如果这枚硬币是有偏的，而且正面朝上的机会是反面朝上的机会的2倍，那么

$$P(\{\mathrm{H}\}) = \frac{2}{3} \qquad P(\{\mathrm{T}\}) = \frac{1}{3}$$ ■

例3b　如果掷一枚骰子，其6个面等可能地出现，那么就有 $P(\{1\}) = P(\{2\}) =$

$P(\{3\})=P(\{4\})=P(\{5\})=P(\{6\})=1/6$. 从公理 3 可知，出现偶数面朝上的概率为

$$P(\{2,4,6\}) = P(\{2\}) + P(\{4\}) + P(\{6\}) = \frac{1}{2}$$ ■

设 $P(E)$是定义在样本空间中的事件上的集函数，若它满足上述 3 条公理，则 $P(E)$就是事件 E 的概率. 这一定义是现代概率论的数学基础. 我们希望读者会认为这些公理很自然，而且与对概率的直觉概念(即概率是与机会和随机性有关的知识)很吻合. 进一步，利用这些公理可以证明，随着试验的不断重复，事件 E 发生的频率以概率 1 趋近$P(E)$. 这就是第 8 章将要介绍的强大数定律. 另外，2.7 节还将介绍概率的另一种解释，即概率可作为确信程度的度量.

28

技术注释 在定义中，我们假定概率 $P(E)$是针对样本空间中的所有事件 E 定义的，事实上，如果样本空间是不可数集，那么 $P(E)$仅仅针对那些所谓可测的事件进行定义. 但是，这并不是概率论的缺陷，因为现实中我们感兴趣的事件都是可测事件.

2.4 几个简单命题

本节我们证明几个有关概率的简单命题. 首先注意 E 和 E^c 总是互不相容的，而且 $E\cup E^c=S$，因此由公理 2 和公理 3 可以得到

$$1 = P(S) = P(E \cup E^c) = P(E) + P(E^c)$$

等价地，我们有命题 4.1.

命题 4.1

$$P(E^c) = 1 - P(E)$$

命题 4.1 说明，一个事件不发生的概率等于 1 减去它发生的概率. 例如，掷一枚硬币，若正面朝上的概率是 3/8，那么反面朝上的概率一定是 $1-3/8=5/8$.

下面的命题指出了如果事件 E 包含于事件 F，那么 E 发生的概率必然不大于 F 发生概率.

命题 4.2 如果 $E\subset F$，那么 $P(E)\leqslant P(F)$.

证明 因为 $E\subset F$，所以可将 F 表示为

$$F = E \cup E^cF$$

这样，E 和 E^cF 是互不相容的，由公理 3 可得

$$P(F) = P(E) + P(E^cF)$$

由于 $P(E^cF)\geqslant 0$，因此 $P(E)\leqslant P(F)$. □

命题 4.2 告诉我们，例如，掷一枚骰子，出现 1 的概率肯定小于等于出现奇数的概率.

下一命题借助两事件的概率给出了它们的并的概率与交的概率之间的关系.

命题 4.3

$$P(E \cup F) = P(E) + P(F) - P(EF)$$

证明 首先注意 $E\cup F$ 可以表示为两个互不相容事件 E 和 E^cF 的并，因此根据公理 3 可知，

$$P(E \cup F) = P(E \cup E^cF) = P(E) + P(E^cF)$$

29

另外，由于 $F=EF\cup E^cF$，再利用公理 3 也可以得到

$$P(F)=P(EF)+P(E^cF)$$

或等价地，

$$P(E^cF)=P(F)-P(EF)$$

将它代入前面关于 $P(E\cup F)$的表达式，就完成了证明. □

命题 4.3 也可以利用维恩图来证明，见图 2-4.

将 $E\cup F$ 分成 3 个互不相容的部分，如图 2-5 所示. 第 Ⅰ 部分表示的是所有属于 E 但不属于 F 的点(即 EF^c)，第 Ⅱ 部分表示所有既属于 E 也属于 F 的点(即 EF)，第 Ⅲ 部分表示所有属于 F 但不属于 E 的点(即 E^cF).

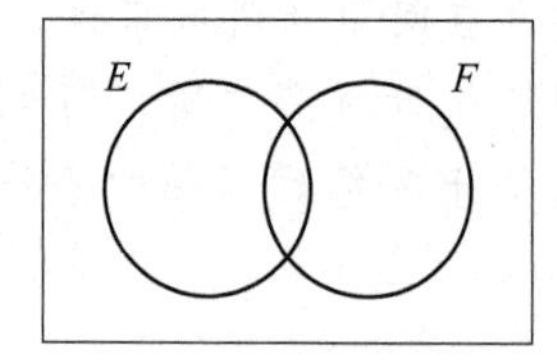

图 2-4　维恩图

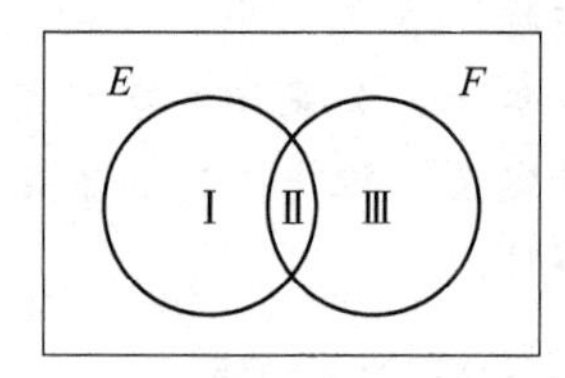

图 2-5　维恩图

从图 2-5 可以看出，

$$E\cup F=\text{Ⅰ}\cup\text{Ⅱ}\cup\text{Ⅲ}\qquad E=\text{Ⅰ}\cup\text{Ⅱ}\qquad F=\text{Ⅱ}\cup\text{Ⅲ}$$

因为Ⅰ，Ⅱ，Ⅲ是互不相容的，所以由公理 3 可得

$$P(E\cup F)=P(\text{Ⅰ})+P(\text{Ⅱ})+P(\text{Ⅲ})$$
$$P(E)=P(\text{Ⅰ})+P(\text{Ⅱ})$$
$$P(F)=P(\text{Ⅱ})+P(\text{Ⅲ})$$

由以上就可以得出

$$P(E\cup F)=P(E)+P(F)-P(\text{Ⅱ})$$

30

又因为Ⅱ$=EF$，所以命题 4.3 得以证明.

例 4a　J 在度假时随身携带了两本书. 她喜欢第一本书的概率为 0.5，喜欢另外一本书的概率为 0.4，两本书都喜欢的概率为 0.3，问两本书她都不喜欢的概率是多少？

解　令 B_i 表示她喜欢第 i 本书($i=1, 2$)，那么她至少喜欢一本书的概率为

$$P(B_1\cup B_2)=P(B_1)+P(B_2)-P(B_1B_2)=0.5+0.4-0.3=0.6$$

因为两本书都不喜欢的对立事件是至少喜欢一本书，所以

$$P(B_1^cB_2^c)=P((B_1\cup B_2)^c)=1-P(B_1\cup B_2)=0.4$$ ■

我们还可以计算三个事件 E，F，G 之中至少有一个发生的概率，即

$$P(E\cup F\cup G)=P[(E\cup F)\cup G]$$

由命题 4.3 可知，上式等于

$$P(E\cup F)+P(G)-P[(E\cup F)G]$$

由分配律可知，$(E\cup F)G=EG\cup FG$，因此由上述等式可得

$$\begin{aligned}P(E\cup F\cup G)&=P(E)+P(F)-P(EF)+P(G)-P(EG\cup FG)\\&=P(E)+P(F)-P(EF)+P(G)-P(EG)-P(FG)+P(EGFG)\end{aligned}$$

$$= P(E) + P(F) + P(G) - P(EF) - P(EG) - P(FG) + P(EFG)$$

下面的命题，也称为容斥恒等式(inclusion-exclusion identity)，可由数学归纳法证明.

命题 4.4

$$P(E_1 \cup E_2 \cup \cdots \cup E_n) = \sum_{i=1}^{n} P(E_i) - \sum_{i_1<i_2} P(E_{i_1}E_{i_2}) + \cdots + (-1)^{r+1} \sum_{i_1<i_2<\cdots<i_r} P(E_{i_1}E_{i_2}\cdots E_{i_r}) + \cdots + (-1)^{n+1} P(E_1E_2\cdots E_n)$$

其中，$\sum\limits_{i_1<i_2<\cdots<i_r} P(E_{i_1}E_{i_2}\cdots E_{i_r})$ 表示对一切下标集合$\{i_1, i_2, \cdots, i_r\}$所对应的值求和，和项一共包含$\binom{n}{r}$项.

换言之，n 个事件并的概率等于这些事件独自发生的概率之和减去两个事件同时发生的概率之和，再加上三个事件同时发生的概率之和……

注释 1. 现在我们来直观解释一下命题 4.4 的含义，首先注意，如果样本空间中的某个结果不属于任意的 E_i，那么等式两边都不应该有它的概率. 现在假设某个结果正好包含在 m 个 E_i 里面(其中 $m>0$)，那么因为它属于 $\bigcup\limits_i E_i$，所以它的概率在 $P\left(\bigcup\limits_i E_i\right)$ 中只计算一次. 而且，因为这个结果也包含于形如 E_{i_1}，E_{i_2}，…，E_{i_k} 这样的 $\binom{m}{k}$ 个子集中，在命题 4.4 中等式的右边，这个结果的概率被计算了

$$\binom{m}{1} - \binom{m}{2} + \binom{m}{3} - \cdots \pm \binom{m}{m}$$

次. 因此，对于 $m>0$，我们必须证明

$$1 = \binom{m}{1} - \binom{m}{2} + \binom{m}{3} - \cdots \pm \binom{m}{m}$$

然而，因为 $1=\binom{m}{0}$，上式等价于

$$\sum_{i=0}^{m} \binom{m}{i} (-1)^i = 0$$

而这是二项式定理的结果，因为

$$0 = (-1+1)^m = \sum_{i=0}^{m} \binom{m}{i} (-1)^i (1)^{m-i}$$

2. 以下式子是容斥恒等式更简明的写法：

$$P\left(\bigcup_{i=1}^{n} E_i\right) = \sum_{r=1}^{n} (-1)^{r+1} \sum_{i_1<\cdots<i_r} P(E_{i_1}\cdots E_{i_r})$$

3. 在容斥恒等式中，右边如果只取前一项，那么得到事件并的概率的一个上界；如果取前两项，那么得到事件并的概率的一个下界；取前 3 项，得到一个上

界；取前4项，得到一个下界，以此类推．也就是说，对于事件 E_1，…，E_n，有

$$P\left(\bigcup_{i=1}^{n} E_i\right) \leqslant \sum_{i=1}^{n} P(E_i) \tag{4.1}$$

$$P\left(\bigcup_{i=1}^{n} E_i\right) \geqslant \sum_{i=1}^{n} P(E_i) - \sum_{j<i} P(E_iE_j) \tag{4.2}$$

$$P\left(\bigcup_{i=1}^{n} E_i\right) \leqslant \sum_{i=1}^{n} P(E_i) - \sum_{j<i} P(E_iE_j) + \sum_{k<j<i} P(E_iE_jE_k) \tag{4.3}$$

等等．为了证明这些不等式，先注意恒等式

$$\bigcup_{i=1}^{n} E_i = E_1 \cup E_1^c E_2 \cup E_1^c E_2^c E_3 \cup \cdots \cup E_1^c \cdots E_{n-1}^c E_n$$

即 E_i 中至少有一个发生，相当于 E_1 发生，或者 E_1 不发生但是 E_2 发生，或者 E_1 和 E_2 都不发生但 E_3 发生，等等．因为上式的右边是一系列互不相容事件的并，所以

32

$$\begin{aligned} P\left(\bigcup_{i=1}^{n} E_i\right) &= P(E_1) + P(E_1^c E_2) + P(E_1^c E_2^c E_3) + \cdots + P(E_1^c \cdots E_{n-1}^c E_n) \\ &= P(E_1) + \sum_{i=2}^{n} P(E_1^c \cdots E_{i-1}^c E_i) \end{aligned} \tag{4.4}$$

令 $B_i = E_1^c \cdots E_{i-1}^c = \left(\bigcup_{j<i} E_j\right)^c$ 表示前 $i-1$ 个事件都不发生，利用恒等式

$$P(E_i) = P(B_iE_i) + P(B_i^cE_i)$$

可证明

$$P(E_i) = P(E_1^c \cdots E_{i-1}^c E_i) + P\left(E_i \bigcup_{j<i} E_j\right)$$

或等价地，

$$P(E_1^c \cdots E_{i-1}^c E_i) = P(E_i) - P\left(\bigcup_{j<i} E_iE_j\right)$$

将此代入式(4.4)可得

$$P\left(\bigcup_{i=1}^{n} E_i\right) = \sum_i P(E_i) - \sum_i P\left(\bigcup_{j<i} E_iE_j\right) \tag{4.5}$$

因为概率总是非负的，所以由式(4.5)便可直接得到不等式(4.1)．现在，固定 i，将不等式(4.1)应用到 $P\left(\bigcup_{j<i} E_iE_j\right)$ 可得

$$P\left(\bigcup_{j<i} E_iE_j\right) \leqslant \sum_{j<i} P(E_iE_j)$$

此式结合式(4.5)，又可得到不等式(4.2)．类似地，固定 i，将不等式(4.2)应用到 $P\left(\bigcup_{j<i} E_iE_j\right)$，可得到

$$P\left(\bigcup_{j<i} E_iE_j\right) \geqslant \sum_{j<i} P(E_iE_j) - \sum_{k<j<i} P(E_iE_jE_iE_k)$$

$$= \sum_{j<i} P(E_iE_j) - \sum_{k<j<i} P(E_iE_jE_k)$$

由上式和式(4.5)，便可得到不等式(4.3). 其他的不等式都可以通过固定 i 并将不等式(4.3)应用到 $P\left(\bigcup_{j<i} E_iE_j\right)$ 得到.

第一个容斥不等式，即

$$P\left(\bigcup_{i=1}^{n} E_i\right) \leqslant \sum_{i=1}^{n} P(E_i)$$

称为布尔不等式(Boole's inequality).

2.5 等可能结果的样本空间

在很多试验中，一个很自然的假设是，样本空间中的所有结果发生的可能性都是一样的. 即考虑一个试验，其样本空间 S 是有限集，不妨设为 $S=\{1, 2, \cdots, N\}$，那么就经常会自然地假设

33

$$P(\{1\}) = P(\{2\}) = \cdots = P(\{N\})$$

结合公理 2 和公理 3，上式意味着(为什么?)

$$P(\{i\}) = \frac{1}{N} \qquad i = 1,2,\cdots,N$$

再利用公理 3 就可以得到，对任何事件 E，

$$P(E) = \frac{E\text{ 中的结果数}}{S\text{ 中的结果数}}$$

换言之，如果假定一次试验的所有结果都是等可能发生的，那么任何事件 E 发生的概率等于 E 中所含有的结果数占样本空间中的所有结果数的比例.

例 5a 如果掷两枚骰子，那么朝上那一面数字之和为 7 的概率是多少?

解 我们假设所有的 36 种可能结果都是等可能地发生，这样，就有 6 种可能的结果满足数字之和等于 7，即(1, 6)，(2, 5)，(3, 4)，(4, 3)，(5, 2)，(6, 1). 因此，两枚骰子点数之和为 7 的概率应该是 6/36=1/6. ■

例 5b 一个碗里面一共有 6 个白球，5 个黑球，随机地从里面取出 3 个球，那么恰好取出 1 个白球和 2 个黑球的概率是多少?

解 首先考虑取球是有顺序的，样本空间一共包含 11×10×9=990 种结果. 现在考虑事件“取出 1 个白球，2 个黑球”所包含的可能结果：第一个球是白色的、后两个球是黑色的一共有 6×5×4=120 种；第一个球是黑色的、第二个球是白色的、第三个球又是黑色的一共有 5×6×4=120 种；前两个球是黑色的、第三个球是白色的一共有 5×4×6=120 种. “随机取”意味着样本空间的结果都是等可能地发生的，因此所求概率为

$$\frac{120+120+120}{990} = \frac{4}{11}$$

这个问题也可以认为取球是没有顺序的，从这个角度看，样本空间一共存在 $\binom{11}{3}=$

165种结果. 当然，这165种结果也是等可能的. 与事件“1个白球，2个黑球”相关的结果有$\binom{6}{1}\binom{5}{2}$种，因此，取出1个白球和2个黑球的概率为

$$\frac{\binom{6}{1}\binom{5}{2}}{\binom{11}{3}}=\frac{4}{11}$$

34 这个结果同前面的答案是一致的. ■

当一个试验是从n个物品的集合中随机选取k个物品时，我们可以灵活地认为选取物品是有顺序的也可以认为是没有顺序的. 在前一种情况下，我们假设在剩下的物品中进行新的一次选取是等可能的. 在后一种情况下，假设所有$\binom{n}{k}$种k个物品组成集合的方法是等可能的. 例如，随机从10对夫妻中选取5个人，求这5个人互相没有关系(即5人中任何两人都不是夫妻)的概率$P(N)$. 如果认为样本空间是被选取的5人组成的集合，则共有$\binom{20}{5}$种等可能的结果. 任何两人都不是夫妻的结果可以认为是6步试验的结果：第一步是10对夫妻中的5对夫妻被选出；接下来的5步是这5对夫妻中的每一对都有一个人被选出. 这样，就有$\binom{10}{5}\times 2^5$种可能的结果，可以得出要求的概率为

$$P(N)=\frac{\binom{10}{5}\times 2^5}{\binom{20}{5}}.$$

相反，可以有顺序地选取5个个体. 在这种情况下，有$20\times19\times18\times17\times16$种等可能的结果，其中选取5个互相没有关系的个体的结果有$20\times18\times16\times14\times12$种，则要求的概率是

$$P(N)=\frac{20\times18\times16\times14\times12}{20\times19\times18\times17\times16}$$

上述两种方法得到的$P(N)$是相同的，读者可以自行证明.

例5c 需要从6男和9女中选取5人组成委员会，如果选取是随机的，那么委员会由3男和2女组成的概率有多大?

解 随机选取意味着所有$\binom{15}{5}$种组合的选择是等可能的，而与事件“3男2女”相关的结果有$\binom{6}{3}\binom{9}{2}$种，因此所求事件的概率为

$$\frac{\binom{6}{3}\binom{9}{2}}{\binom{15}{5}}=\frac{240}{1001}$$ ■

例5d 一个坛子里共有n个球，其中一个做了标记. 如果依次从中随机取出k个球，

那么做了标记的球被取出来的概率有多大？

35

解 从 n 个球中选取 k 个球，一共有 $\binom{n}{k}$ 种选取方法，每一种选取方法都是等可能的. 与事件“做标记的球被取出”相关的选法共有 $\binom{1}{1}\binom{n-1}{k-1}$ 种，因此，

$$P(\{\text{做标记的球被取出}\})=\frac{\binom{1}{1}\binom{n-1}{k-1}}{\binom{n}{k}}=\frac{k}{n}$$

也可以这样求解：设 k 个球是顺序地被取出的，用 A_i 表示做标记的球在第 i 次被取出($i=1,\cdots,k$). 既然所有的球在第 i 次被抽取的概率是一样的，那么 $P(A_i)=1/n$. 而这些事件是彼此互不相容的，因此，

$$P(\{\text{做标记的球被取出}\})=P\left(\bigcup_{i=1}^{k}A_i\right)=\sum_{i=1}^{k}P(A_i)=\frac{k}{n}$$

另外，$P(A_i)=1/n$ 可以这样推导：考虑到取球的过程是有顺序的，一共有 $n(n-1)\cdots(n-k+1)=n!/(n-k)!$ 种等可能试验结果，其中有 $(n-1)(n-2)\cdots(n-i+1)(1)(n-i)\cdots(n-k+1)=(n-1)!/(n-k)!$ 种试验结果表示做标记的球被第 i 次取出，因此，

$$P(A_i)=\frac{(n-1)!}{n!}=\frac{1}{n}$$ ■

例 5e 假设有 $n+m$ 个球，其中 n 个红的，m 个蓝的，将它们随机排成一排，即所有 $(n+m)!$ 种排列都是等可能的. 如果只记录连续排列的球的颜色，证明各种可能的结果的概率是一样的.

解 我们将 $(n+m)$ 个球的次序排列称为一组球的排列，将 $n+m$ 个球的颜色次序排列称为一组球的颜色次序排列. 球的排列共有 $(n+m)!$ 种，在红球之间作任何一个位置置换，在蓝球之间作任何一个位置置换，置换的结果并不影响球的颜色次序排列. 从而，一组球的颜色次序排列，对应于 $n!m!$ 个球的排列，这说明球的次序排列也是等可能的，并且每一种颜色次序出现的概率为 $n!m!/(n+m)!$.

例如，假设有 2 个红球，记为 r_1，r_2，2 个蓝球，记为 b_1，b_2，这样，一共有 4! 种球的排列，对于每一种颜色次序排列，对应于 2!2! 个球的排列. 例如，下面 4 个球的排列对应于相同的颜色次序排列：

$$r_1,b_1,r_2,b_2 \qquad r_1,b_2,r_2,b_1 \qquad r_2,b_1,r_1,b_2 \qquad r_2,b_2,r_1,b_1$$

因此，每一个颜色次序排列出现的概率都是 $4/24=1/6$. ■

例 5f 一手牌有 5 张，如果这 5 张牌是连续的，但又不是同一花色，那么称为顺子. 例如，“黑桃 5，黑桃 6，黑桃 7，黑桃 8，红桃 9”就是一个顺子. 那么一手牌是顺子的概率是多少？

36

解 假设所有 $\binom{52}{5}$ 种组合都是等可能的. 先看看由“A，2，3，4，5”这 5 张牌(花色不同)能组成多少个顺子. 因为“A”有 4 种可能的花色，同样其他 4 张牌也分别有 4 种可能的

花色，所以一共有 4^5 种可能，但是，其中有 4 种可能是 5 张牌是同花色(这种情况称为同花顺)，所以一共是 4^5-4 种顺子. 类似地，“10，J，Q，K，A”这种顺子也有 4^5-4 种，因此一共有 $10\times(4^5-4)$种顺子，于是所求概率为

$$\frac{10(4^5-4)}{\binom{52}{5}}\approx 0.0039$$ ■

例 5g　一手牌有 5 张，如果其中 3 张点数一样，另两张点数也一样(当然，与前三张的点数不同)，就称为满堂红(full house)，试问一手牌恰好是满堂红的概率是多少？

解　同样，我们也假设所有$\binom{52}{5}$种组合都是等可能的. 注意，像“2 张 10，3 张 J”这样的满堂红一共有$\binom{4}{2}\binom{4}{3}$种组合，又因为一对的点数有 13 种选择，在选定一对的点数后，剩下 12 种可能的点数用于选择 3 张一组的牌，所以所求概率为

$$\frac{13\times 12\times\binom{4}{2}\binom{4}{3}}{\binom{52}{5}}\approx 0.0014$$ ■

例 5h　桥牌比赛中，52 张牌被分给 4 个选手，求下列事件的概率：

(a) 其中有一人拿到了 13 张黑桃；

(b) 每人都拿到了 1 张 A.

解　(a) 事件 E_i 表示第 i 个选手拿到 13 张黑桃，则

$$P(E_i)=\frac{1}{\binom{52}{13}}\qquad i=1,2,3,4$$

37

因为事件 $E_i(i=1,2,3,4)$是互不相容的，所以 4 人中有一人拿到 13 张黑桃的概率为

$$P\Big(\bigcup_{i=1}^{4}E_i\Big)=\sum_{i=1}^{4}P(E_i)=4\Big/\binom{52}{13}\approx 6.3\times 10^{-12}$$

(b) 现在求每个选手恰好拿 1 张 A 的概率，先把 4 张 A 放一边，注意，把剩下 48 张牌分给 4 个人的可能分牌方法数为$\binom{48}{12,12,12,12}$. 因为将 4 张 A 分给 4 个选手的可能分牌方法数为 4!，所以每人得到 1 张 A 的所有可能分牌方法数为 $4!\times\binom{48}{12,12,12,12}$.

因为总共有$\binom{52}{13,13,13,13}$种分牌方法，所以所求概率为

$$\frac{4!\times\binom{48}{12,12,12,12}}{\binom{52}{13,13,13,13}}\approx 0.1055$$ ■

有些事件的概率是出人意料的，下面两个例子就说明这种现象.

例 5i 如果房间里有 n 个人，那么没有两人的生日是同一天的概率是多少？当 n 多大时，才能保证此概率小于 1/2？

解 每个人的生日都有 365 种可能，所以 n 个人一共是 365^n 种可能(此处忽略有人生日是 2 月 29 日的可能性)．假定每种结果的可能性都是一样的，那么所求事件的概率为 $365\times364\times363\times\cdots\times(365-n+1)/365^n$．令人惊奇的是，一旦 $n\geqslant23$，这个概率就比 1/2 小．即房间里人数如果超过 23 的话，那么至少有两人为同一天生日的概率就大于 1/2．很多人一开始对这个结果都感到很吃惊，因为 23 相对于一年 365 天来说太小了．然而，对每两个人来说，生日相同的概率为 $\frac{365}{(365)^2}=\frac{1}{365}$，23 个人一共可以组成 $\binom{23}{2}=253$ 对，这样来看，上述结果似乎就不再令人吃惊了．

当房间里有 50 个人时，至少有两人生日在同一天的概率约为 97%，如果有 100 个人，那么两人同一天生日的优势比为 3 000 000∶1(即至少有两人生日在同一天的概率大于 $\frac{3\times10^6}{3\times10^6+1}$)． ■

例 5j 52 张牌混合后扣在桌子上，现在逐张翻开，直到出现一张 A 为止．接下来再翻一张牌，问出现黑桃 A 和出现梅花 2 的概率哪个大？

38

解 为了计算翻到第一张 A 之后出现黑桃 A 的概率，先要计算在所有的(52)！种可能的发牌次序中，有多少种是第一次出现 A 后紧接着就出现黑桃 A．注意，52 张牌的每个发牌次序都可以通过先将 51 张牌(去掉黑桃 A)任意排列，然后将黑桃 A 找个位置插进去．然而，对于(51)！种发牌次序中的每个次序来说，只有一个位置(即第一次出现 A 以后接下来的位置)是满足要求的位置．例如，假设其他 51 张牌的顺序为

梅花 4，红桃 6，方块 J，黑桃 5，梅花 A，方块 7，…，红桃 K

那么只有一种插入方法满足条件，即

梅花 4，红桃 6，方块 J，黑桃 5，梅花 A，黑桃 A，方块 7，…，红桃 K

因此，第一张 A 出现后，紧接着是黑桃 A 的次序一共有(51)！种，故所求概率为

$$P(\{\text{第一张 A 后是黑桃 A}\})=\frac{(51)!}{(52)!}=\frac{1}{52}$$

事实上，用同样的推理方法，可以得知，第一张 A 后出现梅花 2(或任何其他牌)的概率也为 1/52．即 52 张牌中的任意一张牌(包括任意花色的 A)出现在第一张 A 后面的概率都是 1/52．

这个结果会让很多人吃惊！事实上，一般的反应都是认为第一个 A 出现后，接着出现梅花 2 的概率要大于出现黑桃 A 的概率．因为第一张 A 就有可能是黑桃 A 本身．这就减少了黑桃 A 紧接着第一张 A 的出现可能性，但是他忽略了第一张 A 前面可以出现梅花 2 这一事实．这又减少了梅花 2 紧跟在第一张 A 后的可能性．然而，因为有 1/4 的机会黑桃 A 是第一张出现的 A(因为 4 张 A 出现在第一位是等可能的)，而且，仅仅有 1/5 的机会是梅花 2 出现在第一张 A 之前(因为梅花 2 和 4 张 A 中的任一张排在最前面的可能性是相同的)，这点又好像说明了梅花 2 紧跟在第一张 A 后的可能性要大一些．然而，事实并非如

此，更深入的分析可以说明两者的可能性是一样的. ■

例 5k 一个橄榄球队有 20 名进攻球员和 20 名防守球员，现在要给他们安排宿舍，每两个人一间宿舍. 如果随机分派，没有一个宿舍既有进攻球员也有防守球员(简称"进攻防守对")的概率是多少？正好有 $2i(i=1,2,\cdots,10)$对"进攻防守对"的概率是多少？

解 将 40 名球员分成有序的 20 对一共有

$$\binom{40}{2,2,\cdots,2}=\frac{(40)!}{(2!)^{20}}$$

种可能.（即一共有$(40)!/2^{20}$种方法将这些球员分成第一对、第二对，等等.）因此，一共有$(40)!/[2^{20}(20)!]$种方法分成不考虑顺序的 20 对. 而且，要想不出现"进攻防守对"，只有将进攻球员之间配成对，防守球员之间配成对，一共有$[(20)!/(2^{10}(10)!)]^2$种方法. 因此，没有"进攻防守对"的概率(记为 P_0)如下：

39

$$P_0=\frac{\left(\dfrac{(20)!}{2^{10}(10)!}\right)^2}{\dfrac{(40)!}{2^{20}(20)!}}=\frac{[(20)!]^3}{[(10)!]^2(40)!}$$

现在计算 P_{2i}，即正好有 $2i$ 个"进攻防守对"的概率. 首先，一共有$\binom{20}{2i}^2$种方法选取 $2i$ 个进攻球员和 $2i$ 个防守球员以便组成"进攻防守对"，这 $4i$ 个人能够组成$(2i)!$种可能的"进攻防守对"(因为第一个进攻球员可以和 $2i$ 个防守球员配对，第二个进攻球员可以和 $2i-1$ 个防守球员配对，以此类推). 剩下的 $20-2i$ 个进攻球员(防守球员)只能内部配对，于是一共有

$$\binom{20}{2i}^2(2i)!\left[\frac{(20-2i)!}{2^{10-i}(10-i)!}\right]^2$$

种可能的方式配成 $2i$ 个"进攻防守对". 因此，

$$P_{2i}=\frac{\binom{20}{2i}^2(2i)!\left[\dfrac{(20-2i)!}{2^{10-i}(10-i)!}\right]^2}{\dfrac{(40)!}{2^{20}(20)!}}\qquad i=0,1,\cdots,10$$

根据上述公式就可以算出 P_{2i}，$i=0,1,\cdots,10$. 另外，利用斯特林(Stirling)公式($n!\approx n^{n+1/2}\mathrm{e}^{-n}\sqrt{2\pi}$)还可以算出其估值. 例如：

$$p_0\approx 1.3403\times 10^{-6}$$
$$p_{10}\approx 0.345\,861$$
$$p_{20}\approx 7.6068\times 10^{-6}$$ ■

下面三个例子阐释了容斥恒等式(命题 4.4)的应用. 在例 5l 中，引入概率来迅速解决计数问题.

例 5l 一个俱乐部里有 36 人会打网球，28 人会打软式网球，18 人会打羽毛球. 而且 22 人会打网球和软式网球，12 人会打网球和羽毛球，9 人会打软式网球和羽毛球，4 人三种球都会打. 至少会打一种球的有多少人？

解 记 N 为俱乐部的总人数，假设从俱乐部中随机地抽取一人. 如果假设 C 为俱乐部的任一子集，那么抽到一人刚好在 C 中的概率为

$$P(C)=\frac{C\text{ 中的人数}}{N}$$

40

设 T，S，B 分别表示会打网球、软式网球和羽毛球的人的集合，那么利用上述公式及命题 4.4 可知，

$$\begin{aligned}P(T\cup S\cup B)&=P(T)+P(S)+P(B)-P(TS)-P(TB)-P(SB)+P(TSB)\\&=\frac{36+28+18-22-12-9+4}{N}=\frac{43}{N}\end{aligned}$$

因此，至少会打一种球的人数为 43 人. ■

下面这个例子不仅答案令人吃惊，而且也有理论意义.

例 5m 配对问题 假设有 N 位男士参加舞会，所有人都将帽子扔到房间中央混在一起，然后每人再随机拿一顶帽子. 所有人都没有拿到自己帽子的概率是多少?

解 先计算至少有一人拿到自己的帽子的概率. 令 $E_i(i=1, 2, \cdots, N)$表示事件“第 i 人拿到了自己的帽子”. 这样，由命题 4.4，至少有一人拿到了自己的帽子的概率为

$$\begin{aligned}P\left(\bigcup_{i=1}^{N}E_i\right)=&\sum_{i=1}^{N}P(E_i)-\sum_{i_1<i_2}P(E_{i_1}E_{i_2})+\cdots\\&+(-1)^{n+1}\sum_{i_1<i_2<\cdots<i_n}P(E_{i_1}E_{i_2}\cdots E_{i_n})\\&+\cdots+(-1)^{N+1}P(E_1E_2\cdots E_N)\end{aligned}$$

如果把试验结果看成是一个 N 维向量，其中第 i 个元素是第 i 个人拿到的帽子编号，那么一共有 $N!$ 种可能的结果.（例如，结果$(1, 2, 3, \cdots, N)$表示每人拿到的都是自己的帽子.）进一步，$E_{i_1}E_{i_2}\cdots E_{i_n}$ 表示 i_1，i_2，$\cdots$，i_n 这 n 个人拿到的是自己的帽子，这种可能的方式会有$(N-n)(N-n-1)\cdots 3\cdot 2\cdot 1=(N-n)!$ 种，因为剩下的 $N-n$ 个人，第一个人有$N-n$ 种选择方法，第二人有 $N-n-1$ 种选择方法，以此类推. 由假定知，N 个人的 $N!$ 种选择都是等可能的，因此，

$$P(E_{i_1}E_{i_2}\cdots E_{i_n})=\frac{(N-n)!}{N!}$$

又因为 $\sum_{i_1<i_2<\cdots<i_n}P(E_{i_1}E_{i_2}\cdots E_{i_n})$ 一共含有$\binom{N}{n}$项，所以

$$\sum_{i_1<i_2<\cdots<i_n}P(E_{i_1}E_{i_2}\cdots E_{i_n})=\frac{N!(N-n)!}{(N-n)!n!N!}=\frac{1}{n!}$$

41

将上式代入 $P\left(\bigcup_{i=1}^{n}E_i\right)$的公式，得

$$P\left(\bigcup_{i=1}^{N}E_i\right)=1-\frac{1}{2!}+\frac{1}{3!}-\cdots+(-1)^{N+1}\frac{1}{N!}$$

因此，没有一人拿到自己帽子的概率为

$$1-1+\frac{1}{2!}-\frac{1}{3!}+\cdots+(-1)^N\frac{1}{N!}=\sum_{i=0}^{N}(-1)^i/i!$$

当 N 足够大时，上式右端的值约等于 $e^{-1}\approx 0.3679$，这可以通过令等式 $e^x=\sum_{i=0}^{\infty}x^i/i!$ 中 $x=-1$ 得出．即当 N 很大时，没有一个人拿到自己帽子的概率近似为 0.37．（有多少读者会错误地认为随着 $N\to\infty$，此概率值会趋近 1？）■

下面的例子展示了命题 4.4 的又一个应用．

例 5n　10 对夫妇坐成一圈，计算所有的妻子都不坐在她丈夫旁边的概率．

解　令 $E_i(i=1,2,\cdots,10)$ 表示第 i 对夫妇坐在一起，因此，所求概率为 $1-P\left(\bigcup_{i=1}^{10}E_i\right)$．由命题 4.4，

$$P\left(\bigcup_{i=1}^{10}E_i\right)=\sum_{i=1}^{10}P(E_i)-\cdots+(-1)^{n+1}\sum_{i_1<i_2<\cdots<i_n}P(E_{i_1}E_{i_2}\cdots E_{i_n})+\cdots-P(E_1E_2\cdots E_{10})$$

为了计算 $P(E_{i_1}E_{i_2}\cdots E_{i_n})$，先注意到 20 个人坐成一圈，一共有 19！种可能的方式．（为什么？）对于指定的 n 对夫妇，在排位时，使这 n 对夫妇坐在一起的方法数是：先把每一对夫妇看成一个整体，这样，排位时，一共有 $20-n$ 个对象，在圆桌上一共有 $(20-n-1)!$ 种排位的方法．当排位确定以后，这 n 对夫妇之间又有排位问题，是男左女右还是男右女左，于是一共有 $2^n(19-n)!$ 种排位方法．因此我们得到

$$P(E_{i_1}E_{i_2}\cdots E_{i_n})=\frac{2^n(19-n)!}{(19)!}$$

再由命题 4.4，可以得到至少有一对夫妇是坐在一起的概率为

$$\binom{10}{1}2^1\frac{(18)!}{(19)!}-\binom{10}{2}2^2\frac{(17)!}{(19)!}+\binom{10}{3}2^3\frac{(16)!}{(19)!}-\cdots-\binom{10}{10}2^{10}\frac{9!}{(19)!}\approx 0.6605$$

42　这样，所有的妻子都不坐在她丈夫旁边的概率大约为 0.3395．■

***例 5o 游程**　假设某个赛季过后，田径队的成绩为 n 次赢 m 次输．通过研究这个赢和输的序列，希望得到更多关于田径队的潜力的信息．一种办法是研究赢和输的游程的规律．所谓赢的一个游程就是指赢的连续序列．例如，如果 $n=10$，$m=6$，这个序列为 WWLLWWWLWLLLWWWW，其中 W 为赢，L 为输，那么这里有 4 个赢的游程，第一个游程的大小为 2，第二个游程的大小为 3，第三个游程的大小为 1，第四个游程的大小为 4．

现在假定这个球队有 n 次赢，m 次输．假定所有的 $(n+m)!/(n!m!)=\binom{n+m}{n}$ 种次序是等可能的，我们希望求出球队输赢的序列具有 r 个游程的概率．为此，考虑满足条件 $x_1+\cdots+x_r=n$ 的正整数解 $x_1,\cdots,x_r$ 所组成的向量．现在我们观察，有多少个输赢序列满足如下条件：(i)具有 r 个游程，(ii)第一个游程的大小为 x_1，……，第 r 个游程的大小为 x_r．为此，我们令 y_1 为第一个赢的游程以前输的次数，y_2 为第一个赢的游程与第二个赢的游程之间输的次数，……，y_{r+1} 为最后一个赢的游程后面输的次数，那么这些 y_i 满足

$$y_1+y_2+\cdots+y_{r+1}=m \qquad y_1\geqslant 0, y_{r+1}\geqslant 0, y_i>0, i=2,\cdots,r$$

这些 x_i，y_i 与相应的序列可以形象地表示为

$$\underbrace{\text{LL}\cdots\text{L}}_{y_1}\ \underbrace{\text{WW}\cdots\text{W}}_{x_1}\ \underbrace{\text{L}\cdots\text{L}}_{y_2}\ \underbrace{\text{WW}\cdots\text{W}}_{x_2}\cdots\ \underbrace{\text{WW}\cdots\text{W}}_{x_r}\ \underbrace{\text{L}\cdots\text{L}}_{y_{r+1}}$$

因此，对于固定的 x_1，…，x_r，相应的输序列的个数为向量(y_1，…，y_{r+1})的个数，其中 y_1，…，y_{r+1}满足前面所提到的约束条件．为了进一步计算输序列的个数，令

$$\bar{y}_1=y_1+1, \qquad \bar{y}_i=y_i, i=2,\cdots,r, \qquad \bar{y}_{r+1}=y_{r+1}+1$$

输序列的个数变成满足下列条件的正整数向量($\bar{y}_1$，…，$\bar{y}_{r+1}$)的个数：

$$\bar{y}_1+\bar{y}_2+\cdots+\bar{y}_{r+1}=m+2$$

根据第 1 章的命题 6.1，这个方程的正整数解的个数为$\binom{m+1}{r}$．这样，具有 r 个游程的输赢序列的个数为$\binom{m+1}{r}$乘以 $x_1+\cdots+x_r=n$ 的正整数解的个数．再次利用第 1 章的命题 6.1，可知具有 r 个赢的游程的输赢序列的个数为 $\binom{m+1}{r}\binom{n-1}{r-1}$．由于我们假定 $\binom{n+m}{n}$个输赢序列是等可能的，故

$$P(\{\text{赢的游程的个数为 } r\})=\binom{m+1}{r}\binom{n-1}{r-1}\Big/\binom{m+n}{n} \qquad r\geqslant 1$$

例如，$n=8$，$m=6$，则具有 7 个赢的游程的概率为$\binom{7}{7}\binom{7}{6}\Big/\binom{14}{8}=1/429$，此处假设所有的$\binom{14}{8}$个输赢序列是等可能的．现在假定这个队的输赢结果是 WLWLWLWLWWLWLW，那么我们可能会认为输赢的概率会随着时间变化．（特别地，输球以后赢球的概率较大，而赢球以后输球的概率较大.）另一方面，若输赢的结果是 WWWWWWWWLLLLLL，那么 $P(\{\text{赢的游程的个数为 } 1\})=\binom{7}{1}\binom{7}{0}\Big/\binom{14}{8}=1/429$．在这种情况下，我们就要怀疑球队的状况在下滑． ■

*2.6 概率：连续集函数

事件序列$\{E_n, n\geqslant 1\}$如果满足

$$E_1\subset E_2\subset\cdots\subset E_n\subset E_{n+1}\subset\cdots$$

则称为递增序列，反之，如果满足

$$E_1\supset E_2\supset\cdots\supset E_n\supset E_{n+1}\supset\cdots$$

则称为递减序列．如果$\{E_n, n\geqslant 1\}$是递增事件序列，那么定义一个新的事件，记为$\lim\limits_{n\to\infty}E_n$，如下：

$$\lim_{n\to\infty}E_n=\bigcup_{i=1}^{\infty}E_i$$

类似地，如果$\{E_n, n\geqslant1\}$是递减事件序列，那么定义$\lim\limits_{n\to\infty}E_n$如下：

$$\lim_{n\to\infty}E_n=\bigcap_{i=1}^{\infty}E_i$$

现在来证明命题6.1.

命题6.1　如果$\{E_n, n\geqslant1\}$是递增或者递减事件序列，那么

44

$$\lim_{n\to\infty}P(E_n)=P(\lim_{n\to\infty}E_n)$$

证明　首先假设$\{E_n, n\geqslant1\}$是递增事件序列，并且定义事件$F_n(n\geqslant1)$如下：

$$F_1=E_1$$

$$F_n=E_n\left(\bigcup_{i=1}^{n-1}E_i\right)^{\mathrm{c}}=E_nE_{n-1}^{\mathrm{c}}\qquad n>1$$

此处用到了$\bigcup\limits_{i=1}^{n-1}E_i=E_{n-1}$，也就是说，$F_n$是由那些属于$E_n$但是不属于$E_i(i<n)$的元素组成. 显然，$F_n$是一列互不相容的事件且满足

$$\bigcup_{i=1}^{\infty}F_i=\bigcup_{i=1}^{\infty}E_i\qquad\bigcup_{i=1}^{n}F_i=\bigcup_{i=1}^{n}E_i\qquad\text{对任意的 }n\geqslant1$$

因此，

$$\begin{aligned}P\left(\bigcup_{i=1}^{\infty}E_i\right)&=P\left(\bigcup_{i=1}^{\infty}F_i\right)=\sum_{i=1}^{\infty}P(F_i)\qquad\text{利用公理 3}\\&=\lim_{n\to\infty}\sum_{i=1}^{n}P(F_i)=\lim_{n\to\infty}P\left(\bigcup_{i=1}^{n}F_i\right)=\lim_{n\to\infty}P\left(\bigcup_{i=1}^{n}E_i\right)\\&=\lim_{n\to\infty}P(E_n)\end{aligned}$$

这样就证明了当$\{E_n, n\geqslant1\}$是递增事件序列时结论成立.

如果$\{E_n, n\geqslant1\}$是递减序列，那么$\{E_n^{\mathrm{c}}, n\geqslant1\}$是递增序列，因此，根据前面的结论可得

$$p\left(\bigcup_{i=1}^{\infty}E_i^{\mathrm{c}}\right)=\lim_{n\to\infty}P(E_n^{\mathrm{c}})$$

由于$\bigcup\limits_{i=1}^{\infty}E_i^{\mathrm{c}}=\left(\bigcap\limits_{i=1}^{\infty}E_i\right)^{\mathrm{c}}$，可知

45

$$P\left(\left(\bigcap_{i=1}^{\infty}E_i\right)^{\mathrm{c}}\right)=\lim_{n\to\infty}P(E_n^{\mathrm{c}})$$

或等价地，

$$1-P\left(\bigcap_{i=1}^{\infty}E_i\right)=\lim_{n\to\infty}[1-P(E_n)]=1-\lim_{n\to\infty}P(E_n)$$

即

$$P\left(\bigcap_{i=1}^{\infty} E_i\right)=\lim_{n\to\infty}P(E_n)$$

这样就证明了结论. □

例 6a **概率与悖论** 假设有个无限大的坛子以及无限个编了号码 1，2，3，…的球，考虑以下的试验：

在差 1 分到 12 P. M. 的时候，将 1 到 10 号球放进坛子，并把 10 号球拿出来(假设放球和拿球的时间忽略不计)；

在差 1/2 分到 12 P. M. 的时候，将 11 到 20 号球放进坛子，并把 20 号球拿出来；

在差 1/4 分到 12 P. M. 的时候，将 21 号到 30 号球放进坛子，并把 30 号球拿出来；

在差 1/8 分到 12 P. M. 的时候，……

等等.

问题：在 12 P. M. 的时候，坛子里有多少球？

答案很明显：在 12 P. M. 的时候坛子里有无限个球. 因为只要不是号码为 $10n(n\geqslant 1)$ 的球，都将在 12 P. M. 前放进坛子，并且不会被取出来. 因此，如果试验是这样进行的话，问题已得到了解决.

现在换个试验：

在差 1 分到 12 P. M. 的时候，将 1 到 10 号球放进坛子，并把 1 号球拿出来；

在差 1/2 分到 12 P. M. 的时候，将 11 到 20 号球放进坛子，并把 2 号球拿出来；

在差 1/4 分到 12 P. M. 的时候，将 21 号到 30 号球放进坛子，并把 3 号球拿出来；

在差 1/8 分到 12 P. M. 的时候，……

等等.

问题：对于新的试验，在 12 P. M. 的时候坛子里应该有多少球？

令人惊讶的是，答案为：在 12 P. M. 的时候，坛子里一个球也没有. 理由是，任何号码的球在 12 点前都将从坛子里取出，如号码为 n 的球，在差$(1/2)^{n-1}$分到 12 P. M. 的时候被取出. 因此，任意号码的球在 12 P. M. 的时候都不可能在坛子里，这样，坛子就是空的.

因为对于所有的 n，上述两个不同的试验在 n 次变换后坛子里剩下的球的个数是相同的，所以大多数人会对于两种情景过程在极限情况下不同的结果感到惊讶. 我们必须认识到上述结果不同并不是一个悖论也不违背数学原理，而是因为情景的逻辑性以及一个人最初的直觉在无限状况下并不总是正确的. (后面的说明并不令人感到惊讶，因为在 19 世纪下半叶当无限的理论首次被数学家 Georg Cantor 提出时，当时的其他著名数学家认为他的想法是荒谬的，并且嘲讽他，因为他认为所有整数组成的集合和所有偶数组成的集合具有同样多的元素.) 46

从上述讨论可以看出，取球的方式不一样会导致结果不一样：在前一种情况下，只有号码为 $10n(n\geqslant 1)$的球会被取出来，但在后一种情况下，所有的球都将被取出来. 现在设想在取球的时候，是从当前所有球中随机取出，即在差 1 分到 12 P. M. 的时候，将 1 到 10 号球放进坛子，并随机取一个球出来；等等. 这种情况下，在 12 P. M. 时，坛子里有多少个球？

解 我们将要证明，在 12 P. M. 时坛子为空的概率为 1.

首先考虑 1 号球，令 E_n 表示在"进行 n 次取球后，1 号球仍在坛子里"这一事件．很显然，

$$P(E_n) = \frac{9 \times 18 \times 27 \times \cdots \times (9n)}{10 \times 19 \times 28 \times \cdots \times (9n+1)}$$

注意到在经历 n 次取球后，如果 1 号球仍在坛子里，那么第一次取球有 9 种可能，第 2 次取球有 18 种可能(第二次取球的时候坛子里有 19 个球，其中有一个是 1 号球)，等等．这样，在 12 P. M. 时，1 号球仍在坛子里这一事件可以写为 $\bigcap_{n=1}^{\infty} E_n$，因为$\{E_n, n \geqslant 1\}$是递减事件序列，所以由命题 6.1 可知，

$$P(\{12\text{ 点时 1 号球仍在坛子里}\}) = P\left(\bigcap_{n=1}^{\infty} E_n\right) = \lim_{n \to \infty} P(E_n) = \prod_{n=1}^{\infty}\left(\frac{9n}{9n+1}\right)$$

现在证明

$$\prod_{n=1}^{\infty}\left(\frac{9n}{9n+1}\right) = 0$$

因为

$$\prod_{n=1}^{\infty}\left(\frac{9n}{9n+1}\right) = \left[\prod_{n=1}^{\infty}\left(\frac{9n+1}{9n}\right)\right]^{-1}$$

所以上式等价于证明：

47

$$\prod_{n=1}^{\infty}\left(1 + \frac{1}{9n}\right) = \infty$$

对所有的 $m \geqslant 1$，都有

$$\begin{aligned}
\prod_{n=1}^{\infty}\left(1 + \frac{1}{9n}\right) &\geqslant \prod_{n=1}^{m}\left(1 + \frac{1}{9n}\right) \\
&= \left(1 + \frac{1}{9}\right) \times \left(1 + \frac{1}{18}\right) \times \left(1 + \frac{1}{27}\right) \times \cdots \times \left(1 + \frac{1}{9m}\right) \\
&> \frac{1}{9} + \frac{1}{18} + \frac{1}{27} + \cdots + \frac{1}{9m} = \frac{1}{9}\sum_{i=1}^{m}\frac{1}{i}
\end{aligned}$$

因此，令 $m \to \infty$ 且利用 $\sum_{i=1}^{\infty} 1/i = \infty$ 可以得到

$$\prod_{i=1}^{\infty}\left(1 + \frac{1}{9n}\right) = \infty$$

因此，令 F_i 表示"i 号球在 12 P. M. 的时候仍在坛子里"这一事件．前面已证明 $P(F_1)=0$，类似地，可以证明对任意 i，$P(F_i)=0$．

(例如，同样的推理可以证明对任意 $i=11, 12, \cdots, 20$ 有 $P(F_i) = \prod_{n=2}^{\infty}[9n/(9n+1)] = 0$.)

因此，在 12 P. M. 的时候坛子非空的概率为 $P\left(\bigcup_{i=1}^{\infty} F_i\right)$，利用布尔不等式可得

$$P\left(\bigcup_{i=1}^{\infty} F_i\right) \leqslant \sum_{i=1}^{\infty} P(F_i) = 0$$

因此，在 12 P. M. 的时候，坛子为空的概率为 1. ■

2.7 概率：确信程度的度量

我们在前面解释过，一个事件的概率，是指在重复进行某个试验的情况下，对该事件发生频率的一种度量. 然而，在其他情况下也会使用术语概率. 例如，我们经常听到这样的评论："有 90%的可能性是莎士比亚真的写了《哈姆雷特》"，"奥斯瓦德独自暗杀肯尼迪总统的可能性为 80%"，这又做何解释？

最自然又简单的解释是，概率是人们对自己的说法的确信程度的一种度量. 换句话说，前面的陈述者比较确信"奥斯瓦德是独立行动的"，而且更加确信"莎士比亚写了《哈姆雷特》". 概率作为个体确信程度的度量经常被称为*主观*(subjective)概率.

假设"确信程度的度量"满足概率的所有公理是合情合理的. 例如，如果我们有 70%的把握认为《恺撒大帝》的作者是莎士比亚，而只有 10%的把握认为作者是马洛，那么我们应该有 80%的把握认为作者是莎士比亚或是马洛. 因此，无论把概率解释为确信程度的度量，还是事件发生的频率，其数学属性都没变.

48

例 7a 假设有 7 匹马参加比赛，你认为 1 号马和 2 号马各有 20%的机会获胜，3 号马和 4 号马各有 15%的机会获胜，其余 3 匹各有 10%的机会获胜. 如果进行同等赌注的押注，是赌"获胜者将是 1，2，3 号马之一"还是赌"获胜者将是 1，5，6，7 号马之一"更好？

解 基于对比赛结果的主观认识，赌第一种赢的概率是 0.2+0.2+0.15=0.55，而赌第二种赢的概率是 0.2+0.1+0.1+0.1=0.5，因此，赌第一种更好. ■

注意，主观概率也应符合概率论的公理. 但实际情况并非如此. 例如，我们向某人了解天气时，经常提这样的问题：

(a) 今天下雨的可能性是多少？

(b) 明天下雨的可能性是多少？

(c) 今明两天都下雨的可能性是多少？

(d) 今天或明天会下雨的可能性是多少？

这个人经过考虑，很可能会给出下面的答案：30%，40%，20%，60%. 遗憾的是，这样的回答(或主观概率)与概率论的公理是相矛盾的. (为什么?)我们当然希望经过指出这种错误以后，这个人会修正他的回答. (我们可以接受的一种可能修正是：30%，40%，10%，60%.)

小结

如果令 S 表示某个试验的所有可能结果的集合，那么 S 称为该试验的样本空间. 一个事件就是 S 的一个子集. 如果 $A_i(i=1,\cdots,n)$为一列事件，那么称 $\bigcup_{i=1}^{n} A_i$ 为这些事件的并，它表示至少包含在某一个 A_i 里的所有结果所构成的事件. 类似地，$\bigcap_{i=1}^{n} A_i$ 称为这些事件的交，有时也记为 $A_1 \cdots A_n$，表示包含在所有 A_i 中的所有结果所构成的事件.

对任一事件 A，定义 A^c 由那些不包含在 A 里的所有结果所构成的事件，称 A^c 为事件 A 的补. 事件 S^c 不包含任何结果，记为$\varnothing$，称为空集. 如果 $AB=\varnothing$，那么称 A 和 B 为互不相容的.

设对于样本空间 S 中的任一事件 A，对应于一个数 $P(A)$，若 $P(A)$满足以下条件，则称 $P(A)$为 A 的概率：

(i) $0 \leqslant P(A) \leqslant 1$

(ii) $P(S)=1$

(iii) 对于任意互不相容的事件 $A_i(i \geqslant 1)$，有

$$P\left(\bigcup_{i=1}^{\infty} A_i\right) = \sum_{i=1}^{\infty} P(A_i)$$

$P(A)$表示试验结果包含在 A 中的概率.

容易证明

$$P(A^c) = 1 - P(A)$$

一个有用的结果是

$$P(A \cup B) = P(A) + P(B) - P(AB)$$

49

上式可以推广为

$$P\left(\bigcup_{i=1}^{n} A_i\right) = \sum_{i=1}^{n} P(A_i) - \sum_{i<j}\sum P(A_iA_j) + \sum_{i<j<k}\sum\sum P(A_iA_jA_k) + \cdots + (-1)^{n+1} P(A_1 \cdots A_n)$$

这个结果就是著名的容斥恒等式.

如果 S 是有限集，且其中每个结果发生的概率都相等，那么

$$P(A) = \frac{|A|}{|S|}$$

其中$|E|$表示事件 E 所含的结果数.

$P(A)$可以理解为长期相对频率或者确信程度的度量.

习题

2.1 一个盒子里有3个弹珠，红、绿和蓝各一个. 先从中取出一个，再放回，然后再取出一个，试描述此样本空间. 如果不放回呢？

2.2 连续掷一枚骰子，直到6出现，试验停止，试描述此样本空间. 令 E_n 表示"在试验停止时，一共掷了 n 次"，那么样本空间的哪些结果包含在 E_n 中？$\left(\bigcup_{i=1}^{\infty} E_n\right)^c$ 的含义？

2.3 掷两枚骰子，令 E 表示事件"骰子的点数之和为奇数"，令 F 表示"至少有一枚骰子的点数为1"，令 G 表示"骰子的点数之和为5". 试描述事件 EF，$E \cup F$，FG，EF^c 和 EFG.

2.4 A，B，C 三人轮流掷硬币，第一次出现正面朝上者为胜．我们用 0 表示“正面朝下”，1 表示“正面朝上”，试验的样本空间可表示为

$$S = \begin{cases} 1,01,001,0001,\cdots \\ 0000\cdots \end{cases}$$

(a) 试解释此样本空间．

(b) 用样本空间 S 表示以下事件：

(i) A 胜了(记为 A)．

(ii) B 胜了(记为 B)．

(iii) $(A \cup B)^c$．

在该试验中，假定 A 先掷，B 后掷，然后 C 掷，接着又是 A 掷，循环往复．

2.5 一个系统包含 5 个元件，每个元件或者是好的或者是坏的．如果试验是观察各个元件的状态，用向量(x_1，x_2，x_3，x_4，x_5)表示试验结果，其中 $x_i=1$ 表示第 i 个元件是好的，$x_i=0$ 表示第 i 个元件是坏的．

(a) 样本空间中一共有多少种结果？

(b) 如果元件 1 和 2 是好的，或者元件 3 和 4 是好的，或者元件 1，3 和 5 都是好的，那么系统工作正常．令 W 表示系统工作正常，写出 W 包含的所有结果．

(c) 令 A 表示元件 4 和 5 都是坏的，那么 A 中一共有多少种结果？

(d) 写出事件 AW 的所有结果．

2.6 医院管理系统对前来治疗的受枪伤病人进行编号，其依据为是否买了保险(如果买了保险，则记为 1，否则记为 0)以及他们的身体状况(如果良好，就记为 g，如果一般，就记为 f，如果严重，就记为 s)．试验是观察病人的编号．

(a) 给出试验的样本空间；(b) 令 A 表示“病人病情很严重”，列出 A 中的所有结果；

(c) 令 B 表示“病人没有买保险”，列出 B 中的所有结果；(d) 列出事件 $B^c \cup A$ 中的所有结果．

2.7 试验是调查一个业余足球队里 15 名球员的工作(是蓝领还是白领)和政治面貌(是共和党、民主党还是无党派)．

(a) 样本空间中一共多少结果？(b)“至少有一个队员是蓝领”的事件中有多少结果？

(c)“队员里没有人是无党派人士”的事件中有多少结果？

50

2.8 设事件 A 和 B 是互不相容的，且 $P(A)=0.3$，$P(B)=0.5$，求以下事件的概率：

(a) A 或者 B 发生；(b) A 发生但 B 不发生；(c) A 和 B 都发生．

2.9 某零售店既接受运通卡也接受维萨卡．它的顾客中有 24% 的人持有运通卡，有 61% 的人持有维萨卡，11% 的人持有两种卡，问至少持有一张卡的顾客百分比是多少？

2.10 某个学校有 60% 的学生既不戴耳环又不戴项链，有 20% 的学生戴耳环，有 30% 的学生戴项链．如果随机挑一个学生，求符合以下条件的概率：

(a) 戴耳环或者项链；(b) 既戴耳环也戴项链．

2.11 美国男性中有 28% 的人抽烟，7% 的人抽雪茄，5% 的人既抽烟也抽雪茄．

(a) 既不抽烟也不抽雪茄的男性百分比是多少？(b) 只抽雪茄但不抽烟的男性百分比是多少？

2.12 某所小学有三个语言班：一个是西班牙语班，一个是法语班，还有一个是德语班．这些语言班对学校里的 100 个学生开放．有 28 人参加西班牙语班，有 26 人参加法语班，有 16 人参加德语班．有 12 人既参加西班牙语班也参加法语班，有 4 人既参加西班牙语班也参加德语班，有 6 人既参加法语班也参加德语班．另外，有 2 人三个班都参加．

(a) 随机选一名学生，他不参加任何班的概率是多大？

(b) 随机选一名学生，他恰好参加一个班的概率是多大？

(c) 随机选两名学生，其中至少有一人参加语言班的概率是多大？

2.13 某个人口规模为100 000的城市有三份报纸Ⅰ、Ⅱ和Ⅲ，以下是对读报人群比例的调查结果：

Ⅰ：10%；Ⅰ和Ⅱ：8%；Ⅰ、Ⅱ和Ⅲ：1%；Ⅱ：30%；Ⅰ和Ⅲ：2%；Ⅲ：5%；Ⅱ和Ⅲ：4%.

(这个结果告诉我们，例如，有8000人读报纸Ⅰ和Ⅱ.)

(a) 求仅仅读一份报纸的人数；(b) 有多少人至少读两份报纸？

(c) 如果Ⅰ和Ⅲ是早报，而Ⅱ是晚报，那么至少读一份早报和一份晚报的人数为多少？

(d) 有多少人不读报纸？(e) 有多少人仅读一份早报和一份晚报？

2.14 对某份杂志的1000名订阅者的调查给出了如下数据：关于工作、婚姻和教育状况，有312名专业人员，470名已婚人士，525名大学毕业生，42名大学毕业的专业人员，147名已婚大学毕业生，86名已婚专业人员，25名已婚且大学毕业的专业人员. 证明这些数据是不正确的.

提示：令M，W和G分别表示专业人员、已婚人士及大学毕业生的集合. 假定随机地从这1000人当中选择一人，利用命题4.4来证明：如果上述数据是正确的，那么$P(M\cup W\cup G)>1$.

2.15 从52张牌里随机取5张，求以下事件概率：

(a) 同花(即5张牌同一花色)；

(b) 一对(5张牌为a，a，b，c，d形式，其中a，b，c，d各不相同)；

(c) 两对(5张牌为a，a，b，b，c形式，其中a，b，c各不相同)；

(d) 三张一样(5张牌为a，a，a，b，c形式，其中a，b，c各不相同)；

(e) 四张一样(5张牌为a，a，a，a，b形式，其中a，b不相同).

2.16 同时掷5枚骰子，证明：

(a) $P\{$每枚的点数都不一样$\}=0.0926$；(b) $P\{$一对的点数$\}=0.4630$；

(c) $P\{$两对的点数$\}=0.2315$. (d) $P\{$3枚的点数一样$\}=0.1543$.

(e) $P\{$满堂红$\}=0.0386$. (f) $P\{$4枚的点数一样$\}=0.0193$.

(g) $P\{$5枚的点数一样$\}=0.0008$.

51

2.17 15个女性和10个男性随机排成一排。计算第9个女性排在位置17的概率，即计算8个女性排在1到16的位置，1个女性排在第17的位置的概率。

2.18 从一副洗好的扑克牌里随机挑两张，恰好配成黑杰克(blackjack)的概率是多少？(所谓黑杰克，就是其中有一张A，另一张是10，J，Q，K中任一张.)

2.19 两枚同样的骰子，各有两面涂成了红色，两面涂成了蓝色，一面涂成了黄色，剩下一面涂成了白色. 同时掷这两枚骰子，问出现同一种颜色的概率是多少？

2.20 假设你正在和庄家玩黑杰克，对于一副洗好的扑克牌，你和庄家都分不到黑杰克的概率是多少？

2.21 一个小型社区由20个家庭组成，其中只有一个小孩的家庭有4个，有2个小孩的家庭有8个，有3个小孩的家庭有5个，有4个小孩的家庭有2个，有5个小孩的家庭有1个.

(a) 如果随机选取一个家庭，它有$i(i=1, 2, 3, 4, 5)$个孩子的概率是多少？

(b) 如果随机选取一个孩子，孩子来自有$i(i=1, 2, 3, 4, 5)$个孩子的家庭的概率是多少？

2.22 对于n张扑克牌，有一种洗牌技术：对于任何一副没洗的牌，考虑第一张，掷一枚硬币，如果硬币出现的是正面，那么这张牌仍留原位，如果硬币是反面，那么将这张牌放到所有牌的最后，接着考虑第二张牌的位置变换，其规则与第一张牌相同. 硬币掷了n次后，就完成了一轮洗牌. 比如，设$n=4$，牌最初的顺序为1，2，3，4，如果硬币的顺序为正面、反面、反面、正面，那么最后牌的顺序为 1，4，2，3. 假设所掷硬币是均匀的，且 n 次投掷结果相互独立，那么经过一轮洗牌后仍保持原来次序的概率有多大？

2.23 同时掷两枚均匀骰子，问第二枚骰子的点数大于第一枚骰子的点数的概率是多少？

2.24 同时掷两枚骰子，骰子点数之和为 i 的概率是多少？并求出 $i=2, 3, \cdots, 11, 12$ 时的值.

2.25 同时掷两枚骰子，直到骰子点数之和为 5 或 7 出现，求和为 5 先出现的概率.

提示：令 E_n 表示第 n 次掷骰子出现和为 5，但此前 $n-1$ 次当中既不出现和为 5，也不出现和为 7，计算 $P(E_n)$ 且证明 $\sum_{n=1}^{\infty} P(E_n)$ 就是题目所求概率.

2.26 Craps 赌博规则如下：其中一人先掷两枚骰子，如果和为 2，3 或 12，那么他便输了；如果和为 7 或 11，那么他便赢了. 如果和为其他，则由他继续掷骰子，一直到第一次掷出的和数再次出现，或者出现和为 7. 若出现的是 7，则他输了，若出现的是第一次掷出的和数，则他赢了. 求他赢的概率.

提示：令 E_i 表示第一次掷骰子所得点数和为 i，且他赢了. 那么所求概率为 $\sum_{i=2}^{12} P(E_i)$. 为了计算 $P(E_i)$，定义 $E_{i,n}$ 表示事件"第一次和为 i 且他赢了". 证明 $P(E_i)=\sum_{n=1}^{\infty} P(E_{i,n})$.

2.27 坛子里有 3 个红球和 7 个黑球，玩家 A 和 B 从坛子里交替拿球，直到有人拿到红球，求 A 取到了红球的概率.（假设 A 先取球，然后 B 再取，接下来又是 A 取，等等，并假设球取出来后不放回.）

2.28 一个坛子里有 5 个红球、6 个蓝球和 8 个绿球. 如果随机取 3 个球，求以下事件概率：

(a) 三个球是同一种颜色；(b) 三个球是不同的颜色.

假设取球后，记下其颜色，然后再放回坛内（这就是所谓的有放回抽样（sampling with replacement）），重新计算以上事件的概率.

2.29 坛子里有 n 个白球和 m 个黑球，其中 n 和 m 都是正数.

(a) 随机取两个球，它们为同一种颜色的概率是多少？

(b) 如果从坛子里随机取一个球，然后放回再第二次取球，那么取出的两个球为同一种颜色的概率是多少？

(c) 证明(b)的概率始终大于(a)的概率.

2.30 两所学校的棋类俱乐部分别有 8 名和 9 名棋手，每个俱乐部各随机选 4 名参加两校间的对抗赛. 选出来的棋手随机地和另一俱乐部选出来的棋手进行两两配对下棋，假设丽贝卡和妹妹伊莉斯分别在这两所学校的棋类俱乐部，求以下事件的概率：

(a) 丽贝卡和伊莉斯正好配成一对.

(b) 丽贝卡和伊莉斯都被选出，但是她们没有配成一对.

(c) 她们俩人只有一个被选出代表学校参赛.

52

2.31 一个 3 人篮球队包括 1 个后卫、1 个前锋和 1 个中锋.

(a) 如果从 3 个这样的篮球队里分别选一人，正好可以组成一个新篮球队的概率是多少？

(b) 选出来的 3 人是打同一位置的概率是多大？

2.32 一个小组有 b 个男孩，g 个女孩，按随机顺序站成一排，即 $(b+g)!$ 种排列中任一种都是等可能的. 第 $i(1\leqslant i\leqslant b+g)$ 个位置站的正好是女孩的概率是多少？

2.33 树林里有 20 只麋鹿，捉住其中 5 只，贴上标签，然后再放回. 一段时间后，再捉住 4 只麋鹿. 其中有两只贴了标签的概率是多大？此处做了什么样的假设？

2.34 据报道，Yarborough 二世曾经用 1000 比 1 的赌注打赌一个桥牌手里的 13 张牌里至少有一张牌是

10或者更大(所谓更大意味着是10，或者J，Q，K和A). 如今，一手牌里如果没有一张9以上的牌，就称为Yarborough. 问随机发的一手牌是Yarborough的概率是多少？

2.35 一个坛子里面有12个红球、16个蓝球和18个绿球，从坛子中随机取出7个球，求以下事件的概率：

(a) 取出3个红球、2个蓝球和2个绿球；(b) 取出至少2个红球；(c) 所有被取出的球颜色相同；(d) 取出3个红球或者3个蓝球.

2.36 从52张牌里随机取2张，求以下事件概率：

(a) 都是A；(b) 点数相同.

2.37 老师给学生留了10道习题，并且告诉他们期末考试就是从中随机选择5道题，如果有位学生解出了其中7道题，求以下事件概率：

(a) 他能解出所有的5道考试题；(b) 至少能解出其中4道题.

2.38 抽屉里有n只袜子，其中3只是红的. 如果随机取两只袜子，同为红色的概率为1/2，那么n的值是多少？

2.39 城镇里有5个旅馆，如果某天有3人入住旅馆，那么正好住进不同旅馆的概率是多大？其中做了什么样的假设？

2.40 坛子里有4个红球，5个白球，6个蓝球，7个绿球，从中随机取出4个球，计算下面的概率：

(a) 取出的4个球中至少有1个绿球.

(b) 4种颜色的球恰好各有一个被选中.

2.41 掷一枚骰子4次，至少出现一次6的概率是多少？

2.42 连续掷两枚骰子n次，计算双6至少出现一次的概率. 要想此概率大于或等于1/2，n至少要多大？

2.43 (a) 如果包含A和B在内的N个人随机的排成一排，那么A和B紧挨着的概率是多少？

(b) 如果是随机的排成一圈，那么这个概率是多少？

2.44 有A，B，C，D，E五人，站成一排，假设每种顺序都是等可能的，求以下事件概率：

(a) A和B之间恰好有一个人；(b) A和B之间恰好有两个人；(c) A和B之间恰好有三个人.

2.45 一位女士有n把钥匙，其中有一把能打开房门.

(a) 她随机地用钥匙开房门，如果打不开，就换一把钥匙(钥匙不重复试用)，那么正好在第k次成功打开房门的概率是多少？

(b) 如果钥匙可重复试用，这时(a)中问题的概率是多少？

2.46 房间内需要多少人，才能保证其中至少有两人同一月份过生日的概率大于1/2？假设每个月的可能性是一样的.

2.47 从数字1，2，…，14中随机选出5个数字，计算9是第三个最小的数字的概率.

2.48 有20个人，求如下事件的概率：12个月当中，其中4个月每月均有2人过生日，而另有4个月每月均有3人过生日.

2.49 如果把6位男士和6位女士随机地分成2组，每组6人，那么两组的男士人数正好一样的概率是多少？

53

2.50 在桥牌比赛中，计算你有5张黑桃，而搭档正好有8张黑桃的概率.

2.51 把n个球随机地放到N个房间，设N^n种结果每种都是等可能的，试求第一个房间恰有m个球的概率.

2.52 衣柜里有10双鞋，随机拿8只，求以下事件概率：

(a) 一双鞋都没有；(b) 正好有一双鞋.

2.53 4对夫妻共8人随机排成一行，计算没有一对夫妻相邻的概率.

2.54 计算桥牌比赛中有一家至少缺一套花色的概率，注意此答案并不是$\binom{4}{1}\binom{39}{13}\Big/\binom{52}{13}$.（为什么？）

提示：利用命题4.4.

2.55 一手牌13张，求含有以下牌的概率：

(a) 有同一花色的A和K；(b) 有同一个点数的四张.

2.56 有两人玩以下游戏：A从图2-6所示的三个轮盘中选择一个，然后B在剩下的两个中选择一个. 接着两人分别转动各自选中的轮盘，轮盘最后所停的位置下方区域里的数字大者获胜. 假定每个轮盘停在三个区域都是等可能的. 如果是你，你会选择是A还是B？并解释原因.

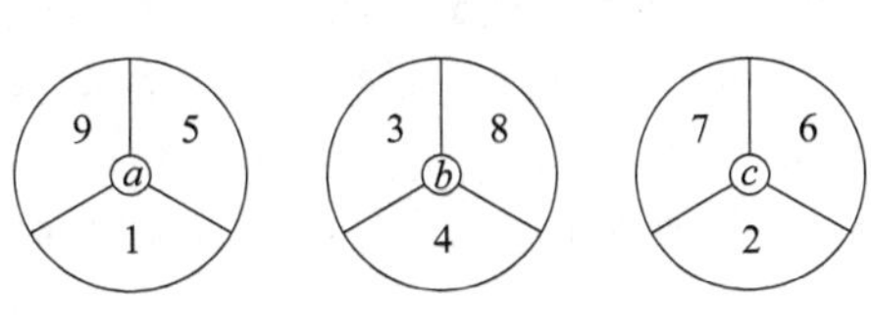

图2-6　轮盘图

54

理论习题

2.1 证明：$EF\subset E\subset E\cup F$.

2.2 证明：如果$E\subset F$，那么$F^c\subset E^c$.

2.3 证明：$F=FE\cup FE^c$ 和 $E\cup F=E\cup E^cF$.

2.4 证明：$\left(\bigcup_{i=1}^{\infty}E_i\right)F=\bigcup_{i=1}^{\infty}E_iF$ 和 $\left(\bigcap_{i=1}^{\infty}E_i\right)\cup F=\bigcap_{i=1}^{\infty}(E_i\cup F)$.

2.5 对任一事件序列E_1，E_2，…，定义一个两两不相交的事件序列F_1，F_2，…(即如果$i\neq j$，则$F_iF_j=\varnothing$)，使得对任何$n\geqslant 1$，有

$$\bigcup_{i=1}^{n}F_i=\bigcup_{i=1}^{n}E_i$$

2.6 设E，F，G为三个事件，写出如下事件的表达式：

(a) 只有E发生；　(b) E和G都发生，但F不发生；

(c) 至少有一个事件发生；　(d) 至少有两个事件发生；

(e) 三个事件都发生；　(f) 没有事件发生；

(g) 多一个事件发生；　(h) 最多两个事件发生；

(i) 正好两个事件发生；　(j) 最多三个事件发生.

2.7 采用维恩图：

(a) 化简表达式$(E\cup F)(E\cup F^c)$；

(b) 对事件E和F证明德摩根律.（即证明$(E\cup F)^c=E^cF^c$和$(EF)^c=E^c\cup F^c$.）

2.8 令S是给定的集合，如果存在S的一列互斥的非空子集S_1，S_2，…，$S_k(k>0)$，满足$\bigcup_{i=1}^{k}S_i=S$，那么称$\{S_1, S_2, \cdots, S_k\}$为$S$的一个分割(partition). 令$T_n$表示集合$\{1, 2, \cdots, n\}$的不同分割的总数，因此，$T_1=1$(表示只有一个分割$S_1=\{1\}$)，$T_2=2$(表示有两个分割：$\{\{1, 2\}\}$和$\{\{1\}, \{2\}\}$).

(a) 通过计算所有的分割，证明：$T_3=5$，$T_4=15$.

(b) 证明：

$$T_{n+1}=1+\sum_{k=1}^{n}\binom{n}{k}T_k$$

并利用此公式计算 T_{10}.

提示：选择分割的一种方法是，从 $(n+1)$ 个元素中选出一个，称为特殊元素. 对于 $k=0, 1, \cdots, n$，首先选定 k 个元素，得到 $n-k$ 个元素的子集和 k 个元素的 T_k 个分割. 分割中若含有特殊元素，这个子集称为特殊子集. 具有相同特殊子集的分割形成一子类，再将每一个子类所含分割数加起来，就得到 T_{n+1}.

2.9 假设某个试验重复 n 次，对样本空间中的任一事件 E，令 $n(E)$ 表示 n 次事件中 E 发生的次数，定义 $f(E)=n(E)/n$. 证明：$f(\cdot)$ 满足公理 1、公理 2 和公理 3.

2.10 证明：$P(E\cup F\cup G)=P(E)+P(F)+P(G)-P(E^cFG)-P(EF^cG)-P(EFG^c)-2P(EFG)$.

2.11 如果 $P(E)=0.9$，$P(F)=0.8$，证明 $P(EF)\geqslant 0.7$. 更一般地，证明 Bonferroni 不等式：

$$P(EF)\geqslant P(E)+P(F)-1$$

2.12 证明：E 和 F 恰好只有一个发生的概率为 $P(E)+P(F)-2P(EF)$.

2.13 证明：$P(EF^c)=P(E)-P(EF)$.

2.14 用数学归纳法证明本章的命题 4.4.

2.15 一个坛子里有 M 个白球和 N 个黑球，随机取 r 个，问恰好取到 k 个白球的概率是多少？

2.16 利用数学归纳法将 Bonferroni 不等式推广到 n 个事件的情形，即证明：

$$P(E_1E_2\cdots E_n)\geqslant P(E_1)+\cdots+P(E_n)-(n-1)$$

55

2.17 考虑例 5m 中的配对问题. 令 A_N 表示 N 个人都不选自己帽子的方法数，证明：

$$A_N=(N-1)(A_{N-1}+A_{N-2})$$

结合边界条件 $A_1=0$，$A_2=1$ 可以递推地求出 A_N. 最后，没有人拿到自己帽子的概率为 $A_N/N!$.

提示：在第一个人选定了一顶别人的帽子之后，剩下 $N-1$ 个人只能从剩下 $N-1$ 顶帽子中选择，且其中一人的帽子不在这 $N-1$ 顶帽子中. 现在有一个特殊的人(他已经没有自己的帽子可选)及一个特殊的帽子(第一个人的帽子)，再将剩下的 $N-1$ 人都不选自己帽子的方法分成两类，一类是特殊人选了特殊的帽子，一类是特殊人不选特殊的帽子，分别计算两类中的方法数，就可以导出所得的公式.

2.18 令 f_n 表示掷一枚硬币 n 次且从不出现连续正面的可能结果数，证明：

$$f_n=f_{n-1}+f_{n-2}\qquad n\geqslant 2,\text{其中 } f_0\equiv 1, f_1\equiv 2$$

提示：按第一次掷硬币的结果将可能的试验结果分成两类，一类是正面朝上，另一类是反面朝上，分别对两类结果计数. 若 P_n 表示 n 次掷硬币的结果中不会连续出现正面的概率，在掷 n 枚硬币的各种结果为等可能情况下，找出 P_n 与 f_n 之关系，并计算 P_{10}.

2.19 一个坛子里有 n 个红球和 m 个蓝球，从中一个一个取球，一直到取了 $r(r\leqslant n)$ 个红球为止. 求此时正好取出 k 个球的概率是多少？

提示：正好取出 k 个球这一事件等价于第 k 次取出红球，且前 $k-1$ 次取出 $r-1$ 个红球.

2.20 设有一个试验，其样本空间包含可数无限个结果，试证明不可能所有可能结果发生的概率都一样. 有没有这样的可能性：所有的可能结果发生的概率均为正数？

***2.21** 在例 5o 中，讨论了在 n 次赢和 m 次输的次序是随机的情况下，赢的游程的数目的概率计算问题. 现在考虑全部游程的个数(赢的游程的数目加上输的游程的数目)，证明：

$$P(\{2k\text{ 个游程}\})=2\frac{\binom{m-1}{k-1}\binom{n-1}{k-1}}{\binom{m+n}{n}}$$

$$P(\{2k+1\text{ 个游程}\})=\frac{\binom{m-1}{k-1}\binom{n-1}{k}+\binom{m-1}{k}\binom{n-1}{k-1}}{\binom{m+n}{n}}$$

自检习题

2.1 一个咖啡馆供应主菜、主食和甜点三类食物，可能的选择见表 2-1，客人在每个种类中选择一种.

(a) 样本空间里一共有多少种结果？

(b) 令 A 表示“选择冰激凌”，A 中一共有多少种结果？

(c) 令 B 表示“选了鸡肉”，B 中一共多少种结果？

(d) 列举事件 AB 中的所有结果.

(e) 令 C 表示“选了米饭”，C 中一共有多少种结果？

(f) 列举事件 ABC 所含的所有结果.

表 2-1

种类	选择
主菜	鸡肉或烤牛肉
主食	面、米饭或土豆
甜点	冰激凌、果冻、苹果酱或桃子

2.2 时装店里来了一位顾客，已知他买西装的概率为 0.22，买衬衫的概率为 0.30，买领带的概率为 0.28，既买西装又买衬衫的概率为 0.11，既买西装又买领带的概率为 0.14，既买衬衫又买领带的概率为 0.10，三者都买的概率为 0.06. 求以下事件概率：

(a) 一样都不买；(b) 正好买一样.

2.3 随机发一副牌，第 14 张是 A 的概率是多少？第 14 张才首次出现 A 的概率又是多少？

2.4 令 A 表示事件“洛杉矶的城中气温为 70°F”，令 B 表示事件“纽约的城中气温为 70°F”，再令 C 表示事件“洛杉矶和纽约的城中气温较高者为 70°F”. 如果 $P(A)=0.3$，$P(B)=0.4$，且 $P(C)=0.2$，求“洛杉矶和纽约的城中气温较低者为 70°F”发生的概率.

2.5 一副洗好的牌共 52 张，求最上面 4 张是以下情况的概率：

(a) 不同点数；(b) 不同花色.

56

2.6 坛子 A 含有 3 个红球和 3 个黑球，而坛子 B 含有 4 个红球和 6 个黑球，从两个坛子里随机各取一球，正好是同一种颜色的概率是多少？

2.7 某个州发行一种彩票，彩民要从 1 到 40 个数中选 8 个. 最后，组委会也从这 40 个数中选 8 个作为中奖数字，假定 $\binom{40}{8}$ 种结果都是等可能的，求以下事件概率：

(a) 彩民猜中了 8 个数字；(b) 彩民猜中了 7 个数字；(c) 彩民至少猜中了 6 个数字.

2.8 从 3 名一年级新生、4 名二年级学生、5 名三年级学生和 3 名毕业班学生中随机选择 4 人组成委员会，求以下事件概率：

(a) 委员会中每个年级恰好一个人；

(b) 委员会由两个二年级学生和两个三年级学生组成；

(c) 委员会仅由二年级或三年级学生组成.

2.9 对于有限集 A，令 $N(A)$ 表示集合 A 中元素的个数.

(a) 证明：

$$N(A\cup B)=N(A)+N(B)-N(AB)$$

(b) 更一般地，证明：

$$N\left(\bigcup_{i=1}^{n}A_i\right)=\sum_{i}N(A_i)-\sum_{i<j}\sum N(A_iA_j)+\cdots+(-1)^{n+1}N(A_1\cdots A_n)$$

2.10 赛马比赛有 6 匹马，编为 1，2，3，4，5，6 号. 样本空间由 6! 种可能的比赛结果组成. 令 A 表示“1号马跑在前3名”，令B表示“2号马跑第二名”，那么$A\cup B$一共包含多少种结果？

2.11 从一副洗好的52张牌里取5张，每个花色至少有一张的概率是多大？

2.12 篮球队有6名前场队员和4名后场队员，现在要随机两两配对分宿舍，正好有两间宿舍由前场队员和后场队员合住的概率是多少？

2.13 某人从“R E S E R V E”中随机挑选一个字母，再从“V E R T I C A L”中随机选一个，求两个字母恰好相同的概率.

2.14 证明布尔不等式：

$$P\left(\bigcup_{i=1}^{\infty} A_i\right) \leqslant \sum_{i=1}^{\infty} P(A_i)$$

2.15 证明：如果对所有$i\geqslant 1$，有$P(A_i)=1$成立，那么$P\left(\bigcap_{i=1}^{\infty} A_i\right)=1$.

2.16 令$T_k(n)$表示“集合$\{1, \cdots, n\}$分成k个非空子集的不同分割数”，此处$1\leqslant k\leqslant n$(分割的定义参见理论习题2.8)，证明：

$$T_k(n) = kT_k(n-1) + T_{k-1}(n-1)$$

提示：$\{1\}$是子集的分割数是多少？$\{1\}$不是子集的分割数是多少？

2.17 一个坛子里装有5个红球、6个白球和7个蓝球，无放回地随机抽取5个，三种颜色的球都取到的概率是多少？

2.18 4个红球、8个蓝球和5个绿球随机排列在一条直线上.

(a) 求前5个球是蓝色的概率；　　(b) 求前5个球中没有蓝球的概率；

(c) 求最后3个球的颜色不相同的概率；(d) 求所有红球摆放在一起的概率.

2.19 由每种花色有13张的4种花色组成的52张牌，从中随机选取10张. 将同花色的牌放在一堆.

(a) 求4堆牌的张数分别是4，3，2，1的概率；

(b) 求有两堆有3张牌，一堆有4张牌，一堆没有牌的概率.

2.20 一个坛子里有20个红球和10个蓝球，从坛子里依次往外取球，求所有的红球在所有的蓝球前被取出的概率.

第3章 条件概率和独立性

3.1 引言

本章我们将介绍条件概率，这是概率论中最重要的概念之一．这个概念的重要性是双重的．首先，我们在计算某些事件的概率时，同时具有某些关于该试验的附加信息，此时概率应该是条件概率．其次，即使没有附加信息可用，也可以利用条件概率的方法计算某些事件的概率，而这种方法常可以使计算非常简单．

3.2 条件概率

同时掷两枚骰子，假设36种结果都是等可能发生的，因此每种结果发生的概率为1/36．进一步假设已知第一枚骰子的点数为3．在这些条件下，两枚骰子点数之和为8的概率是多少？为了计算这个概率，推理如下：给定第一枚骰子的点数为3，那么掷两枚骰子共有6种可能结果：(3，1)，(3，2)，(3，3)，(3，4)，(3，5)，(3，6)．因为每种结果发生的概率都一样，那么，这6种结果也应该是等可能的．即在给定第一枚骰子为3的情况下，6种结果(3，1)，…，(3，6)中每一种结果发生的(条件)概率应该是1/6，而样本空间中其他30个点的(条件)概率应该是0．这样，在第一枚骰子的点数为3的条件下，两枚骰子点数之和为8的概率应该是1/6．

如果我们让E和F分别表示“两枚骰子点数之和为8”和“第一枚骰子点数为3”，利用上述方法，计算得到的概率称为*假定F发生的情况下E发生的条件概率*，记为$P(E|F)$． 58

用如下方式可以推导出一个对于所有E和F都适用的计算$P(E|F)$的一般公式：如果F发生了，那么为了E发生，其结果必然是既属于E也属于F的一点，即这个结果必然属于EF．既然已知F已经发生，F成了新的样本空间，因此E发生的(条件)概率必然等于EF发生的概率与F发生的概率之比．也就是说，我们有如下定义．

定义 *如果$P(F)>0$，那么*

$$P(E|F) = P(EF)/P(F) \tag{2.1}$$

例2a 乔伊80%肯定他把失踪的钥匙放在了他外套两个口袋中的一个里．他40%确定放在左口袋，40%确定放在右口袋．如果检查了左口袋发现没有找到钥匙，那么钥匙在右口袋的条件概率是多少？

解 如果令L表示“钥匙在左口袋”这个事件，令R表示“钥匙在右口袋”这个事件，则所求概率为

$$P(R|L^c) = P(RL^c)/P(L^c) = P(R)/[1-P(L)] = 2/3$$ ■

如果一个有限样本空间S中每种结果都是等可能的，那么这些加上条件的事件在子集$F\subset S$中，F中的所有结果都是等可能的．在这些例子中，我们用F这样的样本空间可以很容易地计算出形如$P(E|F)$的条件概率．的确，在处理简化的样本空间时，我们可以用

更简单、更容易理解的方法．下面两个例子可以阐明这一点．

例 2b　抛掷一枚硬币两次，假定样本空间 $S=\{(H, H), (H, T), (T, H), (T, T)\}$ 中 4 个样本点是等可能发生的，求给定以下事件后两枚硬币都是正面朝上的条件概率：(a) 第一枚正面朝上；(b) 至少有一枚正面朝上．

解　令 $B=\{(H, H)\}$ 表示事件"两枚硬币都是正面朝上"；令 $F=\{(H, H), (H, T)\}$ 表示事件"第一枚硬币正面朝上"；令 $A=\{(H, H), (H, T), (T, H)\}$ 表示事件"至少有一枚硬币正面朝上"．那么(a)中所求概率为

59

$$P(B|F)=P(BF)/P(F)=\frac{P(\{(\mathrm{H},\mathrm{H})\})}{P(\{(\mathrm{H},\mathrm{H}),(\mathrm{H},\mathrm{T})\})}=\frac{1/4}{2/4}=1/2$$

对于(b)，有

$$P(B|A)=P(BA)/P(A)=\frac{P(\{(\mathrm{H},\mathrm{H})\})}{P(\{(\mathrm{H},\mathrm{H}),(\mathrm{H},\mathrm{T}),(\mathrm{T},\mathrm{H})\})}=\frac{1/4}{3/4}=1/3$$

因此，已知第一枚硬币正面朝上的条件下，两枚硬币都是正面朝上的条件概率为 1/2，而已知至少有一枚硬币正面朝上的条件下，两枚硬币都是正面朝上的概率为 1/3．很多学生对后者感到吃惊．他们推断，给定至少有一枚正面朝上这个事件后就有两种结果：两枚都正面朝上，或者只有一枚正面朝上．他们犯的错误是把这两种结果看成等可能的了．最初有 4 种等可能的结果，因为"至少一枚正面朝上"表明"结果不是(T，T)"，所以只剩 3 种结果：(H，H)，(H，T)，(T，H)．而这三种结果都是等可能的，(H，H)只是其中一种结果，因此其条件概率为 1/3 是很自然的了．■

例 2c　桥牌游戏里，52 张牌平均发给东、西、南、北四家．如果南和北一共有 8 张黑桃，那么东有剩下 5 张黑桃里的 3 张的概率是多少？

解　或许计算这个概率的最简单方法是缩减样本空间．即已知南北 26 张牌中共有 8 张黑桃，那么还剩下 26 张牌，其中正好 5 张是黑桃，将要分给东西两家．由于每种分法都是等可能的，因此，东家 13 张牌中正好有 3 张黑桃的条件概率是

$$\frac{\binom{5}{3}\binom{21}{10}}{\binom{26}{13}}\approx 0.339$$
■

在式(2.1)两边同时乘以 $P(F)$，可以得到

$$P(EF)=P(F)P(E|F) \tag{2.2}$$

换言之，公式(2.2)说明了 E 和 F 同时发生的概率，等于 F 发生的概率乘以在 F 发生的条件下 E 发生的条件概率．公式(2.2)在计算事件的交的概率时非常有用．

例 2d　在选修法语课还是化学课这件事上，席琳犹豫不决．她估计如果选修法语课，则有 1/2 的概率获得"A"等成绩，而如果选修化学课，则有 2/3 的概率获得"A"等成绩．如果席琳通过掷硬币来作决定，那么她将选修化学课并获得"A"等成绩的概率是多少？

解　如果用 C 表示"席琳选修化学课"，用 A 表示"她获得了'A'等成绩"，那么所求概率为 $P(CA)$，利用公式(2.2)计算如下：

60

$$P(CA)=P(C)P(A|C)=\frac{1}{2}\times\frac{2}{3}=\frac{1}{3}$$ ■

例 2e 假设坛子中有 8 个红球与 4 个白球，我们无放回地取出两个球.

(a) 假定每次取球时，坛子中各个球被取中的可能性是一样的，那么取出的两个球都为红球的概率是多少？

(b) 现在假定球的质量不同，每个红球的质量为 r，每个白球的质量为 w，假设每次抽到一给定球的概率是其质量除以当时坛子中球的总质量，则两次取出的都为红球的概率是多少？

解 (a) 令 R_1 和 R_2 分别表示第一次与第二次取出红球的事件. 若取出的第一个球是红球，那么坛子中剩下 7 个红球和 4 个白球，因此，

$$P(R_2|R_1)=\frac{7}{11}$$

由于 $P(R_1)$显然等于 8/12，因此所求概率为

$$P(R_1R_2)=P(R_1)P(R_2|R_1)=\left(\frac{2}{3}\right)\left(\frac{7}{11}\right)=\frac{14}{33}$$

当然，这个概率也可按下式计算得出：

$$P(R_1R_2)=\frac{\binom{8}{2}}{\binom{12}{2}}$$

(b) 我们再次令 R_i 表示事件“第 i 次取出的是红球”，并利用公式

$$P(R_1R_2)=P(R_1)P(R_2|R_1)$$

现在，对红球进行标记，记 $B_i(i=1,\cdots,8)$表示第一次取出的是第 i 个红球. 那么，

$$P(R_1)=P\left(\bigcup_{i=1}^{8}B_i\right)=\sum_{i=1}^{8}P(B_i)=8\,\frac{r}{8r+4w}$$

进而，假定第一次取出的球是红色的，那么坛子里有 7 个红球和 4 个白球. 同理可得，

$$P(R_2|R_1)=\frac{7r}{7r+4w}$$

那么，两个都是红球的概率是

$$P(R_1R_2)=\frac{8r}{8r+4w}\,\frac{7r}{7r+4w}$$ ■

公式(2.2)的推广有时也称为*乘法规则*，它提供了任意多个事件交的概率的计算方法.

乘法规则

$$P(E_1E_2E_3\cdots E_n)=P(E_1)P(E_2|E_1)P(E_3|E_1E_2)\cdots P(E_n|E_1\cdots E_{n-1})$$

61

总之，乘法法则是指，事件 E_1，E_2，…，E_n 同时发生的概率 $P(E_1E_2\cdots E_n)$等于事件 E_1 发生的概率 $P(E_1)$，乘以给定事件 E_1 发生的条件下事件 E_2 发生的条件概率 $P(E_2|E_1)$，

乘以给定事件 E_1，E_2 发生的条件下事件 E_3 发生的条件概率 $P(E_3|E_1E_2)$，以此类推。

为了证明乘法规则，只需对等式右边应用条件概率的定义，可得

$$P(E_1)\frac{P(E_1E_2)}{P(E_1)}\frac{P(E_1E_2E_3)}{P(E_1E_2)}\cdots\frac{P(E_1E_2\cdots E_n)}{P(E_1E_2\cdots E_{n-1})}=P(E_1E_2\cdots E_n)$$

例 2f　在第 2 章例 5m 的配对问题上，我们知道 P_N，即 N 个人从 N 顶帽子中随意挑选并且没有配对的概率为

$$P_N=\sum_{i=0}^{N}(-1)^i/i!$$

那么 N 个人中刚好有 k 个人配对成功的概率是多少呢?

解　让我们先考虑固定 k 个人配对成功的情况，即确定这 k 个人全配对成功而其他人都没有配对的概率. 设 E 表示这 k 个人都拿到自己帽子的事件，G 表示剩下的 $N-k$ 个人都没有拿到自己帽子的事件，我们有

$$P(EG)=P(E)P(G|E)$$

现在，令 $F_i(i=1,\cdots,k)$表示第 i 个成员刚好配对成功，那么

$$\begin{aligned}P(E)&=P(F_1F_2\cdots F_k)=P(F_1)P(F_2|F_1)P(F_3|F_1F_2)\cdots P(F_k|F_1\cdots F_{k-1})\\&=\frac{1}{N}\frac{1}{N-1}\frac{1}{N-2}\cdots\frac{1}{N-k+1}=\frac{(N-k)!}{N!}\end{aligned}$$

假设这 k 个人都配对好了正确的帽子，剩下的 $N-k$ 个人随机地从另外 $N-k$ 顶帽子中选择. 那么 $N-k$ 人中没有一个人配对成功的概率等于这 $N-k$ 个人在这 $N-k$ 顶帽子选择时没有配对. 因此，

$$P(G|E)=P_{N-k}=\sum_{i=0}^{N-k}(-1)^i/i!$$

表明只有 k 个人配对成功的概率为

62

$$P(EG)=\frac{(N-k)!}{N!}P_{N-k}$$

由于上面的结果对于 N 个人中的任意 k 个人适用，因此，

$$P(\text{刚好 } k \text{ 个配对成功})=P_{N-k}/k!\approx e^{-1}/k!\qquad \text{当 } N \text{ 很大时}$$ ■

例 2g　一副 52 张牌随机地分成 4 堆，每堆 13 张. 计算每一堆正好有一张 A 的概率.

解　定义事件 $E_i(i=1,2,3,4)$如下：

$E_1=\{$黑桃 A 在任何一堆里$\}$

$E_2=\{$黑桃 A 和红桃 A 在不同的堆里$\}$

$E_3=\{$黑桃 A、红桃 A 和方块 A 在不同的堆里$\}$

$E_4=\{$4 张 A 在不同的堆里$\}$

所求概率为 $P(E_1E_2E_3E_4)$，利用乘法规则，

$$P(E_1E_2E_3E_4)=P(E_1)P(E_2|E_1)P(E_3|E_1E_2)P(E_4|E_1E_2E_3)$$

由于 E_1 为样本空间 S，

$$P(E_1)=1$$

为确定 $P(E_2 \mid E_1)$，考虑包含黑桃 A 的那一堆. 因为红桃 A 可以在黑桃 A 这一堆，也可分在其余 3 堆中. 红桃 A 分在其余 3 堆的可能性为

$$P(E_2 \mid E_1) = 1 - \frac{12}{51} = \frac{39}{51}$$

方块 A 可以分在黑桃 A 或红桃 A 这些堆里，也可以分在其余的两堆里. 分到其余两堆的可能性为

$$P(E_3 \mid E_1 E_2) = 1 - \frac{24}{50} = \frac{26}{50}$$

梅花 A 可以分在黑桃 A、红桃 A 或方块 A 这些堆里，或者分在另外一堆里. 方块 A 在另外一堆的概率为

$$P(E_4 \mid E_1 E_2 E_3) = 1 - \frac{36}{49} = \frac{13}{49}$$

因此，我们可以得到所求的每堆恰好有 1 张 A 的概率为

$$P(E_1 E_2 E_3 E_4) = \frac{39 \times 26 \times 13}{51 \times 50 \times 49} \approx 0.105$$

即大概有 10.5%的机会每堆牌中恰好有一个 A(习题 3.13 将利用乘法规则给出另一种解法). ■

63

例 2h 在 2016 年欧洲冠军杯四分之一决赛的 8 支球队中，有 4 支是公认的强队——巴塞罗那、拜仁慕尼黑、皇家马德里和巴黎圣日耳曼. 假设这一轮的配对是完全随机的，即所有可能的配对都是等可能的. 求在这一轮没有强队对战的概率.（令人惊讶的是，在这场比赛中似乎经常会出现这样的情况，即使配对是随机的，实力非常强的球队在这轮比赛中也很少相互配对.）

解 如果我们把四支强队编号为 1～4，然后令 $W_i(i=1\ 2\ 3\ 4)$表示事件“球队 i 与四支弱队中的一支对战”，那么所求的概率是 $P(W_1 W_2 W_3 W_4)$。根据乘法规则，

$$\begin{aligned}P(W_1 W_2 W_3 W_4) &= P(W_1)P(W_2 \mid W_1)P(W_3 \mid W_1 W_2)P(W_4 \mid W_1 W_2 W_3) \\ &= (4/7)(3/5)(2/3)(1) \\ &= 8/35\end{aligned}$$

因为球队 1 等可能地与其他 7 支球队中的任意一支配对，所以有 $P(W_1)=4/7$. 现在，在 W_1 发生的条件下，球队 2 等可能地与其他 5 支球队中的任意一支配对，即球队 3，4 或三支弱队中的任意一支与球队 1 配对. 由于这 5 支球队中三支是弱队，因此 $P(W_2 \mid W_1)=3/5$. 类似地，在事件 W_1 和 W_2 都发生的条件下，球队 3 等可能地与 3 支球队(即球队 4 和其余两支没有和球队 1 或球队 2 配对的弱队)中的任意一支配对. 因此，$P(W_3 \mid W_1 W_2)=2/3$. 最后，在 W_1，W_2 和 W_3 都发生的条件下，球队 4 将与其余没有和球队 1，2 和 3 中任意一支配对的弱队配对，因此 $P(W_4 \mid W_1 W_2 W_3)=1$.

注释 $P(E|F)$的定义与概率的频率解释是一致的. 为此，假设进行了 n 次独立重复试验(n 相当大). 若我们只考虑事件 F 发生的那些试验，此时 $P(E|F)$近似地等于事件 E 发生的相对频率. 由于概率 $P(F)$是事件 F 发生的频率的极限，在 n 次独立重复试验中，事件 F 会近似地发生 $nP(F)$次. 类似地，事件 EF 会近似地发生 $nP(EF)$次. 这样，在 F 发生的近 $nP(F)$次试验中，事件 E 也发生的相对

频率近似地等于

$$\frac{nP(EF)}{nP(F)}=\frac{P(EF)}{P(F)}$$

当 n 越来越大时，其相对频率趋于 $P(EF)/P(F)$. 这个值也就是 $P(E|F)$ 的频率定义.

3.3 贝叶斯公式

设 E 和 F 为两个事件，可以将 E 表示为

$$E=EF\cup EF^c$$

这样，E 中的结果，要么同时属于 E 和 F，要么只属于 E 但不属于 F(见图 3-1). 显然，64 EF 和 EF^c 是互不相容的，因此，根据公理 3，我们有

$$\begin{aligned}P(E)&=P(EF)+P(EF^c)=P(E|F)P(F)+P(E|F^c)P(F^c)\\&=P(E|F)P(F)+P(E|F^c)[1-P(F)]\end{aligned}\tag{3.1}$$

公式(3.1)说明事件 E 发生的概率等于在 F 发生的条件下 E 的条件概率与在 F 不发生的条件下 E 发生的条件概率的加权平均，其中加在每个条件概率上的权重就是作为条件的事件发生的概率. 这是一个极其有用的公式，它使得我们能够通过以第二个事件发生与否作为条件来计算第一个事件的概率. 也就是说，在许多问题中，直接计算某个事件的概率很困难，但是一旦知道第二个事件发生与否，就容易计算了. 我们接下来用一些例子阐述这点.

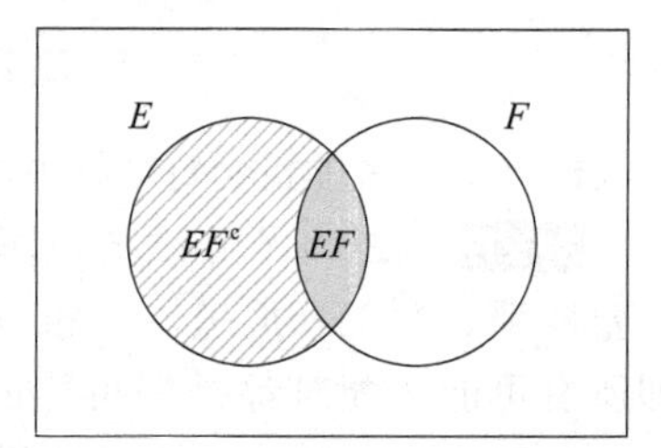

图 3-1　$E=EF\cup EF^c$. EF=阴影区域；EF^c=条纹区域

例 3a 第 1 部分　保险公司认为人可以分为两类，一类易出事故，另一类则不易出事故. 统计表明，一个易出事故者在一年内发生事故的概率为 0.4，而对不易出事故者来说，这个概率则减少到 0.2，若假定第一类人占人口的比例为 30%，现有一个新人来投保，则该人在购买保单后一年内将出事故的概率有多大?

解　以这个投保客户是不是易出事故者作为条件，我们将得到所求概率. 令 A_1 表示“投保客户一年内将出事故”这一事件，而以 A 表示“投保人为容易出事故者”这一事件，则所求概率 $P(A_1)$ 为

$$P(A_1)=P(A_1|A)P(A)+P(A_1|A^c)P(A^c)=0.4\times0.3+0.2\times0.7=0.26$$ ■

例 3a 第 2 部分　假设一个新投保人在购买保单后一年内出了事故，那么他是易出事故65者的概率是多少?

解　所求概率为 $P(A|A_1)$，可从下式计算得到：

$$P(A|A_1)=\frac{P(AA_1)}{P(A_1)}=\frac{P(A)P(A_1|A)}{P(A_1)}=\frac{0.3\times0.4}{0.26}=\frac{6}{13}$$ ■

例 3b　考虑一副 52 张扑克牌的如下玩法：将洗好的一副牌都牌面朝下放好，一次翻开一张，玩家只有一次机会可以猜接下来翻开的一张是否是黑桃 A，如果是，那么玩家获胜；如果不是，那么玩家输. 另外，如果直到最后一张还没有翻开，而此前没有出现过黑桃“A”，且玩家也没有猜过，那么玩家也获胜. 什么是好的策略? 什么是差的策略?

解 其答案是：任何一种策略，获胜的概率都是 1/52. 为了说明这点，我们将用归纳的方法证明一个更强的结论：对于 n 张牌，其中有一张牌为黑桃“A”，那么不管采取何种策略，获胜的概率都是 $1/n$. 这点显然对 $n=1$ 是正确的. 假设对 $n-1$ 张牌，该结论也成立. 现在考虑 n 张牌，对于任一给定策略，令 p 表示按该策略第一次就猜牌的概率. 如果第一次就猜牌，那么获胜的概率为 $1/n$. 另外，如果按策略第一次不猜牌，那么获胜的概率就是第一张牌不是黑桃 A 的概率 $(n-1)/n$，乘以在第一张牌不是黑桃“A”的条件下，获胜的条件概率. 而此条件概率就等于含一张黑桃 A 的 $n-1$ 张牌的玩牌游戏中获胜的概率，利用归纳假设，该条件概率为 $1/(n-1)$，因此，按策略第一次不猜牌的条件下，获胜的概率为

$$\frac{n-1}{n}\frac{1}{n-1}=\frac{1}{n}$$

因此，令 G 表示“第一次就猜牌”这一事件，我们可得

$$\begin{aligned}P(\{\text{获胜}\}) &= P(\{\text{获胜}\mid G\})P(G)+P(\{\text{获胜}\mid G^c\})(1-P(G))\\ &=\frac{1}{n}\times p+\frac{1}{n}\times(1-p)=\frac{1}{n}\end{aligned}$$

■

例 3c 在回答一道多项选择题时，学生或者知道正确答案，或者就猜一个. 令 p 表示他知道正确答案的概率，则 $1-p$ 表示猜的概率. 假定学生猜中正确答案的概率为 $1/m$，此处 m 就是多项选择题的可选择答案数. 在已知他回答正确的条件下，该学生知道正确答案的概率是多少?

66

解 令 C 和 K 分别表示事件“该学生回答正确”和“该学生知道正确答案”. 这样

$$\begin{aligned}P(K\mid C) &= \frac{P(KC)}{P(C)}=\frac{P(C\mid K)P(K)}{P(C\mid K)P(K)+P(C\mid K^c)P(K^c)}\\ &=\frac{p}{p+(1/m)(1-p)}=\frac{mp}{1+(m-1)p}\end{aligned}$$

例如，如果 $m=5$，$p=1/2$，那么在已知该学生回答正确的条件下，他知道正确答案的条件概率为 5/6. ■

例 3d 一项血液化验有 95% 的把握诊断某种疾病，但是，这项化验用于健康人也会有 1% 的“伪阳性”结果(即如果一个健康人接受这项化验，则化验结果误诊此人患该疾病的概率为 0.01). 如果该疾病的患者事实上仅占总人口的 0.5%，若某人化验结果为阳性，则此人确实患该疾病的概率是多少?

解 令 D 表示“接受化验的这个人患该疾病”这一事件，令 E 表示“其化验结果为阳性”这一事件，所求概率为

$$\begin{aligned}P(D\mid E) &= \frac{P(DE)}{P(E)}=\frac{P(E\mid D)P(D)}{P(E\mid D)P(D)+P(E\mid D^c)P(D^c)}\\ &=\frac{0.95\times 0.005}{0.95\times 0.005+0.01\times 0.995}=\frac{95}{294}\approx 0.323\end{aligned}$$

因此，在化验结果为阳性的人当中，真正患该病的人只有 32%. 对于这一结果，许多学生感到非常吃惊(因为血液化验似乎是个好办法，所以他们总认为这个数值应该高得多). 因

此，有必要给出第二个解法．与前一个解法比较，第二个解法尽管不严格，但却更直观．

由于事实上患该疾病的人占总人口的比例为0.5%，平均地算，接受化验的每200个人中应有1个患者，而这项化验只能保证疾病的患者被诊断为患病的概率为0.95，因此，平均来说，每200个接受化验者能保证有0.95个人被诊断出，并且此人真的患病．但另一方面(平均来说)，在其余199个健康人中，这项化验会错误地诊断出199×0.01个人患该病，因此，每当诊断出0.95个病人时(平均地说)总有199×0.01个健康人被误诊为患病．于是，当化验结果确定某人患该病时，正确诊断所占比例为

$$\frac{0.95}{0.95+199\times 0.01}=\frac{95}{294}\approx 0.323$$ ■

利用公式(3.1)还可以根据附加信息对某事件的概率进行修正．下面的例子就是它的一个应用．

67

例3e　假设某药剂师考虑如下诊断方案：如果我至少有80%的可能确定病人确实有此病，那么我会建议手术；而如果我并不确定，那么我会推荐做进一步的检查，该检查是昂贵的，有时也是痛苦的．现在，开始我仅仅有60%的把握认为琼斯患有此病，因此我推荐做了检查项目A，该检查对于确有此病的患者给出阳性结果，而对健康人却不会给出阳性结果．经检查琼斯的结果是阳性后，正当我建议手术时，琼斯给了我另一个信息，他患有糖尿病．这个信息使问题复杂化，尽管它并不影响我一开始认为他患有此病的60%的把握，但是却影响了检查项目A的效果．因为虽然该检查项目对健康人不给出阳性，但是对于患有糖尿病却不患有这种疾病的人来说，有30%的可能给出阳性结果．那么我现在该如何做？是做进一步检查，还是立即手术？

解　为了决定是否建议手术，医生首先要计算在检查项目A结果为阳性的情况下，琼斯患该病的概率．令D表示“琼斯患此病”这一事件，E表示“检查项目A结果为阳性”这一事件，那么所求条件概率$P(D|E)$为

$$P(D|E)=\frac{P(DE)}{P(E)}=\frac{P(E|D)P(D)}{P(E|D)P(D)+P(E|D^c)P(D^c)}=\frac{0.6\times 1}{1\times 0.6+0.3\times 0.4}=0.833$$

注意，我们以琼斯是否患有此病为条件计算了项目A结果为阳性的概率，并且利用了如下事实：因为琼斯患有糖尿病，已知在其不患上述疾病的条件下项目A结果为阳性的条件概率$P(E|D^c)$等于0.3，因此，医生现在有超过80%的把握确定琼斯患有此病，所以应该建议手术． ■

例3f　在某刑事调查过程中，调查员有60%的把握认为嫌疑人确实犯有此罪．假定现在得到了一份新的证据，表明罪犯有某个身体特征(左撇子、光头或者棕色头发等)，如果有20%的人有这种特征，那么在犯罪嫌疑人具有这种特征的条件下，检察官认为他确实犯此罪的把握有多大？

解　令G表示“犯罪嫌疑人确实犯此罪”这一事件，而C表示“他具有罪犯的该身体特征”，那么有

68

$$P(G|C)=\frac{P(GC)}{P(C)}=\frac{P(C|G)P(G)}{P(C|G)P(G)+P(C|G^c)P(G^c)}=\frac{1\times 0.6}{1\times 0.6+0.2\times 0.4}\approx 0.882$$

其中我们假定了犯罪嫌疑人事实上没犯罪却有该身体特征的概率为 0.2，也就是具有这个特征的人口的比例. ■

例 3g 1965 年 5 月，在 Buenos Aires 举行的世界桥牌锦标赛上，英国一对著名的桥牌手 Terrence Reese 和 Boris Schapiro 被指控作弊，说是他们用手指作暗号暗示他们红桃的张数. Reese 和 Schapiro 都否认这项指控. 事后，英国桥牌协会举行了一个听证会. 听证会按法律的程序进行，既包含控方，也包含辩方. 双方都有目击证人. 在接下来的调查过程中，控方检查了 Reese 和 Schapiro 打的几手牌，并声称他们的打法与通过作弊已知了红桃的张数的打法是吻合的. 针对这个观点，辩方律师指出，他们的打法也同样与标准打法一致. 然而，控方指出，既然他们的打法与其作弊的假设是一致的，那么就应该是支持这种假设. 你如何理解控方的理由？

解 此问题基本上是新的证据(在此例中，牌的打法)如何影响某个特定假设成立的概率的问题. 现在，令 H 表示“某个特定假设(如 Reese 和 Schapiro 确实作弊)”，而 E 表示“新的证据”，那么

$$P(H|E)=\frac{P(HE)}{P(E)}=\frac{P(E|H)P(H)}{P(E|H)P(H)+P(E|H^c)[1-P(H)]} \tag{3.2}$$

其中 $P(H)$ 为在新证据展示之前我们对假设成立的可能性的估值. 新证据支持假设成立，如果它使得假设成立的可能性增大，即 $P(H|E)\geqslant P(H)$. 利用公式(3.2)，此式等价于

$$P(E|H)\geqslant P(E|H)P(H)+P(E|H^c)[1-P(H)]$$

或等价于

$$P(E|H)\geqslant P(E|H^c)$$

即当假设成立时，新证据发生的概率大于假设不成立时发生的概率，就认为新证据支持假设. 事实上，已知新的证据发生的条件下，假设成立的新概率和初始概率的关系可从下式看出：

$$P(H|E)=\frac{P(H)}{P(H)+[1-P(H)]\dfrac{P(E|H^c)}{P(E|H)}}$$

69

因此，在所考虑的问题中，牌手的打法可以认为是支持假设成立的，除非在他们作弊的条件下这种打法的可能性大于他们不作弊的条件下这种打法的可能性. 而控方并没有作此声明. 因此，他们关于新证据是支持作弊的假设的这一断言是无效的. ■

例 3h 双胞胎可能是同卵双生或者异卵双生. 同卵双生也叫单卵双生，是由一个受精卵分裂成为两个完全一样的部分发育而来的. 因此，同卵双胞胎含有相同的基因. 异卵双生又叫二卵双生，是由两个受精卵植入子宫发育而来的. 异卵双胞胎像不同时间出生的兄弟姐妹一样，基因多少是有些一样的. 为了知道双胞胎中同卵双生所占的比例，加利福尼亚州洛杉矶市的科学家已经指派一名统计学家来研究这个问题. 这位统计学家首先要求市里每一家医院对双胞胎做记录，同时对是否是同卵双生做标记. 然而医院告诉他判断一个新生儿是否是同卵双生并不是一件简单的事，这关系到父母是否愿意自费给孩子做这项复杂而又昂贵的 DNA 检验. 经过一番思考之后，统计学家只让医院提供标记着双胞胎是否

是相同性别的所有双胞胎数据列表．当数据表明约有 64％的双胞胎是性别相同时，统计学家就宣称约有 28％的双胞胎是同卵双生．他是如何得出这个结论的？

解　统计学家推断同卵双生双胞胎性别总是相同的．又因为异卵双生双胞胎就相当于普通的兄弟姐妹，所以性别相同的概率也有 1/2．令 I 表示“同卵双生双胞胎”事件，令 SS 表示“双胞胎性别相同”事件，他在双胞胎是否为同卵双生的条件下计算概率 $P(SS)$，得到

$$P(SS) = P(SS|I)P(I) + P(SS|I^c)P(I^c)$$

或者

$$P(SS) = 1 \times P(I) + \frac{1}{2} \times [1 - P(I)] = \frac{1}{2} + \frac{1}{2}P(I)$$

由 $P(SS) \approx 0.64$ 可以得出 $P(I) \approx 0.28$．■

当发现新的证据时，假设成立的概率之变化可以表示为假设的“优势比”之变化，其中优势比的概念定义如下．

70

定义　事件 A 的优势比定义为

$$\frac{P(A)}{P(A^c)} = \frac{P(A)}{1 - P(A)}$$

即事件 A 的优势比告诉我们该事件发生的可能性是不发生的可能性的倍数．举例来说，如果 $P(A) = 2/3$，那么 $P(A) = 2P(A^c)$，因此，事件 A 的优势比等于 2．如果某事件的优势比等于 α，那么通常称支持假设成立的优势比为“α : 1”．

现在考虑假设 H 以概率 $P(H)$ 成立，如果我们发现了新的证据 E，那么在 E 成立的条件下，H 成立和 H 不成立的条件概率分别为

$$P(H|E) = \frac{P(E|H)P(H)}{P(E)} \qquad P(H^c|E) = \frac{P(E|H^c)P(H^c)}{P(E)}$$

因此，引进证据 E 后，假设 H 的新的优势比为

$$\frac{P(H|E)}{P(H^c|E)} = \frac{P(H)}{P(H^c)} \frac{P(E|H)}{P(E|H^c)} \tag{3.3}$$

即 H 的新的优势比值等于它原来的优势比的值乘以新的证据在 H 和 H^c 之下的条件概率比值．公式(3.3)也验证了例 3f 的结论，因为如果在 H 成立的条件下新证据的概率大于在 H^c 成立的条件下新证据的概率，H 的优势比值是递增的．反之，是递减的．

例 3i　一个坛子里装了两枚 A 型硬币和一枚 B 型硬币．当抛 A 型币时，正面向上的概率是 1/4．当抛 B 型硬币时，正面向上的概率是 3/4．随机从坛子里取一枚硬币掷，假定掷出的结果是正面向上，则所掷的是 A 型硬币的概率是多少？

解　令 A 表示“掷的是 A 型硬币”这个事件，$B = A^c$ 表示“掷的是 B 型硬币”这个事件．令 head 表示硬币正面向上这个事件，我们要求的是 $P(A|\text{head})$．从式(3.3)可以看出，

$$\frac{P(A|\text{head})}{P(A^c|\text{head})} = \frac{P(A)}{P(B)} \frac{P(\text{head}|A)}{P(\text{head}|B)} = \frac{2/3}{1/3} \frac{1/4}{3/4} = 2/3$$

所以优势比是 2/3 : 1，或者，等价地，掷的是 A 型硬币的概率为 2/5．■

公式(3.1)可推广如下：假定 $F_1, F_2, \cdots, F_n$ 是互不相容的事件，且

$$\bigcup_{i=1}^{n} F_i = S$$

换言之，这些事件中必有一件发生．记

71

$$E = \bigcup_{i=1}^{n} EF_i$$

又由于事实上 $EF_i(i=1, \cdots, n)$是互不相容的，我们可以得到如下公式：

$$P(E) = \sum_{i=1}^{n} P(EF_i) = \sum_{i=1}^{n} P(E|F_i)P(F_i) \tag{3.4}$$

因此，公式(3.4)被称为**全概率公式**，对于事件 F_1，F_2，…，F_n，其中一个或者仅有一个发生，我们可以用这个公式通过 F_i 中一个发生的条件概率来计算 $P(E)$．公式(3.4)叙述了 $P(E)$等于 $P(E|F_i)$的加权平均，每项的权重为事件 F_i 发生的概率．

例 3j　在第 2 章例 5j 中，我们考虑了对于随机洗好的牌，跟在第一个 A 后的特定牌的概率，我们给出了一种推理方法，求出这个概率是 1/52．这里有个基于条件概率的概率论证：令 E 表示跟在第一个 A 后的特定牌(如 x)这个事件．为计算 $P(E)$，我们忽略牌 x 和桌上另外 51 张牌的相对顺序．令 $\mathbf{O}$ 表示由

$$P(E) = \sum_{\mathbf{O}} P(E|\mathbf{O})P(\mathbf{O})$$

给出的顺序．现在，给定 $\mathbf{O}$，这里有 52 种可能的顺序对应第 i 次拿到牌 $x(i=1, \cdots, 52)$．但是因为所有 52！种可能的顺序出现的概率相等，所以以 $\mathbf{O}$ 为条件，这 52 种可能的顺序每种都是等可能的．因为在这些可能之中，牌 x 会跟在第一个 A 后面，所以有 $P(E|\mathbf{O})=1/52$，这表示 $P(E)=1/52$．■

再次，令 F_1，…，F_n 表示一组互不相容且穷举的事件(意思是恰好有这些事件中的一个必须发生)．

现在假设 E 发生了(新的证据)，我们想要计算 F_j 发生的概率．利用公式(3.4)，我们有如下命题．

命题 3.1

$$P(F_j|E) = \frac{P(EF_j)}{P(E)} = \frac{P(E|F_j)P(F_j)}{\sum_{i=1}^{n} P(E|F_i)P(F_i)} \tag{3.5}$$

公式(3.5)称为**贝叶斯公式**，是根据英国哲学家托马斯·贝叶斯命名的．如果我们把事件 F_j 设想为关于某个问题的各个可能的“假设条件”，那么，贝叶斯公式可以这样理解：它告诉我们，在试验之前对这些假设条件所作的判断(即 $P(F_j)$)可以如何根据试验的结果来进行修正．

72

例 3k　一架飞机失踪了，推测它等可能地坠落在 3 个区域．令 $1-\beta_i(i=1, 2, 3)$表示飞机事实上坠落在第 i 个区域，且被发现的概率(β_i 称为忽略概率，因为它表示忽略飞机的概率，通常由该区域的地理和环境条件决定)．已知对区域 1 的搜索没有发现飞机，求在此条件下，飞机坠落在第 $i(i=1, 2, 3)$个区域的条件概率．

解　令 $R_i(i=1, 2, 3)$表示"飞机坠落在第 i 个区域"这一事件，令 E 表示"对第 1 个区域的搜索没有发现飞机"这一事件，利用贝叶斯公式可得

$$P(R_1|E)=\frac{P(ER_1)}{P(E)}=\frac{P(E|R_1)P(R_1)}{\sum_{i=1}^{3}P(E|R_i)P(R_i)}=\frac{\beta_1\times\frac{1}{3}}{\beta_1\times\frac{1}{3}+1\times\frac{1}{3}+1\times\frac{1}{3}}=\frac{\beta_1}{\beta_1+2}$$

对于 $j=2, 3$，有

$$P(R_j|E)=\frac{P(E|R_j)P(R_j)}{P(E)}=\frac{1\times\frac{1}{3}}{\beta_1\times\frac{1}{3}+\frac{1}{3}+\frac{1}{3}}=\frac{1}{\beta_1+2}\qquad j=2,3$$

注意，当搜索了第 1 个区域没有发现飞机时，飞机坠落在第 $j(j\neq1)$个区域的更新(即条件)概率会增大，而坠落在第 1 个区域的概率会减小．这是一个常识问题：因为既然在第 1 个区域没有发现飞机，当然飞机坠落在该区域的概率会减少，而坠落在其他区域的概率会增大．而且飞机坠落在第 1 个区域的条件概率是忽略概率 β_1 的递增函数．当 β_1 增加时，增大了飞机坠落在第 1 个区域的条件概率．类似地，$P(R_j|E)(j\neq1)$是 β_1 的递减函数．■

下一个例子经常被学过概率而又不讲道德的学生们用来从概率知识较少的朋友那里赢钱．

例 3l　假设有 3 张形状完全相同但颜色不同的卡片，第一张两面全是红色，第二张两面全是黑色，而第三张是一面红一面黑．将这 3 张卡片放在帽子里混合后，随机地取出 1 张放在地上．如果取出的卡片朝上的一面是红色的，那么另一面为黑色的概率是多少？

73

解　令 RR，BB，RB 分别表示取出的卡片是"两面红"、"两面黑"以及"一面红一面黑"这三个事件．再令 R 表示取出的卡片"朝上一面是红色"这一事件．我们可按如下方式得到所求概率：

$$P(RB|R)=\frac{P(RB\cap R)}{P(R)}=\frac{P(R|RB)P(RB)}{P(R|RR)P(RR)+P(R|RB)P(RB)+P(R|BB)P(BB)}$$

$$=\frac{\frac{1}{2}\times\frac{1}{3}}{1\times\frac{1}{3}+\frac{1}{2}\times\frac{1}{3}+0\times\frac{1}{3}}=\frac{1}{3}$$

因此，答案是 1/3．但是有些学生猜另一面是黑色的概率为 1/2，他们错误地推理给定正面为红色时这张牌有两种可能，两面全红，或者一面红一面黑，这两种可能性是一样的．事实上，你可以把三张牌的 6 个面记为(R_1, R_2)，(B_1, B_2)，(R_3, B_3)，其中(R_1, R_2)表示全红的那张牌的两个面，(B_1, B_2)表示两面均为黑色的那张牌的两个面，(R_3, B_3)表示一红一黑的那张牌的两个面．即 6 个面是以相等的概率出现的．只有 R_3 出现时，背面是黑色的．而 R_1，R_2 出现时，背面均为红色的．因此，当正面为红色时，背面为黑色的概率为 1/3 而不是 1/2．■

例 3m　镇上新搬来一对夫妇，已知他们有两个孩子．假设某天遇到该母亲带着一个孩子在散步．如果这个孩子是女孩，那么她的两个孩子都是女孩的概率是多少？

解 首先，定义如下事件：

G_1：第一个(也即最大的)孩子为女孩；

G_2：第二个孩子为女孩；

G：被看到跟母亲一起散步的为女孩.

而且令 B_1，B_2，B 表示类似上述的事件，其中“女孩”替换为“男孩”. 这样，所求概率 $P(G_1G_2|G)$可以表示如下：

$$P(G_1G_2|G)=\frac{P(G_1G_2G)}{P(G)}=\frac{P(G_1G_2)}{P(G)}$$

74

并且，

$$\begin{aligned}P(G)&=P(G|G_1G_2)P(G_1G_2)+P(G|G_1B_2)P(G_1B_2)\\&\quad+P(G|B_1G_2)P(B_1G_2)+P(G|B_1B_2)P(B_1B_2)\\&=P(G_1G_2)+P(G|G_1B_2)P(G_1B_2)+P(G|B_1G_2)P(B_1G_2)\end{aligned}$$

其中最后一个等式用到了结论 $P(G|G_1G_2)=1$ 以及 $P(G|B_1B_2)=0$. 如果我们作出常规假设，即 4 种可能结果 G_1，G_2，B_1，B_2 都是等可能的，那么有

$$P(G_1G_2|G)=\frac{1/4}{1/4+P(G|G_1B_2)/4+P(G|B_1G_2)/4}=\frac{1}{1+P(G|G_1B_2)+P(G|B_1G_2)}$$

因此，答案依赖于在已知事件 G_1B_2 条件下，碰到母亲带着女孩的条件概率，以及在已知事件 G_2B_1 条件下，碰到母亲带着女孩的条件概率. 举例来说，我们假定母亲对于性别没有倾向，母亲带着大孩子一起散步的概率为 p，那么有

$$P(G|G_1B_2)=p=1-P(G|B_1G_2)$$

这表明

$$P(G_1G_2|G)=\frac{1}{2}$$

另一方面，如果我们假定两个孩子性别不同，母亲带着女孩一起散步的概率为 q，且与孩子出生的次序是独立的，那么有

$$P(G|G_1B_2)=P(G|B_1G_2)=q$$

这意味着

$$P(G_1G_2|G)=\frac{1}{1+2q}$$

举例来说，如果取 $q=1$，即母亲总是选择女孩一起去散步，那么两个都是女孩的条件概率为 1/3. 这点同例 2b 是一致的，因为事件“看见母亲带着一个女孩”与事件“至少有一个女孩”是等价的.

因此，综上所述，此问题是无法求解的. 事实上，即使假设孩子的性别是等可能的，我们仍需要额外的假设才能解决问题. 因为该试验的样本空间包含了如下形式的向量：(s_1, s_2, i)，其中 s_1 表示大孩子的性别，s_2 表示小孩子的性别，i 表示被碰到的孩子的出生次序. 因此，为确定样本空间的点的概率，只知道孩子的性别的概率是不够的，还需要知道母亲所带孩子的出生次序的条件概率(给定大小孩子的性别). ■

75

例 3n　储物箱里有3种不同的一次性手电．第一种手电使用超过100小时的概率为0.7，而第二种和第三种手电相应的概率分别只有0.4和0.3．假设箱子里的手电，20%为第一种，30%为第二种，50%为第三种．

(a) 随机挑一个手电，能使用100小时以上的概率是多少？

(b) 已知手电使用超过100小时，那么它是第$j(j=1, 2, 3)$种手电的条件概率是多少？

解　(a) 令A表示"挑出的手电能使用100小时以上"这一事件，令$F_j(j=1, 2, 3)$表示"挑出了第j种手电"．为了计算$P(A)$，以挑出手电的种类为条件，可得

$$\begin{aligned}P(A) &= P(A|F_1)P(F_1)+P(A|F_2)P(F_2)+P(A|F_3)P(F_3)\\ &= 0.7\times 0.2+0.4\times 0.3+0.3\times 0.5=0.41\end{aligned}$$

因此，随机挑选的手电能使用100小时以上的概率为0.41．

(b) 利用贝叶斯公式得到所求概率：

$$P(F_j|A)=\frac{P(AF_j)}{P(A)}=\frac{P(A|F_j)P(F_j)}{0.41}$$

因此，

$$\begin{aligned}P(F_1|A) &= 0.7\times 0.2/0.41=14/41\\ P(F_2|A) &= 0.4\times 0.3/0.41=12/41\\ P(F_3|A) &= 0.3\times 0.5/0.41=15/41\end{aligned}$$

例如，对第一种手电，尽管被选中的初始概率只有0.2，但是得到手电使用超过100小时的信息后，这个概率提升到$14/41\approx 0.341$．■

例 3o　某罪犯在犯罪现场留下了一些DNA，法医研究后注意到能够辨认的只有5对，而且每个无罪的人，与这5对相匹配的概率为10^{-5}，律师认为罪犯就是该城镇1 000 000个居民之一．在过去10年内，该城镇有10 000人刑满释放．他们的DNA资料都记录在案，在检查这些DNA文档之前，律师认为这10 000个有犯罪前科的人犯此罪的概率为α，而其余990 000个居民中的每个人犯此罪的概率为β，其中$\alpha=c\beta$.(即他认为最近10年内释放的有犯罪前科的人作案的可能性是其他人的c倍.)将DNA分析结果同这10 000个有犯罪前科的人的数据文档对比后，发现只有A.J. 琼斯的DNA符合．假设律师关于α和β之间的关系是准确的，A.J. 作案的可能性有多大？

76

解　首先，注意，因为概率之和必等于1，所以我们有

$$1=10\,000\alpha+990\,000\beta=(10\,000c+990\,000)\beta$$

因此，

$$\beta=\frac{1}{10\,000c+990\,000}\qquad \alpha=\frac{c}{10\,000c+990\,000}$$

现在，令G表示事件"A.J. 为作案者"，令M表示事件"A.J. 是这10 000人中唯一与现场DNA相匹配的人"．那么

$$P(G|M)=\frac{P(GM)}{P(M)}=\frac{P(G)P(M|G)}{P(M|G)P(G)+P(M|G^c)P(G^c)}$$

另一方面，如果A.J. 为作案者，此时其他的9999人都不是作案者．这10 000人中A.J.

是唯一 DNA 匹配者的概率为

$$P(M|G)=(1-10^{-5})^{9999}$$

如果 A. J. 不是作案者，若要他是唯一匹配者，他的 DNA 必须匹配（这以概率 10^{-5} 发生），而所有其他 9999 个有前科的人都必定不是作案者，且都不是匹配者. 现在给定 A. J. 不是作案者，我们确定其他有前科的人不是作案者的条件概率. 令 $C=\{$除 A. J. 外，其他有前科的人不是作案者$\}$，则

$$P(C|G^c)=\frac{P(CG^c)}{P(G^c)}=\frac{1-10\,000\alpha}{1-\alpha}$$

同样，在除 A. J. 外，其他有前科的人不是作案者的前提下，这 9999 人与现场 DNA 都不匹配的概率为 $(1-10^{-5})^{9999}$，所以

$$P(M|G^c)=10^{-5}\left(\frac{1-10\,000\alpha}{1-\alpha}\right)(1-10^{-5})^{9999}$$

因为 $P(G)=\alpha$，由上面公式可得

$$P(G|M)=\frac{\alpha}{\alpha+10^{-5}(1-10\,000\alpha)}=\frac{1}{0.9+\frac{10^{-5}}{\alpha}}$$

因此，如果律师最初认为任一有犯罪前科的人作案的可能性是没有犯罪前科的人的 100 倍（即 $c=100$），那么 $\alpha=1/19\,900$，且

$$P(G|M)=\frac{1}{1.099}\approx 0.9099$$

如果律师最初认为 $c=10$，那么 $\alpha=1/109\,000$，且

$$P(G|M)=\frac{1}{1.99}\approx 0.5025$$

77

如果律师最初认为任一有犯罪前科的人作案的可能性与镇里其他人是相同的（$c=1$），那么 $\alpha=10^{-6}$，且

$$P(G|M)=\frac{1}{10.9}\approx 0.0917$$

因此，概率变化范围大约是从 9%（此时律师最初假设所有人作案的概率都一样）到 91%（此时他认为每个有犯罪前科的人作案的概率是其他没有犯罪前科的人的 100 倍）. ■

3.4 独立事件

本章前面的例子表明：在已知 F 发生的条件下 E 发生的条件概率 $P(E|F)$ 一般来说不等于 E 发生的非条件概率 $P(E)$. 也就是说，知道了 F 已发生通常会改变 E 的发生机会. 但在一些特殊情形下，$P(E|F)$ 确实等于 $P(E)$，此时我们称 E 和 F 独立. 即如果已知 F 的发生并不影响 E 发生的概率，那么 E 和 F 就是独立的.

因为 $P(E|F)=P(EF)/P(F)$，所以如果

$$P(EF)=P(E)P(F) \tag{4.1}$$

那么 E 和 F 独立. 由于公式(4.1)关于 E 和 F 是对称的，这就表明只要 E 和 F 独立，那么

F 和 E 也独立. 因此，我们有以下定义.

定义　对于两个事件 E 和 F，若公式(4.1)成立，则称它们是独立的(independent). 若两个事件 E 和 F 不独立，则称它们是相依的(dependent)，或相互不独立.

例 4a　从一副洗好的 52 张扑克牌里随机抽取一张牌. 令 E 表示事件“抽取的牌为一张 A”，令 F 表示事件“抽取的牌为一张黑桃”，那么 E 和 F 就是独立的. 因为 $P(EF)=1/52$，而 $P(E)=4/52$ 且 $P(F)=13/52$. ■

例 4b　掷两枚硬币，假设全部 4 个结果出现的可能性是一样的. 令 E 表示事件“第一枚硬币正面朝上”，令 F 表示事件“第二枚硬币反面朝上”，那么 E 和 F 是独立的，因为 $P(EF)=P\{(\mathrm{H},\ \mathrm{T})\}=\frac{1}{4}$，而 $P(E)=P(\{(\mathrm{H},\ \mathrm{H}),\ (\mathrm{H},\ \mathrm{T})\})=\frac{1}{2}$，且 $P(F)=P(\{(\mathrm{H},\ \mathrm{T}),\ (\mathrm{T},\ \mathrm{T})\})=\frac{1}{2}$. ■

例 4c　掷两枚均匀的骰子，令 E_1 表示事件“骰子点数之和为 6”，令 F 表示事件“第一枚骰子点数为 4”，那么

$$P(E_1F) = P(\{(4,2)\}) = \frac{1}{36}$$

而

78

$$P(E_1)P(F) = \frac{5}{36}\times\frac{1}{6} = \frac{5}{216}$$

因此，E_1 和 F 不独立. 直觉上，这个原因是显而易见的，因为如果我们关注掷出点数和为 6(两枚骰子)，那么在第一枚骰子为 4(或者 1，2，3，4，5 中任一个)，我们都还乐观，因为此时仍有机会得到和为 6. 另一方面，如果第一枚骰子为 6，那么我们就不乐观了，因为没有任何机会得到点数和为 6 了. 也就是说，得到和为 6 的概率依赖于第一枚骰子的结果，因此，E_1 和 F 不可能独立.

现在，令 E_2 表示事件“骰子数之和为 7”，那么 E_2 是否和 F 独立? 答案是肯定的，因为

$$P(E_2F) = P(\{(4,3)\}) = \frac{1}{36}$$

而

$$P(E_2)P(F) = \frac{1}{6}\times\frac{1}{6} = \frac{1}{36}$$

我们留给读者去证明这个直觉上的结论：为什么事件“骰子点数之和为 7”同第一枚骰子的点数是独立的. ■

例 4d　如果令 E 表示事件“下届总统是共和党人”，令 F 表示事件“未来一年将会有一次大地震”，那么大多数人会认为 E 和 F 是独立的. 然而，如果另外一个事件 G 是“选举之后两年内会经历经济衰退”，那么对于 E 和 G 是否独立，却存在着长期争论. ■

下面我们证明如果 E 独立于 F，那么 E 也独立于 F^c.

命题 4.1　如果 E 和 F 独立，那么 E 和 F^c 也独立.

证明 假定E和F独立. 由于$E=EF\cup EF^c$，且EF和EF^c显然是互不相容的，所以有

$$P(E)=P(EF)+P(EF^c)=P(E)P(F)+P(EF^c)$$

或者，等价地

$$P(EF^c)=P(E)[1-P(F)]=P(E)P(F^c)$$

命题得以证明. □

因此，如果E和F是独立的，那么无论得知F发生的信息，还是得知F不发生的信息，E发生的概率都是不变的.

现在假设E既和F独立，又和G独立，那么E是否一定和FG独立？有点不可思议，答案是否定的，下例说明了这一点.

例 4e 掷两枚均匀的骰子. 令E表示事件"骰子点数之和为 7"，令F表示事件"第一枚骰子点数为 4"以及G表示事件"第二枚骰子点数为 3". 从例 4c 可以得知，E和F是独立的，同样的推理表明E和G也是独立的. 但是，很明显E和FG是不独立的，因为$P(E|FG)=1$. ■

79

从例 4e 还可以得出关于三个事件E，F和G的独立性的合适的定义，三个事件的独立性比要求所有$\binom{3}{2}$对事件的独立更强，我们给出如下定义.

定义 三个事件E，F和G称为独立的，如果

$$P(EFG)=P(E)P(F)P(G)$$
$$P(EF)=P(E)P(F)$$
$$P(EG)=P(E)P(G)$$
$$P(FG)=P(F)P(G)$$

注意，如果E，F和G是独立的，那么E与F和G的任意组合事件都是独立的. 比如，E和$F\cup G$就是独立的，因为

$$\begin{aligned}P[E(F\cup G)]&=P(EF\cup EG)=P(EF)+P(EG)-P(EFG)\\&=P(E)P(F)+P(E)P(G)-P(E)P(FG)\\&=P(E)[P(F)+P(G)-P(FG)]=P(E)P(F\cup G)\end{aligned}$$

当然，还可以把独立性的定义推广到三个以上事件. 事件E_1，E_2，…，E_n称为独立的，如果对这些事件的任意子集$E_{1'}$，$E_{2'}$，…，$E_{r'}$，$r'\leqslant n$，都有

$$P(E_{1'}E_{2'}\cdots E_{r'})=P(E_{1'})P(E_{2'})\cdots P(E_{r'})$$

最后，我们来定义无限个事件的独立性，如果无限个事件的任意有限个子集都是独立的，则称这无限个事件是独立的.

有时会遇到这种情况，所考虑的概率试验由一系列子试验组成. 例如，连续抛掷一枚硬币这个试验，就可以把每掷一次看作一个子试验. 在许多场合下，假定任一组子试验的结果不影响其他子试验的结果是合理的. 如果真是这样，我们称这些子试验是独立的. 更确切地说，如果任意的事件序列E_1，E_2，…，E_n，…是独立的，则称这一系列子试验是

独立的，这里，事件 E_i 完全由第 i 次子试验的结果所决定.

如果各个子试验彼此相同，即各子试验有相同的(子)样本空间及相同的事件概率函数，那么就称这些试验为重复试验.

例 4f 进行一个独立的无穷序列的重复试验，每次试验成功的概率为 p，失败的概率为 $1-p$，试求如下概率：

80

(a) 前 n 次试验中至少成功 1 次；(b) 前 n 次试验中恰好成功 k 次；(c) 所有试验结果都成功.

解 为计算前 n 次试验中至少成功 1 次的概率，最简单的方法是先求它的对立事件的概率，它的对立事件就是“前 n 次试验全失败了”. 若以 E_i 表示第 i 次试验失败这一事件，则由独立性可得，前 n 次试验全失败的概率是

$$P(E_1E_2\cdots E_n)=P(E_1)P(E_2)\cdots P(E_n)=(1-p)^n$$

因此，(a) 的答案就是 $1-(1-p)^n$.

为计算(b)的答案，考虑任一个由 k 个成功、$n-k$ 个失败组成的前 n 个结果的特定序列. 由独立性知，每个这样的序列发生的概率为 $p^k(1-p)^{n-k}$. 由于共有 $\binom{n}{k}$ 个这样的序列(由 k 个成功与 $n-k$ 个失败组成的排列种数为 $n!/[k!(n-k)!]$，故(b)中的所求概率为

$$P\{\text{恰有 } k \text{ 次成功}\}=\binom{n}{k}p^k(1-p)^{n-k}$$

为计算(c)的答案，我们由(a)注意到，前 n 次试验全成功的概率为

$$P(E_1^c E_2^c\cdots E_n^c)=p^n$$

因此，运用概率的连续性属性(2.6 节)，我们可得所求概率为

$$P\left(\bigcap_{i=1}^{\infty}E_i^c\right)=P\left(\lim_{n\to\infty}\bigcap_{i=1}^{n}E_i^c\right)=\lim_{n\to\infty}P\left(\bigcap_{i=1}^{n}E_i^c\right)=\lim_{n\to\infty}p^n=\begin{cases}0 & \text{如果 } p<1\\ 1 & \text{如果 } p=1\end{cases}$$ ■

例 4g 由 n 个元件组成的系统称为并联的，如果至少有一个元件工作正常，那么整个系统都工作正常(见图 3-2). 对于这样的系统，如果元件 i 工作正常的概率为 p_i，$i=1$，…，n，并且各元件的工作状态相互独立. 那么整个系统工作正常的概率是多大?

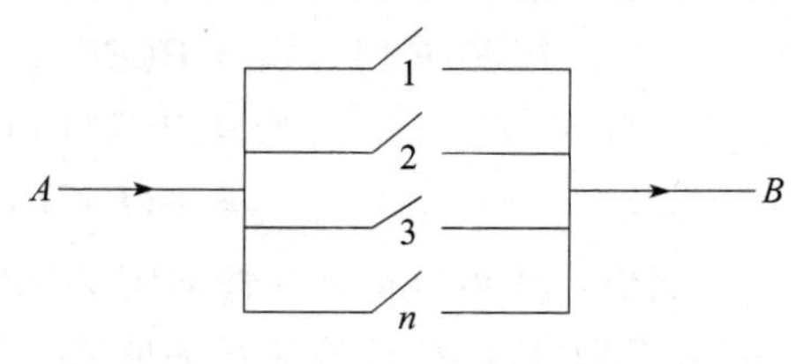

图 3-2　并联系统：只要有一个开关是通的，A 与 B 之间就是通的

解 令 A_i 表示事件“元件 i 工作正常”，那么

81

$$\begin{aligned}P(\{\text{系统工作正常}\})&=1-P(\{\text{系统工作不正常}\})\\&=1-P(\{\text{所有元件工作不正常}\})\\&=1-P\left(\bigcap_i A_i^c\right)=1-\prod_{i=1}^{n}(1-p_i)\qquad\text{利用独立性}\end{aligned}$$ ■

例 4h 进行独立重复试验，每次试验为掷两枚均匀的骰子，每次试验的结果是两枚骰子点数之和，那么“和为 5”出现在“和为 7”之前的概率是多少?

解 令 E_n 表示事件“前 $n-1$ 次试验中，结果 5 和 7 都不出现，而第 n 次试验出现 5”，那么所求概率为

$$P\left(\bigcup_{n=1}^{\infty} E_n\right) = \sum_{n=1}^{\infty} P(E_n)$$

因为任一次试验中，$P(\{和为 5\})=4/36$，且 $P(\{和为 7\})=6/36$，这样，利用试验的独立性可以得到

$$P(E_n) = \left(1-\frac{10}{36}\right)^{n-1} \times \frac{4}{36}$$

因此，

$$P\left(\bigcup_{n=1}^{\infty} E_n\right) = \frac{1}{9}\sum_{n=1}^{\infty}\left(\frac{13}{18}\right)^{n-1} = \frac{1}{9} \times \frac{1}{1-13/18} = \frac{2}{5}$$

该结果还可以利用条件概率得到. 令 E 表示事件“和为 5 出现在和为 7 之前”，那么以首次试验结果为条件也可得到所求概率，方法如下：令 F 表示事件“第一次试验中骰子的点数之和为 5”，G 表示事件“第一次试验中骰子的点数之和为 7”，H 表示事件“第一次试验中骰子的点数之和既不是 5 也不是 7”. 利用全概率公式，有

$$P(E) = P(E|F)P(F) + P(E|G)P(G) + P(E|H)P(H)$$

然而，

$$P(E|F) = 1 \qquad P(E|G) = 0 \qquad P(E|H) = P(E)$$

82

前两个等式是显而易见的，第三个等式是因为：第一次结果既不是 5，又不是 7，那么这种情况下又相当于试验重新开始了. 也就是说，试验者将要连续扔两枚骰子直到两枚骰子的点数之和为 5 或者 7. 另一方面，每次试验都是独立的，因此，第一次试验的结果不会对接下来的试验有影响. 因为 $P(F)=4/36$，$P(G)=6/36$，$P(H)=26/36$，所以

$$P(E) = \frac{1}{9} + P(E)\frac{13}{18}$$

或者

$$P(E) = \frac{2}{5}$$

读者可能会发现答案很直观，因为既然 5 出现的概率为 4/36 而 7 出现的概率为 6/36，那么直观地看，5 出现在 7 之前的优势比为 4∶6，因此概率就为 4/10，事实上的确如此.

这说明了如果 E 和 F 是一次试验中的两个互不相容事件，那么在连续试验时，事件 E 在事件 F 之前发生的概率为

$$\frac{P(E)}{P(E)+P(F)}$$ ■

例 4i 有 n 种类型的优惠券，某人收集到第 i 种优惠券的概率为 p_i，$\sum_{i=1}^{n} p_i=1$. 假定各种券的收集是相互独立的. 假设这个人收集了 k 张优惠券，令 A_i 表示事件“其中至少有一张第 i 种优惠券”，对于 $i \neq j$，计算

(a) $P(A_i)$；(b) $P(A_i \cup A_j)$；(c) $P(A_i | A_j)$

解

$$P(A_i)=1-P(A_i^c)=1-P(\{\text{没有第 } i \text{ 种优惠券}\})=1-(1-p_i)^k$$

上面利用了每种优惠券的收集都是独立的，不是第 i 种优惠券的概率为 $1-p_i$. 类似地，

$$\begin{aligned}P(A_i\cup A_j)&=1-P\Big((A_i\cup A_j)^c\Big)\\&=1-P(\{\text{既没有第 } i \text{ 种优惠券,也没有第 } j \text{ 种优惠券}\})\\&=1-(1-p_i-p_j)^k\end{aligned}$$

此处利用了每种优惠券的收集都是独立的，既不是第 i 种优惠券也不是第 j 种优惠券的概率为 $1-p_i-p_j$.

为了计算 $P(A_i|A_j)$，我们利用等式

83

$$P(A_i\cup A_j)=P(A_i)+P(A_j)-P(A_iA_j)$$

其中，利用(a)和(b)，可以得到

$$\begin{aligned}P(A_iA_j)&=1-(1-p_i)^k+1-(1-p_j)^k-[1-(1-p_i-p_j)^k]\\&=1-(1-p_i)^k-(1-p_j)^k+(1-p_i-p_j)^k\end{aligned}$$

这样，

$$P(A_i|A_j)=\frac{P(A_iA_j)}{P(A_j)}=\frac{1-(1-p_i)^k-(1-p_j)^k+(1-p_i-p_j)^k}{1-(1-p_j)^k}$$ ■

下面这个例子陈述了一个在概率论历史中地位很高的问题，即著名的*点数问题*(problem of the points). 具体来说，该问题是这样的：两个赌徒下了注后，就按照某种方式进行赌博，规定得胜者赢得所有赌注. 但在谁也没得胜之前，赌博因故中止了. 此时每人都获得了一些“得分”，那么这些赌本该如何分呢？

这个问题是1654年 de Méré 爵士向法国数学家帕斯卡提出的，爵士当时是一个职业赌徒. 在攻克这一难题的过程中，帕斯卡提出了这样一个重要的思想：赌徒赢得赌本的比例取决于如果比赛继续进行下去，他们各自能取胜的概率. 帕斯卡解决了一些特殊情形，更重要的是，他开始与法国著名的数学家费马建立了通信联系，讨论该问题. 他们之间通信的结果，不仅完全解决了点数问题，而且还为解决很多其他机会游戏问题搭好了框架. 有些人把他们建立通信联系的这一天看作概率论的生日. 他们之间的著名的通信往来，对于激发欧洲数学家对概率论的兴趣也起了重要的作用. 因为当时一流的数学家都认识帕斯卡和费马. 例如，在他们建立联系后不久，荷兰的年轻数学家惠更斯也来到了巴黎，和他们一起讨论这些问题和解法，而且，人们对这个新领域的兴趣和积极性也迅速高涨起来.

例 4j 点数问题　假设在独立重复试验中，每次成功的概率为 p，失败的概率为 $1-p$. 在 m 次失败之前已有 n 次成功的概率是多大？设想 A 和 B 进行这样的赌博：当试验成功时，A 得1分，试验失败时，B 得1分，如果 A 先得到 n 分，那么 A 获胜，如果 B 先得到 m 分，那么 B 获胜，所求概率就是 A 获胜的概率.

解　以下将给出两种解答. 第一种是帕斯卡给出的，第二种是费马给出的.

令 $P_{n,m}$ 表示在 m 次失败之前已经出现了 n 次成功，以第一次的结果为条件，可得

$$P_{n,m}=pP_{n-1,m}+(1-p)P_{n,m-1},\qquad n\geqslant 1,m\geqslant 1$$

(为什么？给出理由.)利用很明显的边界条件 $P_{n,0}=0$，$P_{0,m}=1$，该等式能解出 $P_{n,m}$. 求解 $P_{n,m}$的细节非常枯燥，现在来看看费马的解答.

84

费马论证了，要使得 n 次成功出现在 m 次失败之前，那么在前 $m+n-1$ 次试验中，至少有 n 次成功. (即使在第 $m+n-1$ 次试验之前，赌博就结束了，我们仍可以假设剩下的试验继续进行.)事实上，如果在前 $m+n-1$ 次试验中至少有 n 次成功，那么至多有 $m-1$ 次失败，因此 n 次成功必然出现在 m 次失败之前. 另一方面，如果 $m+n-1$ 次试验中不超过 n 次成功，那么至少有 m 次失败，因此，n 次成功不会出现在 m 次失败之前.

因此，如例 4f 所示，$m+n-1$ 次试验中恰好有 k 次成功的概率为

$$\binom{m+n-1}{k}p^k(1-p)^{m+n-1-k}$$

我们可得所求的 n 次成功出现在 m 次失败之前的概率为

$$P_{n,m}=\sum_{k=n}^{m+n-1}\binom{m+n-1}{k}p^k(1-p)^{m+n-1-k}$$ ■

下一个例子将告诉我们，当确定一个人赢得一场比赛的概率时，假设比赛在胜负决出后依然继续时更容易.

例 4k 发球和接球的游戏协议 考虑一个要在两个选手 A 和 B 之间发球和接球的游戏，比如排球、羽毛球或壁球. 这个比赛是由有顺序的接球组成，而每个接球由一个选手发球开始，然后持续到一个选手赢. 赢得一球的人得一分，当两人中有一人赢得 n 分时，比赛结束. 假定 A 开始发球，A 赢球的概率为 p_A，B 赢球的概率为 $q_A=1-p_A$. 当 B 先发球时，A 赢球的概率为 p_B，B 赢球的概率为 $q_B=1-p_B$. A 开始发球. 同时存在两种可能的协议：一个为得分发球，即上一个球得分的人将发下一次球；一个为交替发球，即两个人交替发球，这样的话，没有连续的两个球是由一个人发的. 例如，当 $n=3$ 时，在得分发球的协议下，如果 A 赢得第一球，B 赢得第二球，A 赢得接下来两球，发球者会是 A，B，A，A. 在交替发球协议下，发球者分别是 A，B，A，B，A，…，直到决出胜负比赛结束. 如果你是 A，请问你会选择哪个协议？

解 令人惊奇的是，A 不管选哪一个协议，其结果都是一样的. 为证明这一点，我们不妨假设比赛一直持续到两人的总分为 $2n-1$ 为止. 第一个赢得 n 分的人则是在这场总分为 $2n-1$ 分的比赛中赢得至少 n 分的人. 刚开始，我们要注意，如果使用交替协议，那么选手 A 要发 n 次球，B 要发 $n-1$ 次球.

现在，考虑得分发球协议，同样假设比赛总分持续到 $2n-1$ 分. 由于当赢的人已经决出时，不管是谁在发多余的球，都已无意义，所以我们假设当赢的人已经决出时，输的人发剩下的球. 这里我们要注意现在这个修改过的协议不会改变答案. 下面两个情形说明这一点.

85

情形 1：A 赢得比赛.

由于 A 先发球，A 的第二次发球紧随 A 的第一次赢球，A 的第三次发球紧随 A 的第二次赢球，这样，A 的第 n 次发球会紧随 A 的第 $n-1$ 次赢球，但是这会是 A 的最后一次发球. 之所以有这样的结果，是因为或者 A 赢球，即 A 已赢得第 n 分，或者 A 输球，即 B

开始不停地发球直至 A 赢得 n 分. 这样我们可以得到，在修正的协议里，A 赢得比赛意味着 A 总共发了 n 次球.

情形 2：B 赢得比赛.

由于 A 先发球，B 的第一次发球是紧随着 B 的第一次得分. B 的第二次发球紧随着 B 的第二次得分，这样，B 的第 $n-1$ 次发球紧随着 B 的第 $n-1$ 次得分，但是这会是 B 的最后一次发球，因为当 B 得到这一分时 B 已经赢得比赛，当 B 输了这一分时，则 A 不停地发球直至 B 赢得第 n 分. 这样我们可以看到，B 赢得比赛时，B 将会发 $n-1$ 次球. 这样，由于总分是 $2n-1$，所以 A 将发 n 次球.

这样在这两个协议下，A 总会发 n 次球，而 B 发 $n-1$ 次球. 由于 A 赢得比赛的概率只和是谁发球有关，那么在这两个协议之下，A 赢得比赛的概率是一样的. ■

接下来两个例子和赌博有关，我们可以从中得到重要的结论.[⊖]

例 4l 假设开始有 r 个选手，第 i 个选手有 n_i 枚游戏币，$n_i>0$，$i=1$，…，r. 每局选择两个选手来玩游戏，赢的人要从输的人手中获得一枚游戏币. 每个选手当其手中的游戏币输完时将被淘汰. 游戏持续到只剩一个选手，他手中应有所有的游戏币 $n\equiv\sum_{i=1}^{r}n_i$，假设每局游戏是独立的，而且每局游戏两个选手赢的概率是相等的. 求出第 i 个选手赢得比赛的概率 P_i.

解 开始，我们假设这里有 n 个选手，而每个人手中只有一枚游戏币. 考虑第 i 个选手，他每局有相同的概率输或赢一枚币，而每局之间是相互独立的. 另外，他会一直参加比赛，直到她手中的游戏币为 0 或 n. 由于这对于 n 个选手都是一样的，那么每个人有相同的概率赢得比赛，这表示每个人有 $1/n$ 的概率赢得比赛. 现在我们假设这 n 个人被分成了 r 个组，第 i 组有 $n_i(i=1$，…，$r)$个选手. 那么赢的人在第 i 组的概率是 n_i/n，但是由于

86

(a) 第 i 组开始有 n_i 枚游戏币，$i=1$，…，r，而且

(b) 每一次游戏由不同组的人玩，赢的概率相等，结果是赢的队多一枚游戏币，输的队少一枚游戏币.

我们可以很容易地看到胜利者来自第 i 组的概率正好就是我们所求的概率，因此 $P_i=n_i/n$. 有趣的是，之前的讨论表明游戏结果和每一局中两个选手的选取并无关系. ■

在赌徒破产问题中，只有两个赌徒，但是他们赢分的概率不相等.

例 4m 赌徒破产问题 两个赌徒，就连续抛掷一枚硬币的结果进行打赌. 对于每一次抛掷的结果，如果是正面朝上，B 将支付给 A 一元，如果是反面朝上，A 将付给 B 一元. 一直这样下去，直到某一方钱输光. 假定连续抛掷硬币是独立的，且每次的结果正面朝上的概率为 p，假定开始时 A 有 i 元，B 有 $N-i$ 元，那么 A 最后能赢得所有钱的概率是多大?

解 令 E 表示事件“开始时 A 有 i 元，B 有 $N-i$ 元，而 A 最后赢得所有钱”，显然，它和 A 最初的钱数有关，记 $P_i=P(E)$. 以第一次掷硬币的结果为条件，令 H 表示事件

⊖ 本节其余内容可以作为选学内容.

“第一次抛掷结果为正面朝上”，则

$$P_i = P(E) = P(E|H)P(H) + P(E|H^c)P(H^c) = pP(E|H) + (1-p)P(E|H^c)$$

现在，假定第一次抛掷结果为正面朝上，第一次打赌结束后的状态是：A 有了 $i+1$ 元，而 B 有 $N-(i+1)$元. 因为随后的抛掷都同前面独立并且正面朝上的概率都为 p，因此，从该时刻开始，A 赢得所有钱的概率等同于这种情形：一开始 A 有 $i+1$ 元而 B 有 $N-(i+1)$元. 因此，

$$P(E|H) = P_{i+1}$$

类似地，

$$P(E|H^c) = P_{i-1}$$

这样，令 $q=1-p$，可以得到

$$P_i = pP_{i+1} + qP_{i-1} \qquad i = 1,2,\cdots,N-1 \tag{4.2}$$

87

利用明显的边界条件 $P_0=0$ 和 $P_N=1$，就可以求解方程(4.2). 由于 $p+q=1$，上式等价于

$$pP_i + qP_i = pP_{i+1} + qP_{i-1}$$

或者

$$P_{i+1} - P_i = \frac{q}{p}(P_i - P_{i-1}) \qquad i = 1,2,\cdots,N-1 \tag{4.3}$$

因此，由 $P_0=0$，利用方程(4.3)可得

$$\begin{aligned}
P_2 - P_1 &= \frac{q}{p}(P_1 - P_0) = \frac{q}{p}P_1 \\
P_3 - P_2 &= \frac{q}{p}(P_2 - P_1) = \left(\frac{q}{p}\right)^2 P_1 \\
&\vdots \\
P_i - P_{i-1} &= \frac{q}{p}(P_{i-1} - P_{i-2}) = \left(\frac{q}{p}\right)^{i-1} P_1 \\
&\vdots \\
P_N - P_{N-1} &= \frac{q}{p}(P_{N-1} - P_{N-2}) = \left(\frac{q}{p}\right)^{N-1} P_1
\end{aligned} \tag{4.4}$$

将方程组(4.4)中前 $i-1$ 个等式累加，可以得到

$$P_i - P_1 = P_1\left[\left(\frac{q}{p}\right) + \left(\frac{q}{p}\right)^2 + \cdots + \left(\frac{q}{p}\right)^{i-1}\right]$$

或者

$$P_i = \begin{cases} \dfrac{1-(q/p)^i}{1-(q/p)}P_1 & \text{如果}\dfrac{q}{p} \neq 1 \\ iP_1 & \text{如果}\dfrac{q}{p} = 1 \end{cases}$$

再利用事实 $P_N=1$，可得

$$P_1 = \begin{cases} \dfrac{1-(q/p)}{1-(q/p)^N} & \text{如果 } p \neq \dfrac{1}{2} \\ \dfrac{1}{N} & \text{如果 } p = \dfrac{1}{2} \end{cases}$$

因此，

$$P_i = \begin{cases} \dfrac{1-(q/p)^i}{1-(q/p)^N} & \text{如果 } p \neq \dfrac{1}{2} \\ \dfrac{i}{N} & \text{如果 } p = \dfrac{1}{2} \end{cases} \tag{4.5}$$

令 Q_i 表示开始时 A 有 i 元，B 有 $N-i$ 元，最后 B 赢得所有钱的概率，那么，由对称性，只需将 p 替换为 q，i 替换为 $N-i$，就有

88

$$Q_i = \begin{cases} \dfrac{1-(q/p)^{N-i}}{1-(q/p)^N} & \text{如果 } q \neq \dfrac{1}{2} \\ \dfrac{N-i}{N} & \text{如果 } q = \dfrac{1}{2} \end{cases}$$

而且，因为 $q=1/2$ 等价于 $p=1/2$，因此当 $q\neq 1/2$ 时，有

$$\begin{aligned} P_i + Q_i &= \frac{1-(q/p)^i}{1-(q/p)^N} + \frac{1-(p/q)^{N-i}}{1-(p/q)^N} = \frac{p^N - p^N(q/p)^i}{p^N - q^N} + \frac{q^N - q^N(p/q)^{N-i}}{q^N - p^N} \\ &= \frac{p^N - p^{N-i}q^i - q^N + q^i p^{N-i}}{p^N - q^N} = 1 \end{aligned}$$

当 $p=q=1/2$ 时结论仍成立，所以

$$P_i + Q_i = 1$$

用语言来描述，就是 A 和 B 中某一人将赢得所有钱的概率为 1；或者说，A 的钱总在 1 与 $N-1$ 之间而赌博无休止地进行下去的概率为 0.（读者必须注意，这场赌博有三个可能结果，而不是两个，即或者 A 胜，或者 B 胜，或者谁也不胜. 但我们刚才证明了最后一种结果的概率为 0.）

现在从数值上阐释上述结论. 若开始时 A 有 5 元，而 B 有 10 元，则当 $p=1/2$ 时，A 得胜的概率为 1/3，而当 $p=0.6$ 时，A 得胜的概率猛增为

$$\frac{1-\left(\dfrac{2}{3}\right)^5}{1-\left(\dfrac{2}{3}\right)^{15}} \approx 0.87$$

赌徒破产问题还有一种特殊情形，称为赌博持续时间(duration of play)问题. 这个问题是 1657 年法国数学家费马向荷兰数学家克里斯第安・惠更斯提出的，后来被惠更斯解决. 设 A 和 B 每人有 12 枚硬币，他们以抛掷 3 枚骰子的方法赌这些钱：若点数为 11(谁掷骰子都可以)，则 A 给 B 一枚硬币，如果点数为 14，则 B 给 A 一枚硬币. 谁先赢得所有硬币谁就获胜. 因为 $P(\{\text{点数为 }11\})=27/216$ 及 $P(\{\text{点数为 }14\})=15/216$，由例 4h 可以看出，对 A 而言，这正是 $p=15/42$，$i=12$，$N=24$ 情形下的赌徒破产问题. 一般的赌徒破

产问题已由数学家詹姆斯·伯努利解决，其结果发表于 1713 年(他去世后的第 8 年).

作为赌徒破产问题的一个应用，考虑如下的药品试验问题，假设为治疗某种疾病，正在研制两种新药. 新药 i 的治愈率为 $p_i(i=1, 2)$，即每个接受药品 i 治疗的病人被治愈的概率是 p_i. 然而，p_i 是未知的. 我们希望知道 $p_1>p_2$ 或 $p_2>p_1$. 试验是成对、有序地进行的. 对于各对病人，其中一人施以药品 1，另一人用药品 2. 当其中一种药的治愈人数超过另一种药的治愈人数的一定数量时，试验就停止. 令

89

$$X_j = \begin{cases} 1 & \text{第 } j \text{ 对病人中用药品 1 者治愈了疾病} \\ 0 & \text{其他} \end{cases}$$

$$Y_j = \begin{cases} 1 & \text{第 } j \text{ 对病人中用药品 2 者治愈了疾病} \\ 0 & \text{其他} \end{cases}$$

设 M 是事先确定的正整数，试验在 N 对时停止，其中 N 是使下列两个等式之一第一次成立时的那个 n 的值：

$$X_1 + \cdots + X_n - (Y_1 + \cdots + Y_n) = M$$

或

$$X_1 + \cdots + X_n - (Y_1 + \cdots + Y_n) = -M$$

若 n 使第一个等式成立，就下结论 $p_1>p_2$；若 n 使第二个等式成立，则下结论 $p_1<p_2$.

为了确定这个方法的好坏，我们需要知道利用这个方法导致错误结论的概率. 即在假设 $p_1>p_2$ 是一组药的治愈率的真值的条件下，作出 $p_2>p_1$ 的错误决定的概率. 为确定这个概率，注意每次试验的结果：当药品 1 有效，而药品 2 无效时，这个累计差会增加 1，相应的概率为 $p_1(1-p_2)$. 但是当药品 2 有效而药品 1 无效时，这个累计差会减少 1，其相应的概率为 $p_2(1-p_1)$. 当两种药的疗效相同时，这个累计差保持不变，其相应概率为 $p_1p_2+(1-p_1)(1-p_2)$. 如果我们只考虑累计差变化的那些试验，则累计差以概率

$$p = P(\{\text{累计差增加 1} | \text{累计差增加 1 或减少 1}\}) = \frac{p_1(1-p_2)}{p_1(1-p_2)+p_2(1-p_1)}$$

增加 1，以概率

$$1-p = \frac{p_2(1-p_1)}{p_1(1-p_2)+p_2(1-p_1)}$$

减少 1.

因此，作出判断 $p_2>p_1$ 的概率等于在赌徒累计赢 M 元钱之前累计输 M 元钱的概率(赌徒每次赢的概率为 p，每次输赢为 1 元钱). 在公式(4.5)中，令 $i=M$，$N=2M$，这个概率为

$$p = P(\{\text{下结论 } p_2 > p_1\}) = 1 - \frac{1-\left(\frac{1-p}{p}\right)^M}{1-\left(\frac{1-p}{p}\right)^{2M}} = 1 - \frac{1}{1+\left(\frac{1-p}{p}\right)^M} = \frac{1}{1+\gamma^M}$$

90

其中 $\gamma=\frac{p}{1-p}=\frac{p_1(1-p_2)}{p_2(1-p_1)}$. 例如，$p_1=0.6$，$p_2=0.4$，则当 $M=5$ 时，得出错误结论的概率为 0.017，当 $M=10$ 时，这个概率降到 0.0003. ■

例 4n 现有64支球队参加季末的NCAA大学篮球锦标赛。将这64支球队分成4组，每组16支球队. 每组16支球队中的每支球队按照实力水平进行编号，实力最强的球队编号为1号，……，实力最弱的球队编号为16. 比赛实行淘汰赛制度，即两支球队比赛中，失败方淘汰出局. 图3-3就是每组球队比赛的时间表.

91

所以，比如，1号球队与16号球队，8号球队与9号球队在第一轮进行比赛，两场比赛的获胜方将参加第二轮比赛. 记$r(i, j)=r(j, i)(i\neq j)$为i号球队与j号球队可能相遇的轮数，当然前提是这两队能胜到那个轮. 也就是说，当i号球队与j号球队在第k轮比赛中相遇，且在之前的$k-1$轮比赛中都获胜，则$r(i, j)=k$. 比如$r(1, 16)=1$, $r(1, 8)=2$, $r(1, 5)=3$, $r(1, 6)=4$.

现在，我们关注某个组的一支球队. 并且假设不管之前的比赛结果如何，当球队i与球队j比赛时，球队i获胜的概率$p_{i,j}=1-p_{j,i}$，记P_i为球队i在组内最终获胜的概率，$i=1, \cdots, 16$. 因为P_i是球队i获胜4场的概率，所以我们可以通过计算$P_i(k)(i=1, \cdots, 16)$来计算$P_1, \cdots, P_{16}$的值，其中$P_i(k)$是球队i赢前k场比赛的概率. 概率值$P_i(k)$可以通过迭代的算法来计算，首先计算$k=1$，然后计算$k=2$，之后计算$k=3$，最后计算$k=4$，得到$P_i=P_i(4)$.

定义$O_i(k)=\{j: (r(i, j))=k\}$为球队$i$在第$k$轮比赛中可能遇到的对手集合. 我们可以利用给定$O_i(k)$中球队进入第$k$轮的条件下的条件概率的值来计算$P_i(k)$. 因为一支球队只有打赢了前$k-1$轮比赛，才能打到第$k$轮，所以

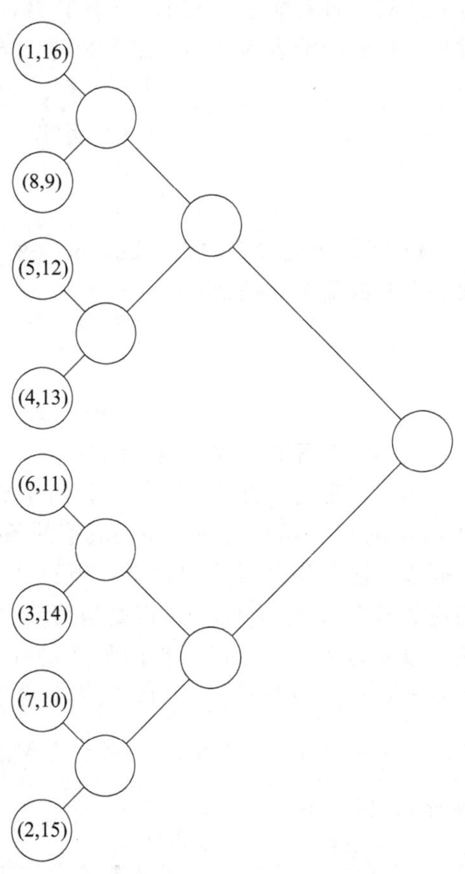

图3-3　NCAA锦标赛分组比赛安排

$$P_i(k)=\sum_{j\in O_i(k)} P(\text{球队 } i \text{ 打赢前 } k \text{ 场} \mid j \text{ 进入第 } k \text{ 轮比赛})P_j(k-1) \tag{4.6}$$

因为在$O_i(k)$里面的任何一支球队在第k轮比赛中都有可能是球队i的对手，所以在$1, \cdots, k-1$轮中与$O_i(k)$中球队相关的所有比赛都与球队i无关，也与球队i在前$k-1$次比赛中相遇的对手无关，所以他们的比赛结果都不影响球队i在前$k-1$次比赛的结果。因此，球队i是否能进入第k轮，与$O_i(k)$中的球队是否进入第k轮是独立的。所以对任意的$j\in O_i(k)$，

$$\begin{aligned}&P(\text{球队 } i \text{ 打赢前 } k \text{ 场} \mid j \text{ 进入第 } k \text{ 轮比赛})\\&=P(\text{球队 } i \text{ 打赢前 } k-1 \text{ 场}, i \text{ 赢 } j \mid j \text{ 进入第 } k \text{ 轮比赛})\\&=P(\text{球队 } i \text{ 打赢前 } k-1 \text{ 场})P(i \text{ 赢 } j \mid i \text{ 和 } j \text{ 进入第 } k \text{ 轮比赛})\\&=P_j(k-1)p_{i,j}\end{aligned}$$

其中倒数第二个等式成立的原因是事件"i 是否在前 $k-1$ 场比赛获胜"与"j 是否在前 $k-1$ 场比赛获胜"是独立的．所以由式(4.6)和上面的等式，可以得到

$$P_i(k)=\sum_{j\in O_i(k)}P_i(k-1)p_{i,j}P_i(k-1)=P_i(k-1)\sum_{j\in O_i(k)}P_j(k-1)p_{i,j} \qquad (4.7)$$

初始值 $P_i(0)=1$，由上式可以推导所有的 $P_i(1)$．递推可以计算所有的 $P_i(2)$，以此类推，可以得到 $P_i=P_i(4)$．

为说明如何应用递推公式(4.7)，假设 $p_{i,j}=\frac{j}{i+j}$．比如，球队 2(2 号种子球队)击败球队 7(7 号种子球队)的概率是 $p_{2,7}=7/9$．计算该小组中球队 i 能出线的概率 $P_i=P_i(4)$，从每支球队打赢第一场比赛的值 $P_i(1)(i=1,\cdots,16)$算起．

92

$$P_1(1)=P_{1,16}=16/17=1-P_{16}(1)$$
$$P_2(1)=P_{2,15}=15/17=1-P_{15}(1)$$
$$P_3(1)=P_{3,14}=14/17=1-P_{14}(1)$$
$$P_4(1)=P_{4,13}=13/17=1-P_{13}(1)$$
$$P_5(1)=P_{5,12}=12/17=1-P_{12}(1)$$
$$P_6(1)=P_{6,11}=11/17=1-P_{11}(1)$$
$$P_7(1)=P_{7,10}=10/17=1-P_{10}(1)$$
$$P_8(1)=P_{8,9}=9/17=1-P_9(1)$$

利用上述公式和递推公式(4.7)来计算 $P_i(2)$的值．比如，因为球队 1 在第二轮比赛的可能对手是 $O_1(2)=\{8,9\}$，从而

$$P_1(2)=P_1(1)(P_8(1)p_{1,8}+P_9(1)p_{1,9})=\frac{16}{17}\left(\frac{9}{17}\frac{8}{9}+\frac{8}{17}\frac{9}{10}\right)\approx 0.8415$$

类似可以得到其他值 $P_2(2)$，…，$P_{16}(2)$．再次利用递推公式计算 $P_i(3)$，$i=1$，…，16，以及 $P_i=P_i(4)$，$i=1$，…，16．

假设有一个集合，我们希望知道在这个集合中是否至少有一个元素具有某种特征．我们可以通过概率论方法来回答这个问题，即随机地从该集合中取一个元素，抽取的方法是使得这个集合中的每个元素被抽取到的概率都大于 0．现在考虑抽到的元素不具有该特征的概率．若这个概率为 1，则在这个集合中没有元素有这种特征．若这个概率小于 1，则在这个集合中至少有一个元素具有这种特征．

本节最后一个例子具体阐明了这种方法．

例 4o 首先给出 n 个顶点的完全图的定义：在平面上有 n 个点(称为顶点)，用 $\binom{n}{2}$ 条线段(称为边)将每对点联结起来．例如图 3-4 给出了 3 个顶点的完全图．假设 n 个顶点的完全图的每条边染成了红色或蓝色．一个有趣的问题是：对于给定的整数 k，是否存在一个染色方法，使得该图上任意给定的 k 个顶点，其相应的 $\binom{k}{2}$ 条边

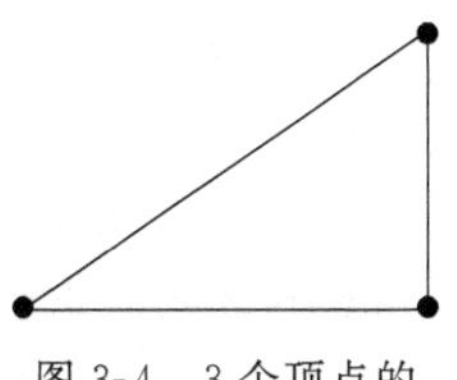
图 3-4 3 个顶点的完全图

不是同一种颜色．通过概率论证可知，如果 n 不是太大，答案是肯定的．

论证如下：假设每条边独立等可能地被染成红色或蓝色．即每条边为红色的概率为

93

1/2．将这 $\binom{n}{k}$ 个 k 个顶点所组成的子集编号，定义事件 E_i，$i=1$，…，$\binom{n}{k}$ 如下：

$$E_i = \{\text{第 } i \text{ 个 } k \text{ 顶点集合的所有边颜色相同}\}$$

这样，由于 k 顶点集合的 $\binom{k}{2}$ 条边的每条都等可能地染成红色或蓝色，因此，它们颜色相同的概率为

$$P(E_i) = 2 \times \left(\frac{1}{2}\right)^{k(k-1)/2}$$

又因为

$$P\left(\bigcup_i E_i\right) \leqslant \sum_i P(E_i) \qquad \text{布尔不等式}$$

所以我们可得"至少存在一个 k 顶点集合，其所有边颜色相同"的概率 $P\left(\bigcup_i E_i\right)$ 满足

$$P\left(\bigcup_i E_i\right) \leqslant \binom{n}{k}\left(\frac{1}{2}\right)^{k(k-1)/2-1}$$

因此，如果

$$\binom{n}{k}\left(\frac{1}{2}\right)^{k(k-1)/2-1} < 1$$

或者，等价地

$$\binom{n}{k} < 2^{k(k-1)/2-1}$$

则 $\binom{n}{k}$ 个 k 顶点集合里，"至少存在一个 k 顶点集合，其所有的边颜色都相同"的概率小于 1．因此，在前述 n 和 k 的条件下，"没有一个 k 顶点集合，其所有边颜色相同"的概率为正数，这意味着至少存在一种染色方法，使得对任意 k 顶点集合，其所有的边染色不全相同．■

注释

(a) 上面的论证列出了关于 n 和 k 的条件，在这样条件下，存在一种染色方法满足所要求的性质即可，但它并没有告诉我们如何染色，使得所染的颜色满足所要求的命题(当然，可以随机地染色，然后检查所染的颜色是否满足所要求的性质，若不成，再重复一次，直到成功为止)．

(b) 将概率引进那些纯粹是确定问题的方法称为概率化方法(probabilistic-

94

method[⊖])．此方法的其他例子在理论习题 3.24 以及第 7 章的例 2t 和例 2u 中给出．

⊖ 参见 N. Alon，J. Spencer，and P. Erdos，*The Probabilistic Method*(New York：John Wiley & Sons，Inc.，1992)．

3.5 $P(\cdot \mid F)$是概率

条件概率满足普通概率的所有性质，命题5.1证明了条件概率$P(E|F)$满足概率的三条公理.

命题 5.1

(a) $0 \leqslant P(E|F) \leqslant 1$.

(b) $P(S|F)=1$.

(c) 若$E_i(i=1, 2, \cdots)$为互不相容的事件序列，则

$$P\left(\bigcup_{i=1}^{\infty} E_i \mid F\right) = \sum_{i=1}^{\infty} P(E_i \mid F)$$

证明 为了证明(a)，我们必须证明$0 \leqslant P(EF)/P(F) \leqslant 1$. 不等式左边是显然的，而不等式的右边成立是因为$EF \subset F$成立意味着$P(EF) \leqslant P(F)$. (b)成立是因为

$$P(S|F) = \frac{P(SF)}{P(F)} = \frac{P(F)}{P(F)} = 1$$

(c)成立是因为

$$\begin{aligned}
P\left(\bigcup_{i=1}^{\infty} E_i \mid F\right) &= \frac{P\left(\left(\bigcup_{i=1}^{\infty} E_i\right)F\right)}{P(F)} \\
&= \frac{P\left(\bigcup_{i=1}^{\infty} E_i F\right)}{P(F)} \qquad \text{因为} \left(\bigcup_{i=1}^{\infty} E_i\right)F = \bigcup_{i=1}^{\infty} E_i F \\
&= \frac{\sum_{i=1}^{\infty} P(E_i F)}{P(F)} = \sum_{i=1}^{\infty} P(E_i \mid F)
\end{aligned}$$

其中，倒数第二个等式成立是因为$E_iE_j=\varnothing$，这意味着$E_iFE_jF=\varnothing$. □

如果我们定义$Q(E)=P(E|F)$，那么根据命题5.1，$Q(E)$可认为是关于S中事件的概率函数. 因此，前面证明的关于概率的命题它都满足. 例如，我们有

$$Q(E_1 \cup E_2) = Q(E_1) + Q(E_2) - Q(E_1E_2)$$

或者等价地，

$$P(E_1 \cup E_2 \mid F) = P(E_1 \mid F) + P(E_2 \mid F) - P(E_1E_2 \mid F)$$

而且，如果我们定义条件概率$Q(E_1|E_2)$为$Q(E_1|E_2)=Q(E_1E_2)/Q(E_2)$，那么根据式(3.1)可得

95

$$Q(E_1) = Q(E_1 \mid E_2)Q(E_2) + Q(E_1 \mid E_2^c)Q(E_2^c) \tag{5.1}$$

由于

$$Q(E_1 \mid E_2) = \frac{Q(E_1E_2)}{Q(E_2)} = \frac{P(E_1E_2 \mid F)}{P(E_2 \mid F)} = \frac{P(E_1E_2F)/P(F)}{P(E_2F)/P(F)} = P(E_1 \mid E_2F)$$

所以式(5.1)等价于

$$P(E_1 | F) = P(E_1 | E_2 F)P(E_2 | F) + P(E_1 | E_2^c F)P(E_2^c | F)$$

例 5a　考虑例 3a，保险公司认为人可以分为两种不同的类，一类易出事故，另一类不易出事故．在任意给定的一年内，易出事故者将发生事故的概率为 0.4，而对不易出事故者来说，此概率为 0.2．若已知某新保险客户在第一年已经出过一次事故，问他在保险有效的第二年又出一次事故的条件概率是多大？

解　如果令 A 表示“该保险客户是易出事故者”这一事件，而 $A_i(i=1, 2)$表示“他在第 i 年出一次事故”．那么，以他是不是易出事故者为条件，可以算出所求概率 $P(A_2 | A_1)$ 如下：

$$P(A_2 | A_1) = P(A_2 | AA_1)P(A | A_1) + P(A_2 | A^c A_1)P(A^c | A_1)$$

而

$$P(A | A_1) = \frac{P(A_1 A)}{P(A_1)} = \frac{P(A_1 | A)P(A)}{P(A_1)}$$

但是，例 3a 中已经假设 $P(A)=3/10$，且算出了 $P(A_1)=0.26$，因此，

$$P(A | A_1) = \frac{0.4 \times 0.3}{0.26} = \frac{6}{13}$$

从而

$$P(A^c | A_1) = 1 - P(A | A_1) = \frac{7}{13}$$

因为 $P(A_2 | AA_1)=P(A_2 | A)=0.4$，$P(A_2 | A^c A_1)P(A_2 | A^c)=0.2$，所以

$$P(A_2 | A_1) = 0.4 \times \frac{6}{13} + 0.2 \times \frac{7}{13} \approx 0.29$$ ■

96

例 5b　一只母猩猩生了一只幼猩猩，但是，却不能断定两只公猩猩究竟哪一只是父亲．在进行基因分析之前，有迹象表明第一只公猩猩为父亲的概率为 p，第二只为父亲的概率为 $1-p$．从这三只猩猩身上获得的 DNA 表明，对于一个特殊的基因组，母猩猩具有基因对(A，A)，第一只公猩猩具有基因对(a，a)，而第二只公猩猩具有基因对(A，a)．如果 DNA 检验表明幼猩猩具有基因对(A，a)，那么第一只公猩猩是父亲的概率是多少？

解　令所有概率都是以事件“母猩猩有基因对(A，A)，第一只公猩猩具有基因对(a，a)，第二只公猩猩具有基因对(A，a)”为条件的条件概率．又令 $M_i(i=1, 2)$表示第 i 只公猩猩为父亲这一事件．令 $B_{A,a}$表示幼猩猩具有基因对(A，a)这一事件，那么如下可得到$P(M_1 | B_{A,a})$：

$$P(M_1 | B_{A,a}) = \frac{P(M_1 B_{A,a})}{P(B_{A,a})} = \frac{P(B_{A,a} | M_1)P(M_1)}{P(B_{A,a} | M_1)P(M_1) + P(B_{A,a} | M_2)P(M_2)}$$

$$= \frac{1 \times p}{1 \times p + 1/2 \times (1-p)} = \frac{2p}{1+p}$$

因为当 $p<1$ 时 $2p/(1+p)>p$，所以幼猩猩的基因对为(A，a)这一信息增加了第一只公猩猩为父亲的概率．这点很直观，因为相对于 M_2 来说，M_1 成立的条件下，幼猩猩的基因对为(A，a)的可能性更大(各自的条件概率分别为 1 和 1/2)． ■

下面的例子研究游程理论中的一个问题．

例 5c 设有一个独立重复试验序列，每次试验成功的概率为 p，失败的概率为 $q=1-p$. 计算长度为 n 的成功游程先于长度为 m 的失败游程出现的概率.

解 记 E 为事件"长度为 n 的成功游程先于长度为 m 的失败游程出现". 以第一次试验结果为条件，得到

$$P(E) = pP(E|H) + qP(E|H^c) \tag{5.2}$$

其中 H 表示第一次试验成功.

现在假定第一次试验成功，为了使得长度为 n 的成功游程先出现，我们希望接着 $n-1$ 次试验均成功. 现在令 F 表示事件"第 2 次到第 n 次试验均成功". 以 F 为条件，我们得到

$$P(E|H) = P(E|FH)P(F|H) + P(E|F^cH)P(F^c|H) \tag{5.3}$$

一方面，显然，$P(E|FH)=1$. 另一方面，若 F^cH 发生，则说明第一次试验成功，但在后面的 $n-1$ 次试验中，至少有一次试验失败. 然而，当失败发生时，前面的成功已经失去作用，试验相当于从失败开始，因此，

97

$$P(E|F^cH) = P(E|H^c)$$

由试验的相互独立性可知，F 和 H 是独立的，并且由于 $P(F)=p^{n-1}$，因此，由式(5.3)可知，

$$P(E|H) = p^{n-1} + (1-p^{n-1})P(E|H^c) \tag{5.4}$$

用类似的方法可以得到 $P(E|H^c)$的表达式. 也就是说，令 G 表示事件"第 2 次试验直到第 m 次试验均失败". 于是

$$P(E|H^c) = P(E|GH^c)P(G|H^c) + P(E|G^cH^c)P(G^c|H^c) \tag{5.5}$$

GH^c 表示前 m 次试验均失败，故 $P(E|GH^c)=0$. 当 G^cH^c 发生时，则说明第一次试验失败，但在后面的 $m-1$ 次试验中，至少有一次试验成功. 因此，这次成功使得所有以前的失败已经失去作用，相当于从成功开始，即

$$P(E|G^cH^c) = P(E|H)$$

又因为 $P(G^c|H^c)=P(G^c)=1-q^{m-1}$，所以由式(5.5)可得

$$P(E|H^c) = (1-q^{m-1})P(E|H) \tag{5.6}$$

求解方程(5.4)和方程(5.6)可得

$$P(E|H)= \frac{p^{n-1}}{p^{n-1}+q^{m-1}-p^{n-1}q^{m-1}}$$

$$P(E|H^c)= \frac{(1-q^{m-1})p^{n-1}}{p^{n-1}+q^{m-1}-p^{n-1}q^{m-1}}$$

最后得到

$$\begin{aligned} P(E) &= pP(E|H)+qP(E|H^c) = \frac{p^n + qp^{n-1}(1-q^{m-1})}{p^{n-1}+q^{m-1}-p^{n-1}q^{m-1}} \\ &= \frac{p^{n-1}(1-q^m)}{p^{n-1}+q^{m-1}-p^{n-1}q^{m-1}} \end{aligned} \tag{5.7}$$

有趣的是，注意到由问题的对称性可知，长度为 m 的失败游程先于长度为 n 的成功游程出现的概率也可用式(5.7)进行计算，不过公式中 m 和 n 对换，p 和 q 对换. 因此，这个

概率为

$$P(\{\text{长度为 } m \text{ 的失败游程先于长度为 } n \text{ 的成功游程出现}\}) = \frac{q^{m-1}(1-p^n)}{q^{m-1}+p^{n-1}-q^{m-1}p^{n-1}} \tag{5.8}$$

因为式(5.7)和式(5.8)之和为1，所以长度为 n 的成功游程和长度为 m 的失败游程终有一个会出现.

作为式(5.7)的一个具体例子，我们注意到，在掷一枚均匀的硬币试验中，长度为2的正面游程先于长度为3的反面游程出现的概率为7/10. 长度为2的正面游程先于长度为4的反面游程出现的概率为5/6. ■

98

在接下来的例子中，我们再次研究配对问题，这次运用条件概率解答问题.

例5d 在一次聚会上，n 个人摘下他们的帽子，然后把这些帽子混合在一起，每人再随机选择一顶帽子. 如果某个人选中了他自己的帽子，我们就说出现了一个配对. 求以下事件的概率.

(a) 没有配对；(b) 恰有 k 个配对.

解 (a)令 E 表示“没有配对”这一事件，它显然与 n 有关，因此可记 $P_n=P(E)$. 以第一个人是否选中自己的帽子(分别记为 M 和 M^c)为条件，有

$$P_n = P(E) = P(E|M)P(M) + P(E|M^c)P(M^c)$$

显然，$P(E|M)=0$，因此

$$P_n = P(E|M^c)\frac{n-1}{n} \tag{5.9}$$

现在，$P(E|M^c)$是在已知 $n-1$ 个人中有一个特殊的人(此人的帽子已被第一人选走)必定选不到自己帽子的条件下，这 $n-1$ 个人选 $n-1$ 顶帽子没有配对的概率. 此处有两种互不相容的选取方式：该特殊的人没有选中第一人的帽子且其余的人中也没有配对；该特殊的人选中了第一人的帽子，且其余的人中也没有配对. 前者的概率正是 P_{n-1}，此时可把该特殊的人理解成第一人，而后者的概率为$[1/(n-1)]P_{n-2}$，我们有

$$P(E|M^c) = P_{n-1} + \frac{1}{n-1}P_{n-2}$$

于是由式(5.9)可得

$$P_n = \frac{n-1}{n}P_{n-1} + \frac{1}{n}P_{n-2}$$

或等价地，

$$P_n - P_{n-1} = -\frac{1}{n}(P_{n-1} - P_{n-2}) \tag{5.10}$$

但是，由于 P_n 表示 n 个人在他们的帽子中任选一顶没有配对的概率，我们有

$$P_1 = 0 \qquad P_2 = \frac{1}{2}$$

从而由式(5.10)可得

$$P_3 - P_2 = -\frac{P_2 - P_1}{3} = -\frac{1}{3!} \quad 或 \quad P_3 = \frac{1}{2!} - \frac{1}{3!}$$

$$P_4 - P_3 = -\frac{P_3 - P_2}{4} = \frac{1}{4!} \quad 或 \quad P_4 = \frac{1}{2!} - \frac{1}{3!} + \frac{1}{4!}$$

一般地，我们有

$$P_n = \frac{1}{2!} - \frac{1}{3!} + \frac{1}{4!} - \cdots + \frac{(-1)^n}{n!}$$

99

(b)为了计算正好有 k 个配对的概率，先考虑固定的某 k 个人，他们且只有他们选中自己的帽子的概率为

$$\frac{1}{n}\frac{1}{n-1}\cdots\frac{1}{n-(k-1)}P_{n-k} = \frac{(n-k)!}{n!}P_{n-k}$$

其中 P_{n-k}是已知 k 个人选中自己的帽子，其余 $n-k$ 个人在他们自己的 $n-k$ 顶帽子中选取而没有配对的条件概率，再因这 k 个人有$\binom{n}{k}$种选法，故正好有 k 个配对的概率为

$$\frac{P_{n-k}}{k!} = \frac{\frac{1}{2!} - \frac{1}{3!} + \cdots + \frac{(-1)^{n-k}}{(n-k)!}}{k!}$$

■

概率论中的一个重要概念是事件的条件独立性. 如果已知 F 发生的条件下，E_1 发生的概率不因 E_2 是否发生而改变，则称事件 E_1 和 E_2 关于给定的事件 F 是条件独立的(conditionally independent). 更确切地说，如果

$$P(E_1 \mid E_2 F) = P(E_1 \mid F) \tag{5.11}$$

或等价地，

$$P(E_1 E_2 \mid F) = P(E_1 \mid F)P(E_2 \mid F) \tag{5.12}$$

则称 E_1 与 E_2 关于 F 是条件独立的.

条件独立的概念容易推广到两个以上事件的情形，我们把它留作习题.

读者应该注意到，条件独立性的概念在例 5a 中已经用过了，在那里，我们假定：在已知保险客户是否为易出事故者的情况下，“他在第 $i(i=1, 2, \cdots)$年，出一次事故”这些事件是条件独立的. 下一个例题，有时也称为拉普拉斯继承准则，进一步解释条件独立性的概念.

例 5e 拉普拉斯继承准则 一个盒子中有 $k+1$ 枚不均匀的硬币，抛掷第 i 枚硬币时，其正面朝上的概率为 i/k，$i=0, 1, \cdots, k$. 从盒子中随机取出一枚硬币，并重复地抛掷，如果前 n 次抛掷结果都为正面朝上，那么第 $n+1$ 次结果仍为正面朝上的概率是多少？

解 令 H_n 表示前 n 次结果都为正面朝上这一事件，所求概率为

$$P(H_{n+1} \mid H_n) = \frac{P(H_{n+1}H_n)}{P(H_n)} = \frac{P(H_{n+1})}{P(H_n)}$$

为计算 $P(H_n)$，令 $C_i(i=0, 1, \cdots, k)$表示“取出的是第 i 枚硬币”这一事件，我们有

$$P(H_n) = \sum_{i=0}^{k} P(H_n \mid C_i)P(C_i)$$

现在，已知取出的是第 i 枚硬币，假设各次抛掷的结果条件独立是合理的，每次出现正面朝上的概率为 i/k. 于是有

100

$$P(H_n|C_i)=(i/k)^n$$

当 $P(C_i)=\frac{1}{k+1}$ 时，得到

$$P(H_n)=\frac{1}{k+1}\sum_{i=0}^{k}(i/k)^n$$

因此，

$$P(H_{n+1}\mid H_n)=\frac{\sum\limits_{i=0}^{k}(i/k)^{n+1}}{\sum\limits_{j=0}^{k}(j/k)^n}$$

但当 k 很大时，可利用积分近似

$$\frac{1}{k}\sum_{i=0}^{k}\left(\frac{i}{k}\right)^{n+1}\approx\int_0^1 x^{n+1}\,\mathrm{d}x=\frac{1}{n+2}$$

$$\frac{1}{k}\sum_{j=0}^{k}\left(\frac{j}{k}\right)^{n}\approx\int_0^1 x^{n}\,\mathrm{d}x=\frac{1}{n+1}$$

故对很大的 k 有

$$P(H_{n+1}\mid H_n)\approx\frac{n+1}{n+2}$$ ■

例 5f 序贯地补充信息　假设有 n 个互不相容且穷举的假设，其初始概率(有时也称为先验(prior)概率)为 $P(H_i)$，$\sum\limits_{i=1}^{n}P(H_i)=1$. 现在，如果得知“事件 E 发生”，那么 H_i 成立的条件概率为[有时称为 H_i 的后验(posterior)概率]：

$$P(H_i|E)=\frac{P(E|H_i)P(H_i)}{\sum\limits_j P(E|H_j)P(H_j)} \tag{5.13}$$

假设现在我们首先知道 E_1 发生，然后 E_2 发生. 那么，如果仅仅得知第一条信息，则 H_i 为真假设的条件概率为

$$P(H_i|E_1)=\frac{P(E_1\mid H_i)P(H_i)}{P(E_1)}=\frac{P(E_1\mid H_i)P(H_i)}{\sum\limits_j P(E_1\mid H_j)P(H_j)}$$

而如果得知两条信息，则 H_i 为真假设的条件概率 $P(H_i|E_1E_2)$ 可以如下计算：

$$P(H_i|E_1E_2)=\frac{P(E_1E_2\mid H_i)P(H_i)}{\sum\limits_j P(E_1E_2\mid H_j)P(H_j)}$$

然而，或许有人疑惑，可否这样计算 $P(H_i|E_1E_2)$：利用式(5.13)的右边，将 E 替换为 E_2，将 $P(H_j)$ 替换为 $P(H_j|E_1)$，$j=1$，…，n. 也就是说，将 $P(H_j|E_1)(j\geqslant 1)$ 作为先验概率，将 E_2 作为新近得到的信息，然后利用式(5.13)来计算后验概率？

101

解　上述方法是合理的，条件是：对每一个 $j=1$，…，n，在给定 H_j 的条件下，事件 E_1 和 E_2 是条件独立的. 如果真是这样，那么

$$P(E_1E_2 \mid H_j) = P(E_2 \mid H_j)P(E_1 \mid H_j) \qquad j = 1,\cdots,n$$

因此，

$$\begin{aligned} P(H_i \mid E_1E_2) &= \frac{P(E_2 \mid H_i)P(E_1 \mid H_i)P(H_i)}{P(E_1E_2)} = \frac{P(E_2 \mid H_i)P(E_1H_i)}{P(E_1E_2)} \\ &= \frac{P(E_2 \mid H_i)P(H_i \mid E_1)P(E_1)}{P(E_1E_2)} = \frac{P(E_2 \mid H_i)P(H_i \mid E_1)}{Q(1,2)} \end{aligned}$$

其中 $Q(1,2)=P(E_1E_2)/P(E_1)$. 因为上式对所有 i 都成立，所以我们将上式对 i 求和得到

$$1 = \sum_{i=1}^{n} P(H_i \mid E_1E_2) = \sum_{i=1}^{n} \frac{P(E_2 \mid H_i)P(H_i \mid E_1)}{Q(1,2)}$$

它说明

$$Q(1,2) = \sum_{i=1}^{n} P(E_2 \mid H_i)P(H_i \mid E_1)$$

这样可得结果

$$P(H_i \mid E_1E_2) = \frac{P(E_2 \mid H_i)P(H_i \mid E_1)}{\sum_{i=1}^{n} P(E_2 \mid H_i)P(H_i \mid E_1)}$$

例如，假设有两枚硬币，选择一枚抛掷. 令 H_i 表示选中了第 $i(i=1,2)$ 枚硬币且假设选中第 i 枚硬币后抛掷，正面朝上的概率为 p_i，$i=1,2$. 令 E_j 表示“对于选中的硬币的第 j 次的抛掷结果”. 抛掷以后，即 E_1 发生以后，只需将 $P(H_i)$进行修正，得到 $P(H_i \mid E_1)$. 若以后还有新的试验结果 E_2，此时只需将 $P(H_i \mid E_1)$进行修正，得到 $P(H_i \mid E_1E_2)$，将 $P(H_i \mid E_1E_2)$重新写成 $P(H_i)$，即忘掉它的历史. 每次得到新的试验结果，只需将修正了的 $P(H_i)$再次进行修正即可，而不必考虑修正的历史. ■

小结

对于任意事件 E 和 F，已知 F 发生的条件下，E 发生的条件概率记为 $P(E|F)$，定义为

$$P(E|F) = \frac{P(EF)}{P(F)}$$

恒等式

$$P(E_1E_2\cdots E_n) = P(E_1)P(E_2 \mid E_1)\cdots P(E_n \mid E_1\cdots E_{n-1})$$

称为概率的乘法规则.

一个有用的恒等式是

$$P(E) = P(E|F)P(F) + P(E|F^c)P(F^c)$$

它可用于通过以 F 是否发生为条件计算 $P(E)$.

$P(H)/P(H^c)$称为事件 H 的优势比．恒等式

102

$$\frac{P(H|E)}{P(H^c|E)} = \frac{P(H)P(E|H)}{P(H^c)P(E|H^c)}$$

说明当得到一个新的证据 E 后，H 的优势比等于原来的优势比值乘以当 H 成立时新证据发生的概率与 H 不成立时新证据发生的概率的比值．

令 $F_i(i=1, \cdots, n)$为互不相容的事件列，且它们的并为整个样本空间，恒等式

$$P(F_j|E) = \frac{P(E|F_j)P(F_j)}{\sum_{i=1}^{n} P(E|F_i)P(F_i)}$$

称为**贝叶斯公式**．如果事件 $F_i(i=1, \cdots, n)$为一组假设，那么贝叶斯公式说明了如何计算当新证据成立时，这些假设成立的条件概率．

贝叶斯公式的分母用了下面的公式：

$$P(E) = \sum_{i=1}^{n} P(E|F_i)P(F_i)$$

我们称之为**全概率公式**．

如果 $P(EF)=P(E)P(F)$，那么我们称事件 E 和 F 是**独立的**．该等式等价于 $P(E|F)=P(E)$或 $P(F|E)=P(F)$．因此，如果知道 E 和 F 其中之一的发生并不影响另一个发生的概率，那么 E 和 F 独立．

事件 $E_1, \cdots, E_n$ 称为独立的，如果对任何子集 $E_{i_1}, \cdots, E_{i_r}$，有

$$P(E_{i_1} \cdots E_{i_r}) = P(E_{i_1}) \cdots P(E_{i_r})$$

对于任一给定事件 F，$P(E|F)$可以认为是样本空间中事件 E 的概率函数．

习题

3.1　掷两枚均匀的骰子，求已知两枚骰子点数不同的条件下，至少有一枚点数为 6 的条件概率．

3.2　掷两枚均匀骰子，求给定两枚骰子点数之和为 i 的条件下，第一枚点数为 6 的条件概率．计算 i 取值从 2 到 12 的所有情况．

3.3　利用公式(2.1)，计算在一手桥牌里，南北两家持有总共 8 张黑桃的条件下，东家持有 3 张黑桃的条件概率．

3.4　掷两枚均匀的骰子，在点数之和为 $i(i=2, 3, \cdots, 12)$的条件下，至少有一枚点数为 6 的条件概率是多少？

3.5　坛子里有 6 个白球和 9 个黑球．如果无放回随机抽取 4 个球，那么前两个是白球且后两个是黑球的概率是多少？

3.6　坛子里有 12 个球，其中 8 个白球．从中有放回(无放回)地抽取 4 个球，那么已知抽取的球中正好有 3 个白球的条件下，第一个球和第三个球是白球的条件概率(有放回和无放回情形下分别计算)是多少？

3.7　如果国王来自有两个孩子的家庭，那么另一个孩子是他姐妹的概率是多大？

3.8　某夫妇有两个孩子，已知老大是女孩的条件下两个孩子都是女孩的条件概率是多大？

3.9　假设有 3 个坛子，坛子 A 有 2 个白球和 4 个红球，坛子 B 有 8 个白球和 4 个红球，坛子 C 有 1 个白

球和 3 个红球. 如果从每个坛子各取一个球，那么在正好取了两个白球的条件下，从坛子 A 里取的是白球的条件概率是多大?

3.10 随机无放回地从一副 52 张牌里抽取 3 张，已知第二张和第三张都是黑桃，求第一张是黑桃的条件概率.

3.11 随机无放回地从一副 52 张牌里抽取 2 张，令 B 表示“两张都是 A”，令 A_s 表示“抽中了黑桃 A”，令 A 表示“至少抽中了一张 A”，计算(a) $P(B|A_s)$；(b) $P(B|A)$.

3.12 卡片 A，B，C 上分别写三个不同的数字，则在给定事件“卡片 A 上的数值小于卡片 B 上的数值”的条件下，计算事件“卡片 A 上的数值也小于卡片 C 上的数值”的概率 .

3.13 某大学毕业生计划今夏参加前三场精算师考试. 他将在 6 月份参加第一场考试. 若通过了，则在 7 月份参加第二场. 而若又通过了，则参加 8 月份的第三场. 如果在某场考试失败了，则不允许参加剩下的考试. 他通过首场考试的概率为 0.9；若通过了首场考试，则他通过第二场考试的条件概率为 0.8；如果通过了前两场，那么他通过第三场的条件概率是 0.7.

103

(a) 他通过全部三场考试的概率是多大?

(b) 已知他没有通过全部三场考试，那么他在第二场考试失败的条件概率是多大?

3.14 考虑一副 52 张牌(有 4 张 A)随机平均分给 4 家，每家 13 张，我们对每家都有一张 A 的概率 p 感兴趣，令 E_i 表示“第 i 家恰好有 1 张 A”，利用乘法规则计算 $p=P(E_1E_2E_3E_4)$.

3.15 坛子里最初有 5 个白球和 7 个黑球. 每次取出一个球，记下它的颜色后放回坛子，同时再放入相同颜色的 2 个球. 计算如下概率：

(a) 前两个球是黑色的，后两个球是白色的；(b) 前 4 个球中恰好有 2 个是黑色的.

3.16 吸烟的孕妇宫外孕的概率是不吸烟孕妇的 2 倍. 如果有 32%的孕妇吸烟，那么有百分之几的宫外孕孕妇吸烟?

3.17 98%的婴儿分娩是安全的. 然而有 15%的分娩是剖宫产. 当采用剖宫产时，婴儿的生存概率为 96%. 如果随机选择一个采用非剖宫产的孕妇，那么其婴儿的生存概率是多少?

3.18 某个社区，36%的家庭有一条狗，22%的家庭既有一条狗，又有一只猫，另外，30%的家庭有一只猫.

(a) 随机选择一个家庭，为既有猫又有狗的概率是多少?

(b) 随机选择一个家庭，已知该家庭有猫的条件下，还有一条狗的条件概率是多少?

3.19 某城市中，46%的人是无党派人士，30%的人属于自由党，24%的人属于保守党. 在最近一次地方选举中，35%的无党派人士、62%的自由党员和 58%的保守党员参与了选举. 随机选择一位选民，假定他参与了地方选举，求以下概率：

(a) 他是无党派人士；(b) 他是自由党党员；(c) 他是保守党党员；(d) 参与地方选举的选民比例.

3.20 参加过某个“戒烟班”的人，有 48%的女性和 37%的男性在结束后一年内坚持没有吸烟，这些人参加了年末的庆功会. 如果一开始，班里有 62%的男性，问：

(a) 参加庆功会的女性所占百分比是多少?

(b) 参加庆功会的人数占全班的百分比是多少?

3.21 某大学里，52%的学生为女生，5%的学生为计算机科学专业，2%的学生为计算机科学专业的女生. 如果随机挑选一名学生，求以下条件概率：

(a) 在已知该学生主修计算机科学的条件下，该生为女生的条件概率；

(b) 已知该生为女生的条件下，该生主修计算机科学的条件概率.

3.22 总共有 500 对职业夫妇参与了关于年薪的调查，调查结果见表 3-1.

表 3-1

妻子	丈夫	
	低于 125 000 美元	高于 125 000 美元
低于 125 000 美元	212	198
高于 125 000 美元	36	54

例如，其中有 36 对夫妇，妻子年薪超过 125 000 美元，而丈夫年薪低于 125 000 美元. 如果随机挑选一对夫妇，求以下概率：

(a) 丈夫年薪低于 125 000 美元；

(b) 丈夫年薪高于 125 000 美元的条件下，妻子年薪超过 125 000 美元的条件概率；

(c) 丈夫年薪低于 125 000 美元的条件下，妻子年薪超过 125 000 美元的条件概率.

3.23 分别掷一枚红色、蓝色和黄色骰子(都是 6 面)，我们感兴趣的是蓝骰子点数小于黄骰子点数，而黄骰子点数小于红骰子点数的概率. 也就是说，令 B，Y，R 分别表示蓝骰子、黄骰子和红骰子的点数，我们感兴趣的是 $P(B<Y<R)$.

104

(a) 没有两个骰子点数一样的概率是多大？

(b) 已知没有两个骰子点数一样的情况下，$B<Y<R$ 的概率是多大？

(c) 求 $P(B<Y<R)$.

3.24 坛子Ⅰ有 2 个白球和 4 个红球，而坛子Ⅱ有 1 个白球和 1 个红球，随机从坛子Ⅰ中取一个球放入坛子Ⅱ，然后随机从坛子Ⅱ中取一个球.

(a) 从坛子Ⅱ中取出的球是白球的概率是多大？

(b) 已知从坛子Ⅱ中取出的是白球，问从第一个坛子中取出的放入第Ⅱ个坛子的球是白球的条件概率是多大？

3.25 B女士 25%的电话都是与她的女儿通话. 与她女儿通话之后，B女士 65%会面带笑容挂上电话. 给定 B 女士刚刚面带笑容挂上电话，我们感兴趣的是 B 女士是与她女儿通话的条件概率. 请问是否具有足够的信息来计算这个概率，如果是，请计算；如果否，还需要什么条件？

3.26 在一个坛子里放入两个球，假设在放入之前，每个球分别以概率为 1/2 涂成黑色，以概率为 1/2 涂成金色. 假设两个球的涂色是相互独立的.

(a) 已知金色的颜料已经用过(即至少有一个球涂成了金色)，计算两个球都涂成金色的概率.

(b) 假设坛子倒了，一个球掉了出来，是金色，那么其中两个球都是金色的概率是多大？并解释.

3.27 以下方法用于估计 100 000 人的城镇里 50 岁以上的人口的数量：“当你在街上散步时，数一数你碰到的 50 岁以上的人数，再算出他们占你遇到的人的百分数，这样做几天后，用 100 000 去乘得到的百分数就是所求的估值.”对这个方法作出你的评价.

提示：设这个城市中 50 岁以上的人所占比例为 p，另外，令 α_1 表示一个 50 岁以下的人在街上的时间所占的比例，α_2 表示一个 50 岁以上的人的相应比值，这个方法估计的是什么量？什么时候这个估计值近似等于 p？

3.28 假设有 5%的男性和 0.25%的女性为色盲，并假定男性和女性的数量相等. 随机选择一个色盲的人，他是男性的概率是多大？如果男性的数量是女性的 2 倍呢？

3.29 一公司所有员工都开车上班. 公司希望估计出每个车内员工的平均数. 下面提供的方法中，哪一个是正确的？并给出解释.

(a) 随机地找 n 个员工，问他们所乘的车内有多少员工，求出其平均值.

(b) 随机地选 n 辆车，数一数车内的员工人数，然后求平均值.

3.30 假设一副 52 张牌洗好后扣在桌子上，每次翻开一张，直到出现第一张 A. 已知第一张 A 出现在第 20 张牌，问接下来的牌是以下牌的条件概率是多大：

(a) 黑桃 A？(b) 梅花 2？

3.31 盒子里有 15 个网球，其中 9 个球还没用过. 随机地抽取 3 个，用它们练球，之后放回盒子. 随后，又随机地从中再抽取 3 个，求其中没有一个球被用过的概率是多大？

3.32 两个盒子，一个里面有黑白弹子各一个，另一个有 2 个黑弹子和 1 个白弹子. 随机挑选一个盒子，再随机从中取出一个弹子，问取出的是黑弹子的概率是多大？已知弹子是白色的条件下，选中的盒子是第一个盒子的条件概率是多大？

3.33 阿奎娜夫人接受了一次癌症活体组织检查. 但她不想让检查结果影响她周末的情绪. 若她告诉医生，只有好消息时才打电话通知结果. 这样，当医生不打电话时，她仍然可下结论：她的结果是不好的. 学过概率论的阿奎娜夫人要求医生，首先掷一枚硬币，若硬币为正面朝上，那么当检验结果是好消息时，医生就及时通知她，当检验结果是坏消息时，就不通知她. 若硬币为反面朝上时，医生就不必打电话. 这样，即使医生不打电话，也不意味着“一定是坏消息”. 令 α 表示检查结果为癌症的概率，令 β 表示医生不打电话的条件下，检验结果为癌症的条件概率.

(a) α 和 β 哪个大？(b) 求出 β 和 α 之间的关系，验证(a)中的结论.

105

3.34 某家庭有 j 个孩子的概率为 p_j，其中 $p_1=0.1$，$p_2=0.25$，$p_3=0.35$，$p_4=0.3$. 随机从该家庭挑选一个孩子，已知这孩子为该家庭里最大的孩子，求该家庭有以下数量孩子的条件概率：

(a) 仅有一个孩子. (b) 有 4 个孩子.

如果随机挑选的一个孩子是该家庭里最小的孩子，重做(a)和(b).

3.35 在雨天的时候，乔伊有 0.3 的概率迟到；平时，他有 0.1 的概率迟到. 而明天下雨的概率是 0.7.

(a) 求出乔伊明天不迟到的概率.

(b) 在乔伊没有迟到的条件下，下雨的条件概率是多少？

3.36 在例 3f 中，假设新的证据服从不同可能的解释，事实上，证据有 90%的可能造假. 请问，在这个例子中，犯罪嫌疑人有多大的概率是有罪的？

3.37 有 0.6 的概率是妈妈把礼物藏起来了，有 0.4 的概率是爸爸把礼物藏起来了. 当妈妈藏时，她有 70%的可能藏楼上，30%的可能藏楼下. 爸爸藏楼上和楼下的概率相等.

(a) 礼物在楼上的概率是多少？

(b) 假设礼物在楼上，请问有多大的可能是爸爸藏起来了？

3.38 商店 A，B，C 各有 50 名、75 名和 100 名员工，其中分别有 50%，60%和 70%是女性. 我们假定每个员工的辞职是等可能的，而且没有性别差异. 若有个员工辞职了，而且是女性，则她在 C 店工作的概率是多少？

3.39 (a) 某赌徒口袋里有一枚均匀硬币，还有一枚两面都为正面的硬币. 他随机从中取出一枚并掷之，发现是正面朝上，问掷的是均匀硬币的概率是多大？

(b) 假设他将那枚硬币再掷一次，发现还是正面朝上. 那么它是均匀硬币的概率是多少？

(c) 假设他第三次掷那枚硬币，发现是反面朝上. 那么它是均匀硬币的概率是多少？

3.40 坛子 A 中有 5 个白球和 7 个黑球. 坛子 B 中有 3 个白球和 12 个黑球. 我们投掷一枚均匀的硬币，如果结果为正面朝上，则从 A 中取一个球，而如果结果为反面朝上，则从 B 中取一个球. 假设取出的是白球，问硬币是反面朝上的概率是多大？

3.41 在例 3a 中，已知投保人第一年内没发生事故，问第二年发生事故的条件概率是多大？

3.42 坛子里有 5 个白球和 7 个红球. 考虑按如下方式取出 3 个球：每一次取出一个，并记下其颜色，然后把它放回坛子，同时再放进一个相同颜色的球．求取出的 3 个球满足下列条件的概率：

(a) 没有白球；(b) 只有 1 个白球；(c) 是 3 个白球；(d) 刚好有 2 个白球．

3.43 一副洗好的牌分成两份，各 26 张．从其中一份里取出 1 张，发现是 A．然后将它放入另一份里，洗好后，从中取出一张．计算这张牌是 A 的概率．

提示：以取出的是否是放进去的那一张为条件．

3.44 全美有 12%的家庭在加州．全美总共有 1.3%的家庭年总收入超过 250 000 美元，而全加州有 3.3%的家庭年总收入超过 250 000 美元．

(a) 求非加州地区家庭中年收入超过 250 000 美元的家庭比例．

(b) 假设随机地抽取年收入超过 250 000 美元的一个美国家庭，请问该家庭是加州地区的概率是多少？

3.45 盒子里有 3 枚硬币，第一枚两面都为正面，第二枚为均匀的硬币，第三枚是不均匀的，它出现正面朝上的概率为 75%．如果从中随机挑一枚硬币来掷发现是正面朝上，那么它是两面都为正面的概率是多少？

3.46 监狱看守通知三个囚犯，在他们中要随机选择一个处决，而把另两个释放．囚犯 A 请求看守秘密地告诉他，另外两个囚犯中谁将获得自由，A 声称："因为我已经知道他们两人中至少有一个获得自由，所以你泄漏这点消息是无妨的."但是看守拒绝回答这个问题，他对 A 说："如果你知道了你的同伙中谁将获释，那么，你自己被处决的概率将由 1/3 增加到 1/2，因为你就成了剩下的两个囚犯中的一个了."对于看守的上述理由，你怎么评价？

106

3.47 设 A 修好摔坏电脑的概率是 30%，如果 A 没有修好，那么她朋友 B 修好的概率是 40%．

(a)求电脑被 A 或者 B 修好的概率．

(b)如果电脑修好了，求电脑是被 B 修好的概率．

3.48 在一个给定年份，投保的男司机索赔的概率为 p_m，而投保的女司机索赔的概率为 p_f，其中 $p_f \neq p_m$．男司机的比例为 α，$0<\alpha<1$．随机挑选一名司机，令 A_i 表示"该司机第 i 年索赔"这一事件，证明：

$$P(A_2 \mid A_1) > P(A_1)$$

给出上述不等式的直观解释．

3.49 坛子里有 5 个白球和 10 个黑球．若掷一枚均匀的骰子，掷出几点就从坛子中取几个球，则取出的球都是白球的概率是多少？在取出的球都是白球的条件下，掷出的骰子点数为 3 的条件概率是多少？

3.50 两个外形一样的橱柜都有 2 个抽屉．A 橱柜每个抽屉里有一枚银币，B 橱柜有一个抽屉里有一枚银币，另一抽屉有一枚金币．随机挑选一个橱柜，打开其中一个抽屉，发现是一枚银币，求另一个抽屉里也是银币的概率．

3.51 前列腺癌是男性中比较常见的一种癌，作为男性是否患有前列腺癌的指标，医生经常进行一项检查，测量仅由前列腺分泌的 PSA(prostate specific antigen)蛋白质水平．尽管 PSA 水平能表明癌症，但这种检查非常靠不住．事实上，一个未患前列腺癌的男性其 PSA 水平偏高的概率为 0.135，而他确实有癌症的情况下，此概率增至 0.268．如果一个医生用其他方法诊断该男士有 70%的可能患有前列腺癌，给定下列条件下，他患有前列腺癌的条件概率是多大？

(a) 检查指标为高水平．(b) 检查指标不为高水平．

若假设医生最初有 30%的把握认为他患有前列腺癌，重做以上问题．

3.52 假设某保险公司把被保险人分成如下三类："低风险的"、"一般的"、"高风险的"．该保险公司的资料表明，对于上述三种人而言，在一年期内卷入一次事故的概率依次为 0.05，0.15 和 0.30．如果"低风险的"被保险人占人口的 20%，"一般的"占 50%，"高风险的"占 30%．试问在固定的一年中出事故的人口占多大比例？如果某被保险人在 2012 年没出事故，他是"低风险的"概率是多大？

是“一般的”概率是多大？

3.53 某员工为找新工作，请其领导写封推荐信．她估计如果得到了强有力的推荐，那么有80％的可能找到工作；如果得到了一般的推荐，那么有40％的可能找到工作；如果得到比较弱的推荐，那么只有10％的可能找到工作．而且她估计她得到强有力的推荐、一般的推荐和较弱的推荐的概率分别为0.7，0.2，0.1.

(a) 她有多大的把握认为她会找到新工作？

(b) 已知她找到了新工作，她得到了强有力的推荐、一般的推荐以及较弱的推荐的条件概率各是多少？

(c) 已知她没找到新工作，她得到了强有力的推荐、一般的推荐以及较弱的推荐的条件概率各是多少？

3.54 A，B，C，D四位玩家随机排成一队，队列中的前两人进行一个比赛，胜者与队列的第三个人进行比赛，胜者继续跟第四人比赛．如果A每局胜利的概率是p，求A是最后胜者的概率．

3.55 球员1，2，3在打一个比赛．从3人中随机选出2人进行第一轮比赛，胜者与余下的人进行第二轮比赛．第二轮比赛的胜者为比赛冠军．假设所有的比赛都是独立的，且球员i胜出球员j的概率是$i/(i+j)$.

(a)计算球员1是冠军的概率.

(b)如果球员1是冠军，计算球员1没有参与第一轮比赛的条件概率．

3.56 有两枚硬币，第1枚硬币抛出之后正面朝上的概率是0.3，第二枚硬币正面朝上的概率是0.5. 假设我们随机挑选一枚硬币，进行连续抛掷．记H_j为事件：连续抛掷j次硬币出现1次正面朝上. 记事件C_i：第i枚硬币被选中$i=1$，2.

(a)计算$P(H_1)$.

(b)计算$P(H_2 \mid H_1)$.

(c)计算$P(C_1 \mid H_1)$.

(d)计算$P(H_2 H_3 H_4 \mid H_1)$.

107

3.57 2支球队进行7场比赛，7局4胜制，即首先赢得4场比赛者胜．假设每场比赛是相互独立的，且每场比赛球队A获胜的概率是p.

(a)给定一支球队是3∶0领先的条件下，计算球队A领先的概率.

(b)给定一支球队是3∶0领先的条件下，计算该球队获胜的概率.

3.58 一个并联系统只要其中有一个元件正常工作就运行正常．考虑一个有n个元件的并联系统，假设每个元件独立地正常工作的概率为1/2，计算已知系统工作运行的条件下，元件1正常工作的条件概率.

3.59 在下列(a)到(e)描述的情形中，如果你必须建立一个关于事件E和事件F的数学模型，哪种情形你可认为它们是独立的？试解释原因.

(a) E表示某个女商人是蓝眼睛，而F表示她的秘书也是蓝眼睛.

(b) E表示某教授有辆汽车，F表示他的名字出现在电话簿里.

(c) E表示某男人身高低于6英尺[⊖]，而F表示其体重超过200磅.

(d) E表示某妇女生活在美国，而F表示她生活在西半球.

(e) E表示明天会下雨，而F表示后天还会下雨.

3.60 某班已知有4个一年级男生，6个一年级女生，还有6个二年级男生．如果从中随机选择一个学生，且其性别和年级是独立的，那么此班有多少个二年级女生？

⊖ 1英尺＝0.3048米。——编辑注

3.61 假设你一直在收集优惠券，并假设一共有 m 种优惠券. 若每次收集优惠券时，得到第 i 种优惠券的概率为 p_i，$i=1$，…，m. 假设你正收集第 n 张优惠券，那么它是一张新类型(以前未曾收集到)的概率有多大？

提示：以这张优惠券的种类为条件.

3.62 一个关于股价变化的简化模型为：每天股价上涨一个单位的概率为 p，下跌一个单位的概率为 $1-p$，不同天里的变化认为是独立的.

(a) 2 天后股价仍维持在初始水平的概率是多少？

(b) 3 天后股价上涨一个单位的概率是多少？

(c) 已知 3 天后股价上涨了一个单位，问第一天股价上涨的概率是多大？

3.63 我们希望模拟掷一枚均匀硬币的试验，但是我们只有一枚不一定均匀的硬币，其正面朝上的概率为未知的 p(p 不一定为 1/2). 考虑下面步骤：

(1)掷一次硬币；　　(2)再掷一次硬币；

(3)如果上面两次结果一样，回到第 1 步；(4)最后一次掷出的结果作为试验结果.

(a) 证明这样得到的结果，正面朝上或朝下的概率是一样的.

(b) 如果我们简化了步骤，将硬币掷到出现两次不同时为止，将最后一次掷硬币的结果作为试验结果. 这样做可以吗？

3.64 独立抛掷一枚硬币，每次正面朝上的概率为 p，前 4 次结果如下的概率是多少，

(a) H，H，H，H？

(b) T，H，H，H？

(c) 在连续掷硬币过程中，T，H，H，H 出现在 H，H，H，H 之前的概率是多少？

提示：对于(c)，在什么条件下 H，H，H，H 先发生？

3.65 人眼的颜色由一对基因决定. 如果都为蓝色基因，那么他眼睛为蓝色，如果都为棕色基因，那么眼睛为棕色. 如果一个是蓝色基因，一个是棕色基因，那么他眼睛为棕色. (我们称棕色基因比蓝色基因占优势.)一个新生儿独立地从其父母处各得到一个遗传基因，父亲的基因对中的任一基因以相等的概率遗传给他的孩子. 母亲的情况也是一样的. 假设史密斯及其父母眼睛都为棕色，但其姐姐眼睛为蓝色.

(a) 史密斯拥有蓝色基因的概率是多少？

(b) 假设史密斯夫人眼睛为蓝色. 他们第一个孩子的眼睛为蓝色的概率是多少？

108

(c) 如果他们第一个孩子的眼睛为棕色，它们第二个孩子眼睛为棕色的概率是多少？

3.66 有关白化病的基因记为 A 和 a，只有从其父母都遗传了基因 a 的人才会得白化病. 有基因对 A，a 的人在外表上是正常的，但是因为他能将其基因遗传给下一代，因此称为携带者. 现假设一对正常的夫妇有两个小孩，其中有一个为白化病. 假设另一个未得白化病的孩子将来与一个白化病携带者结婚.

(a) 他们的第一个孩子得白化病的概率是多少？

(b) 已知他们的第一个孩子未得白化病的条件下，第二个孩子得白化病的条件概率是多大？

3.67 芭芭拉和黛安娜出去射击. 假设芭芭拉每次射击击中木鸭子的概率为 p_1，而黛安娜每次射击击中木鸭子的概率为 p_2. 假设她们同时射击同一只木鸭子. 如果木鸭子翻了(表示射中了)，求以下事件的概率.

(a) 两人都射中了. (b) 芭芭拉射中了.

其中作了怎样的独立性假设？

3.68 A和B被卷入一场决斗. 决斗的规则是：拿起自己的枪，并同时向对方射击. 如果有一人或两人都被射中，那么决斗结束. 如果两人都射空，那么重复过程. 假设每次射击结果都是独立的，且A射中B的概率为p_A，B射中A的概率p_B，计算

(a) A没被击中的概率；(b) A，B都被击中的概率；(c) n局决斗后决斗停止的概率；

(d) A没被击中的条件下，第n局决斗后停止的条件概率；

(e) 两人都被击中的条件下，第n局决斗后停止的条件概率.

3.69 假设在例3h中，64%的双胞胎是同性别的，已知一对新生的双胞胎是同性别的，请问这对双胞胎是同卵双生的条件概率是多少？

3.70 在图3-5所示的电路里，第i个继电器闭合的概率为p_i，$i=1, 2, 3, 4, 5$. 如果所有继电器的功能相互独立，试对如下(a)和(b)两种情况，分别求出A和B之间是通路的概率.

提示：对于(b)，以继电器3是否闭合为条件.

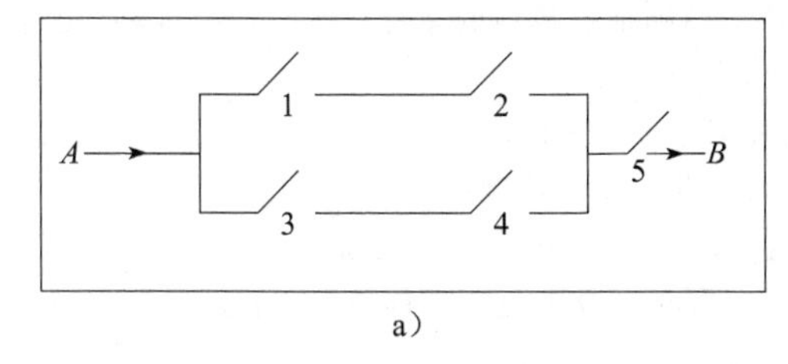

a)

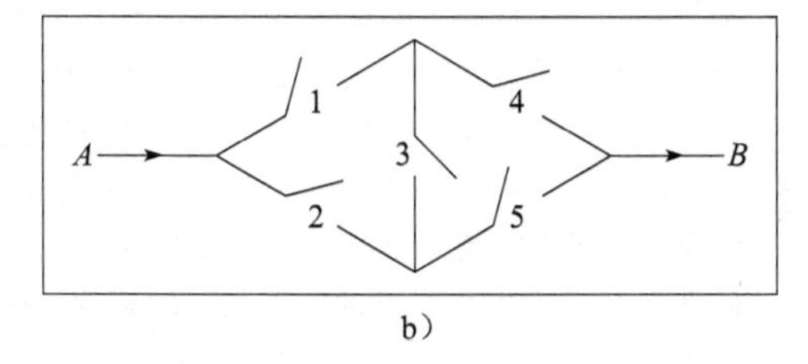

b)

图3-5 习题3.70中的电路示意图

3.71 一个由n个部件组成的系统称为“k-n”($k \leqslant n$)系统，如果此系统运行当且仅当它的n个部件中至少有k个部件运行. 假设它的各部件运行是相互独立的.

(a) 如果第i个部件运行的概率为P_i，$i=1, 2, 3, 4$，求一个“2-4”系统运行的概率.

(b) 试对“3-5”系统求出(a)中的概率.

(c) 假设一个“k-n”系统所有的P_i都等于p，即$P_i=p$，$i=1, 2, \cdots, n$，对此系统试求出上述概率.

3.72 在习题3.70a中，已知A和B之间是通路的条件下，求继电器1和2均闭合的概率.

3.73 某种生物具有一对基因组，其中每个基因组由5个不同的基因组成(我们把这5个基因用5个英文字母表示). 每个基因有两种特性，分别用大小字母来区别，大写字母表示显性，小写字母表示隐性. 若某生物具有基因对(xX)，此时，该生物表现基因X的特征. 例如，X代表棕色眼睛，x代表蓝色眼睛，那么具有(X, X)或(x, X)的个体都是棕色眼睛，而具有(x, x)时为蓝色眼睛. 生物的表现特征(phenotype)与基因特征(genotype)是有区别的. 因此，一个生物具有基因特征aA，bB，cc，dD，ee，另一个生物具有基因特征AA，BB，cc，DD，ee，它们的基因特征不同，但表现特征是相同的. 对于每一种基因的基因对，交配双方都随机地贡献其中一个基因(5种基因中每种各一个). 现在设交配双方的5种基因组分别为aA，bB，cC，dD，eE和aa，bB，cc，Dd，ee. 分别计算子女的(i)基因特征和(ii)表现特征与下列相同的概率：

(a) 第一个亲代；(b) 第二个亲代；(c) 与某一个亲代；(d) 都不相同.

3.74 女王有50%的可能携带有血友病的基因. 如果她是一个携带者，那么每个王子都有50%的可能患有血友病. 如果女王有3个王子，且都没有患血友病. 那么女王是携带者的概率有多大？如果有第4个王子，那么他患有血友病的概率有多大？

3.75 市政委员会由7人组成，其中包含一个由3人组成的核心委员会. 一个新的法律提案首先由核心会

员会表决，只有核心委员会中有 2 人以上同意，才能拿到全体委员会上讨论．一旦到了全体委员会，只要有 4 票以上通过，这个新的法律提案就生效．现在有一新的法律提案．设每个委员以概率 p 同意这个提案，并且相互独立地作出投票决定．一个核心委员会成员起决定作用的概率是多少？所谓起决定作用是指若他的决定是相反的，其最后结果也是相反的．一个不在核心委员会的委员起决定作用的概率是多少？

3.76 假设某对夫妇的每个孩子是男孩或女孩的可能性一样，且与这个家庭里的其他孩子的性别是独立的．对于一个有 5 个孩子的家庭，计算如下事件的概率：

(a) 所有的小孩同一性别；(b) 最大的三个为男孩，其他为女孩；

(c) 正好三个男孩；　(d) 最大的两个为女孩；　(e) 至少有一个女孩．

3.77 A 和 B 轮流掷一对骰子，当 A 掷出"和为 9"或 B 掷出"和为 6"时停止．假设 A 先掷，求最后一次掷是由 A 完成的概率．

3.78 某村子有一个传统，即家庭里的长子及其妻子负责照顾他们年迈的父母．然而，近年来，这个村的女性不想承担这种责任，已经不愿意嫁给最大的男孩．

(a) 如果每个家庭都有两个孩子，问所有的儿子中长子占多大比例？

(b) 如果每个家庭都有三个孩子，问所有的儿子中长子占多大比例？

假设婴儿出生时是男孩或女孩的概率相同，并且家庭里各小孩的性别是独立的．

3.79 假设 E 和 F 为某次试验的互不相容的事件．证明：如果独立重复进行这样的试验，那么 E 发生在 F 之前的概率为 $P(E)/[P(E)+P(F)]$．

3.80 考虑一个无穷的独立重复试验序列，每次试验都等可能地以 1，2，3 为结果．假设 3 次试验后最后一次试验结果为 3，求以下条件概率：

(a) 第一次试验结果为 1；(b) 前两次试验结果都为 1．

3.81 A 和 B 进行一系列比赛，每局比赛 A 获胜的概率都为 p，B 获胜的概率为 $1-p$，且每次比赛结果相互独立．当其中一人比另一人多胜两局时，游戏停止，获胜局数多的选手赢得比赛．

(a) 求总共比赛了 4 局的概率；(b) 求 A 最后获得比赛胜利的概率．

3.82 连续地掷一对均匀的骰子，在出现 6 次"和为偶数"之前，出现 2 次"和为 7"的概率是多少？

3.83 选手们水平相当，在每次比赛中任一方获胜的可能性都是 1/2．共有 2^n 个选手随机地一一配对比赛，随后的 2^{n-1} 个胜者再随机地一一配对比赛，等等，直到最后一个获胜者出现．对指定的 A，B 两人，定义事件 $A_i(i\leqslant n)$ 和 E 如下：

$$A_i: A \text{ 参与了 } i \text{ 场比赛} \qquad E: A,B \text{ 曾一起比赛}$$

110

(a) 求 $P(A_i)$，$i=1$，…，n；(b) 求 $P(E)$．

(c) 令 $P_n=P(E)$，证明：

$$P_n=\frac{1}{2^n-1}+\frac{2^n-2}{2^n-1}\left(\frac{1}{2}\right)^2 P_{n-1}$$

并利用此公式验证(b)中得到的答案．

提示：以事件 $A_i(i=1,\cdots,n)$ 发生为条件，计算 $P(E)$，再利用代数恒等式

$$\sum_{i=1}^{n-1} i x^{i-1}=\frac{1-n x^{n-1}+(n-1) x^n}{(1-x)^2}$$

来化简答案．另外一个解决此问题的方法是，注意到一共进行了 2^n-1 场比赛．

(d) 解释为什么总共有 2^n-1 场比赛．

提示：给这些比赛进行编号，且令 B_i 表示 A 和 B 在第 i 场比赛中碰面，$i=1$，…，2^n-1．

(e) $P(B_i)$是多少？(f) 利用(e)计算 $P(E)$．

3.84 某股票投资者有一股票，其现值为 25. 他决定当股价跌至 10 或涨至 40 时卖出股票. 如果股价的每次变化都是以 0.55 的概率上涨 1 点，以 0.45 的概率下跌 1 点，且连续的变动是相互独立的，那么投资者最后获利的概率是多少?

3.85 A 和 B 掷硬币，A 先开始并连续掷硬币，直到出现反面朝上. 此时，B 开始掷硬币直到出现反面朝上，然后又轮到 A 掷，等等. 令 P_1 和 P_2 分别表示 A 和 B 掷硬币时正面朝上的概率. 若谁先达到如下获胜条件谁就获胜，求各种情况下 A 获胜的概率.

(a) 在一轮中有两个正面朝上；(b) 双方总共 2 个正面朝上；

(c) 一轮中 3 个正面朝上；　　(d) 双方总共 3 个正面朝上.

3.86 骰子 A 有 4 面红 2 面白，而骰子 B 有 2 面红 4 面白. 先掷一枚均匀的硬币，如果正面朝上，那么用骰子 A 玩游戏，如果是反面朝上，那么用骰子 B.

(a) 证明：每次掷出红色面的概率为 1/2.

(b) 若前两次投掷都出现红色面，则第三次投掷也出现红色面的概率是多大?

(c) 如果前两次投掷都出现红色面，那么使用的是骰子 A 的概率是多大?

3.87 坛子里有 12 个球，其中 4 个白球，三个选手 A，B，C 依次从坛中取球，A 最先，然后 B，然后 C，再是 A，依次进行下去. 第一个取出白球的人获胜. 求每个选手获胜的概率，如果

(a) 每个球取出后再放回；(b) 取出的球不放回.

3.88 当 3 个选手各自选择自己的坛子时，重做习题 3.87，即假设有 3 个不同的坛子，每个里面有 12 个球，其中 4 个白球.

3.89 令 $S=\{1, 2, \cdots, n\}$，假设 A 和 B 独立且等可能地为 2^n 个子集之一(包括空集和 S 本身).

(a)证明：

$$P\{A \subset B\} = \left(\frac{3}{4}\right)^n$$

提示：令 $N(B)$表示 B 中元素个数，利用

$$P\{A \subset B\} = \sum_{i=0}^{n} P\{A \subset B \mid N(B) = i\} P\{N(B) = i\}$$

(b) 证明 $P\{AB=\varnothing\}=\left(\frac{3}{4}\right)^n$.

3.90 假设有 8 支球队进行锦标赛，比赛规则见图 3-6. 如果球队 i 击败球队 j 的概率是 $j/(i+j)$，计算球队 1 取得锦标赛冠军的概率.

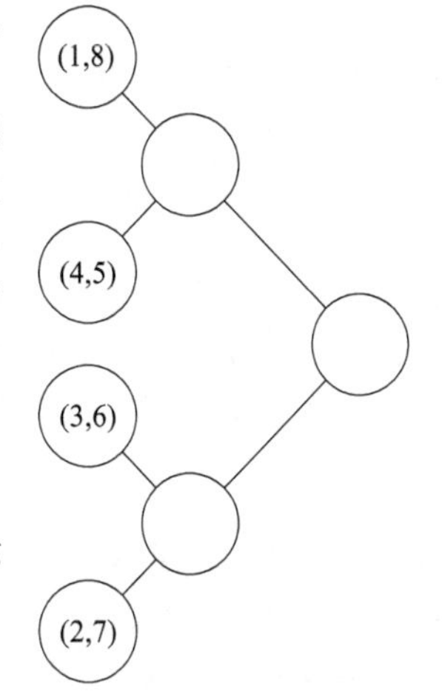

图　3-6

3.91 考虑例 2a，但是现在假定当钥匙在某一个口袋里时，有 10%的可能在搜那个口袋时没有找到钥匙. R 和 L 分别代表钥匙在右边和左边口袋的概率. 同时，令 S_R 代表搜右边口袋会成功找到钥匙的概率，U_L 代表搜左边口袋不会成功找到钥匙的概率，试用如下(a)和(b)两种方法计算条件概率 $P(S_R \mid U_L)$：

(a) 利用等式

$$P(S_R \mid U_L) = \frac{P(S_R U_L)}{P(U_L)}$$

并以钥匙在或不在右口袋为条件计算 $P(S_R U_L)$，先用给定钥匙在或不在左口袋的条件概率计算 $P(U_L)$.

(b) 用下面的等式：

$$P(S_R \mid U_L) = P(S_R \mid R U_L) P(R \mid U_L) + P(S_R \mid R^c U_L) P(R^c \mid U_L)$$

3.92 在例5e里，已知前 n 次结果都是正面朝上的条件下，选中第 i 枚硬币的条件概率是多大？

3.93 在拉普拉斯继承准则(例5e)中，各次投掷结果是否独立？试解释之.

3.94 由3名法官组成一个陪审团. 某人被审讯后，若至少两名法官投“有罪”票，则判决此人有罪. 假设对一名事实上有罪的被告，每个法官独立地投“有罪”票的概率为0.7，而对事实上无罪的被告，这个概率下降到0.2. 如果70%的被告事实上是有罪的，试对如下各条件求出3号法官投“有罪”票的条件概率.

(a) 1号法官和2号法官都投“有罪”票.

(b) 在1号和2号法官所投的票中，一张“有罪”，另一张“无罪”.

(c) 1号和2号法官全投“无罪”票.

以 $E_i(i=1, 2, 3)$ 表示 i 号法官投一张“有罪”票的事件，这些事件是否相互独立？是否条件独立？试说明理由.

3.95 设有 n 个工人，每人能胜任一份有收入工作的概率是 p，且相互独立. 如果没有人胜任这份工作，则这份工作就被拒绝；否则，这份工作就随机地分配给能胜任的一个工人. 计算工人1被分配到第一份工作的概率. 提示：利用是否至少有一个工人胜任这份工作作为条件来计算.

3.96 假设在上题中，$n=2$，工人 i 胜任的概率是 p_i，$i=1, 2$.

(c)计算工人1被分配到第一份工作的概率.

(d)给定工人1被分配到第一份工作，计算工人2也胜任这份工作的条件概率.

3.97 设有 n 个人，相互独立，且其中成员为女性的概率是 p，或者为男性的概率是 $1-p$. 任意两个同性的人成为朋友的概率是 α，异性成为朋友的概率是 β. 记 $A_{k,r}$ 为事件：第 k 个人和第 r 个人成为朋友.

(a) 求 $P(A_{1,2})$.

(b) $A_{1,2}$ 与 $A_{1,3}$ 是否独立？

(c) 在给定第1人的性别的条件下，$A_{1,2}$ 与 $A_{1,3}$ 是否条件独立？

112

(d) 求 $P(A_{1,2}A_{1,3})$.

理论习题

3.1 若 $P(A)>0$，证明：

$$P(AB \mid A) \geqslant P(AB \mid A \cup B)$$

3.2 令 $A \subset B$，尽可能简单地表达如下概率：

$$P(A \mid B) \qquad P(A \mid B^c) \qquad P(B \mid A) \qquad P(B \mid A^c)$$

3.3 考虑有 m 个家庭的社区，其中有 n_i 个家庭有 i 个孩子，$i=1, \cdots, k$，$\sum_{i=1}^{k} n_i = m$. 考虑如下两种选择孩子方式：

(a) 随机选择一个家庭，然后再随机选择一个孩子.

(b) 从 $\sum_{i=1}^{k} i n_i$ 个孩子中随机挑选一个.

证明：第一种方法挑选出来的孩子是他家里第一个出生孩子的概率大于第二种方法挑选出来的. 提示：为了解此题，需要证明

$$\sum_{i=1}^{k} i n_i \sum_{j=1}^{k} \frac{n_j}{j} \geqslant \sum_{i=1}^{k} n_i \sum_{j=1}^{k} n_j$$

为了证明这点，将两边展开，证明对于任意一组(i, j)，式子左边的项 $n_i n_j$ 的系数比右边的大.

3.4 已知有一个球放在 n 个盒子中的一个内. 已知球在第 i 个盒子的概率是 p_i. 如果球在第 i 个盒子里，搜寻该盒子会以 α_i 的概率发现它. 证明：已知搜索第 i 个盒子没有发现球的条件下，球在第 j 个盒子的条件概率是

$$\begin{cases} \dfrac{p_j}{1-\alpha_i p_i} & \text{若 } j \neq i \\ \dfrac{(1-\alpha_i)p_i}{1-\alpha_i p_i} & \text{若 } j = i \end{cases}$$

3.5 (a) 证明：若 E 和 F 互不相容，那么 $P(E \mid E \cup F) = \dfrac{P(E)}{P(E)+P(F)}$.

(b) 证明：如果 $E_i(i \geqslant 1)$互不相容，那么 $P\left(E_j \mid \bigcup_{i=1}^{\infty} E_i\right) = \dfrac{P(E_j)}{\sum_{i=1}^{\infty} P(E_i)}$.

3.6 证明：若 E_1，E_2，…，E_n 为相互独立事件序列，则

$$P(E_1 \cup E_2 \cup \cdots \cup E_n) = 1 - \prod_{i=1}^{n}[1-P(E_i)]$$

3.7 (a) 坛子里有 n 个白球和 m 个黑球，每次随机从中取出一个，直到剩下的球为同一种颜色. 证明：剩下的球全为白球的概率为 $n/(n+m)$.

提示：设想试验一直进行直到所有球都被取走，并考虑最后取出的球的颜色.

(b) 池塘里有 3 种不同的鱼，我们分别称为红鱼、蓝鱼和绿鱼. 三种鱼分别有 r、b 和 g 条. 假设按一随机顺序将这些鱼全部移走(即每次选择对于剩下的鱼都是等可能的)，最先抓完红鱼的概率是多少？

提示：写 $P(\{R\}) = P(\{RBG\}) + P(\{RGB\})$，并以最后移走的是哪种颜色的鱼作为条件来计算右边的概率.

3.8 设一次掷两枚均匀的骰子，A，B 和 C 是与试验有关的三个事件.

(a) 若

$$P(A \mid C) > P(B \mid C) \text{ 且 } P(A \mid C^c) > P(B \mid C^c)$$

则证明 $P(A) > P(B)$，或者给出反例，定义事件 A，B，C 说明这个不等式不成立.

(b) 若

$$P(A \mid C) > P(A \mid C^c) \text{ 且 } P(B \mid C) > P(B \mid C^c)$$

则证明 $P(AB \mid C) > P(AB \mid C^c)$，或者给出反例，构造事件 A，B，C 说明这个不等式不成立.

提示：令 C 表示“掷一对骰子，点数之和为 10”，令 A 表示“第一个骰子点数为 6”，令 B 表示“第二个骰子点数为 6”.

3.9 考虑独立地掷两次均匀硬币. 令 A 表示第一次为正面朝上，B 表示第二次为正面朝上，C 表示两次朝向一样. 证明事件 A，B，C 为两两独立，即 A 和 B 独立，A 和 C 独立，B 和 C 独立，但 A，B，C 不独立.

113

3.10 在常规检查中 2% 的 45 岁女性患有乳腺癌. 90% 患有乳腺癌的人会被检查出来，8% 没患乳腺癌的女性也会检查出问题. 假定一个女性检查出有乳腺癌，请问她真正患乳腺癌的概率是多少？

3.11 在 n 次独立地掷硬币的试验中，每次正面向上的概率都是 p. 那么 n 等于多少时至少一次正面向上的概率是 1/2？

3.12 若 $0 \leqslant a_i \leqslant 1$，$i=1, 2, \cdots$，证明：

$$\sum_{i=1}^{\infty}\left[a_i \prod_{j=1}^{i-1}(1-a_j)\right] + \prod_{i=1}^{\infty}(1-a_i) = 1$$

提示：假设掷无限多个硬币，令 a_i 表示第 i 个硬币正面朝上的概率，考虑出现第一个正面朝上的时刻.

3.13 设有一枚硬币，在抛掷时正面朝上的概率为 p. 假设 A 开始连续掷硬币，直至出现了反面朝上，此时 B 接着连续掷硬币，直到掷出反面朝上为止，然后 A 再接着掷，如此进行下去. 令 $P_{n,m}$ 表示在 B 累计 m 次正面朝上之前 A 已累计 n 次正面朝上的概率. 证明：

$$P_{n,m} = pP_{n-1,m} + (1-p)(1-P_{m,n})$$

*3.14　假设你同一个无限富裕的人赌博，每一步你可能赢 1 个单位也有可能输 1 个单位，概率分别为 p 和 $1-p$. 证明：你最后输光的概率为

$$\begin{cases} 1 & 若\ p \leqslant 1/2 \\ (q/p)^i & 若\ p > 1/2 \end{cases}$$

其中 $q=1-p$，i 是你的最初资金.

3.15　独立重复地进行每次以概率 p 成功的试验，直到总共有 r 次成功为止. 证明：恰好需要进行 n 次试验的概率为

$$\binom{n-1}{r-1} p^r (1-p)^{n-r}$$

并利用此结果解决赌本分割问题(例 4j).

提示：为了在 n 次试验中得到 r 次成功，在前 $n-1$ 次试验中必须有多少次成功?

3.16　若某独立重复实验序列中，每次试验结果只有两种，成功或失败，则这种试验序列称为伯努利试验序列(Bernoulli trials). 现设一个 n 次独立重复的伯努利试验序列，每次试验成功的概率为 p(失败的概率为 $1-p$). 令 P_n 表示 n 试验中出现偶数次(0 认为是偶数)成功的概率，证明：

$$P_n = p(1-P_{n-1}) + (1-p)P_{n-1}, \qquad n \geqslant 1$$

并利用此公式(利用归纳法)证明：

$$P_n = \frac{1+(1-2p)^n}{2}$$

3.17　考虑进行 n 次独立试验，第 i 次试验成功的概率为 $1/(2i+1)$. 令 P_n 表示总的成功次数为奇数的概率.

(a) 计算 P_n，$n=1, 2, 3, 4, 5$；

(b) 猜测 P_n 的一个一般公式.

(c) 导出用 P_{n-1} 表示的 P_n 的递推公式.

(d) 验证(b)中的猜测满足(c)中的递推公式. 因为递推公式只有一个解，这就证明了你的猜测是正确的.

3.18　令 Q_n 表示连续掷 n 次均匀硬币，没有出现 3 个连续的正面朝上的概率. 证明：

$$Q_n = \frac{1}{2}Q_{n-1} + \frac{1}{4}Q_{n-2} + \frac{1}{8}Q_{n-3}$$

$$Q_0 = Q_1 = Q_2 = 1$$

并求 Q_8. 提示：以出现第一次反面朝上的时刻为条件.

3.19　考虑赌徒输光问题，不同的是 A 和 B 同意最多玩 n 局. 令 $P_{n,i}$ 表示 A 最后输光所有钱的概率，其中开始时 A 有 i 元而 B 有 $N-i$ 元. 推导用 $P_{n-1,i+1}$ 和 $P_{n-1,i-1}$ 表示的 $P_{n,i}$ 的公式，并计算 $P_{7,3}$，$N=5$.

3.20　假设有两个坛子，每个坛子中既有白球，又有黑球. 从两个坛子里取出白球的概率分别为 p 和 p'. 按照如下方式连续有放回地取球. 最初分别以概率 α 从第一个坛子里取球，以概率 $1-\alpha$ 从第二个坛子里取球. 接下来的取球按如下规则进行：一旦取出的是白球，则放回，然后再从同一个坛子里取球；如果取出的是黑球，那么接下来从另一个坛子里取球. 令 α_n 表示第 n 次从第一个坛子里取球的概率，证明：

114

$$\alpha_{n+1} = \alpha_n(p+p'-1) + 1 - p' \qquad n \geqslant 1$$

并用这个公式证明：

$$\alpha_n = \frac{1-p'}{2-p-p'} + \left(\alpha - \frac{1-p'}{2-p-p'}\right)(p+p'-1)^{n-1}$$

令 P_n 表示第 n 次取出的球是白球的概率，求出 P_n. 并且计算 $\lim_{n\to\infty}\alpha_n$ 和 $\lim_{n\to\infty}P_n$.

3.21　**投票问题**. 在一次选举中，候选人 A 获得了 n 张选票，而 B 获得了 m 张选票，其中 $n>m$. 假定所有的 $(n+m)!/(n!\ m!)$ 种选票的顺序都是等可能的，令 $P_{n,m}$ 表示在统计选票时 A 一直领先的概率.

(a) 计算 $P_{2,1}$，$P_{3,1}$，$P_{3,2}$，$P_{4,1}$，$P_{4,2}$，$P_{4,3}$.

(b) 求 $P_{n,1}$，$P_{n,2}$.

(c) 基于(a)和(b)的结果，猜测 $P_{n,m}$的值.

(d) 以谁获得了最后一张选票为条件，推导用 $P_{n-1,m}$和 $P_{n,m-1}$表示的 $P_{n,m}$的递推公式.

(e) 利用(d)，对 $n+m$ 用归纳法证明(c)中的猜测.

3.22 天气预报的一个简单模型，假设明天天气(湿润或者干燥)与今天相同的概率为 p. 如果 1 月 1 日天气为干燥，证明：n 天后的天气为干燥的概率 P_n，满足

$$P_n=(2p-1)P_{n-1}+(1-p)\qquad n\geqslant 1$$
$$P_0=1$$

并证明：

$$P_n=\frac{1}{2}+\frac{1}{2}(2p-1)^n\qquad n\geqslant 0$$

3.23 设一个包里有 a 个白球和 b 个黑球，根据以下方式从包里取球：

1. 随机取出一个球，然后扔掉.
2. 再随机取出一个球，若取出的球的颜色与前一次取出的不同，将球放回包内，转向第 1 步. 否则，将球扔掉，重复第 2 步.

换言之，随机取球并扔掉，直至颜色发生了变化，此时将取到的球放回包里重新开始. 令 $P_{a,b}$表示包里最后一个球为白球的概率，证明：

$$P_{a,b}=\frac{1}{2}$$

提示：对 $k\equiv a+b$ 用归纳法.

***3.24** n 个选手的单循环赛，$\binom{n}{2}$对选手只比赛一次，任何一场比赛的结果都分出输赢. 对于一个给定的整数 $k(k<n)$，一个有趣的问题是：是否可能存在一种比赛结果，对于任意 k 个选手的集合，都有一位选手，他打败了该集合内的所有选手. 证明：若

$$\binom{n}{k}\left[1-\left(\frac{1}{2}\right)^k\right]^{n-k}<1$$

则这种结果是存在的.

提示：假设比赛结果是相互独立的，且每场比赛选手获胜的可能性都一样. 给 k 个选手的所有$\binom{n}{k}$个组合标号，令 B_i 表示"在第 i 个组合里，没有人打败所有 k 个选手"，然后利用布尔不等式求出 $P\left(\bigcup_i B_i\right)$的界.

3.25 直接证明：

$$P(E\mid F)=P(E\mid FG)P(G\mid F)+P(E\mid FG^c)P(G^c\mid F)$$

3.26 证明式(5.11)和式(5.12)的等价性.

3.27 将条件独立性的定义推广到 2 个以上的事件的情形.

3.28 证明或给出反例：如果 E_1 和 E_2 是独立的，那么给定 F 的条件下，它们也条件独立.

3.29 在拉普拉斯继承准则(例 5e)中，证明：已知前 n 次掷的结果都是正面朝上的条件下，接下来 m 次掷的结果也是正面朝上的条件概率为$(n+1)/(n+m-1)$.

3.30 在拉普拉斯继承准则(例 5e)中，假设前 n 次投掷中，有 r 次正面朝上，$n-r$ 次反面朝上. 证明：第 $n+1$ 次投掷正面朝上的条件概率为$(r+1)/(n+2)$. 为此，必须先证明恒等式

$$\int_0^1 y^n(1-y)^m \mathrm{d}y = \frac{n!m!}{(n+m+1)!}$$

提示：为了证明该恒等式，令 $C(n,m) = \int_0^1 y^n(1-y)^m \mathrm{d}y$. 通过分部积分可得：

115

$$C(n,m) = \frac{m}{n+1}C(n+1,m-1)$$

从 $C(n, 0)=1/(n+1)$ 开始，对 m 利用归纳法证明恒等式.

3.31 假定你的一个不懂数学但有哲学头脑的朋友声称拉普拉斯继承准则必定是错误的，理由是它可以导出荒谬的结论. 他说："例如，如果一个孩子10岁，按照这个准则，由于他已经活了10年，那么再活一年的概率为11/12. 另一方面，如果孩子有位80岁的祖父，那么由拉普拉斯准则，祖父再活一年的概率为81/82. 显然这是荒谬的，因为孩子比祖父更容易再活一年."你怎么回答这位朋友？

自检习题

3.1 在一局桥牌中，西家没有A，以下事件的概率是多少：

(a) 他的搭档没有A?

(b) 他的搭档有2个或更多的A?

(c) 如果西家正好有一个A，以上概率又各是多少？

3.2 一个新的汽车电池使用超过10 000英里[㊀]的概率为0.8，超过20 000英里的概率为0.4，超过30 000英里的概率为0.1. 如果一个新的电池在使用10 000英里以后仍能继续使用，求以下概率：(a) 其总寿命超过20 000英里；(b) 它还能继续使用20 000英里.

3.3 怎样将10个白球和10个黑球放入两个坛子内，使得随机选择一个坛子并随机从中取出一个球是白球的概率最大？

3.4 坛子 A 有2个白球1个黑球，而坛子 B 有1个白球5个黑球. 随机从坛子 A 中取一个球放入坛子 B，然后再随机从坛子 B 内取出一球. 已知取出的是白球，问从坛子 A 中取出的放入坛子 B 中的球是白球的概率是多大？

3.5 坛子里有 r 个红球和 w 个白球，每次随机取走一个. 令 R_i 表示"第 i 次取走的是红球"，计算

(a) $P(R_i)$；(b) $P(R_5 \mid R_3)$；(c) $P(R_3 \mid R_5)$.

3.6 坛子里有 b 个黑球和 r 个红球. 随机取出一个，再放回，同时还放入 c 个同样颜色的球. 现在，再取一个球，证明：已知第二个球是红球的条件下，第一个球是黑球的概率为 $b/(b+r+c)$.

3.7 你的一个朋友从一副52张牌里无放回地随机取出2张牌. 在下列情形下，计算两张都是A的条件概率：

(a) 你问是否其中一张是黑桃A，你朋友的回答是肯定的.

(b) 你问是否第一张是A，你朋友的回答是肯定的.

(c) 你问是否第二张是A，你朋友的回答是肯定的.

(d) 你问是否其中有一张是A，你朋友的回答是肯定的.

3.8 证明：

$$\frac{P(H \mid E)}{P(G \mid E)} = \frac{P(H)}{P(G)} \frac{P(E \mid H)}{P(E \mid G)}$$

假如在得到新的证据前，假设 H 成立的可能性是假设 G 成立的可能性的3倍. 如果 G 成立时新的证据出现的可能性是 H 成立时的2倍，那么当新证据出现时，哪个假设更有可能成立？

3.9 在你外出度假时，你请邻居给你的病树浇水. 如果没浇水的话，它死去的概率为0.8. 如果浇水的

㊀ 1英里=1609.344米。——编辑注

话，它死去的概率为 0.15. 你有 90%的把握确定邻居记得浇水.

(a) 当你回来时，树还活着的概率是多少？

(b) 如果树死了，那么邻居忘记浇水的概率是多少？

3.10 坛子里有 8 个红球、10 个绿球和 12 个蓝球，现随意从中抽取 6 个.

(a) 至少有一个是红球的概率？

(b) 假设没有红球被抽到，刚好有 2 个绿球被抽到的条件概率是多少？

3.11 C 型号的电池会以 0.7 的概率正常工作. 而 D 型号的电池会以 0.4 的概率正常工作. 现从一个装有 8 个 C 型号和 6 个 D 型号的箱子中随机抽取一个电池.

(a) 请问电池正常工作的概率是多少？

(b) 假设电池没有正常工作，那么它是 C 型号的概率是多少？

116

3.12 玛利亚出差时会带两本书. 假设她会带书 1 的概率是 0.6，带书 2 的概率是 0.5，她会带这两本书的概率是 0.4. 求给定她不会带书 1 的条件下而她会带上书 2 的条件概率.

3.13 假设一个坛子里有 20 个红球和 10 个蓝球，现随机从坛子中一一取出.

(a) 所有红球在所有蓝球移出前先移出的概率是多少？

下面我们假定坛子里有 20 个红球、10 个蓝球、8 个绿球.

(b) 所有红球在所有蓝球移出前先移出的概率是多少？

(c) 球以蓝、红和绿的顺序完全移出的概率是多少？

(d) 蓝色球是这三组球中最先完全移出的概率是多少？

3.14 一枚硬币落地时正面向上的概率是 0.8. A 观察到了结果并急忙跑去告诉 B. 然而，A 到 B 处时会有 0.4 的概率忘掉结果. 如果 A 忘了，他告诉 B 正面或反面落地的概率相等. (如果他记得，那么他会正确地告诉 B.)

(a) A 告诉 B 正面向上的概率是多少？

(b) B 得知正确结果的概率是多少？

(c) 假设 B 得知硬币是正面向上，那么硬币真的是正面向上的概率是多少？

3.15 某种老鼠，黑色比棕色占优势(黑色对应显性基因，棕色对应隐性基因). 假设某只黑老鼠有个兄弟是棕色的，但其父母都是黑色的.

(a) 该老鼠是纯黑色的概率是多大(相对它的基因对是一个黑色，一个棕色的混合而言)？

(b) 假设当这只老鼠和一只棕色老鼠交配时，其所有 5 个后代都是黑色的，此时，这只老鼠为纯黑老鼠的概率是多少？

3.16 (a) 在习题 3.70b 中，以继电器 1 是否闭合为条件，计算 A 和 B 之间是通路的概率.

(b) 已知 A 和 B 之间是通路的条件下，继电器 3 是闭合的条件概率.

3.17 在习题 3.71 中描述的 k-n 系统，假定每个元件相互独立且正常工作的概率为 1/2，求已知系统正常运行的条件下，元件 1 工作正常的条件概率，当

(a) $k=1$，$n=2$；(b) $k=2$，$n=3$.

3.18 琼斯先生为了在赌场赢钱，设计了如下的赌博策略：当他押注时，只有当前面 10 次都出现黑色数字时才押注在红色数字上. 他的理由是连续 11 次出现黑色的概率非常小. 你认为他的策略如何？

3.19 A，B，C 三人同时各掷一枚硬币，掷出正面朝上的概率分别为 P_1，P_2，P_3，如果有一个人掷出的结果与其他两人不一样，那么就称他为奇异人. 如果没有出现奇异人，则继续掷硬币，直到出现奇异人，那么 A 被称为奇异人的概率是多大？

3.20 假设某次试验有 n 个可能的结果，结果 i 出现的概率为 p_i，$i=1$，…，n，$\sum_{i=1}^{n} p_i = 1$. 如果观察两

次试验，那么第二次的试验结果大于第一次结果的概率为多大？

3.21 如果A掷$n+1$枚硬币，B掷n枚均匀硬币，证明：A得到的正面朝上数大于B得到的正面朝上数的概率为1/2.

提示：以每人掷出n枚硬币后，谁具有更多的正面朝上数为条件(共有三种可能).

3.22 对于下列叙述，试证明或给出反例：

(a) 若E独立于F，且E独立于G，则E独立于$F\cup G$.

(b) 若E独立于F，E独立于G，且$FG=\varnothing$，则E独立于$F\cup G$.

(c) 若E独立于F，F独立于G，且E独立于FG，则G独立于EF.

3.23 令A和B为具有正概率的事件，说明以下叙述是(i)必然对；(ii)必然错；(iii)可能对.

(a) 若A和B互不相容，则它们独立. (b) 若A和B独立，则它们互不相容.

(c) $P(A)=P(B)=0.6$，且A和B互不相容；(d) $P(A)=P(B)=0.6$，且A和B互相独立.

3.24 按照发生的概率的大小，将下列事件排序：

1. 掷一枚均匀硬币，正面朝上.

117

2. 3次独立重复试验，每次成功的概率均为0.8，三次都成功.
3. 7次独立重复试验，每次成功的概率均为0.9，7次都成功.

3.25 有两个工厂生产收音机，工厂A生产的每台收音机是次品的概率为0.05，而工厂B生产的每台收音机是次品的概率为0.01. 假设你在同一家工厂购买了两台收音机，且这两台收音机来自A厂或B厂的概率是相等的. 如果第一台收音机经检测后是次品，另一台也是次品的条件概率是多少？

3.26 证明：若$P(A\mid B)=1$，则$P(B^c\mid A^c)=1$.

3.27 坛子里开始有1个红球和1个蓝球. 每步从其中随机地取出一个并同时放入两个同颜色的球.(比如，若开始取出了红球，那么在下次取球时，坛子里有2个红球和1个蓝球.)利用数学归纳法证明：n步后，坛子里正好有i个红球的概率为$1/(n+1)$，$1\leqslant i\leqslant n+1$.

3.28 共有$2n$张牌，其中2张为A. 将这些牌随机分给两位选手，每人n张. 然后两位选手按领牌次序声明自己是否有A. 在第一人声称自己有A时，第二人没有A的条件概率是多大？其中

(a) $n=2$；(b) $n=10$；(c) $n=100$.

当n趋于无穷大时，该概率的极限值是多大？为什么？

3.29 市场上一共有n种不同的优惠券. 某人收集优惠券，每次收集一张，并且各次收集是相互独立的. 已知每次收集到第i种优惠券的概率为p_i，$\sum_{i=1}^{n}p_i=1$.

(a) 如果已经收集到n张优惠券，那么这n张优惠券都不相同的概率是多大？

(b) 现在假设$p_1=p_2=\cdots=p_n=1/n$. 令E_i表示“在收集到的n张优惠券中没有第i种优惠券”，对$P\left(\bigcup_i E_i\right)$利用容斥恒等式证明恒等式

$$n!=\sum_{k=0}^{n}(-1)^k\binom{n}{k}(n-k)^n$$

3.30 对任意事件E和F，证明：

$$P(E\mid E\cup F)\geqslant P(E\mid F)$$

提示：以F是否发生为条件计算$P(E\mid E\cup F)$.

3.31 (a)如果事件A的优势比是2/3，求事件A发生的概率.

(b)如果事件A的优势比是5，求事件A发生的概率.

3.32 一枚均匀硬币抛掷3次，记事件E：3次都是正面朝上.

(a)求事件 E 的优势比．

(b)计算在“硬币至少有一次正面朝上”的条件下，事件 E 的条件优势比．

3.33 如果事件 E，F，G 相互独立，试证明 $P(E|FG^c)=P(E)$

3.34 球员 1，2，3 参加一项比赛．从中随机选出 2 人参加第一轮比赛，胜者与余下的人参加第二轮比赛．两轮比赛的胜者为比赛冠军．假设所有的比赛都是独立的，且球员 i 胜 j 的概率是 $i/(i+j)$．求球员 1 是冠军的概率．给定球员 1 是冠军的条件下，求球员 1 没有参加第一轮比赛的条件概率．

3.35 坛子里有 4 个红球、5 个白球、6 个蓝球、7 个绿球，从中随机取出 4 个球，计算取出的 4 个球是相同颜色的条件下都是白色的条件概率．

3.36 有 4 位选手参加一项比赛，选手 1 与选手 2 比赛，选手 3 与选手 4 比赛，两场比赛的获胜者参加冠军争夺赛．假设每场比赛，选手 i 战胜选手 j 的概率是 $i/(i+j)$．求选手 1 获得冠军的概率．

3.37 现有 n 位球员参加锦标赛，选手 1 与 2 比赛，败者离开，胜者与选手 3 比赛，同样，败者离开，胜者与选手 4 比赛，以此类推．与选手 n 比赛的获胜者为锦标赛的冠军．假设每场比赛，选手 i 战胜选手 j 的概率是 $i/(i+j)$．

(a)求选手 2 赢得冠军的概率．

(b)如果 $n=4$，计算选手 4 赢得冠军的概率．

118

第4章 随机变量

4.1 引言

随机变量在进行试验时，相对于试验的实际结果而言，我们的兴趣往往集中于试验结果的某些函数．例如，在掷两枚骰子的游戏中，我们经常更关心两枚骰子的点数之和，而不是各枚骰子的具体值．也就是说，我们或许关心骰子点数之和为7，而不关心实际结果具体是(1，6)，(2，5)，(3，4)，(4，3)，(5，2)或(6，1)中的哪一个．同样，在掷若干枚硬币时，我们或许更关心正面朝上的总次数，而不关心实际结果有关正面朝上或反面朝上的排列情况．这些感兴趣的量是试验结果，或者更正式地说，这些定义在样本空间上的实值函数，称为随机变量(random variable)．

因为随机变量的取值由试验结果决定，所以我们也会对随机变量的可能取值指定概率．

例 1a 考虑掷3枚均匀硬币的试验．如果令Y表示正面朝上出现的次数，那么Y就是一个随机变量，它的取值为0，1，2，3之一，概率分别为：

$$P\{Y=0\}=P\{(\mathrm{T},\mathrm{T},\mathrm{T})\}=1/8$$
$$P\{Y=1\}=P\{(\mathrm{T},\mathrm{T},\mathrm{H}),(\mathrm{T},\mathrm{H},\mathrm{T}),(\mathrm{H},\mathrm{T},\mathrm{T})\}=3/8$$
$$P\{Y=2\}=P\{(\mathrm{T},\mathrm{H},\mathrm{H}),(\mathrm{H},\mathrm{T},\mathrm{H}),(\mathrm{H},\mathrm{H},\mathrm{T})\}=3/8$$
$$P\{Y=3\}=P\{(\mathrm{H},\mathrm{H},\mathrm{H})\}=1/8$$

119

此处H表示正面朝上，T表示反面朝上．因为Y的取值必是0到3之一，故有

$$1=P\Big(\bigcup_{i=0}^{3}\{Y=i\}\Big)=\sum_{i=0}^{3}P\{Y=i\}$$

关于随机变量取值的概率，其性质与前文介绍的关于事件的概率一致． ■

例 1b 一家保险公司有两位老年人投保，每位老人都投保了一份100 000美元的死亡保险．令Y表示事件“较年轻用户在下一年内去世”，而O表示事件“较年长用户在下一年去世”．假设Y与O相互独立，且各自概率分别为$P(Y)=0.05$，$P(O)=0.10$．如果X代表这一年保险公司要付给保险受益人的保险金总额(单位为100 000美元)，那么X就是一个可能取值为0，1，2的随机变量，且取每个值的概率分别为：

$$P\{X=0\}=P(Y^cO^c)=P(Y^c)P(O^c)=0.95\times0.9=0.855$$
$$P\{X=1\}=P(YO^c)+P(Y^cO)=0.05\times0.9+0.95\times0.1=0.140$$
$$P\{X=2\}=P(YO)=0.05\times0.1=0.005$$
■

例 1c 一个坛子内装有标号为1～20的20个球，随机无放回地取出4个球．如果X表示取出的球中标号最大的，则X是一个取值可能为4，5，…，20的随机变量．因为从20个球中取出4个的任意组合$\left(\text{共有}\binom{20}{4}\text{种}\right)$的概率是相同的，所以$X$取值为$i$的概率为：

$$P\{X=i\}=\frac{\binom{i-1}{3}}{\binom{20}{4}} \qquad i=4,\cdots,20$$

这是因为结果为 $X=i$ 的选取数目就是选取一个编号为 i 的球，并从编号 1 到 $i-1$ 的球中选取 3 个球的选取方法数，共有 $\binom{1}{1}\binom{i-1}{3}$ 种选取方法.

假设我们现在想要计算 $P\{X>10\}$. 显然，一种方法是利用前面的式子得到

$$P\{X>10\}=\sum_{i=11}^{20}P\{X=i\}=\sum_{i=11}^{20}\frac{\binom{i-1}{3}}{\binom{20}{4}}$$

然而，也可以采用另一种更加直接的计算 $P\{X>10\}$ 的方法：

$$P\{X>10\}=1-P\{X\leqslant 10\}=1-\frac{\binom{10}{4}}{\binom{20}{4}}$$

上式成立是因为从标号为 1 到 10 的球中选取 4 个球时，X 小于等于 10. ■

例 1d 现在独立重复地掷一枚不均匀的硬币，每次掷硬币时，正面朝上的概率为 p，当出现正面朝上或者已经掷了 n 次时停止投掷. 如果令 X 表示投掷硬币的次数，则 X 是一个取值为 1，2，3，…，n 的随机变量，相应取值的概率分别为：

120

$$\begin{aligned}
P\{X=1\}&=P\{\mathrm{H}\}=p\\
P\{X=2\}&=P\{(\mathrm{T},\mathrm{H})\}=(1-p)p\\
P\{X=3\}&=P\{(\mathrm{T},\mathrm{T},\mathrm{H})\}=(1-p)^2p\\
&\ \vdots\\
P\{X=n-1\}&=P\{(\underbrace{\mathrm{T},\mathrm{T},\cdots,\mathrm{T}}_{n-2},\mathrm{H})\}=(1-p)^{n-2}p\\
P\{X=n\}&=P\{(\underbrace{\mathrm{T},\mathrm{T},\cdots,\mathrm{T}}_{n-1},\mathrm{T}),(\underbrace{\mathrm{T},\mathrm{T},\cdots,\mathrm{T}}_{n-1},\mathrm{H})\}=(1-p)^{n-1}
\end{aligned}$$

作为检验，注意

$$\begin{aligned}
P\Big(\bigcup_{i=1}^{n}\{X=i\}\Big)&=\sum_{i=1}^{n}P\{X=i\}=\sum_{i=1}^{n-1}p(1-p)^{i-1}+(1-p)^{n-1}\\
&=p\Big(\frac{1-(1-p)^{n-1}}{1-(1-p)}\Big)+(1-p)^{n-1}=1-(1-p)^{n-1}+(1-p)^{n-1}=1
\end{aligned}$$ ■

例 1e 设想有 r 种不同的优惠券，某人每次收集一张，且每种优惠券都以相同的可能性被收集到，并假定各次收集是相互独立的. 假设某人想收集全一套 r 种优惠券，那么他所收集到的优惠券的总张数是一个随机变量，记为 T. 与其直接计算 $P\{T=n\}$，不如我们先考虑 T 大于 n 的概率. 为此，先固定 n，并且分别定义事件 A_1，A_2，…，A_r，其中 $A_j(j=1,\cdots,r)$表示"前 n 张优惠券里没有第 j 种优惠券". 于是

$$P\{T>n\}=P\Big(\bigcup_{j=1}^{r}A_j\Big)=\sum_{j}P(A_j)-\sum_{j_1<j_2}\sum P(A_{j_1}A_{j_2})+\cdots$$

121

$$+(-1)^{k+1}\sum_{j_1<j_2<\cdots<j_k}\sum\sum P(A_{j_1}A_{j_2}\cdots A_{j_k})+\cdots+(-1)^{r+1}P(A_1A_2\cdots A_r)$$

现在，当前 n 张优惠券里没有第 j 种优惠券时，A_j 发生．由于每张优惠券不属于第 j 种的概率为$(r-1)/r$，利用各次收集结果相互独立的假设可得

$$P(A_j)=\left(\frac{r-1}{r}\right)^n$$

而当前 n 张优惠券里既没有第 j_1 种优惠券，也没有第 j_2 种优惠券时，$A_{j_1}A_{j_2}$ 发生，因此，再次利用独立性，得到

$$P(A_{j_1}A_{j_2})=\left(\frac{r-2}{r}\right)^n$$

类似地，可以得到

$$P(A_{j_1}A_{j_2}\cdots A_{j_k})=\left(\frac{r-k}{r}\right)^n$$

这样，对于 $n>0$，我们有

$$P\{T>n\}=r\left(\frac{r-1}{r}\right)^n-\binom{r}{2}\left(\frac{r-2}{r}\right)^n+\binom{r}{3}\left(\frac{r-3}{r}\right)^n-\cdots$$

$$+(-1)^r\binom{r}{r-1}\left(\frac{1}{r}\right)^n=\sum_{i=1}^{r-1}\binom{r}{i}\left(\frac{r-i}{r}\right)^n(-1)^{i+1}\tag{1.1}$$

T 等于 n 的概率可利用式(1.1)和下式得到

$$P\{T>n-1\}=P\{T=n\}+P\{T>n\}$$

或，等价地，

$$P\{T=n\}=P\{T>n-1\}-P\{T>n\}$$

另外一个我们感兴趣的随机变量是前 n 张优惠券里，优惠券的不同种类数，不妨记为 D_n．为了计算 $P\{D_n=k\}$，我们首先把注意力放在一组特定的 k 种优惠券，然后计算我们收集的前 n 张优惠券是由这特定的 k 种优惠券组成的概率．而这个事件说明所收集到的前 n 张优惠券应当满足

A：每张都是这 k 种优惠券之一

B：这 k 种优惠券的任一种都在 n 张优惠券中出现

现在，由于收集的每张优惠券属于这 k 种之一的概率为 k/r，因此，事件 A 的概率为 $(k/r)^n$．而且，在给定每张优惠券是所考虑的 k 种之一的条件下，很容易看出在收集优惠券时，k 种优惠券中的任一种都是等可能地被收集．因此，给定 A 发生的条件下 B 恰好是事件“收全一套 k 种优惠券，所需收集张数小于等于 n”，其概率正好是本例前面讨论的 $\{T\leqslant n\}$的概率，不过优惠券的总数是 k，而并不是 r．将式(1.1)中的 r 换成 k，我们得到

122

$$P(A)=\left(\frac{k}{r}\right)^n$$

$$P(B|A)=1-\sum_{i=1}^{k-1}\binom{k}{i}\left(\frac{k-i}{k}\right)^n(-1)^{i+1}$$

最后，由于包含 k 个种类的集合共有 $\binom{r}{k}$ 种，因此，

$$P\{D_n = k\} = \binom{r}{k}P(AB) = \binom{r}{k}\left(\frac{k}{r}\right)^n\left[1 - \sum_{i=1}^{k-1}\binom{k}{i}\left(\frac{k-i}{k}\right)^n(-1)^{i+1}\right]$$

注释 利用布尔不等式和不等式 $e^{-x} \geqslant 1-x$，推导 $P(T > n) = P\left(\bigcup_{j=1}^{r} A_j\right)$ 的上界.

$$\begin{aligned} P(T > n) &= P\left(\bigcup_{j=1}^{r} A_j\right) \\ &\leqslant \sum_{j=1}^{r} P(A_j) \\ &= r\left(1 - \frac{1}{r}\right)^n \\ &\leqslant re^{-n/r} \end{aligned}$$

第一个不等式是布尔不等式：事件之并的概率总是不大于每个事件的概率之和．最后一个不等式利用了 $e^{-1/r} \geqslant 1-1/r$.

对于随机变量 X，如下定义的函数 F

$$F(x) = P\{X \leqslant x\} \qquad -\infty < x < \infty$$

称为 X 的累积分布函数(cumulative distribution function)，简称分布函数. 因此，对任一给定实数 x，分布函数为该随机变量小于等于 x 的概率.

现在，假设 $a \leqslant b$，那么，由于事件$\{X \leqslant a\}$包含于事件$\{X \leqslant b\}$，可知前者的概率 $F(a)$ 要小于等于后者的概率 $F(b)$. 换句话说，$F(x)$是 x 的单调非降函数. 4.10 节给出了分布函数的其他更一般的性质.

4.2 离散型随机变量

若一个随机变量最多有可数多个可能取值，则称这个随机变量为离散型的. 对于一个离散型随机变量 X，我们定义 X 的概率分布列(probability mass function)$p(a)$为

$$p(a) = P\{X = a\}$$

123

分布列 $p(a)$最多在可数个 a 上取正值. 即如果 X 的可能值为 x_1，x_2，…，那么

$$\begin{aligned} p(x_i) &\geqslant 0 \qquad i = 1,2,\cdots \\ p(x) &= 0 \qquad \text{所有其他 } x \end{aligned}$$

由于 X 必定取值于$\{x_1, x_2, \cdots\}$，所以有

$$\sum_{i=1}^{\infty} p(x_i) = 1$$

用图形方式来展现分布列比较直观，将 $p(x_i)$标在 y 轴上，将 x_i 标在 x 轴上. 例如，设 X 的分布列为

$$p(0) = \frac{1}{4} \qquad p(1) = \frac{1}{2} \qquad p(2) = \frac{1}{4}$$

该函数可用图 4-1 表示. 类似地，在掷两枚均匀骰子的试验中，令 X 为两枚骰子的点数之

和，则 X 的分布列可用图 4-2 表示.

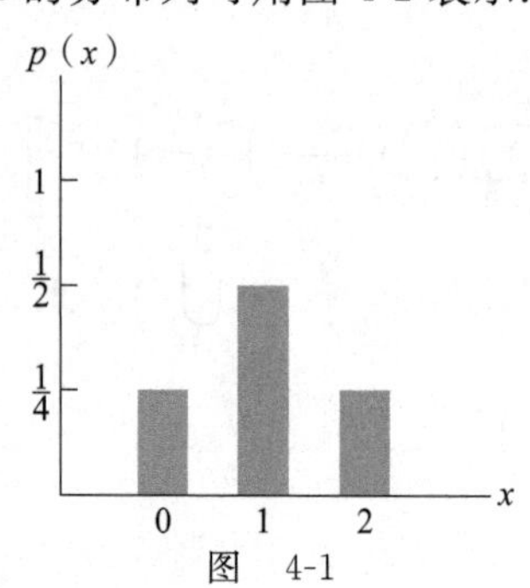

图　4-1

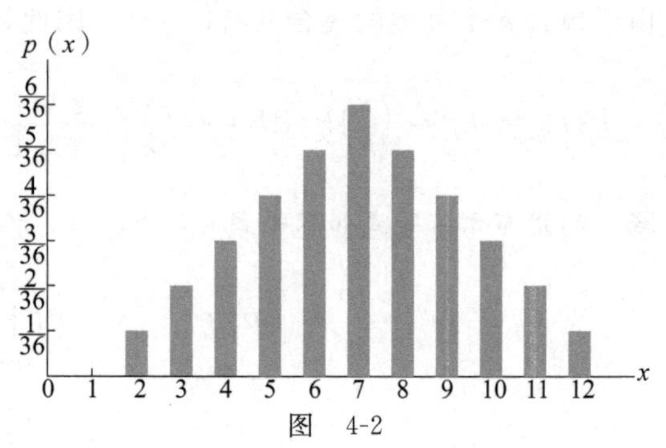

图　4-2

124

例 2a　设随机变量 X 的分布列为 $p(i)=c\lambda^i/i!$，$i=0，1，2，\cdots$，其中 λ 为一正数. 求 (a) $P\{X=0\}$；(b) $P\{X>2\}$.

解　因为 $\sum_{i=0}^{\infty} p(i)=1$，所以我们有

$$c\sum_{i=0}^{\infty}\frac{\lambda^i}{i!}=1$$

因为 $\mathrm{e}^x=\sum_{i=0}^{\infty} x^i/i!$，这意味着

$$c\mathrm{e}^{\lambda}=1 \text{ 或 } c=\mathrm{e}^{-\lambda}$$

于是，

(a) $P\{X=0\}=\mathrm{e}^{-\lambda}\lambda^0/0!=\mathrm{e}^{-\lambda}$

(b) $P\{X>2\}=1-P\{X\leqslant 2\}=1-P\{X=0\}-P\{X=1\}-P\{X=2\}$

$$=1-\mathrm{e}^{-\lambda}-\lambda\mathrm{e}^{-\lambda}-\frac{\lambda^2\mathrm{e}^{-\lambda}}{2}$$ ■

离散型随机变量的分布函数 F 可通过分布列 $p(a)$ 进行计算：

$$F(a)=\sum_{x\leqslant a} p(x)$$

若 X 是一个离散型随机变量，其可能取值为 $x_1，x_2，x_3，\cdots$，其中 $x_1<x_2<x_3<\cdots$，则它的分布函数是一个阶梯函数. 即在区间 $(x_{i-1}，x_i)$ 上取常数值，且在 x_i 处有跳跃，跳跃值为 $p(x_i)$. 例如，如果 X 的分布列为

$$P(1)=\frac{1}{4}\qquad P(2)=\frac{1}{2}\qquad P(3)=\frac{1}{8}\qquad P(4)=\frac{1}{8}$$

那么其累积分布函数为

$$F(a)=\begin{cases}0 & a<1\\ \frac{1}{4} & 1\leqslant a<2\\ \frac{3}{4} & 2\leqslant a<3\\ \frac{7}{8} & 3\leqslant a<4\\ 1 & 4\leqslant a\end{cases}$$

累积分布函数的图像如图 4-3 所示.

125

注意，$F(a)$在 1，2，3，4 处的跳跃值分别等于 X 在该点取值的概率.

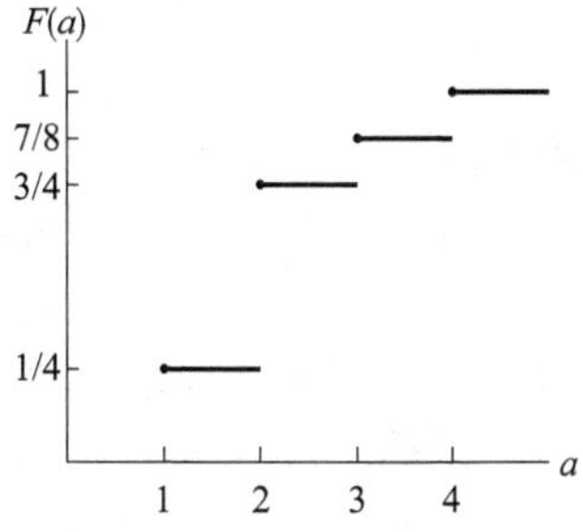

图 4-3

4.3 期望

概率论中一个非常重要的概念就是随机变量的期望. 如果 X 是一个离散型随机变量，其分布列为 $p(x)$，那么 X 的期望(expectation)或期望值(expected value)，记为 $E[X]$，定义如下：

$$E[X] = \sum_{x:p(x)>0} xp(x)$$

用语言表达，X 的期望值就是 X 所有可能取值的一个加权平均，每个值的权重就是 X 取该值的概率. 例如，一方面，如果 X 的分布列为

$$p(0) = \frac{1}{2} = p(1)$$

那么

$$E[X] = 0 \times \frac{1}{2} + 1 \times \frac{1}{2} = \frac{1}{2}$$

这正是 X 的两个可能取值 0 和 1 在通常意义下的平均值. 另一方面，如果

$$p(0) = \frac{1}{3} \qquad p(1) = \frac{2}{3}$$

那么

$$E[X] = 0 \times \frac{1}{3} + 1 \times \frac{2}{3} = \frac{2}{3}$$

这是两个可能取值 0 和 1 的加权平均，因为 $p(1)=2p(0)$，此时 1 的权重是 0 的权重的 2 倍.

期望定义的另外一种来源是概率的频率解释. 这种解释(见第 8 章给出的强大数定律)认为，如果进行无限多次独立重复试验，那么对任一事件 E，E 发生次数的比例将会是 $P(E)$. 假设随机变量 X 的可能取值为 x_1，x_2，…，x_n，并且其相应的概率分别为 $p(x_1)$，$p(x_2)$，…，$p(x_n)$，并且我们将随机变量 X 解释为一次机会游戏的赢得的单位. 即每次游戏中我们以概率 $p(x_i)$赢得 x_i 个单位，$i=1$，2，…，n. 现在利用频率解释，如果连续玩这个游戏，那么我们赢得 x_i 的比例为 $p(x_i)$. 由于这对于所有的 $i(i=1，2，…，n)$都成立，因此我们每次游戏的平均赢得的单位为

$$\sum_{i=1}^{n} x_i p(x_i) = E[X]$$

126

例 3a 设 X 表示掷一枚均匀骰子出现的点数，求 $E[X]$.

解 因为 $p(1)=p(2)=p(3)=p(4)=p(5)=p(6)=1/6$，所以有

$$E[X] = 1 \times \frac{1}{6} + 2 \times \frac{1}{6} + 3 \times \frac{1}{6} + 4 \times \frac{1}{6} + 5 \times \frac{1}{6} + 6 \times \frac{1}{6} = \frac{7}{2}$$

■

例 3b　定义事件 A 的示性变量 I 如下：

$$I = \begin{cases} 1 & \text{如果 } A \text{ 发生} \\ 0 & \text{如果 } A^c \text{ 发生} \end{cases}$$

求 $E[I]$.

解　因为 $p(1)=P(A)$，$p(0)=1-P(A)$，所以

$$E[I] = P(A)$$

即事件 A 的示性变量的期望等于事件 A 发生的概率. ■

例 3c　某人参加“答题秀”，需要回答两个问题，即问题 1 和问题 2. 他可以自行决定回答问题的顺序. 如果他先回答问题 $i(i=1, 2)$，那么只有回答正确，他才被允许回答问题 $j(j\neq i)$. 如果第一个问题回答不正确，就不允许回答另一问题. 如果他正确回答了问题 $i(i=1, 2)$，他将获得 V_i 美元奖励. 例如，如果两道问题都回答正确，他将获得 V_1+V_2 美元奖励. 如果他能正确回答问题 i 的概率为 $P_i(i=1, 2)$，那么他先回答哪个问题才能使得获得奖励的期望值最大化？假定 $E_i(i=1, 2)$表示事件“他能正确回答问题 i”，且 E_1 和 E_2 相互独立.

解　首先，如果他先回答问题 1，那么他将获得的奖励如下：

$$\begin{array}{ll} 0 & \text{以概率 } 1-P_1 \\ V_1 & \text{以概率 } P_1(1-P_2) \\ V_1+V_2 & \text{以概率 } P_1P_2 \end{array}$$

这种情况下他获得的期望奖励为

$$V_1P_1(1-P_2)+(V_1+V_2)P_1P_2$$

另一方面，如果他先回答问题 2，那么获得的期望奖励为

$$V_2P_2(1-P_1)+(V_1+V_2)P_1P_2$$

因此，如果

$$V_1P_1(1-P_2) \geqslant V_2P_2(1-P_1)$$

成立，他应该先回答问题 1，上式等价于

$$\frac{V_1P_1}{1-P_1} \geqslant \frac{V_2P_2}{1-P_2}$$

例如，如果他有 60%的把握答对问题 1，答对将获得 200 美元奖励，有 80%的把握答对问题 2，答对将获得 100 美元奖励，那么他应该选择先回答问题 2，因为

127

$$400 = \frac{100\times 0.8}{0.2} > \frac{200\times 0.6}{0.4} = 300$$

■

例 3d　一所学校的 120 名学生分别乘坐 3 辆大客车去听交响乐表演. 第一辆车有 36 名学生，第二辆有 40 名，第三辆有 44 名. 到达目的地后，从 120 名学生中随机抽取一名. 令 X 表示被随机选中的学生所乘坐的车上的学生数，求 $E[X]$.

解　随机抽取学生意味着 120 名学生被抽中的可能性是一样的，因此

$$P\{X=36\}=\frac{36}{120}\qquad P\{X=40\}=\frac{40}{120}\qquad P\{X=44\}=\frac{44}{120}$$

于是，

$$E[X]=36\times\frac{3}{10}+40\times\frac{1}{3}+44\times\frac{11}{30}=\frac{1208}{30}=40.2667$$

然而，一辆客车上的学生数的平均值为 $120/3=40$. 计算表明随机抽取一名学生，他乘坐的车上学生数的期望值要大于车上学生数的平均值. 这是很正常的，因为一辆车上学生越多，该车上的学生越容易被抽中，即学生数多的车所占权重要大于学生数少的车所占权重(见自检习题 4.4). ■

注释 概率论中的期望类似于质量分布的重心(center of gravity)这一物理概念. 假定一个离散型随机变量 X 具有分布列 $p(x_i)(i\geqslant 1)$. 我们设想有一根没有重量的竹竿，在点 $x_i(i\geqslant 1)$ 处放有质量 $p(x_i)$(见图 4-4)，那么能使竹竿保持平衡状态的点就是重心，对于具有静力学基本知识的读者来说，很容易发现这个点就是 $E[X]$⊖.

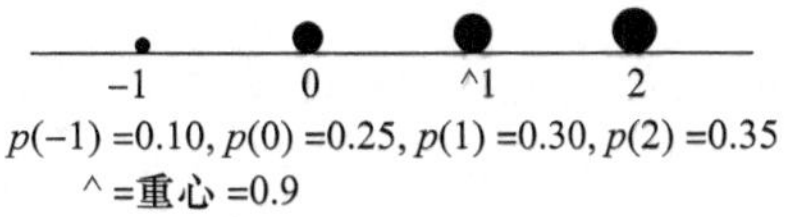

-1 0 ^1 2

$p(-1)=0.10, p(0)=0.25, p(1)=0.30, p(2)=0.35$

^ =重心 =0.9

图 4-4

4.4 随机变量函数的期望

假设已知一个离散型随机变量 X 的分布列，我们想要计算 X 的函数的期望，例如 $g(X)$ 的期望. 如何完成这项任务呢？一种方法是：既然 $g(X)$ 本身也是一个离散型随机变量，它便有自己的分布列，这个分布列可以通过 X 的分布列计算得到. 一旦得到了 $g(X)$ 的分布列，就可以根据期望的定义来计算 $g(X)$ 的期望 $E[g(X)]$.

128

例 4a 设 X 表示取值于 -1，0，1 的随机变量，其相应的取值概率为：

$$P\{X=-1\}=0.2\qquad P\{X=0\}=0.5\qquad P\{X=1\}=0.3$$

计算 $E[X^2]$.

解 定义 $Y=X^2$，那么 Y 的分布列为

$$P\{Y=1\}=P\{X=-1\}+P\{X=1\}=0.5$$
$$P\{Y=0\}=P\{X=0\}=0.5$$

因此，

$$E[X^2]=E[Y]=1\times 0.5+0\times 0.5=0.5$$

注意，

$$0.5=E[X^2]\neq(E[X])^2=0.01$$ ■

尽管可以利用上述方法根据随机变量 X 的分布列求出 $g(X)$ 的期望值，但是对于 $E[g(X)]$ 还有另一种理解方法. 当 $X=x$ 时，$g(X)=g(x)$，可以很合理地认为 $E[g(X)]$ 就是 $g(x)$ 的一个加权平均，其权重为 $X=x$ 的概率. 这样理解的话，以下的结论就显得非常直观.

命题 4.1 如果 X 是一个离散型随机变量，其可能取值为 x_i，$i\geqslant 1$，相应的取值概率

⊖ 为了证明这点，需证明绕 $E[X]$ 的力矩之和等于 0，即证 $0=\sum_i(x_i-E[X])p(x_i)$，而这一点容易得到.

为 $p(x_i)$，那么，对任一实值函数 g，都有

$$E[g(X)]=\sum_i g(x_i)p(x_i)$$

在证明此命题之前，我们先验证利用命题计算得到的结果是否与例 4a 的结果一致. 利用命题 4.1 可以得到

$$E[X^2]=(-1)^2\times 0.2+0^2\times 0.5+1^2\times 0.3=1\times(0.2+0.3)+0\times 0.5=0.5$$

这个结果与例 4a 的结果是一致的.

命题 4.1 的证明　我们的证明方法是将和号 $\sum_i g(x_i)p(x_i)$ 中具有相同 $g(x_i)$ 值的项合并.

129

特别地，假设 $y_j(j\geqslant 1)$ 表示 $g(x_i)(i\geqslant 1)$ 的不同取值，通过合并 $g(x_i)$ 的相同的取值，可以得到

$$\sum_i g(x_i)p(x_i)=\sum_j\sum_{i:g(x_i)=y_j}g(x_i)p(x_i)=\sum_j\sum_{i:g(x_i)=y_j}y_jp(x_i)=\sum_j y_j\sum_{i:g(x_i)=y_j}p(x_i)$$

$$=\sum_j y_jP\{g(X)=y_j\}=E[g(X)]$$

□

例 4b　某种季节性销售的产品，如果每卖出一件商品，可获得纯利润 b 元，如果季节末仍未卖出，则每件商品将损失 l 元. 设某百货商店在某个季节的销售量(即卖出商品的件数)是一个随机变量，其分布列为 $p(i)$，$i\geqslant 0$. 商店需要在销售旺季前囤货，请问它要囤多少件才能使得期望利润最大化.

解　令 X 表示季节销售量，若囤货数量为 s，销售利润记为 $P(s)$，$P(s)$可表示为

$$\begin{aligned}P(s)&=bX-(s-X)l &\quad 若\ X\leqslant s\\ &=sb &\quad 若\ X>s\end{aligned}$$

因此，期望利润为

$$\begin{aligned}E[P(s)]&=\sum_{i=0}^{s}[bi-(s-i)l]p(i)+\sum_{i=s+1}^{\infty}sbp(i)\\ &=(b+l)\sum_{i=0}^{s}ip(i)-sl\sum_{i=0}^{s}p(i)+sb\left[1-\sum_{i=0}^{s}p(i)\right]\\ &=(b+l)\sum_{i=0}^{s}ip(i)-(b+l)s\sum_{i=0}^{s}p(i)+sb\\ &=sb+(b+l)\sum_{i=0}^{s}(i-s)p(i)\end{aligned}$$

为了得到最佳的 s 值，我们先考虑当 s 增加一个单位时利润的变化值. 利用上述公式得到，当 s 增加一个单位时，期望利润为

$$\begin{aligned}E[P(s+1)]&=b(s+1)+(b+l)\sum_{i=0}^{s+1}(i-s-1)p(i)\\ &=b(s+1)+(b+l)\sum_{i=0}^{s}(i-s-1)p(i)\end{aligned}$$

因此，

130

$$E[P(s+1)]-E[P(s)]=b-(b+l)\sum_{i=0}^{s}p(i)$$

只要下列条件满足，囤货数量为 $s+1$ 得到的期望利润就会大于囤货数量为 s 的情形：

$$\sum_{i=0}^{s} p(i) < \frac{b}{b+l} \tag{4.1}$$

由于式(4.1)的左边随着 s 的增加而增加，而右边为一常数，因此以上不等式对所有 $s \leqslant s^*$ 总是成立的，其中 s^* 为满足不等式(4.1)的最大值. 因为

$$E[P(0)] < \cdots < E[P(s^*)] < E[P(s^*+1)] > E[P(s^*+2)] > \cdots$$

这样，囤货数量为 s^*+1 时将会使得期望利润达到最大. ■

例 4c 效用 假设你要在两种行动方案中选择一种，采取任一种方案都将导致下列 n 个结果之一，记为 C_1，…，C_n. 假设采取了第一种方案，结果 C_i 发生的概率为 p_i，$i=1$，…，n；如果采取了第二种方案，结果 C_i 发生的概率为 q_i，$i=1$，…，n，其中 $\sum_{i=1}^{n} p_i = \sum_{i=1}^{n} q_i = 1$. 下面提供一种选择行动方案的方法：从给各个结果赋值开始. 首先，确定最坏和最好的结果，分别称之为 c 和 C，并给最坏结果 c 赋值 0，给最好结果 C 赋值 1. 现在考虑其他 $n-2$ 个结果，不妨设为 C_i. 为了给这些结果赋值，设想你有以下两种选择：获得 C_i，或者采取一随机试验，使得你获得结果 C 的概率为 u，获得结果 c 的概率为 $1-u$. 很明显，你的选择依赖于 u 的取值. 一方面，如果 $u=1$，那么试验取得确定结果 C，并且由于 C 是最好的结果，你肯定认为选择做试验优于选择获得 C_i，另一方面，如果 $u=0$，那么试验结果就是最坏的结果 c，因此，这种情形下，你会认为获得 C_i 优于选择做试验. 现在，令 u 从 1 减小到 0，那么会很合理地认为存在一点，在这点上，你认为选择做试验和选择获得 C_i 是一样的. 即在严格的这点上，这两个选择是没差别的. 那么令这个点所对应的概率 u 为结果 C_i 的值. 换句话说，你选择 C_i，或选择做试验，以概率 u 获得结果 C，以概率 $1-u$ 获得结果 c，使得这两者没差别的概率值就是 C_i 的值. 我们称这个没差别的概率值为结果 C_i 的效用(utility)，记为 $u(C_i)$.

为了确定哪种行动方案是最优的，我们要给每个行动方案估值. 考虑第一个行动方案，其结果 C_i 发生的概率为 p_i，$i=1$，2，…，n. 我们可以认为这个行动方案的结果由一个两步试验决定. 第一步，随机选择 1，…，n，其相应概率为 p_1，…，p_n，如果选择了 i，那么获得结果 C_i. 然而，由于 C_i 相当于以概率 $u(C_i)$ 获得结果 C，以概率 $1-u(C_i)$ 获得结果 c，所以，两步试验的结果就等价于一步试验：获得结果 C 或者 c，其中获得 C 的概率为

131

$$\sum_{i=1}^{n} p_i u(C_i)$$

类似地，选择第二个行动方案的结果等价于进行试验，获得结果 C 或者 c，其中获得 C 的概率为

$$\sum_{i=1}^{n} q_i u(C_i)$$

因为 C 优于 c，所以如果

$$\sum_{i=1}^{n} p_i u(C_i) > \sum_{i=1}^{n} q_i u(C_i)$$

第一个试验就优于第二个试验，换句话说，行动方案可以通过其结果的效用的期望值进行选择．使得期望效用取得最大值的行动方案是最优的．■

从命题 4.1 可以得到以下的简单推论．

推论 4.1 若 a 和 b 是常数，则

$$E[aX+b]=aE[X]+b$$

证明

$$E[aX+b]=\sum_{x:p(x)>0}(ax+b)p(x)=a\sum_{x:p(x)>0}xp(x)+b\sum_{x:p(x)>0}p(x)=aE[X]+b \quad \square$$

随机变量 X 的期望 $E[X]$，也称为 X 的均值(mean)或者一阶矩(first moment)．$E[X^n]$($n\geqslant1$)称为 X 的 n 阶矩．由命题 4.1 可得

$$E[X^n]=\sum_{x:p(x)>0}x^n p(x)$$

4.5 方差

给定一个随机变量 X 及其分布函数 F，假如我们想要了解 F 的本质属性，定义合适的度量是极其有用的．一个比较好的度量是 X 的期望 $E[X]$．然而，尽管 $E[X]$ 可以给出 X 取各个可能值的加权平均，但是它并没有告诉我们任何关于这些取值相对于均值的偏离程度(或者说离散程度)的信息．例如，假设随机变量 W，Y，Z 的分布列分别如下：

132

$$W=0 \qquad \text{以概率 } 1$$

$$Y=\begin{cases}-1 & \text{以概率 } 1/2\\ +1 & \text{以概率 } 1/2\end{cases}$$

$$Z=\begin{cases}-100 & \text{以概率 } 1/2\\ +100 & \text{以概率 } 1/2\end{cases}$$

这三个随机变量具有相同的期望值 0，但是 Y 取值的离散程度要远大于 W(取值为常数)取值的离散程度，而 Z 取值的离散程度也大于 Y 取值的离散程度．

因为我们希望 X 的取值在 $E[X]$ 附近，所以一个合理的度量 X 取值离散程度的方法就是考虑 X 与 $E[X]$ 的平均距离．一个可能方法是考虑 $E[|X-\mu|]$，其中 $\mu=E[X]$．然而，在数学上处理这种度量是不方便的，因此更容易处理的度量通常考虑 X 与其均值距离的平方的期望，于是我们得到如下定义．

定义 如果随机变量 X 的期望为 μ，那么 X 的方差记为 $\mathrm{Var}(X)$，其定义为

$$\mathrm{Var}(X)=E[(X-\mu)^2]$$

下面推导 $\mathrm{Var}(X)$ 的另一表达式：

$$\begin{aligned}\mathrm{Var}(X)&=E[(X-\mu)^2]=\sum_x(x-\mu)^2p(x)=\sum_x(x^2-2\mu x+\mu^2)p(x)\\&=\sum_x x^2p(x)-2\mu\sum_x xp(x)+\mu^2\sum_x p(x)=E[X^2]-2\mu^2+\mu^2=E[X^2]-\mu^2\end{aligned}$$

即

$$\boxed{\mathrm{Var}(X)=E[X^2]-(E[X])^2}$$

用语言来描述就是，X 的方差等于 X^2 的期望减去 X 的期望的平方. 在实际应用中，这是计算 $\mathrm{Var}(X)$ 最简便的方法.

例 5a 掷一枚均匀骰子，设 X 表示掷出的点数，计算 $\mathrm{Var}(X)$.

133

解 在例 3a 中计算得到 $E[X]=7/2$，又由于

$$E[X^2]=1^2\times\frac{1}{6}+2^2\times\frac{1}{6}+3^2\times\frac{1}{6}+4^2\times\frac{1}{6}+5^2\times\frac{1}{6}+6^2\times\frac{1}{6}=\frac{1}{6}\times 91$$

因此，

$$\mathrm{Var}(X)=\frac{91}{6}-\left(\frac{7}{2}\right)^2=\frac{35}{12}$$ ■

因为 $\mathrm{Var}(X)=E[(X-\mu)^2]=\sum_x (x-\mu)^2 P(X=x)$ 是若干项非负数之和，所以 $\mathrm{Var}(X)\geqslant 0$，故

$$E[X^2]\geqslant (E[X])^2$$

即一个随机变量的平方的期望不小于其期望的平方.

例 5b 友谊悖论是指平均而言，你的朋友拥有比你多的朋友. 假设某个群体，有 n 个人，标记为 1，2，…，n，且这些人中两两成为朋友. 这个友谊网络可以采用图的方法来表述，把每个人画一个圈，圈之间用直线连接表示他们是朋友. 例如，图 4-5 表示这个群体有 4 个人，1 和 2 是朋友，1 和 3 是朋友，1 和 4 是朋友，2 和 4 是朋友.

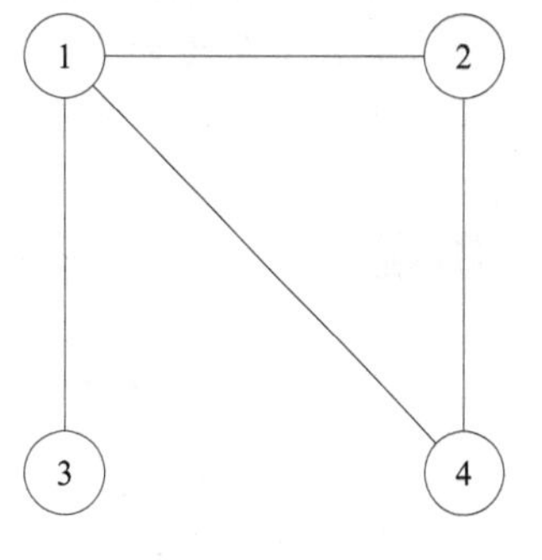

图 4-5 友谊图

记 $f(i)$ 为第 i 个人拥有的朋友数，$f=\sum_{i=1}^{n} f(i)$（对于图 4.5 所示的网络图，$f(1)=3$，$f(2)=2$，$f(3)=1$，$f(4)=2$ 和 $f=8$.）设 X 是从 n 个人中等概率随机选出的人，即

$$P(X=i)=1/n, i=1,\cdots,n.$$

134

在命题 4.1 中，定义 $g(i)=f(i)$ 则 X 的朋友数的期望 $E[f(X)]$ 为

$$E[f(X)]=\sum_{i=1}^{n} f(i)P(X=i)=\sum_{i=1}^{n} f(i)/n=f/n$$

再次定义 $g(i)=f^2(i)$，由命题 4.1 可得 X 的朋友数的平方的期望 $E[f^2(X)]$ 为

$$E[f^2(X)]=\sum_{i=1}^{n} f^2(i)P(X=i)=\sum_{i=1}^{n} f^2(i)/n$$

所以，

$$\frac{E[f^2(X)]}{E[f(X)]}=\frac{\sum_{i=1}^{n} f^2(i)}{f} \tag{5.1}$$

现在假设每个人都把自己朋友的名字写在纸上，一个朋友写一张纸. 所以，拥有 k 个朋友的个体就使用了 k 张纸. 因为 i 拥有 $f(i)$ 个朋友，所以该群体总共使用了 $f=\sum_{i=1}^{n} f(i)$ 张

纸．现在随机挑选一张纸，定义 Y 为纸上写的名字。现在我们计算写在纸上的名字所拥有的朋友数的期望 $E[f(Y)]$．因为 i 拥有 $f(i)$个朋友，所以 i 会写在 $f(i)$张纸上，所以 i 被选出的概率是$\frac{f(i)}{f}$．即

$$P(Y=i)=\frac{f(i)}{f},\quad i=1,\cdots,n$$

因此，

$$E[f(Y)]=\sum_{i=1}^{n}f(i)P(Y=i)=\sum_{i=1}^{n}f^2(i)/f \tag{5.2}$$

从而由(5.1)可知，

$$E[f(Y)]=\frac{E[f^2(X)]}{E[f(X)]}\geqslant E[f(X)]$$

其中不等式成立的原因是一个随机变量的平方的期望不小于其期望的平方．所以 $E[f(X)]\leqslant E[f(Y)]$这就是说随机选出的个人所拥有的朋友数平均而言要少于(或者等于，只有在所有人都有相同的朋友数情况下等号成立)随机选出的朋友所拥有的朋友数．

注释　友谊悖论的直观原因是 X 等概率是 n 个人中的任何一人，而 Y 选出的人的概率正比于此人的朋友数．所以，拥有越多朋友的人，被选为 Y 的概率越大．因此，Y 偏向于拥有更多朋友的人，所以 Y 拥有的平均朋友数要超过 X 拥有的平均朋友数就不足为奇了．

135

下面这个例子进一步来阐述随机变量平方的期望不小于其期望的平方，这个不等式的用处．

例 5c　假设一年有 m 天，每个人的生日相互独立，且在第 r 天出生的概率是 $p_r,r=1,\cdots,m,\sum_{r=1}^{m}p_r=1$. 记 $A_{i,j}$为事件“i 和 j 在同一天出生”.

(a) 求 $P(A_{1,3})$.

(b) 求 $P(A_{1,3}\mid A_{1,2})$.

(c) 证明 $P(A_{1,3}\mid A_{1,2})\geqslant P(A_{1,3})$.

解　(a) 因为事件“1 和 3 具有相同的生日”是 m 个独立的不相交事件“他们的生日都是第 r 天($r=1$，…，m)”的并集，所以

$$P(A_{1,3})=\sum_r p_r^2$$

(b) 利用条件期望的定义，得

$$P(A_{1,3}\mid A_{1,2})=\frac{P(A_{1,2}A_{1,3})}{P(A_{1,2})}=\frac{\sum_r p_r^3}{\sum_r p_r^2}$$

其中上式运用了 $A_{1,2}A_{1,3}$是 m 个独立的不相交事件 1，2，3 的生日都是第 r 天($r=1$，…，m)的并集．

(c) 利用(a)和(b)的结论可得 $P(A_{1,3}|A_{1,2})\geqslant P(A_{1,3})$等价于 $\sum_r p_r^3 \geqslant \left(\sum_r p_r^2\right)^2$. 为证明这个不等式，记 X 为随机变量，其等于 p_r 的概率为 p_r，即 $P(X=p_r)=p_r$，$r=1$，… m. 则

$$E[X]=\sum_r p_r P(X=p_r)=\sum_r p_r^2, E[X^2]=\sum_r p_r^2 P(X=p_r)=\sum_r p_r^3$$

由不等式 $E[X^2]\geqslant(E[X])^2$ 可以得出结论.

注释 结论(c)是正确的，直观的解释是：如果记"受欢迎的一天"为出生概率相对大的那些天，那么如果已知 1 和 2 的生日相同，在没有任何信息的情况下，1 的生日在"受欢迎的一天"的概率更大，当然 3 更有可能跟 1 的生日一样. ■

对于任意常数 a 和 b，下面的恒等式是十分有用的：

$$\mathrm{Var}(aX+b)=a^2\mathrm{Var}(X)$$

136

为了证明这个等式，令 $\mu=E[X]$，注意到推论 4.1 的结论 $E[aX+b]=a\mu+b$，因此有，

$$\begin{aligned}\mathrm{Var}(aX+b)&=E[(aX+b-a\mu-b)^2]=E[a^2(X-\mu)^2]\\&=a^2E[(X-\mu)^2]=a^2\mathrm{Var}(X)\end{aligned}$$

注释

(a) 均值与力学中质量分布的重心类似，而方差与力学中的惯性矩类似.

(b) $\mathrm{Var}(X)$的平方根称为 X 的标准差(standard deviation)，记为 $\mathrm{SD}(X)$，即

$$\mathrm{SD}(X)=\sqrt{\mathrm{Var}(X)}$$

离散型随机变量通常根据其分布列进行分类，下面的几节将要介绍一些常见的类型.

4.6 伯努利随机变量和二项随机变量

考虑一个试验，其结果分为两类，成功或者失败. 令

$$X=\begin{cases}1 & \text{当试验结果为成功时}\\0 & \text{当试验结果为失败时}\end{cases}$$

则 X 的分布列为

$$\begin{aligned}p(0)&=P\{X=0\}=1-p\\p(1)&=P\{X=1\}=p\end{aligned}\qquad(6.1)$$

其中 $p(0\leqslant p\leqslant 1)$就是每次试验成功的概率.

如果随机变量 X 的分布列由式(6.1)给出，其中 $p\in(0,1)$，则称 X 为伯努利随机变量(根据瑞士数学家詹姆士·伯努利的名字命名).

现在假设进行 n 次独立重复试验，每次试验成功的概率为 p，失败的概率为 $1-p$. 如果 X 表示 n 次试验中成功的次数，那么称 X 为参数是(n,p)的二项(binomial)随机变量. 因此，伯努利随机变量也是参数为$(1,p)$的二项随机变量.

参数为(n,p)的二项随机变量的分布列为

$$p(i)=\binom{n}{i}p^i(1-p)^{n-i}\qquad i=0,1,\cdots,n\qquad(6.2)$$

可以用如下方法验证式(6.2)成立：首先注意，某个特定的包含 n 个结果的序列中有 i 个成功和 $n-i$ 个失败的概率为 $p^i(1-p)^{n-i}$(由试验的独立性)．又由于在包含 n 个结果的序列中，包含 i 个成功和 $n-i$ 个失败的序列一共有 $\binom{n}{i}$ 个．例如，当 $n=4$，$i=2$ 时，包含2次成功、2次失败的试验结果序列一共有 $\binom{4}{2}=6$ 种，分别为 (s,s,f,f)，(s,f,s,f)，(s,f,f,s)，(f,s,s,f)，(f,s,f,s) 及 (f,f,s,s)，其中 (s,s,f,f) 表示前两次成功，后两次失败．因为每个结果序列的概率均为 $p^2(1-p)^2$，则在4次独立重复试验中，2次成功的概率为 $\binom{4}{2}p^2(1-p)^2$．

137

注意，由二项式定理可知概率和等于1，即

$$\sum_{i=0}^{\infty} p(i) = \sum_{i=0}^{n}\binom{n}{i}p^i(1-p)^{n-i} = [p+(1-p)]^n = 1$$

例6a　掷5枚均匀的硬币，假定掷各枚硬币所得的结果是相互独立的，求掷出的5枚硬币中正面朝上的硬币数的分布列．

解　设 X 表示掷5枚硬币正面朝上(成功)的硬币枚数，则 X 就是一个参数为 $(n=5, p=1/2)$ 的二项随机变量，因此，由公式(6.2)，可得

$$P\{X=0\} = \binom{5}{0}\left(\frac{1}{2}\right)^0\left(\frac{1}{2}\right)^5 = 1/32 \qquad P\{X=1\} = \binom{5}{1}\left(\frac{1}{2}\right)^1\left(\frac{1}{2}\right)^4 = 5/32$$

$$P\{X=2\} = \binom{5}{2}\left(\frac{1}{2}\right)^2\left(\frac{1}{2}\right)^3 = 10/32 \qquad P\{X=3\} = \binom{5}{3}\left(\frac{1}{2}\right)^3\left(\frac{1}{2}\right)^2 = 10/32$$

$$P\{X=4\} = \binom{5}{4}\left(\frac{1}{2}\right)^4\left(\frac{1}{2}\right)^1 = 5/32 \qquad P\{X=5\} = \binom{5}{5}\left(\frac{1}{2}\right)^5\left(\frac{1}{2}\right)^0 = 1/32$$ ■

例6b　某工厂生产螺钉，已知每颗螺钉为残次品的概率为0.01，并且各螺钉是否残次品是相互独立的．工厂以10颗为一盒出售螺钉，并且承诺每盒里最多只有一个残次品，否则该盒作退款处理．求售出的产品中退货的比例．

解　设 X 表示一盒螺钉中残次品的数量，那么 X 就是一个服从二项分布的随机变量，参数为(10，0.01)，因此，任一盒螺钉将被退回的概率为

$$1-P\{X=0\}-P\{X=1\} = 1-\binom{10}{0}(0.01)^0(0.99)^{10}-\binom{10}{1}(0.01)^1(0.99)^9 \approx 0.004$$

138

因此，只有0.4%的螺钉将被退回． ■

例6c　下面介绍的赌博方法称为“运气轮”，在世界各地的狂欢节和赌场中十分流行．赌徒押注于1到6之间某一个数，然后庄家掷3枚骰子，如果赌徒押的数出现 $i(i=1,2,3)$ 次，那么他将赢得 i 单位．反之，如果赌徒押的数没出现，他将损失1单位．问这个赌博对赌徒是否公平？(实际上，这个赌博经常是转一个轮子，当轮子停下来时，指针会指向某结果，其结果会显示1到6之间的三个数字，但是从数学上来说，这种赌博与投掷骰子是等价的.)

解　如果假设骰子是均匀的，而且掷出的点数相互独立，那么赌徒所押数的出现

次数就是一个参数为(3, 1/6)的二项随机变量，因此，设 X 为赌徒赢得的单位数目，则有

$$P\{X=-1\}=\binom{3}{0}\left(\frac{1}{6}\right)^0\left(\frac{5}{6}\right)^3=\frac{125}{216}$$

$$P\{X=1\}=\binom{3}{1}\left(\frac{1}{6}\right)^1\left(\frac{5}{6}\right)^2=\frac{75}{216}$$

$$P\{X=2\}=\binom{3}{2}\left(\frac{1}{6}\right)^2\left(\frac{5}{6}\right)^1=\frac{15}{216}$$

$$P\{X=3\}=\binom{3}{3}\left(\frac{1}{6}\right)^3\left(\frac{5}{6}\right)^0=\frac{1}{216}$$

为了检验这种赌博方式对赌徒是否公平，我们先计算 $E[X]$，利用以上概率可以得到

$$E[X]=\frac{-125+75+30+3}{216}=\frac{-17}{216}$$

因此，如果长期赌下去，每 216 局中赌徒将要输掉 17 个单位. ■

在接下来的例子中，我们考虑由孟德尔(Gregor. Mendel，1822—1884)提出的遗传理论最简单的一种形式.

例 6d 假设人类的某一特定属性(例如眼睛的颜色或者左撇子等)是由他的一对基因决定的，用 d 表示显性基因，用 r 表示隐性基因，则有 dd 基因的人是纯显性的，有 rr 的人是纯隐性的，而有 rd 的人就是混合型的. 纯显性的和混合型的都显露出显性基因决定的特征. 孩子从其父母身上各遗传 1 个基因，如果一对混合型父母总共有 4 个孩子，问 4 个孩子中的 3 个具有显性基因所决定的特征的概率有多大?

图 4-6 的(a)和(b)分别反映了纯种黄色和绿色杂交与子一代自交的结果.

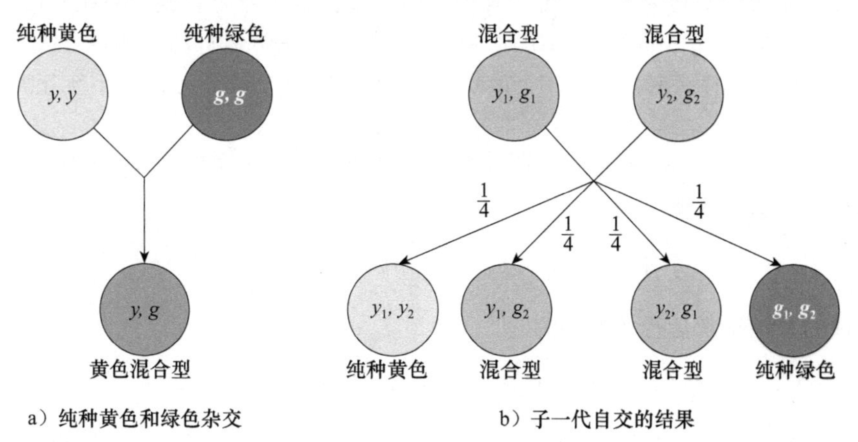

图 4-6

解 我们假定每个孩子独立地从他的父母各遗传 1 个基因，当父母均为混合型时，孩子具有基因 dd，rr，rd 的概率分别为 1/4，1/4，1/2. 而具有基因 dd 和 rd 的孩子具有显性基因所决定的特征，因此，孩子具有显性基因所决定特征的概率为 3/4，这样，

他们的4个孩子中，具有显性特征的孩子数服从二项分布，参数为$n=4$，$p=3/4$. 于是所求概率为

$$\binom{4}{3}\left(\frac{3}{4}\right)^3\left(\frac{1}{4}\right)^1=\frac{27}{64}$$ ■

例 6e 某陪审团的审判共有12名陪审员参加，为宣判被告有罪，必须其中至少有8名陪审员投票认为他有罪. 假设陪审员的判断是相互独立的，且不论被告是否有罪，每位陪审员作出正确判断的概率为θ，那么这个陪审团作出正确判决的概率有多大？

解 上述问题是无法解的，因为没有提供足够的信息. 例如，若被告是无罪的，则陪审团作出正确判决的概率为

$$\sum_{i=5}^{12}\binom{12}{i}\theta^i(1-\theta)^{12-i}$$

然而，若被告有罪，则正确判决的概率为

$$\sum_{i=8}^{12}\binom{12}{i}\theta^i(1-\theta)^{12-i}$$

因此，如果已知被告的确有罪的概率为α，那么以他是否有罪为条件，我们得到陪审团作出正确判决的概率为

139
~
140

$$\alpha\sum_{i=8}^{12}\binom{12}{i}\theta^i(1-\theta)^{12-i}+(1-\alpha)\sum_{i=5}^{12}\binom{12}{i}\theta^i(1-\theta)^{12-i}$$ ■

例 6f 一个通信系统由n个元件组成，各个元件是否正常工作是相互独立的，并且各个元件正常工作的概率均为p. 当至少有一半的元件正常工作时，整个系统才能正常运行.

(a) p取何值时，5个元件的系统比3个元件的系统正常运行的可能性更大？

(b) 一般来说，什么时候$(2k+1)$个元件的系统比$(2k-1)$个元件的系统正常运行的可能性更大？

解 (a) 因为正常工作的元件数是一个服从参数为(n, p)的二项随机变量，那么5个元件的系统正常运行的概率为

$$\binom{5}{3}p^3(1-p)^2+\binom{5}{4}p^4(1-p)+p^5$$

而三个元件的系统正常运行的概率为

$$\binom{3}{2}p^2(1-p)+p^3$$

因此，以下条件成立时，5个元件的系统比3个元件的系统正常运行的可能性更大：

$$10p^3(1-p)^2+5p^4(1-p)+p^5>3p^2(1-p)+p^3$$

化简为

$$3(p-1)^2(2p-1)>0$$

即

$$p > \frac{1}{2}$$

(b)一般来说，当(且仅当)$p>\frac{1}{2}$时，$2k+1$ 个元件的系统比 $2k-1$ 个元件的系统正常运行的可能性更大. 为了证明这点，考虑 $2k+1$ 个元件的系统，令 X 表示“前 $2k-1$ 个元件中工作正常的元件的数目”，那么

$$P_{2k+1}(\text{系统正常运行}) = P\{X \geqslant k+1\} + P\{X = k\}(1-(1-p)^2) + P\{X = k-1\}p^2$$

上式之所以成立是基于事件“$2k+1$ 个元件的系统正常运行”可以写成下列三个互不相容的事件的并：

(i)$X \geqslant k+1$；

(ii)$X = k$,而且剩下的 2 个元件中至少有 1 个正常工作；

(iii)$X = k-1$,而且剩下的 2 个元件都正常工作.

由于

$$P_{2k-1}(\text{系统正常运行}) = P\{X \geqslant k\} = P\{X = k\} + P\{X \geqslant k+1\}$$

141

可得

$$\begin{aligned}
&P_{2k+1}(\text{系统正常运行}) - P_{2k-1}(\text{系统正常运行}) \\
&= P\{X = k-1\}p^2 - (1-p)^2 P\{X = k\} \\
&= \binom{2k-1}{k-1} p^{k-1}(1-p)^k p^2 - (1-p)^2 \binom{2k-1}{k} p^k (1-p)^{k-1} \\
&= \binom{2k-1}{k} p^k (1-p)^k [p-(1-p)] \qquad \text{因为} \binom{2k-1}{k-1} = \binom{2k-1}{k} \\
&> 0 \Leftrightarrow p > \frac{1}{2}
\end{aligned}$$

■

4.6.1 二项随机变量的性质

现在我们来考察参数为(n, p)的二项随机变量的性质，先来计算其期望和方差. 首先注意到

$$E[X^k] = \sum_{i=0}^{n} i^k \binom{n}{i} p^i (1-p)^{n-i} = \sum_{i=1}^{n} i^k \binom{n}{i} p^i (1-p)^{n-i}$$

利用恒等式

$$i\binom{n}{i} = n\binom{n-1}{i-1}$$

可得

$$\begin{aligned}
E[X^k] &= np \sum_{i=1}^{n} i^{k-1} \binom{n-1}{i-1} p^{i-1} (1-p)^{n-i} \\
&= np \sum_{j=0}^{n-1} (j+1)^{k-1} \binom{n-1}{j} p^j (1-p)^{n-1-j} \qquad \text{令 } j = i-1
\end{aligned}$$

$$= npE[(Y+1)^{k-1}]$$

其中 Y 是一个参数为 $(n-1,\ p)$ 的二项随机变量. 在上面的公式中，令 $k=1$，可得

$$E[X] = np$$

即如果每次试验成功的概率为 p，那么 n 次独立重复试验的成功次数的期望等于 np. 在前面的公式中令 $k=2$，再结合二项随机变量的期望公式，可得

142

$$E[X^2] = npE[Y+1] = np[(n-1)p+1]$$

因为 $E[X]=np$，所以有

$$\mathrm{Var}(X) = E[X^2]-(E[X])^2 = np[(n-1)p+1]-(np)^2 = np(1-p)$$

综上，可得如下结论：

如果 X 是一个参数为 $(n,\ p)$ 的二项随机变量，那么

$$E[X] = np \qquad \mathrm{Var}(X) = np(1-p)$$

下面这个命题表明，二项分布的分布列首先递增，然后递减.

命题 6.1　*如果 X 是一个参数为 $(n,\ p)$ 的二项随机变量，其中 $0<p<1$. 那么当 k 从 0 到 n 时，$P\{X=k\}$ 一开始单调递增，然后一直单调递减，当 $k=[(n+1)p]$ 时取得最大值（记号 $[X]$ 表示小于等于 X 的最大整数).*

证明　为证明这个命题，我们考虑 $P\{X=k\}/P\{X=k-1\}$，对于给定的 k 值，判定以下比值与 1 的大小关系.

$$\frac{P\{X=k\}}{P\{X=k-1\}} = \frac{\dfrac{n!}{(n-k)!k!}p^k(1-p)^{n-k}}{\dfrac{n!}{(n-k+1)!(k-1)!}p^{k-1}(1-p)^{n-k+1}} = \frac{(n-k+1)p}{k(1-p)}$$

因此，$P\{X=k\}\geqslant P\{X=k-1\}$ 当且仅当

$$(n-k+1)p \geqslant k(1-p)$$

或者，等价于

$$k \leqslant (n+1)p$$

故命题得证. □

为方便解释命题 6.1，图 4-7 给出了参数为 $(10,\ 1/2)$ 的二项随机变量的概率分布图.

例 6g　在美国总统选举中，若候选人在一个州里获得的选票数最多，那么该候选人就赢得了分配给该州的全部选举团票数. 选举团票数正比于该州的人口数，即若一州的人口数为 n，则选举团票数约为 nc（实际上，这个数约为 $nc+2$，该州的每一个众议员有一张选票，众议员人数正比于该州的人口数. 而该州的参议员也有一张选票，而一个州的参议员只有 2 名). 现在我们要计算在一次匿名选举中一个选民的平均权力. 所谓平均权力是与你的一票起的关键作用有关的量. 设想这一州一共有 $n=2k+1$ 人（n 为偶数

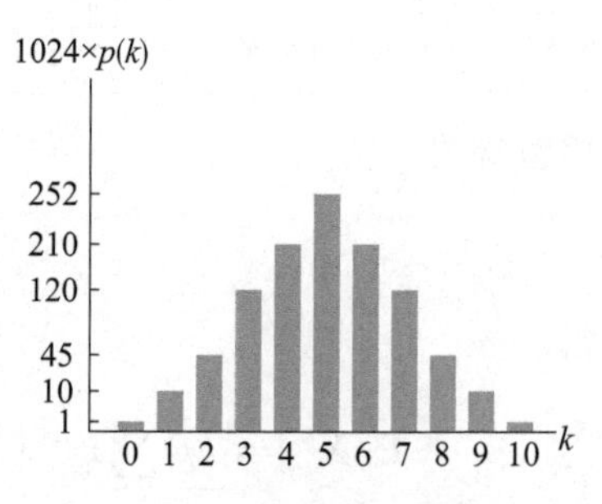

图 4-7　$p(k)=\binom{10}{k}(1/2)^{10}$ 的图像

时，情况是类似的)，候选人共 2 人，除你之外其余的 $n-1=2k$ 人对这两个候选人的态度一样，即选票中有 k 个人支持候选人甲，另外 k 个人支持乙. 在这种情况下，你的一票是关键的. 若你支持甲，甲得胜，支持乙，乙得胜. 现在，我们假定州里的 $2k$ 个人的选择是相互独立的，并且每个选民选择甲或乙的概率都是 1/2. 这个时候一个选民的选票起关键作用的概率为 143

$$P\{\text{来自人口为 } 2k+1 \text{ 的州的公民的选票起关键作用}\} = \binom{2k}{k}\left(\frac{1}{2}\right)^k\left(\frac{1}{2}\right)^k = \frac{(2k)!}{k!k!2^{2k}}$$

为了估算上式，我们利用斯特林公式，当 k 较大时有

$$k! \sim k^{k+1/2}\mathrm{e}^{-k}\sqrt{2\pi}$$

其中 $a_k \sim b_k$ 表示当 $k\to\infty$ 时 $a_k/b_k\to 1$. 因此，我们得到

$$P\{\text{来自人口为 } 2k+1 \text{ 的州的公民的选票起关键作用}\} \sim \frac{(2k)^{2k+1/2}\mathrm{e}^{-2k}\sqrt{2\pi}}{k^{2k+1}\mathrm{e}^{-2k}(2\pi)2^{2k}} = \frac{1}{\sqrt{k\pi}}$$

因为当你的选票起关键作用时，你将影响到 nc 张选举团票，这样，在一个人口为 n 的州里的选民，平均起来影响到多少张选举团票呢？我们采用平均权力这个指标.

$$\text{平均权力} = nc \times P\{\text{你的一票是关键的}\} \sim \frac{nc}{\sqrt{n\pi/2}} = c\sqrt{2n/\pi}$$

144

因此，你的平均权力与州的人口数的平方根成正比，这表明在大州中一票的平均权力比小州中的一票的平均权力大. ■

4.6.2 计算二项分布函数

设 X 是一个参数为(n, p)的二项随机变量，计算分布函数

$$P\{X\leqslant i\} = \sum_{k=0}^{i}\binom{n}{k}p^k(1-p)^{n-k} \qquad i=0,1,\cdots,n$$

的核心是利用命题 6.1 中的证明得到的 $P\{X=k+1\}$和 $P\{X=k\}$之间的递推关系：

$$P\{X=k+1\} = \frac{p}{1-p}\frac{n-k}{k+1}P\{X=k\} \tag{6.3}$$

例 6h 设 X 是一个参数为 $n=6$，$p=0.4$ 的二项随机变量. 从 $P\{X=0\}=0.6^6$ 开始，利用递推公式(6.3)可得

$$P\{X=0\} = 0.6^6 \approx 0.0467$$

$$P\{X=1\} = \frac{4}{6}\times\frac{6}{1}P\{X=0\} \approx 0.1866$$

$$P\{X=2\} = \frac{4}{6}\times\frac{5}{2}P\{X=1\} \approx 0.3110$$

$$P\{X=3\} = \frac{4}{6}\times\frac{4}{3}P\{X=2\} \approx 0.2765$$

$$P\{X=4\} = \frac{4}{6}\times\frac{3}{4}P\{X=3\} \approx 0.1382$$

$$P\{X=5\}=\frac{4}{6}\times\frac{2}{5}P\{X=4\}\approx 0.0369$$

$$P\{X=6\}=\frac{4}{6}\times\frac{1}{6}P\{X=5\}\approx 0.0041 \quad \blacksquare$$

利用递推公式(6.3)可以很方便地编写计算二项随机变量的分布函数的计算程序. 为了计算 $P\{X\leqslant i\}$，可以先计算 $P\{X=i\}$，然后利用递推公式计算 $P\{X=i-1\}$ 和 $P\{X=i-2\}$ 等.

历史注记

瑞士数学家雅克·伯努利(Jacques Bernoulli，1654—1705)首次研究每次成功率为 p 的独立重复试验. 在他去世后的第8年，即1713年，他侄子尼克拉斯出版了伯努利的著作 *Ars Conjectandil*(《推测术》). 在书中，伯努利指出了如果这样的试验次数足够大，那么成功次数所占的比例以概率1接近 p.

145

雅克·伯努利是这个最著名的数学家庭的第一代. 在后来的三代里，共有8到12个伯努利，在概率论、统计学和数学上作出了杰出的基础性贡献. 知道伯努利的具体数目比较困难，一方面是有好几人的名字相同. (例如，雅克的兄弟让有两个儿子分别叫雅克和让.)另一方面是有几个伯努利在不同的地方有不同的名字. 例如，我们刚说的雅克(有时也写成Jaques)有时叫雅可布(也写成Jacob)或詹姆士·伯努利. 但不管如何，他们的成果和影响都是非凡的. 正如巴赫(Bachs)之于音乐，伯努利家族在数学界是非常有名的家族!

例6i 设 X 是一个服从参数为 $n=100$，$p=0.75$ 的二项随机变量，求 $P\{X=70\}$ 和 $P\{X\leqslant 70\}$.

解 通过二项计算器可以获取图4-8所示的结果.

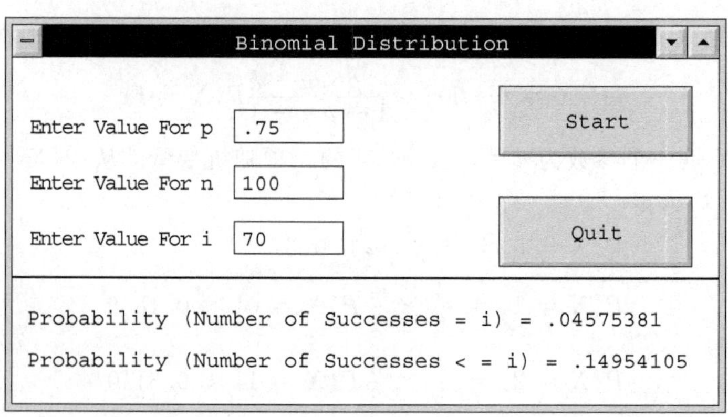

图 4-8

4.7 泊松随机变量

如果一个取值于 0，1，2…的随机变量 X 对某一个 $\lambda>0$，

$$p(i)=P\{X=i\}=\mathrm{e}^{-\lambda}\frac{\lambda^{i}}{i\,!}\qquad i=0,1,2,\cdots \tag{7.1}$$

则称该随机变量为服从参数 λ 的泊松(Poisson)随机变量. 公式(7.1)定义了一个分布列，因为

$$\sum_{i=0}^{\infty}p(i)=\mathrm{e}^{-\lambda}\sum_{i=0}^{\infty}\frac{\lambda^{i}}{i\,!}=\mathrm{e}^{-\lambda}\mathrm{e}^{\lambda}=1$$

泊松分布是 Siméon Denis Poisson 在他所著的关于概率论在诉讼、刑事审讯等方面应用的书中提出的. 这本书于 1837 年出版，法文书名叫 *Recherchés sur la probabilité des jugements en matiére criminelle et en matiére civile*（《概率论在犯罪与社会事件审判中的调查》）. 146

泊松分布在各领域中有非常广泛的应用，这是由于当 n 足够大，p 充分小，而使得 np 保持适当的大小时，参数为(n, p)的二项随机变量可近似地看作是参数为 $\lambda=np$ 的泊松随机变量. 为证明这点，假设 X 是一个服从参数为(n, p)的二项随机变量，并记 $\lambda=np$，那么

$$\begin{aligned}P\{X=i\}&=\frac{n!}{(n-i)!i!}p^{i}(1-p)^{n-i}=\frac{n!}{(n-i)!i!}\left(\frac{\lambda}{n}\right)^{i}\left(1-\frac{\lambda}{n}\right)^{n-i}\\&=\frac{n(n-1)\cdots(n-i+1)}{n^{i}}\frac{\lambda^{i}}{i\,!}\frac{(1-\lambda/n)^{n}}{(1-\lambda/n)^{i}}\end{aligned}$$

现在，对充分大的 n 和适当的 λ，有

$$\left(1-\frac{\lambda}{n}\right)^{n}\approx\mathrm{e}^{-\lambda},\qquad\frac{n(n-1)\cdots(n-i+1)}{n^{i}}\approx1,\qquad\left(1-\frac{\lambda}{n}\right)^{i}\approx1$$

因此，对充分大的 n 和适当的 λ，有

$$P\{X=i\}\approx\mathrm{e}^{-\lambda}\frac{\lambda^{i}}{i\,!}$$

换句话说，如果独立重复地进行 n 次试验，每次成功的概率为 p，当 n 充分大，而 p 足够小，使得 np 保持适当的话，那么成功的次数近似地服从参数为 $\lambda=np$ 的泊松分布，这个 λ 值(以后将要证明这就是成功次数的期望值)通常凭经验确定.

以下例子中的随机变量大都服从泊松分布(即满足式(7.1))：

1. 一本书里一页或若干页中印刷错误的数量；
2. 某地区居民活到 100 岁的人数；
3. 一天中拨错电话号码的次数；
4. 一家便利店里每天卖出狗粮饼干的盒数；
5. 某一天进入一个邮局的顾客数；
6. 一年中联邦司法系统中空缺位置数；
7. 某放射性材料在一个固定时期内放射出来的 α 粒子数.

还有其他大量的随机变量都因为相同的原因近似地服从泊松分布，即因为二项分布近似于泊松分布. 例如，我们认为某一页上任一字母出现印刷错误的概率 p 是一个很小的

数，因此，这一页上总的印刷错误次数近似地服从参数为$\lambda=np$的泊松分布，其中n是该页上的字母数. 类似地，我们还认为某个地区某人能活到100岁的概率很小；同样，进入某家商店的顾客购买一袋狗粮的概率也可以认为是很小的数，等等.

147

例7a　假设本书某一页上的印刷错误数服从参数为$\lambda=1/2$的泊松分布，计算该页上至少有一处错误的概率.

解　设X为该页上的错误数，我们有

$$P\{X\geqslant 1\}=1-P\{X=0\}=1-e^{-1/2}\approx 0.393$$ ■

例7b　假设某台机器生产出来的零件是残次品的概率为0.1，计算有10个这样的零件的样本中至多有一个残次品的概率.

解　所求概率为$\binom{10}{0}\times 0.1^0\times 0.9^{10}+\binom{10}{1}\times 0.1^1\times 0.9^9=0.7361$，而利用泊松分布近似可得该概率值为$e^{-1}+e^{-1}\approx 0.7358$. ■

例7c　考虑这样一个试验：记录1克放射性物质在1秒内放出的α粒子数. 如果从过去的经验得知，这个数目的平均值为3.2，求放出的α粒子数不超过2的概率的较好近似值.

解　设想这1克放射性物质由n个原子组成(n相当大)，每个原子在所考虑的1秒内蜕变并放出一个α粒子的概率为$3.2/n$，于是我们可看到，放射出的α粒子数近似地服从参数为$\lambda=3.2$的泊松分布. 因此，所求的概率为

$$P\{X\leqslant 2\}=e^{-3.2}+3.2e^{-3.2}+\frac{3.2^2}{2}e^{-3.2}\approx 0.3799$$ ■

在计算参数为λ的泊松随机变量的期望和方差之前，我们回忆一下，因为泊松分布可用于近似参数为n和p(其中n很大，p很小，$\lambda=np$)的二项随机变量，而这个二项随机变量的期望为$np=\lambda$，方差为$np(1-p)=\lambda(1-p)\approx\lambda$(因为$p$很小)，所以可以猜想泊松随机变量的期望和方差都等于其参数λ. 下面我们来证明这一点：

$$E[X]=\sum_{i=0}^{\infty}\frac{ie^{-\lambda}\lambda^i}{i!}=\lambda\sum_{i=1}^{\infty}\frac{e^{-\lambda}\lambda^{i-1}}{(i-1)!}=\lambda e^{-\lambda}\sum_{j=0}^{\infty}\frac{\lambda^j}{j!}\qquad 令\ j=i-1$$

148

$$=\lambda\qquad 因为\sum_{j=0}^{\infty}\frac{\lambda^j}{j!}=e^{\lambda}$$

因此，泊松随机变量X的期望值等于其参数λ. 为计算其方差，我们先计算$E[X^2]$：

$$E[X^2]=\sum_{i=0}^{\infty}\frac{i^2e^{-\lambda}\lambda^i}{i!}=\lambda\sum_{i=1}^{\infty}\frac{ie^{-\lambda}\lambda^{i-1}}{(i-1)!}=\lambda\sum_{j=0}^{\infty}\frac{(j+1)e^{-\lambda}\lambda^j}{j!}\qquad 令\ j=i-1$$

$$=\lambda\left[\sum_{j=0}^{\infty}\frac{je^{-\lambda}\lambda^j}{j!}+\sum_{j=0}^{\infty}\frac{e^{-\lambda}\lambda^j}{j!}\right]=\lambda(\lambda+1)$$

其中，最后一个等式成立是因为第一项就是参数为λ的泊松随机变量的期望，而第二项就是该随机变量取各个值的概率之和. 因此，由$E[X]=\lambda$，我们能得到

$$\mathrm{Var}(X)=E[X^2]-(E[X])^2=\lambda$$

因此泊松随机变量的期望和方差都等于其参数 λ.

我们已经证明了当给定条件 n 很大而 p 很小时，参数为 np 的泊松分布是对 n 次独立重复试验(每次成功的概率为 p)中成功次数的分布的较好近似. 事实上，在试验并不独立，但是弱相依条件下仍是比较好的近似. 例如，配对问题(第 2 章例 5m)，其中 n 个人随机地从他们的帽子中取一顶帽子，计算恰好拿着自己帽子的人数. 可认为这 n 个选择就是 n 次试验，其中第 i 次成功就是第 $i(i=1, \cdots, n)$ 个人拿到了自己的帽子定义事件 $E_i\ (i=1, \cdots, n)$：

$$E_i = \{\text{第 } i \text{ 次试验成功}\}$$

容易看出，

$$P\{E_i\} = \frac{1}{n} \qquad \text{且} \qquad P\{E_i \mid E_j\} = \frac{1}{n-1}, \qquad j \neq i$$

因此，我们看到，尽管事件 $E_i(i=1, \cdots, n)$ 不独立，但是当 n 较大时，它们的相依性变得很弱，所以认为成功的次数近似地服从参数为 $n\times 1/n=1$ 的泊松分布是合理的，事实上，这一点已经在第 2 章例 5m 得到了证明.

现在阐述第二种关于试验为弱相依情形下的泊松近似，让我们再次考虑第 2 章例 5i. 在该例中，假设有 n 个人，每个人在一年 365 天内任一天过生日的概率都相同，现在的问题是计算 n 个人生日各不相同的概率. 我们曾用组合学知识计算了该概率，并计算出当 $n=23$ 时该概率小于 1/2.

149

我们可以利用泊松分布近似来给出上述概率的近似值：设想我们进行一系列试验，对于不同的 i 和 j(两个人)，如果 i 和 j 生日相同，就称试验 i，j 为成功. 如果我们令 E_{ij} 表示事件“试验 i，j 成功”，那么，这 $\binom{n}{2}$ 个事件 $E_{ij}\ (1\leqslant i<j\leqslant n)$ 并不独立(见理论习题 4.21)，但其相依性却很弱(事实上，对于不同的 i，j，k，l，E_{ij} 与 E_{kl} 是相互独立的，见理论习题 4.21). 由于 $P(E_{ij})=1/365$，因此，假设成功次数近似地服从参数为 $\binom{n}{2}/365=n(n-1)/730$ 的泊松分布是很合理的. 于是

$$P\{\text{没有 2 个人生日相同}\} = P\{0 \text{ 个成功}\} \approx \exp\left\{\frac{-n(n-1)}{730}\right\}$$

现在计算该概率小于 1/2 的 n 的值，注意到

$$\exp\left\{\frac{-n(n-1)}{730}\right\} \leqslant \frac{1}{2}$$

等价于

$$\exp\left\{\frac{n(n-1)}{730}\right\} \geqslant 2$$

两边取对数，可得

$$n(n-1) \geqslant 730\ln 2 \approx 505.997$$

这样解得 $n=23$. 这与第 2 章例 5i 的结论是一致的.

现在假设我们想要得到没有 3 个人同一天生日的概率，这时用组合学知识去解决就变

得相当困难了，但仍然可以用简单的方法得到一个较好的近似. 首先，设想我们对$\binom{n}{3}$个i，j，$k(1\leqslant i<j<k\leqslant n)$做一次试验，如果$i$，$j$和$k$这3个人生日相同，那么试验称为成功的. 与前面一样，我们知道成功数近似为泊松随机变量，参数为

150

$$\binom{n}{3}P\{i,j,k\text{ 这 3 个人生日相同}\}=\binom{n}{3}\left(\frac{1}{365}\right)^2=\frac{n(n-1)(n-2)}{6\times 365^2}$$

因此，

$$P\{\text{没有 3 人生日相同}\}\approx\exp\left\{\frac{-n(n-1)(n-2)}{799\,350}\right\}$$

若n满足

$$n(n-1)(n-2)\geqslant 799\,350\ln 2\approx 554\,067.1$$

等价于$n\geqslant 84$，该概率值小于1/2. 因此，当人数超过84时，至少有3人生日相同的概率超过1/2.

要使事件发生的数量近似地服从泊松分布，并没有必要要求各个事件发生的概率相同，只要这些概率都较小即可. 下面就是泊松范例.

泊松范例　考虑n个事件，第i个事件发生的概率为p_i，$i=1$，…，n. 如果所有p_i都很小，且试验或者独立，或者至多"弱相依"，那么事件发生次数近似地服从参数为$\sum_{i=1}^{n}p_i$的泊松分布.

下面的例子不仅应用了泊松范例，还阐述了前面介绍的一系列技巧.

例7d 最大游程的长度　抛掷硬币n次，假定各次抛掷结果相互独立，每次抛掷正面朝上的概率为p. 出现连续k次正面朝上的概率有多大?

解　首先应用泊松范例近似这个概率. 对于$i=1$，…，$n-k+1$，设H_i表示"第i，$i+1$，…，$i+k-1$次抛掷硬币均为正面朝上". 此时，连续k次正面朝上的概率就是至少有一个H_i发生的概率. 由于H_i是"第i，$i+1$，…，$i+k-1$次抛掷硬币均为正面朝上"，$P(H_i)=p^k$. 因此，当p^k很小时，H_i发生的次数应该近似地服从泊松分布. 但是，这是不对的，因为尽管各事件H_i发生的概率很小，而某些事件之间的相依性很强，影响了泊松逼近的精度. 在第1，…，k次抛掷硬币的结果都是正面朝上的条件下，第2，…，$k+1$次抛掷硬币的结果都是正面朝上的概率等于第$k+1$次抛掷的结果为正面朝上的概率，即满足

$$P(H_2\mid H_1)=p$$

这个概率比$P(H_2)$大得多.

为了应用泊松逼近，对于$i=1$，…，$n-k$，令E_i为"第i，$i+1$，…，$i+k-1$次抛掷的结果都是正面朝上，而第$i+k$次抛掷为反面朝上". 而E_{n-k+1}为"第$n-k+1$，…，n次抛掷都是正面朝上"，这样我们得到

151

$$P(E_i)=p^k(1-p)\qquad i\leqslant n-k$$
$$P(E_{n-k+1})=p^k$$

于是，当 p^k 很小时，$P(E_i)$都是小概率事件．另外，当 $i\neq j$ 时，对于事件 E_i 和 E_j，若它们所涉及的试验没有重复，则有 $P(E_i \mid E_j)=P(E_i)$，若他们涉及的试验有重复部分，则有 $P(E_i \mid E_j)=0$．因此，在这两种情形下，条件概率都接近于无条件概率，设 N 表示 E_i 发生的次数，N 的分布应该近似为泊松分布，其期望为

$$E[N] = \sum_{i=1}^{n-k+1} P(E_i) = (n-k)p^k(1-p) + p^k$$

当(且仅当)$N=0$ 时不存在 k 次连续正面朝上，因此如前所述

$$P\{\text{不存在 } k \text{ 次连续的正面朝上}\} = P(N=0) \approx \exp\{-(n-k)p^k(1-p) - p^k\}$$

现在令 L_n 为“n 次试验中连续出现正面的最大次数”，亦即 L_n 为 n 次试验中出现正面的最大游程的长度．易知当(且仅当)试验序列中没有 k 次连续正面朝上时 $L_n<k$．因此，利用上式

$$P\{L_n < k\} \approx \exp\{-(n-k)p^k(1-p) - p^k\}$$

现在假定硬币是均匀的，即假设 $p=1/2$，此时上式变成

$$P\{L_n < k\} \approx \exp\left(-\frac{n-k+2}{2^{k+1}}\right) \approx \exp\left(-\frac{n}{2^{k+1}}\right)$$

上面最后的近似式利用了 $\exp\{(k-2)/2^{k+1}\}\approx 1$，即$(k-2)/2^{k+1}\approx 0$．令 $j=\log_2 n$，并假定 j 为整数．当 $k=j+i$ 时，有

$$\frac{n}{2^{k+1}} = \frac{n}{2^j 2^{i+1}} = \frac{1}{2^{i+1}}$$

因此，

$$P\{L_n < j+i\} \approx \exp\{-(1/2)^{i+1}\}$$

由此可知，

$$P\{L_n = j+i\} = P\{L_n < j+i+1\} - P\{L_n < j+i\} \approx \exp\{-(1/2)^{i+2}\} - \exp\{-(1/2)^{i+1}\}$$ 152

例如，

$$\begin{aligned}
P\{L_n < j-3\} &\approx e^{-4} \approx 0.0183 \\
P\{L_n = j-3\} &\approx e^{-2} - e^{-4} \approx 0.1170 \\
P\{L_n = j-2\} &\approx e^{-1} - e^{-2} \approx 0.2325 \\
P\{L_n = j-1\} &\approx e^{-1/2} - e^{-1} \approx 0.2387 \\
P\{L_n = j\} &\approx e^{-1/4} - e^{-1/2} \approx 0.1723 \\
P\{L_n = j+1\} &\approx e^{-1/8} - e^{-1/4} \approx 0.1037 \\
P\{L_n = j+2\} &\approx e^{-1/16} - e^{-1/8} \approx 0.0569 \\
P\{L_n = j+3\} &\approx e^{-1/32} - e^{-1/16} \approx 0.0298 \\
P\{L_n \geqslant j+4\} &\approx 1 - e^{-1/32} \approx 0.0308
\end{aligned}$$

因此，由上式看出一个相当有趣的事实，即不管 n 有多大，n 次试验中最大的正面朝上游程的长度在 2 和 $\log_2(n)-1$ 之间的概率大约为 0.86．

现在导出在 n 次抛掷硬币试验中，出现连续 k 次正面的概率的精确表达式，这里假设每次抛掷硬币正面朝上的概率为 p．事件 $E_i(i=1,\cdots,n-k+1)$的含义同前，L_n 表示连

续出现正面的最大次数，则有

$$P(L_n \geqslant k) = P\{\text{在 } n \text{ 次试验中出现连续 } k \text{ 个正面向上}\} = P\Big(\bigcup_{i=1}^{n-k+1} E_i\Big)$$

利用事件和概率的容斥恒等式，

$$P\Big(\bigcup_{i=1}^{n-k+1} E_i\Big) = \sum_{r=1}^{n-k+1}(-1)^{r+1}\sum_{i_1<\cdots<i_r} P(E_{i_1}\cdots E_{i_r})$$

令 S_i 表示与事件 E_i 相关联的试验号的集合．例如，$S_1=\{1,\cdots,k+1\}$．现在考虑E_1，…，E_{n-k}中r个事件交的概率，不考虑事件E_{n-k+1}．也就是说，考虑$P(E_{i_1}\cdots E_{i_r})$，其中$i_1<\cdots<i_r<n-k+1$．一方面，若S_{i_1}，…，S_{i_r}中任何两个集合有相交的情况，则$P(E_{i_1}\cdots E_{i_r})=0$．另一方面，如果两两不相交，则$E_{i_1}$，…，$E_{i_r}$相互独立．因此

$$P(E_{i_1}\cdots E_{i_r}) = \begin{cases} 0 & \text{若 } S_{i_1},\cdots,S_{i_r} \text{ 中存在两个相交} \\ p^{rk}(1-p)^r & \text{若 } S_{i_1},\cdots,S_{i_r} \text{ 互不相交} \end{cases}$$

现在来确定$i_1<\cdots<i_r<n-k+1$中使得S_{i_1}，…，S_{i_r}互不相交的组数．首先注意到，每个集合$S_{i_j}(j=1,\cdots,r)$对应了$k+1$次抛掷硬币，而这些集合又不相交，因此一共对应于$r(k+1)$次抛掷硬币．现在考虑r个相同的字母a和$n-r(k+1)$个相同的字母b的排列，排列中第一个a前面b的个数代表S_{i_1}之前的试验次数．若第一个a前面有i_1-1个b，那么S_{i_1}刚好由$\{i_1, i_1+1, \cdots, i_1+k\}$组成，而排在第一个$a$与第二个$a$之间$b$的个数，刚好对应于$S_{i_1}$之后，$S_{i_2}$之前的试验次数，以此类推．由于这些$a$，$b$的排列共有$\binom{n-rk}{r}$个．每一个排列对应于一个不相交的$S_{i_1}$，…，$S_{i_r}$的一种选择，由此得出

153

$$\sum_{i_1<\cdots<i_r<n-k+1} P(E_{i_1}\cdots E_{i_r}) = \binom{n-rk}{r}p^{rk}(1-p)^r$$

注意，在事件和的容斥恒等式中相应的求和公式为

$$\sum_{i_1<\cdots<i_r} P(E_{i_1}\cdots E_{i_r})$$

我们将这个和号进行分解

$$\begin{aligned}\sum_{i_1<\cdots<i_r} P(E_{i_1}\cdots E_{i_r}) &= \sum_{i_1<\cdots<i_r<n-k+1} P(E_{i_1}\cdots E_{i_r}) + \sum_{i_1<\cdots<i_{r-1}} P(E_{i_1}\cdots E_{i_{r-1}}E_{n-k+1}) \\ &= \binom{n-rk}{r}p^{rk}(1-p)^r + \sum_{i_1<\cdots<i_{r-1}} P(E_{i_1}\cdots E_{i_{r-1}}E_{n-k+1})\end{aligned}$$

如前所述，在上式右边第二个和号内各项的计算与第一个和号的计算是一样的．当S_{i_1}，…，$S_{i_{r-1}}$，S_{n-k}中某两个集合相交时，$P(E_{i_1}\cdots E_{i_{r-1}}E_{n-k+1})=0$．当$S_{i_1}$，…，$S_{i_{r_1}}$，$S_{n-k+1}$两两不相交时，

$$P(E_{i_1}\cdots E_{i_{r-1}}E_{n-k+1}) = [p^k(1-p)]^{r-1}p^k = p^{kr}(1-p)^{r-1}$$

因此，

$$\sum_{i_1<\cdots<i_{r-1}} P(E_{i_1}\cdots E_{i_{r-1}}E_{n-k+1}) = K\cdot p^{kr}(1-p)^{r-1}$$

其中 K 是不相交子集类 S_{i_1}，…，$S_{i_{r-1}}$，S_{n-k}的数目．这个数目等于 $r-1$ 个 a(每个 a 对应集合 S_{i_1}，…，$S_{i_{r-1}}$ 之一)和 $n-(r-1)(k+1)-k$ 个 b(每个 b 对应 S_{i_1}，…，$S_{i_{r-1}}$，S_{n-k+1} 之外的一个试验)合在一起的排列数．因为 $r-1$ 个 a 和 $n-rk-(r-1)$个 b 共有$\binom{n-rk}{r-1}$种排列，所以有

$$\sum_{i_1<\cdots<i_{r-1}<n-k+1} P(E_{i_1}\cdots E_{i_{r-1}}E_{n-k+1}) = \binom{n-rk}{r-1}p^{kr}(1-p)^{r-1}$$

将所得到的公式代入 $P(L_n\geqslant k)$的公式，即得精确表达式

$$P(L_n\geqslant k) = \sum_{r=1}^{n-k+1}(-1)^{r+1}\left[\binom{n-rk}{r}+\frac{1}{p}\binom{n-rk}{r-1}\right]p^{kr}(1-p)^r$$

在上式中，当 $m<j$，我们规定$\binom{m}{j}=0$.

从计算的角度看，存在更有效的方法来计算上述概率，其方法是导出一个递推公式．为此，令 A_n 表示“在 n 次抛掷硬币的试验中出现连续 k 次正面朝上”的事件，记 $P_n=P(A_n)$．对于 $j=1$，…，k，记 F_j 为“n 次试验中第一次反面朝上在第 j 次抛掷硬币时出现”，用 H 表示“前 k 次都是正面朝上”．因为 F_1，F_2，…，F_k，H 形成一个互不相容的完备组(即有且仅有其中一个事件发生)，所以我们有

$$P(A_n) = \sum_{j=1}^{k}P(A_n\mid F_j)P(F_j)+P(A_n\mid H)P(H)$$

当第一次反面朝上是在第 j 次试验出现，$j<k$，若要连续出现 k 次正面，则前 j 次试验不起作用，相当于试验重新开始，因此这个事件的条件概率就等于在剩下的 $n-j$ 次试验中出现 k 次正面的概率，于是

$$P(A_n\mid F_j) = P_{n-j}$$

又由于 $P(A_n\mid H)=1$，由前式得到

$$P_n = P(A_n) = \sum_{j=1}^{k}P_{n-j}P(F_j)+P(H) = \sum_{j=1}^{k}P_{n-j}p^{j-1}(1-p)+p^k$$

154

由于 $P_j=0(j<k)$及 $P_k=p^k$，我们利用后一个式子递推计算出 P_{k+1}，P_{k+2}，…，直至算出 P_n．例如，我们希望计算在 4 次抛掷一枚均匀硬币中出现 2 个连续正面朝上的概率，那么 $k=2$，$P_1=0$，$P_2=(1/2)^2=1/4$．因为当 $p=1/2$ 时，递推式变成

$$P_n = \sum_{j=1}^{k}P_{n-j}(1/2)^j+(1/2)^k$$

我们得到

$$P_3 = P_2(1/2)+P_1(1/2)^2+(1/2)^2 = 3/8$$

$$P_4 = P_3(1/2)+P_2(1/2)^2+(1/2)^2 = 1/2$$

这显然是正确的，因为 4 次抛掷硬币，连续两次出现正面的情况为：HHHH，HHHT，HHTH，HTHH，THHH，HHTT，THHT 和 TTHH，共有 8 种情况，每种情况出现的概率为 1/16. ■

泊松分布的另一个应用表现在如下的情形中，其中“事件”发生在某些时间点上．这种事件的例子有：发生一次地震，某人进入特定地点(如银行、邮局、加油站等)，爆发一次战争等等．我们假设这样的事件发生在一列(随机)时间点上，并设存在某个正的常数 λ 使得如下假设条件成立：

1．在任意长度为 h 的时间区间内，恰好发生一个事件的概率彼此相同，都等于 $\lambda h+o(h)$，其中 $o(h)$ 表示任何满足 $\lim\limits_{h\to 0}f(h)/h=0$ 的函数 $f(h)$．(例如，$f(h)=h^2$ 是 $o(h)$，而 $f(h)=h$ 不是 $o(h)$．)

2．在任意长度为 h 的时间区间内发生 2 个或更多个事件的概率非常小，等于 $o(h)$．

3．对于任意确定的自然数 n 与非负整数 j_1，j_2，…，j_n，以及任意 n 个互不相交的时间区间，若以 E_i 表示“在第 i 个时间区内事件正好发生 j_i 次”，则 E_1，E_2，…，E_n 相互独立．

粗略地说，假设条件 1 与条件 2 说明，当 h 比较小时，在长度为 h 的区间内正好发生 1 个事件的概率等于 λh 加上某个比 h 更小的量，而事件发生多于一次的概率就是一个比 h 更小的量．条件 3 说明，在一个时间区间内无论发生了什么，对其他与它不相交的区间(从概率意义上)没有影响．

现在我们证明，在假设条件 1，2 和 3 成立时，在任意长度为 t 的时间区间内，事件发生的次数是以 λt 为参数的泊松随机变量．为此，我们考虑区间$[0，t]$，并以 $N(t)$ 表示“这个区间内事件发生的次数”．为求出 $P\{N(t)=k\}$ 的表达式，先将区间$[0，t]$等分为 n 个互不相交且长度为 t/n 的子区间(图 4-9)．

155

0　$\frac{t}{n}$　$\frac{2t}{n}$　$\frac{3t}{n}$　　$(n-1)\frac{t}{n}$　$t=\frac{nt}{n}$

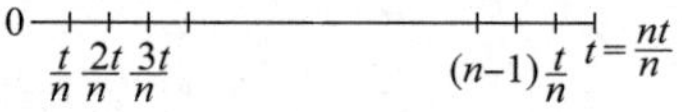

图　4-9

现在

$$
\begin{aligned}
&P\{N(t)=k\}\\
&=P\{n\text{ 个子区间中某 }k\text{ 个正好各包含 1 个事件而其余 }n-k\text{ 个子区间各包含 0 个事件}\}\\
&\quad+P\{N(t)=k\text{ 且至少 1 个子区间包含多于 1 个事件}\}
\end{aligned}
\tag{7.2}
$$

显然，等式(7.2)成立是因为事件$\{N(t)=k\}$等于右边两个互不相容事件之并．以 A 与 B 分别表示等式(7.2)右边这两个互不相容事件，便得到

$$
\begin{aligned}
P(B)&\leqslant P\{\text{至少一个子区间包含多于 1 个事件}\}\\
&=P\Big(\bigcup_{i=1}^{n}\text{第 }i\text{ 个子区间包含多于 1 个事件}\Big)\\
&\leqslant\sum_{i=1}^{n}P\{\text{第 }i\text{ 个子区间包含多于 1 个事件}\}\qquad\text{用布尔不等式}\\
&=\sum_{i=1}^{n}o\Big(\frac{t}{n}\Big)\qquad\text{由假设条件 2}\\
&=no\Big(\frac{t}{n}\Big)\\
&=t\Big(\frac{o(t/n)}{t/n}\Big)
\end{aligned}
$$

另外，对任何 t，当 $n\to\infty$ 时，$t/n\to 0$，从而由 $o(h)$ 的定义可得，当 $n\to\infty$ 时，$o(t/n)/(t/n)\to 0$. 因此，有

$$P(B)\to 0, \qquad n\to\infty \tag{7.3}$$

另一方面，由于条件 1 与条件 2 蕴涵[⊖]

$$P\{\text{在长度为 } h \text{ 的区间内有 0 个事件发生}\} = 1-[\lambda h+o(h)+o(h)] = 1-\lambda h-o(h)$$

再由独立性假设(第 3 条)可得

$$\begin{aligned} P\{A\} &= P\{n \text{ 个子区间中某 } k \text{ 个正好各含 1 个事件而其余 } n-k \text{ 个子区间各含 0 个事件}\} \\ &= \binom{n}{k}\left[\frac{\lambda t}{n}+o\left(\frac{t}{n}\right)\right]^k\left[1-\left(\frac{\lambda t}{n}\right)-o\left(\frac{t}{n}\right)\right]^{n-k} \end{aligned}$$

然而，因为当 $n\to\infty$ 时，有

$$n\left[\frac{\lambda t}{n}+o\left(\frac{t}{n}\right)\right]=\lambda t+t\left(\frac{o(t/n)}{t/n}\right)\to\lambda t$$

156

所以采用与证明二项随机变量的泊松近似相同的方法可证，当 $n\to\infty$ 时，

$$P(A)\to \mathrm{e}^{-\lambda t}\,\frac{(\lambda t)^k}{k!} \tag{7.4}$$

因此，由式(7.2)、式(7.3)和式(7.4)，令 $n\to\infty$，我们得到

$$P\{N(t)=k\}=\mathrm{e}^{-\lambda t}\,\frac{(\lambda t)^k}{k!} \qquad k=0,1,\cdots \tag{7.5}$$

综上，如果事件的发生满足假设条件 1，2 和 3，那么在任何固定的长度为 t 的时间区间内，事件发生的次数是以 λt 为参数的泊松随机变量，这时，我们称事件是按强度为 λ 的泊松过程发生的. 常数 λ 可解释为单位时间内事件发生的强度，它一定是由经验确定的常数.

上述讨论阐明了为什么泊松随机变量通常可作为诸如下列各种现象的很好的近似：

1. 发生在某固定时间间隔内地震的次数；
2. 每年爆发战争的次数；
3. 在某固定周期内从一个热阴极放射出的电子数；
4. 某人寿保险公司的保险客户在某一时间区间内死亡的个数.

例 7e 假定美国西部发生地震的次数符合上述假设条件 1，2 和 3，且以 1 周为单位时间，强度 $\lambda=2$. (即地震发生的次数符合上述 3 个假设，并且每周发生的次数为 2 次.)

(a) 求接下来 2 周内至少发生 3 次地震的概率.

(b) 求从现在开始直到下次发生地震的持续时间的概率分布.

解 (a) 由式(7.5)，有

$$\begin{aligned} P\{N(2)\geqslant 3\} &= 1-P\{N(2)=0\}-P\{N(2)=1\}-P\{N(2)=2\} \\ &= 1-\mathrm{e}^{-4}-4\mathrm{e}^{-4}-\frac{4^2}{2}\mathrm{e}^{-4}=1-13\mathrm{e}^{-4} \end{aligned}$$

⊖ 两个形如 $o(h)$ 的函数之和仍为 $o(h)$，这是因为，若 $\lim\limits_{h\to 0}f(h)/h=\lim\limits_{h\to 0}g(h)/h=0$，则 $\lim\limits_{h\to 0}[f(h)+g(h)]/h=0$.

(b) 令 X 表示“从现在开始直到下次发生地震的时间间隔”(单位：周). 因为 X 大于 t 的当且仅当接下来的时间 t 内不发生地震，由式(7.5)得

$$P\{X>t\}=P\{N(t)=0\}=\mathrm{e}^{-\lambda t}$$

故随机变量 X 的分布函数 F 为

157

$$F(t)=P\{X\leqslant t\}=1-P\{X>t\}=1-\mathrm{e}^{-\lambda t}=1-\mathrm{e}^{-2t}$$ ■

计算泊松分布函数

如果 X 服从参数为 λ 的泊松分布，则

$$\frac{P\{X=i+1\}}{P\{X=i\}}=\frac{\mathrm{e}^{-\lambda}\lambda^{i+1}/(i+1)!}{\mathrm{e}^{-\lambda}\lambda^{i}/i!}=\frac{\lambda}{i+1} \tag{7.6}$$

从 $P\{X=0\}=\mathrm{e}^{-\lambda}$ 开始，利用式(7.6)我们可以连续计算下列概率：

$$P\{X=1\}=\lambda P\{X=0\}$$

$$P\{X=2\}=\frac{\lambda}{2}P\{X=1\}$$

$$\vdots$$

$$P\{X=i+1\}=\frac{\lambda}{i+1}P\{X=i\}$$

我们可以利用模块来计算式(7.6)泊松分布的有关概率.

例 7f

(a) X 服从均值为 100 的泊松分布，计算 $P\{X\leqslant 90\}$.

(b) Y 服从均值为 1000 泊松分布，计算 $P\{X\leqslant 1075\}$.

解　利用 StatCrunch Poisson 计算程序可求得

(a) $P\{X\leqslant 90\}=0.171\,38$.

(b) $P\{Y\leqslant 1075\}=0.990\,95$. ■

4.8　其他离散型概率分布

4.8.1　几何随机变量

考虑在独立重复试验中，每次成功的概率为 $p(0<p<1)$，重复试验直到试验首次成功为止. 如果令 X 表示需要试验的次数，那么

$$P\{X=n\}=(1-p)^{n-1}p \qquad n=1,2,\cdots \tag{8.1}$$

式(8.1)成立是因为要使 X 等于 n，充分且必要条件是前 $n-1$ 次试验失败而第 n 次试验成功. 又因为假定各次试验都是相互独立的，因此式(8.1)成立.

由于

$$\sum_{n=1}^{\infty}P\{X=n\}=p\sum_{n=1}^{\infty}(1-p)^{n-1}=\frac{p}{1-(1-p)}=1$$

这说明试验最终会成功的概率为 1. 若随机变量的分布列由式(8.1)给出，则称该随机变量是参数为 p 的几何(geometric)随机变量.

158

例 8a 一个坛子里有 N 个白球和 M 个黑球. 每次从中随机取出一个球，观察球的颜色并放回，重复这个过程，直到取出一个黑球，求以下事件概率：

(a) 恰好取球 n 次.

(b) 至少取球 k 次.

解 如果我们令 X 表示要取出一个黑球需要的取球次数，则 X 满足公式(8.1)，其中 $p=M/(M+N)$，因此有

(a)

$$P\{X=n\}=\left(\frac{N}{M+N}\right)^{n-1}\frac{M}{M+N}=\frac{MN^{n-1}}{(M+N)^n}$$

(b)

$$P\{X\geqslant k\}=\frac{M}{M+N}\sum_{n=k}^{\infty}\left(\frac{N}{M+N}\right)^{n-1}=\left(\frac{M}{M+N}\right)\left(\frac{N}{M+N}\right)^{k-1}\Big/\left[1-\frac{N}{M+N}\right]=\left(\frac{N}{M+N}\right)^{k-1}$$

当然，问题(b)的答案可以直接得到，因为至少需要 k 次取球意味着前 $k-1$ 次拿到的都是白球，即前 $k-1$ 次试验都失败. 也就是说，对于一个服从几何分布的随机变量 X，有

$$P\{X\geqslant k\}=(1-p)^{k-1}$$ ■

例 8b 计算几何随机变量的期望.

解 记 $q=1-p$，我们有

$$\begin{aligned}E[X]&=\sum_{i=1}^{\infty}iq^{i-1}p=\sum_{i=1}^{\infty}(i-1+1)q^{i-1}p=\sum_{i=1}^{\infty}(i-1)q^{i-1}p+\sum_{i=1}^{\infty}q^{i-1}p\\&=\sum_{j=0}^{\infty}jq^{j}p+1=q\sum_{j=1}^{\infty}jq^{j-1}p+1=qE[X]+1\end{aligned}$$

故有 $pE[X]=1$. 由此可得

159

$$E[X]=\frac{1}{p}$$

换言之，一个成功的概率为 p 的试验，如果独立重复进行直到试验成功，那么需要进行的试验的期望次数等于 $1/p$. 举例来说，掷一枚均匀骰子，直到出现一次点数为 1，需要掷的期望次数为 6. ■

例 8c 计算几何随机变量的方差.

解 为了计算 $\mathrm{Var}(X)$，先来计算 $E[X^2]$，记 $q=1-p$，我们有

$$\begin{aligned}E[X^2]&=\sum_{i=1}^{\infty}i^2q^{i-1}p=\sum_{i=1}^{\infty}(i-1+1)^2q^{i-1}p\\&=\sum_{i=1}^{\infty}(i-1)^2q^{i-1}p+\sum_{i=1}^{\infty}2(i-1)q^{i-1}p+\sum_{i=1}^{\infty}q^{i-1}p\\&=\sum_{j=0}^{\infty}j^2q^jp+2\sum_{j=1}^{\infty}jq^jp+1=qE[X^2]+2qE[X]+1\end{aligned}$$

又因为 $E[X]=1/p$，所以由 $E[X^2]$的方程可得

$$pE[X^2]=\frac{2q}{p}+1$$

因此，

$$E[X^2]=\frac{2q+p}{p^2}=\frac{q+1}{p^2}$$

得到结果

$$\mathrm{Var}(X)=\frac{q+1}{p^2}-\frac{1}{p^2}=\frac{q}{p^2}=\frac{1-p}{p^2}$$ ■

4.8.2　负二项随机变量

假定独立重复试验中，每次成功的概率为 p，$0<p<1$，试验持续进行直到试验累计成功 r 次为止．如果我们令 X 表示试验的总次数，则

$$P\{X=n\}=\binom{n-1}{r-1}p^r(1-p)^{n-r}\qquad n=r,r+1,\cdots \tag{8.2}$$

式(8.2)成立是因为，要使得第 n 次试验时，恰好 r 次试验成功，那么前 $n-1$ 次试验中必定有 $r-1$ 次成功，且第 n 次试验必然是成功，“前 $n-1$ 次试验中有 $r-1$ 次成功”的概率为

160

$$\binom{n-1}{r-1}p^{r-1}(1-p)^{n-r}$$

而“第 n 次试验成功”的概率为 p．因为这两事件相互独立，将两个概率值相乘就得到式(8.2)．要证明如果试验一直进行，那么最终一定能得到 r 次成功，从分析的角度，只需证明

$$\sum_{n=r}^{\infty}P\{X=n\}=\sum_{n=r}^{\infty}\binom{n-1}{r-1}p^r(1-p)^{n-r}=1 \tag{8.3}$$

或者从概率论的角度，给出如下证明：得到 r 次成功所需的试验次数可以分解为 $Y_1+Y_2+\cdots+Y_r$，其中 Y_1 表示第一次成功时试验的次数，Y_2 表示第一次成功之后，直到第二次成功时所需的试验次数，Y_3 表示第二次成功之后，直到第三次成功所需的试验次数，等等．因为试验是相互独立的，且每次成功的概率都为 p，所以，Y_1，Y_2，…，Y_r 都为几何随机变量．而几何随机变量 Y_i 都是以概率 1 取有限值，所以，$\sum_{i=1}^{r}Y_i$ 一定为有限值，式(8.3)得证．

对任意随机变量 X，如果 X 的分布列由式(8.2)给出，那么就称 X 是参数为$(r,\ p)$的负二项(negative binomial)随机变量．注意，几何随机变量恰好是参数为$(1,\ p)$的负二项随机变量．

下一个例子中，我们将要利用负二项分布来得到关于点的问题的另一个解法．

例 8d　独立重复试验中，设每次试验成功的概率为 p，求第 r 次成功发生在 m 次失败之前的概率．

解　注意到当且仅当第 r 次成功的时刻不晚于第$(r+m-1)$次试验，才能保证在 m 次

失败之前出现第 r 次成功. 这是因为，如果在 $(r+m-1)$ 次试验之前或此时已经有 r 次成功发生，那么在 m 次失败之前必然有 r 次成功，反之也成立. 因此，利用式(8.2)，得所求概率

$$\sum_{n=r}^{r+m-1}\binom{n-1}{r-1}p^r(1-p)^{n-r}$$ ■

例 8e **巴拿赫火柴问题** 某个吸烟的数学家总是随身带着两盒火柴，一盒放在左边口袋，另一盒放在右边口袋. 每次他需要火柴时，都是随机地从两个口袋中任取一盒，并取出其中一根. 如果假设开始时两盒中都有 N 根火柴，那么在他第一次发现其中有一个盒子已经空了的时候，另一盒中恰好有 $k(k=0, 1, 2, \cdots, N)$ 根火柴的概率有多大?

解 设 E 表示事件“数学家第一次发现右边口袋里的火柴盒是空的，而此时左边口袋里的火柴盒里还有 k 根火柴”，这个事件发生当且仅当第 $(N+1+N-k)$ 次抽取火柴时正好取中的是右边口袋，而且是第 $(N+1)$ 次取中右边口袋. 因此，利用式(8.2)(其中 $p=1/2$, $r=N+1$ 且 $n=2N-k+1$)，有

161

$$P(E)=\binom{2N-k}{N}\left(\frac{1}{2}\right)^{2N-k+1}$$

又因为事件“第一次发现左边口袋里的火柴盒是空的，而此时右边口袋火柴盒里恰好还有 k 根火柴”与 E 是等概率的，而这两个事件又是互不相容的，因此我们要求的概率为

$$2P(E)=\binom{2N-k}{N}\left(\frac{1}{2}\right)^{2N-k}$$ ■

例 8f 计算参数为 (r, p) 的负二项随机变量的期望和方差.

解 我们有

$$\begin{aligned}
E[X^k] &= \sum_{n=r}^{\infty}n^k\binom{n-1}{r-1}p^r(1-p)^{n-r} \\
&= \frac{r}{p}\sum_{n=r}^{\infty}n^{k-1}\binom{n}{r}p^{r+1}(1-p)^{n-r} \qquad \text{因为 } n\binom{n-1}{r-1}=r\binom{n}{r} \\
&= \frac{r}{p}\sum_{m=r+1}^{\infty}(m-1)^{k-1}\binom{m-1}{r}p^{r+1}(1-p)^{m-(r+1)} \qquad \text{令 } m=n+1 \\
&= \frac{r}{p}E[(Y-1)^{k-1}]
\end{aligned}$$

其中 Y 是参数为 $(r+1, p)$ 的负二项随机变量. 在上式中令 $k=1$，可得

$$E[X]=\frac{r}{p}$$

令 $E[X^k]$ 中 $k=2$，并利用负二项随机变量的期望公式，可得

$$E[X^2]=\frac{r}{p}E[Y-1]=\frac{r}{p}\left(\frac{r+1}{p}-1\right)$$

因此，

$$\operatorname{Var}(X)=\frac{r}{p}\left(\frac{r+1}{p}-1\right)-\left(\frac{r}{p}\right)^2=\frac{r(1-p)}{p^2}$$ ■

从例8f可以看出：在独立重复试验中，如果每次试验成功的概率为 p，则累积 r 次成功的总试验次数的期望和方差分别为 r/p 和 $r(1-p)/p^2$.

因为几何随机变量就是参数 $r=1$ 的负二项随机变量，由上面的例子可知参数为 p 的几何随机变量的方差为 $(1-p)/p^2$，这样就验证了例8c的结果.

162

例8g 连续掷一枚骰子，直到点数1共出现了4次，求投掷总次数的期望和方差.

解 因为我们所关心的随机变量 X（投掷总次数）是参数为 $r=4$ 和 $p=1/6$ 的负二项随机变量，所以

$$E[X]=24$$

$$\operatorname{Var}(X)=\frac{4\times\frac{5}{6}}{\left(\frac{1}{6}\right)^2}=120 \quad \blacksquare$$

假设我们进行独立试验，当总共出现 r 次成功试验时就终止试验．记 X 为试验直到取得 r 次成功时所进行的试验总数．X 是我们感兴趣的随机变量，当然，我们也有其他感兴趣的随机变量，对 $s>0$.

Y：试验取得 s 次失败时所进行的总试验次数；

V：试验取得 r 次成功或者 s 次失败时所进行的总试验次数；

Z：试验取得至少 r 次成功且至少 s 次失败时所进行的总试验次数；

因为每次试验是独立的，且失败的概率为 $1-p$，所以 Y 是负二项随机变量，概率分布列是

$$P(Y=n)=\binom{n-1}{s-1}(1-p)^s p^{n-s}, n\geqslant s$$

现在求 $V=\min(X,Y)$ 的概率分布列．注意到 V 的可能取值应该小于 $r+s$. 假设 $n<r+s$. 如果第 r 次成功或者第 s 次失败试验发生在第 n 次，那么因为 $n<r+s$，两个事件不可能同时发生．所以只有当 $X=n$ 或者 $Y=n$ 时，才会有 $V=n$. 因为这两个事件不可能同时发生，所以

$$\begin{aligned}P(V=n)&=P(X=n)+P(Y=n)\\&=\binom{n-1}{r-1}p^r(1-p)^{n-r}+\binom{n-1}{s-1}(1-p)^s p^{n-s}, n<r+s\end{aligned}$$

现在求 $Z=\max(X,Y)$ 的概率分布列．注意到 $Z\geqslant r+s$. 对于 $n\geqslant r+s$，如果第 r 次成功或者第 s 次失败试验发生在第 n 次，那么因为 $n\geqslant r+s$，这两个事件必然都发生了．所以只有当 $X=n$ 或者 $Y=n$ 时，才会有 $V=n$. 故

$$\begin{aligned}P(Z=n)&=P(X=n)+P(Y=n)\\&=\binom{n-1}{r-1}p^r(1-p)^{n-r}+\binom{n-1}{s-1}(1-p)^s p^{n-s}, n\geqslant r+s\end{aligned}$$

4.8.3 超几何随机变量

设一个坛子里共有 N 个球，其中 m 个白球，$N-m$ 个黑球，从中随机地（无放回）取出 n 个球，令 X 表示取出来的白球数，那么

163

$$P\{X=i\}=\frac{\binom{m}{i}\binom{N-m}{n-i}}{\binom{N}{n}} \qquad i=0,1,\cdots,n \tag{8.4}$$

一个随机变量 X，如果其概率分布列形如式(8.4)，其中 n，N，m 的值给定，那么就称 X 为超几何(hyper geometirc)随机变量.

注释 虽然我们把超几何随机变量取值的概率从 0 写到了 n，但事实上 $P\{X=i\}$ 等于 0，除非 i 满足 $n-(N-m)\leqslant i\leqslant \min(n, m)$. 然而，式(8.4)总是成立的，因为我们规定了在 $k<0$ 或 $r<k$ 时，$\binom{r}{k}$ 等于 0. ■

例 8h 栖息于某地区的动物个体总数 N 是未知的，为了得到对栖息地动物个体总数目的大致估计，生态学家们常常进行如下的试验. 他们先在这个地区捕捉一些动物，例如说 m 个，然后标上记号放掉它们. 过一段时间，当这些标有记号的动物充分散布到整个地区后，再捉一批，例如说 n 个. 设 X 为第二批捉住的 n 个动物中标过记号的动物个数. 如果假设两次捕捉期间动物的总数没有发生变化，而且捉住每一只动物的可能性是一样的，那么 X 为一超几何随机变量，满足

$$P\{X=i\}=\frac{\binom{m}{i}\binom{N-m}{n-i}}{\binom{N}{n}}\equiv P_i(N)$$

现在假定 i 为 X 的观测值. 那么，因为 $P_i(N)$表示在该地区事实上总共有 N 个动物的条件下观测事件 X 取值的概率，故使 $P_i(N)$达到最大值的 N 值应当是动物个体总数 N 的一个合理估计. 这样的估计称为极大似然估计(maximum likelihood). (更多关于极大似然估计的例子可参见理论习题 13 和理论习题 18.)

求 $P_i(N)$最大值的最简单的方法是：首先注意

$$\frac{P_i(N)}{P_i(N-1)}=\frac{(N-m)(N-n)}{N(N-m-n+i)}$$

要使上述比值大于 1，当且仅当

$$(N-m)(N-n)\geqslant N(N-m-n+i)$$

或等价地，当且仅当

$$N\leqslant\frac{mn}{i}$$

所以，$P_i(N)$是先上升，然后下降，且在不超过 mn/i 的最大整数处达到其最大值. 这个最大整数就是 N 的极大似然估计. 例如，假定第一次捕捉到了 $m=50$ 只动物，标上记号后放掉. 第二次又捕捉了 $n=40$ 只动物，其中标有记号的有 $i=4$ 只，那么，我们就可估计出这地区大约有 500 只动物. (注意，上述估计还可以这样求得：假设在这个地区内，标有记号的动物所占的比例为 m/N，应当近似地等于第二次捕捉的动物中做过标记的动物所占的比例 i/n.) ■

164

例 8i　某采购员购买一种10个一包的电子元件．从一包中随机地抽查3个，如果这3个元件都是好的，才买下这一包．如果含有4个残次元件的包数占30%，而其余70%每包只有一个残次元件，那么被这个采购员拒绝的包数占多大比例？

解　令A表示“采购员买下某一包”这一事件，则

$$P(A)=P(A\mid \text{这包有 4 个残次品})\times\frac{3}{10}+P(A\mid \text{这包有 1 个残次品})\times\frac{7}{10}$$

$$=\frac{\binom{4}{0}\binom{6}{3}}{\binom{10}{3}}\times\frac{3}{10}+\frac{\binom{1}{0}\binom{9}{3}}{\binom{10}{3}}\times\frac{7}{10}=\frac{54}{100}$$

因此，将有46%的包被采购员拒绝．■

如果从N个球（白球比例为$p=m/N$）里，无放回随机抽取n个球，那么取中的白球数为超几何随机变量．如果对于n来说，m和N很大的话，那么有放回和无放回取球没什么差别，因为当m和N很大时，不管前面取了哪个球，接下来的取到的是白球的概率仍然近似等于p．换言之，直觉认为，当m和N相比n很大时，X的分布列应该近似等于参数为(n, p)的二项随机变量的分布列．为了证明这个直觉，注意，如果X是超几何随机变量，那么对$i\leqslant n$，有

$$P\{X=i\}=\frac{\binom{m}{i}\binom{N-m}{n-i}}{\binom{N}{n}}=\frac{m!}{(m-i)!i!}\cdot\frac{(N-m)!}{(N-m-n+i)!(n-i)!}\cdot\frac{(N-n)!n!}{N!}$$

$$=\binom{n}{i}\frac{m}{N}\cdot\frac{m-1}{N-1}\cdots\frac{m-i+1}{N-i+1}\cdot\frac{N-m}{N-i}\cdot\frac{N-m-1}{N-i-1}\cdots\frac{N-m-(n-i-1)}{N-i-(n-i-1)}$$

$$\approx\binom{n}{i}p^i(1-p)^{n-i}$$

165　其中，最后一个等式成立的条件是$p=m/N$且m和N相对n和i来说都很大．

例 8j　试计算参数为(n, N, m)的超几何随机变量X的期望和方差．

解　由

$$E[X^k]=\sum_{i=0}^{n}i^kP\{X=i\}=\sum_{i=1}^{n}i^k\binom{m}{i}\binom{N-m}{n-i}\Big/\binom{N}{n}$$

利用恒等式

$$i\binom{m}{i}=m\binom{m-1}{i-1}\qquad \text{和}\qquad n\binom{N}{n}=N\binom{N-1}{n-1}$$

可得

$$E[X^k]=\frac{nm}{N}\sum_{i=1}^{n}i^{k-1}\binom{m-1}{i-1}\binom{N-m}{n-i}\Big/\binom{N-1}{n-1}$$

$$=\frac{nm}{N}\sum_{j=0}^{n-1}(j+1)^{k-1}\binom{m-1}{j}\binom{N-m}{n-1-j}\Big/\binom{N-1}{n-1}=\frac{nm}{N}E[(Y+1)^{k-1}]$$

其中，Y 是参数为$(n-1, N-1, m-1)$的超几何随机变量．因此，在上式中令 $k=1$，我们有

$$E[X]=\frac{nm}{N}$$

换句话说，如果从 N 个球（其中 m 个白球）中随机抽取 n 个，那么其中白球数的期望为nm/N.

在 $E[X^k]$中令 $k=2$，得到

$$E[X^2]=\frac{nm}{N}E[Y+1]=\frac{nm}{N}\left[\frac{(n-1)(m-1)}{N-1}+1\right]$$

其中最后一个等式用到了前面关于超几何随机变量 Y 的期望的计算结果.

由于 $E[X]=nm/N$，我们可以推导出

$$\mathrm{Var}(X)=\frac{nm}{N}\left[\frac{(n-1)(m-1)}{N-1}+1-\frac{nm}{N}\right]$$

令 $p=m/N$，并利用恒等式

$$\frac{m-1}{N-1}=\frac{Np-1}{N-1}=p-\frac{1-p}{N-1}$$

166

得到

$$\mathrm{Var}(X)=np\left[(n-1)p-(n-1)\frac{1-p}{N-1}+1-np\right]=np(1-p)\left(1-\frac{n-1}{N-1}\right) \quad ■$$

注释 例 8j 中已经指出，从 N 个球（白球的比例为 p）中随机无放回地抽取 n 个球，那么取到的白球数的期望为 np．而且，当 N 相对 n 很大（那么$(N-n)/(N-1)$近似等于 1）时，有

$$\mathrm{Var}(X)\approx np(1-p)$$

换言之，$E[X]$与有放回取球情形下（此时白球数是参数为(n, p)的二项随机变量）是一样的，而且，如果球的总数很大，那么 $\mathrm{Var}(X)$近似等于有放回时的情形．当然，这与我们之前的猜测是相符的，即当坛子里球的总数很大时，抽取的白球数近似具有二项随机变量的分布列. ■

4.8.4 ζ分布

如果一个随机变量有如下的分布列：

$$P\{X=k\}=\frac{C}{k^{\alpha+1}}, \qquad k=1,2,\cdots$$

其中，$\alpha>0$ 为参数，则称该随机变量服从 ζ 分布（有时也称为 Zipf 分布）．因为概率之和必然等于 1，所以有

$$C=\left[\sum_{k=1}^{\infty}\left(\frac{1}{k}\right)^{\alpha+1}\right]^{-1}$$

ζ 分布的名字来源于以下函数：

$$\zeta(s)=1+\left(\frac{1}{2}\right)^s+\left(\frac{1}{3}\right)^s+\cdots+\left(\frac{1}{k}\right)^s+\cdots$$

它是数学中熟知的黎曼 ζ 函数(根据德国数学家 G. F. B. Riemann 的名字命名).

ζ 分布曾被意大利经济学家帕雷托(V. Pareto)用来描述某个给定国家的家庭收入的分布. 然而，把这一分布运用到不同领域更广泛的问题中，从而推广其应用的是 G. K. Zipf，因此又叫 Zipf 分布.

4.9 随机变量和的期望

期望的一个重要性质是一组随机变量的和的期望与这组随机变量各自期望的和相等. 167 在本节中，我们将在一组概率试验的可能取值(即样本空间 S)是有限的或者可数无限的假设下证明上述性质. 虽然在没有上述假设的前提下，性质仍然成立(证明过程在理论练习中概述)，但是假设前提不仅能够简化讨论，而且能够带来一个增加我们关于期望知识的直观判断能力的启发性证明. 因此，在本节的以下部分，我们均假设样本空间 S 是一个有限的或者可数无限的集合.

给定一个随机变量 X，则当 $s \in S$(即 s 表示一次试验结果)时，$X(s)$ 表示此时随机变量 X 的取值. 现在，如果给定随机变量 X 和 Y，那么他们的和仍然是随机变量，即 $Z=X+Y$ 是随机变量. 而且，$Z(s)=X(s)+Y(s)$ 成立.

例 9a 假设随机试验由投掷 5 次硬币组成，结果是产生的正面朝上及反面朝上的序列. 设 X 表示在前 3 次投掷中正面朝上的次数，Y 表示在后 2 次投掷中正面朝上的次数，并令 $Z=X+Y$. 例如，对于结果 $s=(h, t, h, t, h)$，则

$$
\begin{aligned}
X(s) &= 2 \\
Y(s) &= 1 \\
Z(s) &= X(s)+Y(s) = 3
\end{aligned}
$$

表示试验结果 (h, t, h, t, h) 在前 3 次投掷中有 2 次正面朝上，在后 2 次投掷中有 1 次正面朝上，则在总共的 5 次投掷中有 3 次正面朝上. ■

令 $p(s)=P(\{s\})$ 表示 s 作为随机试验的结果的概率. 由于我们可以将任意的事件 A 写为有限个或者可数无限个互不相容的事件 $\{s\}$ 的和，$s \in A$，根据概率公理可得

$$P(A) = \sum_{s \in A} p(s)$$

当 $A=S$ 时，上述公式等价于

$$1 = \sum_{s \in S} p(s)$$

现在，给定随机变量 X，考虑它的期望 $E[X]$. 由于 $X(s)$ 表示当 s 作为试验结果时 X 的取值，似乎可以直观看出：$E[X]$ 表示随机变量 X 的可能取值的加权平均，其中 X 的每个可能取值的权重为其取到的试验结果的概率，即 $E[X]$ 应该等于 $X(s)(s \in S)$ 的加权平均，其中 $X(s)$ 的权重为 s 作为试验结果的概率. 现在我们证明这个直观感觉.

命题 9.1

$$E[X] = \sum_{s \in S} X(s) p(s)$$

证明 假设随机变量 X 的不同取值为 $x_i(i\geqslant 1)$. 对于每一个 i，令 S_i 表示 X 等于 x_i 时的事件，即 $S_i=\{s: X(s)=x_i\}$. 那么，

168

$$E[X]=\sum_i x_i P\{X=x_i\}=\sum_i x_i P(S_i)=\sum_i x_i \sum_{s\in S_i} p(s)=\sum_i \sum_{s\in S_i} x_i p(s)$$
$$=\sum_i \sum_{s\in S_i} X(s)p(s)=\sum_{s\in S} X(s)p(s)$$

最后一个等号成立的原因是 S_1，S_2，…是组成 S 的互不相容的事件. □

例 9b 假设两次独立投掷一枚硬币，并且正面朝上的概率为 p，令 X 是正面朝上的总次数. 由于

$$P(X=0)=P(t,t)=(1-p)^2,$$
$$P(X=1)=P(h,t)+P(t,h)=2p(1-p)$$
$$P(X=2)=P(h,h)=p^2$$

则可由期望的定义计算

$$E[X]=0\times(1-p)^2+1\times 2p(1-p)+2\times p^2=2p$$

这与下述计算结果一致：

$$E[X]=X(h,h)p^2+X(h,t)p(1-p)+X(t,h)(1-p)p+X(t,t)(1-p)^2$$
$$=2p^2+p(1-p)+(1-p)p=2p$$ ■

下面证明一组随机变量和的期望与它们各自期望的和相等这一重要且有用的结论.

推论 9.2 对于随机变量 X_1，X_2，…，X_n，

$$E\left[\sum_{i=1}^n X_i\right]=\sum_{i=1}^n E[X_i]$$

证明 记 $Z=\sum_{i=1}^n X_i$，由命题 9.1 可得，

$$E[Z]=\sum_{s\in S} Z(s)p(s)=\sum_{s\in S}\Big(X_1(s)+X_2(s)+\cdots+X_n(s)\Big)p(s)$$
$$=\sum_{s\in S} X_1(s)p(s)+\sum_{s\in S} X_2(s)p(s)+\cdots+\sum_{s\in S} X_n(s)p(s)$$
$$=E[X_1]+E[X_2]+\cdots+E[X_n]$$ ■

169

例 9c 求 n 次投掷骰子所得点数之和的期望.

解 令 X 表示点数之和，我们利用以下表达式来计算 $E[X]$：

$$X=\sum_{i=1}^n X_i$$

其中 X_i 表示第 i 次投掷骰子时所得点数. 因为 X_i 从 1 至 6 取值的概率相等，因此，

$$E[X_i]=\sum_{i=1}^6 i(1/6)=21/6=7/2$$

则

$$E[X]=E\Big[\sum_{i=1}^{n}X_i\Big]=\sum_{i=1}^{n}E[X_i]=3.5n$$ ■

例 9d　求 n 次试验中成功的总次数的期望，设第 i 次试验成功的概率为 p_i，$i=1$，…，n.

解　令

$$X_i=\begin{cases}1 & \text{若第 } i \text{ 次试验成功}\\ 0 & \text{若第 } i \text{ 次试验失败}\end{cases}$$

我们利用表达式

$$X=\sum_{i=1}^{n}X_i$$

得到

$$E[X]=\sum_{i=1}^{n}E[X_i]=\sum_{i=1}^{n}p_i$$

注意，这个结果并不要求这些试验是独立的. 这就包含了一种特殊的情况，即一个二项随机变量，表示 n 次独立重复试验，所有的 $p_i=p$，此时期望为 np. 这同样也给出了超几何随机变量的期望，超几何随机变量能够表示从有 m 个白球的 N 个球中随机抽取 n 个球，其中白球的个数. 因此我们能够将超几何随机变量理解为 n 次试验中成功试验的次数，其中第 i 次试验成功即相当于第 i 次抽取出来的为白球. 由于从 N 个球中每次抽取的可能性均相等，则抽取出白球的概率为 m/N，这等同于把超几何随机变量表示为 n 次试验中成功的次数，其中每次试验成功的概率为 $p=m/N$. 因此，即使这些超几何分布试验不是独立的，它们仍然遵循例 9d 中的结论，即超几何分布随机变量的期望为 $np=nm/N$. ■

170

例 9e　试推导例 9d 中成功试验次数的方差的表达式，并由此计算一个参数为 n 和 p 的二项随机变量的方差，以及一个超几何随机变量的方差，该超几何随机变量等于从有 m 个白球的 N 个球中任意抽取 n 个，得到的白球个数.

解　令 X 表示试验成功的次数，则使用与之前例子相同的表达式 $X=\sum_{i=1}^{n}X_i$，我们可以得到

$$E[X^2]=E\Big[\Big(\sum_{i=1}^{n}X_i\Big)\Big(\sum_{j=1}^{n}X_j\Big)\Big]=E\Big[\sum_{i=1}^{n}X_i\Big(X_i+\sum_{j\neq i}X_j\Big)\Big]=E\Big[\sum_{i=1}^{n}X_i^2+\sum_{i=1}^{n}\sum_{j\neq i}X_iX_j\Big]$$

$$=\sum_{i=1}^{n}E[X_i^2]+\sum_{i=1}^{n}\sum_{j\neq i}E[X_iX_j]=\sum_{i}p_i+\sum_{i=1}^{n}\sum_{j\neq i}E[X_iX_j]$$

上述最后一个等号成立是运用了 $X_i^2=X_i$，又因为 X_i 和 X_j 的可能取值为 0 或 1，即可以如下表示：

$$X_iX_j=\begin{cases}1 & \text{若 } X_i=1, X_j=1\\ 0 & \text{其他}\end{cases}$$

因此，由 $p_{i,j}=P(X_i=1，X_j=1)$，以及上述结论和例 9d 得

$$\mathrm{Var}(X)=\sum_{i=1}^{n}p_i+\sum_{i=1}^{n}\sum_{j\neq 1}p_{i,j}-\Big(\sum_{i=1}^{n}p_i\Big)^2 \tag{9.1}$$

一方面，如果 X 是参数为 n，p 的二项随机变量，那么 $p_i=p$，由试验的独立性可得 $p_{i,j}=p^2$，$i\neq j$. 因此，由(9.1)可以推得

$$\mathrm{Var}(X)=np+n(n-1)p^2-n^2p^2=np(1-p)$$

另一方面，如果 X 是超几何随机变量，那么 N 个球中任何一个与第 i 个球都是等可能被选出. 所以 $p_i=m/N$. 且对 $i\neq j$，

$$p_{i,j}=P(X_i=1,X_j=1)=P(X_i=1)P(X_j=1\mid X_i=1)=\frac{m}{N}\frac{m-1}{N-1}$$

171

这个等式成立，是因为给定第 i 次试验中取出的是白球的条件下，在剩余的 $N-1$ 个球中有 $m-1$ 个白球，它们被等可能地在第 j 次试验中抽取出来. 因此，由式(9.1)可以得到，

$$\mathrm{Var}(X)=\frac{nm}{N}+n(n-1)\frac{m}{N}\frac{m-1}{N-1}-\left(\frac{nm}{N}\right)^2$$

类似例 8j，上述表达式可简化为

$$\mathrm{Var}(X)=np(1-p)\left(1-\frac{n-1}{N-1}\right)$$

其中 $p=m/N$. ■

4.10 累积分布函数的性质

回顾 X 的分布函数 F，$F(b)$表示随机变量取值小于或等于 b 的概率. 以下是一些有关累积分布函数(c. d. f.)F 的性质.

1. F 是一个非递减函数，即如果 $a<b$，那么 $F(a)\leqslant F(b)$.
2. $\lim\limits_{b\to\infty}F(b)=1$.
3. $\lim\limits_{b\to-\infty}F(b)=0$.
4. F 是右连续的，即对于任意 b 和一个单调递减收敛于 b 的序列 b_n，$n\geqslant 1$，有 $\lim\limits_{n\to\infty}F(b_n)=F(b)$.

性质 1 成立，如在 4.1 节注意到的那样，因为对 $a<b$，事件$\{X\leqslant a\}$包含在事件$\{X\leqslant b\}$中，所以，前者的概率不可能比后者大. 性质 2，3 和 4 成立是因为概率的连续属性(2.6 节). 例如，为了证明性质 2，注意到，如果 b_n 递增到∞，那么事件序列$\{X\leqslant b_n\}(n\geqslant 1)$为递增事件序列，它们的并为事件$\{X<\infty\}$. 因此，利用概率的连续性质，有

$$\lim_{n\to\infty}P\{X\leqslant b_n\}=P\{X<\infty\}=1$$

故性质 2 得证.

性质 3 的证明类似，留作习题. 为了证明性质 4，注意到，如果 b_n 递减到 b，那么$\{X\leqslant b_n\}(n\geqslant 1)$为递减事件序列，它们的交为$\{X\leqslant b\}$. 因此，根据概率的连续性质，可得

$$\lim_{n\to\infty}P\{X\leqslant b_n\}=P\{X\leqslant b\}$$

这样就证明了性质 4.

所有有关 X 的概率问题都可以通过其分布函数 F 进行计算. 例如

$$P\{a < X \leqslant b\} = F(b) - F(a) \quad \text{对任意 } a < b \tag{10.1}$$

如果我们将事件$\{X \leqslant b\}$写成互不相容的事件$\{X \leqslant a\}$和$\{a < X \leqslant b\}$的并，就很容易看出上述等式成立，即

172

$$\{X \leqslant b\} = \{X \leqslant a\} \cup \{a < X \leqslant b\}$$

所以

$$P\{X \leqslant b\} = P\{X \leqslant a\} + P\{a < X \leqslant b\}$$

式(10.1)得证.

如果我们要计算"X严格小于b"的概率，那么再次利用概率的连续性质可以得到

$$P\{X < b\} = P\left(\lim_{n\to\infty}\left\{X \leqslant b - \frac{1}{n}\right\}\right) = \lim_{n\to\infty} P\left(X \leqslant b - \frac{1}{n}\right) = \lim_{n\to\infty} F\left(b - \frac{1}{n}\right)$$

注意$P\{X < b\}$并不一定等于$F(b)$，因为$F(b)$还包含了$\{X = b\}$的概率.

例 10a　随机变量X的概率分布函数如下：

$$F(x) = \begin{cases} 0 & x < 0 \\ x/2 & 0 \leqslant x < 1 \\ 2/3 & 1 \leqslant x < 2 \\ 11/12 & 2 \leqslant x < 3 \\ 1 & 3 \leqslant x \end{cases}$$

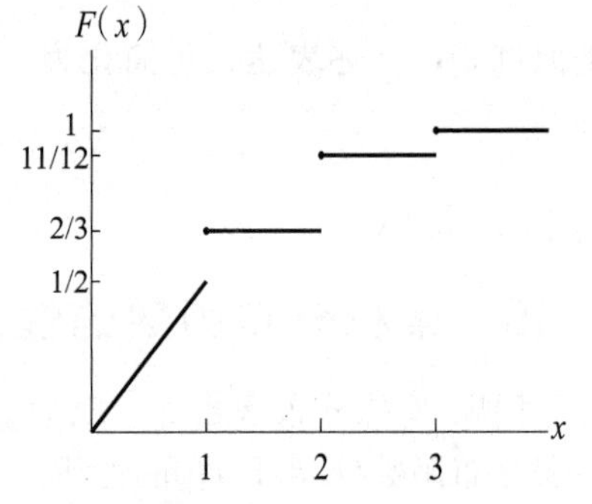

图 4-10　$F(x)$的图像

$F(x)$的图像见图4-10，试计算：(a) $P\{X < 3\}$，(b) $P\{X = 1\}$，(c) $P\{X > 1/2\}$，(d) $P\{2 < X \leqslant 4\}$.

解　(a) $P\{X < 3\} = \lim\limits_{n\to\infty} P\left\{X \leqslant 3 - \frac{1}{n}\right)\right\} = \lim\limits_{n\to\infty} F\left(3 - \frac{1}{n}\right) = \frac{11}{12}$

(b)

$$P\{X = 1\} = P\{X \leqslant 1\} - P\{X < 1\} = F(1) - \lim_{n\to\infty} F\left(1 - \frac{1}{n}\right) = \frac{2}{3} - \frac{1}{2} = \frac{1}{6}$$

(c)

$$P\left\{X > \frac{1}{2}\right\} = 1 - P\left\{X \leqslant \frac{1}{2}\right\} = 1 - F\left(\frac{1}{2}\right) = \frac{3}{4}$$

(d)

173

$$P\{2 < X \leqslant 4\} = F(4) - F(2) = \frac{1}{12}$$ ■

小结

定义在概率试验结果上的实值函数称为随机变量.

如果X是一随机变量，那么如下定义的函数$F(x)$：

$$F(x) = P\{X \leqslant x\}$$

称为随机变量X的*分布函数*. 任意有关X的概率都可以通过F进行计算.

若一个随机变量的可能取值的集合是有限集，或者可数无限集，那么称该随机变量为

离散型随机变量．如果 X 是一个离散型随机变量，那么函数

$$p(x)=P\{X=x\}$$

称为 X 的概率分布列．另外，如下定义的 $E[X]$：

$$E[X]=\sum_{x: p(x)>0} x p(x)$$

称为 X 的期望值，$E[X]$通常也称为 X 的均值或期望．

设 $g(x)$是一个实值函数，则对于离散型随机变量 X，$E[g(X)]$的一个有用的恒等式为

$$E[g(X)]=\sum_{x: p(x)>0} g(x) p(x)$$

随机变量 X 的方差，记为 $\operatorname{Var}(X)$，定义如下：

$$\operatorname{Var}(X)=E[(X-E[X])^{2}]$$

方差等于 X 与它的期望的差的平方的期望，它度量了 X 可能取值的分散程度．下面是一个有用的恒等式：

$$\operatorname{Var}(X)=E[X^{2}]-(E[X])^{2}$$

$\sqrt{\operatorname{Var}(X)}$称为 X 的标准差．

本章中，我们介绍了一些常用的离散型随机变量．若随机变量 X 的分布列为

$$p(i)=\binom{n}{i} p^{i}(1-p)^{n-i} \qquad i=0, \cdots, n$$

则 X 称为参数为$(n,\ p)$的二项随机变量．该随机变量可解释为 n 次独立重复试验中试验成功的次数，而每次试验成功的概率为 p．它的均值和方差如下：

$$E[X]=n p \qquad \operatorname{Var}(X)=n p(1-p)$$

若随机变量 X 的分布列为

$$p(i)=\frac{\mathrm{e}^{-\lambda} \lambda^{i}}{i !} \qquad i \geqslant 0$$

则 X 称为参数为 λ 的泊松随机变量．如果进行大量的(或近似)独立的试验，而且每次成功的概率都较小，那么总的成功次数就近似为泊松随机变量．泊松随机变量的均值和方差都等于其参数 λ，即

$$E[X]=\operatorname{Var}(X)=\lambda$$

若随机变量 X 的分布列为

$$p(i)=p(1-p)^{i-1} \qquad i=1,2, \cdots$$

174

则 X 称是参数为 p 的几何随机变量．在独立重复试验序列中，从开始直到首次成功为止的试验次数就是几何随机变量，其分布参数 p 就是每次试验成功的概率．其均值和方差分别为

$$E[X]=\frac{1}{p} \qquad \operatorname{Var}(X)=\frac{1-p}{p^{2}}$$

若随机变量 X 的分布列为

$$p(i)=\binom{i-1}{r-1} p^{r}(1-p)^{i-r} \qquad i \geqslant r$$

则 X 称是参数为$(r,\ p)$的负二项随机变量．在独立重复试验序列中，从开始直到第 r 次成

功为止的试验次数就是负二项随机变量. 分布列中的参数 p 就是每次试验成功的概率. 其均值和方差分别为

$$E[X]=\frac{r}{p} \qquad \operatorname{Var}(X)=\frac{r(1-p)}{p^2}$$

参数为 n, N 和 m 的超几何随机变量表示从一个装有 N 个球, 其中有 m 个白球的坛子里, 随机抽取 n 个球, 其中白球的数目. 这个随机变量的分布列为

$$p(i)=\frac{\binom{m}{i}\binom{N-m}{n-i}}{\binom{N}{n}} \qquad i=0,1,\cdots,m$$

其均值和方差分别为

$$E[X]=np \qquad \operatorname{Var}(X)=\frac{N-n}{N-1}np(1-p)$$

其中 $p=m/N$, 关于期望的一个重要性质是一组随机变量之和的期望等于这组随机变量各自的期望的和, 即

$$E\left[\sum_{i=1}^{n}X_i\right]=\sum_{i=1}^{n}E[X_i]$$

习题

4.1 坛子里有8个白色球, 4个黑色球, 2个橙色球, 随机从中抽取2个. 假设抽到一个黑球能赢得2元, 抽到一个白球要输掉1元. 令 X 表示最后赢得的数目, 那么 X 的可能取值是哪些? 取这些值的概率是多大?

4.2 掷2枚均匀的骰子. 令 X 等于2枚骰子的点数乘积, 计算 $P\{X=i\}$, $i=1, \cdots, 36$.

4.3 掷3枚骰子. 假定 $6^3=216$ 种结果都是等可能的, 记 X 表示3枚骰子的点数之和, 计算 X 取各可能值的概率.

4.4 5个男生和5个女生依照他们的考试成绩排名. 假定没有两个学生的成绩是相同的, 而且所有10!种可能排名都是等可能的. 令 X 表示成绩最高的女生在全体同学中的排名. (例如, $X=1$ 表示第一名是女生.) 求 $P\{X=i\}$, $i=1, 2, 3, \cdots, 8, 9, 10$.

4.5 掷一枚硬币 n 次, 令 X 表示得到的正面朝上数与反面朝上数之差. X 的可能取值是哪些?

4.6 在习题4.5中, 如果硬币是均匀的, 对于 $n=3$, 计算 X 的分布列.

4.7 掷一枚骰子2次, 以下随机变量的可能取值是哪些:

(a) 两次投掷出现的最大值? (b) 两次投掷出现的最小值?

(c) 两次投掷所出现的点数之和? (d) 第一次投掷的值减去第二次投掷的值?

4.8 在习题4.7中, 假设骰子是均匀的, 计算(a)～(d)各随机变量可能取值的概率.

4.9 在球是有放回的情形下重做例1c.

4.10 设 X 为一个赌徒所赢的钱. 令 $p(i)=P\{X=i\}$ 并假设

$$p(0)=1/3;\ p(1)=p(-1)=13/55;\ p(2)=p(-2)=1/11;\ p(3)=p(-3)=1/165$$

若已知赌徒赢的钱数为正, 计算赌徒赢钱 $i(i=1, 2, 3)$ 的条件概率.

4.11 如果随机变量 X 的概率分布为

$$P(X=i)=\log_{10}\left(\frac{i+1}{i}\right), i=1,2,3,\cdots,9$$

则称 X 服从 Benford 分布律．

175

(a) 证明 $\sum_{i=1}^{9} P(X=i)=1$，从而说明这是一个概率分布列．

(b) 计算 $P(X\leqslant j)$.

4.12 在“莫拉(Morra)二指”赌中，两个赌徒各伸出 1 个或 2 个手指，并同时猜对方伸出的手指数．若两人中只有一人猜对了，那么他赢得两人伸出的手指数之和的钱(单位：美元)．如果两人都猜对了或都没猜对，则谁也不赢谁的钱．现考虑某指定赌徒，并设他在一局“莫拉二指”赌中赢得的钱数为 X.

(a) 如果两赌徒的行为是独立的，并且假设每一赌徒将伸几个手指以及他猜测对方伸几个手指总共 4 种情况是等可能的．试问 X 取哪些可能值？取这些值相应的概率各是多少？

(b) 假定两赌徒的行为是独立的，而且每个人猜对方要伸几个手指就决定自己伸几个手指，且设每个赌徒伸 1 个或 2 个手指是等可能的．试问 X 取哪些可能值？取这些值的概率各是多少？

4.13 某销售员计划在两个销售会上推销百科全书．第一个销售会成交的概率为 0.3，第二个销售会成交的概率为 0.6，且相互独立．销售的百科全书有精装版，价值 1000 美元，也有简装版，价值 500 美元，销售任一种是等可能的．计算总的销售值 X 的分布列．

4.14 5 个不同的数随机分派给 1，2，3，4，5 号共 5 个人．两人之间比较数的大小，大者获胜．最初，1 号和 2 号比较，胜者再同 3 号比较，等等．令 X 表示 1 号在比较中获胜的次数．计算 $P\{X=i\}$，$i=0$，1，2，3，4.

4.15 美国篮球联盟(NBA)选秀大会上有当年输赢记录最差的 11 支球队．总共有 66 个球放入坛子里，每个球都刻写了某个球队的名称．有 11 个写了最差球队的名称，有 10 个写了第二差球队的名称，有 9 个写了第三差球队的名称，... 有 1 个写了第 11 差球队的名称．从中随机抽取一球，其上面的球队获得第一轮选秀权，它可以在补充球员时具有优先的选择权．然后，再取一个球，如果它与第一次取的是不同的球队，那么该球队获得第二轮选秀权．(如果与第一次取的是相同的球队，那么放弃并重新取球，直到取到不同的球队为止．)最后，再抽取一个球(假设取的球队与前两次不同)，那么该球队获得第三轮选秀权．剩下的第 4 轮到第 11 轮选秀权按照剩下球队的输赢顺序颠倒过来分配，举例说，如果记录最差的球队没有获得前三轮选秀权，那么它将获得第四轮选秀权．令 X 表示最差球队获得的选秀权轮数，求 X 的分布列．

4.16 桌上有 n 张卡片，标有数字 1，…，n. 现在翻每张卡片，在翻开卡片之前，你需要先猜一下卡片的数字．在你猜完之后，会告诉你是否猜对了．那么最大化准确猜测的期望数的策略是，固定一个 n 张卡片的置换，比如 1，2，…，n，然后一直猜 1 直到成功猜对，然后一直猜 2 直到成功猜对或者所有的卡片都翻完了，如果还有卡片没有翻过来，就一直猜 3，如此类推．设 G 是采用这种策略猜对的卡片数．求 $P(G=k)$.

提示：为保证 G 至少是 k，考虑卡片 1，…，k 的排列顺序．

4.17 假设 X 的分布函数如下：

$$F(b)=\begin{cases}0 & b<0\\ b/4 & 0\leqslant b<1\\ 1/2+(b-1)/4 & 1\leqslant b<2\\ 11/12 & 2\leqslant b<3\\ 1 & 3\leqslant b\end{cases}$$

(a) 计算 $P\{X=i\}$，$i=1, 2, 3$；(b) 求 $P\left\{\frac{1}{2}<X<\frac{3}{2}\right\}$.

4.18 独立重复投掷一枚均匀硬币4次，令 X 表示"正面朝上的次数"，画出随机变量 $X-2$ 的概率分布列.

176

4.19 设 X 的分布函数由下式给出：

$$F(b)=\begin{cases}0 & b<0\\ 1/2 & 0\leqslant b<1\\ 3/5 & 1\leqslant b<2\\ 4/5 & 2\leqslant b<3\\ 9/10 & 3\leqslant b<3.5\\ 1 & b\geqslant 3.5\end{cases}$$

试求 X 的概率分布列.

4.20 一本关于赌博的书中推荐如下轮盘赌的"必胜策略"：押"红"1美元，如果结果是"红"(概率为18/38)，那么你拿走1美元利润，并且离开；如果输掉了这1美元(概率为20/38)，你应该在下面两次轮盘赌中，还押"红"1美元，赌完两次以后就离开．记 X 为你终止赌博时所赢的钱数，

(a) 求 $P\{X>0\}$.

(b) 你相信该策略真是一个"必胜策略"吗？给出你的解释.

(c) 求 $E[X]$.

4.21 总共4辆公交车载着148名同学从同一个学校到足球场，车上分别有40名、33名、25名和50名同学．随机选一名同学，令 X 表示该同学所在的车上的同学数．同时随机选一位司机，令 Y 表示他驾驶的车上的同学数.

(a) $E[X]$和$E[Y]$哪个大？为什么？(b) 计算 $E[X]$和 $E[Y]$.

4.22 假设两个队进行一系列比赛，一直到其中有一队赢了 i 局才结束．假设各局比赛胜负是相互独立的，并且 A 队获胜概率为 p．求下列条件下比赛的局数的期望值：(a) $i=2$，(b) $i=3$．同时指出：在两种情形下，这个期望值在 $p=1/2$ 时达到最大.

4.23 假设你有1000美元以及某商品，该商品当前价格是每盎司2美元．假设一周后该商品的价格变成每盎司1美元或者每盎司4美元，两种情况的可能性是一样的.

(a) 如果你的目标是使得一周后的期望财产达到最大，你将采取什么策略？

(b) 如果你的目标是使得你拥有该商品的数量的期望一周后达到最大，你又将采取什么策略？

4.24 A 和 B 进行如下赌博：A 写下1或2中的一个数，而 B 要猜 A 写的是哪一个，如果 A 写下的数是 i 且 B 猜对了，那么 B 从 A 那获得 i 元；如果 B 猜错了，那么 B 将付3/4元给 A．如果 B 是随机地猜，猜1的概率为 p，猜2的概率为 $1-p$，计算 B 赢钱的期望，如果(a) A 写的是1；(b) A 写的是2.

为使 B 的期望赢钱数的最小值达到最大，p 应该取什么值，并求出这个极大的极小值？(注意，B 的期望赢钱数不仅依赖于 p 的值，还依赖于 A 的策略.)

现在考虑 A，假设他也是随机做决定，写1的概率为 q，那么 A 的期望损失是多大？如果(c) B 猜的是1；(d) B 猜的是2.

当 q 取什么值时，使得 A 的最大期望损失达到最小？指出 A 的最小的最大期望损失刚好等于 B 的最大的最小期望赢钱数．这个结果就是著名的极大极小定理，它是由数学家约翰·冯诺依曼建立的，也是博弈论中的基本的数学结论．这个公共值称为博弈者 B 的博弈值.

4.25 随机抛掷两枚硬币．第一枚正面向上的概率为0.6，第二枚正面向上的概率为0.7．假设两枚硬币

的翻转情况相互独立，且令 X 表示正面朝上的硬币数.

(a) 计算 $P(X=1)$；(b) 计算 $E[X]$.

4.26 一个人随机地从{1，2，…，10}中选择一个数，然后让你猜这个数. 通过向对方问若干次以“是”或“否”为答案的问题，你就可以根据推理确定这个数. 计算下列策略情况下，需要提问次数的期望值：

(a) 第 i 个问题是：“是 i 吗?”，$i=1$，2，3，4，5，6，7，8，9，10.

(b) 每一个问题都尽可能去掉剩下数字的一半.

4.27 保险公司开出的保险单规定，如果某个事件 E 在一年内发生了，那么保险公司必须支付一笔钱 A. 如果保险公司估计事件 E 在一年内发生的概率为 p，他应该向顾客收多少保险费才能使期望收益达到 A 的 10%？

4.28 一个箱子里有 20 件产品，其中 4 件为残次品. 从中随机取 3 件作为样品，计算样品中的残次品数量的期望值.

177

4.29 某台机器停止工作有两个可能原因，检查第一个可能原因需要花费 C_1 元，经查如果确实是这个原因，那么还需要修理费用 R_1 元才能修好机器. 类似地，检查第二个可能原因需要花费 C_2 元，如果确实是这种原因，还需要修理费用为 R_2 元. 令 p 和 $1-p$ 分别表示机器停止工作由第一种和第二种原因引起的概率. 在 p，C_i，$R_i(i=1, 2)$满足何种条件下，我们先检查第一种原因再检查第二种原因比反过来的次序能使得机器正常工作所需要的花费的期望值小？

注释 如果第一次检查发现不是预期原因，那么仍需检查第二种可能原因.

4.30 某人掷一枚均匀硬币直到第一次出现反面朝上. 如果反面朝上出现在第 n 次抛掷，他将赢得 2^n 美元，令 X 表示他的赢利，证明 $E[X]=+\infty$. 该问题就是圣彼得堡悖论.

(a) 你愿意付出 100 万美元玩一局这个游戏吗？

(b) 如果每局付出 100 万美元，你可以一直玩下去，直到你想停止该游戏，你会玩吗？

4.31 每天晚上，不同的气象工作者都将预测明天下雨的概率. 为了判断他们的预测水平，按如下方式给他们评分：如果某个人说明天下雨的概率为 p，那么他(她)的得分为

$$\begin{cases} 1-(1-p)^2 & \text{如果第二天果然下雨} \\ 1-p^2 & \text{否则} \end{cases}$$

我们将要在一个时期内记录这个分数，并且把平均分数最高者定为最好的天气预测者. 现在假设某气象工作者也了解这点，他当然想使得其期望分数最大化. 如果他确信明天下雨的概率为 p^*，那么他应该给出怎样的 p 值才能使得期望分数最大化？

4.32 100 人要做血液检查，以便确定是否患有某种疾病. 然而，医院不是分别检查 100 个人，而是将 100 人分成 10 人一组，将 10 人的样本混在一起进行检查. 如果检验结果为阴性，那么这一次测试对该组 10 人已经足够，若混合样本为阳性，那么还要对该组 10 个样本逐个进行检查，这样就共要检查 11 次. 设每个人得病的概率为 0.1，并且彼此相互独立，计算对每一个 10 人小组需要检查的期望次数. (注意，我们假定 10 人组内有一人得病，混合血样就会显示阳性.)

4.33 某报童以 10 美分买进报纸并以 15 美分卖出. 然而，不许他退还没有卖出的报纸. 如果卖的报纸的日需求量是参数为 $n=10$，$p=\dfrac{1}{3}$ 的二项随机变量，那么他大约应该买进多少份报纸才达到期望收益的最大化？

4.34 在例 4b 中，假设如果没有满足顾客的要求(即顾客买商品时，商店缺货)，也会导致每单位商品增加一个额外的成本 c(这常常称为信誉成本，因为商店无法满足客户的要求)，计算该商店囤货 s 单位时其期望利润值，并且计算能使得期望利润最大化的 s 值.

4.35 盒子里有5个红弹子和5个蓝弹子，随机从中取2个．如果颜色相同，那么赢得1.10美元，如果颜色不同，将赢得-1.00美元(即输掉1美元)，计算：

(a) 赢钱的期望值；(b) 赢钱的方差．

4.36 考虑图4.5描述的友谊网络问题．令X表示随机选出的人，Z表示从X的朋友中随机选出的人．记函数$f(i)$为第i人的朋友数．证明$E[f(Z)]\geqslant E[f(X)]$．

4.37 考虑习题4.22，且$i=2$．计算玩游戏局数的方差，并证明当$p=1/2$时，该值取得最大值．

4.38 计算习题4.21中随机变量X和Y的方差$\mathrm{Var}(X)$和$\mathrm{Var}(Y)$．

4.39 如果$E[X]=1$及$\mathrm{Var}(X)=5$，计算(a) $E[(2+X)^2]$；(b) $\mathrm{Var}(4+3X)$．

4.40 从一个装有3个白球和3个黑球的坛子里随机地取球，然后放回，再取，一直进行下去．最先取出的4个球当中恰有2个是白球的概率是多少？

4.41 一次考试有5道题目，同时每道题列出3个可能答案，其中有一个答案是正确的．某学生靠猜测能答对至少4道题的概率是多大？

4.42 某人自称有超感官力(ESP)．作为对他的检验，将一枚均匀的硬币抛10次，让他事先预测抛得的结果，10次中他说对了7次．如果他没有超感官力，他将作出至少这样好的答案的概率是多少？

178

4.43 A和B参加相同的含有10个问题的考试．A回答正确任一问题的概率为0.7，且这些问题的回答相互独立．B回答正确任一问题的概率为0.4，且这些问题的回答相互独立，两人的发挥也相互独立．

(a) 计算两人都回答正确的题数的期望；

(b) 计算A或B答对题数的方差．

4.44 某通信系统传送数字0与1．然而，由于静电干扰，传送的数字被错误地接受的概率为0.2．假定我们要传送一个由0和1组成的重要电报，为减少出错的机会，我们用00000代替0，用11111代替1．如果收信者用过半译码法(即收到一半以上为0则译码为0，一半以上为1则译码为1)，那么被传送的每个信息译出后是错误的概率有多大？此处作了何种独立性假设？

4.45 某卫星系统由n个元件组成，在某天内如果至少k个元件工作正常，那么卫星工作正常．在雨天，每个元件失效的概率都为p_1，且相互独立，而晴天每个元件失效的概率为p_2，也相互独立．如果明天下雨的概率为α，那么明天卫星仍正常工作的概率是多大？

4.46 某学生已准备好参加一次重要的口试，且对口试那天他将处于怎样的精神状态很关心．他估计，如果他处于最佳状态，则其主考人各自独立地给他及格的概率为0.8，若他处于很坏的状态，上述概率降到0.4．若假定有过半数主考人给他及格，他的口试才算合格，且这个学生已感到他处于很坏的状态的可能性比处于最佳状态的可能性大一倍，问他是邀请5位主考人还是3位主考人为好？

4.47 假定某12个人组成的陪审团至少有9票有罪票才能判决一被告有罪，并设陪审员对有罪人投无罪票的概率为0.2，而对无罪人投有罪票的概率为0.1．如果各陪审员的行为相互独立，且65%的被告是事实上有罪的，试求此陪审团作出正确判决的概率．被告中被判为有罪的占多大百分比？

4.48 某些军事法庭常任命9名法官，然而，原告与被告的律师都有权拒绝任何法官出庭，被拒绝的法官即离庭且不再找人替换．如果过半数法官投有罪票，则被告被宣判有罪，否则，他就被判为无罪．假设对一个事实上有罪的被告，各法官(独立地)投有罪票的概率为0.7，而对事实上无罪的被告，这个概率下降到0.3．

(a) 当出庭法官人数如下时，一个有罪的被告被判为有罪的概率是多少？

(i) 9；(ii) 8；(iii) 7．

(b) 对一个无罪的被告重做(a)．

(c) 假定原告律师不行使拒绝法官出庭的权利，并限定被告律师至多可拒绝两名法官，如果被告律师有 60%的把握判断他的当事人事实上是有罪的，那么他拒绝几名法官为好？

4.49 已知某公司生产的磁盘为残次品的概率为 0.01，且相互独立. 该公司按包出售磁盘，每包 10 张，并且保证：每包里最多有一个残次品磁盘，否则予以退货处理. 如果某人买了 3 包，问正好要退货 1 包的概率是多大？

4.50 当掷硬币 1 时，正面朝上的概率为 0.4，当掷硬币 2 时，正面朝上的概率为 0.7. 随机选一枚硬币掷 10 次：

(a) 10 次投掷中，正好有 7 次正面朝上的概率是多大？

(b) 在第一次投掷为正面的条件下，在 10 次投掷中正好有 7 次正面朝上的条件概率是多大？

4.51 设一个群体中有 n 个人，其中女性的比例为 p，男性的比例为 $1-p$.

设 X 是在总体中与第 1 个人具有相同性别的人数(不包含此人).(所以当此群体都是同性时，$X=n-1$.)

(a) 求 $P(X=i)$，$i=0$，…，$n-1$.

(b) 假设任意两个同性的人成为朋友的概率是 α，两个异性的人成为朋友的概率是 β，且假设任意两对不同的两个人是否成为朋友是相互独立的．求第一个人拥有的朋友数的概率分布列．

4.52 4 名球员参加比赛，球员 1 与球员 2 比赛，败者离开，胜者与球员 3 比赛，败者离开，胜者与球员 4 比赛．与球员 4 比赛中的胜者为冠军．假设球员 i 与 j 比赛，i 胜出的概率是 $i/(i+j)$.

179

(a) 求球员 1 比赛场数的期望．

(b) 求球员 3 比赛场数的期望．

4.53 假设掷一枚不均匀硬币，正面朝上的概率为 p，连续掷 10 次，已知一共 6 次正面朝上，求以下事件的条件概率：

(a) 前三次为 h，t，t(意味着第一次为正面朝上，第二次为反面朝上，第三次为反面朝上)；

(b) 前三次为 t，h，t.

4.54 某本杂志的一页上的印刷错误的个数的期望为 0.2，那么下一页的印刷错误数如下的概率是多大？

(a) 0；(b) 2

并解释理由.

4.55 全世界每个月商业飞机发生坠毁事故的平均值为 3.5，以下事件的概率是多大？

(a) 下个月至少有 2 起坠毁事故；(b) 下个月至多 1 次坠毁事故.

试解释原因.

4.56 去年纽约州大概举行 80 000 次婚礼. 估计如下概率值：

(a) 至少有一对夫妇都出生于 4 月 30 日；(b) 至少有一对夫妇生日相同.

说明你做的假设.

4.57 某高速公路上每周丢弃车辆的平均值为 2.2，求以下事件概率的近似值：

(a) 下周没有丢弃车辆；(b) 下周至少丢弃 2 辆车.

4.58 某打字社雇了两名打字员. 第一个打字员打字时，每篇文章出错的平均数目为 3，而第二个打字员每篇文章出错的平均数目为 4.2. 如果你的文章等可能地分配给这两个人，近似估计没有出错的概率.

4.59 至少需要多少人，才能使其中至少有一人与你生日相同的概率超过 1/2？

4.60 假设某高速公路上每天事故数是一参数为 $\lambda=3$ 的泊松随机变量.

(a) 求今天至少发生 3 次事故的概率.

(b) 在今天至少发生了一次事故的假定条件下，重做(a).

4.61 比较下列情形下，泊松近似和二项随机变量的概率：

(a) $P\{X=2\}$，其中 $n=8$，$p=0.1$；(b) $P\{X=9\}$，其中 $n=10$，$p=0.95$；

(c) $P\{X=0\}$，其中 $n=10$，$p=0.1$；(d) $P\{X=4\}$，其中 $n=9$，$p=0.2$.

4.62 如果你买了 50 张彩票，每张中彩的机会为 1/100，问你将有以下中彩数的(近似)概率是多少？

(a) 至少 1 张；(b) 恰好 1 张；(c) 至少 2 张.

4.63 给定一年内，人患感冒的次数为参数 $\lambda=5$ 的泊松随机变量. 假设有种新药物(基于大量维生素 C)经过市场验证，对 75%的人有效，并能将泊松分布的参数减少为 $\lambda=3$，对另外 25%的人不起作用. 如果某个人服用了该药，一年内患了 2 次感冒，那么该药对他有效的可能性是多大？

4.64 一手牌是满堂红的概率约为 0.0014，如果你玩 1000 手牌，求至少有 2 手满堂红的近似概率.

4.65 考虑 n 次相互独立试验，试验结果为 1，…，k 的概率分别为 $p_1,\cdots,p_k$，$\sum_{i=1}^{k} p_i = 1$. 证明：如果所有的 p_i 都足够小，那么没有一个试验结果出现的次数超过一次的概率约等于 $\exp(-n(n-1)\sum_i {p_i}^2/2)$.

4.66 进入某赌场的速度为每两分钟一人，试问：

(a) 在 12∶00 至 12∶05 之间没有人进入赌场的概率是多大？

(b) 在这段时间内，至少有 4 人进入赌场的概率是多大？

4.67 某州每个月的自杀率为每 100 000 个居民中有一个自杀.

(a) 该州的一个拥有 400 000 居民的城市，在给定月份内至少有 8 名自杀者的概率是多大？

(b) 一年内至少有两个月，每月至少有 8 名自杀者的概率是多大？

(c) 记当前的月份为 1，第一次超过 8 名自杀者的月份为 $i(i\geqslant 1)$ 的概率是多大？

你作了哪些假设？

180

4.68 某军营有 500 名士兵，每人得某种疾病的概率为 $1/10^3$，且相互独立. 为了方便，将 500 份血样混在一起进行检测.

(a) 求混合的血液呈阳性的近似概率(即至少有一名士兵患有此疾病)？

现假定血液呈阳性.

(b) 这种情况下，多于 1 人患此疾病的概率有多大？

再设其中一人琼斯知道自己患有该疾病.

(c) 琼斯认为多于 1 人患此病的概率有多大？

由于混合样本为阳性，医生决定每一个人都要测试. 前面 $i-1$ 个人为阴性，第 i 人为琼斯，检查为阳性.

(d) 在上述情况下，作为 i 的函数，i 后面有人患此病的概率是多大？

4.69 由 n 对夫妇组成的 $2n$ 个人随机地绕着一张圆桌而坐(任何一种顺序都是等可能的). 记 C_i 为“第 i 对夫妻坐在一起”，$i=1$，…，n.

(a) 求 $P(C_i)$；(b) 对 $j\neq i$，求 $P(C_j \mid C_i)$；

(c) 当 n 很大时，近似计算没有一对夫妻坐在一起的概率.

4.70 重复计算上面的问题，如果还是随机坐下但要求男女间隔坐.

4.71 为了对付 10 枚导弹的袭击，发射了 500 枚拦截导弹. 拦截导弹随机地选择导弹作为目标，而且是等可能的. 如果拦截导弹命中目标的概率是 0.1，且相互独立，利用泊松范例近似计算所有导弹被成功拦截的概率.

4.72 掷一枚均匀硬币 10 次，用以下方法计算出现连续 4 次正面朝上的概率：

(a) 利用本书中导出的公式；(b) 利用本书中导出的递推公式；(c) 与用泊松近似得到的结果进行对比.

4.73 设硬币投掷后正面朝上的概率为 p，设在时刻 0 时硬币被抛掷. 然后根据参数为 λ 的泊松过程来选定时刻抛掷硬币.（两次抛掷之间硬币就放在地上.）那么在时刻 t 硬币为正面朝上的概率是多大？

提示：如果到时刻 t 没有额外的投掷的条件下，其条件概率是多大？如果有额外投掷，其条件概率又是多大？

4.74 考虑轮盘赌中的一个轮盘，有 38 个数字——从 1 到 36 还有 0 以及 00. 如果史密斯经常押注在 1 到 12 之间，试求以下概率：

(a) 史密斯将要输掉开始的 5 局；(b) 他第一次赢钱将是第 4 次下注.

4.75 两个球队进行一系列比赛，先赢得 4 场比赛的球队获得最终胜利. 假设其中一球队的水平比另一球队稍强，其赢得每一场胜利的概率为 0.6，且各场的胜负相互独立. 求强队获得最终胜利时比赛的场数为 i 的概率，$i=4$，5，6，7. 并与 3 局两胜的比赛中获胜的概率进行比较.

4.76 考虑习题 4.75，如果两队势均力敌，每场比赛每队获胜的概率为 1/2，计算比赛结束时比赛场数的期望值.

4.77 某记者有一份要采访的人员名单，假设该记者需要采访 5 人，且任一个人(独立地)同意被采访的概率为 2/3. 那么名单上的人数为(a) 5 人，(b) 8 人时，他能达到采访人数要求的概率为多大？对于(b)，该记者采访到其名单上的(c) 6 人，(d) 7 人时，才刚好达到采访人数要求的概率为多大？

4.78 连续掷一枚均匀硬币，直到出现第 10 次正面朝上为止. 令 X 表示反面朝上出现的次数，计算 X 的分布列.

4.79 求解以下情形的巴拿赫火柴问题(例 8e)：左边的火柴盒开始有 N_1 根火柴，右边的火柴盒开始有 N_2 根火柴.

4.80 在巴拿赫火柴问题中，求以下事件概率：第一个盒子为空时(这个时刻与发现盒子为空盒的时刻是不一样的!)，另一个盒子还有 k 根火柴.

4.81 坛子里有 4 个白球和 4 个黑球，随机从中取 4 个球，如果 2 黑 2 白，那么停止取球. 否则，将这些球放回再次取 4 个，直到取的 4 个球中正好有 2 个白球，那么此时我们正好做了 n 次取球的概率是多大？

181

4.82 假设一批 100 个零件中有 6 个残次品，其他 94 个是合格品. 如果随机从中抽取 10 个，记 X 为其中"残次品数"，求(a) $P\{X=0\}$；(b) $P\{X>2\}$.

4.83 流行于内华达州赌场的一种赌博叫"凯诺"，其赌法如下：赌场从 1 至 80 号中随机地取出 20 个号码，赌徒再从这 80 个号码中任取 1 至 15 个号码. 如果赌徒取出的号码中有一定比例个数的号码与赌场所取出的号码相同，则他取胜，赢得的钱数是赌徒取号码的个数以及配成对的号码个数的函数. 例如，赌徒只取一个号码时，若此号码在赌场所取的 20 个号码中，则他每下注 1 美元赌注赢 2.2 美元.（由于此时赌徒的获胜概率为 1/4，所以公平的赢得钱数显然应是每 1 美元赌注赢 3 美元.）当赌徒取出 2 个号码时，若这 2 个号码都在赌场所取的 20 个号码之中，则每下 1 美元赌注赢得 12 美元.

(a) 此时公平的赢钱数应是多少？

令 $P_{n,k}$ 表示赌徒取出 n 个号码之中恰有 k 个在赌场取出的 20 个号码之中的概率.

(b) 计算 $P_{n,k}$.

表 4-1 押注 10 个号码赢得钱数

猜对个数	每一元赌注赢得钱数
0～4	−1
5	1
6	17
7	179
8	1299
9	2599
10	24 999

(c) 在基诺赌中，最典型的赌法是赌徒取10个号码，这种情况下赌场付出的钱数如表4-1所示．试计算期望赢得的钱数．

4.84 在例8i中，具有i个残次品的包被拒绝的概率有多大？计算$i=1$及$i=4$时的拒绝概率．如果已知一个包被拒绝了，那么它包含4个残次品的条件概率是多大？

4.85 购买者按包购买某晶体管，一包20个，其购买方式如下：随机检查该包里4个，如果4个全是合格品，那么接受这包，否则就拒绝．如果每包里的零件是否为残次品是相互独立的，且概率为0.1，那么拒绝的包数的比例是多大？

4.86 在小镇上有三条公路．每天在这三条公路上发生交通事故的概率服从参数为0.3，0.5和0.7的泊松分布．计算今天在三条公路上发生的事故数的期望．

4.87 假设10个球相互独立地被放入5个箱子中，每个球被放入第i个箱子的概率为p_i，$\sum_{i=1}^{5} p_i = 1$．

(a) 计算没有球的箱子数的期望；(b) 计算恰有1个球的箱子数的期望．

4.88 设有k种不同的优惠券，每次收集到第i种优惠券的概率为p_i，$\sum_{i=1}^{k} p_i = 1$，且每次收集之间是相互独立的．如果收集了n张优惠券，那么优惠券的种类的期望是多少？(即求收集到n张优惠券后，至少是1张的优惠券种类数的期望．)

4.89 坛子里有10个红球、8个黑球和7个绿球，随机选择一个颜色(也就是说，3种颜色是等可能选出)，然后从坛子中随机选出4个球．设X是选出的4个球与选出的颜色相同的球数．

(a) 求$P(X=0)$．

(b) 如果选出的第i个球与选出的颜色相同，那么定义X_i为1，否则为0，求$P(X_i=1)$，$i=1,2,3,4$．

(c) 求$E[X]$．

提示：找出X与X_1，X_2，X_3，X_4的关系式．

理论习题

4.1 有N种不同的优惠券，每次收集的种类都是相互独立的，而且收集到第i种的概率为P_i，$i=1,2,\cdots,N$．令T表示某人为了每个种类至少收集到一张需要的总张数，计算$P\{T=n\}$．

提示：利用类似例1e的方法．

182

4.2 如果X的分布函数为F，那么e^X的分布函数是什么？

4.3 如果X的分布函数为F，那么随机变量$\alpha X+\beta$的分布函数是什么？其中α和β是常数，$\alpha\neq 0$．

4.4 随机变量X服从Yule-Simons分布，如果

$$P\{X=n\}=\frac{4}{n(n+1)(n+2)} \qquad n\geqslant 1$$

(a) 证明上式确实是概率密度函数，即证$\sum_{n=1}^{\infty} P\{X=n\}=1$．

(b) 证明$E[X]=2$．

(c) 证明$E[X^2]=\infty$．

提示：对于(a)，首先利用$\frac{1}{n(n+1)(n+2)}=\frac{1}{n(n+1)}-\frac{1}{n(n+2)}$，再利用$\frac{k}{n(n+k)}=\frac{1}{n}-\frac{1}{n+k}$．

4.5 设N为一个非负整数随机变量．对于非负值a_j $(j\geqslant 1)$，证明：

$$\sum_{j=1}^{\infty}(a_1+\cdots+a_j)P\{N=j\}=\sum_{i=1}^{\infty}a_iP\{N\geqslant i\}$$

再证明：

$$E[N]=\sum_{i=1}^{\infty}P\{N\geqslant i\}$$

和

$$E[N(N+1)]=2\sum_{i=1}^{\infty}iP\{N\geqslant i\}.$$

4.6 设 X 满足

$$P\{X=1\}=p=1-P\{X=-1\}$$

求 $c(c\neq 1)$ 使得 $E[c^X]=1$.

4.7 X 为一随机变量，期望值为 μ，方差为 σ^2. 求以下随机变量的期望和方差：

$$Y=\frac{X-\mu}{\sigma}$$

4.8 若 $P(X=a)=p=1-P(X=b)$，求 $\mathrm{Var}(X)$.

4.9 证明：如何利用二项分布概率

$$P\{X=i\}=\binom{n}{i}p^i(1-p)^{n-i}\qquad i=0,\cdots,n$$

得到下面的二项式定理

$$(x+y)^n=\sum_{i=0}^{n}\binom{n}{i}x^iy^{n-i}$$

其中 x 和 y 非负.

提示：设 $p=\dfrac{x}{x+y}$.

4.10 设 X 是参数为$(n,\ p)$的二项随机变量，证明：

$$E\left[\frac{1}{X+1}\right]=\frac{1-(1-p)^{n+1}}{(n+1)p}$$

4.11 令 X 是 $2n$ 次独立试验的成功数，每次成功的概率为 p. 证明：$P(X=n)$是一个关于 n 的递减函数.

4.12 考虑 n 次独立重复试验，每次成功的概率为 p. 证明：k 次成功，$n-k$ 次失败的共 $n!/[k!(n-k)!]$ 种可能排列方式都是等可能的.

4.13 n 个元件排成一排，每个元件工作正常的概率为 p，且各元件相互独立. 问没有两个相邻的元件都工作不正常的概率是多大？

提示：以工作不正常的元件的个数作为条件，利用第 1 章例 4c 的结果.

4.14 X 是参数为$(n,\ p)$的二项随机变量，p 取何值时能使 $P\{X=k\}$取最大值，$k=0,\ 1,\ \cdots,\ n$? 这是关于一个统计方法的例子，是当观察到 $X=k$ 时，估计未知参数 p 的一种统计方法. 如果我们假定 n 已知，通过选择使得 $P\{X=k\}$最大来估计 p，这就是所谓的*极大似然估计方法*.

4.15 一个家庭有 n 个孩子的概率为 αp^n，$n\geqslant 1$，其中 $\alpha\leqslant(1-p)/p$.

(a) 没有孩子的家庭的比例是多大？

(b) 如果孩子是男孩或女孩的概率相等，且各孩子的性别是相互独立的. 那么有 k 个男孩(可能还有若干女孩)的家庭比例是多大？

4.16 考虑 n 次独立重复投掷一枚硬币，每次正面朝上的概率为 p. 证明有偶数次正面朝上的概率为$[1+$

$(q-p)^n]/2$，其中 $q=1-p$. 需要先证明，然后再利用如下等式：

$$\sum_{i=0}^{[n/2]}\binom{n}{2i}p^{2i}q^{n-2i}=\frac{1}{2}[(p+q)^n+(q-p)^n]$$

183

其中$[n/2]$是不超过 $n/2$ 的最大整数. 将本题与第3章的理论习题3.5进行比较.

4.17 令 X 是参数为 λ 的泊松随机变量，证明 $P\{X=i\}$随着 i 的增加，先是单调递增，然后再单调递减，当 i 取值为不超过 λ 的最大整数时，它取得最大值.

提示：考虑 $P\{X=i\}/P\{X=i-1\}$.

4.18 令 X 是参数为 λ 的泊松随机变量.

(a) 证明：

$$P\{X\text{ 为偶数}\}=\frac{1}{2}[1+e^{-2\lambda}]$$

利用理论习题4.15的结果以及泊松分布和二项分布之间的关系证明.

(b) 直接利用 $e^{-\lambda}+e^{\lambda}$ 的展开式来证明(a)中的等式.

4.19 设 X 是参数为 λ 的泊松随机变量，问 λ 取何值时 $P\{X=k\}(k\geqslant 0)$取最大值.

4.20 如果 X 是参数为 λ 的泊松随机变量，那么

$$E[X^n]=\lambda E[(X+1)^{n-1}]$$

利用该结果计算 $E[X^3]$.

4.21 考虑 n 枚硬币，每枚硬币正面朝上的概率都是 p，且相互独立. 假设 n 较大，而 p 较小，令 $\lambda=np$. 假设掷 n 枚硬币，一直到至少有一枚硬币正面朝上为止，否则继续掷这 n 枚硬币. 即停下来的时候至少有一枚硬币正面朝上. 令 X 表示停下来时正面朝上的总枚数. 下列关于 $P\{X=1\}$的近似计算的理由哪个是正确的(在所有情形中，Y 都是参数为 λ 的泊松随机变量)?

(a) 因为掷 n 枚硬币时，正面朝上的总枚数近似于服从参数为 λ 的泊松分布，因此

$$P\{X=1\}\approx P\{Y=1\}=\lambda e^{-\lambda}$$

(b) 因为掷 n 枚硬币时，正面朝上的总枚数近似于服从参数为 λ 的泊松分布，而且此数为正时才会停止，因此

$$P\{X=1\}\approx P\{Y=1\mid Y>0\}=\frac{\lambda e^{-\lambda}}{1-e^{-\lambda}}$$

(c)因为至少出现一枚正面朝上，当其他 $n-1$ 枚都不是正面朝上时 $X=1$. 又因为掷 $n-1$ 枚硬币正面朝上的总枚数近似地服从参数为$(n-1)p\approx\lambda$ 的泊松分布，因此

$$P\{X=1\}\approx P\{Y=0\}=e^{-\lambda}$$

4.22 随机抽取 n 个人，令 E_{ij} 表示事件“第 i 人和第 j 人生日相同”. 假定每个人的生日在365天任一天的可能性是一样的. 计算：

(a) $P(E_{3,4}\mid E_{1,2})$；(b) $P(E_{1,3}\mid E_{1,2})$；(c) $P(E_{2,3}\mid E_{1,2}\cap E_{1,3})$.

关于$\binom{n}{2}$个事件 E_{ij} 的独立性，你从(a)～(c)的答案中能得出什么结论?

4.23 坛子里有 $2n$ 个球，其中两个标号1，两个标号2，…，两个标号 n. 每次无放回地随机从中取出2个，令 T 表示取出来的两个球第一次同号时的取球次数(如果根本没有出现过两球同号，那么 $T=\infty$)，对 $0<\alpha<1$，我们要证明

$$\lim_{n\to\infty}P\{T>\alpha n\}=e^{-\alpha/2}$$

为了证明这个公式，令 M_k 表示在前 k 次取球后取出来的号码相同的球对数，$k=1$，…，n.

(a) 说明当 n 很大时，M_k 可认为是 k 次(近似)独立重复试验中试验成功的次数.

(b) 当 n 很大时，求 $P\{M_k=0\}$ 的近似值.

(c) 利用随机变量 M_k 的值表示事件 $\{T>\alpha n\}$.

(d) 给出 $P\{T>\alpha n\}$ 的公式，求极限概率.

4.24 考虑有 n 个人的一个随机组(n 至少取值于 80～90)，在近似计算没有 3 个人同一天生日的概率时，现介绍一个比在前面正文中得到的要好的泊松近似方法如下：令 E_i 表示事件“至少有 3 人生日在第 i 天”，$i=1$，…，365.

(a) 计算 $P(E_i)$；(b) 给出没有 3 个人同一天生日的概率的近似值；

(c) 当 $n=88$ 时，计算上述概率.（第 6 章例 1g 给出了确切概率.）

4.25 连续掷同一枚硬币 n 次，每次正面朝上的概率为 p. 考虑事件“试验序列中出现连续 k 次正面朝上”的概率 P_n. 以下是计算这个概率的另一个方法.

(a) 证明对于 $k<n$，在试验序列中出现连续 k 次正面朝上的充要条件是：

1. 在前面 $n-1$ 次掷硬币试验结果序列中，已经出现连续 k 次正面向上的子序列，或者
2. 在前面 $n-k-1$ 次掷硬币的试验结果序列中，没有出现连续 k 次正面朝上的子序列，但第 $n-k$ 次掷硬币时正面朝下，第 $n-k+1$，…，n 次都是正面向上.

184

(b) 利用(a)建立 P_n 与 P_{n-1} 的递推关系. 从 $P_k=p^k$ 开始，利用该递推公式可得 P_{k+1}，然后 P_{k+2}，等等，直到 P_n.

4.26 假设在某个时间段内事件发生的次数是参数为 λ 的泊松随机变量. 如果每个事件被计数的概率为 p，且各个事件是否被计数是相互独立的，指出被计数的事件的数目是参数为 λp 的泊松随机变量，并给出一个直观解释. 作为上述理论的应用，假设某个地区的铀的矿点数是参数为 $\lambda=10$ 的泊松随机变量. 如果，给定一个时间段内，每个矿点被发现的概率为 1/50，且相互独立. 求以下事件的概率：

(a) 这段时间内正好发现 1 个矿点；(b) 这段时间内至少发现 1 个矿点；

(c) 这段时间内最多发现 1 个矿点.

4.27 证明：

$$\sum_{i=0}^{n} e^{-\lambda}\frac{\lambda^i}{i!}=\frac{1}{n!}\int_{\lambda}^{\infty} e^{-x}x^n\,dx$$

提示：利用分部积分.

4.28 如果 X 为一几何随机变量，给出分析的证明：

$$P\{X=n+k\,|\,X>n\}=P\{X=k\}$$

利用几何随机变量的定义直观地说明上式成立的原因.

4.29 令 X 是参数为(r, p)的负二项随机变量，令 Y 是参数为(n, p)的二项随机变量，证明：

$$P\{X>n\}=P\{Y<r\}$$

提示：有两种方法可以完成证明. 一种用分析的方法，上式等价于下列恒等式

$$\sum_{i=n+1}^{\infty}\binom{i-1}{r-1}p^r(1-p)^{i-r}=\sum_{i=0}^{r-1}\binom{n}{i}p^i(1-p)^{n-i}$$

另一种是利用随机变量的概率解释. 即考虑进行一系列成功率均为 p 的独立试验，用试验结果表示事件 $\{X>n\}$ 和 $\{Y<r\}$.

4.30 设 X 为一超几何随机变量，计算

$$P\{X=k+1\}/P\{X=k\}$$

4.31 坛子里装有标有号码 1 到 N 的球. 假设随机无放回地抽取 n 个球，$n\leqslant N$. 令 Y 表示抽取的球中最大号码.

(a) 求 Y 的概率分布列.

(b) 导出 $E[Y]$ 的表达式，然后利用费马组合恒等式(参见第1章理论习题1.11)简化表达式.

4.32 坛子里有 $m+n$ 个芯片，分别标有号码1，2，…，$n+m$. 从中取出 n 个. 如果令 X 表示抽取的芯片中，其号码大于留在坛子中芯片的最大号码的数量，求 X 的概率分布列.

4.33 坛子里有 n 个芯片. 某男孩连续有放回地随机从中抽，一直进行下去，直到他取出一个前面曾经取出过的芯片为止. 令 X 表示此时的抽取次数，计算其概率分布列.

4.34 假设抽出的芯片在下次抽取之前不放回，在此假设下重做习题4.33.

4.35 从一个由 n 个元素组成的集合里，随机选择一个非空子集. 假定所有的非空子集被选中的可能性是一样的. 令 X 表示选中的子集的元素的个数. 利用第1章理论习题1.12给出的恒等式，证明：

$$E[X]=\frac{n}{2-\left(\frac{1}{2}\right)^{n-1}}$$

$$\operatorname{Var}(X)=\frac{n\cdot 2^{2n-2}-n(n+1)2^{n-2}}{(2^n-1)^2}$$

再证明：当 n 很大时，

$$\operatorname{Var}(X)\sim\frac{n}{4}$$

即 $n\to\infty$ 时，$\operatorname{Var}(X)$ 与 $n/4$ 的比值趋于1. 当 $P\{Y=i\}=1/n$，$i=1$，…，n 时，比较该式与 $\operatorname{Var}(Y)$ 的极限形式.

4.36 坛子里最初有1个红球和1个蓝球. 每次随机取1个球并放回将该球放回坛子的同时还放进另一个同颜色的球. 令 X 表示第一次抽取到蓝色的球时所抽取的次数. 例如，如果第一次拿出了红球，第二次拿出的是蓝球，那么 $X=2$.

(a) 求 $P\{X>i\}$，$i\geqslant 1$. (b) 证明：最终能取出蓝球的概率为1.（即证明 $P\{X<\infty\}=1$.）

185

(c) 计算 $E[X]$.

4.37 设 X 的可能取值为 $\{x_x\}$，Y 的可能取值为 $\{y_j\}$，$X+Y$ 的可能取值为 $\{z_k\}$. 令 A_k 表示包含所有满足 $x_i+y_j=z_k$ 的指标对 (i,j) 的集合，即 $A_k=\{(i,j): x_i+y_j=z_k\}$.

(a) 证明：

$$P\{X+Y=z_k\}=\sum_{(i,j)\in A_k}P\{X=x_i,Y=y_j\}$$

(b) 证明：

$$E[X+Y]=\sum_k\sum_{(i,j)\in A_k}(x_i+y_j)P\{X=x_i,Y=y_j\}$$

(c) 利用(b)中的公式，证明：

$$E[X+Y]=\sum_i\sum_j(x_i+y_j)P\{X=x_i,Y=y_j\}$$

(d) 证明：

$$P(X=x_i)=\sum_j P(X=x_i,Y=y_j),\qquad P(Y=y_j)=\sum_i P(X=x_i,Y=y_j)$$

(e) 证明：

$$E[X+Y]=E[X]+E[Y]$$

自检习题

4.1 考虑某个棒球运动员在他接下来的3次击打中所获得的分数，令 X 表示此随机变量，X 的可能取值为 0，1，2，3，如果 $P\{X=1\}=0.3$，$P\{X=2\}=0.2$，且 $P\{X=0\}=3P\{X=3\}$，求 $E[X]$.

4.2 假设 X 的取值为 0，1，2 之一，如果对某个常数 c，有 $P\{X=i\}=cP\{X=i-1\}$，$i=1$，2，求 $E[X]$.

4.3 投掷一枚硬币，每次正面朝上的概率为 p，连续投掷直到正面朝上出现两次或反面朝上出现两次，求投掷总次数的期望.

4.4 某个社区由 m 个家庭组成，其中有 i 个孩子的家庭有 n_i 个：$\sum_{i=1}^{r} n_i = m$．随机挑选一个家庭，令 X 表示该家庭的孩子数．再随机从 $\sum_{i=1}^{r} in_i$ 个孩子中随机挑选一个孩子，令 Y 表示该孩子所在的家庭里的孩子数，证明：$E[Y]\geqslant E[X]$.

4.5 假设 $P\{X=0\}=1-P\{X=1\}$．如果 $E[X]=3\mathrm{Var}(X)$，求 $P\{X=0\}$.

4.6 箱子里有两枚硬币，抛掷时正面朝上的概率分别为 0.6 和 0.3．随机地从箱子中拿出一枚硬币并抛掷，在不知道拿的是哪一枚硬币的情况下，你可以至多押 10 美元的注，如果是正面朝上，你将赢得你押注的数量，如果是反面朝上，你就输掉押注．然而，假设有一位内幕人，他想卖给你信息，告诉你选中了哪枚硬币，这个信息卖 C 美元．如果你买了这个信息，你的期望回报是多少？注意，如果你买了这个信息，然后押注 x 美元，那么最后你可能赢得 $x-C$ 美元，或 $-x-C$ 美元(即你输掉 $x+C$ 美元)，那么应该为这条信息支付多少呢？

4.7 一个慈善家在一张红纸上写了一个正数 x，给一个公证人看后，把纸片翻过来放在桌子上．公证人然后掷一枚均匀的硬币，如果是正面朝上，他在一张蓝纸上写下 $2x$，如果是反面朝上，写下 $x/2$，然后将纸也翻过来放在桌子上．在不知道 x 的值，也不知道掷硬币的结果的情况下，你可以选择翻开红纸还是翻开蓝纸．看了翻开的那张纸上的数值后，你可以决定是要这张翻开的纸上写的数值作为奖励，还是要另外一张纸上写的数值(此时不知道大小)作为奖励．例如，如果你决定翻开蓝纸，看了数值为 100，这时你可以选择 100 作为你的奖励，也可以选择另一张红纸上的数值(50 或 200)作为奖励．设想你希望奖励的期望值最大.

(a) 证明：没有理由先翻开红纸．因为如果先翻开红纸的话，那么不管红纸上的数值是多大，总是先翻开蓝纸更好一些.

(b) 设 y 是一个固定的非负数，考虑如下策略：翻开蓝纸，如果上面的数值至少是 y，那么就接受这个奖励；如果比 y 小，那么再翻开红纸．令 $R_y(x)$ 表示慈善家写的是 x 且你执行该策略最后获得的奖励数，计算 $E[R_y(x)]$．注意，$E[R_0(x)]$是如果慈善家写的是 x 且你执行“始终选择蓝纸”这一策略所获得的期望奖励.

186

4.8 令 $B(n, p)$表示参数为(n, p)的二项随机变量，说明：

$$P\{B(n,p)\leqslant i\} = 1 - P\{B(n,1-p)\leqslant n-i-1\}$$

提示：将“成功的次数小于或等于 i”写成与之等价的关于失败次数的陈述.

4.9 如果 X 是一个二项随机变量，期望为 6，方差为 2.4，求 $P\{X=5\}$.

4.10 一个坛子里有 n 个球，标号从 1 到 n，如果依次随机取出 m 个球，每次都将前面取的球放回去，计算 $P\{X=k\}$，$k=1$，…，m，其中 X 表示抽取的 m 个球里最大的号码.

提示：先计算 $P\{X\leqslant k\}$.

4.11 A 队和 B 队进行一系列比赛，先赢三局者为比赛的获胜者．假设每局 A 队赢的概率为 p，且各局相互独立．求下列条件概率：

(a) 已知 A 队赢了第一局，求 A 队最终获胜的条件概率.

(b) 已知 A 队最终获胜，求 A 队赢了第一局的条件概率.

4.12 某个地方足球队将要参加 5 场比赛，如果在本周末的比赛中取得了胜利，那么该队它将升入一个更高的级别中进行后四场比赛，如果本周末的比赛输掉了，那么该队就要降到一个更低的级别中进行后四场比赛．在高级别比赛中，该队每场比赛获胜的概率为0.4，且各场相互独立．在低级别比赛中，该队每场比赛获胜的概率为0.7，且各场相互独立．如果该队赢得本周末比赛的概率为0.5，那么该足球队在后来的4场比赛中至少获胜3场的概率是多少？

4.13 一个7人陪审团里的每个成员作出正确决定的概率为0.7，且相互独立．如果最后的决定采取少数服从多数的原则，那么陪审团作出正确决定的概率是多大？假设已知陪审团的4人意见相同，那么陪审团作出正确决定的概率是多少？

4.14 平均来说，某个地区每年会遭遇5.2次飓风袭击，那么今年遭遇飓风袭击的次数为3次或者更少次的概率是多大？

4.15 某个种类的昆虫产在一片树叶上的虫卵的数目是参数为λ的泊松随机变量．然而，这样的随机变量的取值只有当它为正整数时才能观测到，因为如果是0的话，我们不知道这片树叶上是否有昆虫，所以我们不会记录这个数．如果令Y表示观测到的虫卵数，那么

$$P\{Y=i\}=P\{X=i\,|\,X>0\}$$

其中X是参数为λ的泊松随机变量，求$E[Y]$．

4.16 有n个男孩和n个女孩，每人都随机且独立地选择一名异性．如果正好有一名男孩和女孩互相选中了，那么他们将被配成一对．给女孩编上号码，令G_i表示事件"号码为i的女孩被配成了一对"，令$P_0=1-P\left(\bigcup_{i=1}^{n}G_i\right)$表示没有任何一对配成的概率．

(a) $P(G_i)$是多大？(b) $P(G_i\,|\,G_j)$是多大？(c) 当n足够大时，求P_0的近似值．

(d) 当n足够大时，求P_k的近似值，它是正好配成了k对的概率．

(e) 利用关于事件和的概率的容斥恒等式来计算P_0．

4.17 有n对夫妇组成的$2n$个人，随机地被分成n组，每组两人．给妇女编上号码，令W_i表示事件"第i个妇女正好与她丈夫分在一组"．

(a) 求$P(W_i)$．(b) 对$i\neq j$，求$P(W_i\,|\,W_j)$．

(c) 当n足够大时，求没有妇女与她丈夫分在一组的概率的近似值．

(d) 如果在分组的时候规定必须是一个男人一个女人成为一个组，那么上述问题有怎样的答案？

4.18 某个赌场的顾客在玩轮盘赌时，每次押在"红"上5美元，直到他一共赢了4次．

(a) 他一共押了9次的概率是多大？(b) 他停下来时赢钱的期望是多大？

注释：每次押注，她将以18/38的概率赢得5美元，以20/38的概率输掉5美元．

4.19 有三个朋友去喝咖啡，他们决定用掷硬币的方式来确定谁买单：每人掷一枚硬币，如果有人的结果与其他两人不一样，那么由他买单．如果三枚硬币的结果是一样的，那么就重掷一轮．一直这样下去，直到确定了由谁来买单．求以下事件的概率：

(a) 正好进行了三轮就确定了由谁来买单；(b) 进行了4轮以上才确定了由谁来买单．

4.20 如果X是参数为p的几何随机变量，证明：

$$E[1/X]=\frac{-p\log(p)}{1-p}$$

提示：需要计算形如$\sum_{i=1}^{\infty}a^i/i$的表达式的值．要做到这一点，可利用$a^i/i=\int_0^a x^{i-1}\,\mathrm{d}x$，然后交换积分和求和的顺序．

187

4.21 假设

$$P\{X=a\}=p,\qquad P\{X=b\}=1-p$$

(a) 证明$(X-b)/(a-b)$服从伯努利分布. (b) 计算 $\mathrm{Var}(X)$.

4.22 每局比赛你获胜的概率为 p，你计划玩 5 局，但是如果你赢了第 5 局，你就会继续玩，直到你输掉一局.
(a) 求一共玩的局数的期望. (b) 求一共输掉的局数的期望.

4.23 坛子里开始有 N 个白球和 M 个黑球，每次无放回地随机取出一个，求在取出 m 个黑球之前已经取出 n 个白球的概率，$n\leqslant N$，$m\leqslant M$.

4.24 10 个球被放入 5 个坛子中，每个球进入坛子 i 的概率为 p_i，$\sum_{i=1}^{5} p_i = 1$. 令 X_i 代表进入坛子 i 内球的数目. 假设不同球进入不同坛子是相互独立事件.
(a) X_i 是什么类型的随机变量？尽可能详细地描述.
(b) 对于 $i\neq j$，X_i+X_j 是什么类型的随机变量？(c) 计算 $P\{X_1+X_2+X_3=7\}$.

4.25 对于配对问题(第 2 章，例 5m)，计算
(a) 配对数目的期望；(b) 配对数目的方差.

4.26 设 X 是参数为 p 的几何随机变量，α 为随机变量 X 是偶数的概率.
(a) 利用恒等式 $\alpha = \sum_{i=1}^{\infty} P\{X = 2i\}$，计算 α；(b) 计算在条件 $X=1$ 或 $X>1$ 时 α 的值.

4.27 两支球队进行一系列的比赛，首先获得 4 场胜利者获得冠军. 假设球队 1 每场比赛获胜的概率为 p，$0<p<1$，假设每场比赛结果相互独立. 设 N 为决出冠军时比赛的总场数.
(a) 证明 $P(N=6)\geqslant P(N=7)$，等号只有在 $p=1/2$ 时成立.
(b) 对 $p=1/2$ 时等号成立，给一个直观的解释.
提示：考虑在什么情况下需要比赛 6 场或者 7 场.
(c) 设 $p=1/2$，求第一场比赛获胜者最后获得冠军的概率.

4.28 一个坛子里有 n 个白球和 m 个黑球. 这些球被随机不放回地取出，直到取出 k 个白球为止，$k\leqslant n$. 随机变量 X 等于被取出的球的总数，X 被称为负超几何随机变量.
(a) 解释这个随机变量与负二项随机变量的区别. (b) 计算 $P\{X=r\}$.
关于(b)的提示：为了使 $X=r$ 出现，那么前 $r-1$ 个取球的结果必须是什么？

4.29 设有 3 枚硬币，抛掷正面朝上的概率分别为 1/3，1/2，3/4. 随机选出一枚硬币，进行连续抛掷.
(a) 求抛掷 8 次，出现 5 次正面朝上的概率.
(b) 求在第 5 次抛掷时首次出现正面朝上的概率.

4.30 设 X 是参数为 n，p 的二项随机变量，那么 $n-X$ 是什么随机变量.

4.31 设有 $1, \cdots, n+m$ 个数，随机取出 n 个数，记 X 为第 i 个最小值. 求 X 的概率分布列.

4.32 坛子里有 n 个红球和 m 个蓝球. 从坛子里随机取球. 设 X 为首次取出 r 个红球时取出的总球数. X 是负超几何随机变量.
(a) 求 X 的概率分布列.
(b) 设 V 是首次取出 r 个红球或者 s 个蓝球时取出的总球数，求 V 的概率分布列.
(c) 计算 r 个红球在 s 个蓝球取出前被取出的概率.

188

第5章　连续型随机变量

5.1　引言

我们在第 4 章中讨论了离散型随机变量，即随机变量的可能取值集合或者是有限的，或者是可数无限的．然而，还存在一类随机变量，它们的可能取值集合是不可数的．例如下面两个例子：火车到达某个车站的时间以及某个晶体管的寿命．设 X 是一个随机变量，如果存在一个定义在实数轴上的非负函数 f，使得对于任一个实数集 B[1]，满足

$$P\{X \in B\} = \int_B f(x)\mathrm{d}x \tag{1.1}$$

则称 X 为连续型[2]（continuous）随机变量．函数 f 称为随机变量 X 的概率密度函数（probability density function），或者密度函数（参见图 5-1）.

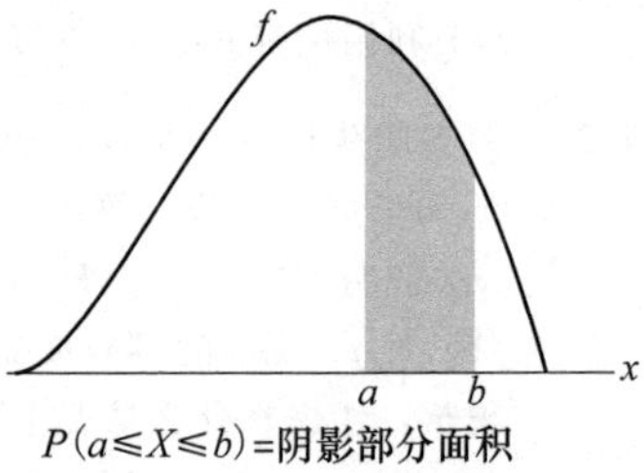

$P(a \leqslant X \leqslant b)$=阴影部分面积

图 5-1　概率密度函数 f

用语言来表达就是，式(1.1)表明了 X 属于 B 的概率可以由概率密度函数 $f(x)$ 在集合 B 上的积分得到．因为 X 必取某个值，所以 f 一定满足

$$1 = P\{X \in (-\infty, \infty)\} = \int_{-\infty}^{+\infty} f(x)\mathrm{d}x$$

所有关于 X 的概率都可以由 f 得到．例如，令 $B=[a, b]$，由式(1.1)可得

189

$$P\{a \leqslant X \leqslant b\} = \int_a^b f(x)\mathrm{d}x \tag{1.2}$$

在式(1.2)中，若令 $a=b$，可得

$$P\{X = a\} = \int_a^a f(x)\mathrm{d}x = 0$$

也就是说，连续型随机变量取任何固定值的概率都等于 0．因此，对于一个连续型随机变量 X，有

$$P\{X < a\} = P\{X \leqslant a\} = F(a) = \int_{-\infty}^a f(x)\mathrm{d}x$$

例 1a　设 X 是一个连续型随机变量，其密度函数为

$$f(x) = \begin{cases} C(4x - 2x^2) & 0 < x < 2 \\ 0 & \text{其他} \end{cases}$$

(a) C 的值是多少？(b) 求 $P\{X>1\}$.

解　(a) 既然 f 是一个概率密度函数，那么必定有 $\int_{-\infty}^{+\infty} f(x)\mathrm{d}x = 1$，这意味着

---

[1] 事实上，从技术角度讲，式(1.1)仅对可测集 B 成立，幸运的是，我们实际感兴趣的集合大都是可测集.

[2] 有时也称为绝对连续型(absolutely continuous).

$$C\int_0^2 (4x-2x^2)\,\mathrm{d}x = 1$$

或者

$$C\left[2x^2-\frac{2x^3}{3}\right]\Bigg|_{x=0}^{x=2} = 1$$

整理解得

$$C=\frac{3}{8}$$

因此，

(b) $P\{X>1\}=\int_1^{\infty} f(x)\,\mathrm{d}x=\frac{3}{8}\int_1^2(4x-2x^2)\,\mathrm{d}x=\frac{1}{2}$ ■

例 1b 某台计算机在系统崩溃之前连续运行的时间(以小时为单位)是一个连续型随机变量，其密度函数为

$$f(x)=\begin{cases}\lambda \mathrm{e}^{-x/100} & x\geqslant 0\\ 0 & x<0\end{cases}$$

190

(a) 计算计算机在系统崩溃之前运行 50～150 小时的概率；

(b) 计算运行时间不超过 100 小时的概率.

解 (a) 由

$$1=\int_{-\infty}^{+\infty} f(x)\,\mathrm{d}x=\lambda\int_0^{+\infty}\mathrm{e}^{-x/100}\,\mathrm{d}x$$

可得

$$1=-\lambda(100)\mathrm{e}^{-x/100}\Big|_0^{\infty}=100\lambda \qquad \text{或} \qquad \lambda=\frac{1}{100}$$

因此，计算机在系统崩溃之前能够运行 50～150 小时的概率为

$$P\{50<X<150\}=\int_{50}^{150}\frac{1}{100}\mathrm{e}^{-x/100}\,\mathrm{d}x=-\mathrm{e}^{-x/100}\Big|_{50}^{150}=\mathrm{e}^{-1/2}-\mathrm{e}^{-3/2}\approx 0.383$$

(b) 类似地，

$$P\{X<100\}=\int_0^{100}\frac{1}{100}\mathrm{e}^{-x/100}\,\mathrm{d}x=-\mathrm{e}^{-x/100}\Big|_0^{100}=1-\mathrm{e}^{-1}\approx 0.632$$

即计算机连续使用 100 小时，其间有大约 63.2%的可能会出现系统崩溃. ■

例 1c 某种收音机电子管的寿命是一连续型随机变量，概率密度函数为

$$f(x)=\begin{cases}0 & x\leqslant 100\\ \dfrac{100}{x^2} & x>100\end{cases}$$

设共有 5 个同样的电子管，并且各个电子管的寿命相互独立，问在 150 小时内，这 5 个电子管中恰好有 2 个需要更换的概率是多大？假定 E_i 表示“在给定时间内第 $i(i=1,2,\cdots,5)$ 个电子管需要更换”.

解 由题意得

$$P(E_i)=\int_0^{150}f(x)\mathrm{d}x=100\int_{100}^{150}x^{-2}\mathrm{d}x=\frac{1}{3}$$

利用事件 E_i 之间的独立性，可得所求概率为

191

$$\binom{5}{2}\left(\frac{1}{3}\right)^2\left(\frac{2}{3}\right)^3=\frac{80}{243}$$ ■

分布函数 F 与密度函数 f 之间的关系可以表示为

$$F(a)=P\{X\in(-\infty,a]\}=\int_{-\infty}^{a}f(x)\mathrm{d}x$$

对上式两边求导，得到

$$\frac{\mathrm{d}}{\mathrm{d}a}F(a)=f(a)$$

即密度函数是累积分布函数的导数. 由式(1.2)还可以得到一个关于概率密度函数更直观的解释：

$$P\left\{a-\frac{\varepsilon}{2}\leqslant X\leqslant a+\frac{\varepsilon}{2}\right\}=\int_{a-\varepsilon/2}^{a+\varepsilon/2}f(x)\mathrm{d}x\approx\varepsilon f(a)$$

其中 ε 是一个非常小的数，$f(\cdot)$在 $x=a$ 处连续. 换句话说，X 取值于以点 a 为中心，长度为 ε 的区间内的概率近似等于 $\varepsilon f(a)$. 由此可以看出，密度函数 $f(a)$是随机变量在点 a 附近取值可能性的一个度量.

例 1d 设 X 是一个连续型随机变量，其分布函数为 F_X，密度函数为 f_X，求 $Y=2X$ 的密度函数.

解 我们用两种方法来求解 f_Y. 第一种方法是先求 Y 的分布函数，然后对分布函数求导，

$$F_Y(a)=P\{Y\leqslant a\}=P\{2X\leqslant a\}=P\{X\leqslant a/2\}=F_X(a/2)$$

求导得到

$$f_Y(a)=\frac{1}{2}f_X(a/2)$$

另一方法是，注意到

$$\varepsilon f_Y(a)\approx P\left\{a-\frac{\varepsilon}{2}\leqslant Y\leqslant a+\frac{\varepsilon}{2}\right\}=P\left\{a-\frac{\varepsilon}{2}\leqslant 2X\leqslant a+\frac{\varepsilon}{2}\right\}$$

$$=P\left\{\frac{a}{2}-\frac{\varepsilon}{4}\leqslant X\leqslant\frac{a}{2}+\frac{\varepsilon}{4}\right\}\approx\frac{\varepsilon}{2}f_X(a/2)$$

两边除以 ε 就可以得到与前面相同的结果. ■

192

5.2 连续型随机变量的期望和方差

在第4章中，我们利用下式定义了离散型随机变量的期望值

$$E[X]=\sum_x xP\{X=x\}$$

如果 X 是一个连续型随机变量，密度函数为 $f(x)$，那么，因为对于很小的 $\mathrm{d}x$ 有

$$f(x)\mathrm{d}x\approx P\{x\leqslant X\leqslant x+\mathrm{d}x\}$$

所以，我们可以用类似的方法定义连续型随机变量的期望值为

$$E[X]=\int_{-\infty}^{\infty} x f(x) \mathrm{d} x$$

例 2a 设随机变量 X 的密度函数为

$$f(x)=\begin{cases}2x & \text{如果 } 0 \leqslant x \leqslant 1 \\ 0 & \text{其他}\end{cases}$$

求 $E[X]$.

解

$$E[X]=\int x f(x) \mathrm{d} x=\int_{0}^{1} 2 x^{2} \mathrm{~d} x=\frac{2}{3}$$ ■

例 2b 设随机变量 X 的密度函数为

$$f(x)=\begin{cases}1 & \text{如果 } 0 \leqslant x \leqslant 1 \\ 0 & \text{其他}\end{cases}$$

求 $E[\mathrm{e}^{X}]$.

解 令 $Y=\mathrm{e}^{X}$. 我们先从计算 Y 的分布函数 F_{Y} 开始. 对于 $1 \leqslant x \leqslant \mathrm{e}$，有

$$F_{Y}(x)=P\{Y \leqslant x\}=P\{\mathrm{e}^{X} \leqslant x\}=P\{X \leqslant \ln (x)\}=\int_{0}^{\ln (x)} f(y) \mathrm{d} y=\ln (x)$$

对 $F_{Y}(x)$ 求导，得到 Y 的概率密度函数

$$f_{Y}(x)=\frac{1}{x} \quad 1 \leqslant x \leqslant \mathrm{e}$$

因此，

193

$$E[\mathrm{e}^{X}]=E[Y]=\int_{-\infty}^{+\infty} x f_{Y}(x) \mathrm{d} x=\int_{1}^{\mathrm{e}} \mathrm{d} x=\mathrm{e}-1$$ ■

尽管例 2b 中的方法是计算随机变量 X 的函数的期望值时常用的方法，但正如离散型情形一样，还存在另一种方法. 类似第 4 章的命题 4.1，我们得到如下命题.

命题 2.1 设 X 是一个连续型随机变量，其概率密度函数为 $f(x)$，那么对于任一实值函数 g，有

$$E[g(X)]=\int_{-\infty}^{+\infty} g(x) f(x) \mathrm{d} x$$

在例 2b 中利用命题 2.1 可得

$$\begin{aligned} E[\mathrm{e}^{X}] &=\int_{0}^{1} \mathrm{e}^{x} \mathrm{~d} x \quad \text{因为 } f(x)=1, 0<x<1 \\ &=\mathrm{e}-1 \end{aligned}$$

这个结果与例 2b 中的结果是一致的.

命题 2.1 的证明比离散型情形下更复杂，我们仅在随机变量 $g(X)$ 非负的条件下证明本命题. (一般情况下的证明，作为我们所给证明的后续部分，见理论习题 5.2 和理论习题 5.3.) 我们还需要以下引理.

引理 2.1 对于一个非负随机变量 Y，有

$$E[Y]=\int_0^{\infty}P\{Y>y\}\mathrm{d}y$$

证明　在下面的证明中，我们假定 Y 是一个连续型随机变量，密度函数为 f_Y. 则有

$$\int_0^{\infty}P\{Y>y\}\mathrm{d}y=\int_0^{\infty}\int_y^{\infty}f_Y(x)\mathrm{d}x\mathrm{d}y$$

此处利用了事实 $P\{Y>y\}=\int_y^{\infty}f_Y(x)\mathrm{d}x$，交换上式的积分次序，即得

194

$$\int_0^{\infty}P\{Y>y\}\mathrm{d}y=\int_0^{\infty}\left(\int_0^{x}\mathrm{d}y\right)f_Y(x)\mathrm{d}x=\int_0^{\infty}xf_Y(x)\mathrm{d}x=E[Y]$$ ■

命题 2.1 的证明　对于任一函数 g，满足 $g(x)\geqslant 0$，根据引理 2.1，有

$$\begin{aligned}E[g(X)]&=\int_0^{\infty}P\{g(X)>y\}\mathrm{d}y=\int_0^{\infty}\int_{x:g(x)>y}f(x)\mathrm{d}x\mathrm{d}y\\&=\int_{x:g(x)>0}\int_0^{g(x)}\mathrm{d}yf(x)\mathrm{d}x=\int_{x:g(x)>0}g(x)f(x)\mathrm{d}x\end{aligned}$$

命题得证. ■

例 2c　一根长为 1 的棍子在点 U 处断开，其中 U 是密度函数为 $f(u)=1(0<u<1)$ 的随机变量，求包含点 $p(0\leqslant p\leqslant 1)$ 的那一截的长度的期望值.

解　令 $L_p(U)$ 表示包含点 p 的那一截的长度，注意到

$$L_p(U)=\begin{cases}1-U & U<p\\ U & U>p\end{cases}$$

(见图 5-2)因此，利用命题 2.1 有

$$E[L_p(U)]=\int_0^1L_p(u)\mathrm{d}u=\int_0^p(1-u)\mathrm{d}u+\int_p^1u\mathrm{d}u=\frac{1}{2}-\frac{(1-p)^2}{2}+\frac{1}{2}-\frac{p^2}{2}=\frac{1}{2}+p(1-p)$$

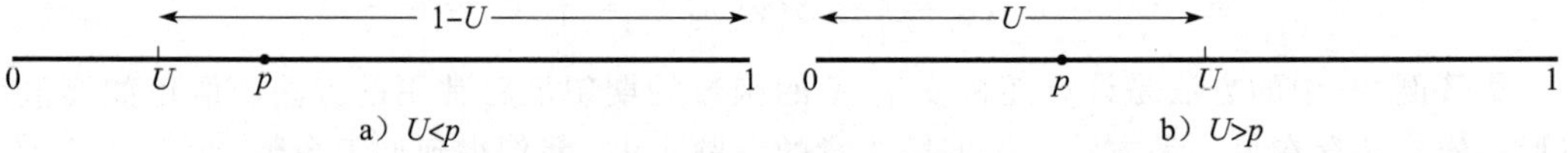

1-U　　0　U　p　1　　a) U<p

U　　0　p　U　1　　b) U>p

图 5-2　包含 p 点的部分

有趣的是：因为 $p(1-p)$ 在 $p=1/2$ 时取最大值，所以当 p 是棍子的中点时，包含点 p 的那一截的长度的期望取得最大值. ■

例 2d　假设你去赴约，如果早到 s 分钟，那么需要花费 cs 元，如果晚到 s 分钟，则需要花费 ks 元. 又假设从你所在地点到约会地点所要花费的时间是一个概率密度函数为 f 的随机变量，问如果要使得花费的期望值最小，你应该什么时候出发？

195

解　令 X 表示路途所花时间，如果你在约会前 t 分钟出发，那么你的花费 $C_t(X)$ 为

$$C_t(X)=\begin{cases}c(t-X) & \text{如果 } X\leqslant t\\ k(X-t) & \text{如果 } X\geqslant t\end{cases}$$

因此，

$$\begin{aligned}E[C_t(X)]&=\int_0^{\infty}C_t(x)f(x)\mathrm{d}x=\int_0^{t}c(t-x)f(x)\mathrm{d}x+\int_t^{\infty}k(x-t)f(x)\mathrm{d}x\\&=ct\int_0^tf(x)\mathrm{d}x-c\int_0^txf(x)\mathrm{d}x+k\int_t^{\infty}xf(x)\mathrm{d}x-kt\int_t^{\infty}f(x)\mathrm{d}x\end{aligned}$$

使 $E[C_t(X)]$最小化的 t 值可以由如下计算得到. 对上式求导可得

$$\frac{\mathrm{d}}{\mathrm{d}t}E[C_t(X)] = ctf(t)+cF(t)-ctf(t)-ktf(t)+ktf(t)-k[1-F(t)]$$
$$=(k+c)F(t)-k$$

令上式右边等于 0，可得在约会前 t^* 分钟出发使得花费的期望值最小，其中 t^* 满足

$$F(t^*)=\frac{k}{k+c}$$ ■

类似第 4 章中的讨论，我们由命题 2.1 可得如下推论 .

推论 2.1 *如果 a 和 b 都是常数，那么*

$$E[aX+b]=aE[X]+b$$

推论 2.1 的证明完全类似于离散型随机变量情形下的证明. 不同之处仅仅在于求和换成了积分，分布列换成了密度函数.

连续型随机变量的方差的定义也同离散型情况一样，即如果 X 是一个连续型随机变量，期望值为 μ，则 X(任何类型的随机变量)的方差定义为：

$$\mathrm{Var}(X)=E[(X-\mu)^2]$$

另一种定义公式是

$$\mathrm{Var}(X)=E[X^2]-(E[X])^2$$

该公式的证明方法同离散型情形一致.

例 2e 求例 2a 中随机变量 X 的方差 $\mathrm{Var}(X)$.

196

解 我们先来计算 $E[X^2]$，

$$E[X^2]=\int_{-\infty}^{+\infty}x^2f(x)\mathrm{d}x=\int_0^1 2x^3\mathrm{d}x=\frac{1}{2}$$

因为 $E[X]=2/3$，所以有

$$\mathrm{Var}(X)=\frac{1}{2}-\left(\frac{2}{3}\right)^2=\frac{1}{18}$$ ■

对常数 a 和 b，我们还可以证明

$$\mathrm{Var}(aX+b)=a^2\mathrm{Var}(X)$$

证明方法类似于离散型随机变量情形.

接下来的几节将介绍几类比较重要的连续型随机变量，它们在概率论的应用中经常出现.

5.3 均匀随机变量

如果一个随机变量 X 的密度函数为

$$f(x)=\begin{cases}1 & 0<x<1\\ 0 & \text{其他}\end{cases} \tag{3.1}$$

则称随机变量 X 在(0，1)区间上均匀分布(uniformly distirbution).

注意 $f(x)\geqslant 0$，且 $\int_{-\infty}^{+\infty}f(x)\mathrm{d}x=\int_0^1\mathrm{d}x=1$ ，所以上式是一个概率密度函数. 因为仅当 $x\in(0，1)$时才有 $f(x)>0$，所以 X 必然取值在(0，1)之间. 又因为 $f(x)$对于任意 $x\in(0，1)$为

常数，所以 X 在(0，1)内任何值附近取值的概率都是相等的. 要证明这点，注意到对于任意 $0<a<b<1$，有

$$P\{a \leqslant X \leqslant b\} = \int_a^b f(x)\mathrm{d}x = b-a$$

换句话说，X 属于(0，1)的任一子区间的概率等于该子区间的长度.

一般来说，我们称 X 为区间(α, β)上服从均匀分布的随机变量，如果它的密度函数为

197

$$f(x) = \begin{cases} \dfrac{1}{\beta-\alpha} & \text{如果 } \alpha < x < \beta \\ 0 & \text{其他} \end{cases} \tag{3.2}$$

因为 $F(a) = \int_{-\infty}^{a} f(x)\mathrm{d}x$，由式(3.2)可得区间$(\alpha, \beta)$上的均匀随机变量的分布函数为：

$$F(a) = \begin{cases} 0 & a \leqslant \alpha \\ \dfrac{a-\alpha}{\beta-\alpha} & \alpha < a < \beta \\ 1 & a \geqslant \beta \end{cases}$$

图 5-3 显示的就是 $f(a)$ 和 $F(a)$.

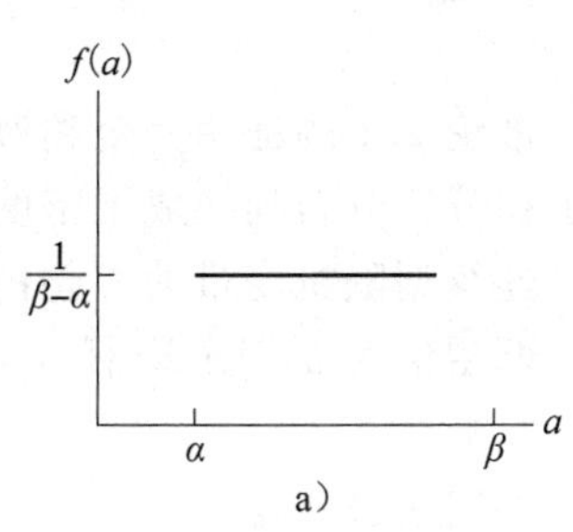

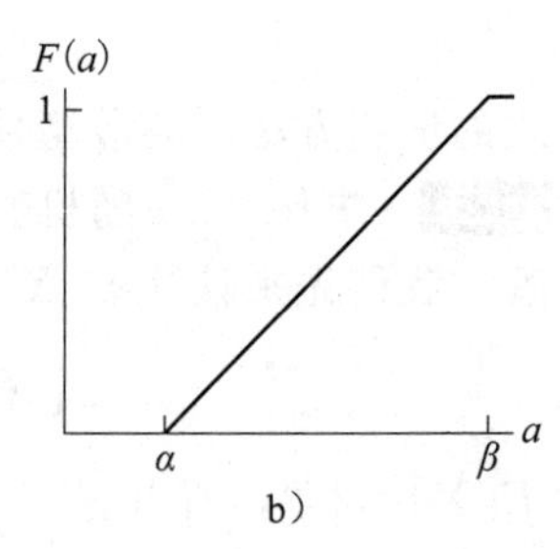

图 5-3　(α, β)上均匀随机变量的密度函数 $f(a)$ 和分布函数 $F(a)$

例 3a　令 X 在(α, β)上服从均匀分布，求(a) $E[X]$；(b) $\mathrm{Var}(X)$.

解　(a)

$$E[X] = \int_{-\infty}^{+\infty} xf(x)\mathrm{d}x = \int_{\alpha}^{\beta} \frac{x}{\beta-\alpha}\mathrm{d}x = \frac{\beta^2-\alpha^2}{2(\beta-\alpha)} = \frac{\beta+\alpha}{2}$$

即某个区间上均匀随机变量的期望就等于该区间中点的值.

(b) 为了计算 $\mathrm{Var}(X)$，先计算 $E[X^2]$.

$$E[X^2] = \int_{\alpha}^{\beta} \frac{1}{\beta-\alpha}x^2\mathrm{d}x = \frac{\beta^3-\alpha^3}{3(\beta-\alpha)} = \frac{\beta^2+\alpha\beta+\alpha^2}{3}$$

因此

198

$$\mathrm{Var}(X) = \frac{\beta^2+\alpha\beta+\alpha^2}{3} - \frac{(\alpha+\beta)^2}{4} = \frac{(\beta-\alpha)^2}{12}$$

所以，某个区间上均匀随机变量的方差就等于该区间长度的平方除以 12. ■

例 3b　如果 X 服从(0，10)上的均匀分布，计算如下概率：

(a) $X<3$；(b) $X>6$；(c) $3<X<8$.

解　(a) $P\{X<3\} = \int_0^3 \frac{1}{10}\mathrm{d}x = \frac{3}{10}$

(b) $P\{X>6\} = \int_6^{10} \frac{1}{10}\mathrm{d}x = \frac{4}{10}$

(c) $P\{3<X<8\} = \int_3^8 \frac{1}{10}\mathrm{d}x = \frac{1}{2}$ ■

例 3c　公共汽车从 7:00 开始发车，到达某一车站的时间间隔为 15 分钟，即汽车到达

的时间为 7:00，7:15，7:30，7:45 等. 如果某个乘客在 7:00 到 7:30 之间到达车站的时间服从均匀分布，求以下事件的概率：

(a) 他等车的时间不超过 5 分钟；(b) 他等车的时间超过 10 分钟.

解 令 X 表示从 7:00 到该乘客到达车站的时间差(分钟). 因为 X 就是一个在区间 (0, 30)上均匀分布的随机变量，所以乘客等待时间不超过 5 分钟，当且仅当他到达时间为 7:10到 7:15 之间，或者 7:25 到 7:30 之间. 因此(a)所求概率为

$$P\{10 < X < 15\} + P\{25 < X < 30\} = \int_{10}^{15} \frac{1}{30}\mathrm{d}x + \int_{25}^{30} \frac{1}{30}\mathrm{d}x = \frac{1}{3}$$

类似地，他等待时间超过 10 分钟，当且仅当他到达时间为 7:00 到 7:05 之间，或者 7:15 到 7:20 之间，因此(b)所求概率为

$$P\{0 < X < 5\} + P\{15 < X < 20\} = \frac{1}{3}$$ ■

下面一个例子是法国数学家 L. F. 贝特朗于 1889 年首先提出的问题，通常称为贝特朗悖论. 它说明，早期概率论中的概率这个概念通常指几何概率.

例 3d 考虑随机地从圆中取一根弦，该弦的长度大于该圆内接正三角形的边长的概率是多大?

解 上述问题其实是无解的，因为随机取弦的定义并不明确. 下面将用两种不同的方法来重新阐述这个问题.

第一种方法：弦的位置可由它到圆心的距离确定，此距离的变化范围为 0 到 r，其中 r 为圆的半径. 这样，当弦与圆心的距离小于 $r/2$ 时，弦长将大于圆内接正三角形的边长. 因此，假设随机地取弦意味着弦到圆心的距离 D 服从 0 到 r 的均匀分布，因此，该弦的长度大于内接正三角形的边长的概率为

$$P\left\{D < \frac{r}{2}\right\} = \frac{r/2}{r} = \frac{1}{2}$$

199

第二种方法是这样考虑随机取弦：通过弦的一端作切线，那么弦与切线之间的夹角 θ 的变化范围为 0°到 180°，它决定了弦的位置(见图 5-4). 而且，当 θ 在 60°到 120°之间时，弦的长度大于圆内接正三角形的边长. 因此，假设随机取弦意味着 θ 在 0°到 180°之间均匀分布，则在这种假定下所求概率为

$$P\{60 < \theta < 120\} = \frac{120-60}{180} = \frac{1}{3}$$

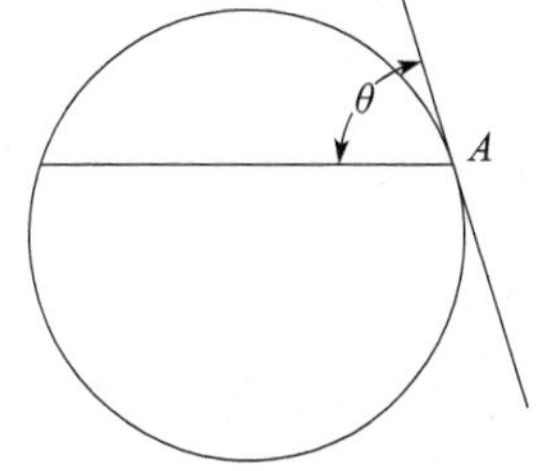

图 5-4 随机取弦

注意，进行这样的随机试验时，正确概率可能是$\frac{1}{2}$或$\frac{1}{3}$. 例如，假设桌面上画了好多平行线，平行线之间的距离为 $2r$，现将一个直径为 $2r$ 的圆盘往桌上扔，那么，这个圆盘必定与某条平行线相交，该平行线与圆盘相交形成一条弦. 这条弦的长度取决于圆盘的圆心在平面上的位置. 此时，这条弦的长度分布与第一种情况相符. 因此，弦的长度大于内接正三角形边长的概率为$\frac{1}{2}$. 如果在桌面上画一个半径为 r 的圆，在圆周上取一点，记为 A，在点 A 上钉一根可

以任意绕点 A 转动的针，这个针与圆周总会相交而得到一条弦(见图5-4)，而这条弦的长度分布就与第二种情况相同，其长度大于内接正三角形边长的概率为$\frac{1}{3}$. ■

5.4 正态随机变量

如果随机变量 X 的密度函数为

$$f(x)=\frac{1}{\sqrt{2\pi}\sigma}e^{-(x-\mu)^2/2\sigma^2}\qquad -\infty<x<\infty$$

则称 X 是服从参数为 μ 和 σ^2 的正态分布的随机变量，简称为正态随机变量，该密度函数是一条关于 μ 对称的钟形曲线(见图5-5).

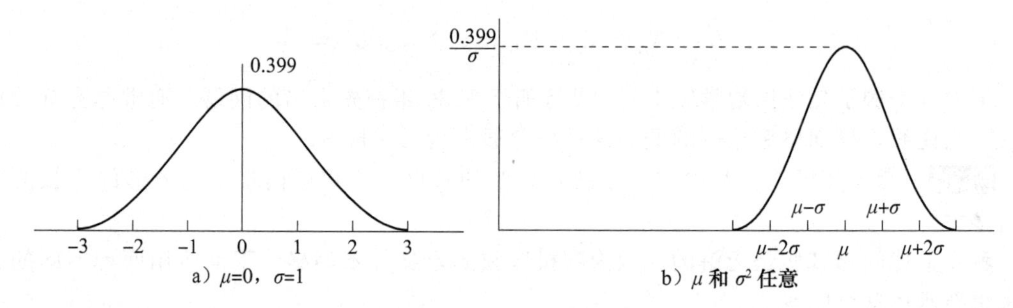

图5-5　正态密度函数

1733年，法国数学家亚伯拉罕·棣莫弗引入了正态分布，并用它来近似计算二项随机变量在 n 很大时的概率. 这个结果后来被拉普拉斯和其他一些数学家做了推广，现在被概括成为一个重要的概率论定理，即著名的中心极限定理，在第8章将会介绍它. 中心极限定理是概率论中两个重要的结果之一[⊖]，它给出了实际中出现的许多随机变量服从正态分布的理论根据. 常见正态分布的一些例子，包括一个成年人的身高、不同方向的气体分子的运动速度以及物体质量的测量误差等.

200

为了证明 $f(x)$ 的确是一个密度函数，我们要验证

$$\frac{1}{\sqrt{2\pi}\sigma}\int_{-\infty}^{+\infty}e^{-(x-\mu)^2/2\sigma^2}\,dx=1$$

作替换 $y=(x-\mu)/\sigma$ 可得

$$\frac{1}{\sqrt{2\pi}\sigma}\int_{-\infty}^{+\infty}e^{-(x-\mu)^2/2\sigma^2}\,dx=\frac{1}{\sqrt{2\pi}}\int_{-\infty}^{\infty}e^{-y^2/2}\,dy$$

因此，我们需要证明

$$\int_{-\infty}^{+\infty}e^{-y^2/2}\,dy=\sqrt{2\pi}$$

令 $I=\int_{-\infty}^{+\infty}e^{-y^2/2}\,dy$，则

⊖ 另一个是强大数定律.

$$I^2=\int_{-\infty}^{\infty}\mathrm{e}^{-y^2/2}\mathrm{d}y\int_{-\infty}^{\infty}\mathrm{e}^{-x^2/2}\mathrm{d}x=\int_{-\infty}^{\infty}\int_{-\infty}^{\infty}\mathrm{e}^{-(y^2+x^2)/2}\mathrm{d}y\mathrm{d}x$$

我们利用极坐标变换来求解上面的二重积分(令 $x=r\cos\theta$，$y=r\sin\theta$，且 $\mathrm{d}y\mathrm{d}x=r\mathrm{d}\theta\mathrm{d}r$)，

201

$$I^2=\int_0^{\infty}\int_0^{2\pi}\mathrm{e}^{-r^2/2}r\mathrm{d}\theta\mathrm{d}r=2\pi\int_0^{\infty}r\mathrm{e}^{-r^2/2}\mathrm{d}r=-2\pi\mathrm{e}^{-r^2/2}\big|_0^{\infty}=2\pi$$

因此，$I=\sqrt{2\pi}$，这就证明了结论.

另外一个关于正态分布的重要结论是：如果 X 是一个服从参数为 μ 和 σ 的正态分布的随机变量，那么 $aX+b$ 也服从正态分布，且参数为 $a\mu+b$ 和 $a^2\sigma^2$. 为了证明这点，假设 $a>0$($a<0$ 时的证明类似). 设 F_Y 为 Y 的分布函数，那么

$$F_Y(x)=P\{Y\leqslant x\}=P\{aX+b\leqslant x\}=P\left\{X\leqslant\frac{x-b}{a}\right\}=F_X\left(\frac{x-b}{a}\right)$$

其中 F_X 为 X 的分布函数. 求导可得 Y 的密度函数

$$f_Y(x)=\frac{1}{a}f_X\left(\frac{x-b}{a}\right)=\frac{1}{\sqrt{2\pi}a\sigma}\exp\left\{-\left(\frac{x-b}{a}-\mu\right)^2/2\sigma^2\right\}$$

$$=\frac{1}{\sqrt{2\pi}a\sigma}\exp\{-(x-b-a\mu)^2/2(a\sigma)^2\}$$

即证明了 Y 服从参数为 $a\mu+b$ 和 $a^2\sigma^2$ 的正态分布.

上述结论的一个重要应用就是，如果 X 是一个参数为(μ, σ^2)的正态随机变量，那么 $Z=(X-\mu)/\sigma$ 就是一个参数为(0，1)的正态随机变量. 这样的随机变量称为标准正态随机变量.

下面我们证明，正态分布的参数 μ 和 σ^2 分别表示它的期望和方差.

例 4a 设 X 是参数为 μ 和 σ^2 的正态随机变量，求 $E[X]$和 $\mathrm{Var}(X)$.

202

解 先从计算标准正态随机变量 $Z=(X-\mu)/\sigma$ 的期望和方差开始，由于

$$E[Z]=\int_{-\infty}^{+\infty}xf_Z(x)\mathrm{d}x=\frac{1}{\sqrt{2\pi}}\int_{-\infty}^{+\infty}x\mathrm{e}^{-x^2/2}\mathrm{d}x=-\frac{1}{\sqrt{2\pi}}\mathrm{e}^{-x^2/2}\big|_{-\infty}^{+\infty}=0$$

因此，

$$\mathrm{Var}(Z)=E[Z^2]=\frac{1}{\sqrt{2\pi}}\int_{-\infty}^{+\infty}x^2\mathrm{e}^{-x^2/2}\mathrm{d}x$$

通过分部积分($u=x$，$\mathrm{d}v=x\mathrm{e}^{-x^2/2}\mathrm{d}x$)得到

$$\mathrm{Var}(Z)=\frac{1}{\sqrt{2\pi}}\left(-x\mathrm{e}^{-x^2/2}\Big|_{-\infty}^{+\infty}+\int_{-\infty}^{+\infty}\mathrm{e}^{-x^2/2}\mathrm{d}x\right)=\frac{1}{\sqrt{2\pi}}\int_{-\infty}^{+\infty}\mathrm{e}^{-x^2/2}\mathrm{d}x=1$$

由 $X=\mu+\sigma Z$ 得

$$E[X]=\mu+\sigma E[Z]=\mu$$

从而

$$\mathrm{Var}(X)=\sigma^2\mathrm{Var}(Z)=\sigma^2$$ ■

一般将标准正态随机变量的分布函数记为 $\Phi(x)$，即

$$\Phi(x)=\frac{1}{\sqrt{2\pi}}\int_{-\infty}^{x}\mathrm{e}^{-y^{2}/2}\mathrm{d}y$$

对于一个非负数 x，$\Phi(x)$的值可在表 5-1 中查到．对于一个负数 x，$\Phi(x)$的值可以通过式(4.1)计算得到：

$$\Phi(-x)=1-\Phi(x)\qquad -\infty<x<\infty \tag{4.1}$$

表 5-1　$\Phi(x)$：标准正态分布密度曲线下 x 左侧的面积

x	0.00	0.01	0.02	0.03	0.04	0.05	0.06	0.07	0.08	0.09
0.0	0.5000	0.5040	0.5080	0.5120	0.5160	0.5199	0.5239	0.5279	0.5319	0.5359
0.1	0.5398	0.5438	0.5478	0.5517	0.5557	0.5596	0.5636	0.5675	0.5714	0.5753
0.2	0.5793	0.5832	0.5871	0.5910	0.5948	0.5987	0.6026	0.6064	0.6103	0.6141
0.3	0.6179	0.6217	0.6255	0.6293	0.6331	0.6368	0.6406	0.6443	0.6480	0.6517
0.4	0.6554	0.6591	0.6628	0.6664	0.6700	0.6736	0.6772	0.6808	0.6844	0.6879
0.5	0.6915	0.6950	0.6985	0.7019	0.7054	0.7088	0.7123	0.7157	0.7190	0.7224
0.6	0.7257	0.7291	0.7324	0.7357	0.7389	0.7422	0.7454	0.7486	0.7517	0.7549
0.7	0.7580	0.7611	0.7642	0.7673	0.7704	0.7734	0.7764	0.7794	0.7823	0.7852
0.8	0.7881	0.7910	0.7939	0.7967	0.7995	0.8023	0.8051	0.8078	0.8106	0.8133
0.9	0.8159	0.8186	0.8212	0.8238	0.8264	0.8289	0.8315	0.8340	0.8365	0.8389
1.0	0.8413	0.8438	0.8461	0.8485	0.8508	0.8531	0.8554	0.8577	0.8599	0.8621
1.1	0.8643	0.8665	0.8686	0.8708	0.8729	0.8749	0.8770	0.8790	0.8810	0.8830
1.2	0.8849	0.8869	0.8888	0.8907	0.8925	0.8944	0.8962	0.8980	0.8997	0.9015
1.3	0.9032	0.9049	0.9066	0.9082	0.9099	0.9115	0.9131	0.9147	0.9162	0.9177
1.4	0.9192	0.9207	0.9222	0.9236	0.9251	0.9265	0.9279	0.9292	0.9306	0.9319
1.5	0.9332	0.9345	0.9357	0.9370	0.9382	0.9394	0.9406	0.9418	0.9429	0.9441
1.6	0.9452	0.9463	0.9474	0.9484	0.9495	0.9505	0.9515	0.9525	0.9535	0.9545
1.7	0.9554	0.9564	0.9573	0.9582	0.9591	0.9599	0.9608	0.9616	0.9625	0.9633
1.8	0.9641	0.9649	0.9656	0.9664	0.9671	0.9678	0.9686	0.9693	0.9699	0.9706
1.9	0.9713	0.9719	0.9726	0.9732	0.9738	0.9744	0.9750	0.9756	0.9761	0.9767
2.0	0.9772	0.9778	0.9783	0.9788	0.9793	0.9798	0.9803	0.9808	0.9812	0.9817
2.1	0.9821	0.9826	0.9830	0.9834	0.9838	0.9842	0.9846	0.9850	0.9854	0.9857
2.2	0.9861	0.9864	0.9868	0.9871	0.9875	0.9878	0.9881	0.9884	0.9887	0.9890
2.3	0.9893	0.9896	0.9898	0.9901	0.9904	0.9906	0.9909	0.9911	0.9913	0.9916
2.4	0.9918	0.9920	0.9922	0.9925	0.9927	0.9929	0.9931	0.9932	0.9934	0.9936
2.5	0.9938	0.9940	0.9941	0.9943	0.9945	0.9946	0.9948	0.9949	0.9951	0.9952
2.6	0.9953	0.9955	0.9956	0.9957	0.9959	0.9960	0.9961	0.9962	0.9963	0.9964
2.7	0.9965	0.9966	0.9967	0.9968	0.9969	0.9970	0.9971	0.9972	0.9973	0.9974
2.8	0.9974	0.9975	0.9976	0.9977	0.9977	0.9978	0.9979	0.9979	0.9980	0.9981
2.9	0.9981	0.9982	0.9982	0.9983	0.9984	0.9984	0.9985	0.9985	0.9986	0.9986
3.0	0.9987	0.9987	0.9987	0.9988	0.9988	0.9989	0.9989	0.9989	0.9990	0.9990
3.1	0.9990	0.9991	0.9991	0.9991	0.9992	0.9992	0.9992	0.9992	0.9993	0.9993
3.2	0.9993	0.9993	0.9994	0.9994	0.9994	0.9994	0.9994	0.9995	0.9995	0.9995
3.3	0.9995	0.9995	0.9995	0.9996	0.9996	0.9996	0.9996	0.9996	0.9996	0.9997
3.4	0.9997	0.9997	0.9997	0.9997	0.9997	0.9997	0.9997	0.9997	0.9997	0.9998

等式(4.1)的证明，可以利用标准正态密度函数的对称性得到，留作习题. 式(4.1)表明，如果 Z 是一个标准正态随机变量，那么

$$P\{Z \leqslant -x\} = P\{Z > x\} \qquad -\infty < x < \infty$$

因为当 X 服从参数为 μ 和 σ^2 的正态分布时，$Z=(X-\mu)/\sigma$ 服从标准正态分布，因此，X 的分布函数可以写成：

$$F_X(a) = P\{X \leqslant a\} = P\left(\frac{X-\mu}{\sigma} \leqslant \frac{a-\mu}{\sigma}\right) = \Phi\left(\frac{a-\mu}{\sigma}\right)$$

例 4b 如果 X 服从正态分布，参数为 $\mu=3$ 和 $\sigma^2=9$，求

(a) $P\{2<X<5\}$；(b) $P\{X>0\}$；(c) $P\{|X-3|>6\}$.

解 (a)

203~204

$$P\{2 < X < 5\} = P\left\{\frac{2-3}{3} < \frac{X-3}{3} < \frac{5-3}{3}\right\} = P\left\{-\frac{1}{3} < Z < \frac{2}{3}\right\}$$

$$= \Phi\left(\frac{2}{3}\right) - \Phi\left(-\frac{1}{3}\right) = \Phi\left(\frac{2}{3}\right) - \left[1 - \Phi\left(\frac{1}{3}\right)\right] \approx 0.3779$$

(b)

$$P\{X > 0\} = P\left\{\frac{X-3}{3} > \frac{0-3}{3}\right\} = P\{Z > -1\} = 1 - \Phi(-1) = \Phi(1) \approx 0.8413$$

(c)

$$\begin{aligned} P\{|X-3| > 6\} &= P\{X > 9\} + P\{X < -3\} \\ &= P\left\{\frac{X-3}{3} > \frac{9-3}{3}\right\} + P\left\{\frac{X-3}{3} < \frac{-3-3}{3}\right\} \\ &= P\{Z > 2\} + P\{Z < -2\} = 1 - \Phi(2) + \Phi(-2) \\ &= 2[1 - \Phi(2)] \approx 0.0456 \end{aligned}$$

■

例 4c 在一次考试中，如果所有考生的分数可以近似地表示为正态密度函数(换句话说，各级考分的频率图近似地呈现正态密度的钟形曲线)，则通常认为这次考试(就合理地划分考生成绩的等级而言)是可取的. 教师常用考生的分数估计正态参数 μ 与 σ^2，然后把分数超过 $\mu+\sigma$ 的评为 A 等，分数在 μ 到 $\mu+\sigma$ 之间的评为 B 等，分数在 $\mu-\sigma$ 到 μ 之间的评为 C 等，分数在 $\mu-2\sigma$ 到 $\mu-\sigma$ 之间的评为 D 等，分数在 $\mu-2\sigma$ 以下的评为 E 等. (有时称这种方法为“曲线上”划分等级法.)由于

$$P\{X > \mu+\sigma\} = P\left\{\frac{X-\mu}{\sigma} > 1\right\} = 1 - \Phi(1) \approx 0.1587$$

$$P\{\mu < X < \mu+\sigma\} = P\left\{0 < \frac{X-\mu}{\sigma} < 1\right\} = \Phi(1) - \Phi(0) \approx 0.3413$$

$$P\{\mu-\sigma < X < \mu\} = P\left\{-1 < \frac{X-\mu}{\sigma} < 0\right\} = \Phi(0) - \Phi(-1) \approx 0.3413$$

$$P\{\mu-2\sigma < X < \mu-\sigma\} = P\left\{-2 < \frac{X-\mu}{\sigma} < -1\right\} = \Phi(2) - \Phi(1) \approx 0.1359$$

$$P\{X < \mu-2\sigma\} = P\left\{\frac{X-\mu}{\sigma} < -2\right\} = \Phi(-2) \approx 0.0228$$

205

所以，近似地说，这次考试中获得A等的占16%，B等的占34%，C等的占34%，D等的占14%，成绩很差的占2%. ■

例4d 某人被指控为一个新生儿的父亲. 此案鉴定人作证时指出：母亲的怀孕期(即从受孕到婴儿出生的时间)的天数近似地服从正态分布，其参数为$\mu=270$，$\sigma^2=100$. 被告提供的证词表明，他在孩子出生前290天出国，而于出生前240天才回来. 如果被告事实上是这孩子的父亲，根据证词所述，那位母亲在被告出国前或回国后怀孕的概率是多少?

解 设X表示怀孕期的天数，并假定被告是这孩子的父亲，那么孩子生于与证词相符的时间内的概率是

$$\begin{aligned}P\{X>290\text{ 或 }X<240\}&=P\{X>290\}+P\{X<240\}\\&=P\left\{\frac{X-270}{10}>2\right\}+P\left\{\frac{X-270}{10}<-3\right\}\\&=1-\Phi(2)+1-\Phi(3)\approx 0.0241\end{aligned}$$

■

例4e 考虑利用电讯从A地到B地传送一个二值信号：0或1. 然而，数据通过电信传送过程中会遇到噪声干扰. 为了减少传送出错的概率，当传送的信息为1时将传送值2，传送信息是0时将传送值-2. 如果$x(x=\pm 2)$为在A地传送的数值，$R(R=x+N$，N为噪声干扰)为在B地接收到的数值，当信号在B地接收后，按如下规则解码：

如果$R\geqslant 0.5$，则认为是1；

如果$R<0.5$，则认为是0.

因为噪声通常服从正态分布，所以我们需要计算N为标准正态随机变量情形下的出错概率.

共有两类错误会发生：一类是信息1被错误地认为是0；另一类是信息0被错误地认为是1. 第一类错误会在下列情形发生：如果信息是1，且$2+N<0.5$. 而第二类错误会在下列情形发生：信息是0，且$-2+N\geqslant 0.5$. 因此，

$$P\{\text{错误}\mid\text{信息是}1\}=P\{N<-1.5\}=1-\Phi(1.5)\approx 0.0668$$

$$P\{\text{错误}\mid\text{信息是}0\}=P\{N\geqslant 2.5\}=1-\Phi(2.5)\approx 0.0062$$

■

例4f VAR(Value at Risk)是财务核算中的一个核心概念，投资的VAR可以定义为一个值ν，满足投资的损失大于ν的概率只有1%. 如果投资收益X服从均值为μ、方差为σ^2的正态分布，那么，因为损失是收益的相反数，所以我们有

206

$$0.01=P\{-X>\nu\}$$

由$-X$服从均值为$-\mu$、方差为σ^2的正态分布，可得

$$0.01=P\left\{\frac{-X+\mu}{\sigma}>\frac{\nu+\mu}{\sigma}\right\}=1-\Phi\left(\frac{\nu+\mu}{\sigma}\right)$$

根据表5-1，$\Phi(2.33)=0.99$，于是我们有

$$\frac{\nu+\mu}{\sigma}=2.33$$

也就是

$$\nu=\text{VAR}=2.33\sigma-\mu$$

结论是，在所有收益服从正态分布的投资集合中，使 $\mu-2.33\sigma$ 达到最大值的投资风险最小．■

二项分布的正态近似

概率论中一个重要的结论就是棣莫弗-拉普拉斯极限定理，它表明当 n 充分大时，参数为$(n,\ p)$的二项随机变量可以由正态随机变量来近似，其中正态随机变量的期望和方差与二项随机变量的期望和方差相同．棣莫弗在 1733 年证明了 $p=\frac{1}{2}$ 的特殊情形．之后，在 1812 年，拉普拉斯对一般的 p 进行了证明．更一般的叙述是：我们可以如下将二项随机变量标准化，先减去其均值 np，然后再除以标准差 $\sqrt{np(1-p)}$，那么经过标准化后的随机变量(均值为 0，方差为 1)的分布函数当 $n\to\infty$ 时收敛到标准正态分布函数．

棣莫弗-拉普拉斯极限定理

在 n 次独立重复试验中，设每次成功的概率为 p，记成功的总次数为 S_n，那么对任意 $a<b$ 有：当 $n\to\infty$ 时，

$$P\left\{a \leqslant \frac{S_n-np}{\sqrt{np(1-p)}} \leqslant b\right\} \to \Phi(b)-\Phi(a)$$

因为上述定理仅是第 8 章研究的中心极限定理的一个特殊情形，故这里不再证明．

注意，二项分布现在有两种可能的近似：当 n 较大而 p 较小时，泊松近似就是一个很好的近似；另外，可以证明，当 $np(1-p)$ 较大时，正态近似的效果很好(见图 5-6)．[一般来说，当 $np(1-p)\geqslant 10$ 时，正态近似就非常好．]

207

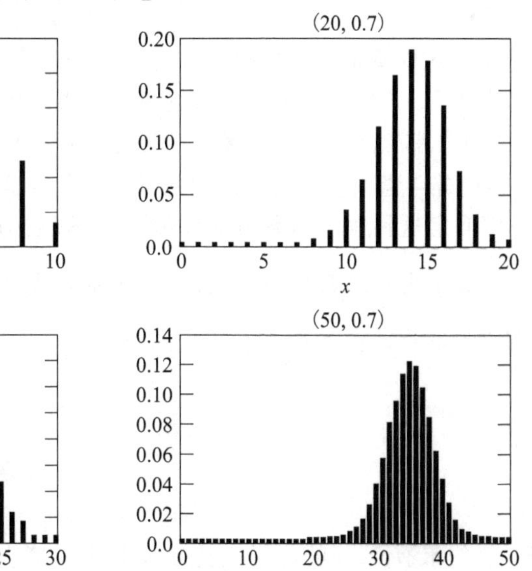

图 5-6　参数为$(n,\ p)$的二项随机变量的概率分布列随着 n 的增大越来越趋于正态分布

例 4g 设 X 表示抛 40 次均匀硬币出现正面的次数. 运用正态近似求 $X=20$ 的概率，并与精确解进行比较.

解 为了利用正态近似，注意，因为二项分布是离散整数值随机变量，而正态分布为连续型随机变量，因此我们最好在做正态近似之前先将 $P\{X=i\}$ 写为 $P\{i-1/2<X<i+1/2\}$[这也称为连续性修正(continuity correction)]. 从而有

$$\begin{aligned}P\{X=20\}&=P\{19.5<X<20.5\}\\&=P\left\{\frac{19.5-20}{\sqrt{10}}<\frac{X-20}{\sqrt{10}}<\frac{20.5-20}{\sqrt{10}}\right\}\\&\approx P\left\{-0.16<\frac{X-20}{\sqrt{10}}<0.16\right\}\approx\Phi(0.16)-\Phi(-0.16)\approx0.1272\end{aligned}$$

而精确解为

$$P\{X=20\}=\binom{40}{20}\left(\frac{1}{2}\right)^{40}\approx0.1254$$

■

例 4h 某学院计划招收 150 名一年级新生. 根据以往的经验，接到录取通知的人当中，平均只有 30%的人报到入学，故学院给 450 名学生发录取通知书. 试求该学院入学新生超过 150 名的概率.

208

解 设 X 为入学新生人数，那么 X 服从参数为 $n=450$，$p=0.3$ 的二项分布. 利用连续性修正及正态近似，可得

$$P\{X\geqslant150.5\}=P\left\{\frac{X-450\times0.3}{\sqrt{450\times0.3\times0.7}}\geqslant\frac{150.5-450\times0.3}{\sqrt{450\times0.3\times0.7}}\right\}\approx1-\Phi(1.59)\approx0.0559$$

所以，接到录取通知的人中，入学者超过 150 名的可能性不超过 6%. (这里我们做了怎样的独立性假设?)

■

例 4i 为测定能降低血液中胆固醇含量的某种食品的有效性，让 100 个人吃这种食品. 经充分长的时间后，化验他们的胆固醇含量. 如果测得至少有 65%的人在吃了这种食品以后胆固醇含量降低，那么进行这项试验的营养学家就决定承认这种食品有效. 如果这种食品事实上对降低胆固醇含量不起作用，试问此时这位营养学家依然承认它有效的概率有多大?

解 我们假定这种食品对降低胆固醇含量不起作用，而一个人在吃了这种食品后碰巧胆固醇降低的概率为$\frac{1}{2}$. 若以 X 表示吃了这种食品后胆固醇降低了的人数，则当这种食品不影响胆固醇含量时，营养学家承认它的概率是

$$\sum_{i=65}^{100}\binom{100}{i}\left(\frac{1}{2}\right)^{100}=P\{X\geqslant64.5\}=P\left\{\frac{X-100\times\frac{1}{2}}{\sqrt{100\times\frac{1}{2}\times\frac{1}{2}}}\geqslant2.9\right\}\approx1-\Phi(2.9)\approx0.0019$$

■

例 4j 纽约市有 52%的居民支持在公共场所禁止吸烟. 随机抽取 n 个纽约市民，近似求支持这项禁令的人数超过 50%的概率，这里

(a) $n=11$；(b) $n=101$；(c) $n=1001$.

要想该概率值超过 0.95，n 需要多大?

解 设 N 表示纽约市居民人口数. 要回答上述问题，我们必须首先理解样本容量为 n 的随机抽样就是从 N 个人当中按如下方式抽取 n 人：使得 $\binom{N}{n}$ 种 n 个人的子集被抽到的可能性都是一样的. 设 S_n 为样本中支持禁令的人数，它是一个超几何随机变量. 即 S_n 的分布与从装有 N 个球的坛子里随机抽取 n 个球中白球数的分布是一样的(其中 $0.52N$ 的球为白球). 但因为 N 和 $0.52N$ 对于 n 来说都是很大的数，根据二项分布对超几何分布的近似(见 4.8.3 节)可知，S_n 的分布与参数为 n 和 $p=0.52$ 的二项分布是很接近的. 再由正态分布对二项分布的近似可得

209

$$
\begin{aligned}
P\{S_n > 0.5n\} &= P\left\{\frac{S_n - 0.52n}{\sqrt{n \times 0.52 \times 0.48}} > \frac{0.5n - 0.52n}{\sqrt{n \times 0.52 \times 0.48}}\right\} \\
&= P\left\{\frac{S_n - 0.52n}{\sqrt{n \times 0.52 \times 0.48}} > -0.04\sqrt{n}\right\} \approx \Phi(0.04\sqrt{n})
\end{aligned}
$$

因此，

$$
P\{S_n > 0.5n\} \approx \begin{cases} \Phi(0.1328) = 0.5528 & \text{如果 } n = 11 \\ \Phi(0.4020) = 0.6562 & \text{如果 } n = 101 \\ \Phi(1.2665) = 0.8973 & \text{如果 } n = 1001 \end{cases}
$$

为了使该概率大于 0.95，我们需要 $\Phi(0.04\sqrt{n})>0.95$. 因为 $\Phi(x)$ 为一单调递增函数，且 $\Phi(1.645)=0.95$，所以

$$0.04\sqrt{n} > 1.645$$

或

$$n \geqslant 1691.266$$

即样本大小至少为 1692. ■

关于正态分布的历史注记

正态分布是法国数学家亚伯拉罕·棣莫弗在 1733 年引入的. 他利用正态分布求出了有关抛掷硬币试验中随机事件的概率的近似值，当时称正态分布为指数钟形曲线. 然而，直到 1809 年，德国著名数学家高斯以正态分布作为主要工具预测天文学中星体的位置，正态分布才展现了它的应用价值. 此后，正态分布就称为高斯分布.

然而，在 19 世纪后半叶，大多数统计学家都开始相信大部分数据的直方图都具有高斯钟形曲线的形状. 事实上，大家认为正常的数据集合应该具有这种形状. 由英国统计学家卡尔·皮尔逊开始，简称高斯曲线为正态曲线. (中心极限定理为许多数据具有正态分布的事实提供了部分解释，我们将在第 8 章介绍这一定理.)

210

亚伯拉罕·棣莫弗(1667—1754)

现在统计学已经普及，统计学家具有很好的工作环境. 然而，统计学的诞生地却是在 18 世纪初伦敦一所黑暗、肮脏的赌窟——称为屠夫咖啡屋的地方. 亚伯拉罕·棣莫弗是一个来自天主教法国的耶稣教难民，为生计，他要为各种赌博计算赔钱的概率.

虽然亚伯拉罕·棣莫弗在咖啡屋内谋生存，但他是一位著名的数学家，他发现了正态曲线．他还是皇家学会的会员，据说还是著名科学家牛顿的朋友．

统计学家卡尔·皮尔森想象棣莫弗在屠夫咖啡屋内工作的情景："我想象棣莫弗坐在咖啡屋内肮脏的小桌边，旁边坐着一位破产的赌徒．而牛顿从嘈杂的人群走向棣莫弗的小桌边，拉出他的朋友．在艺术家的想象中，这是一幅多么伟大的艺术杰作啊．"

卡尔·弗里德里克·高斯(1777—1855)

高斯，正态曲线的最早使用者之一，是一位伟大的数学家．著名的数学史学家E. T. Bell在1954年的著作*Men of Mathematics*(《数学人物》)中，在"数学王子"那一章中写道："阿基米德、牛顿和高斯，这三位位于最伟大数学家之列，我们不可以用通常眼光来评价他们的贡献的大小．他们在纯数学和应用数学领域内做出了重要贡献．阿基米德特别推崇纯数学；牛顿把他的数学发现成功应用于科学研究；而高斯宣称无论是纯数学还是应用数学对他而言都是一样的．"

5.5　指数随机变量

如果一个连续型随机变量的密度函数如下：对于$\lambda>0$，有

$$f(x)=\begin{cases}\lambda e^{-\lambda x} & \text{当 } x\geqslant 0\\ 0 & \text{当 } x<0\end{cases}$$

则称该随机变量是参数为λ的指数随机变量(或简称为指数分布)．指数随机变量的分布函数$F(a)$如下：

211

$$F(a)=P\{X\leqslant a\}=\int_0^a \lambda e^{-\lambda x}\,dx=-e^{-\lambda x}\big|_0^a=1-e^{-\lambda a}\qquad a\geqslant 0$$

注意，当然必须有$F(\infty)=\int_0^\infty \lambda e^{-\lambda x}\,dx=1$．下面我们通过一个例子来说明参数$\lambda$就等于期望值的倒数．

例5a　令X是一参数为λ的指数随机变量，计算

(a) $E[X]$；(b) $\mathrm{Var}(X)$．

解　因为X的密度函数为

$$f(x)=\begin{cases}\lambda e^{-\lambda x} & x\geqslant 0\\ 0 & x<0\end{cases}$$

所以，对于$n>0$，有

$$E[X^n]=\int_0^\infty x^n\lambda e^{-\lambda x}\,dx$$

利用分部积分($\lambda e^{-\lambda x}dx=dv$，$u=x^n$)，可得

$$E[X^n]=-x^n e^{-\lambda x}\big|_0^\infty+\int_0^\infty e^{-\lambda x}nx^{n-1}\,dx=0+\frac{n}{\lambda}\int_0^\infty \lambda e^{-\lambda x}x^{n-1}\,dx=\frac{n}{\lambda}E[X^{n-1}]$$

令$n=1$，然后令$n=2$，可以得到

$$E[X]=\frac{1}{\lambda},\qquad E[X^2]=\frac{2}{\lambda}E[X]=\frac{2}{\lambda^2}$$

(b) 因此

$$\operatorname{Var}(X)=\frac{2}{\lambda^2}-\left(\frac{1}{\lambda}\right)^2=\frac{1}{\lambda^2}$$

即指数分布的期望恰好等于参数 λ 的倒数，而方差等于期望的平方. ■

在实践中，指数分布经常用来描述某个事件发生的等待时间的分布. 例如，地震发生的时间间隔(从现在开始计算)，一场新的战争爆发时间间隔，从现在开始到你接到下一个误拨的电话的时间间隔，等等，这些都是实践中的指数随机变量. (关于这种现象的理论解释可参考 4.7 节.)

例 5b 假设某个电话的通话时长(单位：分钟)是参数为 $\lambda=1/10$ 的指数随机变量. 假设某人正好在你之前到达电话亭，求以下事件的概率：

(a) 你的等待时间超过 10 分钟；(b) 你的等待时间在 10 到 20 分钟之间.

解 令 X 表示这个人在电话亭内的通话时长，则所求概率为： 212

(a)

$$P\{X>10\}=1-F(10)=\mathrm{e}^{-1}\approx 0.368$$

(b)

$$P\{10<X<20\}=F(20)-F(10)=\mathrm{e}^{-1}-\mathrm{e}^{-2}\approx 0.233$$ ■

我们称一个非负随机变量 X 是无记忆的(memoryless)，如果

$$P\{X>s+t\,|\,X>t\}=P\{X>s\}\qquad \text{对所有 } s,t\geqslant 0 \tag{5.1}$$

设 X 为某个设备的寿命，式(5.1)说明在已知该设备已经使用 t 小时的条件下寿命至少为 $s+t$ 的概率与开始时寿命至少为 s 小时的概率是一样的. 换句话说，如果该设备在使用 t 小时后还能使用，那么“剩余的”寿命同一开始时的寿命的分布是一样的(即就好像该设备对已经使用了 t 小时是无记忆似的).

式(5.1)等价于

$$\frac{P\{X>s+t,X>t\}}{P\{X>t\}}=P\{X>s\}$$

或者

$$P\{X>s+t\}=P\{X>s\}P\{X>t\} \tag{5.2}$$

因为当 X 服从指数分布时，公式(5.2)是成立的($\mathrm{e}^{-\lambda(s+t)}=\mathrm{e}^{-\lambda s}\mathrm{e}^{-\lambda t}$)，所以指数随机变量是无记忆的.

例 5c 某个邮局有两个职员，假设当史密斯先生走进邮局时，他发现两个职员正在分别接待琼斯女士和布朗先生. 史密斯先生被告知，一旦处理完琼斯或者布朗的事情，就开始接待他. 如果职员给每位顾客服务的时间都服从参数为 λ 的指数分布，那么三人中，史密斯先生是最后一个办完事情的概率是多大?

解 推导过程如下：从史密斯先生开始接受服务时考虑，此时，琼斯女士和布朗先生中有一个已经离开，另一个仍在继续接受服务. 然而，因为指数分布是无记忆的，所以仍

在接受服务的顾客(琼斯女士或布朗先生)的服务时间服从参数为 λ 的指数分布，这与此人刚开始接受服务是一样的. 因此，由对称性可知，剩下的一个人在史密斯先生之前完成服务的概率为 1/2. ■

可以证明，指数分布不仅具有无记忆性，而且是唯一具有无记忆性的分布. 为了证明这点，假设 X 是无记忆性的，且令 $\overline{F}(x)=P\{X>x\}$. 由等式(5.2)可得

213

$$\overline{F}(s+t)=\overline{F}(s)\overline{F}(t)$$

即 $\overline{F}(\cdot)$满足函数方程

$$g(s+t)=g(s)g(t)$$

然而，可以证明该函数方程的唯一的非平凡右连续解就是[⊖]

$$g(x)=\mathrm{e}^{-\lambda x} \tag{5.3}$$

又因为分布函数总是右连续的，因此有

$$\overline{F}(x)=\mathrm{e}^{-\lambda x} \quad \text{或者} \quad F(x)=P\{X\leqslant x\}=1-\mathrm{e}^{-\lambda x}$$

从而证明了 X 服从指数分布.

例 5d 假设汽车在电池电量用完之前跑的英里数服从均值为 10 000 英里的指数分布，如果某人计划开始一个 5000 英里的旅行，那么，他不用更换电池就能跑完全程的概率是多大？如果不服从指数分布呢？

解 由指数分布的无记忆性可得，电池剩余寿命(以 1000 英里为单位)服从参数为 $\lambda=\frac{1}{10}$的指数分布. 因此，所求概率为

$$P\{\text{剩余寿命}>5\}=1-F(5)=\mathrm{e}^{-5\lambda}=\mathrm{e}^{-1/2}\approx 0.607$$

然而，如果剩余寿命 F 的分布不是指数分布，那么对应概率为

$$P\{\text{寿命}>t+5\,|\,\text{寿命}>t\}=\frac{1-F(t+5)}{1-F(t)}$$

其中 t 表示旅行前电池已跑过的里程数. 因此，若 X 不服从指数分布，那么在计算所求概率之前还需要了解其他信息(即 t 的值). ■

指数分布的一个变形是拉普拉斯分布，对应的随机变量称为拉普拉斯随机变量[⊜]. 拉普拉斯随机变量的取值等可能地或正或负，且其绝对值服从参数为 $\lambda(\lambda\geqslant 0)$的指数分布. 它的密度函数为

⊖ 可以如下证明式(5.3)：如果 $g(s+t)=g(s)g(t)$，那么

$$g\left(\frac{2}{n}\right)=g\left(\frac{1}{n}+\frac{1}{n}\right)=g^2\left(\frac{1}{n}\right)$$

重复以上计算可以得到 $g(m/n)=g^m(1/n)$. 而且，

$$g(1)=g\left(\frac{1}{n}+\frac{1}{n}+\cdots+\frac{1}{n}\right)=g^n\left(\frac{1}{n}\right) \quad \text{或} \quad g\left(\frac{1}{n}\right)=(g(1))^{1/n}$$

因此，$g(m/n)=(g(1))^{m/n}$，这得自因为 g 是右连续的，所以 $g(x)=(g(1))^x$. 又因 $g(1)=\left(g\left(\frac{1}{2}\right)\right)^2\geqslant 0$，所以得到 $g(x)=\mathrm{e}^{-\lambda x}$，其中 $\lambda=-\ln(g(1))$.

⊜ 有时也称为双指数型随机变量.

$$f(x)=\frac{1}{2}\lambda e^{-\lambda|x|}\qquad -\infty<x<\infty$$

214

其分布函数如下：

$$F(x)=\begin{cases}\dfrac{1}{2}\displaystyle\int_{-\infty}^{x}\lambda e^{\lambda y}\,dy & x<0\\ \dfrac{1}{2}\displaystyle\int_{-\infty}^{0}\lambda e^{\lambda y}\,dy+\dfrac{1}{2}\int_{0}^{x}\lambda e^{-\lambda y}\,dy & x>0\end{cases}$$

$$=\begin{cases}\dfrac{1}{2}e^{\lambda x} & x<0\\ 1-\dfrac{1}{2}e^{-\lambda x} & x>0\end{cases}$$

例 5e 重新考虑例 4e，从 A 地传送一个二值信息到 B 地．当信息为 1 时传送 2，当信息为 0 时传送-2．然而，通信噪声 N 不再是标准正态随机变量，而是参数为 $\lambda=1$ 的拉普拉斯随机变量．设在 B 地收到的信息为 R，信息按如下规则解码：

如果 $R\geqslant 0.5$，那么认为是 1；

如果 $R<0.5$，那么认为是 0．

这种情形下，如果噪声为参数 $\lambda=1$ 的拉普拉斯随机变量，那么两类错误的概率变为

$$P\{错误\mid 信息是 1\}=P\{N<-1.5\}=\frac{1}{2}e^{-1.5}\approx 0.1116$$

$$P\{错误\mid 信息是 0\}=P\{N\geqslant 2.5\}=\frac{1}{2}e^{-2.5}\approx 0.041$$

将此结论与例 4e 中的结论作对比，我们发现当噪声为 $\lambda=1$ 的拉普拉斯随机变量时，其错误概率要大于噪声为标准正态随机变量时的概率．

危险率函数

考虑一个正值连续型随机变量 X，我们将它解释为某个零件的寿命，具有分布函数 F 以及分布密度 f．危险率(hazard rate，有时也称为失效率，failure rate)函数 $\lambda(t)$定义如下：

$$\lambda(t)=\frac{f(t)}{\overline{F}(t)},\qquad 其中\ \overline{F}=1-F$$

为了解释 $\lambda(t)$，考虑该零件已经使用了 t 小时，我们求它不能继续使用 dt 小时的概率，即考虑 $P\{X\in(t,\ t+dt)\mid X>t\}$．现在，

215

$$P\{X\in(t,t+dt)\mid X>t\}=\frac{P\{X\in(t,t+dt),X>t\}}{P\{X>t\}}$$

$$=\frac{P\{X\in(t,t+dt)\}}{P\{X>t\}}\approx\frac{f(t)}{\overline{F}(t)}dt$$

因此，$\lambda(t)$表示了使用时间为 t 的零件不能再继续使用的条件概率强度．

现在假设寿命服从指数分布，那么，利用它的无记忆性，可以得到对于一个使用时间为 t 的零件，它剩下的使用时间同一个新零件是一样的．因此，$\lambda(t)$必然是一个常数．事

实上，我们可以验证，

$$\lambda(t)=\frac{f(t)}{\overline{F}(t)}=\frac{\lambda e^{-\lambda t}}{e^{-\lambda t}}=\lambda$$

因此，指数分布的危险率函数是一个常数．参数 λ 常称为指数分布的比率(rate)．

事实上，危险率函数 $\lambda(s)(s\geqslant 0)$ 可以唯一地确定它的分布函数 F．为证明这一点，我们对 $\lambda(s)$ 从 0 到 t 积分可得

$$\begin{aligned}\int_0^t\lambda(s)ds&=\int_0^t\frac{f(s)}{1-F(s)}ds=-\log(1-F(s))\big|_0^t\\&=-\log(1-F(t))+\log(1-F(0))=-\log(1-F(t))\end{aligned}$$

其中，第二个等式用到了 $f(s)=\frac{d}{ds}F(s)$，最后一个等式用到了 $F(0)=0$．由上式解得

$$F(t)=1-\exp\left\{-\int_0^t\lambda(s)ds\right\}\tag{5.4}$$

因此，一个正值连续型随机变量的分布函数可由其危险率函数唯一确定．例如，如果随机变量具有线性危险率函数，即如果

$$\lambda(t)=a+bt$$

那么其分布函数为

$$F(t)=1-e^{-at-bt^2/2}$$

求导可得其密度函数，即

$$f(t)=(a+bt)e^{-(at+bt^2/2)}\qquad t\geqslant 0$$

216 当 $a=0$ 时，上式即为熟知的瑞利密度函数(Rayleigh density function)．

例 5f 人们经常听到，各个年龄段吸烟者的死亡率是非吸烟者死亡率的两倍，这是什么意思？是不是说对于同年龄的非吸烟者和吸烟者来说，前者活到一个给定时间的概率是后者的两倍？

解 如果 $\lambda_s(t)$ 表示年龄为 t 的吸烟者的危险率函数，$\lambda_n(t)$ 表示年龄为 t 的非吸烟者的危险率函数，问题的含义等价于

$$\lambda_s(t)=2\lambda_n(t)$$

一个年龄为 A 的非吸烟者能活到年龄 $B(A<B)$ 的概率为

$$\begin{aligned}&P\{\text{年龄为 }A\text{ 的非吸烟者能活到年龄 }B\}\\&=P\{\text{非吸烟者的寿命}>B\,|\,\text{非吸烟者的寿命}>A\}=\frac{1-F_{\text{non}}(B)}{1-F_{\text{non}}(A)}\\&=\frac{\exp\left\{-\int_0^B\lambda_n(t)dt\right\}}{\exp\left\{-\int_0^A\lambda_n(t)dt\right\}}\qquad\text{利用式(5.4)}\\&=\exp\left\{-\int_A^B\lambda_n(t)dt\right\}\end{aligned}$$

根据相同的推理，对应的吸烟者的概率为

$$P\{年龄为 A 的吸烟者能活到年龄 B\}$$
$$=\exp\left\{-\int_A^B\lambda_s(t)\mathrm{d}t\right\}=\exp\left\{-2\int_A^B\lambda_n(t)\mathrm{d}t\right\}=\left[\exp\left\{-\int_A^B\lambda_n(t)\mathrm{d}t\right\}\right]^2$$

换言之，对于两个年龄相同的人来说，其中一个吸烟，另一个不吸烟，那么吸烟者能存活到一个给定年龄的概率是非吸烟者的相应概率的平方(而不是一半)．举例来说，如果 $\lambda_n(t)=\frac{1}{30}(50\leqslant t\leqslant 60)$，那么一个 50 岁的非吸烟者能活到 60 岁的概率是 $\mathrm{e}^{-1/3}\approx 0.7165$，而吸烟者的相应概率为 $\mathrm{e}^{-2/3}\approx 0.5134$. ■

公式(5.4)可以用来证明只有指数分布才具有无记忆性．如果一个随机变量具有无记忆性，则在任何时刻开始继续具有 s 年的寿命的概率都是一样的．也就是说，如果 X 是无记忆性的，那么 $\lambda(s)=c$. 但是，由公式(5.4)可知，X 的分布函数是 $F(t)=1-\mathrm{e}^{-ct}$，所以 X 是具有风险率为 c 的指数分布． 217

5.6 其他连续型概率分布

5.6.1 Γ分布

如果一个随机变量具有密度函数

$$f(x)=\begin{cases}\dfrac{\lambda\mathrm{e}^{-\lambda x}(\lambda x)^{\alpha-1}}{\Gamma(\alpha)} & x\geqslant 0\\ 0 & x<0\end{cases}$$

其中，$\Gamma(\alpha)$称为 Γ 函数，则称该随机变量具有 Γ 分布，其参数为(α,λ)，$\alpha>0$，$\lambda>0$. Γ 函数的定义如下：

$$\Gamma(\alpha)=\int_0^\infty \mathrm{e}^{-y}y^{\alpha-1}\mathrm{d}y$$

对 $\Gamma(\alpha)$分部积分可得

$$\begin{aligned}\Gamma(\alpha)&=-\mathrm{e}^{-y}y^{\alpha-1}\big|_0^\infty+\int_0^\infty \mathrm{e}^{-y}(\alpha-1)y^{\alpha-2}\mathrm{d}y\\&=(\alpha-1)\int_0^\infty \mathrm{e}^{-y}y^{\alpha-2}\mathrm{d}y=(\alpha-1)\Gamma(\alpha-1)\end{aligned}\tag{6.1}$$

对应于 α 的积分值，比如说 $\alpha=n$，重复利用式(6.1)得到

$$\begin{aligned}\Gamma(n)&=(n-1)\Gamma(n-1)=(n-1)(n-2)\Gamma(n-2)=\cdots\\&=(n-1)\times(n-2)\times\cdots\times 3\times 2\times\Gamma(1)\end{aligned}$$

又因为 $\Gamma(1)=\int_0^\infty \mathrm{e}^{-x}\mathrm{d}x=1$，可得 n 的积分值为

$$\Gamma(n)=(n-1)!$$

当 α 为一正整数，比方说 $\alpha=n$ 时，参数为(α,λ)的 Γ 分布在实践中经常作为某个事件总共要发生 n 次的等待时间的分布．更具体地说，如果 n 个事件是随机发生的，且满足 4.7 节的三个公理，那么可以证明要等待某个事件发生共 n 次的时间是服从参数为(n,λ)的 Γ 分布的随机变量．为了证明这点，令 T_n 表示第 n 个事件发生的时间，注意 T_n 小于或等于 t 的充要条件是在时刻 t 以前至少发生了 n 个事件，即在时间区间$[0,t]$内发生的事件数

$N(t) \geqslant n$. 因此

218

$$P\{T_n \leqslant t\} = P\{N(t) \geqslant n\} = \sum_{j=n}^{\infty} P\{N(t) = j\} = \sum_{j=n}^{\infty} \frac{\mathrm{e}^{-\lambda t}(\lambda t)^j}{j!}$$

最后一个等式成立是因为在$[0, t]$内发生的事件数服从参数为 λt 的泊松分布，对上式求导得到 T_n 的密度函数如下：

$$f(t) = \sum_{j=n}^{\infty} \frac{\mathrm{e}^{-\lambda t} j(\lambda t)^{j-1}\lambda}{j!} - \sum_{j=n}^{\infty} \frac{\lambda \mathrm{e}^{-\lambda t}(\lambda t)^j}{j!} = \sum_{j=n}^{\infty} \frac{\lambda \mathrm{e}^{-\lambda t}(\lambda t)^{j-1}}{(j-1)!} - \sum_{j=n}^{\infty} \frac{\lambda \mathrm{e}^{-\lambda t}(\lambda t)^j}{j!} = \frac{\lambda \mathrm{e}^{-\lambda t}(\lambda t)^{n-1}}{(n-1)!}$$

因此，T_n 服从参数为(n, λ)的 Γ 分布．(在文献中，这个分布也常称为 n-Erlang 分布．)注意，当 $n=1$ 时，该分布退化为指数分布．

参数为 $\lambda=1/2$，$\alpha=n/2$ 的 Γ 分布(n 为一个正整数)称为自由度为 n 的 χ^2(读作"卡方")分布．实际中，卡方分布常出现在误差分布中，例如，在 n 维空间中试图击中某一靶子，其中各坐标的偏差相互独立且为标准正态分布，则偏差的平方和服从自由度为 n 的 χ^2 分布．我们将在第 6 章研究 χ^2 分布，并详细介绍 χ^2 分布与正态分布之间的关系．

例 6a　设随机变量 X 服从参数为 α 和 λ 的 Γ 分布，试计算(a) $E[X]$；(b) $\mathrm{Var}(X)$．

解　(a)

$$\begin{aligned} E[X] &= \frac{1}{\Gamma(\alpha)}\int_0^{\infty} \lambda x \mathrm{e}^{-\lambda x}(\lambda x)^{\alpha-1}\mathrm{d}x \\ &= \frac{1}{\lambda\Gamma(\alpha)}\int_0^{\infty} \lambda \mathrm{e}^{-\lambda x}(\lambda x)^{\alpha}\mathrm{d}x = \frac{\Gamma(\alpha+1)}{\lambda\Gamma(\alpha)} = \frac{\alpha}{\lambda} \qquad \text{利用公式(6.1)} \end{aligned}$$

(b) 首先计算 $E[X^2]$，再由方差计算公式可得

$$\mathrm{Var}(X) = \frac{\alpha}{\lambda^2}$$

详细证明留作习题．■

5.6.2　韦布尔分布

在工程实践中，韦布尔分布有着广泛的应用．韦布尔分布最初是在解释疲劳数据时提出的，但现在它的应用已经扩展到许多其他工程问题中．特别地，在有关生命现象的领域中，有着广泛的应用，特别是，当某对象适合"最弱链"模型时，其寿命就服从韦布尔分布．即考虑一个由许多部分组成的对象，假定当它的任何一部分毁坏时此对象的寿命就终止．在这样的条件下，已经(从理论上和实践上)证明韦布尔分布为这个对象的寿命的分布提供了一个很好的近似．

219

韦布尔分布的分布函数具有如下形式：

$$F(x) = \begin{cases} 0 & x \leqslant \nu \\ 1 - \exp\left\{-\left(\dfrac{x-\nu}{\alpha}\right)^{\beta}\right\} & x > \nu \end{cases} \tag{6.2}$$

如果一个随机变量的分布函数具有式(6.2)的形式，那么称它为具有参数 ν，α 和 β 的韦布尔随机变量．求导后得密度函数为

$$f(x)=\begin{cases}0 & x\leqslant\nu\\ \dfrac{\beta}{\alpha}\left(\dfrac{x-\nu}{\alpha}\right)^{\beta-1}\exp\left\{-\left(\dfrac{x-\nu}{\alpha}\right)^{\beta}\right\} & x>\nu\end{cases}$$

5.6.3 柯西分布

如果一个随机变量的密度函数形如：

$$f(x)=\frac{1}{\pi}\frac{1}{1+(x-\theta)^2}\qquad -\infty<x<+\infty$$

则称该随机变量为服从参数为 $\theta(-\infty<\theta<+\infty)$ 的柯西分布．

例 6b 设有一束狭窄的光线围绕着某一个中心旋转，而这个中心位于 y 轴上距离 x 轴一个单位的地方(如图 5-7)，当光线停止转动时，这束光指向 x 轴上一点 X(若光线并不指向 x 轴，则重新进行试验)．

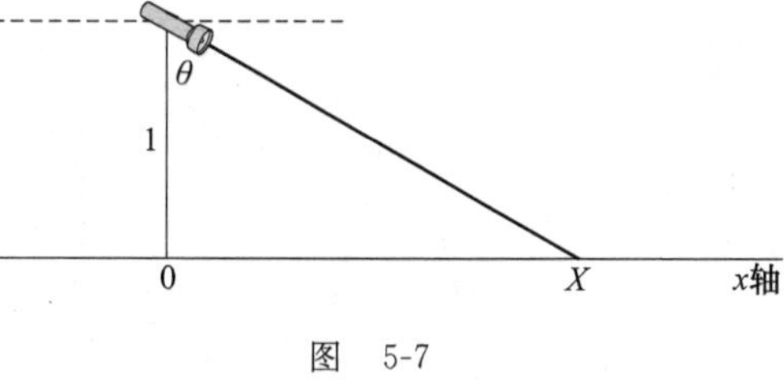

图 5-7

如图 5-7 所示，点 X 由 y 轴与光线的夹角 θ 确定，从物理学角度说，θ 服从$(-\pi/2,\pi/2)$上的均匀分布．这样，X 的分布可由下式进行计算：

$$F(x)=P\{X\leqslant x\}=P\{\tan\theta\leqslant x\}=P\{\theta\leqslant\arctan x\}=\frac{1}{2}+\frac{1}{\pi}\arctan x$$

220

最后一个等式是因为 θ 在$(-\pi/2,\pi/2)$上服从均匀分布，分布函数为

$$P\{\theta\leqslant a\}=\frac{a-(-\pi/2)}{\pi}=\frac{1}{2}+\frac{a}{\pi}\qquad -\frac{\pi}{2}<a<\frac{\pi}{2}$$

因此，X 的密度函数为

$$f(x)=\frac{\mathrm{d}}{\mathrm{d}x}F(x)=\frac{1}{\pi(1+x^2)}\qquad -\infty<x<\infty$$

故 X 服从柯西分布[⊖]． ■

5.6.4 β 分布

一个随机变量称为服从 β 分布，如果它的密度函数为

$$f(x)=\begin{cases}\dfrac{1}{B(a,b)}x^{a-1}(1-x)^{b-1} & 0<x<1\\ 0 & \text{其他}\end{cases}$$

⊖ 可用下面的方法证明等式 $\frac{\mathrm{d}}{\mathrm{d}x}(\arctan x)=1/(1+x^2)$：令 $y=\arctan x$，那么 $\tan y=x$，因此：

$$1=\frac{\mathrm{d}}{\mathrm{d}x}(\tan y)=\frac{\mathrm{d}}{\mathrm{d}y}(\tan y)\frac{\mathrm{d}y}{\mathrm{d}x}=\frac{\mathrm{d}}{\mathrm{d}y}\left(\frac{\sin y}{\cos y}\right)\frac{\mathrm{d}y}{\mathrm{d}x}=\left(\frac{\cos^2y+\sin^2y}{\cos^2y}\right)\frac{\mathrm{d}y}{\mathrm{d}x}$$

或者

$$\frac{\mathrm{d}y}{\mathrm{d}x}=\frac{\cos^2y}{\sin^2y+\cos^2y}=\frac{1}{\tan^2y+1}=\frac{1}{x^2+1}$$

其中

$$B(a,b)=\int_0^1 x^{a-1}(1-x)^{b-1}\mathrm{d}x$$

β 分布通常用来为取值于某有限区间$[c,d]$的随机现象建立模型，当然，如果设 c 为原点，而 $d-c$ 为度量单位，那么可将取值区间转化为$[0,1]$.

当 $a=b$ 时，β 分布的密度函数关于 $x=1/2$ 对称，随着公共值 a 的增大，取值于 1/2 附近的权重会越来越大(见图 5-8). 当 $a=b=1$ 时，β 分布就退化成区间(0，1)上的均匀分布. 当 $b>a$ 时，密度函数向左偏斜(即取小值的可能性更大)；当 $a>b$ 时，密度函数向右偏斜(见图 5-9).

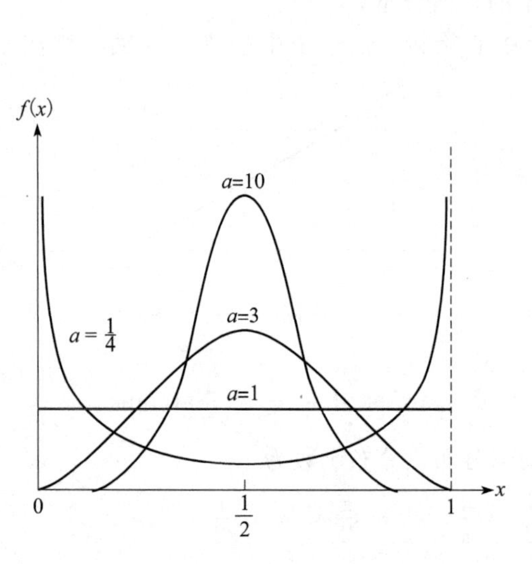

图 5-8　参数为(a,b)的 β 分布的密度函数，其中 $a=b$

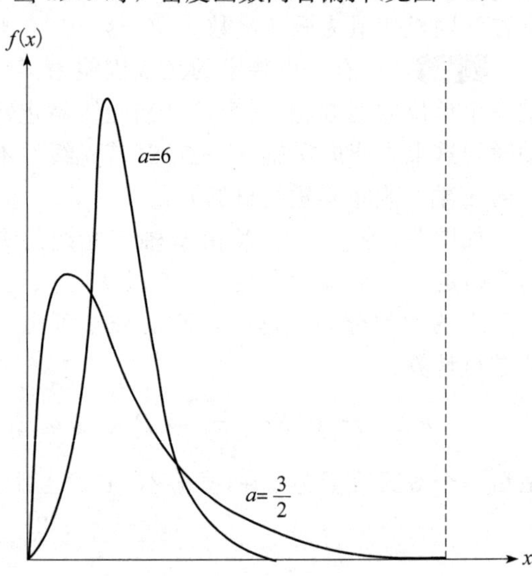

图 5-9　参数为(a,b)的 β 分布的密度函数，其中 $a/(a+b)=1/20$

称 $B(a,b)=\int_0^1 x^{a-1}(1-x)^{b-1}\mathrm{d}x$ 为 β 函数. 可以证明，β 函数与 Γ 函数之间存在以下关系：

$$B(a,b)=\frac{\Gamma(a)\Gamma(b)}{\Gamma(a+b)} \tag{6.3}$$

由式(6.1)可得 $\Gamma(x+1)=x\Gamma(x)$，再利用恒等式(6.3)可得

$$\frac{B(a+1,b)}{B(a,b)}=\frac{\Gamma(a+1)\Gamma(b)}{\Gamma(a+b+1)}\frac{\Gamma(a+b)}{\Gamma(a)\Gamma(b)}=\frac{a}{a+b}$$

利用上式，可以很容易推导一个参数为 a 和 b 的 β 随机变量 X 的均值和方差.

$$\begin{aligned}E[X]&=\frac{1}{B(a,b)}\int_0^1 x^{a}(1-x)^{b-1}\mathrm{d}x\\&=\frac{B(a+1,b)}{B(a,b)}=\frac{a}{a+b}\end{aligned}$$

221
～
222

类似地，

$$E[X^2]=\frac{1}{B(a,b)}\int_0^1 x^{a+1}(1-x)^{b-1}\mathrm{d}x$$

$$= \frac{B(a+2,b)}{B(a,b)}$$

$$= \frac{B(a+2,b)}{B(a+1,b)} \frac{B(a+1,b)}{B(a,b)}$$

$$= \frac{(a+1)a}{(a+b+1)(a+b)}$$

利用公式 $\operatorname{Var}(X)=E[X^2]-(E[X])^2$ 可得

$$\operatorname{Var}(X)= \frac{a(a+1)}{(a+b)(a+b+1)} - \left(\frac{a}{a+b}\right)^2$$

$$= \frac{ab}{(a+b)^2(a+b+1)}$$

注释 式(6.3)的证明将在第 6 章例 7c 中给出. ■

5.6.5 帕雷托分布

设 X 是服从参数为 λ 的指数分布，$a>0$，那么称

$$Y = a\mathrm{e}^X$$

为服从参数 a 和 λ 的帕雷托(Pareto)分布．参数 $\lambda>0$ 称为索引参数(index parameter)，a 称为最小值参数(也称为门限参数，因为 $P\{Y>a\}=1$). Y 的分布函数推导如下：对任意的 $y\geqslant a$，

$$\begin{aligned} P(Y > y) &= P(a\mathrm{e}^X > y) \\ &= P(\mathrm{e}^X > y/a) \\ &= P(X > \log(y/a)) \\ &= \mathrm{e}^{-\lambda\log(y/a)} \\ &= \mathrm{e}^{-\log((y/a)^\lambda)} \\ &= (a/y)^\lambda \end{aligned}$$

所以 Y 的分布函数是

$$F_Y(y) = 1 - P(Y > y) = 1 - a^\lambda y^{-\lambda}, y \geqslant a$$

对 y 求导，得到 Y 的密度函数：

$$f_Y(y) = \lambda a^\lambda y^{-(\lambda+1)}, y \geqslant a$$

当 $\lambda\leqslant 1$ 时，易证 $E[Y]=\infty$. 当 $\lambda>1$ 时，

223

$$\begin{aligned} E[Y] &= \int_a^\infty \lambda a^\lambda y^{-\lambda}\mathrm{d}y \\ &= \lambda a^\lambda \frac{y^{1-\lambda}}{1-\lambda}\Big|_a^\infty \\ &= \lambda a^\lambda \frac{a^{1-\lambda}}{\lambda-1} \\ &= \frac{\lambda a}{\lambda-1} \end{aligned}$$

同理，只有当 $\lambda>2$ 时，$E[Y^2]$存在，且

$$E[Y^2]=\int_a^{\infty}\lambda a^{\lambda}y^{1-\lambda}\mathrm{d}y=\lambda a^{\lambda}\left.\frac{y^{2-\lambda}}{2-\lambda}\right|_a^{\infty}=\frac{\lambda a^2}{\lambda-2}$$

所以当 $\lambda>2$ 时，

$$\mathrm{Var}(Y)=\frac{\lambda a^2}{\lambda-2}-\frac{\lambda^2 a^2}{(\lambda-1)^2}=\frac{\lambda a^2}{(\lambda-2)(\lambda-1)^2}$$

注释 (a)我们也可以利用帕雷托分布的定义来推导 Y 的矩．设 X 服从参数为 λ 的指数分布，$Y=a\mathrm{e}^X$ 则对任意的 $\lambda>n$，

$$E[Y^n]=a^nE[\mathrm{e}^{nX}]=a^n\int_0^{\infty}\mathrm{e}^{nx}\lambda\mathrm{e}^{-\lambda x}\mathrm{d}x=a^n\int_0^{\infty}\lambda\mathrm{e}^{-(\lambda-n)x}\mathrm{d}x=\frac{\lambda a^n}{\lambda-n}$$

(b) 帕雷托分布的密度函数 $f(y)$为正时(即 $y\geqslant a$ 时)，Y 的密度函数等于一个常数乘以 y 的幂函数，所以帕雷托分布是幂定律分布．

(c) 被认为大致是帕雷托分布的例子有：

(i) 财富在个人之间的分布；

(ii) 互联网流量中文件的大小(在 TCP 协议下)；

(iii) 超级计算机完成一个任务所需的时间；

(iv) 陨石的大小；

(v) 一年中不同地区的单日最大降雨量．

帕雷托分布的其他性质将在后面的章节里继续讨论．

5.7 随机变量函数的分布

通常我们会遇到这样的情形，即已知某随机变量的分布，但我们感兴趣的是该随机变量的函数的分布．例如，设随机变量 X 的分布已知，欲求 $g(X)$的分布．为求 $g(X)$的分布，需要将事件 $g(X)\leqslant y$ 表示为关于 X 的集合．我们在下面的例子中详细介绍．

224

例 7a 设随机变量 X 服从(0，1)上的均匀分布，下面我们给出随机变量 $Y=X^n$ 的分布．对于 $0\leqslant y\leqslant 1$，有

$$F_Y(y)=P\{Y\leqslant y\}=P\{X^n\leqslant y\}=P\{X\leqslant y^{1/n}\}=F_X(y^{1/n})=y^{1/n}$$

则 Y 的密度函数为

$$f_Y(y)=\begin{cases}\dfrac{1}{n}y^{1/n-1} & 0\leqslant y\leqslant 1\\ 0 & \text{其他}\end{cases}$$ ■

例 7b 设 X 是一个连续型随机变量，密度函数为 f_X，则 $Y=X^2$ 的分布可由如下方法得到，对于 $y\geqslant 0$，有

$$F_Y(y)=P\{Y\leqslant y\}=P\{X^2\leqslant y\}=P\{-\sqrt{y}\leqslant X\leqslant\sqrt{y}\}=F_X(\sqrt{y})-F_X(-\sqrt{y})$$

求导可得

$$f_Y(y) = \frac{1}{2\sqrt{y}}[f_X(\sqrt{y}) + f_X(-\sqrt{y})]$$ ■

例 7c 设 X 有密度函数 f_X，则 $Y=|X|$ 的密度函数可以如下得到，对于 $y \geqslant 0$，有

$$F_Y(y) = P\{Y \leqslant y\} = P\{|X| \leqslant y\} = P\{-y \leqslant X \leqslant y\} = F_X(y) - F_X(-y)$$

求导可得

$$f_Y(y) = f_X(y) + f_X(-y) \qquad y \geqslant 0$$ ■

以上例 7a 到例 7c 中使用的方法可用来证明定理 7.1.

定理 7.1 设 X 为一连续型随机变量，密度函数为 f_X. 设 $g(x)$ 为一严格单调(递增或递减)且可微(因此必连续)的函数，那么随机变量 $Y=g(X)$ 的密度函数为

$$f_Y(y) = \begin{cases} f_X[g^{-1}(y)]\left|\dfrac{\mathrm{d}}{\mathrm{d}y}g^{-1}(y)\right| & \text{如果存在某 } x\text{，使得 } y = g(x) \\ 0 & \text{如果对一切 } x, y \neq g(x) \end{cases}$$

其中 $g^{-1}(y)$ 定义为满足 $g(x)=y$ 的 x 值.

225

下面我们在 $g(x)$ 为递增函数的情形下证明定理 7.1.

证明 设对某些 x，有 $y=g(x)$. 那么，若令 $Y=g(X)$，则有

$$F_Y(y) = P\{g(X) \leqslant y\} = P\{X \leqslant g^{-1}(y)\} = F_X(g^{-1}(y))$$

求导可得

$$f_Y(y) = f_X(g^{-1}(y))\frac{\mathrm{d}}{\mathrm{d}y}g^{-1}(y)$$

因为 $g^{-1}(y)$ 单调非降，所以导数非负，这与定理 7.1 所述一致.

若对任意 x 都有 $y \neq g(x)$，那么 $F_Y(y)$ 等于 0 或 1，无论 $F_Y(y)=0$ 还是 $F_Y(y)=1$，均有 $f_Y(y)=0$. ■

例 7d 设 X 为一非负连续型随机变量，密度函数为 f，令 $Y=X^n$，试计算 Y 的密度函数 $f_Y(y)$.

解 如果 $g(x)=x^n$，那么

$$g^{-1}(y) = y^{1/n}$$

且

$$\frac{\mathrm{d}}{\mathrm{d}y}\{g^{-1}(y)\} = \frac{1}{n}y^{1/n-1}$$

因此，利用定理 7.1 可得，对 $y \geqslant 0$ 有

$$f_Y(y) = \frac{1}{n}y^{1/n-1}f(y^{1/n})$$

当 $n=2$ 时，

$$f_Y(y) = \frac{1}{2\sqrt{y}}f(\sqrt{y})$$

这与例 7b 的结论是一致的(因 $X \geqslant 0$). ■

例 7e 对数正态分布 如果 X 是均值为 μ 和方差为 σ^2 的正态随机变量，那么随机变量

$$Y = \mathrm{e}^X$$

就称为参数为 μ 和 σ^2 的对数正态随机变量．因此，如果 $\ln(Y)$ 服从正态分布．则称随机变量 Y 服从对数正态分布．对数正态随机变量常用于描述一天结束时的证券价格与前一天结束时价格的比率的分布．也就是说，设 S_n 为第 n 天结束时某证券的价格，那么通常假定 $\frac{S_n}{S_{n-1}}$ 服从对数正态分布，即 $X\equiv\ln\left(\frac{S_n}{S_{n-1}}\right)$ 服从正态分布．因此，假定 $\frac{S_n}{S_{n-1}}$ 为对数正态随机变量意味着假定

$$S_n = S_{n-1}\mathrm{e}^X$$

226

其中 X 服从正态分布．

现在我们利用定理 7.1 来推导参数为 μ 和 σ^2 的对数正态随机变量 Y 的分布密度．因为 $Y=\mathrm{e}^X$，X 服从均值为 μ 和方差为 σ^2 的正态分布，我们需要确定函数 $g(x)=\mathrm{e}^x$ 的反函数．因为

$$y = g(g^{-1}(y)) = \mathrm{e}^{g^{-1}(y)}$$

两边取对数得

$$g^{-1}(y) = \ln(y)$$

利用定理 7.1 和 $\frac{\mathrm{d}}{\mathrm{d}y}g^{-1}(y)=1/y$ 可得密度函数

$$f_Y(y) = \frac{1}{\sqrt{2\pi}\sigma y}\exp\{-(\ln(y)-\mu)^2/2\sigma^2\} \qquad y > 0$$ ■

小结

一个随机变量 X 称为连续型随机变量，如果存在一个非负函数 f(称为 X 的密度函数)，使得：对于任一集合 B，有

$$P\{X \in B\} = \int_B f(x)\mathrm{d}x$$

如果 X 是连续型的，那么其分布函数 F 是可微的，且

$$\frac{\mathrm{d}}{\mathrm{d}x}F(x) = f(x)$$

连续型随机变量 X 的期望值定义为

$$E[X] = \int_{-\infty}^{+\infty} xf(x)\mathrm{d}x$$

对于任一函数 g，一个有用的恒等式为

$$E[g(X)] = \int_{-\infty}^{+\infty} g(x)f(x)\mathrm{d}x$$

正如离散型情形一样，随机变量 X 的方差定义为

$$\mathrm{Var}(X) = E[(X-E[X])^2]$$

随机变量 X 称为服从区间(a, b)上的均匀分布，如果其密度函数为

$$f(x)=\begin{cases}\dfrac{1}{b-a} & a\leqslant x\leqslant b\\ 0 & \text{其他}\end{cases}$$

其期望和方差分别是

$$E[X]=\frac{a+b}{2},\qquad \mathrm{Var}(X)=\frac{(b-a)^2}{12}$$

随机变量 X 称为服从参数为 μ 和 σ^2 的正态分布，如果其密度函数为

$$f(x)=\frac{1}{\sqrt{2\pi}\sigma}\mathrm{e}^{-(x-\mu)^2/2\sigma^2}\qquad -\infty<x<\infty$$

可以证明

$$\mu=E[X],\qquad \sigma^2=\mathrm{Var}(X)$$

如果 X 服从均值为 μ、方差为 σ^2 的正态分布，那么如下定义的随机变量

$$Z=\frac{X-\mu}{\sigma}$$

也服从正态分布，且均值为 0，方差为 1. 这样的随机变量也称为标准正态随机变量. 有关 X 的概率可以通过标准正态随机变量 Z 进行计算，而 Z 的分布函数可以通过查表 5-1 或者 StatCrunchde 正态计算程序计算得到，还可以从网站上得到.

当 n 足够大时，参数为(n, p)的二项分布，可以近似为均值为 np，方差为 $np(1-p)$ 的正态分布.

一个随机变量称为参数为 λ 的指数随机变量，如果其密度函数为：

$$f(x)=\begin{cases}\lambda\mathrm{e}^{-\lambda x} & x\geqslant 0\\ 0 & \text{其他}\end{cases}$$

其期望值和方差分别为：

$$E[X]=\frac{1}{\lambda},\qquad \mathrm{Var}(X)=\frac{1}{\lambda^2}$$

一个只有指数随机变量才具有的重要性质是无记忆性，即对正数 s 和 t，有

$$P\{X>s+t|X>t\}=P\{X>s\}$$

227

如果 X 表示某个零件的寿命，那么无记忆性就说明了对任意 t，年龄为 t 的零件的剩余寿命同一个新的零件的寿命的分布是一样的.

令 X 为一个非负连续型随机变量，其分布函数为 F，密度函数为 f，那么函数

$$\lambda(t)=\frac{f(t)}{1-F(t)}\qquad t\geqslant 0$$

称为 F 的危险率函数或者失效率函数. 如果我们认为 X 是某个零件的寿命，那么对于一个很小的值 $\mathrm{d}t$，$\lambda(t)\mathrm{d}t$ 近似为年龄为 t 的零件在 $\mathrm{d}t$ 时间内会失效的概率. 如果 F 是参数为 λ 的指数分布，那么

$$\lambda(t)=\lambda\qquad t\geqslant 0$$

另外，指数分布是唯一的失效率为常数的分布.

一个随机变量称为服从参数为(α, λ)的 Γ 分布，如果其密度函数为

$$f(x)=\begin{cases}\dfrac{\lambda e^{-\lambda x}(\lambda x)^{\alpha-1}}{\Gamma(\alpha)} & x\geqslant 0\\ 0 & \text{其他}\end{cases}$$

$\Gamma(\alpha)$称为 Γ 函数，定义为

$$\Gamma(\alpha)=\int_0^{\infty} e^{-x}x^{\alpha-1}\,dx$$

Γ 随机变量的期望和方差分别如下：

$$E[X]=\frac{\alpha}{\lambda},\qquad \operatorname{Var}(X)=\frac{\alpha}{\lambda^2}$$

随机变量称为服从参数为(a, b)的 β 分布，如果其密度函数为

$$f(x)=\begin{cases}\dfrac{1}{B(a,b)}x^{a-1}(1-x)^{b-1} & 0\leqslant x\leqslant 1\\ 0 & \text{其他}\end{cases}$$

常数 $B(a, b)$如下：

$$B(a,b)=\int_0^1 x^{a-1}(1-x)^{b-1}\,dx\qquad a>0,b>0$$

β 随机变量的期望和方差分别为

$$E[X]=\frac{a}{a+b},\qquad \operatorname{Var}(X)=\frac{ab}{(a+b)^2(a+b+1)}$$

习题

5.1　令 X 是一随机变量，其密度函数为

$$f(x)=\begin{cases}c(1-x^2) & -1<x<1\\ 0 & \text{其他}\end{cases}$$

(a) c 的值是多少？(b) 求 X 的分布函数.

5.2　一个系统由一个元件和它的替换元件组成，若这个元件的寿命为随机变量 X，X 的密度函数由下式给出(单位为月)：

$$f(x)=\begin{cases}Cxe^{-x/2} & x>0\\ 0 & x\leqslant 0\end{cases}$$

问这个系统能正常工作5个月的概率有多大？

5.3　考虑函数

$$f(x)=\begin{cases}C(2x-x^3) & 0<x<\dfrac{5}{2}\\ 0 & \text{其他}\end{cases}$$

f 能是一个概率密度函数吗？如果是，求 C. 如果 $f(x)$为如下的函数呢？

$$f(x)=\begin{cases}C(2x-x^2) & 0<x<\dfrac{5}{2}\\ 0 & \text{其他}\end{cases}$$

5.4　设随机变量 X 表示某个电子设备的寿命(单位：小时)，其密度函数如下：

$$f(x)=\begin{cases}\dfrac{10}{x^2} & x>10\\ 0 & x\leqslant 10\end{cases}$$

(a) 求 $P\{X>20\}$；(b) X 的分布函数是什么？

(c) 6 个类似的设备中，至少有三个寿命超过 15 小时的概率是多大？其中作了什么假设？

5.5 一个加油站每周补给一次油．如果它每周的销售量(单位：千加仑)为一随机变量，其密度函数为： 228

$$f(x)=\begin{cases}5(1-x)^4 & 0<x<1\\ 0 & \text{其他}\end{cases}$$

试问油罐需要多大，才能把一周内缺油的概率控制为 0.01？

5.6 如果 X 的密度函数如下，求 $E[X]$：

(a) $f(x)=\begin{cases}\dfrac{1}{4}xe^{-x/2} & x>0\\ 0 & \text{其他}\end{cases}$；(b) $f(x)=\begin{cases}c(1-x^2) & -1<x<1\\ 0 & \text{其他}\end{cases}$；(c) $f(x)=\begin{cases}\dfrac{5}{x^2} & x>5\\ 0 & x\leqslant 5\end{cases}$

5.7 X 的密度函数如下：

$$f(x)=\begin{cases}a+bx^2 & 0\leqslant x\leqslant 1\\ 0 & \text{其他}\end{cases}$$

如果 $E[X]=3/5$，求 a 和 b.

5.8 某种电子管的使用寿命(单位：小时)是一个随机变量，其密度函数为：

$$f(x)=xe^{-x}\qquad x\geqslant 0$$

求电子管的寿命的期望值.

5.9 考虑第 4 章的例 4b，但现在假设季度需求量为一连续型随机变量，其密度函数为 f，证明最优储存量 s^* 应满足下面的条件：

$$F(s^*)=\frac{b}{b+l}$$

其中 b 是每个单位销售量的净利润，l 是每一个未销售单位的净损失，F 是每季需求量的分布函数.

5.10 从早上 7 点开始，每隔 15 分钟都有一趟列车开往 A 地，而从 7:05 开始，每隔 15 分钟有一趟列车开往 B 地.

(a) 如果某位乘客在 7 点到 8 点之间到达车站的时间服从均匀分布，他到达车站以后，无论下一趟进站的列车是开往 A 地还是开往 B 地的，他立刻上那一列车，那么他乘上开往 A 地的列车的概率是多大？

(b) 如果该乘客在早上 7:10 到 8:10 之间到达车站的时间服从均匀分布呢？

5.11 从长为 L 的线段上随机选一点，计算短的那一截相对于长的那一截的比例小于 1/4 的概率.

5.12 一辆长途汽车在相距 100 英里的 A 和 B 两城市之间运行．如果汽车抛锚的话，抛锚地点距城市 A 的距离应该服从(0，100)上的均匀分布．又已知共有三个汽车服务站，分别设在城市 A、城市 B 以及两城之间的中点．有人建议这三个服务站应该分别设在与城市 A 距离 25，50，75 英里处，这样的设置效率更高，你同意吗？为什么？ 212

5.13 你于上午 10:00 到达公共汽车站，并且已知汽车在 10:00 和 10:30 之间到达的时间服从均匀分布.

(a) 你等待时间超过 10 分钟的概率是多大？

(b) 如果 10:15 时汽车还没有来，那么你至少还要等待 10 分钟的概率是多大？

5.14 令 X 为(0，1)上的均匀随机变量，利用命题 2.1 计算 $E[X^n]$，并利用期望的定义验证计算的结果.

5.15 如果 X 是参数为 $\mu=10$ 和 $\sigma^2=36$ 的正态随机变量，求

(a) $P\{X>5\}$；(b) $P\{4<X<16\}$；(c) $P\{X<8\}$；(d) $P\{X<20\}$；(e) $P\{X>16\}$.

5.16 某个地区的年降雨量(单位：英寸)服从参数为 $\mu=40$ 和 $\sigma=4$ 的正态分布．那么从今年开始，10 年以内每年的降雨量不超过 50 英寸的概率有多大？你作了什么假设？

5.17 假定某特定领域的物理学家的薪水近似服从正态分布．如果已知物理学家中收入低于 180 000 元的占 25%，而高于 320 000 元的占 25%，近似求解获得如下收入水平的物理学家的百分比.

(a) 少于 200 000 元；(b) 介于 280 000 和 320 000 元之间.

5.18 假设 X 是一个正态随机变量，其均值为 5．如果 $P\{X>9\}=0.2$，求 $\mathrm{Var}(X)$的近似值.

229

5.19 令 X 为一正态随机变量，均值为 12，方差为 4．求满足条件 $P\{X>c\}=0.10$ 的 c 值.

5.20 在某社区内，有 65%的人支持提高教育税．如果随机抽取 100 人，估算以下事件概率：

(a) 至少 50 人支持该提议；(b) 支持该提议的人在 60 人到 70 人(含)之间；

(c) 少于 75 人支持该提议.

5.21 假设 25 岁男人的身高(单位：英寸)是参数为 $\mu=71$，$\sigma^2=6.25$ 的正态随机变量．那么身高超过 6 英尺 2 英寸的男人的百分比是多少？在身高皆超过 6 英尺的成人俱乐部里，身高超过 6 英尺 5 英寸的男人的百分比是多少？

5.22 乔每天练习网球发球，她连续发球直至获得 50 次成功发球才结束训练．如果她的每次发球独立于前一次发球，且发球成功的概率为 0.4，试估计她实现训练目标需要至少 100 次发球的概率.

提示：设想直到第 100 次发球她才实现目标，那么她的前 100 次发球应该满足什么条件？

5.23 掷一枚均匀骰子 1000 次，求点数 6 出现的次数在 150 到 200(含)之间的概率的近似值，如果点数 6 正好出现了 200 次，求点数 5 出现的次数小于 150 的概率.

5.24 某半导体工厂生产的计算机芯片的寿命服从正态分布，参数为 $\mu=1.4\times10^6$ 小时，$\sigma=3\times10^5$ 小时．求一批 100 个芯片内，包含至少 20 个芯片，其寿命都小于 1.8×10^6 小时的概率的近似值.

5.25 某工厂生产的每个元件都以 0.95 的概率被接受，且各元件是否被接受是相互独立的(即不是成批接受)．求下一批 150 个元件内最多 10 个不被接受的概率的近似值.

5.26 某工厂生产两种硬币，一种是均匀硬币，另一种在抛掷时正面朝上的概率为 55%．现有一枚该工厂生产的硬币，但是不知道是哪一种．为了确认是哪一种，我们进行如下统计检验：掷这枚硬币 1000 次，如果正面朝上的次数超过 525 次(含)，那么我们认为该硬币不是均匀的，否则，认为它是均匀的．如果该硬币确实是均匀的，我们将会得到错误结论的概率是多大？如果该硬币不是均匀的呢？

5.27 在 10 000 次独立地掷硬币中，如果正面朝上的次数超过 5800 次，那么是否有理由认为这枚硬币不是均匀的？试解释之.

5.28 人群中有 12%的人为左撇子，估算在一个有 200 人的学校中，左撇子人数超过 20 的概率的近似值．在这个问题中，你作了什么样的假设？

5.29 某股价波动模型认为，如果目前的股价为 s，那么一个周期后股价变成 us 的概率为 p，变成 ds 的概率为 $1-p$．假设各周期的股价波动是相互独立的，试估算未来 1000 个周期后股价上涨 30%的概率，其中$u=1.012$，$d=0.990$，$p=0.52$.

5.30 一个存储器分为两个区域：白区和黑区．当随机地从白区读取数据时，所得到的数据长度可用一个正态随机变量表示，其期望 $\mu=4$，方差为 $\sigma^2=4$．当随机地从黑区读取数据时，所得到的数据长度也服从正态分布，参数为 $\mu=6$，$\sigma^2=9$．现在随机地从存储器读取一个数据，其长度为 5．现设黑区所占的比例为 α．当我们取得数据长度为 5 时，说数据来自白区或黑区，都会有一定的犯错误概率．当 α 多大时，两种犯错误的概率一样大？

5.31 (a) 某救火站设在一段长为 $A(A<\infty)$ 的路上．如果着火点均匀分布在区间 $(0, A)$ 上，那么救火站应该设在何处，使得到着火点的期望距离最小？即选择 a，使得

$$E[|X-a|]$$

达到极小值，其中 X 服从 $(0, A)$ 上的均匀分布．

(b) 现假设该段路的长度为无限长——从原点 0 一直延伸到 ∞，如果着火点距离原点的距离 X 服从参数为 λ 的指数分布，那么救火站应该设在何处，才能使得 $E[|X-a|]$ 极小化？

5.32 修理某机器所需的时间(单位：小时)是参数为 $\lambda=1/2$ 的指数随机变量．

(a) 修理时间超过 2 小时的概率是多大？

(b) 若已持续修理了 9 小时，总共需要 10 小时才能修好的概率是多大？

5.33 设 U 是 $(0, 1)$ 上的均匀分布，求 $Y=-\log(U)$ 的分布．

5.34 琼斯估计，一辆汽车在报废之前能行驶的里程(单位：千英里)服从参数为 $\lambda=1/20$ 的指数分布，史密斯有一辆自称是只行驶过 10 000 英里的旧车，如果琼斯买下这辆汽车，按她的上述估计，至少还能行驶 20 000 英里的概率是多大？将指数分布这一假设改为 $(0, 40)$ 上的均匀分布，上述概率又是多大？

230

5.35 设 X 服从参数为 λ 的指数分布，$c>0$，求 cX 的密度函数，cX 是什么类型的随机变量．

5.36 对于一个年龄为 t 的男性吸烟者来说，患肺癌的危险率函数 $\lambda(t)$ 为

$$\lambda(t)=0.027+0.000\,25(t-40)^2 \qquad t\geqslant 40$$

假定一个 40 岁的男性吸烟者没有患肺癌，那么他活到如下岁数仍不患肺癌的概率是多大？

(a) 50 岁；(b) 60 岁．

5.37 假设某个元件的寿命分布的失效率函数为 $\lambda(t)=t^3$，$t>0$．求以下事件概率：

(a) 元件寿命将超过 2 年；(b) 元件寿命在 0.4 年到 1.4 年之间；(c) 某个已经用了 1 年的元件，还能使用 1 年．

5.38 如果 X 服从 $(-1, 1)$ 上的均匀分布，求

(a) $P\left\{|X|>\frac{1}{2}\right\}$；(b) 随机变量 $|X|$ 的密度函数．

5.39 如果 Y 服从 $(0, 5)$ 上的均匀分布，那么方程 $4x^2+4xY+Y+2=0$ 的两个根都为实数的概率有多大？

5.40 如果 X 是一个指数随机变量，其参数为 $\lambda=1$，求随机变量 Y 的密度函数，其中 $Y=\log X$．

5.41 如果 X 服从 (a, b) 上的均匀分布，求 a 和 b，使得 $E(X)=10$，$\mathrm{Var}(X)=48$．

5.42 如果 X 服从 $(0, 1)$ 上的均匀分布，求 $Y=\mathrm{e}^X$ 的密度函数．

5.43 计算 $R=A\sin\theta$ 的分布函数，其中 A 为一给定常数，θ 服从 $(-\pi/2, \pi/2)$ 上的均匀分布．这样的随机变量 R 出现在弹道学理论中．如果一枚炮弹从原点开始发射，仰角为 α，速度为 v，则命中点 R 可以表示为 $R=(v^2/g)\sin 2\alpha$，其中 g 为地球引力常数，等于 9.8 米/秒^2．

5.44 设 Y 是对数正态随机变量(定义见例 7e)，令 $c>0$ 为常数．判断如下两命题是对还是错，并给出解释．

(a) cY 服从对数正态分布；(b) $c+Y$ 服从对数正态分布．

理论习题

5.1 平衡状态的气体分子的速度是一个随机变量，其概率密度函数为

$$f(x)=\begin{cases} ax^2\mathrm{e}^{-bx^2} & x\geqslant 0 \\ 0 & x<0 \end{cases}$$

其中 $b=m/2kT$，k，T 和 m 分别表示波尔兹曼常数、绝对温度以及分子的质量. 求用 b 给出的常数 a 的值.

5.2 证明：

$$E[Y]=\int_0^\infty P\{Y>y\}\mathrm{d}y-\int_0^\infty P\{Y<-y\}\mathrm{d}y$$

提示：证明

$$\int_0^\infty P\{Y<-y\}\mathrm{d}y=-\int_{-\infty}^0 xf_Y(x)\mathrm{d}x$$

$$\int_0^\infty P\{Y>y\}\mathrm{d}y=\int_0^\infty xf_Y(x)\mathrm{d}x$$

5.3 如果 X 的密度函数为 f，证明：

$$E[g(X)]=\int_{-\infty}^{+\infty} g(x)f(x)\mathrm{d}x$$

提示：利用理论习题 5.2，先从以下等式开始：

$$E[g(x)]=\int_0^\infty P\{g(X)>y\}\mathrm{d}y-\int_0^\infty P\{g(X)<-y\}\mathrm{d}y$$

然后利用本书中当 $g(X)\geqslant 0$ 的情况下的证明方法继续进行.

5.4 证明推论 2.1.

5.5 对于一个非负随机变量 Y，有

$$E[Y]=\int_0^\infty P\{Y>t\}\mathrm{d}t$$

利用此结论来证明：对于非负随机变量 X，有

$$E[X^n]=\int_0^\infty nx^{n-1}P\{X>x\}\mathrm{d}x$$

提示：从

$$E[X^n]=\int_0^\infty P\{X^n>t\}\mathrm{d}t$$

开始，然后作变量替换 $t=x^n$.

5.6 定义一系列事件 E_a，$0<a<1$，满足：对任意 a 有 $P(E_a)=1$，但 $P\left(\bigcap_a E_a\right)=0$.

提示：令 X 为(0，1)上的均匀随机变量，利用 X 定义每个 E_a.

5.7 称

$$SD(X)=\sqrt{\mathrm{Var}(X)}$$

为 X 的标准差，记为 $SD(X)$. 若 X 的方差为 σ^2，求 $SD(aX+b)$.

5.8 令 X 是取值于 0 到 c 之间的随机变量，即 $P\{0\leqslant x\leqslant c\}=1$，证明：

$$\mathrm{Var}(X)\leqslant\frac{c^2}{4}$$

提示：先证明

$$E[X^2]\leqslant cE[X]$$

然后利用这个不等式证明

$$\mathrm{Var}(X)\leqslant c^2[\alpha(1-\alpha)]\qquad 其中\ \alpha=\frac{E[X]}{c}$$

5.9 设 Z 为标准正态随机变量，证明：对于 $x>0$，有

(a) $P\{Z>x\}=P\{Z<-x\}$；(b) $P\{|Z|>x\}=2P\{Z>x\}$；(c) $P\{|Z|<x\}=2P\{Z<x\}-1$.

5.10 令 $f(x)$表示均值为 μ 和方差 σ^2 的正态随机变量的密度函数，证明：$\mu-\sigma$ 和 $\mu+\sigma$ 为该函数的拐点，即证明当 $x=\mu-\sigma$ 或 $x=\mu+\sigma$ 时，$f''(x)=0$.

5.11 设 Z 是标准正态随机变量，且 g 是一个可微函数，导数记为 g'.

(a) 证明 $E[g'(Z)]=E[Zg(Z)]$；(b) 证明 $E[Z^{n+1}]=nE[Z^{n-1}]$；(c) 试求 $E[Z^4]$.

5.12 设 X 是参数为 λ 的指数随机变量，利用理论习题 5.5 中的恒等式，求出 $E[X^2]$.

5.13 设某连续型随机变量的分布函数为 F，满足 $F(m)=\frac{1}{2}$的 m 称为这个随机变量的中位数．即随机变量取值大于中位数的概率与取值小于中位数的概率是一样的．当随机变量 X 服从以下分布时，求其中位数：

(a) 在(a, b)区间上均匀分布；(b) 参数为 μ 和 σ^2 的正态分布；(c) 参数为 λ 的指数分布.

5.14 设连续型随机变量的分布密度为 f，使得 $f(x)$达到最大值的点称为它的众数．求以上理论习题 5.13 中的(a)、(b)、(c)中的随机变量的众数.

5.15 如果 X 是参数为 λ 的指数随机变量，对于 $c>0$，证明：cX 服从参数为 λ/c 的指数分布.

5.16 当 X 服从$(0, a)$上均匀分布时，求其危险率函数.

5.17 如果 X 的危险率函数为 $\lambda_X(t)$，计算 aX 的危险率函数，其中 a 为一正常数.

5.18 证明：Γ 分布的密度函数积分值为 1.

5.19 如果 X 是均值为 $1/\lambda$ 的指数随机变量，证明：

$$E[X^k]=\frac{k!}{\lambda^k} \qquad k=1,2,\cdots$$

提示：利用 Γ 分布的密度函数来计算.

5.20 证明：

$$\operatorname{Var}(X)=\frac{\alpha}{\lambda^2}$$

其中 X 是参数为(α, λ)的 Γ 随机变量.

5.21 证明：$\Gamma\left(\frac{1}{2}\right)=\sqrt{\pi}$.

提示：$\Gamma\left(\frac{1}{2}\right)=\int_0^{\infty} \mathrm{e}^{-x} x^{-1/2} \mathrm{d}x$，作变量替换 $y=\sqrt{2x}$，然后将结果与正态分布联系起来.

5.22 求参数为(α, λ)的 Γ 随机变量的危险率函数，并证明危险率函数当 $\alpha\geqslant 1$ 时递增，而 $\alpha\leqslant 1$ 时递减.

5.23 求韦布尔随机变量的危险率函数，并证明当 $\beta\geqslant 1$ 时递增，而 $\beta\leqslant 1$ 时递减.

5.24 如果 $F(\cdot)$为韦布尔分布函数，证明 $\ln(\ln(1-F(x))^{-1})$关于 $\ln x$ 是一条斜率为 β 的直线．且证明当 $\nu=0$ 时，大约 63.2%的观测值都将小于 α.

232

5.25 令

$$Y=\left(\frac{X-\nu}{\alpha}\right)^{\beta}$$

证明：如果 X 是参数为 ν，α，β 的韦布尔随机变量，那么 Y 就是参数为 $\lambda=1$ 的指数随机变量，反之也成立.

5.26 设 F 是连续分布函数，U 是$(0, 1)$上均匀分布，求 $Y=F^{-1}(U)$的分布函数，其中 F^{-1}是 F 的逆函数(即如果 $F(y)=x$，则 $y=F^{-1}(x)$).

5.27 如果 X 服从(a, b)上的均匀分布，那么和 X 有线性关系，且服从$(0, 1)$上均匀分布的随机变量是什么?

5.28 考虑参数为(a, b)的 β 分布，证明：

(a) 当 $a>1$ 和 $b>1$ 时，密度函数为单众数(即密度函数只有一个众数)，其众数为 $(a-1)/(a+b-2)$；

(b) 如果 $a\leqslant 1$，$b\leqslant 1$，且 $a+b<2$，那么密度函数或者是单众数的，此时众数为 0 或 1，或者为 U 型函数，0 和 1 都是众数.

(c) 当 $a=1=b$ 时，$[0, 1]$ 上所有点都是众数.

5.29 设 X 为连续型随机变量，分布函数为 F. 定义随机变量 Y：$Y=F(X)$. 证明：Y 服从 $(0, 1)$ 上的均匀分布.

5.30 设 X 的密度函数为 f_X，求随机变量 Y 的概率密度函数，其中 $Y=aX+b$.

5.31 设 X 是参数为 μ 和 σ^2 的正态随机变量，求 $Y=\mathrm{e}^X$ 的密度函数. 随机变量 Y 称为服从参数为 μ 和 σ^2 的对数正态分布(因为 $\ln Y$ 服从正态分布).

5.32 令 X 和 Y 为相互独立的随机变量，它们都在 $1, 2, \cdots, (10)^N$ 上等可能取值，其中 N 是一个足够大的数. 令 D 表示 X 和 Y 的最大公约数，且令 $Q_k=P\{D=k\}$.

(a) 用直观的方法论证 $Q_k=\frac{1}{k^2}Q_1$；

提示：注意，要使得 D 等于 k，k 一定要同时整除 X 和 Y，且 X/k 和 Y/k 互素(即 X/k 和 Y/k 的最大公约数为 1).

(b) 利用(a)，证明：

$$Q_1 = P\{X \text{ 和 } Y \text{ 互素}\} = \frac{1}{\sum_{k=1}^{\infty} 1/k^2}$$

根据著名的恒等式 $\sum_{1}^{\infty} 1/k^2 = \pi^2/6$，因此 $Q_1=6/\pi^2$.（在数论里，这就是著名的勒让德定理.）

(c) 证明：

$$Q_1 = \prod_{i=1}^{\infty}\left(\frac{P_i^2-1}{P_i^2}\right)$$

其中 P_i 是大于 1 的第 i 个最小的素数.

提示：X 和 Y 互素的条件是它们没有公共的素因子，因此，利用(b)，可以看出

$$\prod_{i=1}^{\infty}\left(\frac{P_i^2-1}{P_i^2}\right) = \frac{6}{\pi^2}$$

5.33 当 $g(x)$ 是递减函数时，证明定理 7.1.

自检习题

5.1 某高中篮球队员在随机挑的一场篮球比赛中的上场时间是一个随机变量，其概率密度函数见图 5-10. 求以下事件概率：

(a) 上场时间超过 15 分钟；(b) 上场时间在 20 分钟到 35 分钟之间；

(c) 上场时间小于 30 分钟；(d) 上场时间超过 36 分钟.

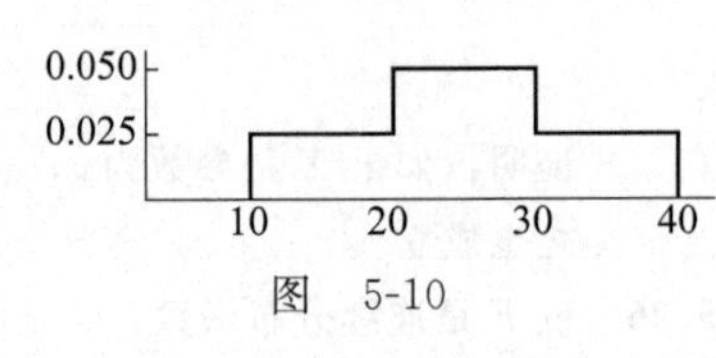

图　5-10

5.2 随机变量 X 的密度函数为

$$f(x) = \begin{cases} cx^n & 0 < x < 1 \\ 0 & \text{其他} \end{cases}$$

233

其中 c 为常数，计算：

(a) c 的值；(b) $P\{X>x\}$，$0<x<1$.

5.3 随机变量 X 的概率密度函数为

$$f(x)=\begin{cases}cx^4 & 0<x<2\\ 0 & \text{其他}\end{cases}$$

其中 c 为常数，计算：

(a) $E[X]$；(b) $\mathrm{Var}(X)$.

5.4 随机变量 X 的概率密度函数为

$$f(x)=\begin{cases}ax+bx^2 & 0<x<1\\ 0 & \text{其他}\end{cases}$$

如果 $E[X]=0.6$，计算：

(a) $P\{X<1/2\}$；(b) $\mathrm{Var}(X)$.

5.5 随机变量 X 称为取值为整数 1，2，…，n 的离散型均匀随机变量，如果

$$P\{X=i\}=\frac{1}{n}\qquad i=1,2,\cdots,n$$

对于任意非负实数 x，记 $\mathrm{Int}(x)$(有时也记为$[x]$)为不超过 x 的最大整数. 证明：如果 U 是(0，1)上的均匀随机变量，那么 $X=\mathrm{Int}(nU)+1$ 为取值为 1，2，…，n 的离散型均匀随机变量.

5.6 在某个竞标工程里，你的公司将要做出竞价. 如果你赢得了这个合约(出价最低)，那么你计划还要付出 100 000 美元完成这个工程. 如果你认为其他竞标者的最低竞价服从(70，140)上的均匀分布，那么你应该出价多少使得你的期望利润最大？

5.7 在一个游戏中，你为了取胜，需要连续胜 3 局. 该游戏依赖于一个(0，1)上的均匀随机变量 U 的值，如果 $U>0.1$，那么你第一局获胜；如果 $U>0.2$，那么你第二局获胜；如果 $U>0.3$，那么你第三局获胜.

(a) 计算赢得第一局的概率；

(b) 计算在赢得第一局的条件下，赢得第二局的条件概率；

(c) 计算在赢得第一局和第二局的条件下，赢得第三局的条件概率；

(d) 计算你最后获胜的概率.

5.8 随机选中的一名 IQ 测试者得到的分数近似服从均值为 100、标准差为 15 的正态分布. 求以下事件概率：

(a) 该测试者的分数在 125 以上；(b) 该测试者的分数在 90 到 110 之间.

5.9 假设从你家到办公室所要花费的时间服从均值为 40 分钟、标准差为 7 分钟的正态分布. 如果你要参加一个下午 1 点的约会，地点就在办公室，那么要想做到 95%的把握不迟到，最晚何时出发？

5.10 某汽车轮胎的寿命服从均值为 34 000 英里、标准差为 4000 英里的正态分布.

(a) 该轮胎的寿命超过 40 000 英里的概率是多少？

(b) 该轮胎的寿命在 30 000 到 35 000 英里之间的概率是多少？

(c) 在该轮胎已经行驶了 30 000 英里的条件下，还能行驶 10 000 英里的条件概率是多大？

5.11 俄亥俄州克利夫兰市的年降雨量近似为均值为 40.2 英寸、标准差为 8.4 英寸的正态随机变量. 求以下事件概率：

(a) 下一年降雨量超过 44 英寸；(b) 接下来的 7 年中，正好有 3 年的降雨量超过 44 英寸.

假定 $A_i(i\geqslant 1)$相互独立，其中 A_i 表示“接下来的第 i 年的降雨量超过 44 英寸”.

5.12 表 5-2 是 1992 年美国男女职工的百分比和年薪范围.

表　5-2

收入范围	女性百分比	男性百分比	收入范围	女性百分比	男性百分比
≤9999	8.6	4.4	25 000～49 999	29.2	41.5
10 000～19 999	38.0	21.1	≥50 000	4.8	17.2
20 000～24 999	19.4	15.8			

假设随机抽取200个男职工和200个女职工，估算以下概率的近似值：

(a) 至少70个女职工的收入超过25 000美元；(b) 至少60%的男职工收入超过25 000美元；

234

(c) 至少3/4的男职工和至少一半的女职工收入超过20 000美元.

5.13 在某个银行，顾客办理业务的时间的长度服从均值为5分钟的指数分布，如果你走进银行时正好有一个顾客在办理业务，问他还要再办理4分钟的概率是多少？

5.14 假设随机变量 X 的分布函数为

$$F(x) = 1 - e^{-x^2} \qquad x > 0$$

求：

(a) $P\{X>2\}$；(b) $P\{1<X<3\}$；(c) F 的危险率函数；(d) $E[X]$；(e) $\mathrm{Var}(X)$.

提示：(d)和(e)需要利用理论习题5.5的结论.

5.15 洗衣机工作的时间是一个随机变量(单位：年)，其危险率函数如下：

$$\lambda(t) = \begin{cases} 0.2 & 0 < t < 2 \\ 0.2 + 0.3(t-2) & 2 \leqslant t < 5 \\ 1.1 & t > 5 \end{cases}$$

(a) 购买6年后，洗衣机仍能正常工作的概率是多少？

(b) 在购买6年后，洗衣机在接下来的2年内会损坏的概率是多少？

5.16 标准柯西随机变量的概率密度函数为

$$f(x) = \frac{1}{\pi(1+x^2)} \qquad -\infty < x < \infty$$

证明：如果 X 为标准柯西随机变量，那么 $1/X$ 也是标准柯西随机变量.

5.17 轮盘赌有38个下注区，分别标有0，00，1到36. 如果你押1元在某个数字上，那么当轮盘停在该数字上时，你能赢得35元，否则就输掉这1元. 如果你连续进行这样的下注，求以下概率的近似值：

(a) 在34次下注后，你总的来说是获利的；(b) 在1000次下注后，你总的来说是获利的；

(c) 在100 000次下注后，你总的来说是获利的.

假设轮盘等可能地停在38个数字上.

5.18 箱子里有两种电池，第 i 种使用的时间服从参数为 $\lambda_i(i=1，2)$ 的指数分布. 随机地从中取一个电池，取到第 i 种的概率为 p_i，$\sum_{i=1}^{2} p_i = 1$. 如果随机取出的一个电池使用 t 小时后仍正常使用，那么它还能继续使用 s 小时的概率是多大？

5.19 涉及犯罪嫌疑人的证据是一个随机变量 X 的值，X 为一指数随机变量，其均值为 μ. 若该人无罪，则 $\mu=1$，否则 $\mu=2$. 法官按下列方式判罪：当 $X>c$ 时判有罪，否则判无罪.

(a) 法官希望以95%的把握不冤枉一个无罪的人，c 应该取何值？

(b) 利用(a)中得到的 c 值，计算将一个确实有罪的被告判为有罪的概率.

5.20 对于任意实数 y，定义 y^+ 为：

$$y^{+}=\begin{cases}y & \text{如果 } y\geqslant 0\\ 0 & \text{如果 } y<0\end{cases}$$

设 c 为常数.

(a) 证明：

$$E[(Z-c)^{+}]=\frac{1}{\sqrt{2\pi}}\mathrm{e}^{-c^{2}/2}-c(1-\Phi(c))$$

其中 Z 为标准正态随机变量.

(b) 求 $E[(X-c)^{+}]$，其中 X 服从均值为 μ、方差为 σ^2 的正态分布.

5.21 $\Phi(x)$是一个均值为 0、方差为 1 的正态随机变量小于 x 的概率，下面的结论哪些是正确的？

(a) $\Phi(-x)=\Phi(x)$；(b) $\Phi(x)+\Phi(-x)=1$；(c) $\Phi(-x)=\dfrac{1}{\Phi(x)}$.

5.22 设 U 为(0，1)上的均匀随机变量，常数 a，b 满足 $a<b$.

(a) 证明：如果 $b>0$，那么 bU 在$(0, b)$上均匀分布，如果 $b<0$，那么 bU 在$(b, 0)$上均匀分布.

(b) 证明：$a+U$ 在$(a, 1+a)$上均匀分布.

(c) U 的什么函数服从(a, b)上的均匀分布？

(d) 证明：$\min(U, 1-U)$是(0，1/2)上的均匀随机变量.

(e) 证明：$\max(U, 1-U)$是(1/2，1)上的均匀随机变量.

235

5.23 设

$$f(x)=\begin{cases}\dfrac{1}{3}\mathrm{e}^{x} & \text{如果 } x<0\\[2ex] \dfrac{1}{3} & \text{如果 } 0\leqslant x<1\\[2ex] \dfrac{1}{3}\mathrm{e}^{-(x-1)} & \text{如果 } x\geqslant 1\end{cases}$$

(a) 证明：f 是一个概率密度函数.(即证明 $f(x)\geqslant 0$ 且 $\int_{-\infty}^{\infty}f(x)\mathrm{d}x=1$.)

(b) 设 X 的密度函数为 f，求 $E[X]$.

5.24 设

$$f(x)=\frac{\theta^{2}}{1+\theta}(1+x)\mathrm{e}^{-\theta x},x>0$$

其中 $\theta>0$.

(a) 证明：f 是一个概率密度函数.(即证明 $f(x)\geqslant 0$ 且 $\int_{-\infty}^{\infty}f(x)\mathrm{d}x=1$.)

(b) 求 $E[X]$.

(c) 求 $\mathrm{Var}(X)$.

236

第6章　随机变量的联合分布

6.1　联合分布函数

到目前为止，我们只讨论了单个随机变量的概率分布．然而，我们通常对两个或两个以上的随机变量的有关概率问题感兴趣．为了处理这类概率问题，我们定义任意两个随机变量 X 和 Y 的联合累积概率分布函数(joint cumulative probability distribution function)如下：

$$F(a,b)=P\{X\leqslant a,Y\leqslant b\}\qquad -\infty<a,b<\infty$$

两个随机变量 X 和 Y 的联合概率性质，从理论上可以采用它们的联合分布函数来刻画．

例如，对任意的 $a_1<a_2$，$b_1<b_2$，

$$P(a_1<X\leqslant a_2,b_1<Y\leqslant b_2)=F(a_2,b_2)+F(a_1,b_1)-F(a_1,b_2)-F(a_2,b_1)\quad(1.1)$$

为证明式(1.1)，注意对任意的 $a_1<a_2$．

$$P(X\leqslant a_2,Y\leqslant b)=P(X\leqslant a_1,Y\leqslant b)+P(a_1<X\leqslant a_2,Y\leqslant b)$$

从而

$$P(a_1<X\leqslant a_2,Y\leqslant b)=F(a_2,b)-F(a_1,b)\quad(1.2)$$

同样，因为对任意的 $b_1<b_2$，

237

$$P(a_1<X\leqslant a_2,Y\leqslant b_2)=P(a_1<X\leqslant a_2,Y\leqslant b_1)+P(a_1<X\leqslant a_2,b_1<Y\leqslant b_2)$$

所以，对任意的 $a_1<a_2$，$b_1<b_2$，

$$\begin{aligned}P(a_1<X\leqslant a_2,b_1<Y\leqslant b_2)&=P(a_1<X\leqslant a_2,Y\leqslant b_2)\\&\quad-P(a_1<X\leqslant a_2,Y\leqslant b_1)\\&=F(a_2,b_2)-F(a_1,b_2)-F(a_2,b_1)+F(a_1,b_1)\end{aligned}$$

其中最后一个等式由式(1.2)推出．

当 X 和 Y 都是离散型随机变量时，X 和 Y 的联合概率分布列(joint probability mass function)可以如下方便地定义：

$$p(x,y)=P\{X=x,Y=y\}$$

利用事件$\{X=x\}$是互斥事件$\{X=x,\ Y=y_j\}(j\geqslant1)$的并，由 $p(x,\ y)$可得 X 的分布列：

$$\begin{aligned}p_X(x)&=P(X=x)\\&=P(\textstyle\bigcup_j\{X=x,Y=y_j\})\\&=\sum_j P(X=x,Y=y_j)\\&=\sum_j p(x,y_j)\end{aligned}$$

类似可得 Y 的分布列：

$$p_Y(y) = \sum_i p(x_i, y)$$

例 1a 设坛子里有 3 个红球、4 个白球和 5 个蓝球，现从中随机抽取 3 个球. 若令 X 和 Y 分别表示取出的红球数和白球数，那么 X 和 Y 的联合分布列 $p(i, j)=P\{X=i, Y=j\}$，注意到 $X=i$，$Y=j$ 是指在选出的 3 个球中，i 是红色，j 是白色，$3-i-j$ 是蓝色，就可以推出结论. 因为 3 个元素的所有子集都是等可能被选出的，所以

$$p(i,j) = \frac{\binom{3}{i}\binom{4}{j}\binom{5}{3-i-j}}{\binom{12}{3}}$$

因此，

$$p(0,0) = \binom{5}{3}\Big/\binom{12}{3} = \frac{10}{220} \qquad p(0,1) = \binom{4}{1}\binom{5}{2}\Big/\binom{12}{3} = \frac{40}{220}$$

$$p(0,2) = \binom{4}{2}\binom{5}{1}\Big/\binom{12}{3} = \frac{30}{220} \qquad p(0,3) = \binom{4}{3}\Big/\binom{12}{3} = \frac{4}{220}$$

238

$$p(1,0) = \binom{3}{1}\binom{5}{2}\Big/\binom{12}{3} = \frac{30}{220} \qquad p(1,1) = \binom{3}{1}\binom{4}{1}\binom{5}{1}\Big/\binom{12}{3} = \frac{60}{220}$$

$$p(1,2) = \binom{3}{1}\binom{4}{2}\Big/\binom{12}{3} = \frac{18}{220} \qquad p(2,0) = \binom{3}{2}\binom{5}{1}\Big/\binom{12}{3} = \frac{15}{220}$$

$$p(2,1) = \binom{3}{2}\binom{4}{1}\Big/\binom{12}{3} = \frac{12}{220} \qquad p(3,0) = \binom{3}{3}\Big/\binom{12}{3} = \frac{1}{220}$$

这些概率可以简单表示成表 6-1 的形式. 读者会注意到，X 的分布列可以通过对行求和得到，而 Y 的分布列可以通过对列求和得到. 因为 X 和 Y 各自的分布列都出现在这种表格的边缘，所以它们又常常分别称为 X 和 Y 的**边缘分布列**(marginal probability mass function).

表 6-1 $P\{X=i, Y=j\}$

j \ i	0	1	2	3	行和 $=P\{X=i\}$
0	$\frac{10}{220}$	$\frac{40}{220}$	$\frac{30}{220}$	$\frac{4}{220}$	$\frac{84}{220}$
1	$\frac{30}{220}$	$\frac{60}{220}$	$\frac{18}{220}$	0	$\frac{108}{220}$
2	$\frac{15}{220}$	$\frac{12}{220}$	0	0	$\frac{27}{220}$
3	$\frac{1}{220}$	0	0	0	$\frac{1}{220}$
列和 $=P\{Y=j\}$	$\frac{56}{220}$	$\frac{112}{220}$	$\frac{48}{220}$	$\frac{4}{220}$	

例 1b 假设某个社区内，15%的家庭没有小孩，20%的家庭有一个小孩，35%的家庭有两个小孩，30%的家庭有 3 个小孩. 进一步假定每个家庭里的每个孩子为男孩或女孩的可能性是一样的(且独立). 如果从这个社区内随机抽取一个家庭，令 B 表示这个家庭的男孩数，G 表示该家庭里女孩数，那么它们的联合分布列如表 6-2 所示.

239

表 6-2　$P\{B=i, G=j\}$

j \ i	0	1	2	3	行和$=P\{B=i\}$
0	0.15	0.10	0.0875	0.0375	0.3750
1	0.10	0.175	0.1125	0	0.3875
2	0.0875	0.1125	0	0	0.2000
3	0.0375	0	0	0	0.0375
列和$=P\{G=j\}$	0.375	0.3875	0.2000	0.0375	

表 6-2 中概率值的计算如下所示：

$$P\{B=0,G=0\}=P\{\text{没有孩子}\}=0.15$$

$$P\{B=0,G=1\}=P\{1\text{个孩子且为女孩}\}$$
$$=P\{1\text{个孩子}\}P\{1\text{个女孩}|1\text{个孩子}\}=0.20\times\frac{1}{2}$$

$$P\{B=0,G=2\}=P\{2\text{个孩子且都为女孩}\}$$
$$=P\{2\text{个孩子}\}P\{2\text{个女孩}|2\text{个孩子}\}=0.35\times\left(\frac{1}{2}\right)^2$$

表 6-2 中其余概率的证明留给读者. ■

例 1c　考虑一系列独立试验，每次试验成功的概率是 p. 记 X_r 为试验首次成功 r 次时总的试验次数，Y_s 为试验首次失败 s 次时总的试验次数．我们感兴趣的是推导出它们的联合概率分布列 $P(X_r=i, Y_s=j)$. 首先假设 $i<j$. 此时，我们写成

$$P(X_r=i,Y_s=j)=P(X_r=i)P(Y_s=j|X_r=i)$$

注意，如果 i 次试验时已经有 r 次试验成功，则已经有 $i-r$ 次失败的试验．所以在给定 $X_r=i$，Y_s 的条件分布是 i 加上之后增加的直到再次失败 $s-i+r$ 次的试验次数的分布．所以

$$P(X_r=i,Y_s=j)=P(X_r=i)P(Y_{s-i+r}=j-i),i<j$$

因为 X_r 是负二项随机变量，参数为(r, p)，Y_{s-i+r}是负二项随机变量，参数为$(s-i+r, 1-p)$，所以由上式可得

$$P(X_r=i,Y_s=j)=\binom{i-1}{r-1}p^r(1-p)^{i-r}\binom{j-i-1}{s-i+r-1}(1-p)^{s-i+r}p^{j-s-r},i<j$$

240　类似地，当 $j<i$ 时，可以推导出类似的结论，留作习题．

我们称 X 和 Y 是联合连续的(jointly continuous)，如果存在一个定义于任意实数 x 和 y 上的函数 $f(x, y)$，满足以下性质：对任意实数对集合 C(即 C 是二维空间中的集合)，有

$$P\{(X,Y)\in C\}=\iint_{(x,y)\in C}f(x,y)\mathrm{d}x\mathrm{d}y \tag{1.3}$$

函数 $f(x, y)$称为 X 和 Y 的联合概率密度函数(joint probability density function). 如果 A 和 B 为任意实数集，定义 $C=\{(x, y): x\in A, y\in B\}$，通过式(1.3)可以看出：

$$P\{X\in A,Y\in B\}=\int_B\int_A f(x,y)\mathrm{d}x\mathrm{d}y \tag{1.4}$$

因为

$$F(a,b)=P\{X\in(-\infty,a],Y\in(-\infty,b]\}=\int_{-\infty}^{b}\int_{-\infty}^{a}f(x,y)\mathrm{d}x\mathrm{d}y$$

所以通过求导可得(如果偏导数有定义):

$$f(a,b)=\frac{\partial^2}{\partial a\partial b}F(a,b)$$

可以从另一个角度来理解联合密度函数的定义，由式(1.4)可得

$$P\{a<X<a+\mathrm{d}a,b<Y<b+\mathrm{d}b\}=\int_{b}^{b+\mathrm{d}b}\int_{a}^{a+\mathrm{d}a}f(x,y)\mathrm{d}x\mathrm{d}y\approx f(a,b)\mathrm{d}a\mathrm{d}b$$

其中 $\mathrm{d}a$ 和 $\mathrm{d}b$ 很小，且 $f(x, y)$在(a, b)处连续. 因此，$f(a, b)$表示随机向量(X, Y)取值于(a, b)附近的可能性大小.

如果 X 和 Y 为联合连续的，那么它们各自都连续，且它们的概率密度函数可以如下得到:

$$P\{X\in A\}=P\{X\in A,Y\in(-\infty,\infty)\}=\int_A\int_{-\infty}^{+\infty}f(x,y)\mathrm{d}y\mathrm{d}x=\int_A f_X(x)\mathrm{d}x$$

其中

$$f_X(x)=\int_{-\infty}^{+\infty}f(x,y)\mathrm{d}y$$

是 X 的概率密度函数. 类似地，Y 的概率密度函数为 241

$$f_Y(y)=\int_{-\infty}^{+\infty}f(x,y)\mathrm{d}x$$

例 1d 设 X 和 Y 的联合密度函数为:

$$f(x,y)=\begin{cases}2\mathrm{e}^{-x}\mathrm{e}^{-2y} & 0<x<\infty,0<y<\infty\\ 0 & \text{其他}\end{cases}$$

计算: (a) $P\{X>1, Y<1\}$; (b) $P\{X<Y\}$; (c) $P\{X<a\}$.

解 (a)

$$P\{X>1,Y<1\}=\int_0^1\int_1^{\infty}2\mathrm{e}^{-x}\mathrm{e}^{-2y}\mathrm{d}x\mathrm{d}y$$

现在

$$\int_1^{\infty}\mathrm{e}^{-x}\mathrm{d}x=-\mathrm{e}^{-x}\big|_1^{\infty}=\mathrm{e}^{-1}$$

从而

$$P(X>1,Y<1)=\mathrm{e}^{-1}\int_0^1 2\mathrm{e}^{-2y}\mathrm{d}y=\mathrm{e}^{-1}(1-\mathrm{e}^{-2})$$

(b)

$$P\{X<Y\}=\iint_{(x,y):x<y}2\mathrm{e}^{-x}\mathrm{e}^{-2y}\mathrm{d}x\mathrm{d}y=\int_0^{\infty}\int_0^{y}2\mathrm{e}^{-x}\mathrm{e}^{-2y}\mathrm{d}x\mathrm{d}y=\int_0^{\infty}2\mathrm{e}^{-2y}(1-\mathrm{e}^{-y})\mathrm{d}y$$

$$=\int_0^{\infty}2\mathrm{e}^{-2y}\mathrm{d}y-\int_0^{\infty}2\mathrm{e}^{-3y}\mathrm{d}y=1-\frac{2}{3}=\frac{1}{3}$$

(c)

$$P\{X<a\}=\int_0^a\int_0^\infty 2e^{-2y}e^{-x}\,dy\,dx=\int_0^a e^{-x}\,dx=1-e^{-a}$$ ■

例 1e　考虑一个半径为 R 的圆，按如下方式随机从圆内选一点：这个点落在圆内任一区域内的概率只与这个区域的面积有关，与该区域在圆内位置无关(换言之，该点在圆内均匀分布)．如果令圆心表示原点，且令 X 和 Y 表示该点的坐标(见图 6-1)，那么，因为 242 (X, Y)落在圆内任一点附近的概率都是一样的，所以 X 和 Y 的联合密度函数为

$$f(x,y)=\begin{cases}c & \text{如果 } x^2+y^2\leqslant R^2\\ 0 & \text{如果 } x^2+y^2>R^2\end{cases}$$

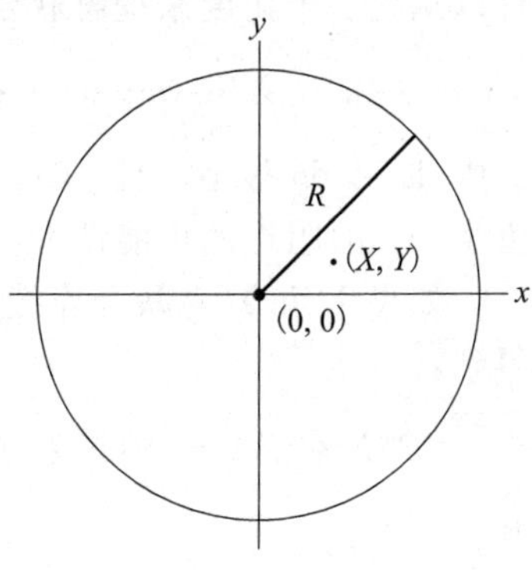

图 6-1　联合概率分布

(a) 求常数 c；(b) 计算 X 和 Y 的边缘密度函数；

(c) 求原点到该点的距离 D 小于等于 a 的概率；(d) 计算 $E[D]$.

解　(a)因为

$$\int_{-\infty}^{+\infty}\int_{-\infty}^{+\infty}f(x,y)\,dy\,dx=1$$

所以

$$c\iint_{x^2+y^2\leqslant R^2}dy\,dx=1$$

我们可以利用极坐标变换计算 $\iint_{x^2+y^2\leqslant R^2}dy\,dx$ 的值，也可以用更简单的办法，注意，它表示半径为 R 的圆的面积，因此等于 πR^2，从而

$$c=\frac{1}{\pi R^2}$$

(b)

$$\begin{aligned}f_X(x)&=\int_{-\infty}^{+\infty}f(x,y)\,dy\\&=\frac{1}{\pi R^2}\int_{x^2+y^2\leqslant R^2}dy=\frac{1}{\pi R^2}\int_{-a}^{a}dy\qquad\text{其中 } a=\sqrt{R^2-x^2}\\&=\frac{2}{\pi R^2}\sqrt{R^2-x^2}\qquad x^2\leqslant R^2\end{aligned}$$

243

当 $x^2>R^2$ 时，它等于 0．利用对称性可知，Y 的边缘密度为

$$f_Y(y)=\begin{cases}\dfrac{2}{\pi R^2}\sqrt{R^2-y^2} & y^2\leqslant R^2\\ 0 & y^2>R^2\end{cases}$$

(c) 原点到该点的距离 $D=\sqrt{X^2+Y^2}$ 的分布函数可以如下得到：对于 $0\leqslant a\leqslant R$，有

$$\begin{aligned}F_D(a)&=P\{\sqrt{X^2+Y^2}\leqslant a\}=P\{X^2+Y^2\leqslant a^2\}\\&=\iint_{x^2+y^2\leqslant a^2}f(x,y)\,dy\,dx=\frac{1}{\pi R^2}\iint_{x^2+y^2\leqslant a^2}dy\,dx=\frac{\pi a^2}{\pi R^2}=\frac{a^2}{R^2}\end{aligned}$$

其中用到了事实：$\iint_{x^2+y^2\leqslant a^2}dy\,dx$ 是半径为 a 的圆的面积，其值为 πa^2.

(d) 由(c)可以得到 D 的密度函数为

$$f_D(a)=\frac{2a}{R^2}\qquad 0\leqslant a\leqslant R$$

因此，

$$E[D]=\frac{2}{R^2}\int_0^R a^2\mathrm{d}a=\frac{2R}{3}$$ ■

例 1f 设 X 和 Y 的联合密度为

$$f(x,y)=\begin{cases}\mathrm{e}^{-(x+y)} & 0<x<\infty,0<y<\infty\\ 0 & \text{其他}\end{cases}$$

求随机变量 X/Y 的密度函数.

244

解 我们先来计算 X/Y 的分布函数. 对于 $a>0$，有

$$F_{X/Y}(a)=P\left\{\frac{X}{Y}\leqslant a\right\}=\iint_{x/y\leqslant a}\mathrm{e}^{-(x+y)}\mathrm{d}x\mathrm{d}y=\int_0^\infty\int_0^{ay}\mathrm{e}^{-(x+y)}\mathrm{d}x\mathrm{d}y=\int_0^\infty(1-\mathrm{e}^{-ay})\mathrm{e}^{-y}\mathrm{d}y$$

$$=\left\{-\mathrm{e}^{-y}+\frac{\mathrm{e}^{-(a+1)y}}{a+1}\right\}\Bigg|_0^\infty=1-\frac{1}{a+1}$$

对 $F_{X/Y}(a)$求导可得到 X/Y 的密度函数 $f_{X/Y}(a)=1/(a+1)^2$，$0<a<\infty$. ■

我们也可以用和 $n=2$ 时同样的方法定义 n 个随机变量的联合概率分布. 例如，n 个随机变量 X_1，X_2，…，X_n 的联合累积概率分布函数 $F(a_1,a_2,\cdots,a_n)$定义为

$$F(a_1,a_2,\cdots,a_n)=P\{X_1\leqslant a_1,X_2\leqslant a_2,\cdots,X_n\leqslant a_n\}$$

而且，如果存在一个函数 $f(x_1,\cdots,x_n)$，满足对 n 维空间中的任意集合 C，

$$P\{(X_1,X_2,\cdots,X_n)\in C\}=\underset{(x_1,\cdots,x_n)\in C}{\iint\cdots\int}f(x_1,\cdots,x_n)\mathrm{d}x_1\mathrm{d}x_2\cdots\mathrm{d}x_n$$

则称这 n 个随机变量为联合连续的，$f(x_1,\cdots,x_n)$称为 X_1，…，X_n 的联合概率密度函数. 特别地，对任意 n 个实数集 A_1，A_2，…，A_n，有

$$P\{X_1\in A_1,X_2\in A_2,\cdots,X_n\in A_n\}=\int_{A_n}\int_{A_{n-1}}\cdots\int_{A_1}f(x_1,x_2,\cdots,x_n)\mathrm{d}x_1\mathrm{d}x_2\cdots\mathrm{d}x_n$$

245

例 1g 多项分布 多项分布是很重要的联合分布之一，它经常出现在进行 n 次独立重复试验当中. 设每次试验有 r 种可能的结果，各自发生的概率分别为 p_1，p_2，…，p_r，$\sum_{i=1}^{r}p_i=1$，若令 X_i 表示 n 次试验中第 i 个结果出现的次数，那么

$$P\{X_1=n_1,X_2=n_2,\cdots,X_r=n_r\}=\frac{n!}{n_1!n_2!\cdots n_r!}p_1^{n_1}p_2^{n_2}\cdots p_r^{n_r}\tag{1.5}$$

其中 $\sum_{i=1}^{r}n_i=n$.

现在来证明式(1.5). 记 n 次试验中第 i 个结果出现 n_i 次，$i=1$，…，r. 由独立性假设知，其发生的概率为 $p_1^{n_1}p_2^{n_2}\cdots p_r^{n_r}$. 又因为 n 次试验中，第 i 个结果出现 n_i 次的可能一共有 $n!/(n_1!\ n_2!\ \cdots n_r!)$种不同组合. 由此我们得到式(1.5). 以式(1.5)为联合概率分布列的联合分布称为多项分布(multinomial distribution). 注意，当 $r=2$ 时，多项分布就退化为二项分布.

注意，对任意一组固定的集合，X_i 之和都服从二项分布．即如果 $N\subset\{1, 2, \cdots, r\}$，那么 $\sum_{i\in N} X_i$ 服从参数为 n 和 $p=\sum_{i\in N} p_i$ 的二项分布．这是因为 $\sum_{i\in N} X_i$ 表示 n 次试验中，试验结果在 N 中的次数，因为每次试验是独立的，所以其概率为 $\sum_{i\in N} p_i$ ．

作为多项分布的应用，考虑掷一枚均匀的骰子9次，那么1出现3次，2和3各出现2次，4和5各出现1次，6不出现的概率为

$$\frac{9!}{3!2!2!1!1!0!}\left(\frac{1}{6}\right)^3\left(\frac{1}{6}\right)^2\left(\frac{1}{6}\right)^2\left(\frac{1}{6}\right)^1\left(\frac{1}{6}\right)^1\left(\frac{1}{6}\right)^0=\frac{9!}{3!2!2!}\left(\frac{1}{6}\right)^9$$

我们也可以用多项分布来分析经典的生日问题，即计算 n 个人中没有3个人是同一天生日的概率，其中假设这 n 个人出生是相互独立的，而且等可能地在一年365天中的任何一天出生．因为当 $n>730$(请解释)时，这个概率一定是0，所以我们假设 $n\leqslant 730$．注意到如果一年365天中每一天都最多有2个人过生日，则不可能有3个人生日相同．同样，如果存在 $i\leqslant n/2$，事件 A_i 发生，则也不可能有3个人生日相同，其中 A_i 是指将一年365天分为3段不相交的时间段，长度分别是 i，$n-2i$ 和 $365-n+i$，使得在第一时间段的每天恰有2人同生日，第二时间段的每天只是一个人的生日，没有人在第三时间段过生日．因为每个日期都等可能是某个人的生日，所以对365天的任一个分割长度是 i，$n-2i$ 和 $365-n+i$ 的时间段，恰有2人的生日在第一时间段、恰有1人的生日在第二时间段、没人在第三时间段过生日的概率正好是多项概率

246

$$\frac{n!}{(2!)^i(1!)^{n-2i}(0!)^{365-n+i}}\left(\frac{1}{365}\right)^n$$

因为将365天分割成3个时间段，长度分别为 i，$n-2i$ 和 $365-n+i$，总共有 $\frac{365!}{i!\ (n-2i)!\ (365-n+i)!}$ 个可能性，所以

$$P(A_i)=\frac{365!}{i!(n-2i)!(365-n+i)!}\frac{n!}{2^i}\left(\frac{1}{365}\right)^n, i\leqslant n/2$$

因为事件 $A_i(i\leqslant n/2)$ 是互斥的，所以

$$P\{\text{没有 3 个人的生日相同}\}=\sum_{i=0}^{[n/2]}\frac{365!}{i!(n-2i)!(365-n+i)!}\frac{n!}{2^i}\left(\frac{1}{365}\right)^n$$

当 $n=88$ 时，可以得到

$$P(\text{没有 3 个人的生日相同})=\sum_{i=0}^{44}\frac{365!}{i!(88-2i)!(277+i)!}\frac{88!}{2^i}\left(\frac{1}{365}\right)^{88}\approx 0.504$$

6.2　独立随机变量

随机变量 X 和 Y 称为**独立的**(independent)，如果对任意两个实数集 A 和 B，有

$$P\{X\in A, Y\in B\}=P\{X\in A\}P\{Y\in B\} \tag{2.1}$$

也就是说，如果对所有的 A 和 B，事件 $E_A=\{X\in A\}$ 和 $F_B=\{Y\in B\}$ 是独立的，那么随机变量 X 和 Y 独立．

利用概率的三条公理可知，式(2.1)成立当且仅当对所有 a，b，有

$$P\{X \leqslant a, Y \leqslant b\} = P\{X \leqslant a\} P\{Y \leqslant b\}$$

因此，利用 X 和 Y 的联合分布函数 F 可知，如果

$$F(a,b) = F_X(a) F_Y(b) \qquad \text{对所有的 } a,b \text{ 成立}$$

则 X 和 Y 独立. 当 X 和 Y 为离散型随机变量时，独立性条件(2.1)等价于

$$p(x,y) = p_X(x) p_Y(y) \qquad \text{对所有的 } x,y \tag{2.2}$$

上述结论成立是因为：如果式(2.1)成立，令 A 和 B 分别表示单点集 $A=\{x\}$ 和 $B=\{y\}$，则可得式(2.2). 反之，如果式(2.2)成立，那么对任意集合 A，B 有

$$\begin{aligned} P\{X \in A, Y \in B\} &= \sum_{y \in B} \sum_{x \in A} p(x,y) = \sum_{y \in B} \sum_{x \in A} p_X(x) p_Y(y) \\ &= \sum_{y \in B} p_Y(y) \sum_{x \in A} p_X(x) = P\{Y \in B\} P\{X \in A\} \end{aligned}$$

247

故式(2.1)成立.

在 X，Y 联合连续的情形下，独立性条件等价于

$$f(x,y) = f_X(x) f_Y(y) \qquad \text{对所有的 } x,y$$

因此，直观地说，如果知道其中一个变量的取值并不影响另一个变量的分布，则这两个变量就相互独立. 不独立的随机变量称为*相依的*(dependent).

例 2a 考虑进行 $n+m$ 次独立重复试验，每次成功的概率为 p. 设 X 表示前 n 次试验中成功的次数，Y 表示后 m 次试验中成功的次数. 因为已知前 n 次试验中成功的次数并不影响后 m 次试验中成功次数的分布(由试验的独立性假设知)，所以，X 和 Y 是独立的. 事实上，对于整数 x 和 y，有

$$\begin{aligned} P\{X = x, Y = y\} &= \binom{n}{x} p^x (1-p)^{n-x} \binom{m}{y} p^y (1-p)^{m-y} \qquad \begin{matrix} 0 \leqslant x \leqslant n, \\ 0 \leqslant y \leqslant m \end{matrix} \\ &= P\{X = x\} P\{Y = y\} \end{aligned}$$

相反，X 和 Z 是相依的，其中 Z 表示在 $n+m$ 次试验中总的成功次数(为什么?). ■

例 2b 假设一天内进入邮局的人数是参数为 λ 的泊松随机变量，如果每个进入邮局的人为男性的概率为 p，为女性的概率为 $1-p$，证明进入邮局的男性人数和女性人数是相互独立的泊松随机变量，且参数分别为 λp 和 $\lambda(1-p)$.

解 设 X 和 Y 分别表示进入邮局的男性人数和女性人数. 要证 X 和 Y 独立，只需证明式(2.2)成立. 利用全概率公式，

$$\begin{aligned} P\{X = i, Y = j\} &= P\{X = i, Y = j \mid X + Y = i + j\} P\{X + Y = i + j\} \\ &\quad + P\{X = i, Y = j \mid X + Y \neq i + j\} P\{X + Y \neq i + j\} \end{aligned}$$

(注意该式是 $P(E)=P(E|F)P(F)+P(E|F^c)P(F^c)$ 的一个特例.)

因为 $P\{X=i, Y=j \mid X+Y \neq i+j\}$ 显然为 0，所以我们得到

$$P\{X = i, Y = j\} = P\{X = i, Y = j \mid X + Y = i + j\} P\{X + Y = i + j\} \tag{2.3}$$

现在，因为 $X+Y$ 表示进入邮局的总人数，根据假设得到

$$P\{X + Y = i + j\} = e^{-\lambda} \frac{\lambda^{i+j}}{(i+j)!} \tag{2.4}$$

而且，在给定 $i+j$ 人进入邮局的情况下，因为每个进入邮局的人为男性的概率为 p，所以刚好有 i 个是男性(且刚好有 j 个是女性)的概率恰好为二项概率 $\binom{i+j}{i}p^i(1-p)^j$，即

248

$$P\{X=i,Y=j\mid X+Y=i+j\}=\binom{i+j}{i}p^i(1-p)^j \tag{2.5}$$

将式(2.4)和式(2.5)代入式(2.3)，可得

$$\begin{aligned}P\{X=i,Y=j\}&=\binom{i+j}{i}p^i(1-p)^j\mathrm{e}^{-\lambda}\frac{\lambda^{i+j}}{(i+j)!}\\&=\mathrm{e}^{-\lambda}\frac{(\lambda p)^i}{i!j!}[\lambda(1-p)]^j\\&=\frac{\mathrm{e}^{-\lambda p}(\lambda p)^i}{i!}\mathrm{e}^{-\lambda(1-p)}\frac{[\lambda(1-p)]^j}{j!}\end{aligned} \tag{2.6}$$

因此，

$$P\{X=i\}=\mathrm{e}^{-\lambda p}\frac{(\lambda p)^i}{i!}\sum_j\mathrm{e}^{-\lambda(1-p)}\frac{[\lambda(1-p)]^j}{j!}=\mathrm{e}^{-\lambda p}\frac{(\lambda p)^i}{i!} \tag{2.7}$$

类似地，

$$P\{Y=j\}=\mathrm{e}^{-\lambda(1-p)}\frac{[\lambda(1-p)]^j}{j!} \tag{2.8}$$

式(2.6)、式(2.7)和式(2.8)说明了 $P(X=i,\ Y=j)=P(X=i)P(Y=j)$. ■

例 2c　一位男士和一位女士决定在某个地点见面. 如果每个人到达的时间是独立的，且服从中午 12:00 到下午 1:00 之间的均匀分布，求先到的人需要等待 10 分钟以上的概率.

解　令 X 和 Y 分别表示该男士和该女士到达的时间，以分钟为单位，以中午 12 点为起点，那么 X 和 Y 是相互独立的随机变量，且均服从(0，60)上的均匀分布. 所求概率为 $P\{X+10<Y\}+P\{Y+10<X\}$. 根据对称性，它等于 $2P\{X+10<Y\}$，由如下计算得到：

$$\begin{aligned}2P\{X+10<Y\}&=2\iint_{x+10<y}f(x,y)\mathrm{d}x\mathrm{d}y=2\iint_{x+10<y}f_X(x)f_Y(y)\mathrm{d}x\mathrm{d}y\\&=2\int_{10}^{60}\int_0^{y-10}\left(\frac{1}{60}\right)^2\mathrm{d}x\mathrm{d}y=\frac{2}{(60)^2}\int_{10}^{60}(y-10)\mathrm{d}y=\frac{25}{36}\end{aligned}$$ ■

在下面的例子中，我们介绍一个几何概率中最古老的问题. 该问题由法国博物学家蒲丰(Buffon)在 18 世纪首先提出并解决，通常称为**蒲丰投针问题**.

249

例 2d　蒲丰投针问题　桌面上画着一些平行线，它们之间的距离都是 D. 向此桌面上随机投掷一枚长为 L 的针，其中 $L\leqslant D$. 针与桌面上某一条平行线相交的概率有多大(另一种可能是此针正好在某两条平行线之间)?

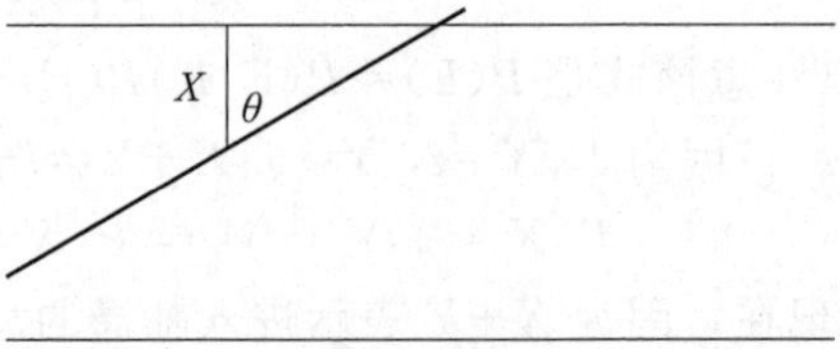

解　首先，我们需要确定针的位置：(1)从针的中点向距离该点最近的一条平行线引一条垂直线，设这条垂线的长度为 X；(2)设针与这条垂直线的夹角为 θ(见图 6-2). 垂直线、平行线以及针所在直线会形成一个直角三角形(见图 6-2). 如果直角三角形的

X　θ

图　6-2

斜边长小于 $L/2$，针会与这一条直线相交. 即如果

$$\frac{X}{\cos\theta} < \frac{L}{2} \qquad 或 \qquad X < \frac{L}{2}\cos\theta$$

那么针与这一条平行线相交. 又因为 X 取值于 0 到 $D/2$ 之间，θ 取值于 0 到 $\pi/2$ 之间. 假定 X 和 θ 相互独立且在各自取值范围内服从均匀分布(这个假定是很合理的). 因此，

$$P\left\{X < \frac{L}{2}\cos\theta\right\} = \iint_{X<L/2\cos y} f_X(x) f_\theta(y)\mathrm{d}x\mathrm{d}y = \frac{4}{\pi D}\int_0^{\pi/2}\int_0^{L/2\cos y}\mathrm{d}x\mathrm{d}y$$

$$= \frac{4}{\pi D}\int_0^{\pi/2}\frac{L}{2}\cos y\mathrm{d}y = \frac{2L}{\pi D}$$

■

*__例 2e__ **正态分布的特征** 设 X 和 Y 分别表示子弹的弹着点与靶心目标的水平和垂直方向的偏差，且假设

1. X 和 Y 是独立的连续型随机变量，且密度函数均可微.
2. X 和 Y 的联合密度 $f(x, y)=f_X(x)f_Y(y)$ 作为(x, y)的函数只依赖于 x^2+y^2 的值.

直观地讲，第 2 个假设说明了子弹落在 $x-y$ 平面的概率取决于弹着点与目标点的距离，而与弹着点相对于目标的方位无关. 第 2 个假设的另一个等价的说法是联合密度函数是旋转不变的.

250

一个更有趣的事实是：由假设 1 和假设 2 可推得 X 和 Y 为正态随机变量. 为了证明这一点，首先注意由假设可得，存在某函数 g，使得

$$f(x,y) = f_X(x)f_Y(y) = g(x^2+y^2) \tag{2.9}$$

式(2.9)两边关于 x 求导可得

$$f'_X(x)f_Y(y) = 2xg'(x^2+y^2) \tag{2.10}$$

用式(2.9)除式(2.10)得

$$\frac{f'_X(x)}{f_X(x)} = \frac{2xg'(x^2+y^2)}{g(x^2+y^2)}$$

或

$$\frac{f'_X(x)}{2xf_X(x)} = \frac{g'(x^2+y^2)}{g(x^2+y^2)} \tag{2.11}$$

因为等式(2.11)的左边仅与 x 有关，而右边仅与 x^2+y^2 有关，所以可以推出左边对任意 x 来说都是等值的. 为了证明这一点，考虑任意 x_1，x_2，取 y_1，y_2 满足 $x_1^2+y_1^2=x_2^2+y_2^2$，那么，从式(2.11)可得

$$\frac{f'_X(x_1)}{2x_1f_X(x_1)} = \frac{g'(x_1^2+y_1^2)}{g(x_1^2+y_1^2)} = \frac{g'(x_2^2+y_2^2)}{g(x_2^2+y_2^2)} = \frac{f'_X(x_2)}{2x_2f_X(x_2)}$$

因此，

$$\frac{f'_X(x)}{xf_X(x)} = c \qquad 或 \qquad \frac{\mathrm{d}}{\mathrm{d}x}(\ln f_X(x)) = cx$$

对两边积分可得

$$\ln f_X(x) = a + \frac{cx^2}{2} \qquad 或 \qquad f_X(x) = k\mathrm{e}^{cx^2/2}$$

因为 $\int_{-\infty}^{+\infty} f_X(x)\mathrm{d}x = 1$，所以 c 必为负数，可将 c 写成 $c=-1/\sigma^2$，因此有

$$f_X(x) = k\mathrm{e}^{-x^2/2\sigma^2}$$

即 X 是参数为 $\mu=0$ 和 σ^2 的正态随机变量．类似地，对于 $f_Y(y)$ 可证明

$$f_Y(y) = \frac{1}{\sqrt{2\pi}\bar{\sigma}}\mathrm{e}^{-y^2/2\bar{\sigma}^2}$$

再由假设2可知 $\sigma^2=\bar{\sigma}^2$．因此 X 和 Y 为独立同分布的正态随机变量，其参数为 $\mu=0$ 和 σ^2．■

X 和 Y 相互独立的一个充分必要条件是：联合概率密度函数(离散情形下为联合分布列) $f(x, y)$ 可以分解成两部分，其中一部分仅与 x 有关，另一部分仅与 y 有关．

251

命题 2.1　连续型(离散型)随机变量 X 和 Y 相互独立，当且仅当其联合概率密度函数(联合分布列)可以写成

$$f_{X,Y}(x,y) = h(x)g(y) \qquad -\infty < x < \infty, -\infty < y < \infty$$

证明　我们仅给出连续型情形下的证明．首先，注意，独立性意味着 X 和 Y 的联合密度函数等于其各自边缘密度函数的乘积，所以当随机变量独立时，上述密度分解公式显然成立．现在，假定

$$f_{X,Y}(x,y) = h(x)g(y)$$

则有

$$1 = \int_{-\infty}^{+\infty}\int_{-\infty}^{+\infty} f_{X,Y}(x,y)\mathrm{d}x\mathrm{d}y = \int_{-\infty}^{+\infty} h(x)\mathrm{d}x\int_{-\infty}^{+\infty} g(y)\mathrm{d}y = C_1C_2$$

其中 $C_1 = \int_{-\infty}^{+\infty} h(x)\mathrm{d}x, C_2 = \int_{-\infty}^{+\infty} g(y)\mathrm{d}y$．还可以得到

$$f_X(x) = \int_{-\infty}^{+\infty} f_{X,Y}(x,y)\mathrm{d}y = C_2h(x)$$

$$f_Y(y) = \int_{-\infty}^{+\infty} f_{X,Y}(x,y)\mathrm{d}x = C_1g(y)$$

又因为 $C_1C_2=1$，综上可得

$$f_{X,Y}(x,y) = f_X(x)f_Y(y)$$

命题得证．□

例 2f　设 X 和 Y 的联合密度函数为

$$f(x,y) = \begin{cases} 6\mathrm{e}^{-2x}\mathrm{e}^{-3y} & 0 < x < \infty, 0 < y < \infty \\ 0 & \text{其他} \end{cases}$$

这两个随机变量是否独立？如果联合密度函数如下呢？

$$f(x,y) = \begin{cases} 24xy & 0 < x < 1, 0 < y < 1, 0 < x+y < 1 \\ 0 & \text{其他} \end{cases}$$

解　对第一种情形，由联合密度函数可因式分解知，随机变量 X 和 Y 相互独立(其中 X 是强度 $\lambda=2$ 的指数随机变量，Y 是强度 $\lambda=3$ 的指数随机变量)．对第二种情形，因为联合密度函数非零的区域不能写成 $x\in A$，$y\in B$ 的形式，即联合密度函数不能因式分解，所

以，随机变量 X 和 Y 不独立. 通过如下方式更容易看出这一点，令

$$I(x,y)=\begin{cases}1 & 0<x<1,0<y<1,0<x+y<1\\0 & \text{其他}\end{cases}$$

那么联合密度函数可写为

252

$$f(x,y)=24xyI(x,y)$$

很显然，上述函数不能分解成分别仅与 x 和仅与 y 有关的两个因子之积. ■

当然，对于两个以上的随机变量，也可以给出独立性的定义. 一般来说，n 个随机变量 X_1，X_2，…，X_n 如果满足以下条件：对于任何实数集合 A_1，A_2，…，A_n，有

$$P\{X_1\in A_1,X_2\in A_2,\cdots,X_n\in A_n\}=\prod_{i=1}^{n}P\{X_i\in A_i\}$$

则称随机变量 X_1，X_2，…，X_n 是独立的. 首先，可以证明上述条件等价于

$$P\{X_1\leqslant a_1,X_2\leqslant a_2,\cdots,X_n\leqslant a_n\}$$
$$=\prod_{i=1}^{n}P\{X_i\leqslant a_i\}\qquad \text{对所有的 } a_1,a_2,\cdots,a_n$$

最后，如果其中任意有限个随机变量都是相互独立的，则定义无限个随机变量是相互独立的.

例 2g 计算机怎样选择随机子集 大部分计算机都有内置程序，用以产生或模拟(0，1)均匀随机变量的值(高度近似均匀随机变量，或称随机数). 因此，计算机很容易模拟示性变量(即伯努利随机变量). 设 I 是一个示性变量，满足

$$P\{I=1\}=p=1-P\{I=0\}$$

计算机可以通过选择一个(0，1)均匀随机数 U，并令

$$I=\begin{cases}1 & U<p\\0 & U\geqslant p\end{cases}$$

来模拟示性变量 I. 假定我们感兴趣的是用计算机实现从$\{1，2，\cdots，n\}$中选择 $k(k\leqslant n)$个对象，使得$\binom{n}{k}$种不同的组合等可能地被选上. 下面我们给出一种方法，使得计算机可以实现这个任务. 我们首先需要模拟生成 n 个示性变量 I_1，I_2，…，I_n，使得其中恰好有 k 个取值为 1. 这些满足 $I_i=1$ 的 i 恰好构成我们想要的子集.

为了生成随机变量 I_1，…，I_n，先从模拟 n 个独立的(0，1)均匀随机变量 U_1，U_2，…，U_n 开始. 然后定义

$$I_1=\begin{cases}1 & U_1<\dfrac{k}{n}\\0 & \text{其他}\end{cases}$$

一旦定义了 I_1，…，I_i，利用递推方法就可以定义

253

$$I_{i+1}=\begin{cases}1 & U_{i+1}<\dfrac{k-(I_1+\cdots+I_i)}{n-i}\\0 & \text{其他}\end{cases}$$

用语言来描述就是，在$(i+1)$步，我们定义 $I_{i+1}=1$(因此子集中已放置 $i+1$ 个元素)的概

率等同于子集中还需要放入的元素个数(即 $k-\sum_{j=1}^{i} I_j$)除以剩余总数目(即 $n-i$). 因此, I_1, I_2, …, I_n 的联合分布列为

$$P\{I_1=1\}=\frac{k}{n}$$

$$P\{I_{i+1}=1 \mid I_1,\cdots,I_i\}=\frac{k-\sum_{j=1}^{i} I_j}{n-i}, \qquad 1<i<n$$

下面证明：上述联合分布列可以保证所有 $\binom{n}{k}$ 个大小为 k 的子集的选取是等可能的. 我们通过对 $k+n$ 的归纳假设来证明. 当 $k+n=2$(即 $k=1$, $n=1$)时, 结论显然成立. 假定 $k+n\leqslant l$ 时, 结论也成立. 那么, 当 $k+n=l+1$ 时, 对任意大小为 k 的子集, 如 $i_1\leqslant i_2\leqslant\cdots\leqslant i_k$, 考虑如下两种情形.

情形 1：当 $i_1=1$ 时,

$$\begin{aligned} & P\{I_1=I_{i_2}=\cdots=I_{i_k}=1, I_j=0 \text{ 其他 } j\} \\ & \quad =P\{I_1=1\}P\{I_{i_2}=\cdots=I_{i_k}=1, I_j=0 \text{ 其他 } j \mid I_1=1\} \end{aligned}$$

现在, 给定 $I_1=1$ 的条件下, 剩余元素的选取可以看成是从 2, 3, …, n 这 $n-1$ 个元素中选取大小为 $k-1$ 的子集. 因此, 由归纳假设知, 在给定条件下, 选取一个大小为 $k-1$ 的子集的条件概率为 $1\Big/\binom{n-1}{k-1}$. 因此, 有

$$P\{I_1=I_{i_2}=\cdots=I_{i_k}=1, I_j=0 \text{ 其他 } j\}=\frac{k}{n}\frac{1}{\binom{n-1}{k-1}}=\frac{1}{\binom{n}{k}}$$

情形 2：当 $i_1\neq 1$ 时,

$$\begin{aligned} & P\{I_{i_1}=I_{i_2}=\cdots=I_{i_k}=1, I_j=0 \text{ 其他 } j\} \\ & \quad =P\{I_{i_1}=\cdots=I_{i_k}=1, I_j=0 \text{ 其他 } j \mid I_1=0\}P\{I_1=0\} \\ & \quad =\frac{1}{\binom{n-1}{k}}\left(1-\frac{k}{n}\right)=\frac{1}{\binom{n}{k}} \end{aligned}$$

其中, 上式中的条件概率利用归纳假设可得.

综上两种情形, 可得任何一个大小为 k 的子集被选取的概率都是 $1\Big/\binom{n}{k}$. ■

254

注释 上述产生随机子集的方法不需要很多的计算机内存. 10.1 节中会介绍一个更快的算法, 但要求更多的内存(10.1 节介绍的算法利用 1, 2, …, n 的随机排列的后面 k 个元素).

例 2h 设 X, Y, Z 服从(0, 1)上的均匀分布且相互独立, 计算 $P\{X\geqslant YZ\}$.

解 因为

$$f_{X,Y,Z}(x,y,z)=f_X(x)f_Y(y)f_Z(z)=1 \qquad 0\leqslant x\leqslant 1, 0\leqslant y\leqslant 1, 0\leqslant z\leqslant 1$$

我们有

$$P\{X \geqslant YZ\} = \iiint_{x \geqslant yz} f_{X,Y,Z}(x,y,z)\mathrm{d}x\mathrm{d}y\mathrm{d}z = \int_0^1\int_0^1\int_{yz}^1 \mathrm{d}x\mathrm{d}y\mathrm{d}z$$

$$= \int_0^1\int_0^1 (1 - yz)\mathrm{d}y\mathrm{d}z = \int_0^1 \left(1 - \frac{z}{2}\right)\mathrm{d}z = \frac{3}{4}$$ ■

例 2i 半衰期的概率解释 设 $N(t)$ 表示在 t 时刻某矿物中放射性裂变物质的含量. 半衰期通常是一个由经验确定的量，即根据经验事实，放射性物质随时间的变化规律为

$$N(t) = 2^{-t/h}N(0) \qquad t > 0$$

其中 h 就称为半衰期(注意 $N(h)=N(0)/2$). 由半衰期的规律可知，对任何非负实数s，t有

$$N(t+s) = 2^{-(s+t)/h}N(0) = 2^{-t/h}N(s)$$

故在未来 t 时间内，不管已经过了多长时间 s，这种物质的裂变规律都会按 $2^{-t/h}$ 的速率衰减.

因为这个规律是通过对包含海量分子的放射性物质的观测得到的，所以它看来与某种概率的解释相吻合. 由于在任何时间区间内裂变物质的比例都不依赖于该时间区间开始时放射性物质的总量，也不依赖于裂变时间区间的位置(因为 $N(t+s)/N(s)$ 与 $N(s)$ 和 s 均无关)，所以可以认为各裂变个体的寿命是相互独立的，且公共分布服从无记忆的寿命分布. 而唯一的无记忆的寿命分布为指数分布，因为裂变物质的半衰期为 h，我们提出对放射衰变建立如下概率模型.

半衰期 h 的概率解释： 各放射性裂变分子的寿命服从相互独立的指数分布，其中位数为 h. 即如果记 L 为裂变分子的寿命，那么有

255

$$P\{L < t\} = 1 - 2^{-t/h}$$

(因为 $P\{L<h\}=1/2$，且上式又可写成

$$P\{L < t\} = 1 - \exp\left\{-t\,\frac{\ln 2}{h}\right\}$$

这说明 L 的分布的确是指数分布，且中位数为 h.)

注意，在上述半衰期的概率解释下，如果在 0 时刻有 $N(0)$个分子，在 t 时刻有 $N(t)$ 个分子，那么，每一个分子在 t 时刻存活的概率为 $p=2^{-t/h}$，即 $N(t)$是一个参数为 $n=N(0)$，$p=2^{-t/h}$的二项随机变量. 第 8 章中会介绍，当考虑含海量分子的放射性物质在一定时间框架下进行衰减时的比例，其半衰期实际上与一个确定的模型一致. 然而当考虑确定数量的放射性元素时，确定模型的解释与概率模型解释的区别就很明显了.

现在我们来讨论质子的蜕变问题. 关于质子的蜕变问题是有争论的. 的确，有一种理论预测质子的半衰期为 $h=10^{30}$年. 为了验证该理论，有人建议观察大量的质子，看它们在一两年内是否发生蜕变. (显然不可能观察 10^{30}年之后再看它们是否有一半蜕变.)假定我们能够观察 $N(0)=10^{30}$个质子，观察期为 c 年. 根据已知确定的模型可得

$$N(0) - N(c) = h(1 - 2^{-c/h}) = \frac{1 - 2^{-c/h}}{1/h}$$

$$\approx \lim_{x\to 0} \frac{1 - 2^{-cx}}{x} \qquad \text{因为}\ \frac{1}{h} = 10^{-30} \approx 0$$

$$= \lim_{x\to 0}(c2^{-cx}\ln 2) \qquad \text{由洛必达法则}$$

$$= c\ln 2 \approx 0.6931c$$

例如，利用确定模型预测，在2年中将会有1.3863个质子蜕变. 但是如果在2年内没有观察到一个质子蜕变，那原来的假设(10^{30}年中会有一半的质子蜕变)就值得怀疑.

现在我们来比较刚得到的结论与用概率模型得到的结论. 再次假定质子的半衰期为$h=10^{30}$年，设观察h个质子，共观察c年. 因为独立质子的数量h相当大(10^{30})，每个质子在c年内蜕变的概率非常小，所以，在c年内蜕变的质子数(在很强的逼近程度上)服从泊松分布，其参数$n_p=h\cdot(1-2^{-c/h})\approx c\ln 2$. 这样

$$P\{0\text{ 个蜕变}\} = e^{-c\ln 2} = e^{-\ln(2^c)} = \frac{1}{2^c}$$

一般情况下，

256

$$P\{n\text{ 个蜕变}\} = \frac{2^{-c}[c\ln 2]^n}{n!} \qquad n \geqslant 0$$

因此，尽管在2年内蜕变的质子平均数为1.3863(由确定性模型得到)，但利用随机模型得到2年内没有观察到质子蜕变的概率为1/4. 这个结果不能推翻原来的关于质子的半衰期为10^{30}年的假设. ■

注释　独立性是一个对称关系. 随机变量X和Y相互独立是指它们的联合密度(在离散情况下是联合分布列)是它们各自密度(分布列)的乘积. 因此，“X独立于Y”与“Y独立于X”或者“X和Y相互独立”意思完全相同. 我们在考虑X与Y是否独立的时候，必须考察Y值的变化是否会改变X的条件分布. 有时候，我们不能很直观地作出判断，但是若把X和Y的地位对调过来，考虑Y是否独立于X，此时问题会变得十分明显. 下面这个例子就说明了这一点.

例2j　名为“Craps”的掷骰子游戏规定每次抛掷两颗骰子，若第一次掷两颗骰子的点数之和不是4和7，则玩家必须继续抛掷这两颗骰子，直到出现点数之和为4或7为止. 如果最后掷出的点数和为4，那么玩家赢，如果为7，则玩家输. 令N表示直到出现点数之和为4或7时所投掷的次数，X表示最后一次投掷的点数之和(或者4或者7). 那么N是否与X独立? 即知道了X的值，会不会影响N的分布? 很多人并没有发现，该问题的答案从直观上其实是明显的. 然而，如果我们换个角度，问X是否独立于N，即知道了点数之和出现4或7时的抛掷次数，会不会影响该点数之和究竟是4还是7的概率? 例如，假设我们已经掷了$n-1$次骰子，各次均未出现点数之和为4或7，但第n次出现了4或7. 那么n的值会不会影响$X=4$或$X=7$的概率? 当然不会，因为我们关心的是4或7，而前$n-1$次抛掷既没出现4也没出现7，这一事实不会改变第n次抛掷的概率. 因此，我们得出结论：X独立于N，或者等价地，N独立于X.

另一个例子，设X_1，X_2，…为一列独立同分布随机变量，假设我们按顺序观测这些随机变量，如果$X_n>X_i$对任意$i=1$，…，$n-1$成立，那么我们称X_n为记录值(record value). 即在序列中任何一个随机变量，若它比其前面的随机变量都大，则称它为一个记录值. 令A_n表示事件“X_n为一记录值”，那么A_{n+1}是否独立于A_n? 即已知第n个随机变量为前n个随机变量的最大值是否会改变第$n+1$个随机变量为前$n+1$个随机变量

最大值的概率？尽管 A_{n+1} 与 A_n 确实是独立的，但这凭直观并不明显．然而，如果我们换个方式，问 A_n 是否独立于 A_{n+1}，那么结论是非常容易理解的．因为知道了第 $n+1$ 个随机变量比 X_1，…，X_n 都大，这个事实显然没有提供任何关于 X_n 在前 n 个随机变量之间的顺序的信息．事实上，利用独立的对称性可得，这 n 个随机变量中，任何一个为最大值的可能性都是一样的，所以 $P(A_n|A_{n+1})=P(A_n)=1/n$．因此 A_n 和 A_{n+1} 是相互独立事件．

■

注释 由恒等式

$$
\begin{aligned}
&P\{X_1\leqslant a_1,\cdots,X_n\leqslant a_n\}\\
&=P\{X_1\leqslant a_1\}P\{X_2\leqslant a_2|X_1\leqslant a_1\}\cdots P\{X_n\leqslant a_n|X_1\leqslant a_1,\cdots,X_{n-1}\leqslant a_{n-1}\}
\end{aligned}
$$

257

可知，可以通过序贯的方式证明 X_1，…，X_n 的相互独立性．即要证明这些随机变量是独立的，只需验证下列事实：

$$
\begin{aligned}
&X_2\text{ 独立于 }X_1\\
&X_3\text{ 独立于 }X_1,X_2\\
&X_4\text{ 独立于 }X_1,X_2,X_3\\
&\vdots\\
&X_n\text{ 独立于 }X_1,\cdots,X_{n-1}
\end{aligned}
$$

6.3 独立随机变量的和

当随机变量 X 和 Y 相互独立时，利用 X 和 Y 的分布来求 $X+Y$ 的分布常常是很重要的．假定 X 和 Y 是相互独立的连续型随机变量，其密度函数分别为 f_X 和 f_Y，那么 $X+Y$ 的累积分布函数可由下式得到：

$$
\begin{aligned}
F_{X+Y}(a)&=P\{X+Y\leqslant a\}=\iint\limits_{x+y\leqslant a}f_X(x)f_Y(y)\mathrm{d}x\mathrm{d}y=\int_{-\infty}^{+\infty}\int_{-\infty}^{a-y}f_X(x)f_Y(y)\mathrm{d}x\mathrm{d}y\\
&=\int_{-\infty}^{+\infty}\int_{-\infty}^{a-y}f_X(x)\mathrm{d}xf_Y(y)\mathrm{d}y=\int_{-\infty}^{+\infty}F_X(a-y)f_Y(y)\mathrm{d}y
\end{aligned}
\tag{3.1}
$$

累积分布函数 F_{X+Y} 称为分布函数 F_X 和 F_Y（分别表示 X 和 Y 的累积分布函数）的卷积(convolution)．

对式(3.1)求导，可得 $X+Y$ 的密度函数

$$
\begin{aligned}
f_{X+Y}(a)&=\frac{\mathrm{d}}{\mathrm{d}a}\int_{-\infty}^{+\infty}F_X(a-y)f_Y(y)\mathrm{d}y\\
&=\int_{-\infty}^{+\infty}\frac{\mathrm{d}}{\mathrm{d}a}F_X(a-y)f_Y(y)\mathrm{d}y=\int_{-\infty}^{+\infty}f_X(a-y)f_Y(y)\mathrm{d}y
\end{aligned}
\tag{3.2}
$$

6.3.1 独立同分布均匀随机变量

由上述讨论，我们很容易推导出两个(0，1)区间上的独立均匀随机变量之和的密度函数．

例 3a 两个独立均匀随机变量的和 设 X 和 Y 为独立随机变量，都服从(0，1)上的均

258

匀分布，求 $X+Y$ 的概率密度.

解　因为

$$f_X(a)=f_Y(a)=\begin{cases}1 & 0<a<1\\0 & \text{其他}\end{cases}$$

利用式(3.2)，可得

$$f_{X+Y}(a)=\int_0^1 f_X(a-y)\mathrm{d}y$$

对 $0\leqslant a\leqslant 1$，有

$$f_{X+Y}(a)=\int_0^a \mathrm{d}y=a$$

对 $1<a<2$，有

$$f_{X+Y}(a)=\int_{a-1}^1 \mathrm{d}y=2-a$$

因此，

$$f_{X+Y}(a)=\begin{cases}a & 0\leqslant a\leqslant 1\\2-a & 1<a<2\\0 & \text{其他}\end{cases}$$

$X+Y$ 的密度函数的形状见图 6-3，因为它的密度函数形状像一个搁在 x 轴上的三角形，因此随机变量 $X+Y$ 的分布又称为三角(triangular)分布. ■

现在，假设 X_1，X_2，…，X_n 是独立的(0，1)均匀随机变量，设

$$F_n(x)=P\{X_1+\cdots+X_n\leqslant x\}$$

F_n 的通式比较复杂，但是当 $x\leqslant 1$ 时，F_n 的形式就比较简单了. 事实上，我们可以利用数学归纳法来证明

$$F_n(x)=x^n/n!,\qquad 0\leqslant x\leqslant 1$$

证明过程如下：因为 $n=1$ 时上式恒成立，我们假设

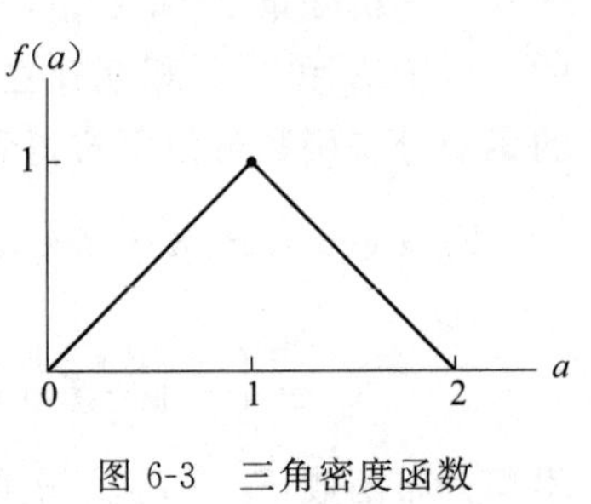

图 6-3　三角密度函数

259

$$F_{n-1}(x)=x^{n-1}/(n-1)!,\qquad 0\leqslant x\leqslant 1$$

记

$$\sum_{i=1}^n X_i=\sum_{i=1}^{n-1}X_i+X_n$$

因为 X_i 都是非负的，根据式(3.1)可得，对于 $0\leqslant x\leqslant 1$，有

$$\begin{aligned}F_n(x)&=\int_0^1 F_{n-1}(x-y)f_{X_n}(y)\mathrm{d}y=\frac{1}{(n-1)!}\int_0^x (x-y)^{n-1}\mathrm{d}y \qquad \text{由归纳假设}\\&=\frac{1}{(n-1)!}\int_0^x w^{n-1}\mathrm{d}w(\text{由 } w=x-y)=x^n/n!\end{aligned}$$

这样我们就完成了证明.

上式有个很有趣的应用，我们可以用它去预测平均多少个独立的(0，1)均匀随机变量之和超过 1. 也就是说，X_1，X_2，…是服从(0，1)上均匀分布的独立随机变量，我们想要

确定 $E[N]$，其中

$$N=\min\{n: X_1+\cdots+X_n>1\}$$

注意，当且仅当 $X_1+X_2+\cdots+X_n\leqslant 1$ 时，N 大于 $n(n>0)$，我们注意到

$$P\{N>n\}=F_n(1)=1/n!, \qquad n>0$$

因为

$$P\{N>0\}=1=1/0!$$

对于 $n>0$，我们可以得到

$$P\{N=n\}=P\{N>n-1\}-P\{N>n\}=\frac{1}{(n-1)!}-\frac{1}{n!}=\frac{n-1}{n!}$$

因此，

$$E[N]=\sum_{n=1}^{\infty}\frac{n(n-1)}{n!}=\sum_{n=2}^{\infty}\frac{1}{(n-2)!}=\mathrm{e}$$

即平均来说，e 个独立的(0，1)均匀随机变量之和超过 1.

6.3.2 Γ 随机变量

回顾 Γ 随机变量，其密度函数有如下形式：

$$f(y)=\frac{\lambda\mathrm{e}^{-\lambda y}(\lambda y)^{t-1}}{\Gamma(t)} \qquad 0<y<\infty$$

260

该分布族的一个重要性质就是，对固定的 λ，它在卷积意义下是封闭的.

命题 3.1 如果 X 和 Y 为独立 Γ 随机变量，参数分别为 (s, λ) 和 (t, λ)，那么 $X+Y$ 也为 Γ 随机变量，参数为 $(s+t, \lambda)$.

证明 利用式(3.2)，可得

$$\begin{aligned}f_{X+Y}(a)&=\frac{1}{\Gamma(s)\Gamma(t)}\int_0^a\lambda\mathrm{e}^{-\lambda(a-y)}[\lambda(a-y)]^{s-1}\lambda\mathrm{e}^{-\lambda y}(\lambda y)^{t-1}\mathrm{d}y=K\mathrm{e}^{-\lambda a}\int_0^a(a-y)^{s-1}y^{t-1}\mathrm{d}y\\&=K\mathrm{e}^{-\lambda a}a^{s+t-1}\int_0^1(1-x)^{s-1}x^{t-1}\mathrm{d}x \qquad 令\ x=\frac{y}{a}\\&=C\mathrm{e}^{-\lambda a}a^{s+t-1}\end{aligned}$$

其中 C 为一个不依赖于 a 的常数，但因为上式为概率密度函数，由积分值等于 1，可以确定 C 的取值，所以有

$$f_{X+Y}(a)=\frac{\lambda\mathrm{e}^{-\lambda a}(\lambda a)^{s+t-1}}{\Gamma(s+t)}$$

命题得证. □

根据命题 3.1 和数学归纳法，很容易得出：如果 $X_i(i=1, \cdots, n)$ 为独立 Γ 随机变量，且参数分别为 (t_i, λ)，$i=1, \cdots, n$，那么 $\sum_{i=1}^{n}X_i$ 是参数为 $\left(\sum_{i=1}^{n}t_i, \lambda\right)$ 的 Γ 随机变量，证明留作习题.

例 3b 设 $X_1, X_2, \cdots, X_n$ 是 n 个独立同分布的指数随机变量，指数分布的参数为 λ. 由于参数为 λ 的指数随机变量是参数为 $(1, \lambda)$ 的 Γ 随机变量，根据命题 3.1，可得 X_1+

$X_2+\cdots+X_n$ 是参数为(n, λ)的Γ随机变量.

如果 $Z_1, Z_2, \cdots, Z_n$ 是相互独立的标准正态随机变量，那么称 $Y\equiv\sum_{i=1}^{n}Z_i^2$ 是服从自由度为 n 的卡方(或χ^2)分布的随机变量. 下面我们来计算 Y 的密度函数. 当 $n=1$，$Y=Z_1^2$ 时，利用第5章例7b可得，其概率密度函数如下：

$$f_{Z^2}(y)=\frac{1}{2\sqrt{y}}[f_Z(\sqrt{y})+f_Z(-\sqrt{y})]=\frac{1}{2\sqrt{y}}\frac{2}{\sqrt{2\pi}}\mathrm{e}^{-y/2}=\frac{\frac{1}{2}\mathrm{e}^{-y/2}(y/2)^{1/2-1}}{\sqrt{\pi}}$$

由上式可以看出，$f_{Z^2}(y)$是参数为$\left(\frac{1}{2}, \frac{1}{2}\right)$的$\Gamma$分布.（从以上分析可得结果：$\Gamma\left(\frac{1}{2}\right)=\sqrt{\pi}$.）但由于每个 Z_i^2 都服从$\Gamma\left(\frac{1}{2}, \frac{1}{2}\right)$，利用命题3.1我们可得：自由度为 n 的 χ^2 分布就是参数为$\left(\frac{n}{2}, \frac{1}{2}\right)$的$\Gamma$分布. 因此，其概率密度函数为：

261

$$f_Y(y)=\frac{\frac{1}{2}\mathrm{e}^{-y/2}\left(\frac{y}{2}\right)^{n/2-1}}{\Gamma\left(\frac{n}{2}\right)}=\frac{\mathrm{e}^{-y/2}y^{n/2-1}}{2^{n/2}\Gamma\left(\frac{n}{2}\right)}\qquad y>0$$

当 n 为偶数时，$\Gamma\left(\frac{n}{2}\right)=\left[\left(\frac{n}{2}\right)-1\right]!$，而当 n 为奇数时，可以反复利用关系式 $\Gamma(t)=(t-1)\Gamma(t-1)$ 计算 $\Gamma\left(\frac{n}{2}\right)$，再利用之前得到的结果 $\Gamma\left(\frac{1}{2}\right)=\sqrt{\pi}$ 得到 $\Gamma\left(\frac{n}{2}\right)$ 的值.（例如，$\Gamma\left(\frac{5}{2}\right)=\frac{3}{2}\Gamma\left(\frac{3}{2}\right)=\frac{3}{2}\frac{1}{2}\Gamma\left(\frac{1}{2}\right)=\frac{3}{4}\sqrt{\pi}$.）

在实际中，χ^2 分布经常作为以下问题中的误差平方和的分布出现：如果某人试图击中 n 维空间中的目标，其中每个方向上的误差为独立标准正态随机变量，则各个方向上的误差平方和的分布是自由度为 n 的 χ^2 分布. 它在统计分析中也是很重要的.

6.3.3 正态随机变量

我们还可以利用式(3.2)证明正态随机变量具有下面的重要结论。

命题 3.2 若 $X_i(i=1, \cdots, n)$是 n 个相互独立的随机变量，且服从参数为(μ_i, σ_i^2)的正态分布，则 $\sum_{i=1}^{n}X_i$ 也服从正态分布，且参数为 $\sum_{i=1}^{n}\mu_i$ 和 $\sum_{i=1}^{n}\sigma_i^2$.

命题 3.2 的证明 首先，令 X 和 Y 为独立正态随机变量，X 的均值为0，方差为 σ^2，而 Y 的均值为0，方差为1. 下面我们利用式(3.2)来计算 $X+Y$ 的密度函数. 设

$$c=\frac{1}{2\sigma^2}+\frac{1}{2}=\frac{1+\sigma^2}{2\sigma^2}$$

则有

$$f_X(a-y)f_Y(y)=\frac{1}{\sqrt{2\pi}\sigma}\exp\left\{-\frac{(a-y)^2}{2\sigma^2}\right\}\frac{1}{\sqrt{2\pi}}\exp\left\{-\frac{y^2}{2}\right\}$$
$$=\frac{1}{2\pi\sigma}\exp\left\{-\frac{a^2}{2\sigma^2}\right\}\exp\left\{-cy^2+\frac{ay}{\sigma^2}\right\}$$
$$=\frac{1}{2\pi\sigma}\exp\left\{-\frac{a^2}{2\sigma^2}-c\left(y^2-\frac{2ay}{1+\sigma^2}\right)\right\}$$

262

其中上式是因为$\frac{2c}{1+\sigma^2}=\frac{1}{\sigma^2}$而得来的. 现在,

$$\frac{a^2}{2\sigma^2}+c\left(y^2-\frac{2ya}{1+\sigma^2}\right)=\frac{a^2}{2\sigma^2}+c\left(y-\frac{a}{1+\sigma^2}\right)^2-c\frac{a^2}{(1+\sigma^2)^2}$$
$$=\frac{a^2}{2\sigma^2}+c\left(y-\frac{a}{1+\sigma^2}\right)^2-\frac{a^2}{2\sigma^2(1+\sigma^2)}$$
$$=\frac{a^2}{2\sigma^2}\left(1-\frac{1}{1+\sigma^2}\right)+c\left(y-\frac{a}{1+\sigma^2}\right)^2$$
$$=\frac{a^2}{2(1+\sigma^2)}+c\left(y-\frac{a}{1+\sigma^2}\right)^2$$

因此,

$$f_X(a-y)f_Y(y)=\frac{1}{2\pi\sigma}\exp\left\{\frac{a^2}{2(1+\sigma^2)}\right\}\exp\left\{-c\left(y-\frac{a}{1+\sigma^2}\right)^2\right\}$$

因此,由式(3.2)得

$$f_{X+Y}(a)=\frac{1}{2\pi\sigma}\exp\left\{-\frac{a^2}{2\sigma^2}\right\}\exp\left\{\frac{a^2}{2\sigma^2(1+\sigma^2)}\right\}\times\int_{-\infty}^{\infty}\exp\left\{-c\left(y-\frac{a}{1+\sigma^2}\right)^2\right\}\mathrm{d}y$$
$$=\frac{1}{2\pi\sigma}\exp\left\{-\frac{a^2}{2(1+\sigma^2)}\right\}\int_{-\infty}^{\infty}\exp\{-cx^2\}\mathrm{d}x=C\exp\left\{-\frac{a^2}{2(1+\sigma^2)}\right\}$$

其中 C 的取值不依赖于 a. 上式说明 $X+Y$ 服从均值为 0、方差为 $1+\sigma^2$ 的正态分布.

假设 X_1 和 X_2 是独立的正态随机变量,X_i 的均值为 μ_i,方差为 σ_i^2,$i=1$, 2. 那么,

$$X_1+X_2=\sigma_2\left(\frac{X_1-\mu_1}{\sigma_2}+\frac{X_2-\mu_2}{\sigma_2}\right)+\mu_1+\mu_2$$

但因为$(X_1-\mu_1)/\sigma_2$ 服从均值为 0、方差为 σ_1^2/σ_2^2的正态分布,而$(X_2-\mu_2)/\sigma_2$ 服从均值为 0、方差为 1 的正态分布,利用前面的结果可得$(X_1-\mu_1)/\sigma_1+(X_2-\mu_2)/\sigma_2$ 服从均值为 0、方差为 $1+\sigma_1^2/\sigma_2^2$ 的正态分布,这就意味着 X_1+X_2 服从均值为 $\mu_1+\mu_2$、方差为 $\sigma_2^2(1+\sigma_1^2/\sigma_2^2)=\sigma_1^2+\sigma_2^2$ 的正态分布.

因此,当 $n=2$ 时,命题 3.2 成立. 一般情形可通过如下归纳法得到,即假设对于 $n-1$ 个随机变量命题成立,现在考虑 n 的情形,记

$$\sum_{i=1}^{n}X_i=\sum_{i=1}^{n-1}X_i+X_n$$

利用归纳假设,$\sum_{i=1}^{n-1}X_i$ 服从均值为 $\sum_{i=1}^{n-1}\mu_i$、方差为 $\sum_{i=1}^{n-1}\sigma_i^2$ 的正态分布. 因此,根据 $n=2$ 时的

263

证明结果，我们得到 $\sum_{i=1}^{n} X_i$ 服从正态分布，且均值为 $\sum_{i=1}^{n} \mu_i$，方差为 $\sum_{i=1}^{n} \sigma_i^2$.

例 3c 某篮球队一个赛季打 44 场比赛，其中有 26 场是对阵甲级队，18 场对阵乙级队. 设对阵甲级队时每场赢的概率为 0.4，而对阵乙级队时每场赢的概率为 0.7. 假设每场比赛结果都是独立的. 试近似计算以下事件概率：

(a) 该队能赢 25 场以上比赛；

(b) 该队赢甲级队的场数超过赢乙级队的场数.

解 (a) 设 X_A 和 X_B 分别表示该队同甲级队和乙级队比赛获胜场数，注意到 X_A 和 X_B 为独立二项随机变量，且

$$E[X_A] = 26 \times 0.4 = 10.4 \quad \mathrm{Var}(X_A) = 26 \times 0.4 \times 0.6 = 6.24$$

$$E[X_B] = 18 \times 0.7 = 12.6 \quad \mathrm{Var}(X_B) = 18 \times 0.7 \times 0.3 = 3.78$$

利用二项分布的正态近似可得，X_A 和 X_B 都近似服从均值和方差如上的独立正态分布. 由命题 3.2，$X_A + X_B$ 近似服从均值为 23、方差为 10.02 的正态分布. 令 Z 表示标准正态随机变量，则有

$$P\{X_A + X_B \geqslant 25\} = P\{X_A + X_B \geqslant 24.5\} = P\left\{\frac{X_A + X_B - 23}{\sqrt{10.02}} \geqslant \frac{24.5 - 23}{\sqrt{10.02}}\right\}$$

$$\approx P\left\{Z \geqslant \frac{1.5}{\sqrt{10.02}}\right\} \approx 1 - P\{Z < 0.4739\} \approx 0.3178$$

(b) 注意到 $X_A - X_B$ 近似服从均值为 -2.2、方差为 10.02 的正态分布. 因此

$$P\{X_A - X_B \geqslant 1\} = P\{X_A - X_B \geqslant 0.5\} = P\left\{\frac{X_A - X_B + 2.2}{\sqrt{10.02}} \geqslant \frac{0.5 + 2.2}{\sqrt{10.02}}\right\}$$

$$\approx P\left\{Z \geqslant \frac{2.7}{\sqrt{10.02}}\right\} \approx 1 - P\{Z < 0.8530\} \approx 0.1968$$

即该队近似以 31.87% 的概率赢得 25 场比赛，与甲级队比赛获胜场数超过与乙级队比赛获胜场数的概率近似为 19.68%. ■

264

如果 $\ln(Y)$ 为正态随机变量，均值为 μ，方差为 σ^2，那么称 Y 是参数为 (μ, σ) 的对数正态(lognormal)随机变量. 即如果 Y 能够表示为

$$Y = \mathrm{e}^X$$

其中 X 为一正态随机变量，那么 Y 为对数正态随机变量.

例 3d 设 $S(n)$ 表示从某时刻开始，$n(n \geqslant 1)$ 周后某证券的价格. 一个比较流行的关于证券价格运行的模型认为股价比例 $S(n)/S(n-1)(n \geqslant 1)$ 是独立同分布对数正态随机变量，假设该模型的参数为 $\mu = 0.0165$，$\sigma = 0.0730$，试求以下事件概率：

(a) 接下来的两周证券价格都在上涨；

(b) 两周后的证券价格比现在的高.

解 设 Z 为一标准正态随机变量. 为了求解(a)，我们需要用到以下事实：$\ln(x)$ 关于 x 递增蕴含着 $x > 1$ 当且仅当 $\ln(x) > \ln(1) = 0$. 这样，我们有

$$P\left\{\frac{S(1)}{S(0)}>1\right\}=P\left\{\ln\left(\frac{S(1)}{S(0)}\right)>0\right\}=P\left\{Z>\frac{-0.0165}{0.0730}\right\}=P\{Z<0.2260\}=0.5894$$

换言之，一周后价格上涨的概率为 0.5894. 由于连续的价格比独立，因此，接下来的两周价格都上涨的概率为 $0.5894^2=0.3474$.

(b) 的解答如下：

$$P\left\{\frac{S(2)}{S(0)}>1\right\}=P\left\{\frac{S(2)}{S(1)}\frac{S(1)}{S(0)}>1\right\}=P\left\{\ln\left(\frac{S(2)}{S(1)}\right)+\ln\left(\frac{S(1)}{S(0)}\right)>0\right\}$$

因为 $\ln(S(2)/S(1))$ 和 $\ln(S(1)/S(0))$ 是两个正态随机变量，且均值都为 0.0165，方差都为 0.0730^2，所以它们的和也是正态随机变量，其均值为 $2\mu_i=0.0330$，方差为 2×0.0730^2，因此

$$P\left\{\frac{S(2)}{S(0)}>1\right\}=P\left\{Z>\frac{-0.0330}{0.0730\sqrt{2}}\right\}=P\{Z<0.31965\}=0.6254$$ ■

265

6.3.4 泊松随机变量和二项随机变量

对离散型情形下的 $X+Y$ 的分布函数的一般表达式的推导在此就不详细介绍了，我们来看下面几个例子.

例 3e **独立泊松随机变量的和** 设 X 和 Y 为独立泊松随机变量，参数分别为 λ_1 和 λ_2，求 $X+Y$ 的分布.

解 因为事件 $\{X+Y=n\}$ 可以写成互不相容事件 $\{X=k, Y=n-k\}(0\leqslant k\leqslant n)$ 的并，所以

$$\begin{aligned}P\{X+Y=n\}&=\sum_{k=0}^{n}P\{X=k,Y=n-k\}=\sum_{k=0}^{n}P\{X=k\}P\{Y=n-k\}\\&=\sum_{k=0}^{n}e^{-\lambda_1}\frac{\lambda_1^k}{k!}e^{-\lambda_2}\frac{\lambda_2^{n-k}}{(n-k)!}=e^{-(\lambda_1+\lambda_2)}\sum_{k=0}^{n}\frac{\lambda_1^k\lambda_2^{n-k}}{k!(n-k)!}\\&=\frac{e^{-(\lambda_1+\lambda_2)}}{n!}\sum_{k=0}^{n}\frac{n!}{k!(n-k)!}\lambda_1^k\lambda_2^{n-k}=\frac{e^{-(\lambda_1+\lambda_2)}}{n!}(\lambda_1+\lambda_2)^n\end{aligned}$$

即 $X+Y$ 服从参数为 $\lambda_1+\lambda_2$ 的泊松分布. ■

例 3f **独立二项随机变量的和** 设 X 和 Y 为相互独立的二项随机变量，参数分别为 (n, p) 和 (m, p)，求 $X+Y$ 的分布.

解 回顾二项分布的知识，不需任何计算，我们也可以马上推导出，$X+Y$ 服从参数为 $(n+m, p)$ 的二项分布. 这是因为 X 表示 n 次独立重复试验中成功的次数(每次成功的概率为 p)，同样，Y 表示 m 次独立重复试验中成功的次数(每次成功的概率也为 p)，由于假定 X 和 Y 独立，所以 $X+Y$ 表示在 $n+m$ 次独立重复试验中成功的次数(每次成功的概率为 p). 所以 $X+Y$ 服从参数为 $(n+m, p)$ 的二项分布. 下面从分析的角度验证该结论，注意到

$$P\{X+Y=k\}=\sum_{i=0}^{n}P\{X=i,Y=k-i\}=\sum_{i=0}^{n}P\{X=i\}P\{Y=k-i\}$$

266

$$= \sum_{i=0}^{n} \binom{n}{i} p^i q^{n-i} \binom{m}{k-i} p^{k-i} q^{m-k+i}$$

其中 $q=1-p$ 且当 $j<0$ 时，$\binom{r}{j}=0$. 因此，

$$P\{X+Y=k\} = p^k q^{n+m-k} \sum_{i=0}^{n} \binom{n}{i} \binom{m}{k-i}$$

最后利用以下组合恒等式便可得到结论：

$$\binom{n+m}{k} = \sum_{i=0}^{n} \binom{n}{i} \binom{m}{k-i}$$ ■

6.4　离散情形下的条件分布

回顾对于任意两个事件 E 和 F，给定 F 的条件下 E 的条件概率(假定 $P(F)>0$)定义如下：

$$P(E|F) = \frac{P(EF)}{P(F)}$$

因此，如果 X 和 Y 都是离散型随机变量，那么在已知 $Y=y$ 的条件下，很自然地定义 X 的分布列如下：对于所有满足 $p_Y(y)>0$ 的 y，均有

$$p_{X|Y}(x|y) = P\{X=x|Y=y\} = \frac{P\{X=x,Y=y\}}{P\{Y=y\}} = \frac{p(x,y)}{p_Y(y)}$$

类似地，也可以定义已知 $Y=y$ 的条件下 X 的条件概率分布函数，对所有满足 $p_Y(y)>0$ 的 y，有

$$F_{X|Y}(x|y) = P\{X \leqslant x|Y=y\} = \sum_{a \leqslant x} p_{X|Y}(a|y)$$

换言之，条件分布与普通分布在概念上是完全一样的，只是所涉及的事件都是在 $Y=y$ 的条件下的事件. 如果 X 和 Y 独立，那么条件分布列和条件分布函数跟通常的分布列和分布函数是一样的. 原因如下：如果 X 和 Y 独立，那么

267

$$p_{X|Y}(x|y) = P\{X=x|Y=y\} = \frac{P\{X=x,Y=y\}}{P\{Y=y\}} = \frac{P\{X=x\}P\{Y=y\}}{P\{Y=y\}} = P\{X=x\}$$

例 4a　设 X 和 Y 的联合分布列 $p(x,y)$ 如下：

$$p(0,0)=0.4 \quad p(0,1)=0.2 \quad p(1,0)=0.1 \quad p(1,1)=0.3$$

求已知 $Y=1$ 的条件下 X 的条件分布列.

解　首先注意

$$p_Y(1) = \sum_x p(x,1) = p(0,1)+p(1,1) = 0.5$$

因此，有

$$p_{X|Y}(0|1) = \frac{p(0,1)}{p_Y(1)} = \frac{2}{5} \text{ 和 } p_{X|Y}(1|1) = \frac{p(1,1)}{p_Y(1)} = \frac{3}{5}$$ ■

例 4b　如果 X 和 Y 为独立泊松随机变量，参数分别为 λ_1 和 λ_2，求给定 $X+Y=n$ 的

条件下 X 的条件分布.

解 给定 $X+Y=n$ 的条件下，X 的条件分布列计算如下：

$$P\{X=k|X+Y=n\}=\frac{P\{X=k,X+Y=n\}}{P\{X+Y=n\}}=\frac{P\{X=k,Y=n-k\}}{P\{X+Y=n\}}$$
$$=\frac{P\{X=k\}P\{Y=n-k\}}{P\{X+Y=n\}}$$

其中，最后一个等式成立是因为 X 与 Y 独立. 注意到(例 3e)$X+Y$ 服从参数为 $\lambda_1+\lambda_2$ 的泊松分布，故

$$P\{X=k|X+Y=n\}=\frac{e^{-\lambda_1}\lambda_1^k}{k!}\frac{e^{-\lambda_2}\lambda_2^{n-k}}{(n-k)!}\left[\frac{e^{-(\lambda_1+\lambda_2)}(\lambda_1+\lambda_2)^n}{n!}\right]^{-1}$$
$$=\frac{n!}{(n-k)!k!}\frac{\lambda_1^k\lambda_2^{n-k}}{(\lambda_1+\lambda_2)^n}=\binom{n}{k}\left(\frac{\lambda_1}{\lambda_1+\lambda_2}\right)^k\left(\frac{\lambda_2}{\lambda_1+\lambda_2}\right)^{n-k}$$

即给定 $X+Y=n$ 的条件下的 X 的条件分布为二项分布，参数为$(n,\ \lambda_1/(\lambda_1+\lambda_2))$. ■ 268

我们通过下面两个例子讨论联合条件分布.

例 4c 考虑如下分布列的多项分布：

$$P\{X_i=n_i,i=1,\cdots,k\}=\frac{n!}{n_1!\cdots n_k!}p_1^{n_1}\cdots p_k^{n_k},\quad n_i\geqslant 0,\quad \sum_{i=1}^k n_i=n$$

这样的分布列出现在下面的情形：进行 n 次独立重复试验，每次试验的第 i 个结果发生的概率为 p_i，$\sum_{i=1}^k p_i=1$. 随机变量 $X_i(i=1,\ \cdots,\ k)$分别表示 n 次试验中试验结果 $i(i=1,\ \cdots,\ k)$ 出现的次数. 假定我们已经知道在 n 次试验中，第 j 个试验结果出现了 n_j 次，$j=r+1,\ \cdots,\ k$，其中 $\sum_{j=r+1}^k n_j=m\leqslant n$. 由于其余的 $n-m$ 次试验中每一个结果都必然是第 1，…，r 个结果之一，因此，X_1，…，X_r 的条件分布应该是多项分布，各试验结果概率为

$$P\{\text{第 } i \text{ 个结果}|\text{试验结果不是 } r+1,\cdots,k \text{ 中的任一结果}\}=\frac{p_i}{F_r},i=1,\cdots,r$$

其中 $F_r=\sum_{i=1}^r p_i$ 是试验结果为 $1,\cdots,r$ 之一的概率.

解 为了验证这个很直观的结论，设 n_1，…，n_r 满足 $\sum_{i=1}^r n_i=n-m$. 那么

$$P\{X_1=n_1,\cdots,X_r=n_r|X_{r+1}=n_{r+1},\cdots,X_k=n_k\}=\frac{P\{X_1=n_1,\cdots,X_k=n_k\}}{P\{X_{r+1}=n_{r+1},\cdots,X_k=n_k\}}$$
$$=\frac{\frac{n!}{n_1!\cdots n_k!}p_1^{n_1}\cdots p_r^{n_r}p_{r+1}^{n_{r+1}}\cdots p_k^{n_k}}{\frac{n!}{(n-m)!n_{r+1}!\cdots n_k!}F_r^{n-m}p_{r+1}^{n_{r+1}}\cdots p_k^{n_k}}$$

其中，分母中的概率计算如下：将试验结果 1，2，…，r 看成一个结果，相应的概率为 F_r，相应出现的次数为 $n-m$. 因此事件$\{X_{r+1}=n_{r+1},\ \cdots,\ X_k=n_k\}$的概率可以看作是 n

次试验中，具有 $k-r+1$ 个试验结果的多项分布中事件的概率. 因为 $\sum_{i=1}^{r} n_i = n-m$，所以上式可以写为

$$P\{X_1 = n_1, \cdots, X_r = n_r \mid X_{r+1} = n_{r+1}, \cdots, X_k = n_k\} = \frac{(n-m)!}{n_1! \cdots n_r!}\left(\frac{p_1}{F_r}\right)^{n_1} \cdots \left(\frac{p_r}{F_r}\right)^{n_r}$$

结论得证. ■

例 4d 考虑 n 次独立重复试验，设每次成功的概率为 p，在已知共有 k 次成功的条件下，证明所有可能的 k 次成功或 $n-k$ 次失败的顺序都是等可能的.

解 下面证明给定 k 次成功时，k 次成功和 $n-k$ 次失败的 $\binom{n}{k}$ 种可能顺序中任一种都是等可能的. 设 X 表示成功的次数，考虑 k 次成功、$n-k$ 次失败的任一排列，比如，$\mathbf{o}=(s, \cdots, s, f, \cdots, f)$，那么

269

$$P(\mathbf{o} \mid X = k) = \frac{P(\mathbf{o}, X = k)}{P(X = k)} = \frac{P(\mathbf{o})}{P(X = k)} = \frac{p^k(1-p)^{n-k}}{\binom{n}{k} p^k (1-p)^{n-k}} = \frac{1}{\binom{n}{k}}$$ ■

6.5 连续情形下的条件分布

如果 X 和 Y 具有联合概率密度函数 $f(x, y)$，那么在给定 $Y=y$ 的条件下，X 的条件概率密度函数如下定义：对于任意满足 $f_Y(y)>0$ 的 y 值，有

$$f_{X|Y}(x \mid y) = \frac{f(x, y)}{f_Y(y)}$$

为了方便理解条件概率密度的含义，在上式左边乘以 $\mathrm{d}x$，右边乘以 $(\mathrm{d}x\mathrm{d}y)/\mathrm{d}y$，可得

$$\begin{aligned} f_{X|Y}(x \mid y)\mathrm{d}x &= \frac{f(x, y)\mathrm{d}x\mathrm{d}y}{f_Y(y)\mathrm{d}y} \approx \frac{P\{x \leqslant X \leqslant x+\mathrm{d}x, y \leqslant Y \leqslant y+\mathrm{d}y\}}{P\{y \leqslant Y \leqslant y+\mathrm{d}y\}} \\ &= P\{x \leqslant X \leqslant x+\mathrm{d}x \mid y \leqslant Y \leqslant y+\mathrm{d}y\} \end{aligned}$$

换句话说，对于很小的 $\mathrm{d}x$ 和 $\mathrm{d}y$，$f_{X|Y}(x \mid y)\mathrm{d}x$ 表示在 Y 取值于 y 和 $y+\mathrm{d}y$ 之间的条件下，X 取值于 x 和 $x+\mathrm{d}x$ 之间的条件概率.

利用条件密度还可以定义已知一个随机变量的取值条件下，关于另外一个随机变量的事件的条件概率. 即如果 X 和 Y 联合连续，那么对任一集合 A，有

$$P\{X \in A \mid Y = y\} = \int_A f_{X|Y}(x \mid y)\mathrm{d}x$$

特别地，令 $A=(-\infty, a)$，那么已知 $Y=y$ 的条件下 X 的条件累积分布函数如下：

$$F_{X|Y}(a \mid y) \equiv P\{X \leqslant a \mid Y = y\} = \int_{-\infty}^{a} f_{X|Y}(x \mid y)\mathrm{d}x$$

读者应该注意，上述讨论已经给出了条件概率的较完整的定义，即使条件事件 $\{Y=y\}$ 的概率为 0，相应的条件概率也有较明确的含义.

如果 X 和 Y 为独立连续型随机变量，那么给定 $Y=y$ 的条件下，X 的条件密度同非条件密度是一样的，这是因为在独立情形下，

$$f_{X|Y}(x|y)=\frac{f(x,y)}{f_Y(y)}=\frac{f_X(x)f_Y(y)}{f_Y(y)}=f_X(x)$$

270

例 5a 已知 X 和 Y 的联合密度如下：

$$f(x,y)=\begin{cases}\frac{12}{5}x(2-x-y) & 0<x<1,0<y<1\\ 0 & \text{其他}\end{cases}$$

求给定 $Y=y$ 的条件下，X 的条件密度，其中 $0<y<1$.

解 对于 $0<x<1$，$0<y<1$，有

$$f_{X|Y}(x|y)=\frac{f(x,y)}{f_Y(y)}=\frac{f(x,y)}{\int_{-\infty}^{\infty}f(x,y)\mathrm{d}x}=\frac{x(2-x-y)}{\int_0^1 x(2-x-y)\mathrm{d}x}=\frac{x(2-x-y)}{\frac{2}{3}-y/2}=\frac{6x(2-x-y)}{4-3y}$$ ■

例 5b 设 X 和 Y 的联合密度为

$$f(x,y)=\begin{cases}\frac{\mathrm{e}^{-x/y}\mathrm{e}^{-y}}{y} & 0<x<\infty,0<y<\infty\\ 0 & \text{其他}\end{cases}$$

试求 $P\{X>1|Y=y\}$.

解 我们先求给定 $Y=y$ 的条件下，X 的条件密度：

$$f_{X|Y}(x|y)=\frac{f(x,y)}{f_Y(y)}=\frac{\mathrm{e}^{-x/y}\mathrm{e}^{-y}/y}{\mathrm{e}^{-y}\int_0^{\infty}(1/y)\mathrm{e}^{-x/y}\mathrm{d}x}=\frac{1}{y}\mathrm{e}^{-x/y}$$

因此，

$$P\{X>1|Y=y\}=\int_1^{\infty}\frac{1}{y}\mathrm{e}^{-x/y}\mathrm{d}x=-\mathrm{e}^{-x/y}\Big|_1^{\infty}=\mathrm{e}^{-1/y}$$ ■

例 5c ***t* 分布** 如果 Z 和 Y 相互独立，且 Z 服从标准正态分布，Y 服从自由度为 n 的卡方分布，那么如下定义的随机变量 T 称为自由度为 n 的 t 分布：

271

$$T=\frac{Z}{\sqrt{Y/n}}=\sqrt{n}\frac{Z}{\sqrt{Y}}$$

在 7.8 节中，我们会看到，t 分布在统计推断中起着重要作用．本章中，我们只介绍其密度函数的计算．我们可以通过使用给定 Y 的条件下 T 的条件密度得到 Y 和 T 的联合密度函数，从而得到 T 的边缘密度函数．首先注意到 Z 和 Y 独立，故给定 $Y=y$ 时，T 的条件分布与 $\sqrt{n/y}Z$ 的分布相同，是均值为 0、方差为 n/y 的正态分布．因此，给定 $Y=y$ 时 T 的条件密度为

$$f_{T|Y}(t|y)=\frac{1}{\sqrt{2\pi n/y}}\mathrm{e}^{-t^2y/2n}\qquad -\infty<t<\infty$$

在例 3b 中，我们得到了卡方分布的密度函数：

$$f_Y(y)=\frac{\mathrm{e}^{-y/2}y^{n/2-1}}{2^{n/2}\Gamma(n/2)}\qquad y>0$$

由上述两式得 T 和 Y 的联合密度为

$$f_{T,Y}(t,y)=\frac{1}{\sqrt{2\pi n}\,2^{n/2}\Gamma(n/2)}\mathrm{e}^{-t^2y/2n}\mathrm{e}^{-y/2}y^{(n-1)/2}$$

$$=\frac{1}{\sqrt{\pi n}\,2^{(n+1)/2}\Gamma(n/2)}\mathrm{e}^{-\frac{t^2+n}{2n}y}y^{(n-1)/2}\qquad y>0,-\infty<t<\infty$$

令 $c=\frac{t^2+n}{2n}$，并对上式两边关于 y 积分可得

$$f_T(t)=\int_0^\infty f_{T,Y}(t,y)\mathrm{d}y=\frac{1}{\sqrt{\pi n}\,2^{(n+1)/2}\Gamma(n/2)}\int_0^\infty \mathrm{e}^{-cy}y^{(n-1)/2}\mathrm{d}y$$

$$=\frac{c^{-(n+1)/2}}{\sqrt{\pi n}\,2^{(n+1)/2}\Gamma(n/2)}\int_0^\infty \mathrm{e}^{-x}x^{(n-1)/2}\mathrm{d}x\qquad 令\ x=cy$$

$$=\frac{n^{(n+1)/2}\Gamma\left(\frac{n+1}{2}\right)}{\sqrt{\pi n}\,(t^2+n)^{(n+1)/2}\Gamma\left(\frac{n}{2}\right)}\qquad 由于\frac{1}{c}=\frac{2n}{t^2+n}$$

$$=\frac{\Gamma\left(\frac{n+1}{2}\right)}{\sqrt{\pi n}\,\Gamma\left(\frac{n}{2}\right)}\left(1+\frac{t^2}{n}\right)^{-(n+1)/2}\qquad -\infty<t<\infty$$

■

例5d 二元正态分布　二元正态分布是非常重要的联合分布之一．我们称随机变量 X 和 Y 服从二元正态分布，如果对常数 μ_x，μ_y，$\sigma_x>0$，$\sigma_y>0$，$-1<\rho<1$，以及所有的 $-\infty<x$，$y<\infty$，随机变量 X 和 Y 联合密度函数有如下形式：

272

$$f(x,y)=\frac{1}{2\pi\sigma_x\sigma_y\sqrt{1-\rho^2}}\exp\left\{-\frac{1}{2(1-\rho^2)}\left[\left(\frac{x-\mu_x}{\sigma_x}\right)^2+\left(\frac{y-\mu_y}{\sigma_y}\right)^2-2\rho\frac{(x-\mu_x)(y-\mu_y)}{\sigma_x\sigma_y}\right]\right\}$$

下面计算在给定 $Y=y$ 的条件下 X 的条件密度．为此，我们把与 x 无关的因子都收集到一起，并用常数 C_i 来表示，最后这个常数可利用 $\int_{-\infty}^{\infty}f_{X|Y}(x|y)\mathrm{d}x=1$ 得到．因此，

$$f_{X|Y}(x|y)=\frac{f(x,y)}{f_Y(y)}=C_1f(x,y)$$

$$=C_2\exp\left\{-\frac{1}{2(1-\rho^2)}\left[\left(\frac{x-\mu_x}{\sigma_x}\right)^2-2\rho\frac{x(y-\mu_y)}{\sigma_x\sigma_y}\right]\right\}$$

$$=C_3\exp\left\{-\frac{1}{2\sigma_x^2(1-\rho^2)}\left[x^2-2x\left(\mu_x+\rho\frac{\sigma_x}{\sigma_y}\left(y-\mu_y\right)\right)\right]\right\}$$

$$=C_4\exp\left\{-\frac{1}{2\sigma_x^2(1-\rho^2)}\left[x-\left(\mu_x+\rho\frac{\sigma_x}{\sigma_y}(y-\mu_y)\right)\right]^2\right\}$$

注意到上述函数为正态分布的密度函数，由此可知，给定 $Y=y$ 的条件下，随机变量 X 服从均值为 $\mu_x+\rho\frac{\sigma_x}{\sigma_y}(y-\mu_y)$、方差为 $\sigma_x^2(1-\rho^2)$ 的正态分布．而且，由于 Y，X 的联合密度与 X，Y 的联合密度的形式是一样的，只需将 μ_x，σ_x 与 μ_y，σ_y 相互对换即可．由此可知，在给定 $X=x$ 的条件下，Y 的条件分布也为正态分布，且均值为 $\mu_y+\rho\frac{\sigma_y}{\sigma_x}(x-\mu_x)$，方差为

$\sigma_y^2(1-\rho^2)$. 从这些结果可以看出，对于联合正态的随机变量 X，Y 来说，它们相互独立的充要条件是 X，Y 的相关系数 $\rho=0$（这个结果也可从它们的联合密度直接看出，因为只有当 $\rho=0$ 时，它们的联合密度才能分解成两个因子，其中一个因子只与 x 有关，另一个因子只与 y 有关）.

X 的边缘密度为

$$f_X(x)=\int_{-\infty}^{+\infty}f(x,y)\ \mathrm{d}y=C\int_{-\infty}^{+\infty}\exp\left\{-\frac{1}{2(1-\rho^2)}\left[\left(\frac{x-\mu_x}{\sigma_x}\right)^2+\left(\frac{y-\mu_y}{\sigma_y}\right)^2-2\rho\frac{(x-\mu_x)(y-\mu_y)}{\sigma_x\sigma_y}\right]\right\}\mathrm{d}y$$

其中 $C=\dfrac{1}{2\pi\sigma_x\sigma_y\sqrt{1-\rho^2}}$. 现在当 $w=\dfrac{y-\mu_y}{\sigma_y}$ 时，

273

$$\begin{aligned}&\left(\frac{x-\mu_x}{\sigma_x}\right)^2+\left(\frac{y-\mu_y}{\sigma_y}\right)^2-\frac{2\rho(x-\mu_x)(y-\mu_y)}{\sigma_x\sigma_y}\\&=\left(\frac{x-\mu_x}{\sigma_x}\right)^2+w^2-\frac{2\rho(x-\mu_x)w}{\sigma_x}\\&=\left(w-\frac{\rho(x-\mu_x)}{\sigma_x}\right)^2+(1-\rho^2)\left(\frac{x-\mu_x}{\sigma_x}\right)^2\end{aligned}$$

因此，作变量变换 $w=\dfrac{y-\mu_y}{\sigma_y}$ 得

$$\begin{aligned}f_X(x)&=C\sigma_y\mathrm{e}^{-(x-\mu_x)^2/2\sigma_x^2}\int_{-\infty}^{\infty}\exp\left\{-\frac{1}{2(1-\rho^2)}\left(w-\frac{\rho(x-\mu_x)}{\sigma_x}\right)^2\right\}\mathrm{d}w\\&=C\sigma_y\mathrm{e}^{-(x-\mu_x)^2/2\sigma_x^2}\int_{-\infty}^{\infty}\exp\left\{-\frac{v^2}{2(1-\rho^2)}\right\}\mathrm{d}v\quad 令\ v=w-\frac{\rho(x-\mu_x)}{\sigma_x}\\&=K\mathrm{e}^{-(x-\mu_x)^2/2\sigma_x^2}\end{aligned}$$

其中 K 是不依赖于 x 的常数. 这说明 X 服从均值为 μ_x、方差为 σ_x^2 的正态分布. 同理，Y 服从均值为 μ_y、方差为 σ_y^2 的正态分布. ■

当随机变量既非联合连续，也非联合离散时，我们也可考虑相应的条件分布. 例如，假设 X 为一连续型随机变量，其密度函数为 f，而 N 为一离散型随机变量，那么考虑给定 $N=n$的条件下 X 的条件分布，有

$$\frac{P\{x<X<x+\mathrm{d}x|N=n\}}{\mathrm{d}x}=\frac{P\{N=n|x<X<x+\mathrm{d}x\}}{P\{N=n\}}\frac{P\{x<X<x+\mathrm{d}x\}}{\mathrm{d}x}$$

令 $\mathrm{d}x$ 趋于 0，可得

$$\lim_{\mathrm{d}x\to 0}\frac{P\{x<X<x+\mathrm{d}x|N=n\}}{\mathrm{d}x}=\frac{P\{N=n|X=x\}}{P\{N=n\}}f(x)$$

这样就证明了在给定 $N=n$ 的条件下，X 的条件密度为

$$f_{X|N}(x|n)=\frac{P\{N=n|X=x\}}{P\{N=n\}}f(x)$$

例 5e 考虑 $n+m$ 次重复试验，每次成功的概率相同. 然而，假定此概率不是固定的值，而是一个随机变量，服从(0, 1)上的均匀分布. 已知 $n+m$ 次试验有 n 次成功的条件下每次成功的概率的条件分布是多少？

解 如果令 X 表示试验成功概率，那么 X 为(0，1)上的均匀随机变量. 同样，给定 $X=x$条件下，$n+m$ 次试验是独立重复试验，其成功的概率为 x，且成功次数 N 服从参数为$(n+m，x)$的二项分布. 因此，给定 $N=n$ 的条件下 X 的条件密度为

274

$$f_{X|N}(x|n)=\frac{P\{N=n|X=x\}f_X(x)}{P\{N=n\}}=\frac{\binom{n+m}{n}x^n(1-x)^m}{P\{N=n\}} \quad 0<x<1$$
$$=cx^n(1-x)^m$$

其中 c 不依赖于 x. 因此，条件密度函数是 β 随机变量的密度函数，参数为$(n+1，m+1)$.

上述结果很有意义，它阐述了这样一个事实，即如果重复试验中每次成功的概率之先验(prior)分布(根据数据收集)是(0，1)上的均匀分布(或者，等价地，是参数为(1，1)的 β 分布)，那么在给定 $n+m$ 次试验中共有 n 次试验成功的条件下，其后验分布(或条件分布)是参数为$(1+n，1+m)$的 β 分布. 这个结果很有价值，它加深了我们对 β 分布的直观认识. ■

我们通常关心在给定 X 属于某个集合 A 的条件下 X 的条件分布. 当 X 是离散型随机变量时，条件分布列为

$$P(X=x|X\in A)=\frac{P(X=x,X\in A)}{P(X\in A)}=\begin{cases}\dfrac{P(X=x)}{P(X\in A)} & \text{如果 } x\in A\\ 0 & \text{如果 } x\notin A\end{cases}$$

类似地，当 X 是连续型随机变量，密度函数为 f 时，在给定 $X\in A$ 时 X 的条件密度函数为

$$f_{X|X\in A}(x)=\frac{f(x)}{P(X\in A)}=\frac{f(x)}{\int_A f(y)\mathrm{d}y},x\in A$$

例 5f 一个正值参数为 a，λ 的帕雷托随机变量的分布函数是

$$F(x)=1-a^\lambda x^{-\lambda},x>a$$

密度函数是

$$f(x)=\lambda a^\lambda x^{-\lambda-1},x>a$$

帕雷托分布的一个重要特征是当 $x_0>a$ 时，参数为 a 和 λ 的帕雷托随机变量 X 在给定 $X>x_0$ 的条件分布还是帕雷托分布，但是参数变成 x_0 和 λ. 这是因为

$$f_{X|X>x_0}(x)=\frac{f(x)}{P\{X>x_0\}}=\frac{\lambda a^\lambda x^{-\lambda-1}}{a^\lambda x_0^{-\lambda}}=\lambda x_0^\lambda x^{-\lambda-1},x>x_0$$

275

这就验证了上述结论.

*6.6 次序统计量

设 X_1，X_2，…，X_n 为 n 个独立同分布的连续型随机变量，其分布函数为 $F(x)$，密度函数为 $f(x)$. 定义

$$X_{(1)}=X_1,X_2,\cdots,X_n \text{ 中的最小者}$$
$$X_{(2)}=X_1,X_2,\cdots,X_n \text{ 中的第 2 小者}$$
$$\vdots$$

$$X_{(j)}=X_1,X_2,\cdots,X_n\text{ 中的第 }j\text{ 小者}$$
$$\vdots$$
$$X_{(n)}=X_1,X_2,\cdots,X_n\text{ 中的最大者}$$

排序后的 $X_{(1)}\leqslant X_{(2)}\leqslant\cdots\leqslant X_{(n)}$ 称为 X_1，X_2，…，X_n 的次序统计量(order statistics). 换言之，$X_{(1)}$，$X_{(2)}$，…，$X_{(n)}$ 是 X_1，…，X_n 排序后的值.

下面我们来求 $X_{(1)}$，…，$X_{(n)}$ 的联合密度函数. 注意，$X_{(1)}$，…，$X_{(n)}$ 的取值为 $x_1\leqslant x_2\leqslant\cdots\leqslant x_n$ 的充要条件是存在$(1, 2, \cdots, n)$的一个排列$(i_1, i_2\cdots, i_n)$，使得

$$X_1=x_{i_1},X_2=x_{i_2},\cdots,X_n=x_{i_n}$$

而对于任何$(1, 2, \cdots, n)$的排列$(i_1, \cdots, i_n)$，

$$P\left\{x_{i_1}-\frac{\varepsilon}{2}<X_1<x_{i_1}+\frac{\varepsilon}{2},\cdots,x_{i_n}-\frac{\varepsilon}{2}<X_n<x_{i_n}+\frac{\varepsilon}{2}\right\}$$
$$\approx\varepsilon^n f_{X_1,\cdots,X_n}(x_{i_1},\cdots,x_{i_n})=\varepsilon^n f(x_{i_1})\cdots f(x_{i_n})=\varepsilon^n f(x_1)\cdots f(x_n)$$

由此可知，对 $x_1<x_2<\cdots<x_n$ 有

$$P\left\{x_1-\frac{\varepsilon}{2}<X_{(1)}<x_1+\frac{\varepsilon}{2},\cdots,x_n-\frac{\varepsilon}{2}<X_{(n)}<x_n+\frac{\varepsilon}{2}\right\}\approx n!\varepsilon^n f(x_1)\cdots f(x_n)$$

上式两端同除以 ε^n，并令 $\varepsilon\to 0$，得

$$f_{X_{(1)},\cdots,X_{(n)}}(x_1,x_2,\cdots,x_n)=n!f(x_1)\cdots f(x_n),\qquad x_1<x_2<\cdots<x_n\tag{6.1}$$

我们可以这样直观地解释式(6.1)，向量$\langle X_{(1)}, \cdots, X_{(n)}\rangle$等于$\langle x_1, \cdots, x_n\rangle$的充要条件是$\langle X_1, \cdots, X_n\rangle$等于$\langle x_1, \cdots, x_n\rangle$的 $n!$ 种排列之一. 因为$\langle X_1, \cdots, X_n\rangle$等于$\langle x_1, \cdots, x_n\rangle$的任一排列的概率(密度)刚好是 $f(x_1)\cdots f(x_n)$. 由此，可知式(6.1)成立.

276

例 6a 有三个人"随机分布"在长为一英里的一段路上. 找出任意两个人之间距离大于 d 英里的概率($d\leqslant 1/2$).

解 假定"随机分布"是指三个人相互独立地均匀分布在一英里的路段上. 设 X_i 表示第 i 个人在路上的位置，那么所求的概率是 $P\{X_{(i)}>X_{(i-1)}+d, i=2, 3\}$. $X_{(1)}$，$X_{(2)}$，$X_{(3)}$ 的联合密度为

$$f_{X_{(1)},X_{(2)},X_{(3)}}(x_1,x_2,x_3)=3!\qquad 0<x_1<x_2<x_3<1$$

由密度与概率的关系可导出

$$\begin{aligned}P\{X_{(i)}>X_{(i-1)}+d,i=2,3\}&=\iiint_{x_i>x_{i-1}+d}f_{X_{(1)},X_{(2)},X_{(3)}}(x_1,x_2,x_3)\mathrm{d}x_1\mathrm{d}x_2\mathrm{d}x_3\\&=3!\int_0^{1-2d}\int_{x_1+d}^{1-d}\int_{x_2+d}^{1}\mathrm{d}x_3\mathrm{d}x_2\mathrm{d}x_1=6\int_0^{1-2d}\int_{x_1+d}^{1-d}(1-d-x_2)\mathrm{d}x_2\mathrm{d}x_1\\&=6\int_0^{1-2d}\int_0^{1-2d-x_1}y_2\mathrm{d}y_2\mathrm{d}x_1\end{aligned}$$

其中，我们作了变量变换 $y_2=1-d-x_2$. 将等式继续下去，得到

$$=3\int_0^{1-2d}(1-2d-x_1)^2\mathrm{d}x_1=3\int_0^{1-2d}y_1^2\mathrm{d}y_1=(1-2d)^3$$

因此，当 $d\leqslant 1/2$ 时，一英里的路段上随机分布的三个人之间两两最小距离大于 d 的概率为$(1-2d)^3$. 事实上，利用这个方法还可以证明一英里的路段上随机分布的 n 个人之间两

两最小距离大于 d 的概率为

$$[1-(n-1)d]^n \qquad \text{当 } d \leqslant \frac{1}{n-1} \text{ 时}$$

证明留作练习. ■

第 j 个次序统计量 $X_{(j)}$ 的密度函数可以通过对式(6.1)进行积分得到，也可以用下列方法直接推得. $X_{(j)}=x$ 意味着 X_1，…，X_n 中有 $j-1$ 个值小于 x，有一个值等于 x，有 $n-j$ 个值大于 x. 对于给定的一个随机变量等于 x，给定的 $j-1$ 个随机变量的值小于 x，给定的其余 $n-j$ 个随机变量的值大于 x，概率密度为

$$[F(x)]^{j-1}[1-F(x)]^{n-j}f(x)$$

因为把 n 个随机变量分成三个组的方法共有

277

$$\binom{n}{j-1,n-j,1}=\frac{n!}{(n-j)!(j-1)!}$$

种，所以 $X_{(j)}$ 的密度函数为

$$f_{X_{(j)}}(x)=\frac{n!}{(n-j)!(j-1)!}[F(x)]^{j-1}[1-F(x)]^{n-j}f(x) \tag{6.2}$$

例 6b 设 X_1，…，X_{2n+1} 为独立同分布的随机变量(统计上称 X_1，…，X_{2n+1} 为一组容量为 $2n+1$ 的样本). 次序统计量 $X_{(n+1)}$ 称为样本中位数. 如果 X_1，X_2，X_3 是(0，1)上服从均匀分布的一组样本. 求样本中位数落入区间(1/2，3/4)的概率.

解 利用式(6.2)，可得 $X_{(2)}$ 的密度函数为

$$f_{X_{(2)}}(x)=\frac{3!}{1!1!}x(1-x) \qquad 0<x<1$$

因此有

$$P\left\{\frac{1}{4}<X_{(2)}<\frac{3}{4}\right\}=6\int_{1/4}^{3/4}x(1-x)\mathrm{d}x=6\left\{\frac{x^2}{2}-\frac{x^3}{3}\right\}\Bigg|_{x=1/4}^{x=3/4}=\frac{11}{16}$$ ■

$X_{(j)}$ 的分布函数可以由式(6.2)的积分得到，即

$$F_{X_{(j)}}(y)=\frac{n!}{(n-j)!(j-1)!}\int_{-\infty}^{y}[F(x)]^{j-1}[1-F(x)]^{n-j}f(x)\mathrm{d}x \tag{6.3}$$

然而，我们还可以用如下方法求得 $F_{X_{(j)}}(y)$，注意到第 j 个次序统计量小于或等于 y 的充要条件是 X_1，…，X_n 中小于或等于 y 的个数等于 j 或比 j 更多，即

$$F_{X_{(j)}}(y)=P\{X_{(j)}\leqslant y\}=P\{j\text{ 个或更多 }X_i\leqslant y\}=\sum_{k=j}^{n}\binom{n}{k}[F(y)]^k[1-F(y)]^{n-k} \tag{6.4}$$

如果令式(6.3)和式(6.4)中的 F 为(0，1)上的均匀分布(即 $f(x)=1$，$0<x<1$)，那么我们可以得到一个非常有用的分析恒等式

278

$$\sum_{k=j}^{n}\binom{n}{k}y^k(1-y)^{n-k}=\frac{n!}{(n-j)!(j-1)!}\int_0^y x^{j-1}(1-x)^{n-j}\mathrm{d}x \quad 0\leqslant y\leqslant 1 \tag{6.5}$$

类似于式(6.2)的推导，我们也可以求得次序统计量 $X_{(i)}$ 与 $X_{(j)}$ $(i<j)$ 的联合密度函数：

$$f_{X_{(i)},X_{(j)}}(x_i,x_j)=\frac{n!}{(i-1)!(j-i-1)!(n-j)!}[F(x_i)]^{i-1}$$
$$\times[F(x_j)-F(x_i)]^{j-i-1}[1-F(x_j)]^{n-j}f(x_i)f(x_j)$$

其中 $x_i<x_j$.

我们采用得到式(6.2)相同的论证方法来计算 $X_{(i)}$ 和 $X_{(j)}$ 的联合密度函数，其中 $X_{(i)}$ 和 $X_{(j)}$ 分别是 X_1，…，X_n 中第 i 个和 j 个最小值．事件 $X_{(i)}=x_i$，$X_{(j)}=x_j$ 等价于把 n 个数据分割成 5 部分，每部分的长度是 $i-1$，1，$j-i-1$，1，$n-j$，满足如下条件：第一部分有 $i-1$ 个数据，都小于 x_i，第二部分只有一个数据 x_i，第三部分有 $j-i-1$ 个数据都在 x_i 和 x_j 之间，第四部分只有一个数据 x_j，剩下的 $n-j$ 个数据都大于 x_j. 将 n 个数据分割成满足如上条件的 5 个部分，其概率(密度)是

$$F^{i-1}(x_i)f(x_i)(F(x_j)-F(x_i))^{j-i-1}f(x_j)(1-F(x_j))^{n-j}$$

因为这种分割一共有 $\frac{n!}{(i-1)!\ 1!\ (j-i-1)!\ 1!\ (n-j)!}$ 种可能性，所以当 $i<j$，$x_i<x_j$ 时，有下式成立：

$$f_{X(i),X(j)}(x_i,x_j)=\frac{n!}{(i-1)!(j-i-1)!(n-j)!}F^{i-1}(x_i)f(x_i)[F(x_j)-F(x_i)]^{j-i-1}f(x_j)[1-F(x_j)]^{n-j} \tag{6.6}$$

例 6c 随机样本极差的分布 设 X_1，…，X_n 为 n 个独立同分布的随机变量. 随机变量 $R=X_{(n)}-X_{(1)}$ 称为极差. 设 X_i 的分布函数为 $F(x)$，相应的密度函数为 $f(x)$，则 R 的分布可通过式(6.6)求得. 对于 $a\geqslant 0$，

$$P\{R\leqslant a\}=P\{X_{(n)}-X_{(1)}\leqslant a\}=\iint\limits_{x_n-x_1\leqslant a}f_{X_{(1)},X_{(n)}}(x_1,x_n)\mathrm{d}x_1\mathrm{d}x_n$$
$$=\int_{-\infty}^{\infty}\int_{x_1}^{x_1+a}\frac{n!}{(n-2)!}[F(x_n)-F(x_1)]^{n-2}f(x_1)f(x_n)\mathrm{d}x_n\mathrm{d}x_1$$

作变量变换 $y=F(x_n)-F(x_1)$，$\mathrm{d}y=f(x_n)\mathrm{d}x_n$，得

$$\int_{x_1}^{x_1+a}[F(x_n)-F(x_1)]^{n-2}f(x_n)\mathrm{d}x_n=\int_0^{F(x_1+a)-F(x_1)}y^{n-2}\mathrm{d}y=\frac{1}{n-1}[F(x_1+a)-F(x_1)]^{n-1}$$

因此，

$$P\{R\leqslant a\}=n\int_{-\infty}^{\infty}[F(x_1+a)-F(x_1)]^{n-1}f(x_1)\mathrm{d}x_1 \tag{6.7}$$

式(6.7)右端的积分只在很少几种情况下才能得到积分结果的显示表达式. 当 X_i 的分布为(0，1)上的均匀分布时，R 的分布可由式(6.7)导出. 对于 $a\in(0,1)$，

279

$$P\{R<a\}=n\int_0^1[F(x_1+a)-F(x_1)]^{n-1}f(x_1)\mathrm{d}x_1=n\int_0^{1-a}a^{n-1}\mathrm{d}x_1+n\int_{1-a}^1(1-x_1)^{n-1}\mathrm{d}x_1$$
$$=n(1-a)a^{n-1}+a^n$$

对上式求导数，可得极差的密度函数为

$$f_R(a)=\begin{cases}n(n-1)a^{n-2}(1-a) & 0\leqslant a\leqslant 1\\ 0 & \text{其他}\end{cases}$$

即(0，1)上相互独立的均匀随机变量序列的极差服从分布参数为$(n-1, 2)$的β分布. ■

6.7 随机变量函数的联合分布

设X_1，X_2是联合连续的随机变量，具有联合概率密度函数f_{X_1,X_2}，Y_1和Y_2分别为X_1和X_2的函数，有时我们需要求出Y_1，Y_2的联合分布. 具体地说，设$Y_1=g_1(X_1, X_2)$，$Y_2=g_2(X_1, X_2)$，函数g_1，g_2满足下列两个条件：

1. 由方程组

$$y_1 = g_1(x_1, x_2)$$
$$y_2 = g_2(x_1, x_2)$$

可唯一地解出x_1，x_2来，即求出$x_1=h_1(y_1, y_2)$，$x_2=h_2(y_1, y_2)$.

2. 函数g_1，g_2对一切(x_1, x_2)有连续偏导数，并且下面的2×2行列式对一切(x_1, x_2)有

$$J(x_1, x_2) = \begin{vmatrix} \dfrac{\partial g_1}{\partial x_1} & \dfrac{\partial g_1}{\partial x_2} \\ \dfrac{\partial g_2}{\partial x_1} & \dfrac{\partial g_2}{\partial x_2} \end{vmatrix} \equiv \frac{\partial g_1}{\partial x_1}\frac{\partial g_2}{\partial x_2} - \frac{\partial g_1}{\partial x_2}\frac{\partial g_2}{\partial x_1} \neq 0$$

在上述两个条件之下，我们可以证明Y_1，Y_2的联合密度函数为

$$f_{Y_1,Y_2}(y_1, y_2) = f_{X_1,X_2}(x_1, x_2)|J(x_1, x_2)|^{-1} \tag{7.1}$$

其中$x_1=h_1(y_1, y_2)$，$x_2=h_2(y_1, y_2)$.

式(7.1)的证明可从下式入手：

$$P\{Y_1 \leqslant y_1, Y_2 \leqslant y_2\} = \iint\limits_{\substack{(x_1,x_2): \\ g_1(x_1,x_2)\leqslant y_1 \\ g_2(x_1,x_2)\leqslant y_2}} f_{X_1,X_2}(x_1, x_2)\mathrm{d}x_1\mathrm{d}x_2 \tag{7.2}$$

Y_1，Y_2的联合密度函数可通过对上式关于y_1，y_2求偏微分得到. 微分的结果恰好等于式(7.1)的右边. 微分的过程作为高等微积分的一个练习我们不再赘述.

280

例7a 设X_1，X_2为联合连续的随机变量，其联合密度函数为f_{X_1,X_2}. 令$Y_1=X_1+X_2$，$Y_2=X_1-X_2$. 求Y_1，Y_2的联合密度函数.

解 设$g_1(x_1, x_2)=x_1+x_2$，$g_2(x_1, x_2)=x_1-x_2$，经计算

$$J(x_1, x_2) = \begin{vmatrix} 1 & 1 \\ 1 & -1 \end{vmatrix} = -2$$

由$y_1=x_1+x_2$，$y_2=x_1-x_2$解得$x_1=(y_1+y_2)/2$，$x_2=(y_1-y_2)/2$. 利用式(7.1)可得所求的密度函数是

$$f_{Y_1,Y_2}(y_1, y_2) = \frac{1}{2}f_{X_1,X_2}\left(\frac{y_1+y_2}{2}, \frac{y_1-y_2}{2}\right)$$

例如，如果X_1，X_2为独立的(0，1)均匀随机变量，则

$$f_{Y_1,Y_2}(y_1, y_2) = \begin{cases} \dfrac{1}{2} & 0 \leqslant y_1+y_2 \leqslant 2, 0 \leqslant y_1-y_2 \leqslant 2 \\ 0 & \text{其他} \end{cases}$$

又或者，如果 X_1，X_2 为相互独立的指数随机变量，其相应的参数为 λ_1，λ_2，那么

$$f_{Y_1,Y_2}(y_1,y_2)=\begin{cases}\dfrac{\lambda_1\lambda_2}{2}\exp\left\{-\lambda_1\left(\dfrac{y_1+y_2}{2}\right)-\lambda_2\left(\dfrac{y_1-y_2}{2}\right)\right\} & y_1+y_2\geqslant 0, y_1-y_2\geqslant 0\\ 0 & \text{其他}\end{cases}$$

最后，如果 X_1，X_2 为相互独立的标准正态随机变量，则

$$f_{Y_1,Y_2}(y_1,y_2)=\frac{1}{4\pi}e^{-[(y_1+y_2)^2/8+(y_1-y_2)^2/8]}=\frac{1}{4\pi}e^{-(y_1^2+y_2^2)/4}=\frac{1}{\sqrt{4\pi}}e^{-y_1^2/4}\frac{1}{\sqrt{4\pi}}e^{-y_2^2/4}$$

281

因此，我们不仅得知 X_1+X_2 与 X_1-X_2 是均值为 0、方差为 2 的正态随机变量(这一点与命题 3.2 的结论相同)，而且 X_1+X_2 与 X_1-X_2 还是相互独立的.(事实上，我们还可以得到：如果随机变量 X_1 和 X_2 独立且同分布，分布函数为 F，那么 X_1+X_2 与 X_1-X_2 相互独立当且仅当 F 是正态分布函数.) ■

例 7b 设(X, Y)表示平面上一个随机点，并假设其直角坐标 X 和 Y 是相互独立的标准正态随机变量. 我们感兴趣的是随机点(x, y)的极坐标表示 R，Θ 的联合分布(见图 6-4).

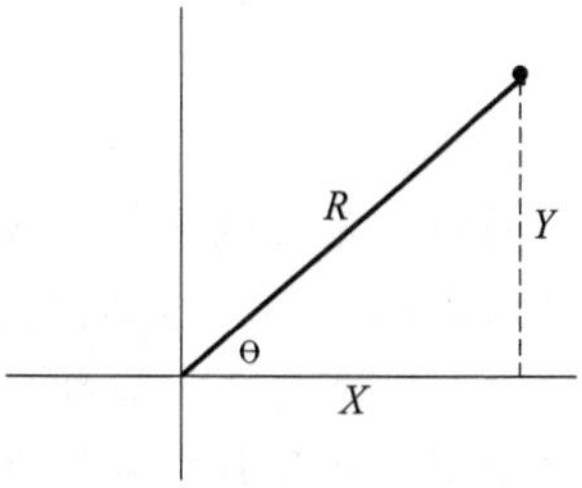

图 6-4 随机点$(X, Y)=(R, \Theta)$

首先假设 X 和 Y 都取正值. 对于正的 x 和 y，令 $r=g_1(x, y)=\sqrt{x^2+y^2}$，$\theta=g_2(x, y)=\arctan y/x$，可得

$$\frac{\partial g_1}{\partial x}=\frac{x}{\sqrt{x^2+y^2}}$$

$$\frac{\partial g_1}{\partial y}=\frac{y}{\sqrt{x^2+y^2}}$$

$$\frac{\partial g_2}{\partial x}=\frac{1}{1+(y/x)^2}\left(\frac{-y}{x^2}\right)=\frac{-y}{x^2+y^2}$$

$$\frac{\partial g_2}{\partial y}=\frac{1}{x[1+(y/x)^2]}=\frac{x}{x^2+y^2}$$

因此，

$$J(x,y)=\frac{x^2}{(x^2+y^2)^{3/2}}+\frac{y^2}{(x^2+y^2)^{3/2}}=\frac{1}{\sqrt{x^2+y^2}}=\frac{1}{r}$$

因为给定 X 和 Y 都取正值的条件下 X 和 Y 的条件联合密度函数为

$$f(x,y|X>0,Y>0)=\frac{f(x,y)}{P(X>0,Y>0)}=\frac{2}{\pi}e^{-(x^2+y^2)/2}\qquad x>0,y>0$$

所以给定 X 和 Y 都取正值的条件下，$R=\sqrt{X^2+Y^2}$，$\Theta=\tan^{-1}(Y/X)$的条件联合密度函数为

$$f(r,\theta|X>0,Y>0)=\frac{2}{\pi}re^{-r^2/2}\qquad 0<\theta<\pi/2, 0<r<\infty$$

类似地，我们可以证明

$$f(r,\theta|X<0,Y>0)=\frac{2}{\pi}re^{-r^2/2}\qquad \pi/2<\theta<\pi, 0<r<\infty$$

$$f(r,\theta|X<0,Y<0)=\frac{2}{\pi}re^{-r^2/2}\qquad \pi<\theta<3\pi/2,0<r<\infty$$

$$f(r,\theta|X>0,Y<0)=\frac{2}{\pi}re^{-r^2/2}\qquad 3\pi/2<\theta<2\pi,0<r<\infty$$

因为联合密度等于上述 4 个条件联合密度的加权平均，所以我们得到 R 和 Θ 的联合密度函数为

282

$$f(r,\theta)=\frac{1}{2\pi}re^{-r^2/2}\qquad 0<\theta<2\pi,0<r<\infty$$

这个联合密度函数可分解为 R 和 Θ 的边缘密度函数的乘积，因此，R 与 Θ 是相互独立的，Θ 是$(0,\ 2\pi)$上的均匀随机变量，而 R 的分布是著名的瑞利分布，其密度函数为

$$f(r)=re^{-r^2/2}\qquad 0<r<\infty$$

(例如，当我们关心平面打靶问题时，如果水平和垂直误差是相互独立的标准正态分布，则弹着点离靶心的距离具有前述瑞利分布，弹着点相对于靶心的方位角是均匀分布，而且与弹着点离靶心的距离相互独立.)

这个结果是十分有趣的，因为极坐标的分布与直角坐标的这种关系不是很明显的. 即一个坐标由相互独立的标准正态随机变量构成的随机向量，其极坐标变换的夹角不仅服从均匀分布，而且跟向量离原点的距离大小无关.

如果我们希望求出 R^2 和 Θ 的联合分布，那么因为变换 $d=g_1(x,\ y)=x^2+y^2$，$\theta=g_2(x,\ y)=\tan^{-1}(y/x)$的雅可比行列式为

$$J=\begin{vmatrix} 2x & 2y \\ \dfrac{-y}{x^2+y^2} & \dfrac{x}{x^2+y^2}\end{vmatrix}=2$$

从而有

$$f(d,\theta)=\frac{1}{2}e^{-d/2}\frac{1}{2\pi}\qquad 0<d<\infty,0<\theta<2\pi$$

由此看出 R^2 和 Θ 相互独立，R^2 服从参数为 1/2 的指数分布. 因为 $R^2=X^2+Y^2$，由定义可知，R^2 服从自由度为 2 的 χ^2 分布. 因此，我们验证了自由度为 2 的 χ^2 分布与参数为 1/2 的指数分布是相同的.

上面的结果可用于模拟标准正态随机变量. 设 U_1，U_2 为$(0,\ 1)$上相互独立的均匀随机变量，我们要把 U_1，U_2 转化为两个独立的标准正态随机变量 X_1 和 X_2. 在求正态随机变量之前，先求出$(X_1,\ X_2)$的极坐标表示$(R,\ \Theta)$. 利用$(X,\ Y)$与$(R,\ \Theta)$之间的关系可知 R^2 与 Θ 相互独立，并且 $R^2=X^2+Y^2$ 具有指数分布，参数为 $\lambda=1/2$. 但 $-2\ln U_1$ 具有这样的分布，对于 $x>0$，有

$$P\{-2\ln U_1<x\}=P\{\ln U_1>-x/2\}=P\{U_1>e^{-x/2}\}=1-e^{-x/2}$$

又因为 $2\pi U_2$ 为$(0,\ 2\pi)$上的均匀随机变量，利用它可产生 Θ. 即如果令

$$R^2=-2\ln U_1$$

$$\Theta=2\pi U_2$$

R^2 可以看成$(X_1,\ X_2)$到原点的距离的平方，Θ 就是$(X_1,\ X_2)$的方位角. 现在，因为 $X_1=R\cos\Theta$，$X_2=R\sin\Theta$，所以得到

283

$$X_1 = \sqrt{-2\ln U_1}\cos(2\pi U_2) \qquad X_2 = \sqrt{-2\ln U_1}\sin(2\pi U_2)$$

是相互独立的标准正态随机变量.

例 7c 设 X 和 Y 是相互独立的 Γ 随机变量，其参数分别为 $(\alpha,\ \lambda)$ 和 $(\beta,\ \lambda)$，计算 $U=X+Y$ 和 $V=X/(X+Y)$ 的联合密度.

解 X 和 Y 的联合密度为

$$f_{X,Y}(x,y)=\frac{\lambda e^{-\lambda x}(\lambda x)^{\alpha-1}}{\Gamma(\alpha)}\frac{\lambda e^{-\lambda y}(\lambda y)^{\beta-1}}{\Gamma(\beta)}=\frac{\lambda^{\alpha+\beta}}{\Gamma(\alpha)\Gamma(\beta)}e^{-\lambda(x+y)}x^{\alpha-1}y^{\beta-1}$$

令 $g_1(x,\ y)=x+y$，$g_2(x,\ y)=x/(x+y)$，可得

$$\frac{\partial g_1}{\partial x}=\frac{\partial g_1}{\partial y}=1 \qquad \frac{\partial g_2}{\partial x}=\frac{y}{(x+y)^2} \qquad \frac{\partial g_2}{\partial y}=-\frac{x}{(x+y)^2}$$

因此，

$$J(x,y)=\begin{vmatrix}1 & 1\\ \dfrac{y}{(x+y)^2} & \dfrac{-x}{(x+y)^2}\end{vmatrix}=-\frac{1}{x+y}$$

由方程组 $u=x+y$，$v=x/(x+y)$，解得 $x=uv$，$y=u(1-v)$. 从而有

$$f_{U,V}(u,v)=f_{X,Y}[uv,u(1-v)]u=\frac{\lambda e^{-\lambda u}(\lambda u)^{\alpha+\beta-1}}{\Gamma(\alpha+\beta)}\frac{v^{\alpha-1}(1-v)^{\beta-1}\Gamma(\alpha+\beta)}{\Gamma(\alpha)\Gamma(\beta)}$$

因此 $X+Y$ 与 $X/(X+Y)$ 相互独立，其中 $X+Y$ 服从参数为 $(\alpha+\beta,\ \lambda)$ 的 Γ 分布，$X/(X+Y)$ 服从参数为 $(\alpha,\ \beta)$ 的 β 分布. 由上式还可以看出 β 分布中的归一化因子 $B(\alpha,\ \beta)$ 为

$$B(\alpha,\beta)\equiv\int_0^1 v^{\alpha-1}(1-v)^{\beta-1}dv=\frac{\Gamma(\alpha)\Gamma(\beta)}{\Gamma(\alpha+\beta)}$$

上面得到的全部结果都很有趣. 例如，假设共有 $n+m$ 项工作需要完成，完成每项工作所需的时间服从参数为 λ 的指数分布，并且完成各项工作所需时间是相互独立的. 现在假定将这 $n+m$ 项工作分配给两个人去完成，甲完成其中 n 件，乙完成余下的 m 件. 甲乙两人所用时间分别为 X，Y，则 X，Y 相互独立，且分别服从参数为 $(n,\ \lambda)$ 和 $(m,\ \lambda)$ 的 Γ 分布(根据例 3b 的结果). 甲所用时间占总任务时间(即 $X+Y$)的比例服从参数为 $(n,\ m)$ 的 β 分布. ■

284

假设已知 n 个随机变量 X_1，…，X_n 的联合密度函数，我们希望求得 Y_1，…，Y_n 的联合密度函数，其中

$$Y_1=g_1(X_1,\cdots,X_n),Y_2=g_2(X_1,\cdots,X_n),\cdots,Y_n=g_n(X_1,\cdots,X_n)$$

所用方法与二维随机变量函数的密度函数求法类似，假定 g_i 有连续偏导数，且对一切 $(x_1,\ \cdots,\ x_n)$ 有雅可比行列式 $J(x_1,\ \cdots,\ x_n)\neq 0$ 成立，即

$$J(x_1,\cdots,x_n)=\begin{vmatrix}\dfrac{\partial g_1}{\partial x_1} & \dfrac{\partial g_1}{\partial x_2} & \cdots & \dfrac{\partial g_1}{\partial x_n}\\ \dfrac{\partial g_2}{\partial x_1} & \dfrac{\partial g_2}{\partial x_2} & \cdots & \dfrac{\partial g_2}{\partial x_n}\\ \cdots & \cdots & \cdots & \cdots\\ \dfrac{\partial g_n}{\partial x_1} & \dfrac{\partial g_n}{\partial x_2} & \cdots & \dfrac{\partial g_n}{\partial x_n}\end{vmatrix}\neq 0$$

进一步，假设方程组 $y_1=g_1(x_1,\ \cdots,\ x_n)$，$y_2=g_2(x_1,\ \cdots,\ x_n)$，…，$y_n=g_n(x_1,\ \cdots,$

x_n)存在唯一解，如 $x_1=h_1(y_1,\cdots,y_n),\cdots,x_n=h_n(y_1,\cdots,y_n)$. 在这些假设之下，$Y_1,\cdots,Y_n$ 的联合密度函数为

$$f_{Y_1,\cdots,Y_n}(y_1,\cdots,y_n)=f_{X_1,\cdots,X_n}(x_1,\cdots,x_n)\,|J(x_1,\cdots,x_n)|^{-1} \tag{7.3}$$

其中 $x_i=h_i(y_1,\cdots,y_n)$，$i=1,2,\cdots,n$.

例 7d 设 X_1，X_2 和 X_3 为相互独立的标准正态随机变量，令 $Y_1=X_1+X_2+X_3$，$Y_2=X_1-X_2$，$Y_3=X_1-X_3$. 计算 Y_1，Y_2，Y_3 的联合密度函数.

解 Y_1，Y_2，Y_3 相对于 X_1，X_2，X_3 的雅可比行列式为，

$$J=\begin{vmatrix}1 & 1 & 1\\ 1 & -1 & 0\\ 1 & 0 & -1\end{vmatrix}=3$$

由上述变换可知

$$X_1=\frac{Y_1+Y_2+Y_3}{3},\qquad X_2=\frac{Y_1-2Y_2+Y_3}{3},\qquad X_3=\frac{Y_1+Y_2-2Y_3}{3}$$

利用式(7.3)可得

$$f_{Y_1,Y_2,Y_3}(y_1,y_2,y_3)=\frac{1}{3}f_{X_1,X_2,X_3}\left(\frac{y_1+y_2+y_3}{3},\frac{y_1-2y_2+y_3}{3},\frac{y_1+y_2-2y_3}{3}\right)$$

因为

285

$$f_{X_1,X_2,X_3}(x_1,x_2,x_3)=\frac{1}{(2\pi)^{3/2}}\exp\left\{-\sum_{i=1}^{3}x_i^2/2\right\}$$

所以

$$f_{Y_1,Y_2,Y_3}(y_1,y_2,y_3)=\frac{1}{3(2\pi)^{3/2}}\exp\{-Q(y_1,y_2,y_3)/2\}$$

其中

$$\begin{aligned}Q(y_1,y_2,y_3)&=\left(\frac{y_1+y_2+y_3}{3}\right)^2+\left(\frac{y_1-2y_2+y_3}{3}\right)^2+\left(\frac{y_1+y_2-2y_3}{3}\right)^2\\&=\frac{1}{3}y_1^2+\frac{2}{3}y_2^2+\frac{2}{3}y_3^2-\frac{2}{3}y_2y_3\end{aligned}$$

■

例 7e 设 $X_1,X_2,\cdots,X_n$ 为独立同分布的指数随机变量，其参数为 λ，令

$$Y_i=X_1+X_2+\cdots+X_i\qquad i=1,\cdots,n$$

(a) 求 $Y_1,\cdots,Y_n$ 的联合密度函数.

(b) 利用(a)的结论，求 Y_n 的密度函数.

(c) 求在给定 $Y_n=t$ 的条件下 $Y_1,\cdots,Y_{n-1}$ 的条件密度函数.

解 (a) 变换 $Y_1=X_1$，$Y_2=X_1+X_2$，$\cdots$，$Y_n=X_1+\cdots+X_n$ 的雅可比行列式为

$$J=\begin{vmatrix}1 & 0 & 0 & 0 & \cdots & 0\\ 1 & 1 & 0 & 0 & \cdots & 0\\ 1 & 1 & 1 & 0 & \cdots & 0\\ \cdots & & \cdots & & & \\ \cdots & & \cdots & & & \\ 1 & 1 & 1 & 1 & \cdots & 1\end{vmatrix}$$

因为将该行列式展开，只有第一项非 0，所以 $J=1$. 而 X_1，…，X_n 的联合密度函数为

$$f_{X_1,\cdots,X_n}(x_1,\cdots,x_n)=\prod_{i=1}^{n}\lambda e^{-\lambda x_i}\qquad 0<x_i<\infty,i=1,\cdots,n$$

由变换方程组 $Y=X_1$，…，$Y_n=X_1+\cdots+X_n$ 解得

$$X_1=Y_1,X_2=Y_2-Y_1,\cdots,X_i=Y_i-Y_{i-1},\cdots,X_n=Y_n-Y_{n-1}$$

最后利用式(7.3)，得到 Y_1，…，Y_n 的联合密度函数为

$$\begin{aligned}f_{Y_1,\cdots,Y_n}(y_1,y_2,\cdots,y_n)&=f_{X_1,\cdots,X_n}(y_1,y_2-y_1,\cdots,y_i-y_{i-1},\cdots,y_n-y_{n-1})\\&=\lambda^n\exp\left\{-\lambda\left[y_1+\sum_{i=2}^{n}(y_i-y_{i-1})\right]\right\}=\lambda^n e^{-\lambda y_n}\qquad 0<y_1,0<y_i-y_{i-1},i=2,\cdots,n\\&=\lambda^n e^{-\lambda y_n}\qquad 0<y_1<y_2<\cdots<y_n\end{aligned}$$

286

(b) 为求 Y_n 的边缘密度，我们需要对联合密度中的其他变量求积分. 先对 y_1 积分得

$$f_{Y_2,\cdots,Y_n}(y_2,\cdots,y_n)=\int_0^{y_2}\lambda^n e^{-\lambda y_n}dy_1=\lambda^n y_2 e^{-\lambda y_n}\qquad 0<y_2<y_3<\cdots<y_n$$

再对 y_2 积分可得

$$f_{Y_3,\cdots,Y_n}(y_3,\cdots,y_n)=\int_0^{y_3}\lambda^n y_2 e^{-\lambda y_n}dy_2=\lambda^n\frac{y_3^2}{2}e^{-\lambda y_n}\qquad 0<y_3<y_4<\cdots<y_n$$

下一步积分得到

$$f_{Y_4,\cdots,Y_n}(y_4,\cdots,y_n)=\lambda^n\frac{y_4^3}{3!}e^{-\lambda y_n}\qquad 0<y_4<\cdots<y_n$$

继续积分最后可得

$$f_{Y_n}(y_n)=\lambda^n\frac{y_n^{n-1}}{(n-1)!}e^{-\lambda y_n}\qquad 0<y_n$$

所得结果与例 3b 的结果是一致的，即 $X_1+\cdots+X_n$ 是参数为(n,λ)的 Γ 随机变量. ■

(c) 在给定 $Y_n=t$ 下，Y_1，…，Y_{n-1}的条件密度是，对任意的 $0<y_1<\cdots<y_{n-1}<t$，

$$\begin{aligned}f_{Y_1,\cdots,Y_{n-1}|Y_n}(y_1,\cdots,y_{n-1}|t)&=\frac{f_{Y_1,\cdots,Y_{n-1},Y_n}(y_1,\cdots,y_{n-1},t)}{f_{Y_n}(t)}\\&=\frac{\lambda^n e^{-\lambda t}}{\lambda e^{-\lambda t}(\lambda t)^{n-1}/(n-1)!}\\&=\frac{(n-1)!}{t^{n-1}}\end{aligned}$$

因为 $f(y)=1/t(0<y<t)$是$(0,t)$上的均匀分布的密度函数，所以在给定 $Y_n=t$ 下，Y_1，…，Y_{n-1}的条件分布是$(0,t)$上 $n-1$ 个独立均匀随机变量的次序统计量的分布. ■

*6.8 可交换随机变量

随机变量 X_1，X_2，…，X_n 称为可交换的(exchangeable)，如果对于 1，2，…，n 的每一个排列 i_1，…，i_n，

$$P\{X_{i_1}\leqslant x_1,X_{i_2}\leqslant x_2,\cdots,X_{i_n}\leqslant x_n\}=P\{X_1\leqslant x_1,X_2\leqslant x_2,\cdots,X_n\leqslant x_n\}$$

对一切 x_1，…，x_n 成立. 换言之，n 个随机变量称为可交换的，如果它们的联合分布与这些随机变量的次序无关.

当 X_1，…，X_n 为离散型随机变量时，可交换条件是

$$P\{X_{i_1}=x_1,X_{i_2}=x_2,\cdots,X_{i_n}=x_n\}=P\{X_1=x_1,X_2=x_2,\cdots,X_n=x_n\}$$

对任意排列 i_1，…，i_n 和一切 x_1，…，x_n 成立. 它与下面的表述是等价的：分布列 $p(x_1$，x_2，…，$x_n)=P\{X_1=x_1$，$X_2=x_2$，…，$X_n=x_n\}$是向量$(x_1$，…，$x_n)$的对称函数，或者说当向量 x_1，…，x_n 的值任意排列后，相应的概率值不变.

287

例 8a　假设坛子里一共有 n 个球，其中 k 个球被认为是特殊的球，现在从坛子中一个一个无放回地随机抽取 n 个球. 记

$$X_i=\begin{cases}1 & \text{如果第 } i \text{ 次抽到一个特殊的球}\\ 0 & \text{如果抽到的是其他的球}\end{cases}$$

下面，我们说明随机变量 X_1，X_2，…，X_n 是可交换的. 为此，设向量$(x_1$，…，$x_n)$中有 k 个值为 1，$n-k$ 个值为 0. 因此只需证明 $p(x_1$，…，$x_n)$是对称函数即可. 然而，在给出$(x_1$，…，$x_n)$的联合概率分布之前，我们需要对 $p(x_1$，…，$x_n)$有个直观的了解，取一个具体的向量，例如(1，1，0，1，0，…，0，1)，其中有 k 个 1，$n-k$ 个 0. 那么

$$p(1,1,0,1,0,\cdots,0,1)=\frac{k}{n}\frac{k-1}{n-1}\frac{n-k}{n-2}\frac{k-2}{n-3}\frac{n-k-1}{n-4}\cdots\frac{1}{2}\frac{1}{1}$$

这个公式比较直观，因为第一个球是特殊球的概率为 k/n，在第一个球为特殊球的条件下，第二个也是特殊球的条件概率为$(k-1)/(n-1)$，在第一、第二均为特殊球的条件下，第三个为普通球的条件概率为$(n-k)/(n-2)$. 如此继续下去，把这些条件概率乘起来就得到 $p(1,1,0,1,0,\cdots,0,1)$. 这些连乘的分数的分母的连乘积为 $n(n-1)\cdots 1$，其原因是每抽到一个球，坛子里的球就少一个. 而分子可表示为两部分的乘积，一部分为 $k\cdot(k-1)\cdots 1$，另一部分为$(n-k)\cdot(n-k-1)\cdots 1$. 于是，因为向量$(x_1$，…，$x_n)$中有 k 个值为 1，$n-k$ 个值为 0，所以我们得到

$$p(x_1,\cdots,x_n)=\frac{k!(n-k)!}{n!}\qquad x_i=0,1,\sum_{i=1}^{n}x_i=k$$

因为 $p(x_1$，…，$x_n)$是$(x_1$，…，$x_n)$的对称函数，所以随机变量 X_1，…，X_n 是可交换的. ■

注释　下面介绍另一种计算联合概率分布 $p(x_1$，…，$x_n)$的方法. 先将 n 个球编上号以示区别，再从坛子中逐个取出这 n 个球并按序排成一排，则共有 $n!$ 种不同的取法，每一种取法对应球号的一个排列，即共有 $n!$ 种不同的排列，且每种排列出现的概率相等，即为 $1/n!$. 在 $n!$ 个排列中，含有 k 个特殊球和 $n-k$ 个非特殊球的排列共有 $k!(n-k)!$ 种可能，因此有 $p(x_1$，…，$x_n)=k!(n-k)!/n!$.

易知，若 X_1，X_2，…，X_n 是可交换的，则每一个 X_i 具有相同的概率分布. 例如，如果 X 和 Y 是可交换的离散型随机变量，那么

$$P\{X=x\}=\sum_{y}P\{X=x,Y=y\}=\sum_{y}P\{X=y,Y=x\}=P\{Y=x\}$$

比如，在例 8a 中，第 i 次抽得的球为特殊球的概率等于 k/n. 这在直观上也是很清楚的，

坛中的 n 个球中，任意一个球在第 i 次被抽到的可能性都是一样的.

例 8b 在例 8a 中设 Y_1 表示抽到第一个特殊球所需的抽球次数，Y_2 表示抽到第一个特殊球以后，直到抽到第二个特殊球所需要的附加抽球的次数. 一般情况下，令 Y_i 表示抽到 $i-1$ 个特殊球以后，直到抽到第 i 个特殊球所需的附加抽球的次数，$i=1$，…，k. 例如，如果 $n=4$，$k=2$ 且 $X_1=1$，$X_2=0$，$X_3=0$，$X_4=1$，那么有 $Y_1=1$，$Y_2=3$. 于是 $Y_1=i_1$，$Y_2=i_2$，…，$Y_k=i_k \Leftrightarrow X_{i_1}=X_{i_1+i_2}=\cdots=X_{i_1+\cdots+i_k}=1$，其他 $X_j=0$. 因此由 X_i 的联合分布列得

288

$$P\{Y_1=i_1,Y_2=i_2,\cdots,Y_k=i_k\}=\frac{k!(n-k)!}{n!} \qquad i_1+\cdots+i_k \leqslant n$$

因此，随机变量 Y_1，…，Y_n 是可交换的. 现在把一副扑克牌中“A”称为特殊的牌，Y_1 表示一副洗好的扑克牌中一张一张地发牌，直到第一张“A”出现为止所发的牌数. Y_2 表示第一张“A”以后直到第二张“A”出现为止所发的附加牌的张数，等等. 由于 Y_1，Y_2，Y_3，Y_4 是可交换的，因此所有 Y_i 的分布都相同. ■

例 8c 下面的模型称为波利亚瓮模型. 设一个瓮含有 n 个红球和 m 个蓝球. 每次从瓮中随机地抽取一个球，记下其颜色并放回瓮中，同时还往瓮里添加一个同颜色的球. 记

$$X_i=\begin{cases}1 & \text{如果第 } i \text{ 次抽得红球} \\ 0 & \text{如果第 } i \text{ 次抽得蓝球}\end{cases} \qquad i \geqslant 1$$

为了对 X_i 的联合概率有一直观了解，注意下面两种特殊情况：

$$\begin{aligned}
&P\{X_1=1,X_2=1,X_3=0,X_4=1,X_5=0\} \\
&=\frac{n}{n+m}\frac{n+1}{n+m+1}\frac{m}{n+m+2}\frac{n+2}{n+m+3}\frac{m+1}{n+m+4} \\
&=\frac{n(n+1)(n+2)m(m+1)}{(n+m)(n+m+1)(n+m+2)(n+m+3)(n+m+4)}
\end{aligned}$$

和

$$\begin{aligned}
&P\{X_1=0,X_2=1,X_3=0,X_4=1,X_5=1\} \\
&=\frac{m}{n+m}\frac{n}{n+m+1}\frac{m+1}{n+m+2}\frac{n+1}{n+m+3}\frac{n+2}{n+m+4} \\
&=\frac{n(n+1)(n+2)m(m+1)}{(n+m)(n+m+1)(n+m+2)(n+m+3)(n+m+4)}
\end{aligned}$$

同理，对任意序列 x_1，x_2，…，x_k，其中有 r 个 1 和 $k-r$ 个 0，

$$P\{X_1=x_1,\cdots,X_k=x_k\}=\frac{n(n+1)\cdots(n+r-1)m(m+1)\cdots(m+k-r-1)}{(n+m)\cdots(n+m+k-1)}$$

由此可知，对任意 k，随机变量 X_1，…，X_k 是可交换的.

关于这个模型的可交换性，一个十分有趣的推论是，第 i 次抽出一个红球的概率与第一次抽取一个红球的概率是相同的，等于 $n/(n+m)$.（我们可以这样直观地看这个原来不很直观的问题，设想瓮中原来一共有 $n+m$ 类球，红$_1$，红$_2$，…，红$_n$，蓝$_1$，…，蓝$_m$. 假设每次从瓮中随机抽出一个球，记下其类别并放回瓮中，第一次抽球，这 $n+m$ 类球被抽中的概率是一样的. 由于这 $n+m$ 类球完全是对称的，第 2 次抽出这 $n+m$ 类中的任意一类

的概率是相同的，这样，因为 $n+m$ 类球中有 n 个红球，所以第 i 次抽出红球的概率为

289

$n/(n+m)$.）■

最后一个是关于连续型随机变量可交换的例子.

例 8d　设 X_1，…，X_n 为(0，1)上相互独立的均匀随机变量，记 $X_{(1)}$，…，$X_{(n)}$ 为它们的次序统计量. 即 $X_{(j)}$ 是 X_1，X_2，…，X_n 的第 j 个最小随机变量. 令

$$Y_1 = X_{(1)}$$

$$Y_i = X_{(i)} - X_{(i-1)} \qquad i = 2,\cdots,n$$

证明 Y_1，…，Y_n 是可交换的.

解　考虑变换

$$y_1 = x_1, y_i = x_i - x_{i-1} \qquad i = 2,\cdots,n$$

其反变换为

$$x_i = y_1 + \cdots + y_i \qquad i = 1,\cdots,n$$

不难看出这个变换的雅可比行列式为1，因此，利用式(7.3)，可得 Y_1，…，Y_n 的联合密度函数为

$$f_{Y_1,\cdots,Y_n}(y_1,\cdots,y_n) = f(y_1, y_1+y_2,\cdots,y_1+\cdots+y_n)$$

其中 f 是次序统计量 $X_{(1)}$，…，$X_{(n)}$ 的联合密度函数，因此，由式(6.1)可得

$$f_{Y_1,\cdots,Y_n}(y_1,\cdots,y_n) = n! \qquad 0 < y_1 < y_1+y_2 < \cdots < y_1+\cdots+y_n < 1$$

或等价地，

$$f_{Y_1,\cdots,Y_n}(y_1,\cdots,y_n) = n! \qquad 0 < y_i < 1, i = 1,\cdots,n, y_1+\cdots+y_n < 1$$

从上式看出，$f_{Y_1,\cdots,Y_n}$ 是 y_1，…，y_n 的对称函数，即随机变量 Y_1，…，Y_n 是可交换的. ■

小结

两个随机变量 X 和 Y 的联合累积概率分布函数定义如下：

$$F(x,y) = P\{X \leqslant x, Y \leqslant y\} \qquad -\infty < x,y < \infty$$

所有关于 X 和 Y 的概率都可以由 F 得到. 为了求 X 和 Y 各自的概率分布函数，利用

$$F_X(x) = \lim_{y\to\infty} F(x,y) \qquad F_Y(y) = \lim_{x\to\infty} F(x,y)$$

若 X 和 Y 均为离散型随机变量，则它们的联合分布列为

$$p(i,j) = P\{X = i, Y = j\}$$

X 和 Y 的各自分布列为

$$P\{X = i\} = \sum_j p(i,j) \qquad P\{Y = j\} = \sum_i p(i,j)$$

随机变量 X 和 Y 称为联合连续的，如果存在一个二元函数 $f(x, y)$，称为联合概率密度函数，使得对任意二维集合 C，

$$P\{(X,Y) \in C\} = \iint_C f(x,y)\mathrm{d}x\mathrm{d}y$$

从上式可知，

290

$$P\{x < X < x+\mathrm{d}x, y < Y < y+\mathrm{d}y\} \approx f(x,y)\mathrm{d}x\mathrm{d}y$$

若 X 和 Y 联合连续，则它们各自都为连续型的，且密度函数分别为

$$f_X(x)=\int_{-\infty}^{+\infty}f(x,y)\mathrm{d}y \qquad f_Y(y)=\int_{-\infty}^{+\infty}f(x,y)\mathrm{d}x$$

如果对任意集合 A 和 B，随机变量 X 和 Y 满足

$$P\{X\in A,Y\in B\}=P\{X\in A\}P\{Y\in B\}$$

则称 X 和 Y 是独立的．若联合分布函数（离散情形下为联合分布列，连续情形下为联合密度）可以分解为两个因子，其中一个只依赖于 x，另一个只依赖于 y，则 X 和 Y 独立．

一般情况下，若对一切实数集 A_1，…，A_n，随机变量 X_1，…，X_n 满足

$$P\{X_1\in A_1,\cdots,A_n\in A_n\}=P\{X_1\in A_1\}\cdots P\{X_n\in A_n\}$$

则称 X_1，…，X_n 相互独立．

若 X 和 Y 为独立的连续型随机变量，则它们之和的分布函数可以通过下式得到：

$$F_{X+Y}(a)=\int_{-\infty}^{+\infty}F_X(a-y)f_Y(y)\mathrm{d}y$$

若 $X_i(i=1,\cdots,n)$ 是独立的正态随机变量，参数分别为 μ_i 和 σ_i^2，$i=1$，…，n，则 $\sum_{i=1}^{n}X_i$ 也为正态随机变量，参数为 $\sum_{i=1}^{n}\mu_i$ 和 $\sum_{i=1}^{n}\sigma_i^2$．

若 $X_i(i=1,\cdots,n)$ 是独立的泊松随机变量，参数分别为 λ_i，$i=1$，…，n，则 $\sum_{i=1}^{n}X_i$ 也服从泊松分布，参数为 $\sum_{i=1}^{n}\lambda_i$．

若 X 和 Y 为离散型随机变量，则已知 $Y=y$ 的条件下，$X=x$ 的条件分布列如下定义：

$$P\{X=x|Y=y\}=\frac{p(x,y)}{p_Y(y)}$$

其中 $p(x,y)$ 为 X 和 Y 的联合分布列．若 X 和 Y 是联合连续的且其相应的联合密度函数为 f，则 X 在给定 $Y=y$ 之下的条件密度函数为

$$f_{X|Y}(x|y)=\frac{f(x,y)}{f_Y(y)}$$

设 X_1，…，X_n 为独立同分布的随机变量序列，将它们进行排序以后得到的 $X_{(1)}\leqslant X_{(2)}\leqslant\cdots\leqslant X_{(n)}$ 称为 X_1，…，X_n 的次序统计量．如果这些随机变量是连续的，即存在密度函数 f，则它们的次序统计量的联合密度函数为

$$f(x_1,\cdots,x_n)=n!f(x_1)\cdots f(x_n)\quad x_1\leqslant x_2\leqslant\cdots\leqslant x_n$$

随机变量序列 X_1，…，X_n 称为可交换的，如果对于 1，2，…，n 的每个排列 i_1，…，i_n，其相应的 X_{i_1}，…，X_{i_n} 的联合分布是相同的．

习题

6.1 掷两枚均匀骰子，求以下各种情况下随机变量 X 和 Y 的联合分布列：

(a) X 为两枚骰子点数的最大值，Y 为两枚骰子点数之和；

(b) X 为第一枚骰子的点数，Y 为两枚骰子点数的最大值；

(c) X 为两枚骰子点数的最小值，Y 为两枚骰子点数的最大值.

6.2 坛子里有5个白球和8个红球，从中无放回地随机取出3个球. 如果第 i 次取出的球是白色的，令 X_i 等于1，否则令 X_i 等于0. 求以下各组随机变量的联合分布列：

(a) X_1，X_2；(b) X_1，X_2，X_3.

6.3 在习题6.2中，假设白球标有数字号码，如果第 i 个白球被取出，那么令 Y_i 等于1，否则令 Y_i 等于0. 求以下各组随机变量的联合分布列：

(a) Y_1，Y_2；(b) Y_1，Y_2，Y_3.

6.4 在有放回情形下重做习题6.2.

6.5 在有放回情形下重做习题6.3(a).

6.6 癌症的严重程度可以采用1，2，3，4等级来刻画，其中等级1表示最不严重，4表示最严重. 如果 X 是病人最初诊断的严重等级，Y 是接受3个月治疗之后病人的严重等级. 医院的数据表明 $P(i, j)=P(X=i, Y=j)$ 为

$$p(1,1)=0.08, p(1,2)=0.06, p(1,3)=0.04, p(1,4)=0.02$$
$$p(2,1)=0.06, p(2,2)=0.12, p(2,3)=0.08, p(2,4)=0.04$$
$$p(3,1)=0.03, p(3,2)=0.09, p(3,3)=0.12, p(3,4)=0.06$$

291

$$p(4,1)=0.01, p(4,2)=0.03, p(4,3)=0.07, p(4,4)=0.09$$

(a) 求 X 和 Y 的分布列；

(b) 求 $E[X]$ 和 $E[Y]$；

(c) 求 $\mathrm{Var}(X)$ 和 $\mathrm{Var}(Y)$.

6.7 考虑一列独立伯努利试验，每次成功的概率为 p. 令 X_1 表示第一次成功前失败的次数，令 X_2 表示前两次成功之间失败的次数，求 X_1 和 X_2 的联合分布列.

6.8 设 X 和 Y 的联合密度函数如下：

$$f(x,y)=c(y^2-x^2)\mathrm{e}^{-y} \qquad -y\leqslant x\leqslant y, 0<y<\infty$$

(a) 求 c 的值；(b) 求 X 和 Y 的边缘密度；(c) 求 $E[X]$.

6.9 设 X 和 Y 的联合密度函数为：

$$f(x,y)=\frac{6}{7}\left(x^2+\frac{xy}{2}\right) \qquad 0<x<1, 0<y<2$$

(a) 证明上式确实是联合密度函数；(b) 计算 X 的密度函数；(c) 求 $P\{X>Y\}$；

(d) 求 $P\left\{Y>\frac{1}{2}\,\middle|\,X<\frac{1}{2}\right\}$；(e) 求 $E[X]$；(f) 求 $E[Y]$.

6.10 X 和 Y 的联合密度函数如下：

$$f(x,y)=\mathrm{e}^{-(x+y)} \qquad 0\leqslant x<\infty, 0\leqslant y<\infty$$

求(a) $P\{X<Y\}$；(b) $P\{X<a\}$.

6.11 在例1d中，证明：$f(x, y)=2\mathrm{e}^{-x}\mathrm{e}^{-2y}$，$0<x<\infty$，$0<y<\infty$ 的确是联合密度函数. 即证明 $f(x, y)\geqslant 0$，且 $\int_{-\infty}^{\infty}\int_{-\infty}^{\infty} f(x,y)\mathrm{d}x\mathrm{d}y=1$.

6.12 某一小时内，进入药店的人数为参数 $\lambda=10$ 的泊松随机变量，求在该小时内已有10位女士进入该店的条件下，至多有3位男士进入该店的条件概率. 其中你作了何种假设？

6.13 某男士和某士女约好下午12:30在某个地点见面. 如果男士到达的时间服从12:15到12:45之间的均匀分布，而女士到达的时间服从12:00到13:00之间的均匀分布. 且两者的到达时间相互独立. 求先到达者等待时间不超过5分钟的概率. 又该男士先到达的概率是多大？

6.14 一辆救护车沿着长为 L 的道路来回匀速行驶，假定某个时刻事故发生的地点服从均匀分布(即事故发生地点与道路端点的距离在 $(0, L)$ 上均匀分布). 假设事故发生时救护车的地点也服从均匀分布，并与事故发生地点独立，求救护车与事故发生点的距离的分布.

6.15 随机向量 (X, Y) 称为服从平面区域 R 上均匀分布，若对于某个常数 c，其联合密度函数具有下列形式：

$$f(x,y)=\begin{cases}c & \text{如果}(x,y)\in R\\ 0 & \text{其他}\end{cases}$$

(a) 证明：$1/c=$ 区域 R 的面积.

假定 (X, Y) 在中心为 $(0, 0)$，边长为 2 的正方形区域内服从均匀分布.

(b) 证明：X 和 Y 相互独立，且都服从 $(-1, 1)$ 上的均匀分布.

(c) 求 (X, Y) 落在以原点为圆心，半径为 1 的圆内的概率，即求 $P\{X^2+Y^2\leqslant 1\}$.

6.16 在一个圆周上随机独立地取 n 个点，求它们正好在一个半圆周上的概率. 即我们可以从圆心画一根直线，然后求这些点恰好都在这条直线的同一边的概率，如图 6-5 所示.

令 $P_1, \cdots, P_n$ 表示这 n 个点，令 A 表示事件"所有的点恰好位于某个半圆上"，令 A_i 表示事件"所有点都位于以 P_i 为起点，顺时针方向的半圆周上"，$i=1, \cdots, n$.

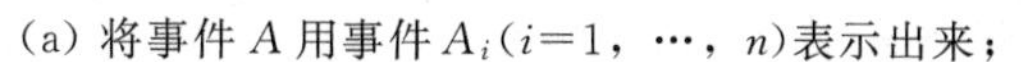

(a) 将事件 A 用事件 $A_i(i=1, \cdots, n)$ 表示出来；

(b) A_i 之间是否互斥？(c) 求 $P(A)$.

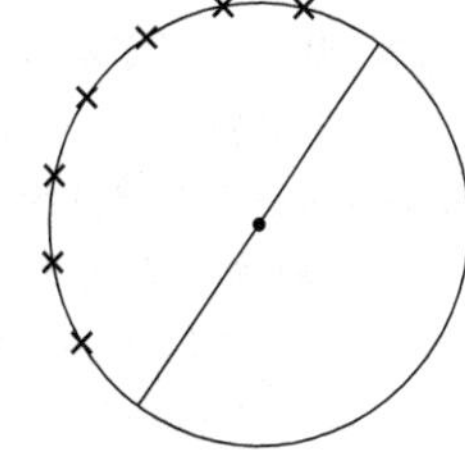

图 6-5

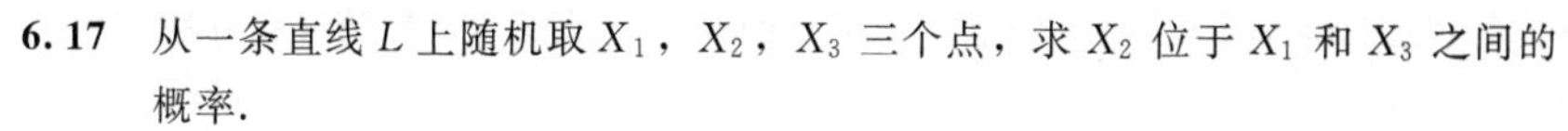

6.17 从一条直线 L 上随机取 X_1, X_2, X_3 三个点，求 X_2 位于 X_1 和 X_3 之间的概率.

292

6.18 设 X_1 和 X_2 是独立二项随机变量，X_i 的参数为 (n_i, p_i)，$i=1, 2$. 求

(a) $P(X_1X_2=0)$；

(b) $P(X_1+X_2=1)$；

(c) $P(X_1+X_2=2)$.

6.19 证明：$f(x, y)=1/x$，$0<y<x<1$ 为一联合密度函数. 假设 f 为 X 和 Y 的联合密度函数，求

(a) Y 的边缘密度；(b) X 的边缘密度；(c) $E[X]$；(d) $E[Y]$.

6.20 X 和 Y 的联合密度函数如下：

$$f(x,y)=\begin{cases}x\mathrm{e}^{-(x+y)} & x>0, y>0\\ 0 & \text{其他}\end{cases}$$

问 X 和 Y 是否独立？如果 $f(x, y)$ 由下式给出，那么 X 和 Y 是否独立：

$$f(x,y)=\begin{cases}2 & 0<x<y, 0<y<1\\ 0 & \text{其他}\end{cases}$$

6.21 令

$$f(x,y)=\begin{cases}24xy & 0\leqslant x\leqslant 1, 0\leqslant y\leqslant 1, 0\leqslant x+y\leqslant 1\\ 0 & \text{其他}\end{cases}$$

(a) 证明 $f(x, y)$ 为一联合密度函数；(b) 求 $E[X]$；(c) 求 $E[Y]$.

6.22 X 和 Y 的联合密度函数如下：

$$f(x,y)=\begin{cases}x+y & 0<x<1, 0<y<1\\ 0 & \text{其他}\end{cases}$$

(a) X 和 Y 是否独立？　(b) 求 X 的密度函数；(c) 求 $P\{X+Y<1\}$.

6.23　随机变量 X 和 Y 的密度函数如下：

$$f(x,y)=\begin{cases}12xy(1-x) & 0<x<1,0<y<1\\ 0 & \text{其他}\end{cases}$$

(a) X 和 Y 是否独立；(b) 求 $E[X]$；(c)求 $E[Y]$；(d) 求 $\mathrm{Var}[X]$；(e) 求 $\mathrm{Var}[Y]$.

6.24　考虑某独立重复试验，设每次试验中结果 i 发生的概率为 p_i，$i=0$，1，…，k，且 $\sum_{i=0}^{k}p_i=1$．令 N 表示第一次获得试验结果 $i\neq 0$ 时所需的试验次数，令 X 表示该结果.

(a) 求 $P\{N=n\}$，$n\geqslant 1$；(b) 求 $P\{X=j\}$，$j=1$，…，k；

(c) 证明 $P\{N=n,\ X=j\}=P\{N=n\}P\{X=j\}$；(d)对你来说，$N$ 独立于 X 是不是很直观？

(e) 对你来说，X 独立于 N 是不是很直观？

6.25　假设 10^6 人到达某个服务站的时间为独立随机变量，且服从(0，10^6)上均匀分布(单位：小时)．令 N 表示在第一个小时内到达的人数．求 $P\{N=i\}$的近似值.

6.26　假设 A，B，C 为独立随机变量，且均服从(0，1)上均匀分布.

(a) 求 A，B，C 的联合分布函数；(b) 求方程 $Ax^2+Bx+C=0$ 的所有根都是实数的概率.

6.27　如果随机变量 X_1 和 X_2 相互独立，且分别服从参数为 λ_1 和 λ_2 的指数分布．求 $Z=X_1/X_2$ 的分布，并计算 $P\{X_1<X_2\}$.

6.28　某汽车维修站为一辆汽车服务所花费的时间服从 $\lambda=1$ 的指数分布.

(a) 如果车主 A. J. 在 0 时刻先到维修站，车主 M. J. 在 t 时刻到达维修站，那么车主 M. J. 在 A. J. 的车服务结束之前到达的概率是多少？(假定两车服务的时间是独立的，且维修服务在车到达之时即开始.)

(b) 如果两车在 0 时刻同时进入，且假定当车主 A. J. 的车维修结束时维修站才开始为 M. J. 的车服务，那么车主 M. J. 在时刻 2 之前等待的概率是多少？

6.29　某个餐馆的周销售额为一正态随机变量，均值为 2200 元，标准差为 230 元，求以下事件概率：

(a) 下两周内总销售额超过 5000 元；

(b) 下三周内至少有 2 周的周销售额超过 2000 元．你作了何种独立性假设？

6.30　吉尔的保龄球得分近似服从均值为 170、标准差为 20 的正态分布，而杰克的得分近似服从均值为 160、标准差为 15 的正态分布．如果杰克和吉尔每人玩一局，并假设他们的得分为独立的随机变量，求以下事件的近似概率：

293

(a) 杰克得分高一些；(b) 他们两人的总得分超过 350.

6.31　根据美国国家健康统计中心数据，25.2%的男性和 23.6%的女性从来不吃早餐，随机选择 200 位男士和 200 位女士的样本，求以下事件概率的近似值：

(a) 该 400 人中至少有 110 人从不吃早餐；(b) 不吃早餐的女性数不小于不吃早餐的男性数.

6.32　假设每月的销售量是均值为 100、标准差为 5 的独立正态随机变量.

(a) 求未来 6 个月中恰有 3 个月销售量大于 100 的概率；

(b) 求未来 4 个月中总销售量大于 420 的概率.

6.33　设 X_1 和 X_2 是独立正态随机变量，其均值为 10，方差为 σ^2．下面哪个概率更大？

(a) $P(X_1>15)$或 $P(X_1+X_2>25)$；

(b) $P(X_1>15)$或 $P(X_1+X_2>30)$.

6.34　设 X 和 Y 是独立正态随机变量，均值为 10，方差为 4，求 x，使得

$$P(X+Y>x)=P(X>15).$$

6.35　有四支球队 1，2，3，4，每支球队都要与其他球队打 10 场比赛．球队 i 与 j 每场比赛中，球队 i

获胜的概率是 $P_{i,j}$，其中

$$P_{1,2}=0.6, P_{1,3}=0.7, P_{1,4}=0.75$$
$$P_{2,1}=0.4, P_{2,3}=0.6, P_{2,4}=0.70$$

(a) 近似估计一下球队 1 至少赢 20 场比赛的概率；假设我们想要近似估计球队 2 赢的场数不低于球队 1 的概率．为此，定义 X 为球队 2 胜球队 1 的场数，Y 是球队 2 胜球队 3 和 4 的总场数，Z 是球队 1 胜球队 3 和 4 的总场数．

(b) 证明 X，Y，Z 相互独立．

(c) 写出球队 2 赢的场数不低于球队 1 的事件与随机变量 X，Y，Z 的关系式．

(d) 近似估计球队 2 赢的场数不低于球队 1 的概率．

提示：一个二项随机变量的分布可以采用同均值和同方差的正态分布来近似．

6.36 设连续随机变量 X_1，…，X_{10} 独立同分布，分布函数为 F. m 是分布 F 的中位数，即 $F(m)=0.5$.

(a) 设 N 是 X_1，…，X_{10} 中小于 m 的个数，判断 N 是什么类型的随机变量．

(b) 设 $X_{(1)}<X_{(2)}<\cdots<X_{(10)}$ 是 X_1，…，X_{10} 的次序统计量，即 $X_{(i)}$ 是 X_1，…，X_{10} 中第 i 个最小值，$i=1$，…，10. 求 $P(X_{(2)}<m<X_{(8)})$.

6.37 某杂志的每一页上印刷错误的期望数值为 0.2，那么一篇 10 页的文章有(a)0 个和(b)2 个或 2 个以上的错误的概率分别是多大？解释你的理由.

6.38 全球范围内，商业航线的飞机坠毁事故每个月平均有 2.2 起，求以下事件概率：

(a) 下个月内有超过 2 起这样的事故；(b) 下两个月内有超过 4 起这样的事故；

(c) 下三个月内有超过 5 起这样的事故.

并解释理由.

6.39 在习题 6.4 中，求以下条件下 X_1 的条件分布列：

(a) $X_2=1$；(b) $X_2=0$.

6.40 在习题 6.3 中，求以下条件下 Y_1 的条件分布列：

(a) $Y_2=1$；(b) $Y_2=0$.

6.41 设离散型随机变量 X，Y，Z 取整数值，且相互独立，即对任意的 i，j，k，

$$P(X=i,Y=j,Z=k)=P(X=i)P(Y=j)P(Z=k)$$

证明：如果 X，Y，Z 相互独立，则 X，Y 独立．即证明

$$P(X=i,Y=j)=P(X=i)P(Y=j)$$

6.42 从数集{1，2，3，4，5}中随机选一个数 X，再从比 X 小的数集(即集合{1，2，…，X})中随机取第二个数，记为 Y. [294]

(a) 求 X 和 Y 的联合分布列；

(b) 在 $Y=i$ 的条件下求 X 的条件分布列，$i=1$，2，3，4，5；

(c) X 和 Y 是否独立？为什么？

6.43 掷两枚骰子，令 X 和 Y 分别表示最大点数和最小点数，对于 $i=1$，2，…，6，求已知 $X=i$ 的条件下 Y 的条件分布列. X 和 Y 是否独立？为什么？

6.44 X 和 Y 的联合分布列如下：

$$p(1,1)=\frac{1}{8}\quad p(1,2)=\frac{1}{4}\qquad p(2,1)=\frac{1}{8}\quad p(2,2)=\frac{1}{2}$$

(a) 已知 $Y=i$ 的条件下求 X 的条件分布列，$i=1$，2.

(b) X 和 Y 是否独立？

(c) 计算 $P\{XY\leqslant 3\}$，$P\{X+Y>2\}$，$P\{X/Y>1\}$.

6.45 X 和 Y 联合密度函数如下：

$$f(x,y)=x\mathrm{e}^{-x(y+1)}\qquad x>0,y>0$$

(a) 求给定 $Y=y$ 的条件下 X 的条件密度函数，以及给定 $X=x$ 的条件下 Y 的条件密度函数；

(b) 求 $Z=XY$ 的密度函数.

6.46 X 和 Y 的联合密度如下：

$$f(x,y)=c(x^2-y^2)\mathrm{e}^{-x}\qquad 0\leqslant x<\infty,-x\leqslant y\leqslant x$$

求给定 $X=x$ 的条件下 Y 的条件分布.

6.47 某保险公司假设每个人都有一个事故参数，而且假定事故参数为 λ 的人每年发生事故的次数服从均值为 λ 的泊松分布. 他们还假设一个新投保人的事故参数值是参数为(s, α)的 Γ 随机变量. 如果新投保的人在第一年内发生了 n 次事故，求出他的事故参数的条件密度，并求他在下一年发生事故数的期望值.

6.48 如果 X_1，X_2，X_3 为独立随机变量，且都服从$(0, 1)$上均匀分布，求三者中最大数大于其他两数之和的概率.

6.49 一台复杂的机器只要其5个发动机里至少有3个正常工作，这台机器就正常工作. 如果每个发动机正常工作的时间为一独立随机变量，其密度函数为 $f(x)=x\mathrm{e}^{-x}$，$x>0$. 计算这台机器正常工作时间的密度函数.

6.50 设3辆卡车抛锚的地点随机地分布在长为 L 的公路上. 试求任意2辆卡车抛锚的地点之距离均大于 d 的概率，其中 $d\leqslant L/2$.

6.51 从$(0, 1)$均匀分布中随机抽取5个样本值，计算其中位数落在区间$(1/4, 3/4)$内的概率.

6.52 设 X_1，X_2，X_3，X_4，X_5 独立同分布，且服从参数为 λ 的指数分布. 求

(a) $P\{\min(X_1, X_2, \cdots, X_5)\leqslant a\}$；(b) $P\{\max(X_1, X_2, \cdots, X_5)\leqslant a\}$.

6.53 设 $X_{(1)}$，$X_{(2)}$，…，$X_{(n)}$ 是$(0, 1)$上 n 个独立均匀随机变量的次序统计量. 求在给定 $X_{(1)}=s_1$，$X_{(2)}=s_2$，…，$X_{(n-1)}=s_{n-1}$ 时 $X_{(n)}$ 的条件分布.

6.54 设 Z_1 和 Z_2 是两个独立的标准正态随机变量. 令 $X=Z_1$，$Y=Z_1+Z_2$. 证明：X，Y 服从二元正态分布.

6.55 从密度函数为 $f(x)=2x(0<x<1)$的分布中，取容量为2的样本，试求出此样本的极差的分布.

6.56 在以原点为圆心，半径为1的圆内随机取一点，令 X 和 Y 分别表示该点的两个坐标，即其联合密度为

$$f(x,y)=\frac{1}{\pi}\qquad x^2+y^2\leqslant 1$$

求极坐标 $R=(X^2+Y^2)^{1/2}$ 和 $\Theta=\arctan(Y/X)$的联合密度函数.

6.57 设随机变量 X 和 Y 独立，且均服从$(0, 1)$上均匀分布. 求 $R=\sqrt{X^2+Y^2}$ 和 $\Theta=\arctan(Y/X)$的联合密度函数.

6.58 如果 U 服从$(0, 2\pi)$上均匀分布，而 Z 与 U 独立，服从参数为1的指数分布，直接证明(不用例7b的结果)如下定义的 X 和 Y 为相互独立的标准正态随机变量：

$$X=\sqrt{2Z}\cos U$$

$$Y=\sqrt{2Z}\sin U$$

6.59 X 和 Y 联合密度函数为

295

$$f(x,y)=\frac{1}{x^2y^2}\qquad x\geqslant 1,y\geqslant 1$$

(a) 求 $U=XY$ 和 $V=X/Y$ 的联合密度函数；(b) 求它们的边缘密度.

6.60 设 X 和 Y 独立，且都服从(0，1)上均匀分布，求以下随机变量的联合密度：

(a) $U=X+Y$，$V=X/Y$；(b) $U=X$，$V=X/Y$；(c) $U=X+Y$，$V=X/(X+Y)$.

6.61 当 X，Y 为独立指数随机变量时重做习题 6.60，且指数分布参数 λ 为 1.

6.62 设 X_1 和 X_2 独立，且均服从参数为 λ 的指数分布，求 $Y_1=X_1+X_2$ 和 $Y_2=e^{X_1}$ 的联合密度函数.

6.63 设 X，Y，Z 独立同分布，密度函数为 $f(x)=e^{-x}$，$0<x<\infty$，推导 $U=X+Y$，$V=X+Z$，$W=Y+Z$的联合分布.

6.64 在例 8b 中，令 $Y_{k+1}=n+1-\sum_{i=1}^{k}Y_i$，证明：$Y_1$，…，$Y_k$，$Y_{k+1}$可交换.

注意，如果我们逆序考虑取出的球，则 Y_{k+1} 可以看成是得到一个特殊球时必须观察的球的个数.

6.65 坛子里有 n 个球，标有号码 1，…，n，假设从中随机取出 k 个. 令 $X_i=1$，如果标有数字 i 的球被取出，否则令 X_i 等于 0. 证明：X_1，…，X_n 可交换.

理论习题

6.1 设 X，Y 的联合分布函数是 $F(x, y)$，试写出 $F_X(x)=P\{X\leqslant x\}$和 $F_Y(y)=P\{Y\leqslant y\}$的表达式.

6.2 设 X 和 Y 是取值整数的随机变量，联合分布函数 $F(i, j)=P(X\leqslant i, Y\leqslant j)$.

(a) 用联合分布函数写出 $P(X=i, Y\leqslant j)$的表达式.

(b) 用联合分布函数写出 $P(X=i, Y=j)$的表达式.

6.3 给出利用蒲丰投针问题来估算 π 值的一种方法. 令人吃惊的是，这曾经是估算 π 值的常用方法.

6.4 当 $L>D$ 时，求解蒲丰投针问题.

答案：$\frac{2L}{\pi D}(1-\sin\theta)+2\theta/\pi$，其中 θ 满足 $\cos\theta=D/L$.

6.5 如果 X 和 Y 为独立连续型正随机变量，求以下随机变量的密度函数(假定 X，Y 的密度函数已知)：

(a) $Z=X/Y$；(b) $Z=XY$.

并在 X 和 Y 都是指数随机变量的特殊情形下求出以上的密度函数.

6.6 设 X 和 Y 联合连续，其联合密度函数 $f_{X,Y}(x, y)$，证明：随机变量 $X+Y$ 也是连续型随机变量，密度函数为

$$f_{X+Y}(t)=\int_{-\infty}^{+\infty}f_{X,Y}(x,t-x)\mathrm{d}x$$

6.7 (a) 如果 X 服从参数为(t, λ)的 Γ 分布，求 $cX(c>0)$的分布函数；

(b) 证明：

$$\frac{1}{2\lambda}\chi_{2n}^2$$

服从参数为(n, λ)的 Γ 分布，其中 n 为正整数，χ_{2n}^2是自由度为 $2n$ 的 χ^2 随机变量.

6.8 令 X 和 Y 为相互独立的连续型随机变量，危险率函数分别为 $\lambda_X(t)$和 $\lambda_Y(t)$. 令 $W=\min(X, Y)$.

(a) 假定 X，Y 的分布函数已知，求 W 的分布函数；

(b) 证明：W 的危险率函数 $\lambda_W(t)$由下式给出

$$\lambda_W(t)=\lambda_X(t)+\lambda_Y(t).$$

6.9 令 X_1，…，X_n 是独立的指数随机变量，公共参数为 λ. 求 $\min(X_1, \cdots, X_n)$的分布函数.

6.10 电池的寿命是独立的指数随机变量，参数都为 λ. 某个手电筒工作需要 2 节电池，如果某人有一个手电筒和 n 节电池，那么该手电筒能工作的总时间的分布是什么？

6.11 令 X_1，X_2，X_3，X_4，X_5 为独立的连续型随机变量，其公共分布函数和密度函数分别为 F 和

f. 令

$$I = P\{X_1 < X_2 < X_3 < X_4 < X_5\}$$

(a) 证明：I 与 F 无关；

提示：将 I 写成 5 维积分，且作变量替换 $u_i = F(x_i)$，$i=1$，…，5.

(b) 求 I 的值；

(c) 给出(b)的答案的直观解释.

6.12 证明：联合连续(离散)型随机变量 X_1，…，X_n 相互独立当且仅当其联合密度函数(分布列) $f(x_1$，…，$x_n)$可以写成

$$f(x_1,\cdots,x_n) = \prod_{i=1}^{n} g_i(x_i)$$

其中 $g_i(x)(i=1$，…，$n)$为非负函数.

6.13 在例 5e 中，试验成功的概率被看成随机变量. 在该例中，我们计算了在 $n+m$ 次试验中有 n 次成功的条件下，试验成功概率的条件密度. 如果我们指明了哪 n 次试验成功，相应的条件密度会不会改变?

6.14 假设 X 和 Y 为独立的几何随机变量，参数为 p.

(a) 不用任何计算，你认为以下的值是多少：

$$P\{X = i \mid X + Y = n\}$$

提示：假设连续掷一枚硬币，正面朝上的概率为 p. 如果第二次正面朝上发生在第 n 次投掷，那么第一次正面朝上的分布列是什么?

(b) 验证(a)中的猜测.

6.15 考虑一个独立的随机试验序列，假定每次试验成功的概率为 p. 设 n 次试验中，在已知有 k 次试验成功的前提下，证明：前 $n-1$ 次试验中包含 $k-1$ 次成功的概率和 $n-k$ 次失败的所有试验结果是等可能的.

6.16 如果 X 和 Y 为独立的二项随机变量，公共参数为(n, p)，用分析的方法证明：在给定 $X+Y=m$ 的条件下，X 的条件分布为超几何分布. 另外，不用任何计算给出此结果的另一种解释.

提示：考虑掷 $2n$ 枚硬币，令 X 表示前 n 枚硬币出现正面朝上的枚数，Y 表示后 n 枚硬币出现正面朝上的枚数. 说明在给定有 m 次正面朝上的情况下，前 n 枚硬币出现的正面数与从 n 个白球 n 个黑球里随机抽取 m 个球，其中的白球数是同分布的.

6.17 假设 $X_i(i=1, 2, 3)$是独立的泊松随机变量，参数分别为 λ_i，$i=1$，2，3. 令 $X=X_1+X_2$ 且 $Y=X_2+X_3$，称随机向量(X, Y)服从二元泊松分布，求其联合分布列，即求 $P\{X=n, Y=m\}$.

6.18 设 X 和 Y 都是取整数值的随机变量. 令

$$p(i \mid j) = P(X = i \mid Y = j), \qquad q(j \mid i) = P(Y = j \mid X = i)$$

证明：

$$P(X = i, Y = j) = \frac{p(i \mid j)}{\sum_i \frac{p(i \mid j)}{q(j \mid i)}}$$

6.19 令 X_1，X_2，X_3 为独立同分布的连续型随机变量，计算

(a) $P\{X_1>X_2 \mid X_1>X_3\}$；(b) $P\{X_1>X_2 \mid X_1<X_3\}$；

(c) $P\{X_1>X_2 \mid X_2>X_3\}$；(d) $P\{X_1>X_2 \mid X_2<X_3\}$.

6.20 令 U 表示(0, 1)上均匀随机变量，计算下列条件下的 U 的条件分布(其中 $0<a<1$)：

(a) $U>a$；(b) $U<a$.

6.21 假设给定某天内，空气中的水分含量 W 是参数为(t, β)的 Γ 随机变量，即其密度为

$$f(w) = \beta e^{-\beta w}(\beta w)^{t-1}/\Gamma(t) \qquad w > 0$$

假设给定 $W=w$，当天内发生的事故数 N 服从参数为 w 的泊松分布．证明：给定 $N=n$ 的条件下，W 的条件分布是参数为$(t+n, \beta+1)$的 Γ 分布．

6.22 令 W 是参数为(t, β)的 Γ 随机变量，并假设在 $W=w$ 的条件下，X_1，X_2，…，X_n 是独立的指数随机变量，参数为 w．证明：给定 $X_1=x_1$，$X_2=x_2$，…，$X_n=x_n$ 条件下，W 的条件分布为 Γ 分布，参数为 $\left(t+n, \beta+\sum_{i=1}^{n} x_i\right)$．

6.23 mn 个数的矩阵排成了 n 行，每行 m 列，如果有一个数，既是该行的最小值，又是该列的最大值，那么就称它为*鞍点*(saddlepoint)．比如，在以下的方阵中：

$$\begin{matrix} 1 & 3 & 2 \\ 0 & -2 & 6 \\ 0.5 & 12 & 3 \end{matrix}$$

第 1 行第 1 列里的 1 便是一个鞍点．鞍点的存在性在博弈论中是一个很重要的问题．考虑一个如上所述的关于数的矩阵，假设有两个人 A 和 B 进行如下游戏：A 从 1，2，…，n 中抽取一数，B 从 1，2，…，m 中抽取一数．并规定它们同时宣布自己的选择，如果 A 抽到了 i 而 B 抽到了 j，那么 B 将付给 A 的钱数为该数阵里的第 i 行第 j 列的数．假设该阵有一个鞍点，不妨假设为第 r 行第 k 列，该数为 x_{rk}．这样，如果 A 抽取了第 r 行，那么他可保证至少赢得 x_{rk}(因为 x_{rk} 为第 r 行里的最小数，如果他选择其他行，就不能保证至少赢得 x_{rk})．另一方面，如果 B 抽取了第 k 列，那么他可保证至多输掉 x_{rk}(因为 x_{rk} 为 k 列中的最大数)．由于 A 有方法可以保证他至少赢得 x_{rk}，而 B 有方法可保证他至多输掉 x_{rk}，因此，该策略对两人来说是最佳的．

如果该矩阵的 nm 个数是从任意一个连续分布独立抽取的，那么该矩阵具有鞍点的概率是多大？

6.24 如果 X 服从指数分布，参数为 λ，计算 $P\{[X]=n, X-[X]\leqslant x\}$，其中记号$[x]$定义为不超过 x 的最大整数．你能推导出$[X]$同 $X-[X]$是独立的吗？

6.25 假设 $F(x)$为一分布函数，证明当 n 为正整数时，以下都是分布函数：

(a) $F^n(x)$；(b) $1-[1-F(x)]^n$．

提示：令 X_1，…，X_n 为独立同分布随机变量，其分布函数为 F．用 X_i 来定义随机变量 Y 和 Z，以满足 $P\{Y\leqslant x\}=F^n(x)$，且 $P\{Z\leqslant x\}=1-[1-F(x)]^n$．

6.26 证明：如果 n 个人随机分布在长度为 L 英里的路上，那么两两之间的最小距离大于 D 英里的概率为$[1-(n-1)D/L]^n$，其中 $D\leqslant L/(n-1)$．如果 $D>L/(n-1)$呢？

6.27 设 X_1，…，X_n 独立，且都服从参数为 λ 的指数分布，求

(a) X_1 在给定 $X_1+\cdots+X_n=t$ 下的条件密度函数 $f_{X_1 \mid X_1+\cdots+X_n}(x \mid t)$；

(b) $P(X_1<x \mid X_1+\cdots+X_n=t)$．

6.28 通过对式(6.4)求微分，建立式(6.2)．

6.29 证明：取自(0，1)均匀分布的 $2n+1$ 个相互独立的样本的中位数服从 β 分布，参数为$(n+1, n+1)$．

6.30 设连续型随机变量 X_1，…，X_n 相互独立且同分布，记 $A=\{X_1<\cdots<X_j>X_{j+1}>\cdots>X_n\}$，求 $P(A)$．即求函数 $X(i)=X_i(i=1, \cdots, n)$是单峰函数，最大值是 $X(j)$的概率．

提示：记

$$A = \{\max(X_1, \cdots, X_j) = \max(X_1, \cdots, X_n), X_1 < \cdots < X_j, X_{j+1} > \cdots > X_n\}$$

6.31　求密度函数为 f 的连续分布的 n 个样本的极差的密度.

6.32　令 $X_{(1)} \leqslant X_{(2)} \leqslant \cdots \leqslant X_{(n)}$ 为 n 个相互独立的(0，1)上均匀随机变量的次序统计量. 证明：对 $1 \leqslant k \leqslant n+1$，有

$$P\{X_{(k)} - X_{(k-1)} > t\} = (1-t)^n$$

其中 $X_{(0)} \equiv 0$，$X_{(n+1)} \equiv t$，$0 < t < 1$.

6.33　令 X_1，…，X_n 为一列独立同分布的连续型随机变量，分布函数为 F. 又令 $X_{(i)}(i=1，\cdots，n)$表示相应的次序统计量，如果 X 独立于 $X_i(i=1，\cdots，n)$并且也具有分布 F，计算

(a) $P\{X > X_{(n)}\}$；(b) $P\{X > X_{(1)}\}$；(c) $P\{X_{(i)} < X < X_{(j)}\}$，$1 \leqslant i < j \leqslant n$.

6.34　令 X_1，…，X_n 是独立同分布的连续型随机变量，分布函数为 F，密度函数为 f. 随机变量 $M \equiv [X_{(1)} + X_{(n)}]/2$ 定义为其最大值和最小值的平均值，称为中程(midrange). 证明：它的分布函数为

$$F_M(m) = n\int_{-\infty}^{m} [F(2m-x) - F(x)]^{n-1} f(x)\mathrm{d}x$$

6.35　令 X_1，…，X_n 是独立的(0，1)上均匀随机变量. 令 $R = X_{(n)} - X_{(1)}$ 表示极差，$M = [X_{(n)} + X_{(1)}]/2$ 表示 X_1，…，X_n 的中程，计算 R 和 M 的联合密度函数.

6.36　令 X 和 Y 为相互独立的标准正态随机变量，计算以下随机变量的联合密度函数：

$$U = X, \quad V = \frac{X}{Y}$$

298

然后利用此结果证明 X/Y 具有柯西分布.

6.37　设$(X，Y)$服从参数为 μ_x，μ_y，σ_x，σ_y，ρ 的二元正态分布

(a) 证明：$\left(\frac{X-\mu_x}{\sigma_x}, \frac{Y-\mu_y}{\sigma_y}\right)$服从参数为 0，1，0，1，$\rho$ 的二元正态分布.

(b) 求$(aX+b，cY+d)$的联合分布.

6.38　假设 X 服从参数为$(a，b)$的 β 分布，在给定 $X=x$ 下 N 的条件分布是参数为$(n+m，x)$的二项分布，证明：在给定 $N=n$ 的条件下，X 的条件分布是参数为$(n+a，m+b)$的 β 分布. 这里称 N 为 β 二项随机变量.

6.39　考虑一个具有 n 个可能结果的试验，出现每个结果的概率为 $P_1, \cdots, P_n, \sum_{i=1}^{n} P_i = 1$. 然后我们对这个概率向量$(P_1，\cdots，P_n)$定义一个概率分布. 因为 $\sum_{i=1}^{n} P_i = 1$，所以我们不能直接对 P_1，…，P_n 定义密度函数. 但是我们可以先定义$(P_1，\cdots，P_{n-1})$的密度函数，然后取 $P_n = 1 - \sum_{i=1}^{n-1} P_i$. 狄利克雷分布就是定义$(P_1，\cdots，P_{n-1})$在集合 $S = \left\{(p_1, \cdots, p_{n-1}) : \sum_{i=1}^{n-1} p_i < 1, p_i > 0, i = 1, \cdots, n-1\right\}$ 上均匀分布的一类分布，即狄利克雷分布密度是

$$f_{P_1, \cdots, P_{n-1}}(p_1, \cdots, p_{n-1}) = C, p_i > 0, i = 1, \cdots, n-1, \sum_{i=1}^{n-1} p_i < 1$$

(a) 求 C 的值. 提示：利用 6.3.1 节的结论.

定义 U_1，…，U_n 为相互独立的(0，1)上的均匀随机变量，

(b) 证明：狄利克雷密度函数是在给定 $\sum_{i=1}^{n-1} U_i < 1$ 下 U_1，…，U_{n-1} 的条件密度.

*(c) 设 $U_{(1)}$，…，$U_{(n)}$ 是 U_1，…，U_n 的次序统计量，证明：$U_{(1)}$，$U_{(2)} - U_{(1)}$，…，$U_{(n)} - U_{(n-1)}$ 服从狄利克雷分布.

6.40 设$F_{X_1,\cdots,X_n}(x_1,\cdots,x_n)$和$f_{X_1,\cdots,X_n}(x_1,\cdots,x_n)$是随机变量$X_1,\cdots,X_n$的联合分布函数和联合密度函数．证明：

$$\frac{\partial^n}{\partial_{x_1}\cdots\partial_{x_n}}F_{X_1,\cdots,X_n}(x_1,\cdots,x_n)=f_{X_1,\cdots,X_n}(x_1,\cdots,x_n).$$

6.41 设参数$c_i>0$，定义$Y_i=c_iX_i$，$i=1,\cdots,n$. 设$F_{Y_1,\cdots,Y_n}(x_1,\cdots,x_n)$和$f_{Y_1,\cdots,Y_n}(x_1,\cdots,x_n)$分别是$Y_1,\cdots,Y_n$的联合分布函数和联合密度函数.

(a) 用$X_1,\cdots,X_n$的联合分布函数来表示$F_{Y_1,\cdots,Y_n}(x_1,\cdots,x_n)$.

(b) 用$X_1,\cdots,X_n$的联合密度函数来表示$f_{Y_1,\cdots,Y_n}(x_1,\cdots,x_n)$.

(c) 用式(7.3)验证(b)的答案.

自检习题

6.1 掷一枚非均匀骰子，每个奇数面朝上的概率为C，每个偶数面朝上的概率为$2C$.

(a) 求C的值；

(b) 投掷这枚骰子，令

$$X=\begin{cases}1 & \text{结果为偶数}\\0 & \text{其他}\end{cases}\qquad Y=\begin{cases}1 & \text{结果大于 3}\\0 & \text{其他}\end{cases}$$

求X和Y的联合分布列；

现在假设独立投掷12次骰子.

(a) 求6个面中的每一面正好出现2次的概率；

(b) 求其中点数为1或2的有4次，点数为3或4的有4次，点数为5或6的有4次的概率；

(c) 求至少有8次点数为偶数的概率.

6.2 随机变量X，Y，Z的联合分布列如下：

$$p(1,2,3)=p(2,1,1)=p(2,2,1)=p(2,3,2)=\frac{1}{4}$$

求(a) $E[XYZ]$；(b) $E[XY+XZ+YZ]$.

6.3 设X和Y的联合密度如下：

$$f(x,y)=C(y-x)\mathrm{e}^{-y}\qquad -y<x<y,0<y<\infty$$

(a) 求C；(b) 求X的密度函数；(c) 求Y的密度函数；(d) 求$E[X]$；(e) 求$E[Y]$.

6.4 令$r=r_1+\cdots+r_k$，其中r_i都是取正整数．如果$X_1,\cdots,X_r$服从多项分布，证明：如下定义的$Y_1,\cdots,Y_k$也服从多项分布

$$Y_i=\sum_{j=r_{i-1}+1}^{r_{i-1}+r_i}X_j\qquad i\leqslant k$$

其中假定$r_0=0$. 即Y_1是X中前r_1个元素之和，Y_2是后面紧接着的r_2个元素之和，以此类推. 299

6.5 设X，Y，Z为独立随机变量，每个都等可能地取值1或2，求以下随机变量的概率分布列：

(a) XYZ；(b) $XY+XZ+YZ$；(c) X^2+YZ.

6.6 设X和Y为连续型随机变量，其联合密度函数为

$$f(x,y)=\begin{cases}\dfrac{x}{5}+cy & 0<x<1,1<y<5\\0 & \text{其他}\end{cases}$$

其中c为一常数.

(a) c的值是多少？(b) X和Y是否独立？(c) 求$P\{X+Y>3\}$.

6.7 X和Y的联合密度函数为

$$f(x,y)=\begin{cases}xy & 0<x<1,0<y<2\\ 0 & \text{其他}\end{cases}$$

(a) X 和 Y 是否独立？(b) 求 X 的密度函数；(c) 求 Y 的密度函数；

(d) 求联合分布函数；(e) 求 $E[Y]$；(f) 求 $P\{X+Y<1\}$.

6.8 假设有2个元件和3种撞击，其中第一种撞击将引起元件1失效，第二种撞击引起元件2失效，第三种撞击将导致两个元件都失效．等待三种撞击的时间为独立指数随机变量，参数分别为 λ_1，λ_2 和 λ_3．令 X_i 表示元件 $i(i=1, 2)$ 失效的时刻，随机变量 X_1，X_2 称为服从联合二元指数分布．计算 $P\{X_1>s, X_2>t\}$.

6.9 假设一分类广告册有 m 页，其中 m 充分大．假设每页的广告数量是个变量，而且你要知道某页上有多少广告唯一的方法就是直接数．还有，假设页数足够多，你无法直接数出到底有多少广告．你的目标是想随机选择一个广告以使得任何一个广告被选中的可能性是一样的．

(a) 随机挑选一页，然后随机从中选择一个广告．这样是否达到了你的目标？为什么？

令 $n(i)$ 表示第 i 页上的广告数，$i=1, \cdots, m$．尽管这些数 $n(i)$ 是未知的，但我们仍假定它们都小于或等于某个给定的值 n．考虑如下选择广告的算法：

第1步　随机选择一页，假设页码为 X，直接数出该页上的广告数以得到 $n(X)$；

第2步　以概率 $n(X)/n$ 接受第 X 页，如果第 X 页已经接受，继续第3步，否则回到第1步；

第3步　在第 X 页上随机选择一个广告．

每经过"第1步"一次称为一次循环．比如，如果第1步随机选择的页码拒绝了，而第二次选择的页码接受了，那么我们需要两次循环才能得到一个广告．

(b) 一次循环就能得到第 i 页上广告的概率是多大？

(c) 一次循环就能得到广告的概率是多大？

(d) 通过 k 次循环，才选中了第 i 页上的第 j 个广告的概率是多大？

(e) 通过这个算法，最后得到第 i 页上的第 j 个广告的概率是多大？

(f) 根据这个算法，循环的次数的期望值是多大？

6.10 在自检习题6.9中的"随机"部分可通过生成独立的(0, 1)均匀随机变量的值来实现，即产生随机数．定义 $[x]$ 表示不超过 x 的最大整数，或 x 的整数部分，第1步可写成：

第1步　产生一(0, 1)均匀随机数 U，令 $X=[mU]+1$，找到 X 页上的广告数 $n(X)$.

(a) 解释为什么上述算法实现了自检习题6.9中的第1步？

提示：X 的分布列是什么？

(b) 类似地写出实现自检习题6.9中算法的其余各步.

6.11 令 X_1，X_2，$\cdots$，X_n 为一列独立的(0, 1)均匀随机变量，对于一个给定的常数 c，定义如下随机变量

$$N=\min\{n: X_n>c\}$$

N 是否独立于 X_N？即如果知道第一个随机变量的值大于 c，是否影响这个随机变量发生时刻的概率分布？给出你的答案的直观解释.

300

6.12 图6-6中的镖靶是个边长为6的正方形：中间有三个半径分别为1，2，3的同心圆圈．如果镖落入半径为1的圆内，那么得分为30．如果落入半径为1的圆外，但是落入半径为2的圆内，得分20．如果落入半径为2的圆外，但是落入半径为3的圆内，得分为10．其他情况得分为0．假设你每次掷镖与前面的结果都是独立的，落点均匀分布在该正方形内，求(a)、(b)、(c)、(d)、(e)、(f)中各事件的概率：

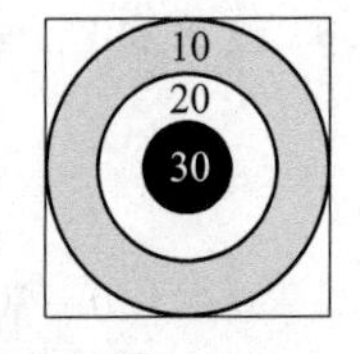

图　6-6

(a) 一次掷镖得分 20；(b) 一次掷镖得分至少为 20；(c) 一次掷镖得分为 0；(d) 计算一次掷镖的期望得分值；(e) 两次掷镖每次得分至少为 10；(f) 两次掷镖后总得分为 30.

6.13 有人为 NBA 篮球赛建立这样一个模型：两支实力相当的球队比赛的时候，每节主队得分与客队得分之差为正态随机变量，均值为 1.5，方差为 6. 并且，假设 4 节的比分差是相互独立的. 假设这个模型正确.

(a) 主队胜的概率为多大？

(b) 在前半场主队落后 5 分的情况下，主队得胜的概率为多大？

(c) 在第一节主队赢 5 分的情况下，主队得胜的概率为多大？

6.14 令 N 为几何随机变量，参数为 p. 假设已知 $N=n$ 的条件下 X 的条件分布是参数为(n, λ)的 Γ 分布. 求已知 $X=x$ 的条件下 N 的条件分布列.

6.15 令 X 和 Y 为$(0, 1)$上相互独立的均匀随机变量.

(a) 求 $U=X$, $V=X+Y$ 的联合密度；(b) 利用(a)得到的结果求 V 的密度函数.

6.16 你和其他三个人正参与一个项目的竞拍，竞价高者获胜. 如果你中标，便计划立即将此项目转售，售价为 10 000 美元. 如果你认为其他人的竞价是独立的，且在 7000 美元到 11 000 美元之间均匀分布，你如何竞价才能使得期望获益最大？

6.17 设 X_1, X_2, …, X_n 为独立随机变量，且

(a) 每个均等可能地取 1, …, n 中任一值；

(b) 每个都具有分布列 $P\{X_i=j\}=p_j$, $j=1, 2, \cdots, n$.

分别在以上两种情形下，求出 X_1, X_2, …, X_n 恰为 1, 2, …, n 的一个排列的概率.

6.18 令$(X_1, \cdots, X_n)$和$(Y_1, \cdots, Y_n)$为相互独立的随机向量，其中每个向量都是 k 个 1 和 $n-k$ 个 0 的随机排列. 即它们的联合概率分布列为：

$$P\{X_1=i_1,\cdots,X_n=i_n\}=P\{Y_1=i_1,\cdots,Y_n=i_n\}=\frac{1}{\binom{n}{k}}, \qquad i_j=0,1,\sum_{j=1}^{n}i_j=k.$$

令

$$N=\sum_{i=1}^{n}|X_i-Y_i|$$

表示两个向量的分量取不同值的坐标数，而且，令 M 表示满足 $X_i=1$, $Y_i=0$ 的 i 的个数.

(a) 求 N 和 M 的关系；(b) 求 M 的分布；(c) 求 $E[N]$；(d) 求 $\mathrm{Var}(N)$.

***6.19** 令 Z_1, Z_2, …, Z_n 为独立的标准正态随机变量，且令

$$S_j=\sum_{i=1}^{j}Z_i$$

(a) 求 $S_k=y$ 的条件下 S_n 的条件分布，$k=1, 2, \cdots, n$；

(b) 证明：对于 $1\leqslant k\leqslant n$，已知 $S_n=x$ 的条件下，S_k 的条件分布是均值为 xk/n、方差为 $k(n-k)/n$ 的正态分布.

301

6.20 令 X_1, X_2, …为一列独立同分布的连续型随机变量，求

(a) $P\{X_6>X_1 \mid X_1=\max(X_1, \cdots, X_5)\}$；(b) $P\{X_6>X_2 \mid X_1=\max(X_1, \cdots, X_5)\}$.

6.21 证明：等式

$$P\{X\leqslant s,Y\leqslant t\}=P\{X\leqslant s\}+P\{Y\leqslant t\}+P\{X>s,Y>t\}-1$$

提示：利用互补事件的概率给出 $P\{X>s, Y>t\}$的表达式.

6.22 在例 1c 中，当 $j<i$ 时，求 $P(X_r=i, Y_s=j)$.

6.23　参数为 $a>0$，$\lambda>0$ 的帕雷托随机变量 X 的分布函数是 $F(x)=1-a^{\lambda}x^{-\lambda}$，$x>a$．当 $x_0>a$ 时，通过计算 $P(X>x|X>x_0)$ 验证 X 在给定 $X>x_0$ 下的条件分布还是帕雷托分布，参数是(x_0,λ)．

6.24　证明：$f_X(x)=\int_{-\infty}^{\infty}f_{X|Y}(x\mid y)f_Y(y)\mathrm{d}y$

6.25　n 个选手参加比赛，每个选手是否晋级均相互独立，且选手 i 晋级的概率是 p_i．如果没有选手晋级，则比赛结束，此时所有最后晋级的选手为胜者．如果只有一个选手晋级，则这个选手胜出，比赛结束．如果有2个或更多选手晋级，则这些选手继续进行比赛．设 X_i 是选手 i 比赛的次数．

(a) 求 $P(X_i\geqslant k)$提示：事件$\{X_i\geqslant k\}$是指选手 i 至少比赛了 k 次，且至少存在一个选手比赛了 $k-1$ 次．

(b) 求 P(选手 i 唯一胜出，或者是胜出者之一)．提示：考虑选手总是能够晋级直到他不能晋级为止(即如果选手是唯一胜出者，则该选手就一直晋级．)

(c) 求 P(选手 i 唯一胜出)．

6.26　设 $X_1,\cdots,X_n$ 相互独立，且均取非负整数值，$\alpha_i=P(X_i$ 为偶数)，$i=1,\cdots,n$.

定义 $S=\sum_{i=1}^{n}X_i$，现计算 $p=P(S$ 是偶数)．当 X_i 是偶数时，定义 $Y_i=1$；

当 X_i 是奇数时，定义 $Y_i=-1$.

在下面(a)和(b)每句末尾空补全．

(a) S 是偶数当且仅当 $X_1,\cdots,X_n$ 为奇数的个数是________．

(b) S 是偶数当且仅当 $\prod_{i=1}^{n}Y_i=$ ________．

(c) 求 $E[\prod_{i=1}^{n}Y_i]=$ ________．

302

(d) 求 $P(S$ 是偶数)．提示：运用(b)和(c)的结论．

第7章　期望的性质

7.1　引言

本章中，我们进一步讨论期望值的性质．首先，我们来回顾一下，离散型随机变量 X 的期望定义为

$$E[X]=\sum_{x}xp(x)$$

其中 $p(x)$是离散型随机变量 X 的分布列．对于连续型随机变量 X，其期望定义为

$$E[X]=\int_{-\infty}^{\infty}xf(x)\mathrm{d}x$$

其中 $f(x)$是 X 的密度函数．

因为 $E[X]$是随机变量 X 的所有可能取值的加权平均，所以，如果 X 位于 a 和 b 之间，那么 $E[X]$的值也必定位于 X 的两个极值 a 和 b 之间．即如果

$$P\{a\leqslant X\leqslant b\}=1$$

那么有

$$a\leqslant E[X]\leqslant b$$

我们对离散型随机变量验证此结论．由 $P\{a\leqslant X\leqslant b\}=1$ 可知，对于一切 $x\notin[a,b]$，均有 $p(x)=0$，因此，

$$E[X]=\sum_{x:p(x)>0}xp(x)\geqslant\sum_{x:p(x)>0}ap(x)=a\sum_{x:p(x)>0}p(x)=a$$

利用同样方法可证 $E[X]\leqslant b$，所以对离散型随机变量结论成立，连续型情形下的证明完全类似，细节从略．

7.2　随机变量和的期望

第 4 章中的命题 4.1 和第 5 章中的命题 2.1 介绍了随机变量函数的期望值的计算公式．此处，我们将这个公式推广到二元函数的情形．设 X 和 Y 是随机变量，g 是一个二元函数，那么有如下命题成立．

命题 2.1　如果 X，Y 服从二元分布列 $p(x,y)$，那么有

$$E[g(X,Y)]=\sum_{y}\sum_{x}g(x,y)p(x,y)$$

如果 X，Y 具有联合分布密度 $f(x,y)$，那么

$$E[g(X,Y)]=\int_{-\infty}^{\infty}\int_{-\infty}^{\infty}g(x,y)f(x,y)\mathrm{d}x\mathrm{d}y$$

我们在(X,Y)为联合连续型随机向量且 $g(X,Y)$为非负随机变量的假设下证明此命题．由于 $g(X,Y)\geqslant0$，利用第 5 章的引理 2.1，可得

$$E[g(X,Y)] = \int_0^{\infty} P\{g(X,Y) > t\}\mathrm{d}t$$

因为

$$P\{g(X,Y) > t\} = \iint_{(x,y):g(x,y)>t} f(x,y)\mathrm{d}y\mathrm{d}x$$

代入期望公式，得

$$E[g(X,Y)] = \int_0^{\infty} \iint_{(x,y):g(x,y)>t} f(x,y)\mathrm{d}y\mathrm{d}x\mathrm{d}t$$

由上述三重积分的积分交换次序，得

$$E[g(X,Y)] = \int_x\int_y\int_{t=0}^{g(x,y)} f(x,y)\mathrm{d}t\mathrm{d}y\mathrm{d}x = \int_x\int_y g(x,y)f(x,y)\mathrm{d}y\mathrm{d}x$$

这证明了当 $g(X, Y)$为非负随机变量时 $E[g(X, Y)]$的计算公式．一般情形下的证明同一维情况处理．(参见第 5 章的理论习题 5.2 和习题 5.3.)

例 2a 设在长度为 L 的一段路$[0, L]$上某一点 X 处发生了车祸．在发生车祸的同时，在$[0, L]$上的某一点 Y 处有一辆救护车．假定 X，Y 都是均匀地分布在地段$[0, L]$上的且相互独立，求事故地点和救护车之间的期望距离．

304

解 X 和 Y 之间的期望距离即为$E[|X-Y|]$，因为(X, Y)的联合密度函数为

$$f(x,y) = \frac{1}{L^2} \qquad 0 < x < L, 0 < y < L$$

所以由命题 2.1 可知，

$$E[|X-Y|] = \frac{1}{L^2}\int_0^L\int_0^L |x-y|\mathrm{d}y\mathrm{d}x$$

经计算得，

$$\int_0^L |x-y|\mathrm{d}y = \int_0^x (x-y)\mathrm{d}y + \int_x^L (y-x)\mathrm{d}y = \frac{x^2}{2} + \frac{L^2}{2} - \frac{x^2}{2} - x(L-x) = \frac{L^2}{2} + x^2 - xL$$

从而

$$E[|X-Y|] = \frac{1}{L^2}\int_0^L \left(\frac{L^2}{2} + x^2 - xL\right)\mathrm{d}x = \frac{L}{3}$$ ■

下面考虑命题 2.1 的一个重要应用，设 $E[X]$和 $E[Y]$均是有限的，并令 $g(X, Y) = X+Y$．在(X, Y)是连续的情形下，利用命题 2.1 可得

$$\begin{aligned} E[X+Y] &= \int_{-\infty}^{\infty}\int_{-\infty}^{\infty} (x+y)f(x,y)\mathrm{d}x\mathrm{d}y = \int_{-\infty}^{\infty}\int_{-\infty}^{\infty} xf(x,y)\mathrm{d}y\mathrm{d}x + \int_{-\infty}^{\infty}\int_{-\infty}^{\infty} yf(x,y)\mathrm{d}x\mathrm{d}y \\ &= \int_{-\infty}^{\infty} xf_X(x)\mathrm{d}x + \int_{-\infty}^{\infty} yf_Y(y)\mathrm{d}y = E[X] + E[Y] \end{aligned}$$

一般情形下，结论仍然成立．因此，当 $E[X]$和 $E[Y]$均有限时，有

$$E[X+Y] = E[X] + E[Y] \tag{2.1}$$

例 2b 设随机变量 X 和 Y 满足如下关系：

$$X \geqslant Y$$

即对于任何概率试验结果，随机变量 X 的值永远大于等于随机变量 Y 的值．因为 $X \geqslant Y$ 等

价于 $X-Y\geqslant 0$，所以有 $E[X-Y]\geqslant 0$ 或等价地，

$$E[X]\geqslant E[Y] \quad ■$$

根据式(2.1)，利用简单的归纳证明方法可知，对于任何一组随机变量 X_i，$i=1, 2, \cdots, n$，只要它们的期望均有限，就会有

$$E[X_1+\cdots+X_n]=E[X_1]+\cdots+E[X_n] \tag{2.2}$$

305

公式(2.2)是一个十分有用的公式，下面通过一系列例子来说明公式(2.2)的用处.

例 2c 样本均值 设 $X_1, \cdots, X_n$ 为独立同分布的随机变量序列，其分布函数为 F，期望值为 μ，我们称这样的随机变量序列为来自分布 F 的一组样本. 定义下式

$$\overline{X}=\sum_{i=1}^{n}\frac{X_i}{n}$$

称 $\overline{X}$ 为**样本均值**. 计算 $E[\overline{X}]$.

解 由题知，

$$E[\overline{X}]=E\left[\sum_{i=1}^{n}\frac{X_i}{n}\right]=\frac{1}{n}E\left[\sum_{i=1}^{n}X_i\right]=\frac{1}{n}\sum_{i=1}^{n}E[X_i]=\mu \quad \text{因为 } E[X_i]\equiv\mu$$

即样本均值的期望值等于其分布的均值. 在统计中，当分布的均值 μ 未知时，我们通常用样本均值作为 μ 的估计值. ■

例 2d 布尔不等式 设 $A_1, \cdots, A_n$ 为 n 个事件，记 $X_i(i=1, \cdots, n)$ 为这些事件的示性变量，

$$X_i=\begin{cases}1 & \text{若 } A_i \text{ 发生}\\ 0 & \text{其他}\end{cases}$$

记

$$X=\sum_{i=1}^{n}X_i$$

X 刚好是这一系列事件 A_i 在试验中发生的次数. 令

$$Y=\begin{cases}1 & \text{若 } X\geqslant 1\\ 0 & \text{其他}\end{cases}$$

故当 $A_i(i=1, \cdots, n)$ 中至少有一个事件发生时，$Y=1$，否则 $Y=0$. 由此立即可知

$$X\geqslant Y$$

从而

$$E[X]\geqslant E[Y]$$

306

又因为

$$E[X]=\sum_{i=1}^{n}E[X_i]=\sum_{i=1}^{n}P(A_i)$$

且

$$E[Y]=P\{A_i \text{ 中至少有一事件发生}\}=P\left(\bigcup_{i=1}^{n}\right)A_i$$

所以有布尔(Boole)不等式成立，即

$$P\left(\bigcup_{i=1}^{n} A_i\right) \leqslant \sum_{i=1}^{n} P(A_i)$$ ■

下面的3个例子演示了式(2.2)怎样应用于计算二项分布、负二项分布和超几何随机变量的期望值．将现在的方法与第4章中的方法进行对比，可以看出公式(2.2)的优越之处．

例2e 二项随机变量的期望　设 X 为二项随机变量，参数为(n, p)．回顾随机变量 X 表示 n 次独立重复试验中的成功次数，而每次成功的概率为 p，故有

$$X = X_1 + X_2 + \cdots + X_n$$

其中

$$X_i = \begin{cases} 1 & \text{若第 } i \text{ 次试验成功} \\ 0 & \text{若第 } i \text{ 次试验失败} \end{cases}$$

因此，X_i 是一个伯努利随机变量，其期望为 $E[X_i]=1\times p+0\times(1-p)=p$．于是有

$$E[X] = E[X_1] + E[X_2] + \cdots + E[X_n] = np$$ ■

例2f 负二项随机变量的均值　设在一独立重复试验序列中，每次试验成功的概率都是 p，求直到有 r 次成功所需的期望试验次数．

解　记 X 为试验序列中直到有 r 次成功所需的试验次数，则 X 是负二项随机变量，它可写成下列表达式：

$$X = X_1 + X_2 + \cdots + X_r$$

其中 X_1 表示获得第一次成功所需要的试验次数，X_2 表示在试验序列中获得第二次成功所需的附加次数，……，即 X_i 表示第 $i-1$ 次成功以后，为获得第 i 次成功所需的附加试验次数．稍加思考，就会发现，因为每个随机变量 X_i 都服从参数为 p 的几何分布，所以由第4章中例8b可知，$E[X_i]=1/p$，$i=1, \cdots, r$．因此

307

$$E[X] = E[X_1] + E[X_2] + \cdots + E[X_r] = \frac{r}{p}$$ ■

例2g 超几何随机变量的均值　设坛子内有 N 个球，其中 m 个白球，从中随机地取 n 个球，求取出白球个数的期望值．

解　记 X 为取出的白球个数，X 可以表示成

$$X = X_1 + \cdots + X_m$$

其中

$$X_i = \begin{cases} 1 & \text{如果第 } i \text{ 个白球被取出} \\ 0 & \text{其他} \end{cases}$$

现在，

$$E[X_i] = P\{X_i = 1\} = P\{\text{第 } i \text{ 个白球被取出}\} = \frac{\binom{1}{1}\binom{N-1}{n-1}}{\binom{N}{n}} = \frac{n}{N}$$

因此，

$$E[X]=E[X_1]+\cdots+E[X_m]=\frac{mn}{N}$$

我们也可用另一种表示方法求得此结果，记

$$X=Y_1+\cdots+Y_n$$

其中

$$Y_i=\begin{cases}1 & \text{若第 } i \text{ 次选出的是白球}\\ 0 & \text{其他}\end{cases}$$

此处的 i 是第 i 次抽取的意思，而前面 X_i 中的 i 是第 i 个白球的意思，两者有不同的含义．由于 N 个球中的每一个球被第 i 次取出的概率都相同，因此，

$$E[Y_i]=\frac{m}{N}$$

故

$$E[X]=E[Y_1]+\cdots+E[Y_n]=\frac{mn}{N}$$ ■ 308

例 2h 配对数的期望 设 N 个人把他们的帽子扔到房间中央，将帽子充分混合以后，每一个人随机地取一顶帽子，求恰好选中自己帽子的人数的期望值．

解 记 X 为选中自己帽子的人数，X 可写成

$$X=X_1+X_2+\cdots+X_N$$

其中

$$X_i=\begin{cases}1 & \text{第 } i \text{ 个人选中自己的帽子}\\ 0 & \text{其他}\end{cases}$$

因为对每个人来说，选中任何一顶帽子的可能性是相同的，所以，对 $i=1$，…，N 有

$$E[X_i]=P\{X_i=1\}=\frac{1}{N}$$

于是

$$E[X]=E[X_1]+\cdots+E[X_N]=\frac{1}{N}\times N=1$$

即平均来说，只有一个人能拿到自己的帽子． ■

例 2i 优惠券的收集问题 设一共有 N 种不同的优惠券，假定有一人在收集优惠券，每次得到一张优惠券，而得到的优惠券在这 N 种优惠券中均匀分布．求出当这个人收集到全套 N 张优惠券的时候，他收集到的优惠券张数的期望值．

解 令 X 表示这人收集到全套优惠券时所收集的优惠券的总张数．我们利用例 2f 中计算负二项随机变量均值的方法来计算 $E[X]$．令 $X_i(i=0,1,\cdots,N-1)$表示已经收集到 i 种优惠券，为收集到第 $i+1$ 种优惠券所需要的附加收集次数．注意 X 具有如下表达式：

$$X=X_0+X_1+\cdots+X_{N-1}$$

设已经收集到 i 种优惠券，则下一次收集到一张新的优惠券的概率为$(N-i)/N$．于是，

$$P\{X_i = k\} = \frac{N-i}{N}\left(\frac{i}{N}\right)^{k-1} \qquad k \geqslant 1$$

即 X_i 是参数为$(N-i)/N$ 的几何随机变量.

因此,

309

$$E[X_i] = \frac{N}{N-i}$$

由此可得

$$E[X] = 1 + \frac{N}{N-1} + \frac{N}{N-2} + \cdots + \frac{N}{1} = N\left[1 + \frac{1}{2} + \cdots + \frac{1}{N-1} + \frac{1}{N}\right] \qquad \blacksquare$$

例 2j 10 个猎人等待一批野鸭飞过，当一群 10 只野鸭飞过猎人头顶时，10 个猎人随机地瞄准一只野鸭并同时射击，设猎人瞄准野鸭是相互独立的，且每位猎人独立击中野鸭的概率为 p，求逃过这一劫的野鸭数的期望值.

解 对于 $i=1, 2, \cdots, 3$，记

$$X_i = \begin{cases} 1 & \text{第 } i \text{ 只野鸭逃过这一劫} \\ 0 & \text{其他} \end{cases}$$

那么，逃过这一劫的野鸭数的期望可以表示为

$$E[X_1 + \cdots + X_{10}] = E[X_1] + \cdots + E[X_{10}]$$

下面计算 $E[X_i]=P\{X_i=1\}$. 注意到每位猎手是否击中 i 号野鸭是相互独立的，且概率为 $p/10$，因此,

$$P\{X_i = 1\} = \left(1 - \frac{p}{10}\right)^{10}$$

从而

$$E[X] = 10\left(1 - \frac{p}{10}\right)^{10} \qquad \blacksquare$$

例 2k 游程的期望数 设 n 个 1 和 m 个 0 随机地排成一个序列，一共有$(n+m)!/(n!/m!)$种可能的排列法，每种排列法都是等可能的. 在一个序列中，连在一起的 1 构成“1”的游程. 例如，$n=6$，$m=4$，6 个 1 和 4 个 0 构成如下的一个排列：1，1，1，0，1，1，0，0，1，0，其中第一组 3 个 1 构成一个“1”的游程，在这个序列中一共有 3 个“1”的游程. 我们关心的是计算游程的个数的期望值. 为计算这个值，记

$$I_i = \begin{cases} 1 & \text{一个 1 的游程开始于第 } i \text{ 个位置} \\ 0 & \text{其他} \end{cases}$$

因此，排列中“1”的游程的个数，记为 $R(1)$，可表示成

$$R(1) = \sum_{i=1}^{n+m} I_i$$

从而

310

$$E[R(1)] = \sum_{i=1}^{n+m} E[I_i]$$

经计算,

$$E[I_1] = P\{\text{“1” 在第一位置}\} = \frac{n}{n+m}$$

对于 $1<i\leqslant n+m$，

$$E[I_i] = P\{\text{“0” 在第 } i-1 \text{ 个位置,“1” 在第 } i \text{ 个位置}\} = \frac{m}{n+m} \cdot \frac{n}{n+m-1}$$

因此，

$$E[R(1)] = \frac{n}{n+m} + (n+m-1)\frac{nm}{(n+m)(n+m-1)}$$

类似地，“0”的游程的个数的期望 $E[R(0)]$为

$$E[R(0)] = \frac{m}{(n+m)} + \frac{nm}{n+m}$$

以及两种类型游程的个数的期望，

$$E[R(1)+R(0)] = 1 + \frac{2mn}{m+n}$$ ■

例 21 **平面上的随机游动** 设在平面坐标系的原点上放一质点，质点在平面上按固定步长向任意方向做随机游动. 具体来说，假设每一步质点移动一个单位距离，且前进方向与 x 轴的夹角 θ 在 $(0, 2\pi)$上均匀分布(见图 7-1). 计算在走了 n 步以后，质点相对原点的距离的平方的期望值.

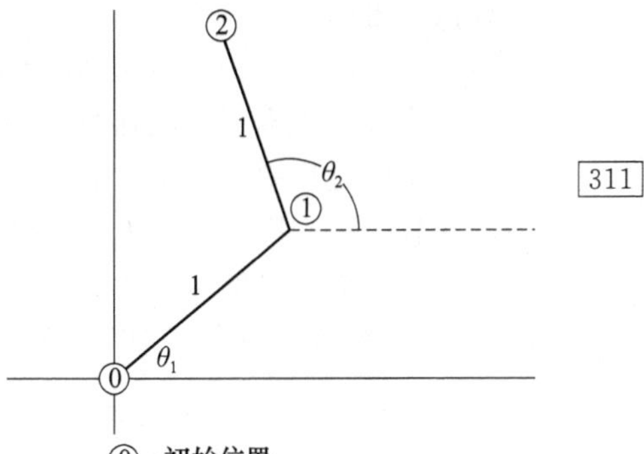

图 7-1 平面上的随机游动

311

解 令(X_i, Y_i)表示第 i 步移动后，质点坐标的变动量，因此

$$X_i = \cos\theta_i$$
$$Y_i = \sin\theta_i$$

其中 $\theta_i (i=1, 2, \cdots, n)$相互独立，且在$(0, 2\pi)$上均匀分布. 经过 n 步以后，质点的位置坐标为 $\left(\sum_{i=1}^{n} X_i, \sum_{i=1}^{n} Y_i\right)$，质点离开原点的距离的平方 D^2 的公式为

$$D^2 = \left(\sum_{i=1}^{n} X_i\right)^2 + \left(\sum_{i=1}^{n} Y_i\right)^2 = \sum_{i=1}^{n}(X_i{}^2 + Y_i{}^2) + \sum_{i\neq j}\sum(X_iX_j + Y_iY_j)$$
$$= n + \sum_{i\neq j}\sum(\cos\theta_i\cos\theta_j + \sin\theta_i\sin\theta_j)$$

此处利用了公式 $\cos^2\theta_i + \sin^2\theta_i = 1$. 对 D^2 取期望，并利用 θ_i 之间相互独立的假设和

$$2\pi E[\cos\theta_i] = \int_0^{2\pi}\cos u du = \sin 2\pi - \sin 0 = 0$$

$$2\pi E[\sin\theta_i] = \int_0^{2\pi}\sin u du = \cos 0 - \cos 2\pi = 0$$

可得

$$E[D^2] = n$$ ■

例 2m 快速排序算法　假设有一组互不相同的数 x_1，…，x_n，我们需要将它们排成一个上升的序列，通常称这一过程为排序．快速排序算法是完成这一任务的有效的方法，其定义如下：当 $n=2$ 时，只需直接比较这两个数并且将它们排成升序即可．当 $n>2$ 时，随机地选一个数，比如 x_i，然后将所有其余的数与 x_i 进行比较，将小于 x_i 的数归入 x_i 左边一集合．将大于 x_i 的数归入 x_i 右边一集合．然后对于那些数的集合重复刚才的处理过程，直到所有的数都已排成升序为止．例如，下面是 10 个不同的数：

$$5,9,3,10,11,14,8,4,17,6$$

开始时从中随机地选一个数(每一个数被选中的概率都为 1/10)，比如说选中了 10，然后将其余每个数与 10 进行比较，这样得到

312

$$\{5,9,3,8,4,6\},10,\{11,14,17\}$$

现在我们对于不是单点集的数集进行再分类．例如先对上述左边的集合进行再分类，随机地选定一个数，例如 6 被选定，然后将数集中其余的数与 6 进行比较，得到

$$\{5,3,4\},6,\{9,8\},10,\{11,14,17\}$$

现在，我们还是考虑最左边的非单点集合，从中随机地取出一个数，例如 4，这样，经过排列以后得到

$$\{3\},4,\{5\},6,\{9,8\},10,\{11,14,17\}$$

重复这个过程直到每个花括弧中只有一个数为止．

在排序过程中，最基本的运算是比较两个数的大小．记 X 为实现对 n 个不同数排序所需的比较次数，则 $E[X]$是这个排序算法的效率的一个度量．为计算 $E[X]$，我们首先将 X 写成一列随机变量的和．为解决这个问题，首先将最小值命名为 1，将第二小的值命名为 2，……，将最大值命名为 n，对于 $1\leqslant i<j\leqslant n$，记

$$I(i,j)=\begin{cases}1 & \text{在排序过程中},i,j\text{ 直接比较过}\\ 0 & \text{其他}\end{cases}$$

由排列过程可知，任意两个数 i 和 j 在排序过程中，有可能从未比较过，但若它们直接比较过，只可能比较一次，不可能再次比较，这样，由 X 的定义可知：

$$X=\sum_{i=1}^{n-1}\sum_{j=i+1}^{n}I(i,j)$$

由此推得

$$E[X]=E\left[\sum_{i=1}^{n-1}\sum_{j=i+1}^{n}I(i,j)\right]=\sum_{i=1}^{n-1}\sum_{j=i+1}^{n}E[I(i,j)]=\sum_{i=1}^{n-1}\sum_{j=i+1}^{n}P\{i\text{ 和 }j\text{ 在排序过程中比较过}\}$$

现在需要计算概率 $P\{i$ 和 j 在排序过程中比较过$\}$，注意数 i，$i+1$，…，j 最初全包含在一个大的集合中，用一个花括弧将这个大集合括起来．在排序过程中，随机地选定一个比较点，若这个比较点不在此区间内，即比 i 小，或比 j 大，则在比较后重新排序时，i，$i+1$，…，j 还是处于同一花括弧内．现在假定选择的比较点落入集合 i，$i+1$，…，$j-1$，j 之中，则只有当选择点为 i 或 j 时，i 和 j 才会直接进行比较，否则它们与比较点比较后，将分别放进左、右的花括弧内，而不会直接相互比较．因此，i，j 直接进行比较的概率就是从 i，$i+1$，…，$j-1$，j 中选取 i 或 j 的概率，等于 $2/(j-i+1)$．于是，得到结论

313

$$P\{i \text{ 和 } j \text{ 在排序过程中比较过}\}=\frac{2}{j-i+1}$$

$$E[X]=\sum_{i=1}^{n-1}\sum_{j=i+1}^{n}\frac{2}{j-i+1}$$

为了得到 $E[X]$的大致估计，当 n 充分大时，我们用积分近似这个和：

$$\sum_{j=i+1}^{n}\frac{2}{j-i+1}\approx\int_{i+1}^{n}\frac{2}{x-i+1}\mathrm{d}x=2\log(x-i+1)\big|_{i+1}^{n}$$

$$=2\log(n-i+1)-2\log(2)\approx 2\log(n-i+1)$$

因此，

$$E[X]\approx\sum_{i=1}^{n-1}2\log(n-i+1)\approx 2\int_{1}^{n-1}\log(n-x+1)\mathrm{d}x$$

$$=2\int_{2}^{n}\log(y)\mathrm{d}y=2(y\log(y)-y)\big|_{2}^{n}\approx 2n\log(n)$$

由此可知，利用快速排序算法，当 n 充分大时，平均来说，大概需要 $2n\log(n)$次比较方可将 n 个数进行排序. ■

例 2n 事件和的概率 设 A_1，…，A_n 为 n 个事件，$X_i(i=1, \cdots, n)$表示它们的示性变量：

$$X_i=\begin{cases}1 & \text{如果 } A_i \text{ 发生}\\ 0 & \text{其他}\end{cases}$$

注意，

$$1-\prod_{i=1}^{n}(1-X_i)=\begin{cases}1 & \text{如果 } \bigcup A_i \text{ 发生}\\ 0 & \text{其他}\end{cases}$$

因此，

$$E\left[1-\prod_{i=1}^{n}(1-X_i)\right]=P\left(\bigcup_{i=1}^{n}A_i\right)$$

314

将上式左边展开：

$$P\left(\bigcup_{i=1}^{n}A_i\right)=E\left[\sum_{i=1}^{n}X_i-\sum_{i<j}\sum X_iX_j+\sum_{i<j<k}\sum\sum X_iX_jX_k-\cdots+(-1)^{n+1}X_1\cdots X_n\right] \tag{2.3}$$

然而，由

$$X_{i_1}X_{i_2}\cdots X_{i_k}=\begin{cases}1 & \text{如果 } A_{i_1}A_{i_2}\cdots A_{i_k} \text{ 发生}\\ 0 & \text{其他}\end{cases}$$

可知，

$$E[X_{i_1}\cdots X_{i_k}]=P(A_{i_1}\cdots A_{i_k})$$

因此，式(2.3)变成大家熟知的事件和计算公式：

$$P(\bigcup A_i)=\sum_{i}P(A_i)-\sum_{i<j}\sum P(A_iA_j)+\sum_{i<j<k}\sum\sum P(A_iA_jA_k)-\cdots+(-1)^{n+1}P(A_1\cdots A_n)$$

■

然而，当 $X_i(i\geqslant 1)$ 是一个无限的随机变量序列，且每一项具有有限期望时，下式却不一定成立：

$$E\left[\sum_{i=1}^{\infty}X_i\right]=\sum_{i=1}^{\infty}E[X_i] \tag{2.4}$$

为保证式(2.4)成立，注意 $\sum_{i=1}^{\infty}X_i=\lim_{n\to\infty}\sum_{i=1}^{n}X_i$，因此，

$$E\left[\sum_{i=1}^{\infty}X_i\right]=E\left[\lim_{n\to\infty}\sum_{i=1}^{n}X_i\right]\overset{?}{=}\lim_{n\to\infty}E\left[\sum_{i=1}^{n}X_i\right]=\lim_{n\to\infty}\sum_{i=1}^{n}E[X_i]=\sum_{i=1}^{\infty}E[X_i] \tag{2.5}$$

在上面的一系列等式中，打问号"?"的一处是式(2.4)成立的关键．问号是指期望运算和极限运算是否可以交换的问题．若两个运算可交换，则式(2.4)成立．然而在一般情况下，这种可交换性是得不到保障的．但是在下面两种重要的特殊情况下，式(2.5)中两种运算的可交换性是有保障的．

1. X_i 均为非负随机变量(即 $P\{X_i\geqslant 0\}=1$ 对一切 i 成立)．

2. $\sum_{i=1}^{\infty}E[|X_i|]<\infty$．

315

例 2o　考虑非负整数值随机变量 X，对一切 $i\geqslant 1$，定义

$$X_i=\begin{cases}1 & \text{如果 } X\geqslant i\\ 0 & \text{如果 } X<i\end{cases}$$

那么有

$$\sum_{i=1}^{\infty}X_i=\sum_{i=1}^{X}X_i+\sum_{i=X+1}^{\infty}X_i=\sum_{i=1}^{X}1+\sum_{i=X+1}^{\infty}0=X$$

因为 X_i 都是非负随机变量，所以可得

$$E[X]=\sum_{i=1}^{\infty}E(X_i)=\sum_{i=1}^{\infty}P\{X\geqslant i\} \tag{2.6}$$

这是一个非常有用的恒等式．■

例 2p　设有 n 个对象，记为 1，2，…，n．这 n 个对象必须顺次保存在序号为 i_1，…，i_n 的计算机的 n 个单元中，其中 $\{i_1,\cdots,i_n\}$ 为 $\{1,2,\cdots,n\}$ 的一个排列．现设每次从这 n 个对象中随机访问一个对象，并且每次访问与过去的访问历史是相互独立的．现设访问对象 i 的概率为 $P(i)$，$i\geqslant 1$，$\sum_{i=1}^{n}P(i)=1$，且 $P(i)$ 已知．那么，什么样的单元摆放次序，能够使得每次访问的对象所处的单元序号的期望值达到最小？

解　不妨设这 n 个对象的访问概率满足条件 $P(1)\geqslant P(2)\geqslant\cdots\geqslant P(n)$．我们证明这些对象的最优摆放次序应为 $O_0=\{1,2,\cdots,n\}$．记 X 为被访问对象在计算机中所处的单元的序号，对于 1，2，…，n 在计算机中的任一排序 $O=\{i_1,\cdots,i_n\}$：

$$P_O\{X\geqslant k\}=\sum_{j=k}^{n}P(i_j)\geqslant\sum_{j=k}^{n}P(j)=P_{\{1,2,\cdots,n\}}\{X\geqslant k\}$$

对 k 求和并利用等式(2.6)可得

$$E_O(X) \geqslant E_{\{1,2,\cdots,n\}}(X)$$

本问题的结论说明应该把最经常访问的对象放在最容易访问的单元，这样的系统设计能使访问的期望时间最短. ■ 316

*7.2.1　通过概率方法将期望值作为界

通过在集合上引入概率并研究元素以这些概率被选择，可分析集合中元素的性质，这就是概率方法. 在第 3 章例 4l 中已经看到了该方法的应用. 在本节中，我们将利用概率方法寻找某些复杂函数的界.

设 f 为定义在有限集 A 上的函数，假定我们对该函数的最大值感兴趣：

$$m = \max_{s\in A} f(s)$$

为得到 m 的下界，令 S 为取值于 A 的随机元，显然，由 $m \geqslant f(S)$ 知，

$$m \geqslant E[f(S)]$$

当 $f(S)$ 不是常值随机变量时，上述不等式是严格不等的，所以不会出现 $m=E[f(S)]$ 的情况. 即 $E[f(S)]$ 是最大值 m 的下界.

例 2q 锦标赛中哈密顿路径数的最大值　在循环赛中，$n(n>2)$ 个竞争对手中任意一对都进行比赛，一共进行 $\binom{n}{2}$ 场比赛. 现将运动员编成号 1，2，…，n. 排列 i_1，…，i_n 称为一个哈密顿路径：如果 i_1 胜 i_2，i_2 胜 i_3，如此下去，直到 i_{n-1} 胜 i_n. 我们感兴趣的一个问题是如何求哈密顿路径的最大可能数.

比方说，设 $n=3$，如果有一个人胜了 2 次，此时，只可能有一条哈密顿路径.（例如，1 胜了 2 和 3，2 胜了 3，则唯一的哈密顿路径为 1，2，3.）另外，若在循环赛中没有人赢得 2 次，即每人胜负各 1 次，则有 3 条哈密顿路径.（例如，如果 1 胜 2，2 胜 3，3 胜 1，哈密顿路径为 1，2，3；2，3，1 和 3，1，2 也都是哈密顿路径.）因此，当 $n=3$ 时，哈密顿路径的条数的最大值为 3.

我们将证明对于参赛人数为 n 的比赛，哈密顿路径可多于 $n!/2^{n-1}$ 条. 由于一共要进行 $\binom{n}{2}$ 场比赛，所以比赛的结果一共有 $2^{\binom{n}{2}}$ 种，记 A 为这 $2^{\binom{n}{2}}$ 个不同的比赛结果之集合. 令 $f(s)$ 表示比赛结果为 s 时的哈密顿路径的数目，$s\in A$，我们要证明

$$\max_{s} f(s) \geqslant \frac{n!}{2^{n-1}}$$

为此，我们随机地抽取一场比赛的结果 S，$S\in A$，且取每一个 $S\in A$ 的概率都是相等的，并假定这 $\binom{n}{2}$ 场比赛是相互独立，每对选手等可能地打败对方. 现在将 n 个竞争者进行排队，一共有 $n!$ 种不同的排列，例如 i_1，i_2，…，i_n 表示竞争者的排列，其中 i_1 排第一位，i_2 排第二位……，将这些排列进行编号，$i=1$，2，…，$n!$. 为了简化叙述，我们用 $i_1 \to i_2$ 表示 i_1 在与 i_2 的比赛中胜出. 对于确定的比赛结果，只有 $i_1\to i_2\to\cdots\to i_n$，排列 $(i_1$，…，$i_n)$ 才是哈密顿路径. 记 317

$$X_i = \begin{cases} 1 & \text{若竞赛的结果使排列 } i \text{ 成为哈密顿路径} \\ 0 & \text{其他} \end{cases}$$

显然 X_i 依赖于比赛结果 S，它是一随机变量，并且哈密顿路径数

$$f(S) = \sum_i X_i$$

故

$$E[f(S)] = \sum_i E[X_i]$$

对于 X_i，其中 i 为某一排列，不妨设 i 为$(1, 2, \cdots, n)$，根据结果的独立性假设$(1, 2, \cdots, n)$成为哈密顿路径只有 1 胜 2，2 胜 3，……，故

$$E[X_i] = P\{X_i = 1\} = 1/2^{n-1}$$

由此可知，

$$E[f(S)] = n!(1/2)^{n-1}$$

因为 $f(S)$不是常值随机变量，所以存在一个试验结果，其哈密顿路径数超过 $n!/2^{n-1}$． ■

例 2r　一共有 52 棵树排列在一个圆周上，有 15 只金花鼠生活在这些树上，证明：存在相连的 7 棵树，其上生活着至少有 3 只金花鼠．

解　将一棵树和顺时针方向的另外 6 棵相邻的树组成该树的一个邻域．现在我们需要证明：对于生活在这 52 棵树上的 15 只金花鼠，不论它们如何分布，我们总能找到一棵树，使得至少有 3 只金花鼠生活在这棵树的邻域中．为此，随机地选一棵树，并记 X 为这棵树的邻域中的金花鼠的数目．为了确定 $E[X]$，现在将这 15 只金花鼠记为 $i=1, 2, \cdots, 15$，令

$$X_i = \begin{cases} 1 & \text{金花鼠 } i \text{ 在这个随机选定的一棵树的邻域里} \\ 0 & \text{其他} \end{cases}$$

因为

$$X = \sum_{i=1}^{15} X_i$$

所以有

$$E[X] = \sum_{i=1}^{15} E[X_i]$$

然而，因为$\{X_i=1\}$表示随机选定的相连的 7 棵树上生活着金花鼠 i，所以

$$E[X_i] = P\{X_i = 1\} = \frac{7}{52}$$

显然，

318

$$E[X] = \frac{105}{52} > 2$$

这证明了必定存在一棵树，使得在这棵树的邻域里生活的金花鼠数目大于 2． ■

*7.2.2　关于最大值与最小值的恒等式

我们先给出关于数集的最大值与数集的子集的最小值的一个恒等式．

命题 2.2 对任意一组数 x_1，…，x_n，有下列恒等式成立：

$$\max_i x_i = \sum_i x_i - \sum_{i<j}\min(x_i,x_j) + \sum_{i<j<k}\min(x_i,x_j,x_k) + \cdots + (-1)^{n+1}\min(x_1,\cdots,x_n)$$

证明 我们给出一个概率的证明. 首先，假定所有的 x_i 在[0，1]区间内，令 U 为(0，1)均匀随机变量，记事件 $A_i=\{U<x_i\}$，$i=1$，…，n. 即 A_i 表示事件“均匀随机变量”小于 x_i. 因为，如果U少于至少一个 x_i 的值，就至少有事件 A_i 之一发生，所以

$$\bigcup_i A_i = \{U < \max_i x_i\}$$

因此有

$$P\left\{\bigcup_i A_i\right\} = P\{U < \max_i x_i\} = \max_i x_i$$

且

$$P(A_i) = P\{U < x_i\} = x_i$$

此外，因为事件 A_{i_1}，…，A_{i_r} 同时发生的充要条件是事件 $\{U<x_{i_j}\}$ $(j=1$，…，$r)$同时成立，所以事件的交为

$$A_{i_1}\cdots A_{i_r} = \{U < \min_{j=1,\cdots,r} x_{i_j}\}$$

进一步有

$$P(A_{i_1}\cdots A_{i_r}) = P\{U < \min_{j=1,\cdots,r} x_{i_j}\} = \min_{j=1,\cdots,r} x_{i_j}$$

由事件和的概率的容斥公式

$$P\left(\bigcup_i A_i\right) = \sum_i P(A_i) - \sum_{i<j}P(A_iA_j) + \sum_{i<j<k}P(A_iA_jA_k) + \cdots + (-1)^{n+1}P(A_1\cdots A_n)$$

可得到该恒等式.

现在设 x_i 为非负，但不限制于单位区间，设 c 为常数，使所有 x_i 均小于 c. 此时恒等式对于 $y_i=x_i/c$ 成立，再在恒等式两边乘以常数 c，可知恒等式对 x_i 也成立. 现在假定 x_i 可取负值，设存在 b，使得 $x_i+b>0$ 对一切 $i=1$，…，n 成立. 这样，下列恒等式成立：

319

$$\max_i(x_i+b) = \sum_i (x_i+b) - \sum_{i<j}\min(x_i+b,x_j+b) + \cdots + (-1)^{n+1}\min(x_1+b,\cdots,x_n+b)$$

记

$$M = \sum_i x_i - \sum_{i<j}\min(x_i,x_j) + \cdots + (-1)^{n+1}\min(x_1,\cdots,x_n)$$

可将上面的恒等式写成：

$$\max_i x_i + b = M + b\left(n - \binom{n}{2} + \cdots + (-1)^{n+1}\binom{n}{n}\right)$$

但是

$$0 = (1-1)^n = 1 - n + \binom{n}{2} + \cdots + (-1)^n\binom{n}{n}$$

由上面两个恒等式可得

$$\max_i x_i = M$$

这样，证明了本命题所列的恒等式对一切 $x_i(i=1, \cdots, n)$都成立. □

由命题2.2知，对任意随机变量 $X_1, \cdots, X_n$，有

$$\max_i X_i = \sum_i X_i - \sum_{i<j} \min(X_i, X_j) + \cdots + (-1)^{n+1} \min(X_1, \cdots, X_n)$$

上式两边取期望，可得我们想要的关于最大值的期望和子集最小值的期望之间的关系式：

$$E[\max_i X_i] = \sum_i E[X_i] - \sum_{i<j} E[\min(X_i, X_j)] + \cdots + (-1)^{n+1} E[\min(X_1, \cdots, X_n)] \quad (2.7)$$

例 2s 不等概率的优惠券收集问题　设共有 n 种不同的优惠券，某人收集优惠券时，每次收集一张，假定它独立于以前所收集的优惠券. 设优惠券 i 被收集到的概率为 p_i，$\sum_{i=1}^n p_i = 1$. 求出当第一次收集到全套 n 种优惠券时所收集到优惠券总数的期望值.

解　记 X_i 为收集到第 i 种优惠券时所收集到的优惠券张数，记 X 为收集到全套 n 种优惠券时所收集到的优惠券总数，那么 X 与 X_i 之间有如下的关系：

320

$$X = \max_{i=1,\cdots,n} X_i$$

由于收集到一张第 i 种优惠券的概率为 p_i，X_i 的分布是以 p_i 为参数的几何分布. 又由于对于 $i \neq j$，$\min\{X_i, X_j\}$是为了收集到第 i 种优惠券或第 j 种优惠券所需收集的优惠券的张数，因此 $\min(X_i, X_j)$是以 $p_i + p_j$ 为参数的几何随机变量. 类似地，$\min(X_i, X_j, X_k)$是以 $p_i + p_j + p_k$ 为参数的几何随机变量，利用式(2.7)以及几何分布的性质可知，

$$E[X] = \sum_i \frac{1}{p_i} - \sum_{i<j} \frac{1}{p_i + p_j} + \sum_{i<j<k} \frac{1}{p_i + p_j + p_k} + \cdots + (-1)^{n+1} \frac{1}{p_1 + \cdots + p_n}$$

注意到

$$\int_0^\infty e^{-px} dx = \frac{1}{p}$$

并利用恒等式

$$1 - \prod_{i=1}^n (1 - e^{-p_i x}) = \sum_i e^{-p_i x} - \sum_{i<j} e^{-(p_i + p_j)x} + \cdots + (-1)^{n+1} e^{-(p_1 + \cdots + p_n)x}$$

通过对上述恒等式积分可将关于 $E[X]$的等式化成下面更便于计算的形式：

$$E[X] = \int_0^\infty \left(1 - \prod_{i=1}^n (1 - e^{-p_i x}\right) dx$$

■

7.3　试验序列中事件发生次数的矩

上一节中的许多例子都具有下列形式：对于给定的事件序列 $A_1, \cdots, A_n$，求出 $E[X]$，其中 X 是这些事件在试验中的发生次数. 解法是给出每个事件 A_i 的示性变量

$$I_i = \begin{cases} 1 & \text{若 } A_i \text{ 发生} \\ 0 & \text{其他} \end{cases}$$

再由

$$X=\sum_{i=1}^{n}I_i$$

可得

$$E[X]=E\left[\sum_{i=1}^{n}I_i\right]=\sum_{i=1}^{n}E[I_i]=\sum_{i=1}^{n}P(A_i)\tag{3.1}$$

现在，假定我们对“成对事件”出现的次数感兴趣．如果事件 A_i 与 A_j 在试验中发生，则 $I_iI_j=1$，反之，则 $I_iI_j=0$．因此，在试验序列中，$\sum\limits_{i<j}I_iI_j$ 表示事件成对发生的次数．又因为 X 表示试验序列中单个事件发生的次数，所以事件成对发生的次数为 $\binom{X}{2}$．这样，

321

$$\binom{X}{2}=\sum_{i<j}I_iI_j$$

在上式右边的求和项中，共有 $\binom{n}{2}$ 项．上式两边求期望，得

$$E\left[\binom{X}{2}\right]=\sum_{i<j}E[I_iI_j]=\sum_{i<j}P(A_iA_j)\tag{3.2}$$

或

$$E\left[\frac{X(X-1)}{2}\right]=\sum_{i<j}P(A_iA_j)$$

由此得到

$$E[X^2]-E[X]=2\sum_{i<j}P(A_iA_j)\tag{3.3}$$

进一步可解得 $E[X^2]$，因此解得 $\mathrm{Var}(X)=E[X^2]-(E[X])^2$．

另外，考虑在一个试验序列中，k 个不同事件构成的组出现的次数，可得

$$\binom{X}{k}=\sum_{i_1<i_2<\cdots<i_k}I_{i_1}I_{i_2}\cdots I_{i_k}$$

两边求期望得到如下恒等式：

$$E\left[\binom{X}{k}\right]=\sum_{i_1<i_2<\cdots<i_k}E[I_{i_1}I_{i_2}\cdots I_{i_k}]=\sum_{i_1<i_2<\cdots<i_k}P(A_{i_1}A_{i_2}\cdots A_{i_k})\tag{3.4}$$

例 3a 二项随机变量的矩 考虑 n 次独立重复试验，每次成功的概率为 p．记 A_i 为第 i 次试验成功这一事件，当 $i\neq j$ 时，$P(A_iA_j)=p^2$．根据式(3.2)可得

$$E\left[\binom{X}{2}\right]=\sum_{i<j}p^2=\binom{n}{2}p^2$$

或者

$$E[X(X-1)]=n(n-1)p^2$$

又或者

$$E[X^2]-E[X]=n(n-1)p^2$$

现在，利用 $E[X]=\sum\limits_{i=1}^{n}P(A_i)=np$ 可得

$$\text{Var}(X)=E[X^2]-(E[X])^2=n(n-1)p^2+np-(np)^2=np(1-p)$$

这个结果与第 4 章中 4.6 节的结论相同.

一般情况下，利用 $P(A_{i_1}A_{i_2}\cdots A_{i_k})=p^k$，式(3.4)变成

322

$$E\left[\binom{X}{k}\right]=\sum_{i_1<i_2<\cdots<i_k}p^k=\binom{n}{k}p^k$$

或等价地，

$$E[X(X-1)\cdots(X-k+1)]=n(n-1)\cdots(n-k+1)p^k$$

利用上式可以递推地得到各阶矩 $E[X^k]$，$k\geqslant 3$. 例如，$k=3$ 时，有

$$E[X(X-1)(X-2)]=n(n-1)(n-2)p^3$$

或者

$$E[X^3-3X^2+2X]=n(n-1)(n-2)p^3$$

或者

$$E[X^3]=3E[X^2]-2E[X]+n(n-1)(n-2)p^3=3n(n-1)p^2+np+n(n-1)(n-2)p^3 \quad \blacksquare$$

例 3b 超几何随机变量的矩 设一个坛子中有 N 个球，其中 m 个为白球. 现从中随机地抽取 n 个球，此时 n 个球中的白球个数 X 就是事件 A_1，A_2，…，A_n 的发生次数，其中事件 A_i 表示取出的第 i 个球为白球. 由于第 i 个球可以是 N 个球中的任意一个，其中 m 个为白球，因此 $P(A_i)=m/N$. 由公式(3.1)得到 $E[X]=\sum_{i=1}^{n}P(A_i)=mn/N$. 又因为

$$P(A_iA_j)=P(A_i)P(A_j|A_i)=\frac{m}{N}\frac{m-1}{N-1}$$

再利用式(3.2)得

$$E\left[\binom{X}{2}\right]=\sum_{i<j}\frac{m(m-1)}{N(N-1)}=\binom{n}{2}\frac{m(m-1)}{N(N-1)}$$

或者

$$E[X(X-1)]=n(n-1)\cdot\frac{m(m-1)}{N(N-1)}$$

即得

$$E[X^2]=n(n-1)\frac{m(m-1)}{N(N-1)}+E[X]$$

进一步可得超几何分布的方差公式

$$\begin{aligned}\text{Var}(X)&=E[X^2]-(E[X])^2=n(n-1)\frac{m(m-1)}{N(N-1)}+\frac{nm}{N}-\frac{n^2m^2}{N^2}\\&=\frac{mn}{N}\left[\frac{(n-1)(m-1)}{N-1}+1-\frac{mn}{N}\right]\end{aligned}$$

这与第 4 章例 8j 所得的结果是相同的.

利用式(3.4)，可得到 X 的高阶矩. 由

323

$$P(A_{i_1}A_{i_2}\cdots A_{i_k})=\frac{m(m-1)\cdots(m-k+1)}{N(N-1)\cdots(N-k+1)}$$

再利用式(3.4)，得

$$E\left[\binom{X}{k}\right]=\binom{n}{k}\frac{m(m-1)\cdots(m-k+1)}{N(N-1)\cdots(N-k+1)}$$

或者

$$E[X(X-1)\cdots(X-k+1)]=n(n-1)\cdots(n-k+1)\frac{m(m-1)\cdots(m-k+1)}{N(N-1)\cdots(N-k+1)}$$ ■

例 3c 配对问题中的矩 在一个帽子配对问题中，设有 N 个人，记 A_i 为第 i 个人拿到自己的帽子，$i=1$，…，N. 那么

$$P(A_iA_j)=P(A_i)P(A_j|A_i)=\frac{1}{N}\frac{1}{N-1}$$

其中，$P(A_j|A_i)$表示第 i 个人已经拿到自己的帽子的条件下，第 j 个人拿到自己帽子的概率. 这个概率与第 i 个人拿到自己帽子的概率相似，只是可选择帽子总数为 $N-1$. 记 X 为 n 个人中拿到自己帽子的人数，由公式(3.2)得到

$$E\left[\binom{X}{2}\right]=\sum_{i<j}\frac{1}{N(N-1)}=\binom{N}{2}\frac{1}{N(N-1)}$$

从而，

$$E[X(X-1)]=1$$

因此有 $E[X^2]=1+E[X]$. 由于 $E[X]=\sum_{i=1}^{N}P(A_i)=1$ ，我们得到

$$\mathrm{Var}(X)=E[X^2]-(E[X])^2=1$$

即 X 的均值和方差均为 1. 对于高阶矩，可利用式(3.4)，由于

$$P(A_{i_1}A_{i_2}\cdots A_{i_k})=\frac{1}{N(N-1)\cdots(N-k+1)}$$

可得

$$E\left[\binom{X}{k}\right]=\binom{N}{k}\frac{1}{N(N-1)\cdots(N-k+1)}$$

或者

$$E[X(X-1)\cdots(X-k+1)]=1$$ ■

例 3d 另一个优惠券收集问题 设有 N 种不同的优惠券，每次收集到的新优惠券均与以前收集到的优惠券相互独立. 假定得到优惠券 j 的概率为 p_j，$\sum_{j=1}^{N}p_j=1$. 试求对前 n 个收集到的优惠券，不同类型优惠券的类别数的期望与方差.

解 我们发现讨论未收集到的优惠券类别更方便. 令 Y 为已收集到的类别数，$X=N-Y$为未收集到的类别数，记 A_i 表示收集到的 n 张优惠券中没有类别 i 这一事件，因此，X 是事件 A_1，…，A_N 发生的次数，每次收集到 i 以外的优惠券的概率为 $1-p_i$，我们有 324

$$p(A_i)=(1-p_i)^n$$

从而 $E[X]=\sum_{i=1}^{N}(1-p_i)^n$ ，于是得到

$$E[Y] = N - E[X] = N - \sum_{i=1}^{N}(1-p_i)^n$$

类似地，在收集优惠券时，既没有 i 又没有 j 的概率为 $1-p_i-p_j$. 同时，每次收集的优惠券种类与以前所收集到的优惠券相互独立，因此，

$$P(A_iA_j) = (1-p_i-p_j)^n \qquad i \neq j$$

这样，

$$E[X(X-1)] = 2\sum_{i<j}P(A_iA_j) = 2\sum_{i<j}(1-p_i-p_j)^n$$

或者

$$E[X^2] = 2\sum_{i<j}(1-p_i-p_j)^n + E[X]$$

因此可得

$$\mathrm{Var}(Y) = \mathrm{Var}(X) = E[X^2]-(E[X])^2 = 2\sum_{i<j}(1-p_i-p_j)^n + \sum_{i=1}^{N}(1-p_i)^n - \left(\sum_{i=1}^{N}(1-p_i)^n\right)^2$$

特别地，当 $p_i=1/N(i=1, 2, \cdots, N)$时，有

$$E[Y] = N\left[1-\left(1-\frac{1}{N}\right)^n\right]$$

$$\mathrm{Var}(Y) = N(N-1)\left(1-\frac{2}{N}\right)^n + N\left(1-\frac{1}{N}\right)^n - N^2\left(1-\frac{1}{N}\right)^{2n}$$

■

例 3e 负超几何分布随机变量　设一坛子内共有 $m+n$ 个球，其中 n 个为特殊的球，m 个为普通的球，每次从坛子中随机地取出一个球，即坛子中的每一个球都以相等的概率被取到. 记 Y 为取到 r 个特殊球的时候所需的抽取次数，则 Y 的分布服从负超几何分布(negative hypergeometric distribution). 负超几何分布与超几何分布的关系同负二项分布与二项分布的关系是一样的. 即在这两种情况下，不是考虑固定试验次数的成功次数(像是二项随机变量和超几何随机变量)，而是考虑为达到固定成功次数所需的试验次数.

325

为求负超几何随机变量 Y 的概率分布列，注意 $Y=k$ 是由下列两个条件所确定的：

1. 前面 $k-1$ 个球中，含 $r-1$ 个特殊的球，$k-r$ 个普通的球.
2. 第 k 个球为特殊球.

因此，

$$P\{Y=k\} = \frac{\binom{n}{r-1}\binom{m}{k-r}}{\binom{n+m}{k-1}}\frac{n-r+1}{n+m-k+1}$$

我们不打算用 Y 的分布函数直接计算 Y 的方差和期望，而是采用如下的技巧：将 m 个普通的球记成 $o_1, \cdots, o_m$，用 A_i 表示在 r 个特殊的球被取走以前，o_i 已经被取走这一事件，令 X 为事件 $A_1, \cdots, A_m$ 发生的次数，则 X 就是 r 个特殊的球被取走时，取走的普通球的个数. 因此

$$Y = r + X$$

这表明

$$E[Y]=r+E[X]=r+\sum_{i=1}^{m}P(A_i)$$

为确定 $P(A_i)$，考虑 $n+1$ 个球，其中一个球为 o_i，其他的球都是特殊的球. 设想从坛子里一个一个地往外随机地取球，最后把全部球都取出来. 在这 $n+1$ 个球中，o_i 可能第 1 个被取出来，也可能第 2 个被取出来，…，也有可能是 o_i 最后一个被取出来. 由于这 $n+1$ 个球都处于平等的地位，上述的 $n+1$ 种情况是等可能的，因此，每种情况出现的概率为 $1/(n+1)$，而 A_i 刚好是由前 r 种情况所组成，因此

$$P(A_i)=\frac{r}{n+1}$$

这样

$$E[Y]=r+m\frac{r}{n+1}=\frac{r(n+m+1)}{n+1}$$

例如，在翻牌游戏中，在一副洗好的扑克牌中，翻出一张黑桃所需的平均翻牌次数为 $1+39/14=3.786$($r=1$，$n=13$，$m=39$)，而翻出一张“A”所需的平均翻牌次数为 $1+48/5=10.6$($r=1$，$n=4$，$m=48$).

下面计算 $\mathrm{Var}(Y)=\mathrm{Var}(X)$. 利用等式

$$E[X(X-1)]=2\sum_{i<j}P(A_iA_j)$$

其中 $P(A_iA_j)$是 r 个特殊球被取出以前 o_i 和 o_j 已经被取出来的概率. 考虑 $n+2$ 个球，其中包括 o_i 和 o_j 以及 n 个特殊的球. 因为 o_i 和 o_j 以及 n 个特殊的球在抽取过程中完全处于平等地位，所以事件 A_iA_j 等价于 o_i 和 o_j 这两个球在被取出的过程中排在前 $r+1$ 位，因此，在 326

$$P(A_iA_j)=\frac{\binom{2}{2}\binom{n}{r-1}}{\binom{n+2}{r+1}}=\frac{r(r+1)}{(n+1)(n+2)}$$

从而，

$$E[X(X-1)]=2\binom{m}{2}\frac{r(r+1)}{(n+1)(n+2)}$$

或者

$$E[X^2]=m(m-1)\frac{r(r+1)}{(n+1)(n+2)}+E[X]$$

因为 $E[X]=mr/(n+1)$，所以有

$$\mathrm{Var}(Y)=\mathrm{Var}(X)=m(m-1)\frac{r(r+1)}{(n+1)(n+2)}+m\frac{r}{n+1}-\left(m\frac{r}{n+1}\right)^2$$

经过简单的代数运算可得

$$\mathrm{Var}(Y)=\frac{mr(n+1-r)(n+m+1)}{(n+1)^2(n+2)}$$ ■

例 3f 优惠券收集中每种优惠券只有单张的问题 设一共有 n 种不同的优惠券，在收集

优惠券时，假设各种优惠券是等可能出现的，并且与以前收集的历史是相互独立的. 现设一个人不断收集优惠券，直到全部 n 种优惠券收集齐全为止. 现在希望求出在收集过程中，只收集到单张的优惠券种类数的期望和方差.

解 令 X 表示在收集过程中只收集到单张的优惠券数目，T_i 表示第 i 种优惠券被收集到，A_i 表示在收集的过程中 T_i 类优惠券是单张，则 X 等于事件 A_1，…，A_n 中发生的个数，从而

$$E[X]=\sum_{i=1}^{n}P(A_i)$$

下面先来求 $P(A_i)$，当第一次收集到 T_i 类型的优惠券后还需收集$(n-i)$个新的类型的优惠券. 此时，这 $n-i+1$ 种($n-i$ 种未收集的以及 T_i 类)优惠券同等可能地能成为最后一类被收集到的优惠券，从而 T_i 类优惠券是最后一类被收集到(因此只有单张)的概率为 $1/(n-i+1)$，因此 $P(A_i)=1/(n-i+1)$，从而

$$E[X]=\sum_{i=1}^{n}\frac{1}{n-i+1}=\sum_{i=1}^{n}\frac{1}{i}$$

下面我们来计算 X 的方差. 对 $i<j$，令 $S_{i,j}$ 表示“第一次收集到 T_j 时，T_i 仍只有一张”，显然 $A_iA_j\subset S_{i,j}$. 现在利用条件概率公式，

327

$$P(A_iA_j)=P(A_iA_j\,|\,S_{i,j})P(S_{i,j})$$

$P(S_{ij})$是如下事件的概率：收集到 T_i 后，在 T_i 和待收集的 $n-i$ 种共 $n+1-i$ 种优惠券中，收集的前 $j-i$ 种中没有 T_i. 由于 T_i 等可能地成为第一、第二……第 $n+1-i$ 种再次被收集到的品种，因此

$$P(S_{i,j})=1-\frac{j-i}{n-i+1}=\frac{n+1-j}{n+1-i}$$

现在考虑 $S_{i,j}$ 发生的条件下，A_iA_j 发生的概率. 当第一次收集到 T_j 以后(T_i 在此前已经收集到)，考虑以后的 $n-j+2$ 种优惠券，其中包括尚未收集到的 $n-j$ 种新的优惠券以及 T_i 和 T_j，只有 T_i，T_j 出现在 $n-j$ 种未收集到的优惠券之后，事件 A_iA_j 才发生. 这样就有

$$P(A_iA_j\,|\,S_{i,j})=\frac{2}{(n-j+2)(n-j+1)}$$

因此可得

$$P(A_iA_j)=\frac{2}{(n-j+2)(n-i+1)}\qquad i<j$$

进而有

$$E[X(X-1)]=4\sum_{i<j}\frac{1}{(n+1-i)(n+2-j)}$$

再利用前面得到的 $E[X]$的公式，可得

$$\mathrm{Var}(X)=4\sum_{i<j}\frac{1}{(n+1-i)(n+2-j)}+\sum_{i=1}^{n}\frac{1}{i}-\Big(\sum_{i=1}^{n}\frac{1}{i}\Big)^2$$

■

7.4 随机变量和的协方差、方差及相关系数

下面一个命题说明独立随机变量乘积的期望等于它们各自期望的乘积.

命题 4.1 如果 X，Y 相互独立，那么对任何函数 h 和 g，有下式成立

$$E[g(X)h(Y)] = E[g(X)]E[h(Y)]$$

证明 假定 X，Y 联合连续具有联合密度 $f(x, y)$，因此有

$$\begin{aligned}E[g(X)h(Y)] &= \int_{-\infty}^{\infty}\int_{-\infty}^{\infty} g(x)h(y)f(x,y)\mathrm{d}x\mathrm{d}y = \int_{-\infty}^{\infty}\int_{-\infty}^{\infty} g(x)h(y)f_X(x)f_Y(y)\mathrm{d}x\mathrm{d}y \\ &= \int_{-\infty}^{\infty} h(y)f_Y(y)\mathrm{d}y\int_{-\infty}^{\infty} g(x)f_X(x)\mathrm{d}x = E[h(Y)]E[g(X)]\end{aligned}$$

离散情形下的证明类似可得. □

正如单个随机变量的期望和方差可以给出这个随机变量的信息一样，两个随机变量的协方差也可以给出两个随机变量之间关系的信息. 328

定义 X 和 Y 之间的协方差 $\mathrm{Cov}(X, Y)$ 为

$$\mathrm{Cov}(X,Y) = E[(X-E[X])(Y-E[Y])]$$

把上面协方差定义公式右边的表达式展开，可得

$$\begin{aligned}\mathrm{Cov}(X,Y) &= E[XY - E[X]Y - XE[Y] + E[X]E[Y]] \\ &= E[XY] - E[X]E[Y] - E[X]E[Y] + E[X]E[Y] \\ &= E[XY] - E[X]E[Y]\end{aligned}$$

注意，若 X 和 Y 相互独立，则由命题 4.1 可知 $\mathrm{Cov}(X, Y)=0$. 但是其逆命题却不真. 下面给出两个相依随机变量具有零协方差的一个例子. 设 X 满足下式：

$$P\{X=0\} = P\{X=1\} = P\{X=-1\} = \frac{1}{3}$$

定义

$$Y = \begin{cases} 0 & X \neq 0 \\ 1 & X = 0 \end{cases}$$

由 $XY=0$ 可知 $E[XY]=0$，又因为 $E[X]=0$，从而

$$\mathrm{Cov}(X,Y) = E[XY] - E[X]E[Y] = 0$$

但是，显然，X 和 Y 不独立.

下面一个命题列出了协方差的若干性质.

命题 4.2

(i) $\mathrm{Cov}(X, Y)=\mathrm{Cov}(Y, X)$

(ii) $\mathrm{Cov}(X, X)=\mathrm{Var}(X)$

(iii) $\mathrm{Cov}(aX, Y)=a\mathrm{Cov}(X, Y)$

(iv) $\mathrm{Cov}\left(\sum_{i=1}^{n} X_i, \sum_{j=1}^{m} Y_j\right) = \sum_{i=1}^{n}\sum_{j=1}^{m}\mathrm{Cov}(X_i, Y_j)$

证明 (i)和(ii)可直接由协方差的定义证得. (iii)作为练习留给读者. 现证结论(iv)，结

论(iv)说明协方差算子具有可加性(和求期望运算一样)，记 $\mu_i=E[X_i]$，$\nu_j=E[Y_j]$. 则有

329

$$E\left[\sum_{i=1}^{n} X_i\right]=\sum_{i=1}^{n}\mu_i,\quad E\left[\sum_{j=1}^{m} Y_i\right]=\sum_{j=1}^{m}\nu_j$$

$$\begin{aligned}\operatorname{Cov}\left(\sum_{i=1}^{n} X_i,\sum_{j=1}^{m} Y_j\right)&=E\left[\left(\sum_{i=1}^{n} X_i-\sum_{i=1}^{n}\mu_i\right)\left(\sum_{j=1}^{m} Y_j-\sum_{j=1}^{m}\nu_j\right)\right]=E\left[\sum_{i=1}^{n}(X_i-\mu_i)\sum_{j=1}^{m}(Y_j-\nu_j)\right]\\&=E\left[\sum_{i=1}^{n}\sum_{j=1}^{m}(X_i-\mu_i)(Y_j-\nu_j)\right]=\sum_{i=1}^{n}\sum_{j=1}^{m}E[(X_i-\mu_i)(Y_j-\nu_j)]\end{aligned}$$

上述最后一个等式也是利用了期望运算的可加性. □

利用命题4.2的(ii)和(iv)，并且取 $Y_j=X_j$，$j=1$，…，n，可得

$$\operatorname{Var}\left(\sum_{i=1}^{n} X_i\right)=\operatorname{Cov}\left(\sum_{i=1}^{n} X_i,\sum_{j=1}^{n} X_j\right)=\sum_{i=1}^{n}\sum_{j=1}^{n}\operatorname{Cov}(X_i,X_j)=\sum_{i=1}^{n}\operatorname{Var}(X_i)+\sum_{i\neq j}\sum\operatorname{Cov}(X_i,X_j)$$

在上式中，每个指标对 i，$j(i\neq j)$在二重加和中出现了两次，因此上式等价于

$$\boxed{\operatorname{Var}\left(\sum_{i=1}^{n} X_i\right)=\sum_{i=1}^{n}\operatorname{Var}(X_i)+2\sum_{i<j}\sum\operatorname{Cov}(X_i,X_j)}\tag{4.1}$$

如果 X_1，…，X_n 两两独立，即对于 $i\neq j$，X_i 与 X_j 相互独立，那么方程(4.1)简化为

$$\operatorname{Var}\left(\sum_{i=1}^{n} X_i\right)=\sum_{i=1}^{n}\operatorname{Var}(X_i)$$

330

下面的例子说明了公式(4.1)的用处.

例4a　设 X_1，…，X_n 为独立同分布随机变量，期望值为 μ，方差为 σ^2，如同例2c一样，令 $\overline{X}=\sum_{i=1}^{n}X_i/n$ 为样本均值. $X_i-\overline{X}(i=1,\cdots,n)$称为离差，它等于个体数据与样本均值之差. 随机变量

$$S^2=\sum_{i=1}^{n}\frac{(X_i-\overline{X})^2}{n-1}$$

称为样本方差. 试求(a) $\operatorname{Var}(\overline{X})$和(b) $E[S^2]$.

解　(a)

$$\begin{aligned}\operatorname{Var}(\overline{X})&=\left(\frac{1}{n}\right)^2\operatorname{Var}\left(\sum_{i=1}^{n} X_i\right)=\left(\frac{1}{n}\right)^2\sum_{i=1}^{n}\operatorname{Var}(X_i)\qquad\text{由独立性假设}\\&=\frac{\sigma^2}{n}\end{aligned}$$

(b) 我们从下列代数恒等式开始计算：

$$\begin{aligned}(n-1)S^2&=\sum_{i=1}^{n}(X_i-\mu+\mu-\overline{X})^2=\sum_{i=1}^{n}(X_i-\mu)^2+\sum_{i=1}^{n}(\overline{X}-\mu)^2-2(\overline{X}-\mu)\sum_{i=1}^{n}(X_i-\mu)\\&=\sum_{i=1}^{n}(X_i-\mu)^2+n(\overline{X}-\mu)^2-2(\overline{X}-\mu)n(\overline{X}-\mu)=\sum_{i=1}^{n}(X_i-\mu)^2-n(\overline{X}-\mu)^2\end{aligned}$$

再求期望，得到

$$(n-1)E[S^2]=\sum_{i=1}^{n}E[(X_i-\mu)^2]-nE[(\overline{X}-\mu)^2]=n\sigma^2-n\mathrm{Var}(\overline{X})=(n-1)\sigma^2$$

其中，最后一个等式利用了(a)的结果，而最前面的等式利用了例 2c(即 $E[\overline{X}]=\mu$)的结果. 两边再除以$(n-1)$就得到样本方差的期望为 σ^2. ■

下面一个例子提供了求二项随机变量方差的另一种方法.

331

例 4b 二项随机变量的方差 设 X 为二项随机变量，参数为$(n,\ p)$，求 $\mathrm{Var}(X)$.

解 因为 X 表示 n 次独立重复试验的成功次数且每次成功的概率为 p，所以 X 可写为

$$X=X_1+\cdots+X_n$$

其中 X_i 为独立同分布的伯努利随机变量，且

$$X_i=\begin{cases}1 & 第\ i\ 次试验成功\\ 0 & 其他\end{cases}$$

因此，利用式(4.1)可得

$$\mathrm{Var}(X)=\mathrm{Var}(X_1)+\cdots+\mathrm{Var}(X_n)$$

又因为

$$\begin{aligned}\mathrm{Var}(X_i)=E[X_i^2]-(E[X_i])^2&=E[X_i]-(E[X_i])^2 \qquad 由于\ X_i^2=X_i\\ &=p-p^2\end{aligned}$$

所以

$$\mathrm{Var}(X)=np(1-p)$$ ■

例 4c 有限总体的抽样 现有 N 个人，每一个人对某事件有一个态度，用一个实数 ν 表示一个人对该事件的“支持态度”. 用 ν_i 表示第 i 个人的支持态度，$i=1,\ 2,\ \cdots N$.

现假定 $\nu_i(i=1,\ 2,\ \cdots,\ N)$是未知的，一个统计工作者为了获得关于 ν_i 的信息，他“随机地选定”n 个人，了解他们的 ν 值. 所谓随机地选定 n 个人，是指所有 n 个人的组都是等可能地被选定，而这种组一共有$\binom{N}{n}$个. 当这 n 个人被选定之后，就征询他们对该事件的态度并确定他们的 ν 值. 用 S 表示这些被选定的 n 个人的 ν 值的总和，求它的均值和方差.

上述问题的一个重要应用是，在未来的选举中，某社区中的每个人对于某项建议或者候选人有一态度，或者支持或者反对，若取 $\nu_i=1$ 表示第 i 个人支持，$\nu_i=0$ 为反对，则 $\bar{\nu}=\sum_{i=1}^{N}\nu_i/N$ 表示社区中表示支持的人数比例. 为了估计 $\bar{\nu}$，取一个 n 个人的随机样本，让他们进行投票表态，样本中表示支持的人数所占的比例为 S/n，通常用它作为 $\bar{\nu}$ 的估计.

解 对每一个人 i，$i=1,\ \cdots,\ N$，定义一个示性变量 I_i，表示这个人是否在样本中，即

$$I_i=\begin{cases}1 & 若\ i\ 在随机样本中\\ 0 & 其他\end{cases}$$

332

因为 S 可以表示为

$$S=\sum_{i=1}^{N}\nu_i I_i$$

所以

$$E[S]=\sum_{i=1}^{N}\nu_i E[I_i]$$

$$\operatorname{Var}(S)=\sum_{i=1}^{N}\operatorname{Var}(\nu_i I_i)+2\sum_{i<j}\sum\operatorname{Cov}(\nu_i I_i,\nu_j I_j)=\sum_{i=1}^{N}\nu_i^2\operatorname{Var}(I_i)+2\sum_{i<j}\sum\nu_i\nu_j\operatorname{Cov}(I_i,I_j)$$

因为

$$E[I_i]=\frac{n}{N},\quad E[I_iI_j]=\frac{n(n-1)}{N(N-1)}$$

可得

$$\operatorname{Var}(I_i)=\frac{n}{N}\left(1-\frac{n}{N}\right)$$

$$\operatorname{Cov}(I_i,I_j)=\frac{n(n-1)}{N(N-1)}-\left(\frac{n}{N}\right)^2=-\frac{n(N-n)}{N^2(N-1)}$$

因此，

$$E[S]=n\sum_{i=1}^{N}\frac{\nu_i}{N}=n\bar{\nu}$$

$$\operatorname{Var}(S)=\frac{n}{N}\left(\frac{N-n}{N}\right)\sum_{i=1}^{N}\nu_i^2-\frac{2n(N-n)}{N^2(N-1)}\sum_{i<j}\sum\nu_i\nu_j$$

利用恒等式 $(\nu_1+\cdots+\nu_N)^2=\sum_{i=1}^{N}\nu_i^2+2\sum_{i<j}\sum\nu_i\nu_j$，$\operatorname{Var}(S)$可简化为

$$\operatorname{Var}(S)=\frac{n(N-n)}{N-1}\left(\frac{\sum_{i=1}^{N}\nu_i^2}{N}-\bar{\nu}^2\right)$$

现在考虑 Np 个 ν_i 为 1，其余的 ν_i 值为 0 的特殊情况．此时，S 是一个超几何随机变量，其均值和方差如下：

333

$$E[S]=n\bar{\nu}=np\qquad \text{由于 } \bar{\nu}=\frac{Np}{N}=p$$

$$\operatorname{Var}(S)=\frac{n(N-n)}{N-1}\left(\frac{Np}{N}-p^2\right)=\frac{n(N-n)}{N-1}p(1-p)$$

因为 S/n 表示样本中 ν_i 取值为 1 的那部分的比例，所以有

$$E\left[\frac{S}{n}\right]=p,\quad \operatorname{Var}\left(\frac{S}{n}\right)=\frac{N-n}{n(N-1)}p(1-p)$$ ■

设 X 和 Y 是两个随机变量，假定 $\operatorname{Var}(X)$和 $\operatorname{Var}(Y)$均大于 0，则 X 和 Y 的相关系数 $\rho(X,Y)$定义为

$$\rho(X,Y)=\frac{\operatorname{Cov}(X,Y)}{\sqrt{\operatorname{Var}(X)\operatorname{Var}(Y)}}$$

可以证明

$$-1 \leqslant \rho(X,Y) \leqslant 1 \tag{4.2}$$

为证明式(4.2)，令 $\sigma_x^2 = \mathrm{Var}(X)$，$\sigma_y^2 = \mathrm{Var}(Y)$. 利用不等式

$$0 \leqslant \mathrm{Var}\left(\frac{X}{\sigma_x}+\frac{Y}{\sigma_y}\right) = \frac{\mathrm{Var}(X)}{\sigma_x^2}+\frac{\mathrm{Var}(Y)}{\sigma_y^2}+\frac{2\mathrm{Cov}(X,Y)}{\sigma_x\sigma_y} = 2[1+\rho(X,Y)]$$

可知

$$-1 \leqslant \rho(X,Y)$$

另一方面，由不等式

$$0 \leqslant \mathrm{Var}\left(\frac{X}{\sigma_x}-\frac{Y}{\sigma_y}\right) = \frac{\mathrm{Var}(X)}{\sigma_x^2}+\frac{\mathrm{Var}(Y)}{\sigma_y^2}-\frac{2\mathrm{Cov}(X,Y)}{\sigma_x\sigma_y} = 2[1-\rho(X,Y)]$$

可知，

$$\rho(X,Y) \leqslant 1$$

因此，不等式(4.2)成立.

事实上，因为由 $\mathrm{Var}(Z)=0$ 可推知随机变量 Z 以概率 1 等于一个常数(第 8 章中将严格地证明这一事实)，所以由式(4.2)的证明可知，若 $\rho(X, Y)=1$，则有 $Y=a+bX$，其中 $b=\sigma_y/\sigma_x>0$，同理，若 $\rho(X, Y)=-1$，则有 $Y=a+bX$，其中 $b=-\sigma_y/\sigma_x<0$. 其逆命题也成立，即若 $Y=a+bX$，则 $\rho(X, Y)=+1$ 或 -1，其正负号由 b 的正负所决定. 证明作为练习留给读者. [334]

相关系数是 X，Y 之间线性相关程度的一种度量. 当 $\rho(X, Y)$接近 $+1$ 或 -1 时，表明 X 与 Y 之间具有很高的线性相关性，而当 $\rho(X, Y)$接近 0 时，表示两者之间缺乏这种线性相关性. 当 $\rho(X, Y)$取正值时，说明当 X 增加时，Y 趋于增加，而负值说明当 X 增加时，Y 趋于下降. 若 $\rho(X, Y)=0$，则称 X，Y 是不相关的(uncorrelated).

例 4d 令 I_A 和 I_B 分别表示事件 A 和 B 的示性变量，即

$$I_A = \begin{cases} 1 & \text{若 } A \text{ 发生} \\ 0 & \text{其他} \end{cases}$$

$$I_B = \begin{cases} 1 & \text{若 } B \text{ 发生} \\ 0 & \text{其他} \end{cases}$$

则有

$$E[I_A] = P(A), \qquad E[I_B] = P(B), \qquad E[I_AI_B] = P(AB)$$

所以

$$\mathrm{Cov}(I_A,I_B) = P(AB) - P(A)P(B) = P(B)[P(A|B) - P(A)]$$

因此，我们得到一个非常直观的结论：I_A 和 I_B 是正相关、不相关或负相关，取决于 $P(A|B)$是大于、等于或小于 $P(A)$. ■

我们在下一个例子中说明样本均值与离差是不相关的.

例 4e 设 X_1，…，X_n 为独立同分布的随机变量序列，方差为 σ^2，试证明

$$\mathrm{Cov}(X_i-\overline{X},\overline{X}) = 0$$

解 由定义得

$$\mathrm{Cov}(X_i-\overline{X},\overline{X})=\mathrm{Cov}(X_i,\overline{X})-\mathrm{Cov}(\overline{X},\overline{X})=\mathrm{Cov}\Big(X_i,\frac{1}{n}\sum_{j=1}^{n}X_j\Big)-\mathrm{Var}(\overline{X})$$

335

$$=\frac{1}{n}\sum_{j=1}^{n}\mathrm{Cov}(X_i,X_j)-\frac{\sigma^2}{n}=\frac{\sigma^2}{n}-\frac{\sigma^2}{n}=0$$

其中倒数第二个等式利用了例4a的结果，最后一个等式成立是因为

$$\mathrm{Cov}(X_i,X_j)=\begin{cases}0, & i\neq j \quad 由独立性\\ \sigma^2, & i=j \quad 由\ \mathrm{Var}(X_i)=\sigma^2\end{cases}$$

尽管我们得出 $\overline{X}$ 与离差 $X_i-\overline{X}$ 不相关，但这并不意味着它们是独立的，通常来说，它们都不是独立的．然而，当 X_i 为正态随机变量时，$\overline{X}$ 不仅与 $X_i-\overline{X}$ 独立，而且与整个序列 $X_j-\overline{X}(j=1,2,\cdots,n)$ 相互独立，这个结果将在7.8节给出．在7.8节中，我们还将证明在正态分布的假设之下，样本均值 $\overline{X}$ 与样本方差 S^2 也相互独立，并且 $(n-1)S^2/\sigma^2$ 具有自由度为 $(n-1)$ 的 χ^2 分布(关于 S^2 之定义见例4a)． ■

例4f 考虑 m 个独立试验，每个试验具有 r 个可能的试验结果，相应出现的概率分别为 $p_1,\cdots,p_r$，$\sum_{i=1}^{r}p_i=1$．令 $N_i(i=1,\cdots,r)$ 表示 m 次试验中结果 i 出现的次数，则 $N_1,\cdots,N_r$ 具有多项分布

$$P\{N_1=n_1,\cdots,N_r=n_r\}=\frac{m!}{n_1!\cdots n_r!}p_1^{n_1}\cdots p_r^{n_r},\sum_{i=1}^{r}n_i=m$$

对于 $i\neq j$，当 N_i 增大时，N_j 应趋向于变小，因此，直观上 N_i 与 N_j 应为负相关．下面利用命题4.2(iv)来计算它们的协方差．N_i 和 N_j 具有下列表达式：

$$N_i=\sum_{k=1}^{m}I_i(k) \text{ 和 } N_j=\sum_{k=1}^{m}I_j(k)$$

其中

$$I_i(k)=\begin{cases}1 & 若第\ k\ 次试验的结果为\ i\\ 0 & 其他\end{cases}$$

$$I_j(k)=\begin{cases}1 & 若第\ k\ 次试验的结果为\ j\\ 0 & 其他\end{cases}$$

利用命题4.2(iv)，得到

$$\mathrm{Cov}(N_i,N_j)=\sum_{l=1}^{m}\sum_{k=1}^{m}\mathrm{Cov}(I_i(k),I_j(l))$$

一方面，当 $k\neq l$ 时，有

$$\mathrm{Cov}(I_i(k),I_j(l))=0$$

上式成立是因为第 k 次试验与第 l 次试验相互独立．另一方面，

336

$$\mathrm{Cov}(I_i(l),I_j(l))=E[I_i(l)I_j(l)]-E[I_i(l)]E[I_j(l)]=0-p_ip_j=-p_ip_j$$

其中上式用到了事实 $I_i(l)I_j(l)=0$，因为第 l 次试验的结果不可能既是 i 又是 j，所以有

$$\mathrm{Cov}(N_i, N_j) = -mp_ip_j$$

由上式可知 N_i 和 N_j 是负相关的，这与我们的直观理解是一致的. ■

7.5 条件期望

7.5.1 定义

当 X 和 Y 的联合分布为离散分布时，对于 $P\{Y=y\}>0$ 的 y 值，给定 $Y=y$ 之下，X 的条件分布列定义为

$$p_{X|Y}(x|y) = P\{X=x|Y=y\} = \frac{p(x,y)}{p_Y(y)}$$

因此，很自然地定义，对于所有满足 $p_Y(y)>0$ 的 y，X 在给定 $Y=y$ 之下的条件期望为

$$E[X|Y=y] = \sum_x xP\{X=x|Y=y\} = \sum_x xp_{X|Y}(x|y)$$

例 5a 设 X 和 Y 是独立二项随机变量，参数为 (n, p). 在给定 $X+Y=m$ 的条件下，计算 X 的条件期望.

解 首先计算在给定 $X+Y=m$ 的条件下 X 的条件分布列，对于 $k\leqslant\min(n, m)$，

$$\begin{aligned}P\{X=k|X+Y=m\} &= \frac{P\{X=k, X+Y=m\}}{P\{X+Y=m\}} \\ &= \frac{P\{X=k, Y=m-k\}}{P\{X+Y=m\}} = \frac{P\{X=k\}P\{Y=m-k\}}{P\{X+Y=m\}} \\ &= \frac{\binom{n}{k}p^k(1-p)^{n-k}\binom{n}{m-k}p^{m-k}(1-p)^{n-m+k}}{\binom{2n}{m}p^m(1-p)^{2n-m}} = \frac{\binom{n}{k}\binom{n}{m-k}}{\binom{2n}{m}}\end{aligned}$$

其中，我们利用了 $X+Y$ 是参数为 $(2n, p)$ 的二项随机变量的事实(参见第 6 章的例 3f). 因此，在给定 $X+Y=m$ 的条件下，X 的条件分布为超几何分布. 由例 2g，我们得到 337

$$E[X|X+Y=m] = E[Y|X+Y=m] = \frac{1}{2}E[X+Y|X+Y=m] = \frac{m}{2}$$ ■

类似地，设 X 和 Y 有连续型联合分布，其联合概率密度函数为 $f(x, y)$，对于给定的 $Y=y$，当 $f_Y(y)>0$ 时，X 的条件概率密度定义为

$$f_{X|Y}(x|y) = \frac{f(x,y)}{f_Y(y)}$$

很自然地，给定 $Y=y$ 的条件下，X 的条件期望由下式给出：

$$E[X|Y=y] = \int_{-\infty}^{\infty} xf_{X|Y}(x|y)\mathrm{d}x$$

此处假定 $f_Y(y)>0$.

例 5b 设 X 和 Y 的联合密度函数为

$$f(x,y) = \frac{\mathrm{e}^{-x/y}\mathrm{e}^{-y}}{y} \qquad 0<x<\infty, 0<y<\infty$$

计算 $E[X|Y=y]$.

解　先计算条件密度

$$f_{X|Y}(x|y)=\frac{f(x,y)}{f_Y(y)}=\frac{f(x,y)}{\int_{-\infty}^{\infty}f(x,y)\mathrm{d}x}=\frac{(1/y)\mathrm{e}^{-x/y}\mathrm{e}^{-y}}{\int_0^{\infty}(1/y)\mathrm{e}^{-x/y}\mathrm{e}^{-y}\mathrm{d}x}=\frac{(1/y)\mathrm{e}^{-x/y}}{\int_0^{\infty}(1/y)\mathrm{e}^{-x/y}\mathrm{d}x}=\frac{1}{y}\mathrm{e}^{-x/y}$$

因此，X 在给定 $Y=y$ 之下的条件分布刚好是均值为 y 的指数分布，所以

$$E[X|Y=y]=\int_0^{\infty}\frac{x}{y}\mathrm{e}^{-x/y}\mathrm{d}x=y$$ ■

注释　正如条件概率满足概率的所有性质，条件期望也满足通常期望的性质，例如公式

338

$$E[g(X)|Y=y]=\begin{cases}\sum_x g(x)p_{X|Y}(x|y) & \text{离散情形}\\ \int_{-\infty}^{\infty}g(x)f_{X|Y}(x|y)\mathrm{d}x & \text{连续情形}\end{cases}$$

$$E\left[\sum_{i=1}^{n}X_i|Y=y\right]=\sum_{i=1}^{n}E[X_i|Y=y]$$

仍然成立. 事实上，给定 $Y=y$ 条件下的条件期望可以看成是减小了的样本空间中的普通期望，这个减小的样本空间由满足 $Y=y$ 条件的那些样本点组成. ■

7.5.2　通过取条件计算期望

记 $E[X|Y]$ 表示随机变量 Y 的函数，它在 $Y=y$ 处的值为 $E[X|Y=y]$，注意 $E[X|Y]$ 本身是一个随机变量. 下面的命题给出了条件期望的一个极其重要的性质.

命题 5.1

$$E[X]=E[E[X|Y]] \tag{5.1}$$

如果 Y 是离散型随机变量，则式(5.1)变成

$$E[X]=\sum_y E[X|Y=y]P\{Y=y\} \tag{5.1a}$$

如果 Y 是连续型随机变量，密度函数为 $f_Y(y)$，则公式(5.1)变成

$$E[X]=\int_{-\infty}^{\infty}E[X|Y=y]f_Y(y)\mathrm{d}y \tag{5.1b}$$

现在我们给出式(5.1)在 X 和 Y 均为离散型随机变量情形时的证明.

X 和 Y 为离散情形下式(5.1)的证明　我们只需证明

$$E[X]=\sum_y E[X|Y=y]P\{Y=y\} \tag{5.2}$$

等式(5.2)的右边可以写为

$$\begin{aligned}\sum_y E[X|Y=y]P\{Y=y\}&=\sum_y\sum_x xP\{X=x|Y=y\}P\{Y=y\}\\&=\sum_y\sum_x x\frac{P\{X=x,Y=y\}}{P\{Y=y\}}P\{Y=y\}=\sum_y\sum_x xP\{X=x,Y=y\}\\&=\sum_x x\sum_y P\{X=x,Y=y\}=\sum_x xP\{X=x\}=E[X]\end{aligned}$$

命题证毕. □ 339

我们可以这样来解释式(5.2)，期望值 $E[X]$可以看成是条件期望 $E[X|Y=y]$的加权平均，而权重刚好是事件$\{Y=y\}$的概率.（这让你想到什么?）这个结果对计算随机变量的期望是极其重要的，它可以让我们首先很容易地计算某随机变量在给定条件之下的条件期望，然后再对条件期望求平均. 下面的例子说明了这个公式的用处.

例 5c 一个矿工在井下迷了路，迷路的地方有三个门，若选择走第一个门，那么经过 3 个小时，他能到达安全之处. 若选择第二个门，那么经过 5 个小时，他会回到原地. 若选择走第三个门，那么经过 7 个小时才回到原地. 假定工人在任何时候都是随机地选择一个门. 问这个工人走到安全之处，平均需要多少时间.

解 设 X 表示该矿工为到达安全之处所需的时间(单位：小时)，又设 Y 为他首次选择的门的号码，则

$$\begin{aligned}E[X] &= E[X|Y=1]P\{Y=1\}+E[X|Y=2]P\{Y=2\}+E[X|Y=3]P\{Y=3\}\\&=\frac{1}{3}(E[X|Y=1]+E[X|Y=2]+E[X|Y=3])\end{aligned}$$

然而，

$$\begin{aligned}E[X|Y=1]&=3\\E[X|Y=2]&=5+E[X]\\E[X|Y=3]&=7+E[X]\end{aligned}\tag{5.3}$$

在此，我们对式(5.3)做一些解释，例如 $E[X|Y=2]$的公式，其理由如下：如果矿工选择第二个门，他花 5 个小时后又回到了原地，但回到原地，问题与刚开始时一样，他到达安全地点所需时间为 $E[X]$. 因此 $E[X|Y=2]=5+E[X]$. 式(5.3)中其余各等式的解释是类似的. 因此，

$$E[X]=\frac{1}{3}(3+5+E[X]+7+E[X])$$

从而

$$E[X]=15$$ ■

例 5d 随机个随机变量和的期望 假设在某一天进入百货商店的人数是一个随机变量，其均值为 50. 进一步假定这些顾客在店里花费的钱数是独立随机变量，其均值为 8 元，并且假定顾客的花钱数与进入百货商店的人数也是相互独立的. 试求在这一天百货商店营业额的期望值是多少?

解 如果令 N 表示进入百货商店的顾客人数，X_i 表示顾客 i 在店内的消费额，那么顾客在百货商店内的消费总量可以表示成 $\sum_{i=1}^{N} X_i$. 所以有 340

$$E\left[\sum_{i=1}^{N} X_i\right]=E\left[E\left[\sum_{i=1}^{N} X_i|N\right]\right]$$

但

$$E\left[\sum_{i=1}^{N} X_i \,|\, N=n\right] = E\left[\sum_{i=1}^{n} X_i \,|\, N=n\right] = E\left[\sum_{i=1}^{n} X_i\right] \quad \text{由 } X_i \text{ 与 } N \text{ 的独立性}$$

$$= nE[X] \quad \text{其中 } E[X]=E[X_i]$$

由此可得，

$$E\left[\sum_{i=1}^{N} X_i \,|\, N\right] = NE[X]$$

从而

$$E\left[\sum_{i=1}^{N} X_i\right] = E[NE[X]] = E[N]E[X]$$

因此，本例中，当天百货商店营业额的期望值为 50×8=400 元. ■

例 5e 一种名为"Craps"的掷骰子游戏的规则是这样的，每次掷两枚均匀的骰子，开始时，如果得到的点数之和是 2，3 或 12，则玩家输；如果得到 7 或 11，则玩家赢；如果得到的是其他点数 i，则需继续玩下去，一直到掷出 7 或 i 为止. 如果玩家最后得到的点数为 7，则玩家输；如果最后得到的点数为 i，则玩家赢. 记 R 为掷骰子的次数，求：

(a) $E[R]$；(b) $E[R\,|\,\text{玩家赢}]$；(c) $E[R\,|\,\text{玩家输}]$.

解 如果令 P_i 表示每次掷骰子得到两枚骰子点数之和为 i 的概率，则有

$$P_i = P_{14-i} = \frac{i-1}{36} \qquad i=2,3,\cdots,7$$

为求 $E[R]$，记 S 为第一次掷出的点数，则给定 S 的条件下，有

$$E[R] = \sum_{i=2}^{12} E[R\,|\,S=i]P_i$$

其中，

$$E[R\,|\,S=i] = \begin{cases} 1 & i=2,3,7,11,12 \\ 1+\dfrac{1}{P_i+P_7} & \text{其他} \end{cases}$$

341 在上式中，若第一次得到 i，$i \neq 2$，3，7，11 或 12，则玩家必须继续进行直到出现 i 或 7 为止，此时所需掷骰子的次数服从几何分布，参数为 P_i+P_7. 所以，掷骰子的期望次数为 $\dfrac{1}{P_i+P_7}+1$，其中 $+1$ 表示加上第一次掷骰子，因此有

$$E[R] = 1+\sum_{i=4}^{6}\frac{P_i}{P_i+P_7}+\sum_{i=8}^{10}\frac{P_i}{P_i+P_7} = 1+2(3/9+4/10+5/11) = 3.376$$

为求 $E[R\,|\,\text{赢}]$，先来计算玩家赢的概率 p. 给定第一次掷骰子的结果 S 的条件下，有

$$p = \sum_{i=2}^{12} P\{\text{赢}\,|\,S=i\}P_i = P_7+P_{11}+\sum_{i=4}^{6}\frac{P_i}{P_i+P_7}P_i+\sum_{i=8}^{10}\frac{P_i}{P_i+P_7}P_i = 0.493$$

其中上式用到事实：i 在 7 之前出现的概率为 $P_i/(P_i+P_7)$. 现在需要确定在玩家赢的条件下 S 的条件概率，记 $Q_i = P\{S=i\,|\,\text{赢}\}$，我们有

$$Q_2=Q_3=Q_{12}=0, \quad Q_7=P_7/p, \quad Q_{11}=P_{11}/p$$

对于 $i=4, 5, 6, 8, 9, 10$

$$Q_i = \frac{P\{S=i,\text{赢}\}}{P\{\text{赢}\}} = \frac{P_i P\{\text{赢} \mid S=i\}}{p} = \frac{P_i^2}{p(P_i+P_7)}$$

对第一次掷出的点数和取条件可得

$$E[R \mid \text{赢}] = \sum_i E[R \mid \text{赢}, S=i] Q_i$$

然而，在第 6 章例 2j 已经证明，已知 $S=i$ 的条件之下，需要掷多少次骰子与最后的结果是赢或输是相互独立的.（可以这样来看这个事实，在需要掷的次数为 R 的条件下，是赢是输的概率与已经掷了几次是无关的，再利用事件独立性的对称特性，即事件 A 独立于事件 B，则事件 B 也独立于事件 A，可以推出在输赢已知的条件下，R 的分布与输赢也是无关的.）因此有

$$E[R \mid \text{赢}] = \sum_i E[R \mid S=i] Q_i = 1 + \sum_{i=4}^{6} \frac{Q_i}{P_i+P_7} + \sum_{i=8}^{10} \frac{Q_i}{P_i+P_7} = 2.938$$

342

尽管我们可以仿照 $E[R \mid \text{玩家赢}]$的计算方法来求 $E[R \mid \text{玩家输}]$，但是还有一个更简单的方法，就是利用

$$E[R] = E[R \mid \text{赢}]p + E[R \mid \text{输}](1-p)$$

由此可得

$$E[R \mid \text{输}] = \frac{E[R] - E[R \mid \text{赢}]p}{1-p} = 3.801$$

■

例 5f 在第 6 章例 5d 中，我们定义随机变量 X，Y 的二元正态联合密度为

$$f(x,y) = \frac{1}{2\pi\sigma_x\sigma_y\sqrt{1-\rho^2}} \exp\left\{-\frac{1}{2(1-\rho^2)}\left[\left(\frac{x-\mu_x}{\sigma_x}\right)^2 + \left(\frac{y-\mu_y}{\sigma_y}\right)^2 - 2\rho\frac{(x-\mu_x)(y-\mu_y)}{\sigma_x\sigma_y}\right]\right\}$$

下面我们证明 ρ 实际上是 X 与 Y 的相关系数. 同例 5c，设 $\mu_x = E[X]$，$\sigma_x^2 = \mathrm{Var}(X)$，且 $\mu_y = E[Y]$，$\sigma_y^2 = \mathrm{Var}(Y)$. 则有

$$\mathrm{Corr}(X,Y) = \frac{\mathrm{Cov}(X,Y)}{\sigma_x\sigma_y} = \frac{E[XY] - \mu_x\mu_y}{\sigma_x\sigma_y}$$

我们需要计算 $E[XY]$，为此，我们对 Y 取条件. 即利用恒等式

$$E[XY] = E[E[XY \mid Y]]$$

和第 6 章例 5d 中给定 $Y=y$ 的条件下，X 的条件分布是均值为 $\mu_x + \rho\frac{\sigma_x}{\sigma_y}(y-\mu_y)$的正态分布的结论，可得

$$E[XY \mid Y=y] = E[Xy \mid Y=y] = yE[X \mid Y=y] = y\left[\mu_x + \rho\frac{\sigma_x}{\sigma_y}(y-\mu_y)\right]$$

$$= y\mu_x + \rho\frac{\sigma_x}{\sigma_y}(y^2 - \mu_y y)$$

从而

$$E[XY \mid Y] = Y\mu_x + \rho\frac{\sigma_x}{\sigma_y}(Y^2 - \mu_y Y)$$

343

上式表明

$$E[XY]=E\left[Y\mu_x+\rho\frac{\sigma_x}{\sigma_y}(Y^2-\mu_yY)\right]=\mu_xE[Y]+\rho\frac{\sigma_x}{\sigma_y}E[Y^2-\mu_yY]$$

$$=\mu_x\mu_y+\rho\frac{\sigma_x}{\sigma_y}(E[Y^2]-\mu_y^2)=\mu_x\mu_y+\rho\frac{\sigma_x}{\sigma_y}\mathrm{Var}(Y)=\mu_x\mu_y+\rho\sigma_x\sigma_y$$

由此可得

$$\mathrm{Corr}(X,Y)=\frac{\rho\sigma_x\sigma_y}{\sigma_x\sigma_y}=\rho$$

■

有时候，我们利用条件期望恒等式(即式(5.1a)或式(5.1b))来计算 $E[X]$，会变得很简单，请看下面一个例子.

例 5g　考虑 n 次独立重复试验，每次试验的结果为 1，2，…，k，相应的概率为 p_1，…，p_k，$\sum_{i=1}^{k}p_i=1$. 令 N_i 表示试验中结果 i 发生的次数，$i=1$，2，…，k. 对任意 $i\neq j$，计算

(a) $E[N_j|N_i>0]$；(b) $E[N_j|N_i>1]$.

解　对于(a)，令

$$I=\begin{cases}0 & N_i=0\\ 1 & N_i>0\end{cases}$$

那么 $E[N_j]$可以写成

$$E[N_j]=E[N_j|I=0]P\{I=0\}+E[N_j|I=1]P\{I=1\}$$

或等价地

$$E[N_j]=E[N_j|N_i=0]P\{N_i=0\}+E[N_j|N_i>0]P\{N_i>0\}$$

因为 N_j 的无条件分布是参数为$(n，p_j)$的二项分布，设 $N_i=r$ 给定，则其余的 $N-r$ 次试验的结果不会是 i，并且相互独立地是 j 的概率为 $P(j|\text{不是 } i)=\frac{p_j}{(1-p_i)}$. 因此 N_j 在给定 $N_i=r$ 的条件下的条件分布为二项分布，参数为$\left(n-r，\frac{p_j}{(1-p_i)}\right)$，关于推导的细节可参见第 6 章例 4c. 又因为 $P\{N_i=0\}=(1-p_i)^n$，上面 $E[N_j]$的等式变成

$$np_j=n\frac{p_j}{1-p_i}(1-p_i)^n+E[N_j|N_i>0](1-(1-p_i)^n)$$

从而

344

$$E[N_j|N_i>0]=np_j\frac{1-(1-p_i)^{n-1}}{1-(1-p_i)^n}$$

对于(b)的讨论，方法是类似的，令

$$J=\begin{cases}0 & N_i=0\\ 1 & N_i=1\\ 2 & N_i>1\end{cases}$$

则有

$$E[N_j]=E[N_j|J=0]P\{J=0\}+E[N_j|J=1]P\{J=1\}+E[N_j|J=2]P\{J=2\}$$

或等价地

$$E[N_j]=E[N_j|N_i=0]P\{N_i=0\}+E[N_j|N_i=1]P\{N_i=1\}+E[N_j|N_i>1]P\{N_i>1\}$$

由这个公式可以导出

$$\begin{aligned} np_j=&n\frac{p_j}{1-p_i}(1-p_i)^n+(n-1)\frac{p_j}{1-p_i}np_i(1-p_i)^{n-1}\\ &+E[N_j|N_i>1](1-(1-p_i)^n-np_i(1-p_i)^{n-1}) \end{aligned}$$

最后得到

$$E[N_j|N_i>1]=\frac{np_j[1-(1-p_i)^{n-1}-(n-1)p_i(1-p_i)^{n-2}]}{1-(1-p_i)^n-np_i(1-p_i)^{n-1}}$$ ■

类似地，也可以利用取条件的方法计算随机变量的方差. 我们通过下面一个例子来介绍这种方法.

例 5h 几何分布的方差　设有一独立重复试验序列，每次试验成功的概率为 p. 记 N 为取得第一次成功所需的试验次数. 求 $\mathrm{Var}(N)$.

解　若第一次试验成功，令 $Y=1$；否则，$Y=0$. 利用公式

$$\mathrm{Var}(N)=E[N^2]-(E[N])^2$$

我们只需计算 $E[N^2]$. 在给定 Y 的条件下，有

$$E[N^2]=E[E[N^2|Y]]$$

然而

$$E[N^2|Y=1]=1 \qquad E[N^2|Y=0]=E[(1+N)^2]$$

上述两式成立是因为：一方面，如果第一次试验成功，则有 $N=1$，从而 $N^2=1$；另一方面，如果 $Y=0$，即第一次试验失败，则试验相当于重新开始，因此第一次成功所需的试验次数变成 $N+1$. 因为后者与 N 同分布，我们得到 $E[N^2|Y=0]=E[(1+N^2)]$. 因此有　345

$$\begin{aligned} E[N^2]&=E[N^2|Y=1]P\{Y=1\}+E[N^2|Y=0]P\{Y=0\}\\ &=p+(1-p)E[(1+N)^2]=1+(1-p)E[2N+N^2] \end{aligned}$$

然而，在第 4 章例 8b 中，已经证明 $E[N]=1/p$，因此有

$$E[N^2]=1+\frac{2(1-p)}{p}+(1-p)E[N^2]$$

由上式解得

$$E[N^2]=\frac{2-p}{p^2}$$

从而

$$\mathrm{Var}(N)=E[N^2]-(E[N])^2=\frac{2-p}{p^2}-\left(\frac{1}{p}\right)^2=\frac{1-p}{p^2}$$ ■

例 5i　假设有 r 个玩家在赌博，玩家 i 最初拥有 n_i 单位赌资，$n_i>0$，$i=1$，…，r. 在每一个阶段，两个玩家来玩一局，赢家从输家那里赢得一单位赌资. 当玩家的财富值变为 0 时该玩家就被淘汰，游戏继续直到只有一个玩家拥有所有赌资 $n\equiv\sum_{i=1}^{r}n_i$ 时，那个玩

家就是胜利者. 假设每场对局是独立的并且每局两个玩家获胜的机会是相等的，那么只有一个玩家得到所有的 n 单位赌资时的平均赌博局数是多少?

解　要求对局的平均局数，首先假设起初只有 2 个玩家，玩家 1 和玩家 2 最初分别只有 j 和 $n-j$ 单位赌资. 令 X_j 表示将要进行的对局数，令 $m_j=E[X_j]$，对 $j=1, \cdots, n-1$，有

$$X_j = 1 + A_j$$

A_j 是在第一局之后还需要附加的对局数. 取期望后得

$$m_j = 1 + E[A_j]$$

在给定第一局的结果为条件时，得到

$$m_j = 1 + E[A_j \mid \text{玩家 1 赢了第 1 局}]1/2 + E[A_j \mid \text{玩家 2 赢了第 1 局}]1/2$$

现在，如果玩家 1 赢了第 1 局，情况就与假设玩家 1 初始时拥有 $j+1$ 单位赌资而玩家 2 初始时拥有 $n-(j+1)$ 单位赌资的情形相同. 所以，

$$E[A_j \mid \text{玩家 1 赢了第 1 局}] = m_{j+1}$$

类似地，

346

$$E[A_j \mid \text{玩家 2 赢了第 1 局}] = m_{j-1}$$

所以，

$$m_j = 1 + \frac{1}{2}m_{j+1} + \frac{1}{2}m_{j-1}$$

或者等价地，

$$m_{j+1} = 2m_j - m_{j-1} - 2 \qquad j = 1, \cdots, n-1 \tag{5.4}$$

利用 $m_0=0$，由上式可得

$$\begin{aligned} m_2 &= 2m_1 - 2 \\ m_3 &= 2m_2 - m_1 - 2 = 3m_1 - 6 = 3(m_1 - 2) \\ m_4 &= 2m_3 - m_2 - 2 = 4m_1 - 12 = 4(m_1 - 3) \end{aligned}$$

因此，我们猜想下式可能成立:

$$m_i = i(m_1 - i + 1) \qquad i = 1, \cdots, n \tag{5.5}$$

下面，我们利用数学归纳法证明上式. 因为已经得到上式在 $i=1$，2 的时候是正确的，我们归纳假设当 $i \leqslant j < n$ 的时候等式也是成立的. 下面只需要验证在 $j+1$ 的情况下，结论也是正确的. 利用式(5.4)可得

$$\begin{aligned} m_{j+1} &= 2m_j - m_{j-1} - 2 = 2j(m_1 - j + 1) - (j-1)(m_j - j + 2) - 2 \quad (\text{由归纳假设}) \\ &= (j+1)m_1 - 2j^2 + 2j + j^2 - 3j + 2 - 2 = (j+1)m_1 - j^2 - j = (j+1)(m_1 - j) \end{aligned}$$

这就完成了式(5.5)的归纳证明. 在式(5.5)中令 $i=n$，并利用 $m_n=0$，可得

$$m_1 = n - 1$$

再次利用式(5.5)，可以得到

$$m_i = i(n - i)$$

所以，在只有两个玩家的情况下，平均对局数就是最初他们各自持有的赌资单位 i 和 $n-i$ 的乘积. 因为两个玩家参与了所有的对局，所以这也是所有有玩家 1 参与的对局数的平均值.

现在让我们回到包含 r 个玩家的问题，他们的初始赌资为 n_i，$i=1$，…，r，$\sum_{i=1}^{r} n_i=n$. 令 X 表示获得一次胜利所需要的对局数，令 X_i 表示包含玩家 i 的对局数. 对玩家 i 来说，初始拥有 n_i 单位赌资后一直对局，每局胜出的机会都是独立且均等的，直到他的财富是 n 或者 0. 所以他的对局数和当他只有一个初始财富为 $n-n_i$ 的对手时的对局数是一样的. 于是，由前面的结论可知，

$$E[X_i] = n_i(n-n_i)$$

所以

$$E\left[\sum_{i=1}^{r} X_i\right] = \sum_{i=1}^{r} n_i(n-n_i) = n^2 - \sum_{i=1}^{r}(n_i)^2$$

347

但是因为每次对局包含两个玩家，所以有

$$X = \frac{1}{2}\sum_{i=1}^{r} X_i$$

上式两边取期望后得到

$$E[X] = \frac{1}{2}\left(n^2 - \sum_{i=1}^{r} n_i^2\right)$$

有趣的是，我们注意到：所得的平均对局数的值并不依赖于我们是怎么选择每次对局的组合，但这并不是说它不依赖于对局数的分布. 举例说，假设 $r=3$，$n_1=n_2=1$，$n_3=2$，如果玩家 1 和玩家 2 被选为第 1 组对局，那么就至少需要 3 局才能得到胜利者，而如果玩家 3 出现在第 1 次对局的话，只用 2 局就可以了. ■

下面一个例子中，我们用取条件的方法重新证明在 6.3.1 节中提到的一个结果：平均来说，e 个独立的(0，1)均匀随机变量之和大于 1.

例 5j 设 U_1，U_2，…为一列相互独立的(0，1)均匀随机变量序列，令

$$N = \min\left\{n: \sum_{i=1}^{n} U_i > 1\right\}$$

计算 $E[N]$.

解 我们通过求解一个更一般的结果，来得到 $E[N]$的值. 对于 $x\in[0, 1]$，令

$$N(x) = \min\left\{n: \sum_{i=1}^{n} U_i > x\right\}$$

并令

$$m(x) = E[N(x)]$$

即 $N(x)$是部分和 $\sum_{i=1}^{n} U_i$ 超过 x 的最小指标 n，$m(x)$是 $N(x)$的期望值. 将 U_1 作为条件，利用公式(5.1b)，得到

$$m(x) = \int_0^1 E[N(x)\,|\,U_1 = y]\mathrm{d}y \tag{5.6}$$

对于条件期望 $E[N(x)\,|\,U_1=y]$，我们有

$$E[N(x)|U_1=y]=\begin{cases}1 & y>x\\ 1+m(x-y) & y\leqslant x\end{cases} \tag{5.7}$$

上式中，当 $y>x$ 时等式是很显然的. 当 $y\leqslant x$ 时，此时需要继续取 U_2，…，这相当于序列从 U_2 开始，要求出刚好超过 $x-y$ 的最小时刻. 将式(5.7)代入式(5.6)，得到

348

$$m(x)=1+\int_0^x m(x-y)\mathrm{d}y=1+\int_0^x m(u)\mathrm{d}u \qquad (\text{作变量变换 } u=x-y)$$

上式求微分得到

$$m'(x)=m(x)$$

或等价地，

$$\frac{m'(x)}{m(x)}=1$$

再对上式求积分，得

$$\log[m(x)]=x+c$$

或

$$m(x)=k\mathrm{e}^x$$

由 $m(0)=1$，得 $k=1$，这样

$$m(x)=\mathrm{e}^x$$

因此，要满足使得(0，1)区间上的均匀随机变量的部分和大于1，平均最少需要的个数 $m(1)$ 等于 e. ■

7.5.3 通过取条件计算概率

取条件期望的方法不仅可以用于计算一个随机变量的期望，还可以用于计算概率. 设 A 为一随机事件，令 X 为 A 的示性变量，即

$$X=\begin{cases}1 & \text{若 } A \text{ 发生}\\ 0 & \text{若 } A \text{ 不发生}\end{cases}$$

由 X 的定义可得，

$$E[X]=P(A)$$
$$E[X|Y=y]=P(A|Y=y) \qquad \text{对任意随机变量 } Y$$

因此，利用式(5.1a)与式(5.1b)，可得

$$P(A)=\begin{cases}\sum_y P(A|Y=y)P(Y=y) & Y\text{ 为离散型随机变量}\\ \int_{-\infty}^{\infty}P(A|Y=y)f_Y(y)\mathrm{d}y & Y\text{ 为连续型随机变量}\end{cases} \tag{5.8}$$

注意，如果 Y 是离散型随机变量，且取值为 y_1，…，y_n，定义事件 $B_i=\{Y=y_i\}$，$i=1$，…，n，则式(5.8)变成

$$P(A)=\sum_{i=1}^n P(A|B_i)P(B_i)$$

349

其中 B_1，…，B_n 为互不相容的事件，且这些事件的并集构成一个样本空间.

例 5k 最优奖问题 设有 n 个不同的奖陆续出台，当一个奖出台时，你可以拒绝或接受. 当然，如果你接受了这个刚出台的奖，就不能再领以后出台的奖. 若你拒绝刚出台的奖，那么你还有机会领以后出台的奖. 当一个奖出台时，唯一的信息是刚出台的奖与已经出台的奖进行比较. 例如，当第 5 个奖出台时，你只能与前 4 个已经公布的奖进行比较. 假设一个奖一旦被拒绝，那么它就被丢掉了. 我们的目标是希望得到最优奖，或找到一种策略使得得到最优奖的概率尽可能大. 假设出台的奖项的 $n!$ 种次序都是等可能的.

解 令人惊讶的是，我们可以给出很好的策略. 对于固定的 k，$0\leqslant k<n$，考虑如下的策略：首先拒绝前面 k 个奖项，然后从第 $k+1$ 个奖项出台开始算起，只要发现新出台的奖项比前面已经发布的好就接受这个奖项，否则就拒绝这个奖项，继续观察出台的下一个奖项. 记 $P_k(\{最优\})$表示利用这个策略得到最优奖项的概率，记 X 为最优奖项出台的顺序号，在给定 X 的条件下，有

$$P_k(最优)=\sum_{i=1}^{n}P_k(最优\mid X=i)P(X=i)=\frac{1}{n}\sum_{i=1}^{n}P_k(最优\mid X=i)$$

一方面，若最优的奖项在前面的 k 次发布，按这个选奖的策略，每次都拒绝拿奖，因此，不可能拿到最优奖. 这样

$$P_k(最优\mid X=i)=0\qquad i\leqslant k$$

另一方面，若最优奖的位置 i 在 k 之后，即 $i>k$，那么就有可能拿到最优奖. 如果前面 $i-1$个奖项的最大值在前面的 k 个奖中(那么，第 $k+1$，$k+2$，…，$i-1$ 次出台的奖项都被拒绝，直到最优奖 i 发布时，按规则接受最优奖). 现在假定最优奖位置在 i，在前面 $i-1$ 个奖项中，最优奖的位置在 1，…，$i-1$ 处是等可能的. 因此，

$$P_k(最优\mid X=i)=P\{前面\ i-1\ 个奖中,最优奖在\{1,2,\cdots,k\}\ 中\mid X=i\}=\frac{k}{i-1},\quad i>k$$

这样，我们得到

$$P_k(最优)=\frac{k}{n}\sum_{i=k+1}^{n}\frac{1}{i-1}\approx\frac{k}{n}\int_{k+1}^{n}\frac{1}{x-1}\mathrm{d}x=\frac{k}{n}\ln\left(\frac{n-1}{k}\right)\approx\frac{k}{n}\ln\left(\frac{n}{k}\right)$$

350

若考虑函数

$$g(x)=\frac{x}{n}\ln\left(\frac{n}{x}\right)$$

那么

$$g'(x)=\frac{1}{n}\ln\left(\frac{n}{x}\right)-\frac{1}{n}$$

所以

$$g'(x)=0\Rightarrow\ln\left(\frac{n}{x}\right)=1\Rightarrow x=\frac{n}{\mathrm{e}}$$

由于 $P_k(最优)\approx g(k)$，当取 $k=n/\mathrm{e}$ 时，$P_k(最优)\approx g(n/\mathrm{e})=1/\mathrm{e}$，最优策略是首先拒绝前面 $k=n/\mathrm{e}$ 个奖项，然后等待出现第一个比以前的奖项都大的奖项，并接受这个奖项. 此外，因为 $g(n/\mathrm{e})=\dfrac{1}{\mathrm{e}}$按这个策略，拿到最优奖的概率近似地等于 $1/\mathrm{e}\approx0.367\,88$.

注释　大部分人对于以这么大的概率拿到最优奖感到吃惊，一般认为这个概率当 n 很大时会趋于 0. 然而，即使不经精确计算，稍微思考，就会发现拿到最优奖的概率会相当大. 取 $k=n/2$，考虑这 n 个奖中的最优奖与第二最优奖. 考虑一个随机事件：第二最优奖出现在前面一半，第一最优奖出现在后面一半. 这个事件发生的概率为 1/4. 当这个事件发生时，我们一定能选到奖，并且是最优奖. 因此看出，n 无论怎么大，总是能找到一种策略，使得得到最优奖的可能性超过 1/4.

例 5l　设 U 为(0，1)上均匀随机变量，又设在给定 $U=p$ 的条件下，随机变量 X 服从参数为(n，p)的二项分布. 计算 X 的分布列.

解　在给定 U 的值的条件下，有

$$P\{X=i\}=\int_0^1 P\{X=i\,|\,U=p\}f_U(p)\mathrm{d}p=\int_0^1 P\{X=i\,|\,U=p\}\mathrm{d}p=\frac{n!}{i!(n-i)!}\int_0^1 p^i(1-p)^{n-i}\mathrm{d}p$$

又因为

$$\int_0^1 p^i(1-p)^{n-i}\mathrm{d}p=\frac{i!(n-i)!}{(n+1)!}$$

(这个公式的概率证明可参见 6.6 节)，由此可得

351

$$P\{X=i\}=\frac{1}{n+1}\qquad i=0,\cdots,n$$

由这个公式，我们可以得到一个令人吃惊的事实，即如果将一枚硬币连续掷 n 次，假定硬币正面朝上的概率 p 服从(0，1)上的均匀分布，则正面朝上的次数为 0，1，…，n 的可能性是相同的.

因为条件分布具有很好的形式，所以有必要给出另一种论证来加强我们的直观认识，设 U，U_1，…，U_n 为上 $n+1$ 个独立的(0，1)均匀随机变量. 令 X 为U_1，…，U_n 中小于 U 的变量个数. 由于 U_1，…，U_n 和 U 具有相同分布，在 $n+1$ 个变量的排序过程中 U 为最小，第 2 小，…，或最大，这 $n+1$ 种可能性是相同的，因此，X 等于 0，1，2，3，…，n 这 $n+1$ 种可能性也是相同的. 又因为在给定 $U=p$ 的条件下，$U_i\leqslant U(i=1,\cdots,n)$的个数的分布为二项分布，其参数为($n$，$p$)，因此 X 的分布具有很直观的解释. ■

例 5m　设坛子里有 n 个红球，m 个蓝球，从中随机取出 X 个球，而且 $X=1$，…，n 的可能性都是一样的，求取出的都是红球的概率.

解　给定 X，得

$$P(\text{取出球都是红球})=\sum_{i=1}^{n}P(\text{取出球都是红球}\,|\,X=i)P(X=i)$$

给定容量为 i 的样本，则有$\binom{n+m}{i}$种可能性，而且每种可能性都是一样的，又因为只有$\binom{n}{i}$种可能都是红球，所以 $P(\text{取出球都是红球}\,|\,X=i)=\dfrac{\binom{n}{i}}{\binom{n+m}{i}}$，故

$$P(\text{取出球都是红球})=\frac{1}{n}\sum_{i=1}^{n}\frac{\binom{n}{i}}{\binom{n+m}{i}}.$$

然而，虽然不是很明显，但是可以简化上式，得到如下非常诧异的结果：

$$P(\text{取出球都是红球})=\frac{1}{m+1},\text{对任意的 } n,m$$

为证明上述结论，我们将不采用上面的结果，而是对 n 采用数学归纳法．假设 $n=1$，坛子里有 1 个红球，1 个蓝球，所以随机取 1 个球，取得红球的概率是 $1/(m+1)$．所以结论对 $n=1$ 是成立的．现假设坛子里有 $n-1$ 个红球和 m 个蓝球，这个结果仍然成立．现在考虑坛子里有 n 个红球和 m 个蓝球的情况．我们不以 X 的取值为给定条件，而是以 X 是否等于 1 的条件开始讨论，

$$\begin{aligned}P(\text{取出球都是红球})&=P(\text{取出球都是红球}\mid X=1)P(X=1)\\&\quad+P(\text{取出球都是红球}\mid X>1)P(X>1)\\&=\frac{n}{n+m}\frac{1}{n}+P(\text{取出球都是红球}\mid X>1)\frac{n-1}{n}\end{aligned}$$

如果 $X>1$，则取出球都是红球，第一次取出的球也必须是红球，且剩下的 $X-1$ 个球也必须是红球．第一次取出的球是红球的概率是 $\frac{n}{n+m}$．但是给定第一个球是红球，剩余 $X-1$ 个球是随机从 $n-1$ 个红球、m 个蓝球的坛子里取出的，所以对 $X-1$，给定 $X>1$，$X-1$ 仍然是等可能地取值 1，…，$n-1$，所以由归纳假设得

352

$$P(\text{取出球都是红球}\mid X>1)=\frac{n}{n+m}\frac{1}{m+1}$$

故

$$\begin{aligned}P(\text{取出球都是红球})&=\frac{1}{n+m}+\frac{n}{n+m}\frac{1}{m+1}\frac{n-1}{n}\\&=\frac{1}{n+m}\left(1+\frac{n-1}{m+1}\right)\\&=\frac{1}{m+1}\end{aligned}$$

例 5n 设 X 和 Y 为两个相互独立的连续型随机变量，其密度分别为 f_X 和 f_Y．计算 $P\{X<Y\}$．

解 对 y 的值取条件可得

$$\begin{aligned}P\{X<Y\}&=\int_{-\infty}^{\infty}P\{X<Y|Y=y\}f_Y(y)\mathrm{d}y=\int_{-\infty}^{\infty}P\{X<y|Y=y\}f_Y(y)\mathrm{d}y\\&=\int_{-\infty}^{\infty}P\{X<y\}f_Y(y)\mathrm{d}y \qquad \text{由独立性}\\&=\int_{-\infty}^{\infty}F_X(y)f_Y(y)\mathrm{d}y\end{aligned}$$

其中

$$F_X(y) = \int_{-\infty}^{y} f_X(x)\mathrm{d}x$$ ■

例 5o　设 X 和 Y 为相互独立的连续型随机变量，求 $X+Y$ 的分布函数和密度函数.

解　对 y 的值取条件可得

$$P\{X+Y<a\} = \int_{-\infty}^{\infty} P\{X+Y<a \mid Y=y\} f_Y(y)\mathrm{d}y = \int_{-\infty}^{\infty} P\{X+y<a \mid Y=y\} f_Y(y)\mathrm{d}y$$
$$= \int_{-\infty}^{\infty} P\{X<a-y\} f_Y(y)\mathrm{d}y = \int_{-\infty}^{\infty} F_X(a-y) f_Y(y)\mathrm{d}y$$

经求导可得 $X+Y$ 的密度函数为

$$\begin{aligned} f_{X+Y}(a) &= \frac{\mathrm{d}}{\mathrm{d}a}\int_{-\infty}^{\infty} F_X(a-y) f_Y(y)\mathrm{d}y \\ &= \int_{-\infty}^{\infty} \frac{\mathrm{d}}{\mathrm{d}a} F_X(a-y) f_Y(y)\mathrm{d}y \\ &= \int_{-\infty}^{\infty} f_X(a-y) f_Y(y)\mathrm{d}y \end{aligned}$$ ■

353

7.5.4　条件方差

正如我们定义 $Y=y$ 之下 X 的条件期望一样，我们也可以定义 $Y=y$ 之下 X 的条件方差为

$$\mathrm{Var}(X \mid Y) \equiv E[(X-E[X \mid Y])^2 \mid Y]$$

即 $\mathrm{Var}(X \mid Y)$ 是 X 和它的条件均值之差的平方的(条件)期望值. 换句话说，$\mathrm{Var}(X \mid Y)$ 与通常的方差的定义完全一样，不过求期望换成了求在 Y 已知的条件下的条件期望.

条件方差 $\mathrm{Var}(X \mid Y)$ 和无条件方差 $\mathrm{Var}(X)$ 之间具有某种很有用的关系，人们通常利用这种关系计算一个随机变量的方差. 首先，与普通方差的公式 $\mathrm{Var}(X)=E[X^2]-(E[X])^2$ 一样，条件方差也有

$$\mathrm{Var}(X \mid Y) = E[X^2 \mid Y] - (E[X \mid Y])^2$$

由此得到

$$E[\mathrm{Var}(X \mid Y)] = E[E[X^2 \mid Y]] - E[(E[X \mid Y])^2] = E[X^2] - E[(E[X \mid Y])^2] \tag{5.9}$$

同时，因为 $E[E[X \mid Y]]=E[X]$，所以有

$$\begin{aligned} \mathrm{Var}(E[X \mid Y]) &= E[(E[X \mid Y])^2] - (E[E[X \mid Y]])^2 \\ &= E[(E[X \mid Y])^2] - (E[X])^2 \end{aligned} \tag{5.10}$$

将式(5.9)与式(5.10)相加，我们得到如下命题.

命题 5.2［条件方差公式］

$$\mathrm{Var}(X) = E[\mathrm{Var}(X \mid Y)] + \mathrm{Var}(E[X \mid Y])$$

例 5p　设对任意时间 t，在 $(0, t)$ 内到达某火车站的人数是一个泊松随机变量，均值为 λt. 现设火车在 $(0, T)$ 这个区间内随机到达，即到达时间是 $(0, T)$ 上的均匀分布，并且与旅客到达火车站的时间独立. 求火车到达时，上火车的旅客人数的均值和方差.

解　对任意 $t \geqslant 0$，令 $N(t)$ 表示 t 以前到达车站的人数，Y 表示火车到达时间，$N(Y)$ 表示上火车的人数. 给定 Y 的条件下有

354

$$E[N(Y) \mid Y=t] = E[N(t) \mid Y=t] = E[N(t)] \qquad \text{由 } Y \text{ 与 } N(t) \text{ 的独立性}$$

$$=\lambda t \qquad N(t)\text{ 是均值为 }\lambda t\text{ 的泊松随机变量}$$

因此，

$$E[N(Y)|Y]=\lambda Y$$

两边取期望可得

$$E[N(Y)]=\lambda E[Y]=\frac{\lambda T}{2}$$

为了计算 $\mathrm{Var}(N(Y))$，我们利用条件方差公式

$$\begin{aligned}\mathrm{Var}(N(Y)|Y=t)&=\mathrm{Var}(N(t)|Y=t)\\&=\mathrm{Var}(N(t)) \qquad Y\text{ 与 }N(t)\text{ 独立}\\&=\lambda t\end{aligned}$$

因此，有

$$\mathrm{Var}(N(Y)|Y)=\lambda Y, \qquad E[N(Y)|Y]=\lambda Y$$

再由条件方差公式，得

$$\mathrm{Var}(N(Y))=E[\lambda Y]+\mathrm{Var}(\lambda Y)=\lambda\frac{T}{2}+\lambda^2\frac{T^2}{12}$$

上式利用了 $\mathrm{Var}(Y)=T^2/12$ 的事实. ■

例 5q **随机个随机变量之和的方差** 设 X_1，X_2，…是一列独立同分布的随机变量，N 是一取非负整数值的随机变量，且独立于序列 X_i，$i\geqslant 1$. 为计算 $\mathrm{Var}\left(\sum_{i=1}^{N}X_i\right)$，先固定 N 的值作为条件：

$$E\left[\sum_{i=1}^{N}X_i|N\right]=NE[X], \qquad \mathrm{Var}\left(\sum_{i=1}^{N}X_i|N\right)=N\mathrm{Var}(X)$$

由前面已经得到的结果可知，对于给定的 N，$\sum_{i=1}^{N}X_i$ 是固定个数的独立随机变量的和，故它的期望和方差刚好是相应的期望与方差之和，再利用条件方差公式可得

$$\mathrm{Var}\left(\sum_{i=1}^{N}X_i\right)=E[N]\mathrm{Var}(X)+(E[X])^2\mathrm{Var}(N)\}$$ ■ 355

7.6 条件期望及预测

在实际问题中，有时会遇到这样的情况，即某人观测到随机变量 X 的值，然后基于 X 的值，对第二个随机变量 Y 进行预测. 令 $g(X)$表示预测值，即当观测到 X 的值 x 以后，$g(x)$ 就是 Y 的预测值. 显然，我们希望选择 g 使 $g(X)$最接近 Y，选择 g 的一个准则是极小化 $E[(Y-g(X))^2]$. 下面我们证明在这个准则之下，Y 的最优预测值为 $g(X)=E[Y|X]$.

命题 6.1

$$E[(Y-g(X))^2]\geqslant E[(Y-E[Y|X])^2]$$

证明

$$\begin{aligned}E[(Y-g(X))^2|X]&=E[(Y-E[Y|X]+E[Y|X]-g(X))^2|X]\\&=E[(Y-E[Y|X])^2|X]+E[(E[Y|X]-g(X))^2|X]\end{aligned}$$

$$+2E[(Y-E[Y|X])(E[Y|X]-g(X))|X] \tag{6.1}$$

然而，对于给定的 X 值，$E[Y|X]-g(X)$ 是 X 的函数，因此可以看成一个常数，于是

$$\begin{aligned}E[(Y-E[Y|X])(E[Y|X]-g(X))|X] &= (E[Y|X]-g(X))E[Y-E[Y|X]|X] \\ &= (E[Y|X]-g(X))(E[Y|X]-E[Y|X]) = 0\end{aligned} \tag{6.2}$$

这样，由式(6.1)和式(6.2)可得

$$E[(Y-g(X))^2|X] \geqslant E[(Y-E[Y|X])^2|X]$$

上式两边再求期望即可得到命题的结论. □

注释　此处可以给出命题 6.1 的一个更加直观的证明，当然，在证明的严格性上要差一点. 很容易证明 $E[(Y-c)^2]$ 在 $c=E[Y]$ 时达到极小值(见理论习题 7.1). 因此在我们没有任何数据可用时，在均方误差最小的意义下，Y 的最优预测就是 $E[Y]$. 现在假设得到了 X 的观察值 x，此时预测问题与没有数据时的预测问题完全一样，只是原来 Y 的期望改为在事件 $\{X=x\}$ 之下的条件期望. 因此，Y 的最优预测是 Y 在 $X=x$ 之下的条件期望，于是命题 6.1 得证.

例 6a　设父亲的身高为 x 英寸，儿子的身高服从均值为 $x+1$、方差为 4 的正态分布. 假设父亲的身高为 6 英尺，那么其儿子成年以后的身高的最优预测值是多少?

解　设父亲身高为 X，儿子身高为 Y，两者关系可表示为

356

$$Y = X+1+e$$

其中 e 为正态随机变量，独立于 X，并且期望为 0，方差为 4. 对于 6 英尺高的父亲，其儿子身高的最优预测为 $E[Y|X=72]$，

$$\begin{aligned}E[Y|X=72] &= E[X+1+e|X=72] = 73+E[e|X=72] \\ &= 73+E(e) \qquad \text{利用 } X \text{ 与 } e \text{ 的独立性} \\ &= 73\end{aligned}$$

■

例 6b　假设在 A 处发射一个强度为 s 的信号，在 B 处会接收到一个强度为 R 的信号，R 是一个正态随机变量，参数为 $(s, 1)$. 现在假设发射端发射的信号强度 S 服从正态分布，参数为 (μ, σ^2). 当接收端收到的 R 的值为 r 时，求发送信号强度的最优估计?

解　首先计算发射端发送信号强度 S 在给定 R 之下的条件密度

$$f_{S|R}(s|r) = \frac{f_{S,R}(s,r)}{f_R(r)} = \frac{f_S(s)f_{R|S}(r|s)}{f_R(r)} = K\mathrm{e}^{-(s-\mu)^2/2\sigma^2}\mathrm{e}^{-(r-s)^2/2}$$

其中 K 不依赖于 s. 注意

$$\begin{aligned}\frac{(s-\mu)^2}{2\sigma^2}+\frac{(r-s)^2}{2} &= s^2\left(\frac{1}{2\sigma^2}+\frac{1}{2}\right)-\left(\frac{\mu}{\sigma^2}+r\right)s+C_1 = \frac{1+\sigma^2}{2\sigma^2}\left[s^2-2\left(\frac{\mu+r\sigma^2}{1+\sigma^2}\right)s\right]+C_1 \\ &= \frac{1+\sigma^2}{2\sigma^2}\left(s-\frac{\mu+r\sigma^2}{1+\sigma^2}\right)^2+C_2\end{aligned}$$

其中 C_1，C_2 均不依赖于 s，因此条件密度为

$$f_{S|R}(s|r) = C\exp\left\{\frac{-\left(s-\dfrac{\mu+r\sigma^2}{1+\sigma^2}\right)^2}{2\left(\dfrac{\sigma^2}{1+\sigma^2}\right)}\right\}$$

其中 C 与 s 无关. 由上式可知，在给定 $R=r$ 之下，S 的条件分布为正态分布，其期望和方差分别为

$$E[S|R=r]=\frac{\mu+r\sigma^2}{1+\sigma^2}, \qquad \mathrm{Var}(S|R=r)=\frac{\sigma^2}{1+\sigma^2}$$

357

再利用命题 6.1，在给定 $R=r$ 之下，在均方误差最小的意义下，S 的最优估计为

$$E[S|R=r]=\frac{1}{1+\sigma^2}\mu+\frac{\sigma^2}{1+\sigma^2}r$$

由上式看出，条件期望提供了关于 S 的信息，它是 μ 信号的先验期望值和 r(接收到信号的值)的加权平均. 而两个权值之比为 1 比 σ^2，其中 1 代表信号 s 发出后接收到的信号的条件方差，σ^2 表示发送信号的方差. ■

例 6c 在数字信号处理过程中必须把原始连续数据 X 离散化. 其过程如下：取一组递增数列 a_i，$i=0$，±1，±2，…，使得 $\lim\limits_{i\to\infty}a_i=\infty$，$\lim\limits_{i\to-\infty}a_i=-\infty$. 当 $X\in(a_i, a_{i+1}]$ 时，选一个代表值 y_i. 用 Y 表示离散化后的观测值，Y 与 X 之间有如下的关系：

$$Y=y_i \qquad a_i<X\leqslant a_{i+1}$$

Y 的分布由下式给出：

$$P\{Y=y_i\}=F_X(a_{i+1})-F_X(a_i)$$

现在我们的目标是要选择各区间的代表值 y_i，$i=0$，±1，…，使得 $E[(X-Y)^2]$ 达到极小.

(a) 找到最优值 y_i，$i=0$，±1，….

对于最优的 Y，证明：

(b) $E[Y]=E[X]$，即均方误差最小意义下的离散化保持均值不变.

(c) $\mathrm{Var}(Y)=\mathrm{Var}(X)-E[(X-Y)^2]$.

解 (a) 对于任意的离散化随机变量 Y，在给定 Y 值的条件下，有

$$E[(X-Y)^2]=\sum_i E[(X-y_i)^2|a_i<X\leqslant a_{i+1}]P\{a_i<X\leqslant a_{i+1}\}$$

如果我们令

$$I=i \qquad a_i<X\leqslant a_{i+1}$$

则有

$$E[(X-y_i)^2|a_i<X\leqslant a_{i+1}]=E[(X-y_i)^2|I=i]$$

利用命题 6.1 的结论，当

$$y_i=E[X|I=i]=E[X|a_i<X\leqslant a_{i+1}]=\int_{a_i}^{a_{i+1}}\frac{xf_X(x)\mathrm{d}x}{F_X(a_{i+1})-F_X(a_i)}$$

358

时，$E[(X-y_i)^2|a_i<X\leqslant a_{i+1}]$ 达到极小值. 因此，$Y=E[X|I]$ 是最优的离散化随机变量. 在最优的选择之下有下述结论成立：

(b) $E[Y]=E[X]$

(c)
$$\begin{aligned}\mathrm{Var}(X)&=E[\mathrm{Var}(X|I)]+\mathrm{Var}(E[X|I])=E[E[(X-Y)^2|I]]+\mathrm{Var}(Y)\\&=E[(X-Y)^2]+\mathrm{Var}(Y)\end{aligned}$$

■

在某些情况下，X 和 Y 的联合分布不是完全已知的，或者，即使知道联合分布，$E[Y|X=x]$的计算也十分复杂．然而，如果我们知道 X 和 Y 的期望、方差和相关系数，那么至少可以求出依赖于 X 的最优线性预测．

为求得 Y 关于 X 的最优线性预测，我们需要选择线性预测 $a+bX$ 的系数 a 和 b，使得 $E[(Y-(a+bX))^2]$达到极小值．为此，需要先将 $E[(Y-(a+bX))^2]$展成一个 a，b 的多项式：

$$\begin{aligned}E[(Y-(a+bX))^2] &= E[Y^2-2aY-2bXY+a^2+2abX+b^2X^2]\\ &= E[Y^2]-2aE[Y]-2bE[XY]+a^2+2abE[X]+b^2E[X^2]\end{aligned}$$

将上式对 a 和 b 求偏导数，得

$$\begin{aligned}\frac{\partial}{\partial a}E[(Y-a-bX)^2] &= -2E[Y]+2a+2bE[X]\\ \frac{\partial}{\partial b}E[(Y-a-bX)^2] &= -2E[XY]+2aE[X]+2bE[X^2]\end{aligned} \tag{6.3}$$

令偏导数为 0，求解关于$(a，b)$的方程组(6.3)，得到

$$\begin{aligned}b &= \frac{E[XY]-E[X]E[Y]}{E[X^2]-(E[X])^2} = \frac{\mathrm{Cov}(X,Y)}{\sigma_x^2} = \rho\frac{\sigma_y}{\sigma_x}\\ a &= E[Y]-bE[X] = E[Y]-\frac{\rho\sigma_y E[X]}{\sigma_x}\end{aligned} \tag{6.4}$$

其中 ρ 为 X，Y 的相关系数，$\sigma_y^2=\mathrm{Var}(Y)$，$\sigma_x^2=\mathrm{Var}(X)$．容易验证由式(6.4)给出的 a，b 值使得 $E[(Y-(a+bX))^2]$达到极小．因此，在均方误差意义下，Y 关于 X 的最优线性预测为

$$\mu_y+\frac{\rho\sigma_y}{\sigma_x}(X-\mu_x)$$

其中 $\mu_y=E[Y]$，$\mu_x=E[X]$．

这个线性预测的均方误差为

$$\begin{aligned}&E\left[\left(Y-\mu_y-\rho\frac{\sigma_y}{\sigma_x}(X-\mu_x)\right)^2\right]\\ &= E[(Y-\mu_y)^2]+\rho^2\frac{\sigma_y^2}{\sigma_x^2}E[(X-\mu_x)^2]-2\rho\frac{\sigma_y}{\sigma_x}E[(Y-\mu_y)(X-\mu_x)]\\ &= \sigma_y^2+\rho^2\sigma_y^2-2\rho^2\sigma_y^2 = \sigma_y^2(1-\rho^2)\end{aligned} \tag{6.5}$$

359

由式(6.5)可以看出，当 ρ 接近于 $+1$ 或 -1 时，其最优线性预测的均方误差接近于 0． ■

例 6d　当 X 和 Y 的联合分布为二元正态分布时，因为在给定 X 的条件下 Y 的条件期望为 X 的线性函数，因此 Y 关于 X 的最优线性预测就是整体的最优预测．在第 6 章例 5d 已经给出，在正态情况下，

$$E[Y|X=x]=\mu_y+\rho\frac{\sigma_y}{\sigma_x}(x-\mu_x)$$ ■

7.7　矩母函数

随机变量 X 的矩母函数$M(t)$由下式定义：

$$M(t)=E[e^{tX}]=\begin{cases}\sum_x e^{tx}p(x) & \text{若 } X \text{ 离散}, p(x) \text{ 为其分布列}\\ \int_{-\infty}^{\infty} e^{tx}f(x)dx & \text{若 } X \text{ 连续}, f(x) \text{ 为其密度函数}\end{cases}$$

其中 t 为任意实数. 之所以称 $M(t)$为矩母函数，是因为 X 的所有各阶矩都可以从 $M(t)$在 $t=0$的各阶微分得到. 例如，

$$M'(t)=\frac{d}{dt}E[e^{tX}]=E\left[\frac{d}{dt}(e^{tX})\right]=E[Xe^{tX}] \tag{7.1}$$

其中，我们假定了微分和期望这两个运算可以交换次序，即我们假定在离散情形下，下式成立：

$$\frac{d}{dt}\left[\sum_x e^{tx}p(x)\right]=\sum_x \frac{d}{dt}[e^{tx}p(x)]$$

在连续情形下，下式成立：

$$\frac{d}{dt}\left[\int e^{tx}f(x)dx\right]=\int \frac{d}{dt}[e^{tx}f(x)]dx$$

这个假定在通常情况下能够验证. 特别是本书中提到的分布，都能满足上述要求. 因此，在式(7.1)中，令 $t=0$，可得

$$M'(0)=E[X]$$

360

类似地，

$$M''(t)=\frac{d}{dt}M'(t)=\frac{d}{dt}E[Xe^{tX}]=E\left[\frac{d}{dt}\left(Xe^{tX}\right)\right]=E[X^2e^{tX}]$$

由此得到

$$M''(0)=E[X^2]$$

一般地，对 $M(t)$求 n 次导数可得

$$M^n(t)=E[X^ne^{tX}] \quad n\geqslant 1$$

从而有

$$M^n(0)=E[X^n] \quad n\geqslant 1$$

现在，我们来计算某些常见分布的矩母函数 $M(t)$.

例 7a 参数为(n, p)的二项分布 设 X 是参数为(n, p)的二项随机变量，则

$$M(t)=E[e^{tX}]=\sum_{k=0}^{n}e^{tk}\binom{n}{k}p^k(1-p)^{n-k}=\sum_{k=0}^{n}\binom{n}{k}(pe^t)^k(1-p)^{n-k}=(pe^t+1-p)^n$$

其中最后一个等式利用了二项式定理. 两边求微分可得

$$M'(t)=n(pe^t+1-p)^{n-1}pe^t$$

故

$$E[X]=M'(0)=np$$

再一次微分可得

$$M''(t)=n(n-1)(pe^t+1-p)^{n-2}(pe^t)^2+n(pe^t+1-p)^{n-1}pe^t$$

故

$$E[X^2]=M''(0)=n(n-1)p^2+np$$

进而得 X 的方差为

$$\operatorname{Var}(X)=E[X^2]-(E[X])^2=n(n-1)p^2+np-n^2p^2=np(1-p)$$

361 这验证了之前所得的结果. ■

例 7b 参数为 λ 的泊松分布 设 X 是参数为 λ 的泊松随机变量，则有

$$M(t)=E[e^{tX}]=\sum_{n=0}^{\infty}\frac{e^{tn}e^{-\lambda}\lambda^n}{n!}=e^{-\lambda}\sum_{n=0}^{\infty}\frac{(\lambda e^t)^n}{n!}=e^{-\lambda}e^{\lambda e^t}=\exp\{\lambda(e^t-1)\}$$

求微分可得

$$M'(t)=\lambda e^t\exp\{\lambda(e^t-1)\}$$
$$M''(t)=(\lambda e^t)^2\exp\{\lambda(e^t-1)\}+\lambda e^t\exp\{\lambda(e^t-1)\}$$

由此可得

$$E[X]=M'(0)=\lambda$$
$$E[X^2]=M''(0)=\lambda^2+\lambda$$
$$\operatorname{Var}(X)=E[X^2]-(E[X])^2=\lambda$$

因此，泊松随机变量的期望和方差均为 λ. ■

例 7c 参数为 λ 的指数分布 设 X 是参数为 λ 的指数随机变量，

$$M(t)=E[e^{tX}]=\int_0^{\infty}e^{tx}\lambda e^{-\lambda x}\,dx=\lambda\int_0^{\infty}e^{-(\lambda-t)x}\,dx=\frac{\lambda}{\lambda-t},\quad 对\ t<\lambda$$

由上式可知，指数分布的 $M(t)$ 只对 $t<\lambda$ 有定义. 对 $M(t)$ 求微分，

$$M'(t)=\frac{\lambda}{(\lambda-t)^2},\qquad M''(t)=\frac{2\lambda}{(\lambda-t)^3}$$

因此

362

$$E[X]=M'(0)=\frac{1}{\lambda},\qquad E[X^2]=M''(0)=\frac{2}{\lambda^2}$$

X 的方差为

$$\operatorname{Var}(X)=E[X^2]-(E[X])^2=\frac{1}{\lambda^2}$$ ■

例 7d 正态分布 首先计算标准正态随机变量的矩母函数. 令 Z 为该标准正态随机变量，则有

$$M_Z(t)=E[e^{tZ}]=\frac{1}{\sqrt{2\pi}}\int_{-\infty}^{\infty}e^{tx}e^{-x^2/2}\,dx=\frac{1}{\sqrt{2\pi}}\int_{-\infty}^{\infty}\exp\left\{-\frac{x^2-2tx}{2}\right\}dx$$
$$=\frac{1}{\sqrt{2\pi}}\int_{-\infty}^{\infty}\exp\left\{-\frac{(x-t)^2}{2}+\frac{t^2}{2}\right\}dx=e^{t^2/2}\frac{1}{\sqrt{2\pi}}\int_{-\infty}^{\infty}e^{-(x-t)^2/2}\,dx=e^{t^2/2}$$

因此，标准正态随机变量的矩母函数为 $M_Z(t)=e^{t^2/2}$. 对于一般正态随机变量，只需作变换 $X=\mu+\sigma Z$（见 5.4 节），其中当 Z 为标准正态随机变量时，X 服从参数为 μ 和 σ^2 正态分布. 此时

$$M_X(t)=E[e^{tX}]=E[e^{t(\mu+\sigma Z)}]=E[e^{t\mu}e^{t\sigma Z}]=e^{t\mu}E[e^{t\sigma Z}]=e^{t\mu}M_Z(t\sigma)=e^{t\mu}e^{(t\sigma)^2/2}=\exp\left\{\frac{\sigma^2t^2}{2}+\mu t\right\}$$

求微分，可得

$$M_X'(t)=(\mu+t\sigma^2)\exp\left\{\frac{\sigma^2t^2}{2}+\mu t\right\}$$

$$M_X''(t)=(\mu+t\sigma^2)^2\exp\left\{\frac{\sigma^2t^2}{2}+\mu t\right\}+\sigma^2\exp\left\{\frac{\sigma^2t^2}{2}+\mu t\right\}$$

363

由此可得

$$E[X]=M'(0)=\mu$$

$$E[X^2]=M''(0)=\mu^2+\sigma^2$$

因此，

$$\mathrm{Var}(X)=E[X^2]-(E[X])^2=\sigma^2$$

■

表 7-1 和表 7-2 给出了某些常用的离散型和连续型分布的矩母函数.

表 7-1 离散型概率分布

	分布列	矩母函数	均 值	方 差
二项分布 参数$(n,\ p)$，$0\leqslant p\leqslant 1$	$\binom{n}{x}p^x(1-p)^{n-x}$ $x=0,\ 1,\ \cdots,\ n$	$(pe^t+1-p)^n$	np	$np(1-p)$
泊松分布 参数 $\lambda>0$	$\frac{\lambda^x}{x!}e^{-\lambda}$ $x=0,\ 1,\ 2,\ \cdots$	$\exp\{\lambda(e^t-1)\}$	λ	λ
几何分布 参数 $0\leqslant p\leqslant 1$	$p(1-p)^{x-1}$ $x=1,\ 2,\ \cdots$	$\frac{pe^t}{1-(1-p)e^t}$	$\frac{1}{p}$	$\frac{1-p}{p^2}$
负二项分布 参数 $r,\ p$；$0\leqslant p\leqslant 1$	$\binom{n-1}{r-1}p^r(1-p)^{n-r}$ $n=r,\ r+1,\ \cdots$	$\left[\frac{pe^t}{1-(1-p)e^t}\right]^r$	$\frac{r}{p}$	$\frac{r(1-p)}{p^2}$

表 7-2 连续型概率分布

	密度函数	矩母函数	均 值	方 差
$(a,\ b)$上均匀分布	$f(x)=\begin{cases}\frac{1}{b-a} & a<x<b\\ 0 & 其他\end{cases}$	$\frac{e^{tb}-e^{ta}}{t(b-a)}$	$\frac{a+b}{2}$	$\frac{(b-a)^2}{12}$
指数分布，参数 $\lambda>0$	$f(x)=\begin{cases}\lambda e^{-\lambda x} & x\geqslant 0\\ 0 & x<0\end{cases}$	$\frac{\lambda}{\lambda-t}$	$\frac{1}{\lambda}$	$\frac{1}{\lambda^2}$
Γ分布，参数$(s,\ \lambda)$，$\lambda>0$	$f(x)=\begin{cases}\frac{\lambda e^{-\lambda x}(\lambda x)^{s-1}}{\Gamma(s)} & x\geqslant 0\\ 0 & x<0\end{cases}$	$\left(\frac{\lambda}{\lambda-t}\right)^s$	$\frac{s}{\lambda}$	$\frac{s}{\lambda^2}$
正态分布，参数$(\mu,\ \sigma^2)$	$f(x)=\frac{1}{\sqrt{2\pi}\sigma}e^{-(x-\mu)^2/2\sigma^2}\quad -\infty<x<\infty$	$\exp\{\mu t+\sigma^2t^2/2\}$	μ	σ^2

矩母函数的一个重要性质是，独立随机变量和的矩母函数等于诸随机变量各自矩母函数的乘积. 为证明这一点，设 X 和 Y 为相互独立的随机变量，其矩母函数分别为 $M_X(t)$和 $M_Y(t)$. 记 $M_{X+Y}(t)$为 $X+Y$ 的矩母函数，则

$$M_{X+Y}(t)=E[e^{t(X+Y)}]=E[e^{tX}e^{tY}]=E[e^{tX}]E[e^{tY}]=M_X(t)M_Y(t)$$

其中倒数第二个等式利用了命题 4.1 关于独立随机变量乘积的期望的计算公式.

364 ~ 365

矩母函数的另一个重要性质是，矩母函数唯一地确定了分布. 设 $M_X(t)$ 是 X 的矩母函数，并在 $t=0$ 的某一邻域内有定义且有限，则 X 的分布被 $M_X(t)$ 所唯一确定. 例如，若

$$M_X(t)=\left(\frac{1}{2}\right)^{10}(\mathrm{e}^t+1)^{10}$$

则由表 7-1 可知，X 是二项随机变量，参数为(10，1/2).

例 7e　设随机变量 X 的矩母函数为 $M(t)=\mathrm{e}^{3(\mathrm{e}^t-1)}$，求 $P\{X=0\}$.

解　由表 7-1 知，$M(t)=\mathrm{e}^{3(\mathrm{e}^t-1)}$ 是参数为 $\lambda=3$ 的泊松随机变量的矩母函数，由矩母函数与分布函数之间的一一对应关系可知，X 是均值为 3 的泊松随机变量. 因此，$P\{X=0\}=\mathrm{e}^{-3}$. ■

例 7f 独立的二项随机变量的和　设 X 和 Y 为相互独立的二项随机变量，其分布参数分别为 $(n,\ p)$ 和 $(m,\ p)$，$X+Y$ 的分布是什么？

解　$X+Y$ 的矩母函数为

$$M_{X+Y}(t)=M_X(t)M_Y(t)=(p\mathrm{e}^t+1-p)^n(p\mathrm{e}^t+1-p)^m=(p\mathrm{e}^t+1-p)^{n+m}$$

然而，$(p\mathrm{e}^t+1-p)^{n+m}$ 是二项随机变量的矩母函数，其相应的参数为 $(n+m,\ p)$. 由矩母函数唯一确定分布知，$X+Y$ 的分布为二项分布，参数为 $(n+m,\ p)$. ■

例 7g 独立的泊松随机变量的和　设 X 和 Y 为相互独立的泊松随机变量，参数分别为 λ_1，λ_2，求 $X+Y$ 的分布.

解　因为

$$M_{X+Y}(t)=M_X(t)M_Y(t)=\exp\{\lambda_1(\mathrm{e}^t-1)\}\exp\{\lambda_2(\mathrm{e}^t-1)\}=\exp\{(\lambda_1+\lambda_2)(\mathrm{e}^t-1)\}$$

所以 $X+Y$ 的分布也是泊松分布，分布参数为 $\lambda_1+\lambda_2$，这验证了第 6 章例 3e 的结果. ■

例 7h 独立的正态随机变量之和　设 X 和 Y 为相互独立正态随机变量，其参数分别为

366

$(\mu_1,\ \sigma_1^2)$ 和 $(\mu_2,\ \sigma_2^2)$. 则 $X+Y$ 也是正态分布，均值为 $\mu_1+\mu_2$，方差为 $\sigma_1^2+\sigma_2^2$.

解

$$M_{X+Y}(t)=M_X(t)M_Y(t)=\exp\left\{\frac{\sigma_1^2t^2}{2}+\mu_1t\right\}\exp\left\{\frac{\sigma_2^2t^2}{2}+\mu_2t\right\}=\exp\left\{\frac{(\sigma_1^2+\sigma_2^2)t^2}{2}+(\mu_1+\mu_2)t\right\}$$

这个函数是均值为 $\mu_1+\mu_2$、方差为 $\sigma_1^2+\sigma_2^2$ 的正态随机变量的矩母函数. 由于矩母函数完全确定其分布函数，故 $X+Y$ 的分布为正态分布，其均值为 $\mu_1+\mu_2$，方差为 $\sigma_1^2+\sigma_2^2$. ■

例 7i　计算自由度为 n 的 χ^2 随机变量的矩母函数.

解　我们可以将 χ^2 随机变量分解成

$$Z_1^2+\cdots+Z_n^2$$

其中 Z_1，…，Z_n 是相互独立的标准正态随机变量，令 $M(t)$ 为其矩母函数. 由前面论述可知，

$$M(t)=(E[\mathrm{e}^{tZ^2}])^n$$

其中 Z 为标准正态随机变量. 现在，

$$E[\mathrm{e}^{tZ^2}]=\frac{1}{\sqrt{2\pi}}\int_{-\infty}^{\infty}\mathrm{e}^{tx^2}\mathrm{e}^{-x^2/2}\mathrm{d}x=\frac{1}{\sqrt{2\pi}}\int_{-\infty}^{\infty}\mathrm{e}^{-x^2/2\sigma^2}\mathrm{d}x\quad \text{其中 } \sigma^2=(1-2t)^{-1}$$

$$=\sigma=(1-2t)^{-1/2}$$

上式中倒数第二个等式利用了“均值为 0、方差为 σ^2 的正态密度函数积分为 1”的结论. 因此，

$$M(t)=(1-2t)^{-n/2}$$ ■

例 7j 随机个随机变量之和的矩母函数 设 X_1，X_2，…为一列独立同分布的随机变量，又设 N 为取值于非负整数集合的随机变量，且与 $X_i(i\geqslant 1)$相互独立. 现在需要计算

$$Y=\sum_{i=1}^{N}X_i$$

的矩母函数.（在例 5d 中 Y 可以解释为某一天百货商店的营业额，它是某一天顾客消费的总和，此处每一个顾客的消费额以及顾客人数都是随机变量.）

367

为计算 Y 的矩母函数，首先，求出 N 固定之下的条件期望：

$$E\left[\exp\left\{t\sum_{i=1}^{N}X_i\right\}\Big|N=n\right]=E\left[\exp\left\{t\sum_{i=1}^{n}X_i\right\}|N=n\right]=E\left[\exp\left\{t\sum_{i=1}^{n}X_i\right\}\right]=[M_X(t)]^n$$

其中

$$M_X(t)=E[e^{tX_i}]$$

因此，

$$E[e^{tY}|N]=(M_X(t))^N$$

所以，有

$$M_Y(t)=E[(M_X(t))^N]$$

利用微分法可得 Y 的矩，如下：

$$M'_Y(t)=E[N(M_X(t))^{N-1}M'_X(t)]$$

故

$$E[Y]=M'_Y(0)=E[N(M_X(0))^{N-1}M'_X(0)]=E[NE[X]]=E[N]E[X] \quad (7.2)$$

这验证了例 5d 的结论.（上述论证中，利用了 $M_X(0)=E[e^{0X}]=1$ 的结论.）

同样，由

$$M''_Y(t)=E[N(N-1)(M_X(t))^{N-2}(M'_X(t))^2+N(M_X(t))^{N-1}M''_X(t)]$$

得

$$\begin{aligned}E[Y^2]=M''_Y(0)&=E[N(N-1)(E[X])^2+NE[X^2]]\\&=(E[X])^2(E[N^2]-E[N])+E[N]E[X^2]\\&=E[N](E[X^2]-(E[X])^2)+(E[X])^2E[N^2]\\&=E[N]\mathrm{Var}(X)+(E[X])^2E[N^2]\end{aligned} \quad (7.3)$$

因此，由式(7.2)和式(7.3)，可得

$$\mathrm{Var}(Y)=E[N]\mathrm{Var}(X)+(E[X])^2(E[N^2]-(E[N])^2)=E[N]\mathrm{Var}(X)+(E[X])^2\mathrm{Var}(N)$$ ■

368

例 7k 令 Y 是(0，1)上的均匀随机变量，假设在给定 $Y=p$ 的条件下，随机变量 X 服从二项分布，其参数为$(n，p)$. 在例 5k 中已经推出 X 的分布为有限点集$\{0，1，…，n\}$上的均匀分布. 现利用矩母函数方法证明这个结论.

解 首先将 Y 的值固定，在 Y 值固定的条件之下，利用二项分布的矩母函数得到

$$E[e^{tX}\mid Y=p]=(pe^t+1-p)^n$$

由于 Y 又是(0，1)上的均匀随机变量，对上式求期望得

$$E[e^{tX}]=\int_0^1(pe^t+1-p)^n dp=\frac{1}{e^t-1}\int_1^{e^t}y^n dy \qquad \text{作变量替换 } y=pe^t+1-p$$

$$=\frac{1}{n+1}\frac{e^{t(n+1)}-1}{e^t-1}=\frac{1}{n+1}(1+e^t+e^{2t}+\cdots+e^{nt})$$

因为上述函数是有限集合{0，1，…，n}上服从均匀分布的随机变量的矩母函数，所以由矩母函数唯一确定其分布知，X 的分布就是{0，1，…，n}上的均匀分布. ■

联合矩母函数

我们可以把矩母函数推广到两个或多个随机变量的联合矩母函数. 设 X_1，…，X_n 为随机变量序列，对于实数 t_1，…，t_n，联合矩母函数 $M(t_1$，…，$t_n)$定义为

$$M(t_1,\cdots,t_n)=E[e^{t_1X_1+\cdots+t_nX_n}]$$

X_i 的矩母函数可以从联合矩母函数 $M(t_1$，…，$t_n)$中得到，即

$$M_{X_i}(t)=E[e^{tX_i}]=M(0,\cdots,0,t,0,\cdots,0)$$

其中 t 的位置刚好在第 i 个变量的地方.

可以证明，X_1，…，X_n 的联合矩母函数唯一地确定了它们的联合分布(这个结论的证明已经超出了本书的范围). 利用这个结论，可以证明，X_1，…，X_n 相互独立的充要条件是

369

$$M(t_1,\cdots,t_n)=M_{X_1}(t_1)\cdots M_{X_n}(t_n) \tag{7.4}$$

一方面，若 X_1，…，X_n 相互独立，则

$$M(t_1,\cdots,t_n)=E[e^{(t_1X_1+\cdots+t_nX_n)}]=E[e^{t_1X_1}\cdots e^{t_nX_n}]$$

$$=E[e^{t_1X_1}]\cdots E[e^{t_nX_n}] \qquad \text{由独立性}$$

$$=M_{X_1}(t_1)\cdots M_{X_n}(t_n)$$

另一方面，若式(7.4)成立，我们首先证明式(7.4)两边都是矩母函数，等式右边与分布函数 $F_{X_1}(x_1)\cdots F_{X_n}(x_n)$相对应，等式左边与$(X_1$，…，$X_n)$的分布函数 $F(X_1$，…，$X_n)$相对应. 由于联合矩母函数唯一确定联合分布，因此式(7.4)说明对任意 x_1，…，x_n，有

$$F(x_1,\cdots,x_n)=F_{X_1}(x_1)\cdots F_{X_n}(x_n)$$

其中 F_{X_i} 为 X_i 的分布函数. 这个等式说明 X_1，…，X_n 是相互独立的.

例 7l　设 X 和 Y 为独立正态随机变量，均值为 μ，方差为 σ^2，第 6 章例 7a 证明了 $X+Y$ 与 $X-Y$ 相互独立. 现在用联合矩母函数的方法证明这个结论.

$$E[e^{t(X+Y)+s(X-Y)}]=E[e^{(t+s)X+(t-s)Y}]=E[e^{(t+s)X}]E[e^{(t-s)Y}]$$

$$=e^{\mu(t+s)+\sigma^2(t+s)^2/2}e^{\mu(t-s)+\sigma^2(t-s)^2/2}=e^{2\mu t+\sigma^2t^2}e^{\sigma^2s^2}$$

由于上式是两个独立随机变量的联合矩母函数，一个是均值为 $2u$、方差为 σ^2 的正态随机变量，一个是均值为 0、方差为 σ^2 的正态随机变量，故有

$$E(e^{t(x+y)+s(x-y)})=E[e^{t(X+Y)}]E[e^{s(X-Y)}]$$

因为联合矩母函数唯一地确定联合分布，所以 $X+Y$ 与 $X-Y$ 是独立正态随机变量. ■

下面我们用联合矩母函数的方法去验证第 6 章例 2b 的结论.

例 7m 假设某事件发生的次数是一个泊松随机变量，参数为 λ，又假设这些事件独立地以概率 p 被记录下来. 证明记录下来的事件数和未记录下来的事件数是相互独立的泊松随机变量，其参数分别为 λp 与 $\lambda(1-p)$.

解 记 X 为事件发生的总次数，X_c 为记录下的事件数，则未记录下来的事件数为 $X-X_c$，首先计算条件矩母函数：

$$E[e^{sX_c+t(X-X_c)}\mid X=n]=e^{tn}E[e^{(s-t)X_c}\mid X=n]=e^{tn}(pe^{s-t}+1-p)^n=(pe^s+(1-p)e^t)^n$$

370

上述推导用到如下事实：在 $X=n$ 的条件下，X_c 是参数为 (n,p) 的二项随机变量. 由此可得

$$E[e^{sX_c+t(X-X_c)}\mid X]=(pe^s+(1-p)e^t)^X$$

上式两边求期望得

$$E[e^{sX_c+t(X-X_c)}]=E[(pe^s+(1-p)e^t)^X]$$

由于 X 为泊松随机变量，参数为 λ，故 $E[e^{tX}]=e^{\lambda(e^t-1)}$. 对任何正数 a，可令 $a=e^t$，于是 $E[a^X]=e^{\lambda(a-1)}$. 这样，

$$E[e^{sX_c+t(X-X_c)}]=e^{\lambda(pe^s+(1-p)e^t-1)}=e^{\lambda p(e^s-1)}e^{\lambda(1-p)(e^t-1)}$$

上式中，令 $t=0$，得 $E[e^{sX_c}]=e^{\lambda p(e^s-1)}$，类似可得 $E[e^{t(X-X_c)}]=e^{\lambda(1-p)(e^t-1)}$，故 X_c 与 $X-X_c$ 均为泊松随机变量，其参数分别为 λp 和 $\lambda(1-p)$. 同时，下式成立：

$$E[e^{sX_c+t(X-X_c)}]=E[e^{sX_c}]E[e^{t(X-X_c)}]$$

由随机变量相互独立的充要条件式(7.4)知，X_c 与 $X-X_c$ 相互独立. ■

7.8 正态随机变量的更多性质

7.8.1 多元正态分布

设 $Z_1,\cdots,Z_n$ 为 n 个相互独立的标准正态随机变量，若 $X_1,\cdots,X_m$ 可以表示如下：

$$\begin{aligned}X_1&=a_{11}Z_1+\cdots+a_{1n}Z_n+\mu_1\\X_2&=a_{21}Z_1+\cdots+a_{2n}Z_n+\mu_2\\&\vdots\\X_i&=a_{i1}Z_1+\cdots+a_{in}Z_n+\mu_i\\&\vdots\\X_m&=a_{m1}Z_1+\cdots+a_{mn}Z_n+\mu_m\end{aligned}$$

其中 $a_{ij}(1\leqslant i\leqslant m,1\leqslant j\leqslant n)$ 和 $\mu_i(1\leqslant i\leqslant m)$ 均为常数，那么称 $X_1,\cdots,X_m$ 服从多元正态分布.

利用独立正态随机变量之和仍为正态随机变量这个事实可知，X_i 为正态随机变量，其均值和方差分别为

$$E[X_i]=\mu_i,\qquad \mathrm{Var}(X_i)=\sum_{j=1}^n a_{ij}^2$$

现考虑它们的联合矩母函数

$$M(t_1,\cdots,t_m)=E[\exp\{t_1X_1+\cdots+t_mX_m\}]$$

371

由于 $\sum_{i=1}^{m} t_i X_i$ 本身是独立正态随机变量 Z_1，…，Z_n 的线性组合，故 $\sum_{i=1}^{m} t_i X_i$ 为正态随机变量，其均值和方差分别为

$$E\left[\sum_{i=1}^{m} t_i X_i\right] = \sum_{i=1}^{m} t_i \mu_i$$

$$\operatorname{Var}\left(\sum_{i=1}^{m} t_i X_i\right) = \operatorname{Cov}\left(\sum_{i=1}^{m} t_i X_i, \sum_{j=1}^{m} t_j X_j\right) = \sum_{i=1}^{m}\sum_{j=1}^{m} t_i t_j \operatorname{Cov}(X_i, X_j)$$

对于一般的正态随机变量 Y，我们有公式

$$E[e^Y] = M_Y(t)\big|_{t=1} = e^{\mu+\sigma^2/2}$$

其中 $\mu=E[Y]$，$\sigma^2=\operatorname{Var}(Y)$. 将上述公式应用于 $Y = \sum_{i=1}^{m} t_i X_i$，得

$$M(t_1, \cdots, t_m) = \exp\left\{\sum_{i=1}^{m} t_i \mu_i + \frac{1}{2}\sum_{i=1}^{m}\sum_{j=1}^{m} t_i t_j \operatorname{Cov}(X_i X_j)\right\}$$

由上式可知，X_1，…，X_m 的联合分布完全由 $E[X_i]$和 $\operatorname{Cov}(X_i,\ X_j)(i,\ j=1,\ \cdots,\ m)$所确定.

不难证明，当 $m=2$ 时，此多元正态分布就是二元正态分布.

例 8a　设 X 和 Y 是二元正态随机变量，具有参数

$$\mu_x = E[X], \mu_y = E[Y], \sigma_x^2 = \operatorname{Var}(X), \sigma_y^2 = \operatorname{Var}(Y), \rho = \operatorname{Corr}(X, Y)$$

求 $P\{X<Y\}$.

解　由于 $X-Y$ 也是正态随机变量，其均值为

$$E[X-Y] = \mu_x - \mu_y$$

方差为

$$\operatorname{Var}(X-Y) = \operatorname{Var}(X) + \operatorname{Var}(-Y) + 2\operatorname{Cov}(X, -Y) = \sigma_x^2 + \sigma_y^2 - 2\rho\sigma_x\sigma_y$$

由此可得

$$P\{X<Y\} = P\{X-Y<0\} = P\left\{\frac{X-Y-(\mu_x-\mu_y)}{\sqrt{\sigma_x^2+\sigma_y^2-2\rho\sigma_x\sigma_y}} < \frac{-(\mu_x-\mu_y)}{\sqrt{\sigma_x^2+\sigma_y^2-2\rho\sigma_x\sigma_y}}\right\}$$

$$= \Phi\left(\frac{\mu_y-\mu_x}{\sqrt{\sigma_x^2+\sigma_y^2-2\rho\sigma_x\sigma_y}}\right)$$ ■

372

例 8b　设在给定 $\Theta=\theta$ 之下 X 的条件分布是正态分布，其均值为 θ，方差为 1. 进一步假设 Θ 本身也是正态随机变量，其均值为 μ，方差为 σ^2. 求出给定 $X=x$ 之下的 Θ 的条件分布.

解　我们不用贝叶斯公式，而是首先证明$(X,\ \Theta)$具有二元正态分布. 注意，X，Θ 的联合密度函数可写为

$$f_{X,\Theta}(x, \theta) = f_{X|\Theta}(x|\theta) f_\Theta(\theta)$$

其中，$f_{X|\Theta}(x|\theta)$为正态密度函数，均值为 θ，方差为 1. 如果令 Z 为标准正态随机变量，独立于 Θ，则给定 $\Theta=\theta$ 之下，$Z+\Theta$ 的条件分布为正态分布，均值为 θ，方差为 1. 显然$(Z+\Theta,\ \Theta)$与$(X,\ \Theta)$具有相同的联合密度函数，由多元正态分布的定义知，$(Z+\Theta,\ \Theta)$

显然具有二元正态分布(因为 $Z+\Theta$ 和 Θ 都是独立正态随机变量 Z 和 Θ 的线性组合)，这样，(X,Θ)也具有二元正态分布. 现在

$$E[X]=E[Z+\Theta]=\mu \quad \operatorname{Var}(X)=\operatorname{Var}(Z+\Theta)=1+\sigma^2$$

且

$$\rho=\operatorname{Corr}(X,\Theta)=\operatorname{Corr}(Z+\Theta,\Theta)=\frac{\operatorname{Cov}(Z+\Theta,\Theta)}{\sqrt{\operatorname{Var}(Z+\Theta)\operatorname{Var}(\Theta)}}=\frac{\sigma}{\sqrt{1+\sigma^2}}$$

因为(X,Θ)具有二元正态分布，所以 $X=x$ 之下 Θ 的条件分布为正态分布，其均值为

$$E[\Theta\mid X=x]=E[\Theta]+\rho\sqrt{\frac{\operatorname{Var}(\Theta)}{\operatorname{Var}(X)}}(x-E[X])=\mu+\frac{\sigma^2}{1+\sigma^2}(x-\mu)$$

方差为

$$\operatorname{Var}(\Theta\mid X=x)=\operatorname{Var}(\Theta)(1-\rho^2)=\frac{\sigma^2}{1+\sigma^2}$$ ■

7.8.2 样本均值与样本方差的联合分布

设 $X_1,\cdots,X_n$ 为独立正态随机变量，均值为 μ，方差为 σ^2. 记 $\overline{X}=\sum_{i=1}^{n}X_i/n$ 为样本均值，由于独立正态随机变量的和也是正态随机变量，因此 $\overline{X}$ 也是正态随机变量，其期望为 μ，方差为 σ^2/n(见例 2c 和例 4a). 373

由例 4e 可知，

$$\operatorname{Cov}(\overline{X},X_i-\overline{X})=0,\quad i=1,\cdots,n \tag{8.1}$$

注意，因为 $\overline{X}$，$X_1-\overline{X}$，$X_2-\overline{X}$，…，$X_n-\overline{X}$ 是独立的标准正态随机变量$(X_i-\mu)/\sigma$ $(i=1,\cdots,n)$的线性组合，所以 $\overline{X}$，$X_i-\overline{X}(i=1,\cdots,n)$的联合分布为多元正态分布. 现在设 Y 是均值为 μ、方差为 σ^2/n 的正态随机变量，且与 $X_i(i=1,\cdots,n)$独立，故 Y 也与 $X_1-\overline{X}$，…，$X_n-\overline{X}$ 相互独立. 不难验证 Y，$X_1-\overline{X}$，…，$X_n-\overline{X}$ 具有联合正态分布，由式(8.1)知，Y，$X_1-\overline{X}$，…，$X_n-\overline{X}$ 的期望和协方差与 $\overline{X}$，$X_1-\overline{X}$，…，$X_n-\overline{X}$ 的期望和协方差完全相同. 因为联合正态分布完全由其期望和协方差所确定，所以这两组随机变量具有相同的联合分布. 这样，就证明了 $\overline{X}$ 与 $X_1-\overline{X}$，…，$X_n-\overline{X}$ 也相互独立. 因此，$\overline{X}$ 与 $S^2=\sum_{i=1}^{n}(X_i-\overline{X})^2/(n-1)$ 也相互独立.

我们已经知道 $\overline{X}$ 与 S^2 相互独立，且 $\overline{X}$ 为正态随机变量，均值为 μ，方差为 σ^2/n，下面我们只需求出 S^2 的分布. 在例 4a 中，给出了代数恒等式

$$(n-1)S^2=\sum_{i=1}^{n}(X_i-\overline{X})^2=\sum_{i=1}^{n}(X_i-\mu)^2-n(\overline{X}-\mu)^2$$

两边除以 σ^2，可得

$$\frac{(n-1)S^2}{\sigma^2}+\left(\frac{\overline{X}-\mu}{\sigma/\sqrt{n}}\right)^2=\sum_{i=1}^{n}\left(\frac{X_i-\mu}{\sigma}\right)^2 \tag{8.2}$$

注意，

$$\sum_{i=1}^{n}\left(\frac{X_i-\mu}{\sigma}\right)^2$$

是 n 个相互独立的标准正态随机变量的平方和，因此它是自由度为 n 的 χ^2 随机变量，再由例 7i，可知其矩母函数为$(1-2t)^{-n/2}$. 同样，因为

$$\left(\frac{\overline{X}-\mu}{\sigma/\sqrt{n}}\right)^2$$

是标准正态随机变量的平方和，所以它是自由度为 1 的 χ^2 随机变量，其矩母函数为$(1-2t)^{-1/2}$. 由于式(8.2)左边的两个随机变量是独立的. 利用独立随机变量和的矩母函数等于各随机变量矩母函数的乘积的性质，得

374

$$E[\mathrm{e}^{t(n-1)S^2/\sigma^2}](1-2t)^{-1/2}=(1-2t)^{-n/2}$$

或

$$E[\mathrm{e}^{t(n-1)S^2/\sigma^2}]=(1-2t)^{-(n-1)/2}$$

等式右边$(1-2t)^{-(n-1)/2}$是 χ^2 随机变量的矩母函数，自由度为$(n-1)$，由矩母函数唯一确定分布知，$(n-1)S^2/\sigma^2$ 的分布是自由度为$(n-1)$的 χ^2 分布. 综上所述，我们有下述结论.

命题 8.1　设 X_1，…，X_n 为独立同分布的正态随机变量，均值为 μ，方差为 σ^2，则样本均值 $\overline{X}$ 与样本方差 S^2 相互独立. $\overline{X}$ 是正态随机变量，均值为 μ，方差为 σ^2/n；$(n-1)S^2/\sigma^2$ 是 χ^2 随机变量，自由度为$(n-1)$.

7.9　期望的一般定义

至此，我们只给出了离散型和连续型随机变量的期望的定义. 然而，有些随机变量既不是离散型的，也不是连续型的，它们照样可以有期望值. 可以举出一个简单的例子. 设 X 为伯努利随机变量，其参数为 $p=1/2$. 设 Y 是$[0，1]$上均匀分布的随机变量，又假定 X 和 Y 相互独立. 现定义一个新的随机变量：

$$W=\begin{cases}X & \text{若 } X=1\\ Y & \text{若 } X\neq 1\end{cases}$$

显然，W 不是离散型的(它的取值范围为$[0，1]$)，也不是连续型的$\left(P\{W=1\}=\frac{1}{2}\right)$.

为了定义一般随机变量的期望，我们需要给出斯蒂尔切斯(Stieltjes)积分的概念. 首先，对于任意实函数 g，积分 $\int_a^b g(x)\mathrm{d}x$ 是通过下式定义的：

$$\int_a^b g(x)\mathrm{d}x=\lim\sum_{i=1}^{n}g(x_i)(x_i-x_{i-1})$$

其极限过程是这样定义的：对于$[a，b]$的分点，$a=x_0<x_1<\cdots<x_n=b$，当 $n\to\infty$时，$\max\limits_{i=1,\cdots,n}(x_i-x_{i-1})\to 0$，求相应和数的极限.

对于任意分布函数 $F(x)$，非负函数 $g(x)$在区间$[a, b]$上的斯蒂尔切斯积分是这样定义的：

$$\int_a^b g(x)\mathrm{d}F(x) = \lim \sum_{i=1}^{n} g(x_i)[F(x_i) - F(x_{i-1})]$$

其中的极限过程与通常积分定义中的过程一样，即 $a \leqslant x_0 < x_1 < \cdots < x_n = b$，当 $n \to \infty$时，$\max\limits_{i=1,\cdots,n} (x_i - x_{i-1}) \to 0$. 进一步，在实数轴上的斯蒂尔切斯积分由下式定义：

375

$$\int_{-\infty}^{\infty} g(x)\mathrm{d}F(x) = \lim_{\substack{a \to -\infty \\ b \to +\infty}} \int_a^b g(x)\mathrm{d}F(x)$$

最后，对于一般的函数 g，定义

$$g^{+}(x) = \begin{cases} g(x) & g(x) \geqslant 0 \\ 0 & g(x) < 0 \end{cases}$$

$$g^{-}(x) = \begin{cases} 0 & g(x) \geqslant 0 \\ -g(x) & g(x) < 0 \end{cases}$$

因为 g^{+} 和 g^{-} 都是非负函数，称作 g 的正部和负部，$g(x) = g^{+}(x) - g^{-}(x)$，所以对于 $g(x)$的斯蒂尔切斯积分，可由下式定义：

$$\int_{-\infty}^{\infty} g(x)\mathrm{d}F(x) = \int_{-\infty}^{\infty} g^{+}(x)\mathrm{d}F(x) - \int_{-\infty}^{\infty} g^{-}(x)\mathrm{d}F(x)$$

当 $\int_{-\infty}^{\infty} g^{+}(x)\mathrm{d}F(x)$ 和 $\int_{-\infty}^{\infty} g^{-}(x)\mathrm{d}F(x)$ 不全等于$+\infty$时，积分 $\int_{-\infty}^{\infty} g(x)\mathrm{d}F(x)$ 才有定义，此时称积分 $\int_{-\infty}^{\infty} g(x)\mathrm{d}F(x)$ 存在.

若 X 为任意随机变量，其分布函数为 F，则 X 的期望由下式定义：

$$E[X] = \int_{-\infty}^{\infty} x\mathrm{d}F(x) \tag{9.1}$$

可以证明，当 X 为离散型随机变量时，

$$\int_{-\infty}^{\infty} x\mathrm{d}F(x) = \sum_{x:p(x)>0} xp(x)$$

其中 $p(x)$为 X 的分布列. 当 X 为连续型随机变量时，

$$\int_{-\infty}^{\infty} x\mathrm{d}F(x) = \int_{-\infty}^{\infty} xf(x)\mathrm{d}x$$

其中 $f(x)$为 X 的密度函数.

读者应该注意式(9.1)给出了 $E(X)$直观定义. 考虑 $E(X)$的近似和

$$\sum_{i=1}^{n} x_i[F(x_i) - F(x_{i-1})]$$

将 X 的近似值 x_i 乘以 X 落入区间$(x_{i-1}, x_i]$的概率，再将这些乘积加起来，就是 X 的期望的近似值. 当这些分割区间的长度越来越小时，就得到 X 的期望值.

利用斯蒂尔切斯积分可以将期望的定义变得简洁，它抓住了期望这个概念的本质. 例如，斯蒂尔切斯积分可以将离散和连续的两种情形统一起来，在教材中也不必分离散和连续两种情形给出定理的证明. 斯蒂尔切斯积分的性质也与通常积分性质相同，本章中所有

376 的证明都能推广到一般情况.

小结

设随机变量 X 和 Y 具有联合分布列 $p(x, y)$，则

$$E[g(X,Y)] = \sum_y \sum_x g(x,y)p(x,y)$$

若它们具有联合密度函数 $f(x, y)$，则

$$E[g(X,Y)] = \int_{-\infty}^{\infty}\int_{-\infty}^{\infty} g(x,y)f(x,y)\mathrm{d}x\mathrm{d}y$$

若令 $g(x, y)=x+y$，可得

$$E[X+Y] = E[X] + E[Y]$$

这个公式可推广到

$$E\Big[\sum_{i=1}^{n} X_i\Big] = \sum_{i=1}^{n} E[X_i]$$

X 和 Y 的*协方差*由下式定义：

$$\mathrm{Cov}(X,Y) = E[(X-E[X])(Y-E[Y])] = E[XY] - E[X]E[Y]$$

下面的恒等式十分有用：

$$\mathrm{Cov}\Big(\sum_{i=1}^{n} X_i, \sum_{j=1}^{m} Y_j\Big) = \sum_{i=1}^{n}\sum_{j=1}^{m} \mathrm{Cov}(X_i, Y_j)$$

当 $n=m$ 且 $X_i=Y_i(i=1, 2, \cdots, n)$时，

$$\mathrm{Var}\Big(\sum_{i=1}^{n} X_i\Big) = \sum_{i=1}^{n} \mathrm{Var}(X_i) + 2\sum_{i<j}\sum \mathrm{Cov}(X_i, X_j)$$

X 和 Y 之间的相关系数 $\rho(X, Y)$由下式定义：

$$\rho(X,Y) = \frac{\mathrm{Cov}(X,Y)}{\sqrt{\mathrm{Var}(X)\mathrm{Var}(Y)}}$$

若 X 和 Y 为联合离散的随机变量，则在 $Y=y$ 的条件下，X 的条件期望由下式给出：

$$E[X|Y=y] = \sum_x xP\{X=x|Y=y\}$$

如果 X 和 Y 是联合连续的随机变量，则

$$E[X|Y=y] = \int_{-\infty}^{\infty} xf_{X|Y}(x|y)\mathrm{d}x$$

其中

$$f_{X|Y}(x|y) = \frac{f(x,y)}{f_Y(y)}$$

为 $Y=y$ 条件下 X 的条件概率密度. 条件期望的性质与通常期望的性质是类似的，只是在计算中，所有概率都是 $Y=y$ 之下的条件概率.

记 $E[X|Y]$表示 Y 的函数，当 $Y=y$ 时，其值为 $E[X|Y=y]$. 关于条件期望的一个重要的恒等式为

$$E[X]=E[E[X|Y]]$$

在离散情形下，上式是

$$E[X]=\sum_{y}E[X|Y=y]P\{Y=y\}$$

在连续情形下，是

$$E[X]=\int_{-\infty}^{\infty}E[X|Y=y]f_Y(y)\mathrm{d}y$$

上述的公式可以用来计算 $E[X]$，其方法是先固定 $Y=y$，求出条件期望 $E[X|Y=y]$，再对 Y 求期望. 此外，对于每一个事件 A，$P(A)=E[I_A]$，其中 I_A 是事件 A 的示性变量. 我们也可以利用上述关于期望的计算公式来计算 $P(A)$.

X 在 $Y=y$ 之下的条件方差由下式定义：

$$\mathrm{Var}(X|Y=y)=E[(X-E[X|Y=y])^2|Y=y]$$

记 $\mathrm{Var}(X|Y)$表示 Y 的函数，在 $Y=y$ 处，$\mathrm{Var}(X|Y)$的值是 $\mathrm{Var}(X|Y=y)$. 下面的公式称为**条件方差公式**：

$$\mathrm{Var}(X)=E[\mathrm{Var}(X|Y)]+\mathrm{Var}(E[X|Y])$$

设我们可观察到随机变量 X 的值，在这个值的基础上，希望根据 X 的观察值来预测随机变量 Y 的值，则 $E[Y|X]$是使均方误差最小的预测值.

随机变量 X 的**矩母函数**由下式定义：

$$M(t)=E[\mathrm{e}^{tX}]$$

X 的各阶矩都可以从 $M(t)$的各阶微分在 $t=0$ 处的值得到. 特别地，

$$E[X^n]=\frac{\mathrm{d}^n}{\mathrm{d}t^n}M(t)\bigg|_{t=0}\qquad n=1,2,\cdots$$

矩母函数的两个重要性质是：

（ⅰ）随机变量的矩母函数唯一地确定它的分布.

（ⅱ）独立随机变量和的矩母函数等于各随机变量的矩母函数的乘积.

377

这个结果可使下列结果的证明简化：独立正态(泊松或 Γ)随机变量之和仍然为正态(泊松或 Γ)随机变量.

若 X_1，…，X_m 均为有限个相互独立的标准正态随机变量的线性组合，则称 X_1，…，X_m 具有多元正态分布. 且联合分布由 $E[X_i]$和 $\mathrm{Cov}(X_i, X_j)(i, j=1, \cdots, m)$唯一确定.

设 X_1，…，X_n 为独立同分布的正态随机变量，均值为 μ，方差为 σ^2，则其**样本均值**

$$\overline{X}=\sum_{i=1}^{n}\frac{X_i}{n}$$

与**样本方差**

$$S^2=\sum_{i=1}^{n}\frac{(X_i-\overline{X})^2}{n-1}$$

相互独立. 样本均值 $\overline{X}$ 是正态随机变量，均值为 μ，方差为 σ^2/n；$(n-1)S^2/\sigma^2$ 是 χ^2 随机变量，自由度为 $n-1$.

习题

7.1　一个玩家掷一枚均匀的骰子，同时掷一枚均匀的硬币．若硬币正面朝上，则他赢得的钱数是骰子出现点数的两倍；若硬币背面朝上，则他赢得的钱数是骰子点数的 1/2，求他赢得的钱数的期望．

7.2　一种名为 Clue 的纸牌玩法是这样的：一副牌中含三种牌，第一种牌上画有不同的嫌疑者，一共 6 张；第二种牌上画有不同的武器，也有 6 张；第三种牌上画有不同的房间，有 9 张．从牌中任意抽取 3 张，游戏的目的是要猜出被抽出的 3 张牌．

(a) 一共有多少"副"可能的牌？(抽出的 3 张称为 1 副．)

在该游戏的一个版本中，当庄家抽取 3 张之后，其他玩家又从剩下的牌中随机地抽取 3 张．设某个庄家抽到的 3 张牌中，有 S 张嫌疑者，有 W 张武器，有 R 张房间，令 X 表示某玩家观察到自己的 3 张牌以后，猜测庄家的 3 张牌的可能"副"数．

(b) 找出 X 与 S，W 和 R 的关系．

(c) 计算 $E[X]$．

7.3　假设每一次赌博是独立的，且每个玩家输或赢 1 单位赌资的概率相同，令 W 表示一个玩家的净赢赌资，他的策略是第一次赢的时候立刻停止赌博．求

(a) $P\{W>0\}$；(b) $P\{W<0\}$；(c) $E[W]$．

7.4　如果 X 和 Y 有联合密度函数

$$f_{X,Y}(x,y)=\begin{cases}1/y & 0<y<1, 0<x<y\\ 0 & \text{其他}\end{cases}$$

求(a) $E[XY]$；(b) $E[X]$；(c) $E[Y]$．

7.5　县医院位于边长三英里的一个正方形区域的中心．当在这个区域内发生事故时，医院就派出救护车．设医院坐标为(0，0)，发生事故地点坐标为(X, Y)．由于路网是格子形的，由(0，0)到(x, y)所需走的路程为$|x|+|y|$．假定事故发生的地点均匀地分布于这个正方形内，求救护车到达出事地点所走的平均路程．

7.6　某人掷一枚均匀的骰子 10 次，计算所得点数之和的期望值．

7.7　设 A 和 B 两个人独立随机地从 10 件不同的物品中各选取 3 件，求下列随机变量的期望：

(a) 同时被 A 和 B 选中的物品件数；(b) A 和 B 都没选中的物品件数；

(c) 只被 A 和 B 中一人选中的物品件数．

7.8　设有 N 个人参加某晚宴，当一个人到达以后，若他发现已到达的客人中有他的朋友，则他坐在有朋友的一桌上，否则，他就新开一桌．假设这$\binom{N}{2}$对中，每一对是朋友的概率都是 p，并且各对之间是否是朋友是相互独立的．求出当晚开桌数的期望值．

提示：记 $X_i=1$ 表示第 i 个到达者新开一桌，$X_i=0$ 表示第 i 个到达者与朋友坐在一桌．

7.9　一共有 n 个球，标号 1，2，…，n．还有 n 个坛子，也标号 1，2，…，n．假设第 i 号球等可能地被放进坛子 1，2，…，i 中，i=1，2，…，n．求

378

(a) 空坛子数的期望值；(b) 每个坛子都不空的概率．

7.10　进行 3 次试验，每次成功的概率相同，记 X 为 3 次试验中成功的次数．若 $E[X]=1.8$，则

(a) $P\{X=3\}$的最大可能值是多少？(b) $P\{X=3\}$的最小可能值是多少？

对每种情况构造一个概率模型，使得 $P\{X=3\}$取得指定的值．

提示：对于(b)，令 U 为(0，1)上的均匀随机变量，然后，根据 U 的值定义试验．

7.11 考虑 n 次独立掷硬币试验，设每次正面朝上的概率为 p. 我们称一个改变发生，如果这一次出现的试验结果与上一次试验的结果不同. 例如，当 $n=5$ 时，试验结果为 HHTHT，其中 H 表示正面朝上，这个试验结果中出现了 3 个改变. 求出 n 次试验中改变数的期望值.

提示：可将改变数表示为 $n-1$ 个伯努利随机变量之和.

7.12 n 位男士和 n 位女士随机地排成一队.

(a) 求这个队列中身边紧挨着一位女士的男士数目的期望值.

(b) 假定这 $2n$ 个人随机地坐在一张圆桌边，重做(a).

7.13 有 1000 张编号为 1～1000 的卡片随机地分送给 1000 人，计算拿到卡片的人的年龄等于卡片上的编号的卡片数的期望值.

7.14 一个坛子内有 m 个黑球，每次从坛子内拿走一个黑球并加进一个新球，这个新球以概率 p 为黑球，以概率 $1-p$ 为白球. 继续这样试验一直到拿光所有的黑球为止，求期望试验次数.

注释 这个模型有助于理解艾滋病. 在身体的免疫系统中有一类细胞称为 T 细胞. 一共有两种类型的 T 细胞：CD4 和 CD8. 在患病初期，病人的 T 细胞总数与健康人的 T 细胞总数是相同的，最近研究发现健康人的 T 细胞中约 60%是 CD4，约 40%是 CD8，但是病人的 T 细胞中的 CD4 比例一直在缩小. 现在的模型是这样的：HIV 病毒入侵以后，攻击 CD4 细胞，但是身体补给系统并不区分损失的细胞是 CD4 还是 CD8，它仍以 0.6 比 0.4 的比例补给 CD4 和 CD8. 当身体健康的时候，这个补给比例是合适的，由于 HIV 病毒只攻击 CD4 细胞，这种补给方式就非常危险，正如本题模型一样，黑球终有一天被取光.

7.15 在例 2h 中，称 i 和 $j(i\neq j)$形成一个配对，如果 i 拿了 j 的帽子，而 j 拿了 i 的帽子，求配对数的期望值.

7.16 设 Z 为标准正态随机变量，对固定的 x，令

$$X=\begin{cases}Z & Z>x\\ 0 & \text{其他}\end{cases}$$

证明：$E[X]=\dfrac{1}{\sqrt{2\pi}}\mathrm{e}^{-x^2/2}$.

7.17 设有 n 张编号为 1，…，n 的卡片随机地排一次序，所有 $n!$ 种次序都是等可能的，现在有次序地对 n 张卡片作 n 次猜测，记 N 为正确猜测数.

(a) 若每次猜测时都没有以前猜测的信息，证明：对任何猜测方案均有 $E[N]=1$.

(b) 若在每次猜测以后，都会告诉你被猜测的牌的号码. 你认为最好的猜测策略是什么？证明在此策略之下，有

$$E[N]=\frac{1}{n}+\frac{1}{n-1}+\cdots+1\approx\int_1^n\frac{1}{x}\mathrm{d}x=\log n$$

(c)现在假定每次猜测以后都会告诉你对或错，在这样的情况下，下面的策略使 $E[N]$达到最大值. 持续猜同一张卡片，直到猜对为止，然后再猜下一张卡片. 对于这个策略，证明：

$$E[N]=1+\frac{1}{2!}+\frac{1}{3!}+\cdots+\frac{1}{n!}\approx\mathrm{e}-1$$

提示：对于所有三个问题，将 N 表示成示性(即伯努利)随机变量的和.

7.18 一共有 52 张扑克牌的翻牌游戏，每次翻一张，直到全部翻完为止. 若第一张翻得“A”，或第二张得“2”，……，或第 13 张得“K”，或第 14 张得“A”，等等，我们就称出现一个配对. 注意在翻牌游戏中不分花色，如在第$(13n+1)$次翻牌中，只要是“A”(不管“A”的花色是什么)，都算一个配对. 求出现的配对数的期望.

7.19 某一地区一共有 r 种昆虫，捕足昆虫时，每次捕捉到的昆虫的种类与前面每次捕捉的昆虫种类都是相互独立的. 现设每次捉昆虫时，捉到第 i 种昆虫的概率为

379

$$P_i, i = 1,2,\cdots,r \qquad \sum_{i=1}^{r} P_i = 1$$

(a) 计算第一次捉到第1种的昆虫之前，所捉到的昆虫数的期望值；

(b) 计算第一次捉到第1种的昆虫之前，所捉到昆虫种类的期望值.

7.20 坛子内有 n 个球，第 i 个球的重量为 $W(i)$，$i=1, 2, \cdots, n$. 从坛子中无放回地取球，且每个球被取到的概率为其重量占剩下的球总重量的比例. 例如，若坛中的球为 $i_1, \cdots, i_r$，则球 i_j 被抽到的概率为 $W(i_j)/\sum_{k=1}^{r} W(i_k), j = 1,2,\cdots,r$. 计算在抽到1号球以前所抽球的个数的期望值.

7.21 设有100人组成的集体，计算

(a) 一年中刚好有3个人在同一天过生日的天数的期望值；(b) 100人中不同生日的天数的期望值.

7.22 掷一枚均匀骰子，求出全部6个点数每个都至少出现一次所需掷骰子的次数的期望值.

7.23 1号坛子含5个白球和6个黑球，2号坛子含8个白球和10个黑球. 从1号坛子随机地取出两个球放入2号坛子，然后再从2号坛子随机地取出3个球，计算这3个球中白球数的期望值.

提示：令 $X_i=1$，如果1号坛子内的第 i 号白球是选出的3个球中的一个，否则，令 $X_i=0$. 令 $Y_i=1$，如果2号坛子内第 i 号白球是选出的3个球中的一个，否则，令 $Y_i=0$. 则选出的3个球中白球的个数为 $\sum_{i=1}^{5} X_i + \sum_{i=1}^{8} Y_i$.

7.24 一个瓶中含有两种药片，大的 m 片，小的 n 片. 每天病人随机地从中选一片，如果选到小的，就吃下去；如果选到的是大的，就掰成两半，吃掉一半，剩下一半成为小药片，放进瓶内.

(a) 令 X 表示拿到最后一片大的药片并且将吃剩的半片放回瓶中以后，瓶子内剩下的小药片的数目，求 $E[X]$.

提示：定义 $n+m$ 个示性变量，一类是原来 n 个小药片，另一类是 m 个大药片吃掉一半以后成为的小药片，再利用例2m中的方法.

(b) 记 Y 表示病人拿到最后一片大药片的日期，求 $E[Y]$.

提示：X 与 Y 之间有什么关系？

7.25 设 $X_1, X_2, \cdots$ 是独立同分布的连续随机变量序列，记 $N\geqslant 2$ 满足 $X_1\geqslant X_2\geqslant\cdots\geqslant X_{N-1}<X_N$，即 N 是这个序列停止下降的时刻. 证明 $E[N]=e$.

提示：首先计算 $P\{N\geqslant n\}$.

7.26 设 $X_1, X_2, \cdots, X_n$ 为独立同分布的(0, 1)均匀随机变量，计算

(a) $E[\max(X_1, \cdots, X_n)]$；(b) $E[\min(X_1, \cdots, X_n)]$.

***7.27** 现有101个物品要放入10个盒子中，显然至少有一个盒子中的物品超过10个，请用概率方法证明此结论.

***7.28** 设一个由 n 个元件组成的系统，这 n 个元件排成一个圆周. 每一个元件有两种状态，失效或工作. 若这个 n 个元件组成的系统中，不存在连续 r 个元件，其中至少有 k 个失效，则这个系统正常运行，这种系统称为圆周的 (k, r, n) 可靠性系统，$k\leqslant r\leqslant n$. 现在共有47个元件，其中8个失效，证明不可能安排出一个正常运行的(3, 12, 47)圆周系统.

***7.29** 一共有四种不同的优惠券，前两种优惠券组成一组，后两种优惠券组成另一组. 每得到一张新的优惠券，它是第 i 种的概率为 p_i，$i=1, 2, 3, 4$. 其中 $p_1=p_2=1/8$，$p_3=p_4=3/8$. 求为达到下

列目的之一所需收集的优惠券的期望数.

(a) 所有 4 种优惠券；(b) 第一组中所有类型的优惠券；

(c) 第二组中所有类型的优惠券；(d) 任一组中所有类型的优惠券. 求 $E[X]$.

7.30 设 X 和 Y 为独立同分布的随机变量，均值为 μ，方差为 σ^2. 求

$$E[(X-Y)^2]$$

7.31 计算习题 7.6 中总点数之和的方差.

7.32 在习题 7.9 中，计算空坛子数的方差.

380

7.33 设 $E[X]=1$，$\mathrm{Var}(X)=5$，求

(a) $E[(2+X)^2]$；(b) $\mathrm{Var}(4+3X)$.

7.34 10 对夫妇随机地绕着一张圆桌而坐，记 X 为夫妇坐在相邻位置的对数，求

(a) $E[X]$；(b) $\mathrm{Var}(X)$.

7.35 一副扑克牌，一张一张翻开，分别计算为出现下述情形时，所需翻牌数的期望值：

(a) 两张“A”；(b) 5 张黑桃；(c) 13 张红桃.

7.36 掷一枚均匀骰子 n 次，记 X 为出现 1 点的次数，Y 为出现 2 点的次数，计算 $\mathrm{Cov}(X, Y)$.

7.37 掷一枚均匀骰子两次，记 X 为两次出现的点数之和，记 Y 为第一次出现的点数减去第二次出现的点数的差，计算 $\mathrm{Cov}(X, Y)$.

7.38 假设 X 和 Y 的联合概率密度函数如下：

$$p(1,1)=0.10, p(1,2)=0.12, p(1,3)=0.16$$
$$p(2,1)=0.08, p(2,2)=0.12, p(2,3)=0.10$$
$$p(3,1)=0.06, p(3,2)=0.06, p(3,3)=0.20$$

(a) 求 $E[X]$和 $E[Y]$.

(b) 求 $\mathrm{Var}[X]$和 $\mathrm{Var}[Y]$.

(c) 求 $\mathrm{Cov}(X, Y)$.

(d) 求 X 和 Y 的相关系数.

7.39 设坛子里有 n 个红球、m 个蓝球，从中随机取出 2 个球. 对 $i=1, 2$，如果第 i 次取出的是红球，则令 $X_i=1$，否则 $X_i=0$.

(a)你认为 $\mathrm{Cov}(X_1, X_2)$的值是负的、0，还是正的？

(b)证明(a)的结论.

假设所有的红球标注一个号码，如果第 i 个红球被取出，则令 $Y_i=1$，否则 $Y_i=0$.

(c)你认为 $\mathrm{Cov}(Y_1, Y_2)$是负的、0，还是正的？

(d)验证(c)的结论.

7.40 设 X 和 Y 具有联合密度函数

$$f(x,y)=\begin{cases}2\mathrm{e}^{-2x}/x & 0\leqslant x<\infty, 0\leqslant y\leqslant x\\ 0 & \text{其他}\end{cases}$$

计算 $\mathrm{Cov}(X, Y)$.

7.41 设 X_1，X_2，…为独立同分布的随机变量，均值为 μ，方差为 σ^2. 记 $Y_n=X_n+X_{n+1}+X_{n+2}$，对于 $j\geqslant 0$，求 $\mathrm{Cov}(Y_n, Y_{n+j})$.

7.42 设 X 和 Y 的联合密度函数为

$$f(x,y)=\frac{1}{y}\mathrm{e}^{-(y+x/y)}, \quad x>0, y>0$$

求 $E[X]$，$E[Y]$，并证明 $\mathrm{Cov}(X, Y)=1$.

7.43 鱼池中共有100条鱼，其中30条为鲤鱼．现抓住20条鱼，求这20条中鲤鱼数的期望与方差．计算时，你作了什么样的假定？

7.44 由20人组成的集体，其中10个男生，10个女生．把他们随机地分成10组，每组2人，求10组中男女混合的组数的期望与方差．若20人由10对夫妻组成，问分组中夫妻组的组数的期望和方差．

7.45 设 X_1，…，X_n 为独立同分布的随机变量，其分布函数为未知的连续函数 $F(x)$．又设 Y_1，…，Y_m 也是独立同分布的随机变量，其分布函数为未知的连续函数 $G(y)$．现将这 $n+m$ 个变量排序，令

$$I_i = \begin{cases} 1 & \text{若 } n+m \text{ 个值中第 } i \text{ 个最小的值来自 } X \\ 0 & \text{其他} \end{cases}$$

随机变量 $R=\sum_{i=1}^{n+m} iI_i$ 称为样本 X 的秩和，它是检验 F 与 G 是否相同的标准统计量(这种检验称为威尔科克森(Wilcoxon)秩和检验)．当 R 不是很大也不是很小时，接受假设 $F=G$．现在在 $F=G$ 的假定下，计算 R 的均值和方差．

提示：利用例3e的结果．

7.46 有两种生产工艺生产某种产品，由工艺 i 生产的产品的质量是一个连续型随机变量，具有分布函数 F_i，$i=1$，2．现设利用工艺1生产 n 件产品，工艺2生产 m 件产品，将这 $n+m$ 件产品根据质量排序，令

$$X_j = \begin{cases} 1 & \text{若第 } j \text{ 好的产品由工艺 1 生产} \\ 2 & \text{其他} \end{cases}$$

X_1，X_2，…，X_{n+m} 中有 n 个1，m 个2．记 R 表示“1”的游程的个数，例如，如果 $n=5$，$m=2$，$X=1$，2，1，1，1，1，2，则 $R=2$．在 $F_1=F_2$(即两种工艺生产的产品质量完全一致)的假定之下，R 的均值和方差是多少？

381

7.47 设 X_1，X_2，X_3，X_4 是两两不相关的随机变量，具有均值0和方差1．计算下列各对随机变量的相关系数：

(a) X_1+X_2 和 X_2+X_3；(b) X_1+X_2 和 X_3+X_4．

7.48 在赌场中有这样的掷骰子游戏：赌徒1和赌徒2先轮流掷两枚骰子，然后庄家也掷两枚骰子．若赌徒 i 的点数和严格地大于庄家的点数和，则赌徒 i 赢．对于 $i=1$，2，令

$$I_i = \begin{cases} 1 & \text{若赌徒 } i \text{ 赢} \\ 0 & \text{若赌徒 } i \text{ 输} \end{cases}$$

证明 I_1，I_2 为正相关的．解释这个结果的原因．

7.49 考虑有 n 个顶点的图，标记为1，2，…，n，假设 $\binom{n}{2}$ 对顶点中的每一对顶点独立地以概率 p 由一条边联结．对于每一个顶点 i，以它为顶点的边的条数记为 D_i．

(a) D_i 的分布是什么？(b) 计算相关系数 $\rho(D_i, D_j)$．

7.50 连续地掷一枚均匀骰子，记 X 和 Y 分别为得到6点和5点所需掷的次数，求

(a) $E[X]$；(b) $E[X|Y=1]$；(c) $E[X|Y=5]$．

7.51 在一个盒子里有两枚不均匀的硬币，在抛掷硬币时正面朝上的概率分别为0.4和0.7．现在从中随机地取一枚硬币，连续抛掷10次．已知前3次抛掷硬币时，有2次正面朝上，问10次抛掷后，正面朝上的次数的条件期望是多少？

7.52 设 X 和 Y 的联合密度为

$$f(x,y)=\frac{e^{-x/y}e^{-y}}{y} \qquad 0<x<\infty, 0<y<\infty$$

计算 $E[X^2|Y=y]$．

7.53 X 和 Y 的联合密度为

$$f(x,y)=\frac{e^{-y}}{y}\qquad 0<x<y,0<y<\infty$$

计算 $E[X^3|Y=y]$.

7.54 设一个班由 r 个不相交的小组组成，记 p_i 为第 i 个小组占班上总人数的比例，$i=1$，2，…，r. 若第 i 个小组的成员的平均体重为 w_i，$i=1$，2，…，r. 问全班成员的平均体重是多少？

7.55 一囚犯发现三个暗道，从第一个道出去经过 2 天会回到原地，从第二个暗道出去经过 4 天会回到原地，从第三个暗道出去经过一天会走出监狱. 假定该犯人总是按 0.5，0.3 和 0.2 的概率选择暗道，求他逃出监狱所需的平均天数.

7.56 考虑一个掷骰子游戏，每次掷一对骰子，如果点数和为 7 则游戏结束，此时赢的钱数是 0. 如果点数和不是 7，那么有两种选择，或者将点数和作为赢的钱数而停止游戏，或者重新开始游戏. 对每一个 i，$i=2$，…，12，可以制定一个游戏策略，当掷得点数和不等于 7，但这个数小于 i 时，选择重新开始游戏. 只有当点数和$\geqslant i$ 时才停止游戏，求此时赢钱数的期望. i 为何值时，能获得最大的赢钱期望？

提示：记 X_i 为采用策略 i 时的赢的点数. 将首次掷骰子所得的点数和作为条件，求 X_i 的条件期望.

7.57 10 个猎人在等着野鸭飞过天空，当野鸭飞过时，猎人们随机地选中一个目标，同时射击. 假定猎人们随机地选择目标，且他们之间相互独立，各自以 0.6 的概率击中目标，又假定飞过的野鸭数是均值为 6 的泊松随机变量，求被击中的鸭子数目的期望值.

7.58 设某大楼共有 N 层，在 1 层有 n 个人进入电梯，n 是泊松随机变量，其参数为 $\lambda=10$. 设对于每一个人，其目的地是相互独立的，并且是等可能地进入每一楼层. 求该电梯在 2 层以上平均停多少次才能将乘客送到他们各自的楼层.

7.59 设某工厂每周平均发生 5 次事故，在每次事故中受伤的平均人数为 2.5. 并且假设各次事故中受伤人数是相互独立的，计算一周内受伤的工人数的期望值.

7.60 设抛掷硬币时，正面朝上的概率为 p，不断地抛掷硬币，直到正面和反面都曾出现为止. 求：

(a) 抛掷硬币次数的期望；(b) 最后一次出现正面朝上的概率.

382

7.61 假设抛掷硬币正面朝上的概率是 p，定义 N 为抛掷硬币至少 n 次正面朝上并且至少 m 次反面朝上时抛掷的总次数. 请根据给定前 $n+m$ 次抛掷中正面朝上的次数来推导 $E[N]$.

7.62 一共有 $n+1$ 个人参加游戏，每个人以概率 p 赢，且各人的输赢是相互独立的，所有胜者均分一个单位的奖金(例如，若有 4 个人赢，则每个人得到 1/4，而若没有人赢，则无人得奖). 设 A 为某参加者，X 代表 A 所得的奖励.

(a) 计算游戏参加者所获得的总奖励的期望值.

(b) 证明 $E[X]=\dfrac{1-(1-p)^{n+1}}{(n+1)}$.

(c) 以 A 是否赢作为条件，计算 $E[X]$. 并证明：

$$E[(1+B)^{-1}]=\frac{1-(1-p)^{n+1}}{(n+1)p}$$

其中 B 为二项随机变量，其参数为$(n，p)$.

7.63 $m+2$ 个人玩游戏，每个人拿出一元钱放在一起开始游戏. 连续抛掷一枚均匀硬币 n 次，其中 n 为奇数，并记录每次抛掷结果. 在抛掷硬币之前，参加游戏的每个人必须写下一个他对每次抛掷结果的猜测，例如，当 $n=3$ 时，游戏参加者写下(H，H，T)表示他预测第一次会出现正面朝上，第二次正面朝上，第三次出现反面朝上．当真正的 n 次抛掷结果出来以后，每个人核对 n 次抛掷结果和他的猜测结果，计算他正确猜测的次数．例如，若实际抛掷结果为 (H, H, H) 而他的猜测为 (H, H, T)，此时，他正确猜测数为 2．作为对猜测者的奖励，将 $m+2$ 元钱平均分配给那些正确猜测数最多的人．

由于抛掷一枚硬币出现 H 或 T 的概率是相同的，而各次抛掷又相互独立，因此其中 m 个参加者决定随机地预测，特别地，他们在事先可以自己抛掷一枚硬币 n 次，将所得的结果作为猜测．然而，另外两个人决定合伙，其中一个人与前面 m 个人的做法完全一样，另一个人的预测刚好与其合伙人相反．例如，若一个人的预测为 (H, H, T)，则另一个人的预测为 (T, T, H)．

(a) 证明：两个合伙人中至少有一个人的正确猜测数大于 $n/2$（n 为奇数）．

(b) 记 X 为不参加合伙的 m 个人中正确猜测数超过 $n/2$ 的人数．X 的分布是什么？

(c) 设 X 如(b)中所定义，证明：

$$E[\text{合伙人所得钱数}] = (m+2)E\left[\frac{1}{X+1}\right]$$

(d) 利用习题 7.62(c)，证明：

$$E[\text{合伙人所得钱数}] = \frac{2(m+2)}{m+1}\left[1-\left(\frac{1}{2}\right)^{m+1}\right]$$

并具体计算当 $m=1, 2, 3$ 时的值．由于可以证明

$$\frac{2(m+2)}{m+1}\left[1-\left(\frac{1}{2}\right)^{m+1}\right] > 2$$

这说明合伙策略可以得到更多的期望收入．

7.64 设球员 J 在其效力的足球队的比赛中进球数服从均值为 2 的泊松分布，失球数服从均值为 1 的泊松分布．假设每场比赛都跟之前的比赛是独立的，且 J 的球队每场比赛获胜的概率是 p.

(a) 计算球员 J 在球队下一场比赛进球的期望数．

(b) 求球员 J 在球队接下来的 4 局比赛中进 6 球的概率．

提示：考虑在球员 J 所在球队获胜的场数会有帮助．

假设球员 J 所在球队参加锦标赛，直至失败出局，比赛终止．设 X 是球员 J 在锦标赛中总进球数，N 是球队参加比赛的次数．

(c) 求 $E[X]$.

(d) 求 $P(X=0)$

(e) 求 $P(N=3 \mid X=5)$.

383

7.65 一棵树 x 部分染上疾病，假设每种治疗方法的治愈效果是 $1-p$. 考虑一棵树的染病比例服从 $(0, 1)$ 上的均匀分布．

(a) 求单个治疗方法的治愈概率．

(b) 求两种不同治疗方法没能成功治愈的概率．

(c) 求采用 n 种不同治疗方法将树治愈成功的概率．

7.66 设 $X_1, X_2, \cdots$ 为独立同分布随机变量，分布函数为 F. 设 N 是与它们独立的几何随机变量，参数为 p，令 $M=\max(X_1, \cdots, X_N)$

(a) 求 $P\{M\leqslant x\}$（以 N 作为条件）；　(b) 求 $P\{M\leqslant x|N=1\}$；

(c) 求 $P\{M\leqslant x|N>1\}$；　(d) 利用(b)和(c)重新推导(a).

7.67 令 $U_1, U_2, \cdots$ 为一独立的 $(0, 1)$ 均匀随机变量序列．在例 5i 中，我们已经证明对于 $0\leqslant x\leqslant 1$，$E[N(x)]=e^x$，其中

$$N(x) = \min\left\{n: \sum_{i=1}^{n} U_i > x\right\}.$$

此处给出这一结论的另一种证法.

(a) 利用归纳法，证明：对 $0<x\leqslant 1$ 和一切 $n\geqslant 0$，

$$P\{N(x) \geqslant n+1\} = \frac{x^n}{n!}$$

提示：首先以 U_1 为条件，然后利用归纳假设.

(b) 利用(a)证明：

$$E[N(x)] = e^x$$

7.68 一个坛子里有 30 个球，其中 10 个红球，8 个蓝球，从坛子里随机地取出 12 个球，记 X 为红球数，Y 为蓝球数，求 $\mathrm{Cov}(X, Y)$.

(a) 定义适当的示性(即伯努利)随机变量 X_i 和 Y_i，使得

$$X = \sum_{i=1}^{10} X_i, \qquad Y = \sum_{j=1}^{8} Y_j$$

(b) 利用条件期望的方法求 $E[XY]$.（以 $X=x$ 作为条件或以 $Y=y$ 作为条件.）

7.69 设某箱子中有两种灯泡，第 i 种灯炮的寿命均值为 μ_i，标准差为 σ_i，$i=1, 2$. 现从箱中随机地抽取一灯炮，抽到第 1 种的概率为 p，抽到第 2 种的概率为 $1-p$. 记抽出的灯泡寿命为 X，求

(a) $E[X]$；(b) $\mathrm{Var}(X)$.

7.70 已知气候良好的年头冬季风暴次数是均值为 3 的泊松随机变量，而气候恶劣的年头冬季风暴个数是均值为 5 的泊松随机变量. 若下一个年头气候好的概率为 0.4，不好的概率为 0.6. 求出下一个冬季的风暴数的期望值和方差.

7.71 在例 5c 中，计算矿工到达安全地点所需时间的方差.

7.72 设有一赌徒，他在每次赌博中，赢和输的概率分别为 p 和 $1-p$. 当 $p>1/2$ 时，有一种称为 Kelly 策略的流行赌博策略，就是总用现有财产的 $2p-1$ 倍作赌注. 试计算从他的初始财产 x 算起，利用 Kelly 策略，经过 n 次赌博以后的期望财产.

7.73 一个人在一年中发生事故的次数为泊松随机变量，参数为 λ，但是其参数 λ 随人而变. 设人群中有 60%的人的参数为 $\lambda=2$，另有 40%的人的参数为 $\lambda=3$. 现从中随机地选择一人，他在一年中(a)有 0 个事故(b)有 3 个事故的概率是多少？若已知他上一年没有事故，下一年有 3 个事故的概率有多大？

7.74 在习题 7.73 中，设参数 λ 本身为一随机变量，人群中参数 $\lambda<x$ 的比例为 $1-e^{-x}$，重复该问题的计算.

7.75 设一坛子中有很多硬币，假定抛掷硬币时正面朝上的概率为 p，而 p 的值与拿到的硬币有关. 由于从坛子中随机地取一硬币，p 也可以看成随机变量，并且假定 p 的值在[0, 1]上均匀分布. 现在从坛子中随机地取一硬币，连续抛掷两次，计算下列事件的概率：

(a) 第一次抛掷正面朝上；(b) 两次均为正面朝上.

7.76 假定在习题 7.75 中，抛掷硬币 n 次. 记 X 为正面朝上出现的次数. 证明：

$$P\{X = i\} = \frac{1}{n+1} \qquad i = 0,1,\cdots,n$$

384

提示：利用公式

$$\int_0^1 x^{a-1}(1-x)^{b-1}\,dx = \frac{(a-1)!(b-1)!}{(a+b-1)!}$$

其中 a，b 为正整数.

7.77 设在习题 7.75 中，随机地取出一枚硬币，并连续抛掷，直到出现正面朝上为止. 记 N 为抛掷次数，计算(a) $P\{N\geqslant i\}$，$i\geqslant 1$；(b) $P\{N=i\}$；(c) $E[N]$.

7.78 在例 6b 中，令 S 代表发送的信号，R 代表接收的信号.

(a) 计算 $E[R]$；(b) 计算 $\mathrm{Var}(R)$；(c) R 是否为正态随机变量？(d) 计算 $\mathrm{Cov}(R, S)$.

7.79 在例 6c 中，假定 X 的分布为(0，1)上均匀分布. 并假定(0，1)区间的离散化由 $a_0=0$，$a_1=1/2$，$a_2=1$ 所确定. 找出最优的离散化随机变量 Y，并计算相应的 $E[(X-Y)^2]$.

7.80 设 X 和 Y 的矩母函数分别为

$$M_X(t)=\exp\{2\mathrm{e}^t-2\} \text{ 和 } M_Y(t)=\left(\frac{3}{4}\mathrm{e}^t+\frac{1}{4}\right)^{10}$$

若 X 和 Y 相互独立，计算(a) $P\{X+Y=2\}$；(b) $P\{XY=0\}$；(c) $E[XY]$.

7.81 设某人掷两次骰子，记 X 为第一次得到的点数，Y 为两次得到的点数之和. 计算 X 和 Y 的联合矩母函数.

7.82 设 X 和 Y 的联合密度为

$$f(x,y)=\frac{1}{\sqrt{2\pi}}\mathrm{e}^{-y}\mathrm{e}^{-\frac{(x-y)^2}{2}} \qquad 0<y<\infty, -\infty<x<\infty$$

(a) 计算 X 和 Y 的联合矩母函数；(b) 分别计算 X 和 Y 的矩母函数.

7.83 两个信封里各有一张支票. 你随便打开一个信封，看到了支票上的钱数. 此时，你可以有两种选择，或者接受这张支票，或者接受另一个信封内的支票，你该怎么办？是否可以找到一种策略，比直接接受第一张支票更好？

记 A，B 为两张支票的面值，$A<B$，若随机地选一张并接受它，你的期望收入为 $(A+B)/2$. 考虑下面的第二种策略：令 $F(x)$ 为严格上升并且连续的分布函数，设第一张支票的面值为 x，然后以 $F(x)$ 的概率接受，以 $1-F(x)$ 的概率改变为接受另一张支票.

(a) 证明：如果使用第二种策略，其期望收入将大于 $(A+B)/2$.

提示：以第一个信封内支票的面值为 A 或 B 作为条件.

现在考虑另一个 x 策略，其中 x 为固定的值，若第一张支票的面值大于 x，则接受，否则接受另一个信封内的支票.

(b) 证明：对于任何 x 值，在此 x 策略之下，你所得到的期望收入至少是 $(A+B)/2$，特别地，当 x 介于 A，B 之间时，你所得到的期望面值大于 $(A+B)/2$.

(c) 记 X 为 $(-\infty, \infty)$ 上的连续随机变量，且 $P\{A<X<B\}>0$. 考虑如下的策略：产生一个 X 的值 x，然后利用(b)中的 x 策略，证明你所得到的期望收入大于 $(A+B)/2$.

7.84 设 X 和 Y 为连续两个星期的销售量(以 1000 元为单位)，已知 (X, Y) 具有二元正态分布，均值为 40，标准差为 6，相关系数为 0.6.

(a) 求出接下来的两星期总销售额超过 90 的概率.

(b) 若相关系数由 0.6 减为 0.2，你认为(a)中的概率会增加还是减少？说明你的理由.

(c) 相关系数为 0.2 时重复(a)的计算.

理论习题

7.1 证明：$E[(X-a)^2]$ 在 $a=E[X]$ 时达到最小.

7.2 设 X 为连续型随机变量，密度函数为 f，证明：$E[|X-a|]$ 在 a 等于 F 的中位数时达到最小值.

提示：注意

$$E[|X-a|]=\int|x-a|f(x)\mathrm{d}x$$

将积分区域分为两部分，$x<a$ 和 $x>a$，然后求微分.

385

7.3 在下列情况下证明命题2.1：

(a) (X, Y)具有联合分布列；

(b) (X, Y)具有联合概率密度函数并且 $g(x, y)\geqslant 0$ 对一切 x，y 成立.

7.4 设 X 是随机变量，具有有限期望 μ 和方差 σ^2，记 $g(\cdot)$为二次可微函数，证明：

$$E[g(X)]\approx g(\mu)+\frac{1}{2}g''(\mu)\sigma^2$$

提示：将 $g(\cdot)$在 μ 处进行泰勒级数展开，利用前三项，忽略余项.

7.5 设 $X\geqslant 0$，g 是可微函数，满足 $g(0)=0$ 证明：

$$E[g(X)]=\int_0^\infty P(X>t)g'(t)\mathrm{d}t$$

提示：定义随机变量 $I(t)=I(X>t)$，则

$$g(X)=\int_0^X g'(t)\mathrm{d}t=\int_0^\infty I(t)g'(t)\mathrm{d}t$$

7.6 设 A_1，A_2，…，A_n 为任意事件，定义 $C_k=\{A_i$ 中至少 k 个事件发生$\}$，证明：

$$\sum_{k=1}^n P(C_k)=\sum_{k=1}^n P(A_k)$$

提示：记 X 为 A_i 中发生的事件数，证明等式两边均为 $E[X]$.

7.7 在前文中我们知道等式

$$E\left[\sum_{i=1}^\infty X_i\right]=\sum_{i=1}^\infty E[X_i]$$

恒成立，其中 X_i 为非负随机变量，由于积分是和的极限，我们希望

$$E\left[\int_0^\infty X(t)\mathrm{d}t\right]=\int_0^\infty E[X(t)]\mathrm{d}t$$

对所有非负随机变量 $X(t)(0\leqslant t<\infty)$成立. 此式确实成立，利用此结论给出

$$E[X]=\int_0^\infty P\{X>t\}\mathrm{d}t$$

的另一证明(其中 X 为非负随机变量).

提示：对一切 $t\geqslant 0$，定义

$$X(t)=\begin{cases}1 & t<X\\ 0 & t\geqslant X\end{cases}$$

然后利用公式 $X=\int_0^\infty X(t)\mathrm{d}t$.

7.8 设 X 和 Y 是两个随机变量，称 X 随机地大于 Y(记作 $X\geqslant_{\mathrm{st}}Y$)，如果对所有 t，

$$P\{X>t\}\geqslant P\{Y>t\}$$

证明：在下列两种情况下，若 $X\geqslant_{\mathrm{st}}Y$，则 $E[X]\geqslant E[Y]$.

(a) X 和 Y 为非负随机变量；(b) X 和 Y 为任意随机变量.

提示：记

$$X=X^+-X^-$$

其中

$$X^+ = \begin{cases} X & X \geqslant 0 \\ 0 & X < 0 \end{cases} \qquad X^- = \begin{cases} 0 & X \geqslant 0 \\ -X & X < 0 \end{cases}$$

类似地，将 Y 写成 $Y^+ - Y^-$，然后利用(a).

7.9　证明：$X \geqslant_{st} Y$ 成立的充要条件是

$$E[f(X)] \geqslant E[f(Y)]$$

对所有增函数 f 成立.

提示：由 $X \geqslant_{st} Y$ 推导 $E[f(X)] \geqslant E[f(Y)]$，只需证明 $f(X) \geqslant_{st} f(Y)$. 然后利用理论例7.7，证明逆命题只需定义适当的增函数 f.

7.10　设有一硬币，在抛掷时正面朝上的概率为 p. 现在抛掷 n 次，计算大小为1、2和 k 的游程的期望数，$1 \leqslant k \leqslant n$.

7.11　设 $X_1, X_2, \cdots, X_n$ 为独立同分布的正值随机变量，对于 $k \leqslant n$，计算

$$E\left[\frac{\sum_{i=1}^{k} X_i}{\sum_{i=1}^{n} X_i}\right]$$

7.12　考虑 n 次独立重复试验，每次试验有 r 个不同的结果，其相应的概率为 $P_1, P_2, \cdots, P_r$. 令 X 表示在 n 次试验中从未出现的结果的个数，计算 $E[X]$，并且证明在 $P_1, P_2, \cdots, P_r$ 的所有可能取值中，当 $P_i = 1/r (i=1, \cdots, r)$ 时，$E[X]$ 达到极小值.

7.13　设 $X_1, X_2, \cdots$ 是一列独立随机变量，概率分布列如下：

386

$$P\{X_n = 0\} = P\{X_n = 2\} = 1/2, \qquad n \geqslant 1$$

随机变量 $X = \sum_{n=1}^{\infty} X_n / 3^n$ 被称为服从康托儿(Cantor)分布，求 $E[X]$ 和 $\mathrm{Var}(X)$.

7.14　设 $X_1, \cdots, X_n$ 为独立同分布的连续型随机变量，我们称在 $j (j \leqslant n)$ 时打破纪录，若 $X_j \geqslant X_i$，对一切 $1 \leqslant i \leqslant j$ 成立. 证明：

(a) $E[\text{打破纪录数}] = \sum_{j=1}^{n} 1/j$；(b) $\mathrm{Var}(\text{打破纪录数}) = \sum_{j=1}^{n} (j-1)/j^2$.

7.15　在例2i中，记 X 为集齐一套优惠券所需收集的优惠券张数. 证明：

$$\mathrm{Var}(X) = \sum_{i=1}^{N-1} \frac{iN}{(N-i)^2}$$

当 N 充分大时，这个数近似等于 $N^2\pi^2/6$（即 $\mathrm{Var}(X)/(N^2\pi^2/6) \to 1$，$N \to \infty$）.

7.16　设有 n 次独立试验，第 i 次成功的概率为 P_i.

(a) 计算成功次数的期望值，并记为 μ.

(b) 对固定的 μ 值，选择 $P_1, \cdots, P_n$ 的值使成功次数的方差达到极大值.

(c) 什么样的选择使方差达到极小值？

***7.17**　设 $S = \{1, 2, \cdots, n\}$ 为一个集合，集合中的任一元素可以被涂成红色或蓝色. 又设 $A_1, \cdots, A_r$ 为 S 的 r 个子集. 证明：存在一种涂颜色的方法，使得子集 $A_1, \cdots, A_r$ 中具有相同颜色元素的个数不会超过 $\sum_{i=1}^{r} (1/2)^{|A_i|-1}$，其中 $|A|$ 表示集合 A 中元素的个数.

7.18　设 X_1, X_2 是相互独立的随机变量，均值为 μ. 设 $\mathrm{Var}(X_1) = \sigma_1^2$，$\mathrm{Var}(X_2) = \sigma_2^2$. 由于 μ 未知，我们希望以 X_1, X_2 的加权平均作为 μ 的估计，即以 $\lambda X_1 + (1-\lambda) X_2$ 作为 μ 的估计. 什么样的 λ 值使估计的方差达最小？解释所得结果的合理性.

7.19 在例 4f 中，我们在求多项随机变量 N_i 和 N_j 的协方差($-mP_iP_j$)时，将 N_i 和 N_j 表示成示性变量之和. 这个结果也可从下式得到：

$$\text{Var}(N_i + N_j) = \text{Var}(N_i) + \text{Var}(N_j) + 2\text{Cov}(N_i, N_j)$$

(a) N_i+N_j 的分布是什么？(b) 利用上面的等式证明 $\text{Cov}(N_i, N_j)=-mP_iP_j$.

7.20 如果 X 和 Y 同分布，但不一定独立，证明：

$$\text{Cov}(X+Y, X-Y) = 0$$

7.21 条件协方差公式(Conditional Covariance Formula). 对于给定的 Z，X 和 Y 的条件协方差定义为

$$\text{Cov}(X,Y \mid Z) \equiv E[(X-E[X \mid Z])(Y-E[Y \mid Z]) \mid Z]$$

(a) 证明：

$$\text{Cov}(X,Y \mid Z) = E[XY \mid Z] - E[X \mid Z]E[Y \mid Z]$$

(b) 证明条件协方差公式：

$$\text{Cov}(X,Y) = E[\text{Cov}(X,Y \mid Z)] + \text{Cov}(E[X \mid Z], E[Y \mid Z])$$

(c) 在(b)中令 $X=Y$，就可得到条件方差公式.

7.22 令 $X_{(i)}$ ($i=1, 2, \cdots, n$)为(0, 1)上均匀随机变量 $X_1, \cdots, X_n$ 的 n 个次序统计量，$X_{(i)}$ 的密度函数为

$$f(x) = \frac{n!}{(i-1)!(n-i)!}x^{i-1}(1-x)^{n-i} \qquad 0 < x < 1$$

(a) 计算 $\text{Var}(X_{(i)})$，$i=1, \cdots, n$；(b) 求出使得 $\text{Var}(X_{(i)})$ 达最小值和最大值的 i 的值.

7.23 设 $Y=a+bX$，证明：

$$\rho(X,Y) = \begin{cases} +1 & b > 0 \\ -1 & b < 0 \end{cases}$$

7.24 设 Z 为标准正态随机变量，$Y=a+bZ+cZ^2$，证明：

$$\rho(Y,Z) = \frac{b}{\sqrt{b^2+2c^2}}$$

7.25 证明柯西-施瓦兹不等式，即

$$(E[XY])^2 \leqslant E[X^2]E[Y^2]$$

提示：当存在某常数 t 使 $Y=-tX$ 成立时，上式的等号恒成立. 其他情况下，

$$0 < E[(tX+Y)^2] = E[X^2]t^2 + 2E[XY]t + E[Y^2]$$

387

因此，关于 t 的二次方程

$$E[X^2]t^2 + 2E[XY]t + E[Y^2] = 0$$

的根为复数，故其判别式为负值.

7.26 设 X 和 Y 相互独立，在下列两种情形下，证明：

$$E[X \mid Y=y] = E[X] \text{ 对一切 } y \text{ 成立}$$

(a) 离散情形；(b) 连续情形.

7.27 证明：$E[g(X)Y|X]=g(X)E[Y|X]$.

7.28 证明：若 $E[Y|X=x]=E[Y]$ 对一切 x 成立，则 X，Y 不相关. 同时，给出反例，说明逆命题不真.

提示：证明并利用公式 $E[XY]=E[XE[Y|X]]$.

7.29 证明：$\text{Cov}(X, E[Y|X])=\text{Cov}(X, Y)$.

7.30 设 $X_1, \cdots, X_n$ 为独立同分布随机变量，求

$$E[X_1 \mid X_1 + \cdots + X_n = x]$$

7.31 考虑关于多元正态分布的例4f，利用条件期望计算$E[N_iN_j]$，再用此公式验证关于$\mathrm{Cov}(N_i, N_j)$的公式.

7.32 设坛子中原有b个黑球和w个白球，每步放入r个黑球然后再随机拿出r个球，证明：

$$E[t\text{ 步后白球的数目}] = \left(\frac{b+w}{b+w+r}\right)^t w$$

7.33 对每个事件A，当A发生时令I_A等于1，当A不发生时令I_A等于0，对于随机变量X，证明：

$$E[X \mid A] = E[XI_A]/P(A)$$

7.34 掷一枚硬币，其正面朝上的概率为p. 现在连续掷硬币，直到连续出现r次正面朝上为止，求掷硬币次数的期望值.

提示：记第一次出现反面朝上的时刻为T. 在$T=t$的条件下，求掷硬币次数的期望，得到方程

$$E[X] = (1-p)\sum_{i=1}^{r} p^{i-1}(i+E[X]) + (1-p)\sum_{i=r+1}^{\infty} p^{i-1} r$$

然后解出$E[X]$.

7.35 理论习题7.34的另一种解法. 令T_r表示出现连续r个正面朝上所需的掷硬币次数.

(a) 求$E[T_r \mid T_{r-1}]$；(b) 将$E(T_r)$表示成$E[T_{r-1}]$的函数；(c) $E[T_1]$是多少？(d) $E[T_r]$是多少？

7.36 设X为取非负整数值的离散型随机变量，其分布列为$P\{X=j\}=p_j$，$j\geqslant 0$，它的概率矩母函数由下式定义：

$$\phi(s) = E[s^X] = \sum_{j=0}^{\infty} p_j s^j$$

设Y是几何随机变量，参数$p=1-s$，其中$s\in(0, 1)$. 又设Y与X相互独立. 证明：

$$\phi(s) = P\{X < Y\}$$

7.37 设某坛子内有a个白球，b个黑球. 一次从坛子内随机取出一个球，直至坛子中的球变成同一颜色. 令$M_{a,b}$表示试验结束时坛子中的球的个数的期望值. 导出一个递推公式，并且当$a=3$，$b=5$时求出$M_{a,b}$.

7.38 一个坛子里有a个白球，b个黑球. 从坛子里随机地取出一个球，如果这个球是白球，就放回坛子，如果是黑球，就放入一个白球作为替换. 记M_n表示经过n次取球以后坛子里的白球数的期望值.

(a) 导出下面的递推公式：

$$M_{n+1} = \left(1-\frac{1}{a+b}\right)M_n + 1$$

(b) 利用(a)证明：

388

$$M_n = a+b-b\left(1-\frac{1}{a+b}\right)^n$$

(c) 第$n+1$次从坛子里取出一个白球的概率是多少？

7.39 设Y，X_1，X_2为随机变量. 基于X_1，X_2的Y的最优线性预测是使

$$E[(Y-(a+bX_1+cX_2))^2]$$

达到最小的$a+bX_1+cX_2$. 求最优线性预测中的系数a，b，c.

7.40 Y的基于X的最优二次预测$a+bX+cX^2$是使

$$E[(Y-(a+bX+cX^2))^2]$$

达到最小的二次三项式$a+bX+cX^2$. 求最优二次预测中的系数a，b，c的值.

7.41 用条件方差公式计算参数为 p 的几何随机变量 X 的方差.

7.42 设 X 为正态随机变量，其参数 $\mu=0$，$\sigma^2=1$，令 I 是与 X 相互独立的随机变量，$P\{I=1\}=\frac{1}{2}=P\{I=0\}$. Y 由下式定义：

$$Y=\begin{cases}X & I=1\\ -X & I=0\end{cases}$$

即 Y 等可能地等于 X 或 $-X$.

(a) X 和 Y 是否相互独立？　(b) I 和 Y 是否相互独立？

(c) 证明：Y 的分布为标准正态分布. (d) 证明 $\mathrm{Cov}(X, Y)=0$.

7.43 设 Y 关于 X 的最优线性预测为 $\mu_y+\rho\frac{\sigma_y}{\sigma_x}(X-\mu_x)$，则由命题 6.1 可知，若

$$E[Y \mid X]=a+bX$$

则

$$a=\mu_y-\rho\frac{\sigma_y}{\sigma_x}\mu_x \qquad b=\rho\frac{\sigma_y}{\sigma_x}$$

(为什么?)请直接证明此结论.

7.44 对于随机变量 X 和 Z，证明：

$$E[(X-Y)^2]=E[X^2]-E[Y^2]$$

其中 $Y=E[X|Z]$.

7.45 考虑一个总体，总体中的每一个个体都能产生后代. 假定总体中的每一个个体，当它的生命结束的时候，具有 j 个子代的概率为 P_j，$j\geqslant 0$，子代的个数与别的个体的子代个数独立. 现设最早的个体的个数 X_0 称为第 0 代的大小. 第 0 代个体的子代称为第 1 代个体，记第 1 代个体总数为 X_1，以此类推，可得到第 n 代个体总和为 X_n，记 $\mu=\sum_{j=0}^{\infty} jP_j$，$\sigma^2=\sum_{j=0}^{\infty}(j-\mu)^2P_j$，它们分别表示一个个体的子代的个数的期望和方差. 现假定 $X_0=1$，即第 0 代个体只有一个.

(a) 证明：$E[X_n]=\mu E[X_{n-1}]$. (b) 利用(a)证明：$E[X_n]=\mu^n$.

(c) 证明：

$$\mathrm{Var}(X_n)=\sigma^2\mu^{n-1}+\mu^2\mathrm{Var}(X_{n-1})$$

(d) 利用(c)证明：

$$\mathrm{Var}(X_n)=\begin{cases}\sigma^2\mu^{n-1}\left(\dfrac{\mu^n-1}{\mu-1}\right) & \mu\neq 1\\ n\sigma^2 & \mu=1\end{cases}$$

刚才介绍的模型称为分支过程. 分支过程的一个重要问题是总体灭绝的概率，记 π 表示由一个个体出发，其总体灭绝的概率，即

$$\pi=P\{\text{总体灭绝} \mid X_0=1\}$$

(e) 证明：π 满足

$$\pi=\sum_{j=0}^{\infty}P_j\pi^j$$

提示：以第 1 代的个体数作条件，求出灭绝的条件概率.

7.46 验证表 7-2 中均匀随机变量的矩母函数的公式，同时用求微分方法求出相应随机变量的期望和方差.

7.47 对于标准正态随机变量 Z，令 $\mu_n=E[Z^n]$，证明：

389

$$\mu_n=\begin{cases}0 & n\text{ 为奇数}\\ \dfrac{(2j)!}{2^j j!} & n=2j\end{cases}$$

提示：将 Z 的矩母函数展成泰勒级数：

$$E[e^{tZ}]=e^{t^2/2}=\sum_{j=0}^{\infty}\frac{(t^2/2)^j}{j!}$$

7.48 设 X 是一个正态随机变量，其参数为(μ,σ^2)．利用理论习题 7.47 证明：

$$E[X^n]=\sum_{j=0}^{[n/2]}\frac{\binom{n}{2j}\mu^{n-2j}\sigma^{2j}(2j)!}{2^j j!}$$

上式中，$[n/2]$表示不大于 $n/2$ 的整数．在 $n=1$，2 的情况下，利用直接计算验证本题的公式．

7.49 设 $Y=aX+b$，其中 a，b 为常数，将 Y 的矩母函数用 X 的矩母函数表达出来．

7.50 取正值的随机变量 X 称为对数正态随机变量，参数为(μ,σ^2)，如果 $\ln X$ 是正态随机变量，均值为 μ，方差为 σ^2．利用正态矩母函数求出对数正态随机变量的均值和方差．

7.51 设 X 的矩母函数为 $M(t)$，定义 $\psi(t)=\ln M(t)$．证明：

$$\psi''(t)\mid_{t=0}=\mathrm{Var}(X)$$

7.52 利用表 7-2，求出 $\sum_{i=1}^{n}X_i$ 的分布，其中 X_i 为独立同分布的指数随机变量，均值为 $1/\lambda$．

7.53 从 X 和 Y 的联合矩母函数求出 $\mathrm{Cov}(X,Y)$．

7.54 设 $X_1,\cdots,X_n$ 具有多元正态分布．证明：$X_1,\cdots,X_n$ 相互独立的充要条件是

$$\mathrm{Cov}(X_i,X_j)=0,\quad i\neq j$$

7.55 设 Z 为标准正态随机变量，计算 $\mathrm{Cov}(Z,Z^2)$．

7.56 设 Y 是正态随机变量，其均值为 μ，方差为 σ^2．假设 $Y=y$ 的条件下 X 的条件分布为正态分布，均值为 y，方差为 1．

(a) 证明：(X,Y)的联合分布与$(Y+Z,Y)$的联合分布相同，其中 Z 与 Y 相互独立，且 Z 是标准正态随机变量．

(b) 利用(a)证明：(X,Y)服从二元正态分布．

(c) 求 $E[X]$，$\mathrm{Var}(X)$，$\mathrm{Corr}(X,Y)$．

(d) 求 $E[Y|X=x]$．

(e) Y 在 $X=x$ 之下的条件分布是什么？

自检习题

7.1 设由 m 个名称组成的列表，在列表上同一名称可出现多次．记 $n(i)$表示在第 i 个位置上的名称在表上出现的次数 $i=1,\cdots,m$，用 d 表示列表上不同名称的个数．

(a) 将 d 表示成 m，$n(i)(i=1,\cdots,m)$的函数．

令 U 为(0，1)均匀随机变量，令 $X=[mU]+1$．

(b) X 的分布列是什么？

(c) 证明 $E[m/n(X)]=d$．

7.2 设坛子里有 n 个白球和 m 个黑球，随机地从坛子中将球一个一个地取出．数一数取出一个黑球后紧接着取出一个白球的次数，并求其期望值．

7.3 10对夫妇被安排在5张餐桌上，每张餐桌上有4个座位.

(a) 如果座位是完全随机地安排的，求坐在同一张餐桌的夫妇的对数的期望值.

(b) 如果随机地挑选2位男士，2位女士坐在一张桌子上，求坐在同一桌的夫妇的对数的期望值.

7.4 设连续掷一枚骰子，一直到6个面都出现为止. 求点数"1"出现次数的期望值.

7.5 设一副牌由 n 张红牌和 n 张黑牌组成. 将牌洗好以后，顺次地一张一张翻开，当翻出一张红牌并且此时已翻开的红牌数比黑牌数多时，你赢得1个单位.（例如，若 $n=2$，翻牌结果是 $r\,b\,r\,b$，则此时你总共赢得2个单位.）求你赢得的单位数的期望值.

390

7.6 设 A_1，A_2，…，A_n 为 n 个事件，记 N 为这些事件中发生的个数，I 为一随机变量，

$$I=\begin{cases}1 & \text{如果所有事件都发生}\\0 & \text{其他}\end{cases}$$

证明下面的Bonferroni不等式：

$$P(A_1\cdots A_n)\geqslant\sum_{i=1}^{n}P(A_i)-(n-1)$$

提示：首先证明 $N\leqslant n-1+I$.

7.7 设从$\{1, 2, \cdots, n\}$中随机地取 k 个数，记 X 为其中最小的数，将 X 解释为负超几何随机变量，然后求 $E[X]$的值.

7.8 一架飞机载着 r 个家庭着陆，有 n_j 家带有 j 件行李，$\sum_j n_j=r$. 当飞机着陆以后，$N=\sum_j jn_j$ 件行李按随机的顺序一件一件取出来. 一旦一个家庭收齐了他们的行李就立刻离开机场. 现设桑切斯一家有 j 件行李，求在桑切斯一家之后离开机场的家庭数的期望值.

* **7.9** 在半径为1的圆周上放19件器材. 证明：无论怎么安放这19件器材，都至少存在一段长度为1的弧，其上至少包含4件器材.

7.10 设 X 是泊松随机变量，均值为 λ. 证明：若 λ 不是太小，则

$$\mathrm{Var}(\sqrt{X})\approx 0.25$$

提示：利用理论习题7.4中的结果去近似 $E[\sqrt{X}]$.

7.11 设在自检习题7.3中20个人安排了7张桌子，其中3张桌子上有4个位子，4张桌子上有2个位子. 如果20个人是随机地坐，求坐在同一桌的夫妇对数的期望值.

7.12 设员工1，…，n 被招聘到某公司，他们是这样被招聘进来的，由第1个人开公司，将2招聘进来. 之后，1和2就竞争着招聘3. 当3被招聘进来以后，1，2，3就竞争着招聘4. 假定当1，…，i 竞争着招聘 $i+1$ 时，这 i 个人中每一个人能招聘到 $i+1$ 的概率是相等的.

(a) 求1，2，…，n 中没有招聘到其他人的人数的期望值.

(b) 求出没有招聘到其他人的人数的方差. 对于 $n=5$，求出它的值.

7.13 9个人组成一个篮球队，其中2个中锋，3个前锋，4个后卫. 现将9个人随机地分成3组. 一组称为完全的，如果这个组含有一个中锋，一个前锋，一个后卫. 求完全组个数的(a)期望值以及(b)方差.

7.14 从一副52张牌中随机地抽出13张牌，分别记 X 和 Y 为A的张数和黑桃的张数.

(a) 证明 X 和 Y 不相关.(b) 它们独立吗？

7.15 设在箱子内有一批硬币，每一枚硬币有一个 p 值，当抛掷这枚硬币时，正面朝上的概率为 p，当从箱子内随机取出一枚硬币时，它的 p 值是在(0, 1)上均匀分布的. 现在，设硬币已经取出，在抛掷以前，你必须猜一下抛掷结果，猜对了会赢一个单位，反之会输一个单位.

(a) 若不告诉你 p 的值，你的期望所得是多少？

(b) 若在猜测之前，你可以调查得到 p 的值，你应该作怎样的猜测？

(c) 计算(b)中你的期望所得.

7.16 在自检习题 7.1 中，我们证明可以利用(0，1)上的均匀随机变量(通常称随机数)得到一个随机变量，且其均值刚好等于列表上不同名称的个数. 但是，那里的方法要求选择一个随机的位置，并且确定该位置上的名称在列表上出现的次数. 现在提供另一种方法，这种方法在名称重复次数较多时较为有效. 其方法如下：首先像习题 7.1 中那样选定一个随机变量 X，然后确认在位置 X 上的名称，再从列表的开头开始检查，直到这个名称出现为止. 如果这个名称出现在 X 的前面，则定义 $I=0$，如果这个名称首次出现在位置 X，则定义 $I=1$，证明 $E[mI]=d$.

提示：利用条件期望计算 $E[I]$.

7.17 一共有 m 个物件，顺次放入 n 个房间，每一个物件独立地以概率 $p_j(j=1, 2, \cdots, n)$放入房间 j. 当某一物件放入一非空的房间(该房间已经被别的物体占据着)时，则称为出现一个碰撞. 求碰撞数的期望值.

391

7.18 设 n 个 1 和 m 个 0 随机地排成一列，令 X 表示这个排列的第一个游程的长度. 即如果前 k 个值相同(全为“1”或全为“0”)，则 $X\geqslant k$. 例如，00101，此时 $X=2$. 求 $E[X]$.

7.19 盒子 H 内有 n 个物件，盒子 T 内有 m 个物件. 有一硬币，抛掷时以概率 p 正面朝上，以概率 $1-p$ 反面朝上. 当正面朝上时，从盒子 H 中取走一个物件；当反面朝上时，从盒子 T 中取走一个物体. 当有一个盒子为空的时候，例如，H 为空的时候，而硬币此时又是正面朝上，只好不拿物件. 而继续下一次掷硬币，这个过程一直继续到两个盒子全空为止. 求在两个盒子全空时，所掷硬币次数的期望值.

提示：以前 $n+m$ 次抛掷的正面朝上数为条件.

7.20 设 X 为非负随机变量，其分布函数为 $F(x)$. 记 $\overline{F}(x)=1-F(x)$. 证明：

$$E[X^n]=\int_0^\infty x^{n-1}\overline{F}(x)\mathrm{d}x$$

提示：利用恒等式

$$X^n=n\int_0^X x^{n-1}\mathrm{d}x=n\int_0^\infty x^{n-1}I_X(x)\mathrm{d}x$$

其中

$$I_X(x)=\begin{cases}1 & x<X\\ 0 & \text{其他}\end{cases}$$

***7.21** 设 a_1，…，a_n 不全为 0，$\sum_{i=1}^n a_i=0$，证明：存在一个排列 i_1，…，i_n，使得

$$\sum_{j=1}^n a_{i_j}a_{i_{j+1}}<0$$

提示：利用概率化方法.(有趣的是，不一定存在排列，使得连续两项的乘积之和为正. 例如 $n=3$，$a_1=a_2=-1$，$a_3=2$，此时，对所有排列，其相应的连续两项的乘积和均小于或等于 0.)

7.22 设 $X_i(i=1, 2, 3)$是相互独立的泊松随机变量，均值分别为 λ_i，$i=1, 2, 3$. 令 $X=X_1+X_2$，$Y=X_2+X_3$，称(X, Y)是二元泊松随机向量.

(a) 求 $E[X]$和 $E[Y]$；(b) 求 $\mathrm{Cov}(X, Y)$；(c) 求(X, Y)的联合分布列 $P\{X=i, Y=j\}$.

7.23 令$(X_i, Y_i)(i=1, 2, \cdots)$是独立同分布的随机向量，即$(X_1, Y_1)$与$(X_2, Y_2)$相互独立且同分布，等等. 虽然 X_i 和 Y_i 不独立，但 X_i 和 $Y_j(i\neq j)$却相互独立，令

$$\mu_x=E[X_i],\mu_y=E[Y_i],\sigma_x{}^2=\mathrm{Var}(X_i),\sigma_y^2=\mathrm{Var}(Y_i),\rho=\mathrm{Corr}(X_i,Y_i)$$

求 $\text{Corr}\left(\sum_{i=1}^{n} X_i, \sum_{j=1}^{n} Y_i\right)$.

7.24 从一副 52 张牌内抽取 3 张牌(无放回)，记 X 表示选中的 A 的张数.

(a) 求 $E[X|\text{黑桃 A 已选中}]$. (b) 求 $E[X|\text{至少一张 A 已选中}]$.

7.25 记 Φ 为标准正态分布函数，X 为正态随机变量，其均值为 μ，方差 $\sigma^2=1$. 我们要计算 $E[\Phi(X)]$. 为此，令 Z 为标准正态随机变量，且与 X 相互独立，令

$$I = \begin{cases} 1 & Z < X \\ 0 & Z \geqslant X \end{cases}$$

(a) 证明 $E[I|X=x]=\Phi(x)$；(b)证明 $E[\Phi(X)]=P\{Z<X\}$；(c)证明 $E[\Phi(X)]=\Phi(\mu/\sqrt{2})$.

提示：$X-Z$ 的分布是什么？

本题源自统计学. 假设随机变量 X 服从正态分布，期望为 μ(未知)，方差为 1，我们希望检验假设 $\mu\geqslant 0$. 显然，当 X 充分小时，拒绝 $\mu\geqslant 0$ 这个假设. 若 $X=x$，则这个假设的 p 值定义为 $\mu=0$ 的假定之下随机事件$\{X\leqslant x\}$的概率(若 p 值很小，说明原来的假设可能是假的). 由于当 $\mu=0$ 时，X 服从标准正态分布. 因此，当 $X=x$ 时 p 值为 $\Phi(x)$. 当真正的均值为 μ 时，期望的 p 值为$\Phi\left(\frac{\mu}{\sqrt{2}}\right)$.

7.26 设有一枚硬币，抛掷时以 p 的概率正面朝上. 现在设连续抛掷这枚硬币，直到出现了 n 次正面朝上或者 m 次反面朝上为止，求抛掷硬币次数的期望值.

提示：设想当达到目的后，还继续掷硬币. 令 X 表示为得到 n 次正面所需的掷硬币次数，Y 表示为得到 m 次反面所需的掷硬币次数. 注意 $\max(X, Y)+\min(X, Y)=X+Y$. 为计算 $E[\max(X, Y)]$，首先计算在前 $n+m-1$ 次掷硬币中正面朝上次数固定时 $\max(X, Y)$的条件期望.

7.27 有标记着 1 到 n 的 n 张牌，初始时按任意顺序放好，接着按如下方法洗牌：在每个阶段，随机选取一张牌放到最上面，保持其他牌位置不变. 这个过程一直持续到只剩一张牌没有被选到. 所有 $n!$ 种顺序都是等可能的. 求出总共需要阶段数的期望值. 392

7.28 假设进行一系列独立的试验，每次试验成功的概率为 p，直到一次试验成功或全部 n 次试验做完才能结束. 求出进行试验次数的均值.

提示：对于非负整数值的随机变量 X，如果使用等式

$$E[X] = \sum_{i=1}^{\infty} P\{X \geqslant i\}$$

则会简化计算.

7.29 假设随机变量 X 和 Y 均服从伯努利分布，证明：当且仅当 $\text{Cov}(X, Y)=0$ 时，X 和 Y 相互独立.

7.30 在推广的匹配问题中，有 n 个人，其中 n_i 个人戴着型号为 i 的帽子，$\sum_{i=1}^{r} n_i = n$. 又有 n 顶帽子，其中 h_i 顶帽子型号为 i，$\sum_{i=1}^{r} h_i = n$. 如果每个人随机选择一顶帽子(无放回)，求选到了与他本人戴的帽子同型号的人数的期望.

7.31 对随机变量 X 和 Y，证明：

$$\sqrt{\text{Var}(X+Y)} \leqslant \sqrt{\text{Var}(X)} + \sqrt{\text{Var}(Y)}$$

即证明和的标准差总是小于或等于标准差的和.

7.32 设 R_1，…，R_{n+m}是 1，…，$n+m$ 的一个随机排列. (即 R_1，…，R_{n+m} 以相同的概率等于 1，…，$n+m$ 的$(n+m)!$ 个排列中任何一个排列.)对于给定的 $i\leqslant n$，设 X 是数 R_1，…，R_n 中的第 i 个最

小数．证明：$E[X]=i+m\dfrac{i}{n+1}$

提示：若 $R_{n+k}<X$，则定义 I_{n+k} 为 1，否则定义为 0. 注意

$$X=i+\sum_{k=1}^{m} I_{n+k}$$

7.33 假设 Y 服从(0，1)上的均匀分布，且随机变量 X 在给定 $Y=y$ 下的条件分布是(0，y)上的均匀分布．

(a) 求 $E[X]$

(b) 求协方差 $\mathrm{Cov}(X, Y)$.

(c) 求 $\mathrm{Var}(X)$.

(d) 求 $P\{X\leqslant x\}$.

393

(e) 求 X 的概率密度函数．

第8章　极限定理

8.1　引言

在概率论中，极限定理是最重要的理论结果．极限定理中，最核心的是大数定律和中心极限定理．通常，大数定律是考虑随机变量序列的平均值(在某种条件下)收敛到某期望值．相比之下，中心极限定理证明大量随机变量之和的分布在某种条件下逼近于正态分布．

8.2　切比雪夫不等式及弱大数定律

首先证明马尔可夫不等式．

命题 2.1[马尔可夫不等式]　设 X 为取非负值的随机变量，则对于任何常数 $a>0$，有

$$P\{X \geqslant a\} \leqslant \frac{E[X]}{a}$$

证明　对于 $a>0$，令

$$I=\begin{cases}1 & \text{若 } X \geqslant a \\ 0 & \text{其他}\end{cases}$$

394

并且注意到，由于 $X\geqslant 0$，我们有

$$I \leqslant \frac{X}{a}$$

对上述不等式两边求期望，得

$$E[I] \leqslant \frac{1}{a} E[X]$$

因为 $E[I]=P\{X\geqslant a\}$，所以命题结论成立．□

作为推论，可得命题 2.2．

命题 2.2[切比雪夫不等式]　设 X 是一随机变量，均值 μ 和方差 σ^2 有限，则对任何 $k>0$，有

$$P\{|X-\mu| \geqslant k\} \leqslant \frac{\sigma^2}{k^2}$$

证明　由于 $(X-\mu)^2$ 为非负随机变量，利用马尔可夫不等式(其中 $a=k^2$)，得

$$P\{(X-\mu)^2 \geqslant k^2\} \leqslant \frac{E[(X-\mu)^2]}{k^2} \tag{2.1}$$

由于 $(X-\mu)^2\geqslant k^2$ 与 $|X-\mu|\geqslant k$ 是等价的，因此方程(2.1)等价于

$$P\{|X-\mu| \geqslant k\} \leqslant \frac{E[(X-\mu)^2]}{k^2}=\frac{\sigma^2}{k^2}$$

命题得证．□

马尔可夫不等式和切比雪夫不等式的重要性在于，我们能够在只知道分布的均值，或

只知道分布的均值和方差时，利用它们导出概率上界．当然，如果实际概率分布已知，我们可以直接计算准确的概率而不必推导概率上界．

例 2a　假设已知某工厂在一周内生产的产品数量是一个均值为 50 的随机变量．

(a) 本周内产品数量超过 75 件的概率是多少？

(b) 如果我们进一步知道每周产量的方差为 25，那么本周产量在 40 到 60 之间的概率是多少？

解　记 X 为该工厂本周所生产的产品数量．

(a) 由马尔可夫不等式，有

$$P\{X>75\}\leqslant\frac{E[X]}{75}=\frac{50}{75}=\frac{2}{3}$$

(b)由切比雪夫不等式，有

395

$$P\{|X-50|\geqslant 10\}\leqslant\frac{\sigma^2}{10^2}=\frac{1}{4}$$

故

$$P\{|X-50|<10\}\geqslant 1-\frac{1}{4}=\frac{3}{4}$$

因此本周内的产品数量在 40 到 60 之间的概率至少为 0.75．　■

由于切比雪夫不等式适用于所有分布，在通常情况下，得到的概率上界与实际概率相差较大．下面看例 2b．

例 2b　设随机变量 X 服从(0，10)上的均匀分布，那么，因为 $E[X]=5$，$\operatorname{Var}(X)=25/3$，所以利用切比雪夫不等式可得

$$P\{|X-5|>4\}\leqslant\frac{25}{3(16)}\approx 0.52$$

而实际的概率值为

$$P\{|X-5|>4\}=0.20$$

由上式看出，我们可以利用切比雪夫不等式找到概率上界，但不能用它来估计概率值本身．因此，尽管切比雪夫不等式是正确的，但是它所导出的上界并不那么接近实际概率．

类似地，设 X 服从均值为 μ、方差为 σ^2 的正态分布，利用切比雪夫不等式得到

$$P\{|X-\mu|>2\sigma\}\leqslant\frac{1}{4}$$

而实际概率为

$$P\{|X-\mu|>2\sigma\}=P\left\{\left|\frac{X-\mu}{\sigma}\right|>2\right\}=2[1-\Phi(2)]\approx 0.0456$$　■

切比雪夫不等式作为一种理论工具，通常被用于证明之中．首先我们使用它来证明下面的命题 2.3，其次，更重要的是用它来证明弱大数定律．

命题 2.3　若 $\operatorname{Var}(X)=0$，则

$$P\{X=E[X]\}=1$$

换言之，一个随机变量的方差为 0 的充要条件是这个随机变量以概率 1 等于常数．

证明 利用切比雪夫不等式，对任何 $n\geqslant 1$，

$$P\left\{ |X-\mu|>\frac{1}{n}\right\} = 0$$

令 $n\to\infty$，并应用概率的连续性性质，得

$$0 = \lim_{n\to\infty} P\left\{ |X-\mu|>\frac{1}{n}\right\} = P\left\{\lim_{n\to\infty}\left\{ |X-\mu|>\frac{1}{n}\right\}\right\} = P\{X\neq\mu\}$$

结论得到证明. □ 396

定理 2.1[弱大数定律] 设 X_1，X_2，…为独立同分布的随机变量序列，其公共均值 $E[X_i]=\mu$ 有限，则对任何 $\varepsilon>0$，

$$P\left\{ \left|\frac{X_1+\cdots+X_n}{n}-\mu\right|\geqslant\varepsilon\right\} \to 0 \qquad n\to\infty$$

证明 我们只在 $\operatorname{Var}(X_i)=\sigma^2$ 为有限的情形下证明此定理. 此时，因为

$$E\left[\frac{X_1+\cdots+X_n}{n}\right] = \mu \text{ 且 } \operatorname{Var}\left(\frac{X_1+\cdots+X_n}{n}\right) = \frac{\sigma^2}{n}$$

利用切比雪夫不等式，得

$$P\left\{ \left|\frac{X_1+\cdots+X_n}{n}-\mu\right|\geqslant\varepsilon\right\} \leqslant \frac{\sigma^2}{n\varepsilon^2}$$

定理得证. □

弱大数定律最早是由詹姆士·伯努利(James Bernoulli)在 X_i 只取 0 或 1(即 X_i 为伯努利随机变量)的特殊情况下证明得到的. 他对该定理的陈述和证明见于他的著作 *Ars Conjectandi* 中. 这本书出版于 1713 年，是由他同为数学家的侄子尼古拉斯·伯努利(Nicholas Bernoulli)在其去世 8 年后整理出版的. 值得注意的是，切比雪夫不等式在伯努利时代还没有被推导出来，他必须借助巧妙的方法证明其结果. 定理 2.1 是独立同分布序列的弱大数定律的最一般形式，它是由俄国数学家辛钦(Khintchine)证明的.

8.3 中心极限定理

中心极限定理是概率论中最著名的定理之一. 粗略地说，它说明大量独立随机变量的和近似地服从正态分布. 因此，中心极限定理不仅提供了计算独立随机变量和的有关概率的近似值的简便方法，同时也帮助解释了现实世界中许多实际的总体分布的频率曲线呈现钟形曲线(即正态密度)的原因.

下面叙述的是中心极限定理的最简单形式.

定理 3.1[中心极限定理] 设 X_1，X_2，…为独立同分布的随机变量序列，其公共的均值为 μ，方差为 σ^2. 则当 $n\to\infty$ 时，随机变量

$$\frac{X_1+\cdots+X_n-n\mu}{\sigma\sqrt{n}}$$

的分布趋向于标准正态分布. 即对任何 $-\infty<a<\infty$，

$$P\left\{\frac{X_1+\cdots+X_n-n\mu}{\sigma\sqrt{n}}\leqslant a\right\} \to \frac{1}{\sqrt{2\pi}}\int_{-\infty}^{a} e^{-x^2/2}\,dx \qquad n\to\infty$$

397 中心极限定理证明的关键是如下的引理，在此我们仅给出引理的陈述而不做证明.

引理 3.1 设 Z_1，Z_2，…为一公共分布函数为 F_{Z_n} 的随机变量序列，相应的矩母函数为 M_{Z_n}，$n\geqslant 1$. 又设 Z 的分布为 F_Z，矩母函数为 M_Z. 若 $M_{Z_n}(t)\to M_Z(t)$ 对一切 t 成立，则 $F_{Z_n}(t)\to F_Z(t)$ 对 $F_Z(t)$ 的所有连续点成立.

若 Z 为标准正态随机变量，则 $M_Z(t)=e^{t^2/2}$，利用引理 3.1 可知，若当 $n\to\infty$ 时，$M_{Z_n}(t)\to e^{t^2/2}$，则当 $n\to\infty$ 时，$F_{Z_n}(t)\to\Phi(t)$.

现在证明中心极限定理.

中心极限定理的证明 首先，假定 $\mu=0$，$\sigma^2=1$，我们只在 X_i 的矩母函数 $M(t)$ 存在且有限的假定之下证明定理. 此时，$X_i/\sqrt{n}$ 的矩母函数为

$$E\left[\exp\left\{\frac{tX_i}{\sqrt{n}}\right\}\right]=M\left(\frac{t}{\sqrt{n}}\right)$$

由此可知，$\sum_{i=1}^{n}X_i/\sqrt{n}$ 的矩母函数为 $\left[M\left(\frac{t}{\sqrt{n}}\right)\right]^n$. 记

$$L(t)=\log M(t)$$

对于 $L(t)$，我们有

$$L(0)=0$$

$$L'(0)=\frac{M'(0)}{M(0)}=\mu=0$$

$$L''(0)=\frac{M(0)M''(0)-[M'(0)]^2}{[M(0)]^2}=E[X^2]=1$$

要证明定理，由引理 3.1，我们必须证明当 $n\to\infty$ 时，$[M(t/\sqrt{n})]^n\to e^{t^2/2}$. 或者，等价地证明当 $n\to\infty$ 时，$nL(t/\sqrt{n})\to t^2/2$. 为证明这个结论，注意到

$$\begin{aligned}\lim_{n\to\infty}\frac{L(t/\sqrt{n})}{n^{-1}}&=\lim_{n\to\infty}\frac{-L'(t/\sqrt{n})n^{-3/2}t}{-2n^{-2}} && \text{利用洛必达法则}\\&=\lim_{n\to\infty}\left[\frac{L'(t/\sqrt{n})t}{2n^{-1/2}}\right]=\lim_{n\to\infty}\left[\frac{-L''(t/\sqrt{n})n^{-3/2}t^2}{-2n^{-3/2}}\right] && \text{再利用洛必达法则}\\&=\lim_{n\to\infty}\left[L''\left(\frac{t}{\sqrt{n}}\right)\frac{t^2}{2}\right]=\frac{t^2}{2}\end{aligned}$$

398

这样，在 $\mu=0$，$\sigma^2=1$ 的情况下，中心极限定理得以证明. 对于一般情况，只需考虑标准化随机变量序列 $X_i^*=(X_i-\mu)/\sigma$，由于 $E[X_i^*]=0$，$\mathrm{Var}(X_i^*)=1$，将已证得的结果应用于序列 X_i^*，便可得一般情况的结论.

注释 虽然定理 3.1 只说对每一个常数 a，有

$$P\left\{\frac{X_1+\cdots+X_n-n\mu}{\sigma\sqrt{n}}\leqslant a\right\}\to\Phi(a)$$

事实上，这个收敛是对 a 一致的.（我们说当 $n\to\infty$ 时，函数 $f_n(a)\to f(a)$ 对 a 一致，若对任意 $\varepsilon>0$，存在 N，使得当 $n\geqslant N$ 时，不等式 $|f_n(a)-f(a)|<\varepsilon$ 对所有

的 a 都成立.)

中心极限定理由棣莫弗在约 1733 年第一次给出证明，但他只证明了 X_i 为伯努利随机变量且 $p=1/2$ 这种特殊情形. 随后，拉普拉斯将这个结果推广到一般的 p 的情况.（由于一个二项随机变量可以看作 n 个独立同分布伯努利随机变量的和，此处得到的中心极限定理为第 5 章 5.4 节关于二项分布的正态逼近提供了理论依据.）拉普拉斯同时发现了中心极限定理的更一般形式(即定理 3.1)，但是他的证明并不严格. 事实上，他的方法并不能够简单地严格化. 对中心极限定理真正严格的证明是由俄国数学家李雅普诺夫(Liapounoff)在 1901 至 1902 年间首先提出的.

图 8-1 通过对 n 个具有特定概率分布列的独立随机变量进行画点展示了中心极限定理，其中分别取(a)$n=5$，(b)$n=10$，(c)$n=25$ 和(d)$n=100$.

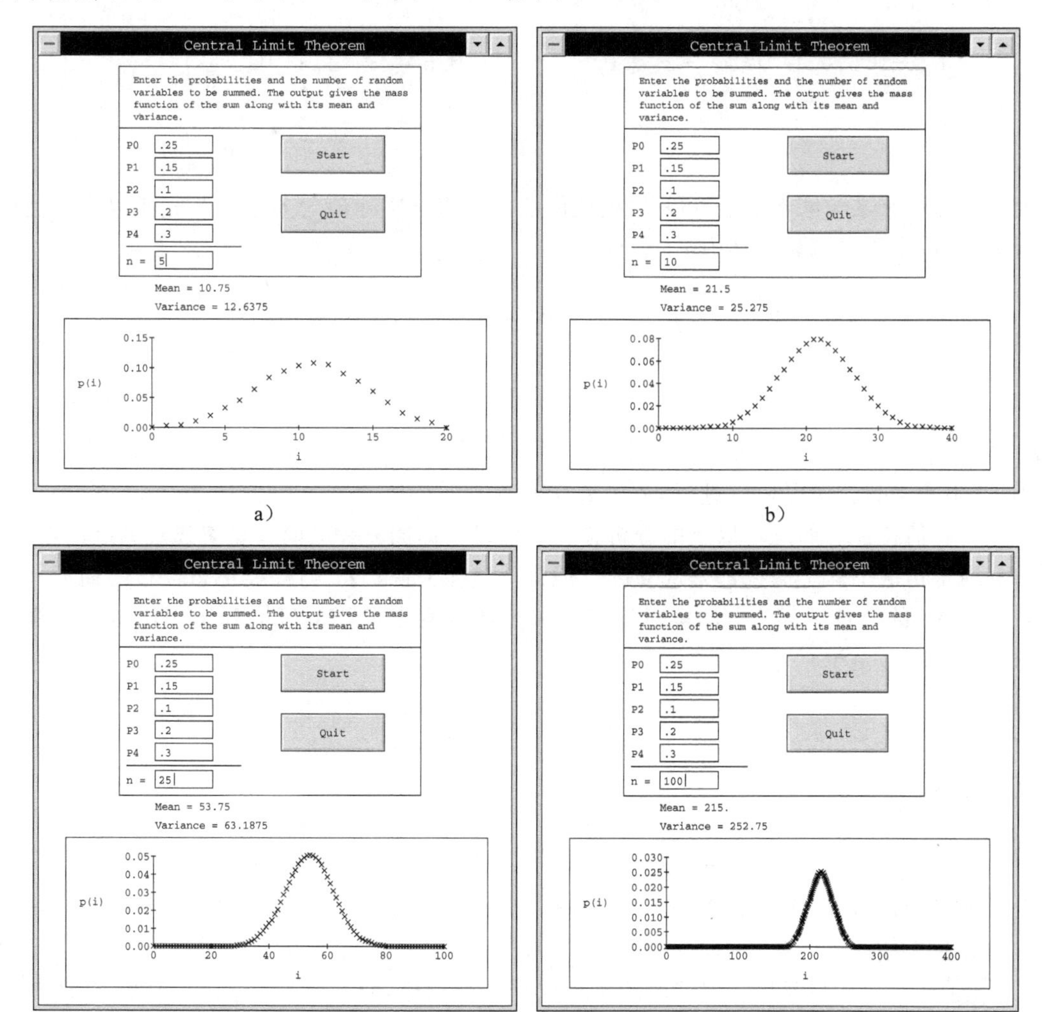

a) b) c) d)

图 8-1

例 3a 一位天文学家希望测量遥远的恒星到地球之间的距离(单位：光年)．他知道，尽管他有测量技术，但是由于大气条件的变化以及正态误差，每次测量都不会得到距离的准确值，而只是一个估计值．因此，天文学家计划进行一组测量，用这些测量值的平均值作为实际距离的估计值．若各次测量值是独立同分布的随机变量，公共均值为 d(实际距离)，公共方差为 $\sigma^2=4$(光年)，那么，要重复测量多少次才能使测量精度达到 ± 0.5 光年？

解 设天文学家进行 n 次观测，若 X_1，…，X_n 为 n 次测量值，则由中心极限定理知，

$$Z_n = \frac{\sum_{i=1}^{n} X_i - nd}{2\sqrt{n}}$$

399 近似服从标准正态分布．因此，

$$P\left\{-0.5 \leqslant \frac{1}{n}\sum_{i=1}^{n} X_i - d \leqslant 0.5\right\} = P\left\{-0.5\frac{\sqrt{n}}{2} \leqslant Z_n \leqslant 0.5\frac{\sqrt{n}}{2}\right\}$$

$$\approx \Phi\left(\frac{\sqrt{n}}{4}\right) - \phi\left(-\frac{\sqrt{n}}{4}\right) = 2\Phi\left(\frac{\sqrt{n}}{4}\right) - 1$$

因此，若这位天文学家希望以 95%的把握保证估计值与实际值之差在 0.5 光年以内，他应进行 n^* 次以上重复测量，其中 n^* 满足

$$2\Phi\left(\frac{\sqrt{n^*}}{4}\right) - 1 = 0.95 \text{ 或 } \Phi\left(\frac{\sqrt{n^*}}{4}\right) = 0.975$$

因此，由第 5 章的表 5-1 得

$$\frac{\sqrt{n^*}}{4} = 1.96 \text{ 或 } n^* = (7.84)^2 \approx 61.47$$

因为 n^* 不是整数，所以他应进行 62 次重复观测．

400 然而，值得注意的是，以上的分析存在一假设，即当 $n=62$ 时，正态逼近是好的近似．尽管在通常情况下这个假设都是成立的，但是从整体上说，Z_n 与标准正态分布的逼近程度还依赖于 X_i 的分布．若天文学家对于正态逼近还没有把握，他可以利用切比雪夫不等式解决这个问题．由于

$$E\left[\sum_{i=1}^{n} \frac{X_i}{n}\right] = d \qquad \operatorname{Var}\left(\sum_{i=1}^{n} \frac{X_i}{n}\right) = \frac{4}{n}$$

由切比雪夫不等式知，

$$P\left\{\left|\sum_{i=1}^{n} \frac{X_i}{n} - d\right| > 0.5\right\} \leqslant \frac{4}{n(0.5)^2} = \frac{16}{n}$$

因此，如果他进行 $n=16/0.05=320$ 次观测，那么他可以有 95%的把握保证其估计精度在 ± 0.5 光年以内． ■

例 3b 已知某心理学课程注册的学生数是一个泊松随机变量，均值为 100．任课教授

401 决定如果注册人数大于等于 120 人，他将分两个班授课，否则就一个班上课．该教授采用分班授课的概率是多少？

解 这个概率的精确解为

$$e^{-100}\sum_{i=120}^{\infty}\frac{(100)^i}{i!}$$

这个结果并没有给出具体数值．另一方面，回忆：均值为 100 的泊松随机变量可以看作 100 个均值为 1 的相互独立的泊松随机变量之和，则可以利用中心极限定理得到近似解．令 X 表示注册该课程的学生数，我们有

$$P\{X\geqslant 120\}=P\{X\geqslant 119.5\}\qquad \text{连续性修正}$$
$$=P\left\{\frac{X-100}{\sqrt{100}}\geqslant\frac{119.5-100}{\sqrt{100}}\right\}\approx 1-\Phi(1.95)\approx 0.0256$$

402

以上计算中利用了泊松随机变量的均值和方差相等这一事实. ■

例 3c 设一共掷 10 枚均匀的骰子，求点数之和在 30 和 40 之间(包括 30 和 40)的概率的近似值.

解 设 X_i 表示第 i 枚骰子的值，$i=1, 2, \cdots, 10$. 由于

$$E(X_i)=\frac{7}{2},\qquad \mathrm{Var}(X_i)=E[X_i^2]-(E[X_i])^2=\frac{35}{12}$$

403

利用中心极限定理，可得

$$P\{29.5\leqslant X\leqslant 40.5\}=P\left\{\frac{29.5-35}{\sqrt{\frac{350}{12}}}\leqslant\frac{X-35}{\sqrt{\frac{350}{12}}}\leqslant\frac{40.5-35}{\sqrt{\frac{350}{12}}}\right\}$$
$$\approx 2\Phi(1.0184)-1\approx 0.692$$

■

例 3d 令 $X_i(i=1, \cdots, 10)$是相互独立的随机变量，其分布为(0, 1)上的均匀分布，计算 $P\left\{\sum_{i=1}^{10}X_i>6\right\}$ 的近似值.

解 由于 $E[X_i]=\frac{1}{2}$，$\mathrm{Var}(X_i)=\frac{1}{12}$，利用中心极限定理，可得

$$P\left\{\sum_{i=1}^{10}X_i>6\right\}=P\left\{\frac{\sum_{i=1}^{10}X_i-5}{\sqrt{10\left(\frac{1}{12}\right)}}>\frac{6-5}{\sqrt{10\left(\frac{1}{12}\right)}}\right\}\approx 1-\Phi(\sqrt{1.2})\approx 0.1367$$

因此，$\sum_{i=1}^{10}X_i$ 大于 6 的可能性只有 14%. ■

例 3e 一位讲师需要批改 50 份试卷. 批改每份试卷所需的时间是独立同分布的，其均值为 20、标准差为 4(单位：分钟). 求这位讲师在 450 分钟内至少批改了 25 份试卷的概率的近似值.

解 设 X_i 表示批改第 i 份试卷所需的时间，则

$$X=\sum_{i=1}^{25}X_i$$

为批改前 25 份试卷所需时间. 这位讲师在 450 分钟内至少批改了 25 份试卷等价于他批改

25份试卷所需时间小于或者等于450分钟，因此我们想求的概率为$P\{X\leqslant 450\}$. 为求这个概率，可以利用中心极限定理. 已知

$$E[X]=\sum_{i=1}^{25}E[X_i]=25(20)=500$$

且

404

$$\mathrm{Var}(X)=\sum_{i=1}^{25}\mathrm{Var}(X_i)=25(16)=400$$

Z是服从标准正态分布的随机变量，则有

$$P\{X\leqslant 450\}=P\left\{\frac{X-500}{\sqrt{400}}\leqslant\frac{450-500}{\sqrt{400}}\right\}$$
$$\approx P\{Z\leqslant -2.5\}=P\{Z\geqslant 2.5\}=1-\Phi(2.5)\approx 0.006$$ ■

中心极限定理在X_i独立但不同分布时也成立，其中一个(但不是最一般的)版本如下.

定理3.2[独立随机变量的中心极限定理]　设X_1，X_2，…为独立随机变量序列，相应的均值和方差分别为$\mu_i=E[X_i]$，$\sigma_i^2=\mathrm{Var}(X_i)$. 若(a)$X_i$为一致有界的，即存在$M$，使得$P\{|X_i|<M\}=1$对一切$i$成立，且(b)$\sum_{i=1}^{\infty}\sigma_i^2=\infty$，则对一切$a$，

$$P\left\{\frac{\sum_{i=1}^{n}(X_i-\mu_i)}{\sqrt{\sum_{i=1}^{n}\sigma_i^2}}\leqslant a\right\}\to\Phi(a)\qquad n\to\infty$$

历史注记

拉普拉斯(Pierre-Simon，Marquis de Laplace)

中心极限定理最早是由法国数学家拉普拉斯提出并证明的. 他发现测量误差(通常认为测量误差是由大量很小的偶然误差叠加而成的)往往是近似正态分布的，从而发现了这一定理. 拉普拉斯也是著名的天文学家(事实上，他被称为“法国的牛顿”)，他是早期概率论与统计学的理论奠基者之一，同时积极推广概率论在日常生活中的应用. 他坚信概率论对人类具有深远意义. 他在一本名为*Analytical Theory of Probability*的书中说：“我们发现概率论其实就是将常识问题归结为计算. 它使我们能够精确地评价凭某种直观感受到的、往往又不能解释清楚的见解……值得注意的是，概率论这门起源于机会游戏的科学早就应该成为人类知识最重要的组成部分……生活中那些最重要的问题绝大部分恰恰是概率论问题.”

405

中心极限定理的应用揭示了这样的事实，测量误差近似地服从正态分布，这个统计规律是对科学的重大贡献，在17世纪和18世纪，中心极限定理常被称为误差频率定律. 弗朗西斯·高尔顿(Francis Galton)在他1889年出版的书*Natural Inleritance*中曾说过：“我知道，几乎没有一种理论能够像误差频率定律那样神奇，那样贴切地体现宇宙次序. 如果古希腊人知道这个规律的话，就一定会将它人格化或神化. 它在混乱中保持着平静，情况越复杂越混乱，它的主导作用就越完善. 它是最卓越的、不可思议的规律.”

8.4 强大数定律

强大数定律可能是概率论中最广为人知的结果. 它表明了独立同分布随机变量序列的均值以概率 1 收敛到分布的均值.

定理 4.1[强大数定律] 设 X_1, X_2, …为一独立同分布随机变量序列, 其公共均值 $\mu=E[X_i]$有限, 则下式以概率 1 成立:

$$\frac{X_1+X_2+\cdots+X_n}{n}\to\mu \qquad n\to\infty^{⊖}$$

作为强大数定律的一个应用, 设有一独立重复试验序列, 令 E 为某一事件, $P(E)$为事件 E 发生的概率. 又令

$$X_i=\begin{cases}1 & E\text{ 在第 } i \text{ 次试验中发生}\\ 0 & E\text{ 在第 } i \text{ 次试验中不发生}\end{cases}$$

根据强大数定律, 以概率 1 有

$$\frac{X_1+\cdots+X_n}{n}\to E[X]=P(E) \tag{4.1}$$

因为 $X_1+\cdots+X_n$ 表示在前 n 次试验中事件 E 发生的次数, 因此方程(4.1)说明事件 E 在前 n 次试验中发生的频率以概率 1 收敛到它的概率 $P(E)$.

在强大数定律的证明中我们假设 X_i 具有有限 4 阶矩, 即假定 $E[X_i{}^4]=K<\infty$, 但在没有这个假设的条件下定理仍可以被证明.

强大数定律的证明 首先假定 X_i 的均值 $\mu=E[X_i]=0$. 记 $S_n=\sum_{i=1}^{n}X_i$, 考虑

$$E[S_n^4]=E[(X_1+\cdots+X_n)(X_1+\cdots+X_n)\times(X_1+\cdots+X_n)(X_1+\cdots+X_n)]$$

406

将上式右边期望号内的多项式展开, 得到下列各项之和:

$$X_i^4,\qquad X_i^3X_j,\qquad X_i^2X_j^2,\qquad X_i^2X_jX_k,\qquad X_iX_jX_kX_l$$

其中 i, j, k, l 各不相同. 由于 $E[X_i]=0$, 利用独立性得到

$$E[X_i{}^3X_j]=E[X_i{}^3]E[X_j]=0$$
$$E[X_i^2X_jX_k]=E[X_i^2]E[X_j]E[X_k]=0$$
$$E[X_iX_jX_kX_l]=0$$

在展开式中, X_i^4 的系数为 1, 故在 $E[S_n^4]$中可将所有 X_i^4 的期望合并成$nE[X_i^4]$. 对固定的(i, j), S_n^4 的展开式中 $X_i^2X_j^2$ 一共有$\binom{4}{2}=6$ 项. 因此, S_n^4 的展开式中与 $X_i^2X_j^2$ 有关的那部分为 $6\sum_{i<j}X_i^2X_j^2$, 其中求和号是对$\{1, 2, \cdots, n\}$的所有两元素组合而求的. 因此, 它的期望为 $6\binom{n}{2}E[X_i^2X_j^2]$, 这样,

---

⊖ 即强大数定律可以表达为下式:

$$P\{\lim_{n\to\infty}(X_1+\cdots+X_n)/n=\mu\}=1$$

$$E[S_n^4] = nE[X_i^4] + 6\binom{n}{2}E[X_i^2X_j^2] = nK + 3n(n-1)E[X_i^2]E[X_j^2]$$

在第二个等式中，我们再一次利用了独立性假设．现在，因为

$$0 \leqslant \text{Var}(X_i^2) = E[X_i^4] - (E[X_i^2])^2$$

我们有

$$(E[X_i^2])^2 \leqslant E[X_i^4] = K$$

综上所述，可得

$$E[S_n^4] \leqslant nK + 3n(n-1)K$$

从而

$$E\left[\frac{S_n^4}{n^4}\right] \leqslant \frac{K}{n^3} + \frac{3K}{n^2}$$

因此，

$$E\left[\sum_{n=1}^{\infty}\frac{S_n^4}{n^4}\right] = \sum_{n=1}^{\infty}E\left[\frac{S_n^4}{n^4}\right] < \infty$$

即随机变量 $\sum_{n=1}^{\infty}S_n^4/n^4$ 的期望有限，说明以概率1有 $\sum_{n=1}^{\infty}S_n^4/n^4 < \infty$．（因为如果 $\sum_{n=1}^{\infty}S_n^4/n^4$ 不是以概率1有限，则 $\sum_{n=1}^{\infty}S_n^4/n^4$ 的期望为无限．）再利用级数的性质（若一个级数收敛，则它的第 n 项收敛于0）可知，以概率1有

$$\lim_{n\to\infty}\frac{S_n^4}{n^4} = 0$$

而如果 $S_n^4/n^4 = (S_n/n)^4 \to 0$，那么一定有 $S_n/n \to 0$；因此，我们可以证明以概率1有

407

$$\frac{S_n}{n} \to 0 \qquad n \to \infty$$

当 $\mu = E[X_i] \neq 0$ 时，可以化成期望为0的情况来处理．由于 $E[X_i - \mu] = 0$，利用刚才得到的结论可知，以概率1有

$$\lim_{n\to\infty}\sum_{i=1}^{n}\frac{(X_i-\mu)}{n} = 0$$

即以概率1有

$$\lim_{n\to\infty}\sum_{i=1}^{n}\frac{X_i}{n} = \mu$$

这就证明了定理的结论． □

图8-2通过对 n 个独立且具有特定概率分布函数的随机变量的模拟阐明了强大数定律．其中当 n 给定时，随机变量的均值已知，分别取(a) $n=100$，(b) $n=1000$，(c) $n=10\,000$．

很多学生最初容易对弱大数定律和强大数定律之间的区别产生疑惑．弱大数定律表明对于足够大的值 n^*，随机变量 $(X_1+\cdots+X_{n^*})/n^*$ 的值靠近 μ．但它不能保证对于所有的 $n>n^*$，$(X_1+\cdots+X_n)/n$ 仍停留在 μ 附近．因此，$|(X_1+\cdots+X_n)/n-\mu|$ 可以无限多次离开0（尽管出现较大偏离的频率不会很高）．而强大数定律能保证这种情况不会发生．特

别地，强大数定律表明下式以概率1成立：对任何$\varepsilon>0$，

$$\left|\sum_{i=1}^{n}\frac{X_i}{n}-\mu\right|>\varepsilon$$

只能出现有限次.

408

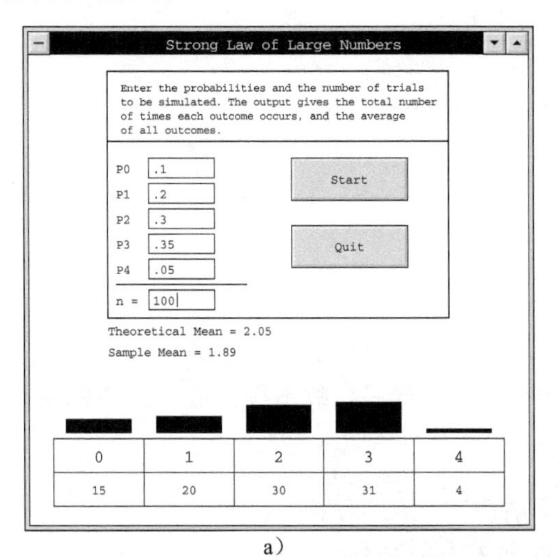

a)

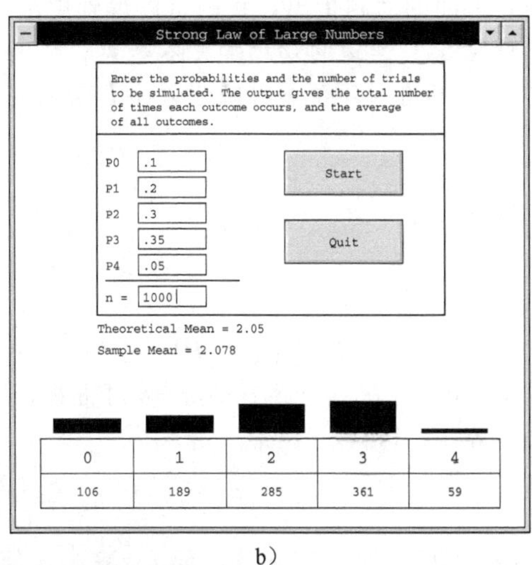

b)

Strong Law of Large Numbers
Enter the probabilities and the number of trials to be simulated. The output gives the total number of times each outcome occurs, and the average of all outcomes.
P0 .1
P1 .2
P2 .3
P3 .35
P4 .05
n = 10000
Start
Quit
Theoretical Mean = 2.05
Sample Mean = 2.0416
0 1 2 3 4
1041 2027 2917 3505 510

c)

图 8-2

强大数定律首先由法国数学家博雷尔(Borel)对于伯努利随机变量的特殊情况进行证明. 如定理4.1所述，一般情形下的强大数定律的证明由俄国数学家柯尔莫哥洛夫(A. N. Kolmogorov)给出.

8.5 其他不等式

有时我们会遇到希望获得概率上界的情况，形如$P\{X-\mu\geqslant a\}$，其中a为一正数，均

值 $\mu=E[X]$ 和方差 $\sigma^2=\mathrm{Var}(X)$ 已知．当然，因为 $X-\mu\geqslant a>0$ 蕴含 $|X-\mu|\geqslant a$，由切比雪夫不等式可知，

409

$$P\{X-\mu\geqslant a\}\leqslant P\{|X-\mu|\geqslant a\}\leqslant\frac{\sigma^2}{a^2}\qquad a>0$$

然而，下面的命题指出，我们可以得到更准确的上界．

命题 5.1[单边的切比雪夫不等式]

设 X 具有 0 均值和有限方差 σ^2，则对任意 $a>0$，

$$P\{X\geqslant a\}\leqslant\frac{\sigma^2}{\sigma^2+a^2}$$

证明　令 $b>0$，注意到

$$X\geqslant a\quad\Leftrightarrow\quad X+b\geqslant a+b$$

故

$$P\{X\geqslant a\}=P\{X+b\geqslant a+b\}\leqslant P\{(X+b)^2\geqslant(a+b)^2\}$$

上式中，由 $a+b>0$，$X+b\geqslant a+b$ 可推知 $(X+b)^2\geqslant(a+b)^2$，故不等式成立．再利用马尔可夫不等式，可得

$$P\{X\geqslant a\}\leqslant\frac{E[(X+b)^2]}{(a+b)^2}=\frac{\sigma^2+b^2}{(a+b)^2}$$

上式中，b 可以取任何常数，取 $b=\sigma^2/a$，便得到本命题的结论．实际上，当 $b=\sigma^2/a$ 时，$(\sigma^2+b^2)/(a+b)^2$ 达到极小值．□

410

例 5a　设某工厂每周的产量是一个随机变量，其均值为 $\mu=100$，方差为 $\sigma^2=400$．计算这一周产量至少为 120 的概率的上界．

解　利用单边切比雪夫不等式

$$P\{X\geqslant 120\}=P\{X-100\geqslant 20\}\leqslant\frac{400}{400+(20)^2}=\frac{1}{2}$$

这说明本周产量至少为 120 的概率不会超过 1/2．

如果直接利用马尔可夫不等式，可得

$$P\{X\geqslant 120\}\leqslant\frac{E[X]}{120}=\frac{5}{6}$$

这个上界就比较弱．（上界越小，结论越强，若上界为 1，这个结论就没有任何意义了．）■

现在设 X 具有均值 μ，方差 σ^2，由于 $X-\mu$ 与 $\mu-X$ 都具有均值 0 和方差 σ^2，利用单边的切比雪夫不等式可知，对于 $a>0$，

$$P\{X-\mu\geqslant a\}\leqslant\frac{\sigma^2}{\sigma^2+a^2}$$

$$P\{\mu-X\geqslant a\}\leqslant\frac{\sigma^2}{\sigma^2+a^2}$$

因此，我们得到下面的推论．

推论 5.1　若 $E[X]=\mu$，$\mathrm{Var}(X)=\sigma^2$，则对于 $a>0$，下列不等式成立：

$$P\{X\geqslant\mu+a\}\leqslant\frac{\sigma^2}{\sigma^2+a^2}$$

$$P\{X \leqslant \mu - a\} \leqslant \frac{\sigma^2}{\sigma^2 + a^2}$$

例 5b 一个由 100 个男人和 100 个女人组成的集合，被随机分成两两一组的 100 组. 试给出最多 30 组是由一男一女组成的概率的上界.

解 对所有男人任意地从 1 至 100 进行编号，对于 $i=1, 2, \cdots, 100$，令

$$X_i = \begin{cases} 1 & \text{男人 } i \text{ 所在的组内有女人} \\ 0 & \text{其他} \end{cases}$$

这样，男女组的数量 X 可以表示为

$$X = \sum_{i=1}^{100} X_i$$

由已知第 i 个男人和其他 199 人配对的概率是相等的，而其中有 100 人是女人，我们有

$$E[X_i] = P\{X_i = 1\} = \frac{100}{199}$$

411

类似地，对于 $i \neq j$，

$$E[X_i X_j] = P\{X_i = 1, X_j = 1\} = P\{X_i = 1\} P\{X_j = 1 \mid X_i = 1\} = \frac{100}{199} \frac{99}{197}$$

其中 $P\{X_j = 1 \mid X_i = 1\} = \frac{99}{197}$. 这是因为当第 i 个男人已经和一个女人配对时，男人 j 只可能跟剩余的 197 人配对，其中 99 人为女人. 因此我们得到

$$E[X] = \sum_{i=1}^{100} E[X_i] = (100)\frac{100}{199} \approx 50.25$$

$$\begin{aligned}\mathrm{Var}(X) &= \sum_{i=1}^{100} \mathrm{Var}(X_i) + 2 \sum_{i<j}\sum \mathrm{Cov}(X_i, X_j) \\ &= 100 \frac{100}{199} \frac{99}{199} + 2\binom{100}{2}\left[\frac{100}{199} \frac{99}{197} - \left(\frac{100}{199}\right)^2\right] \approx 25.126\end{aligned}$$

由切比雪夫不等式可得

$$P\{X \leqslant 30\} \leqslant P\{|X - 50.25| \geqslant 20.25\} \leqslant \frac{25.126}{(20.25)^2} \approx 0.061$$

由此看出，最多 30 对为一男一女的概率上界为 0.061. 然而，我们可以利用单边切比雪夫不等式对该上界进行改进，得到

$$P\{X \leqslant 30\} = P\{X \leqslant 50.25 - 20.25\} \leqslant \frac{25.126}{25.126 + (20.25)^2} \approx 0.058$$ ■

当随机变量 X 的矩母函数已知时，我们可以得到更加有效的 $P\{X \geqslant a\}$ 的上界. 令

$$M(t) = E[\mathrm{e}^{tX}]$$

为随机变量 X 的矩母函数. 则对于 $t > 0$，有

$$P\{X \geqslant a\} = P\{\mathrm{e}^{tX} \geqslant \mathrm{e}^{ta}\} \leqslant E[\mathrm{e}^{tX}]\mathrm{e}^{-ta} \qquad \text{利用马尔可夫不等式}$$

类似地，对于 $t < 0$，

$$P\{X \leqslant a\} = P\{\mathrm{e}^{tX} \geqslant \mathrm{e}^{ta}\} \leqslant E[\mathrm{e}^{tX}]\mathrm{e}^{-ta}$$

412 这样，我们得到了下列结果，被称为切尔诺夫界.

命题 5.2［切尔诺夫界］

$$P\{X \geqslant a\} \leqslant e^{-ta}M(t) \qquad \text{对一切 } t>0$$
$$P\{X \leqslant a\} \leqslant e^{-ta}M(t) \qquad \text{对一切 } t<0$$

由于切尔诺夫界对 t 为正数或负数的情况都成立，我们通过找到使 $e^{-ta}M(t)$ 达到最小的 t 值，来获得 $P\{X \geqslant a\}$ 的最佳上界.

例 5c 标准正态随机变量的切尔诺夫界　设 Z 是一个标准正态随机变量，它的矩母函数为 $M(t)=e^{t^2/2}$，所以 $P\{Z \geqslant a\}$ 的切尔诺夫界为

$$P\{Z \geqslant a\} \leqslant e^{-ta}e^{t^2/2} \qquad \text{对一切 } t>0$$

对于 t 在 $(0, \infty)$ 上变化，当 $t=a$ 时，$-ta+t^2/2$ 达到极小值，从而 $e^{-ta+t^2/2}$ 达到极小值. 这样，对于 $a>0$，我们有

$$P\{Z \geqslant a\} \leqslant e^{-a^2/2}$$

类似地，对于 $a<0$，

$$P\{Z \leqslant a\} \leqslant e^{-a^2/2}$$

■

例 5d 泊松随机变量的切尔诺夫界　设 X 是一个参数为 λ 的泊松随机变量，则其矩母函数为 $M(t)=e^{\lambda(e^t-1)}$. 因此，$P\{X \geqslant i\}$ 的切尔诺夫界为

$$P\{X \geqslant i\} \leqslant e^{\lambda(e^t-1)}e^{-it} \qquad t>0$$

上式右边的极小化等价于 $\lambda(e^t-1)-it$ 的极小化问题，通过微积分的知识可知该式当 $e^t=i/\lambda$ 时达到极小值. 当 $i/\lambda>1$ 时，相应的极小值点 t 的值大于 0. 因此，我们在 $i>\lambda$ 的假设下，在切尔诺夫界中令 $e^t=i/\lambda$，可得

$$P\{X \geqslant i\} \leqslant e^{\lambda(i/\lambda-1)}\left(\frac{\lambda}{i}\right)^i$$

或等价地，

$$P\{X \geqslant i\} \leqslant \frac{e^{-\lambda}(e\lambda)^i}{i^i}$$

■

例 5e　设一个赌徒每次赌博输赢概率相等，并且每次输赢与过去的输赢是相互独立的，每次输和赢的数目是 1 个单位. 设 X_i 表示第 i 次赌博赢的单位数. 则 X_i 相互独立，且

413

$$P\{X_i=1\}=P\{X_i=-1\}=\frac{1}{2}$$

记 $S_n=\sum_{i=1}^{n}X_i$ 表示经过 n 次赌博后该赌徒的累计赢钱数，我们求 $P\{S_n \geqslant a\}$ 的切尔诺夫界. 首先，注意 X_i 的矩母函数为

$$E[e^{tX}]=\frac{e^t+e^{-t}}{2}$$

利用 e^t 和 e^{-t} 的麦克劳林展开式，得

$$e^t+e^{-t}=\left(1+t+\frac{t^2}{2!}+\frac{t^3}{3!}+\cdots\right)+\left(1-t+\frac{t^2}{2!}-\frac{t^3}{3!}+\cdots\right)=2\left\{1+\frac{t^2}{2!}+\frac{t^4}{4!}+\cdots\right\}$$

$$= 2\sum_{n=0}^{\infty} \frac{t^{2n}}{(2n)!} \leqslant 2\sum_{n=0}^{\infty} \frac{(t^2/2)^n}{n!} \qquad \text{由于}(2n)! \geqslant n!2^n$$

$$= 2e^{t^2/2}$$

故

$$E[e^{tX}] \leqslant e^{t^2/2}$$

由于独立随机变量和的矩母函数等于各随机变量矩母函数的乘积，我们得到

$$E[e^{tS_n}] = (E[e^{tX}])^n \leqslant e^{nt^2/2}$$

再利用切尔诺夫界公式可得

$$P\{S_n \geqslant a\} \leqslant e^{-ta} e^{nt^2/2} \qquad t > 0$$

使上式右边达到极小值的 t 值就是使 $nt^2/2 - ta$ 达到极小值的 t 值. 利用二次式极小值的公式易知，当 $t=a/n$ 时，$e^{-ta}e^{nt^2/2}$ 达到极小值. 假设 $a>0$（这样能够保证极小值点 $t=a/n$ 取正值），将 $t=a/n$ 代入上述不等式中，得到

$$P\{S_n \geqslant a\} \leqslant e^{-a^2/2n} \qquad a > 0$$

例如，由上述不等式，可得

$$P\{S_{10} \geqslant 6\} \leqslant e^{-36/20} \approx 0.1653$$

然而，实际的概率值为

$$P\{S_{10} \geqslant 6\} = P\{\text{在 10 次赌博中至少赢 8 次}\} = \frac{\binom{10}{8} + \binom{10}{9} + \binom{10}{10}}{2^{10}} = \frac{56}{1024} \approx 0.0547 \ \blacksquare$$

414

下一个不等式与期望相关而与概率无关，在介绍这个不等式之前，我们需要先了解下面这个定义.

定义 一个二次可微的实值函数 $f(x)$ 称为凸的，若 $f''(x) \geqslant 0$ 对一切 x 成立；类似地，若 $f''(x) \leqslant 0$ 对一切 x 成立，则称 $f(x)$ 为凹的.

凸函数的一些例子如 $f(x)=x^2$，$f(x)=e^{ax}$，$f(x)=-x^{1/n}$，$x \geqslant 0$. 若 $f(x)$ 为凸函数，则 $g(x)=-f(x)$ 就是凹函数，反之亦然.

命题 5.3［詹森不等式］ 若 $f(x)$ 是凸函数，$E[X]$ 存在且有限，则

$$E[f(X)] \geqslant f(E[X])$$

证明 将 $f(x)$ 在 $\mu = E[X]$ 处进行泰勒展开，

$$f(x) = f(\mu) + f'(\mu)(x-\mu) + \frac{f''(\xi)(x-\mu)^2}{2}$$

其中 ζ 是在 x 与 μ 之间的某个值. 由于 $f''(\xi) \geqslant 0$，我们得到

$$f(x) \geqslant f(\mu) + f'(\mu)(x-\mu)$$

因此，

$$f(X) \geqslant f(\mu) + f'(\mu)(X-\mu)$$

两边取期望得

$$E[f(X)] \geqslant f(\mu) + f'(\mu)E[X-\mu] = f(\mu)$$

命题得证. □

例 5f 一个投资者面临下面的选择：他可以将全部的财产投资在一个具有风险的计划上，其回报为一个随机变量 X，均值为 m，或者他也可以将财产投资在一个没有风险的计划上，其回报以概率 1 为 m. 假设他将基于函数 $u(R)$的期望的最大值决定如何投资，其中 R 为回报值，u 为效用函数. 利用詹森不等式，若 $u(x)$是凹函数，则$E[u(X)]\leqslant u(m)$，没有风险的投资计划比较好；反之，若 $u(x)$是凸函数，则 $E[u(X)]\geqslant u(m)$，他应该选择有风险的投资计划. ■

下面命题可以说明一个随机变量的两个递增函数的协方差是非负的，这个结论非常有用.

命题 5.4 设 f 和 g 是递增函数，则

$$E[f(X)g(X)]\geqslant E[f(X)]E[g(X)]$$

证明 为证明上述不等式，假设 X 和 Y 是独立同分布的随机变量，f 和 g 都是递增函数. 因为 f 和 g 都是递增函数，所以当 $X>Y$ 时，$f(X)-f(Y)$和 $g(X)-g(Y)$同时为正；反之，当 $X<Y$ 时，这两个数同时为负. 因此这两个数的乘积总为正. 故

415

$$(f(X)-f(Y))(g(X)-g(Y))\geqslant 0$$

对上式取期望，得

$$E[(f(X)-f(Y))(g(X)-g(Y))]\geqslant 0$$

将乘积项展开，然后每项分别取期望，得

$$E[f(X)g(X)]-E[f(X)g(Y)]-E[f(Y)g(X)]+E[f(Y)g(Y)]\geqslant 0 \quad (5.1)$$

注意到

$$\begin{aligned}E[f(X)g(Y)]&=E[f(X)]E[g(Y)]\text{（因为 } X \text{ 和 } Y \text{ 独立）}\\&=E[f(X)]E[g(X)]\text{（因为 } X \text{ 和 } Y \text{ 的分布相同）}\end{aligned}$$

类似可得，$E[f(Y)g(X)]=E[f(Y)]E[g(X)]=E[f(X)]E[g(X)]$，且 $E[f(Y)g(Y)]=E[f(X)g(X)]$.

因此，从式(5.1)可得

$$2E[f(X)g(X)]-2E[f(X)]E[g(X)]\geqslant 0$$

命题得证. □

例 5g 假设一年有 m 天，每人出生日期相互独立，且在第 r 天出生的概率是 p_r，$r=1,\cdots,m$，$\sum_{r=1}^{m}p_r=1$. 记 $A_{i,j}$为事件：i 和 j 的生日相同. 在第 4 章的例 5c 中，已经证明了如果 1 和 2 的生日相同的话，则 3 和 1 更可能生日相同. 在本结论的证明完成之后，我们就可以直觉感知，如果那些出生概率更大的所谓“流行日期”，1 和 2 的生日相同的话，则他们更有可能在“流行日期”出生，那么 3 就和 1 一样，也更有可能在“流行日期”出生. 为了更可信，将一年每天的日历进行重新排列，使得 p_r 是 r 的递增函数. 即将日历的日期重新排列，日期 1 是出生概率最小的，日期 2 是出生概率次小的，以此类推. 假设 X 为第 1 个人的生日，则因为我们直觉数字越大的日期越流行，这使得我们相信 X 的期望值会因为附加的信息“1 和 2 生日相同”而相应增加. 即我们相信 $E[X|A_{1,2}]\geqslant E[X]$. 为此，我

们记 Y 为 2 的出生日期，注意到

$$P(X=r \mid A_{1,2})=\frac{P(X=r,A_{1,2})}{P(A_{1,2})}=\frac{P(X=r,Y=r)}{\sum_r P(X=r,Y=r)}=\frac{p_r^2}{\sum_r p_r^2}$$

所以

$$E[X \mid A_{1,2}]=\sum_r rP(X=r \mid A_{1,2})=\frac{\sum_r rp_r^2}{\sum_r p_r^2}$$

416

因为 $E[X]=\sum_r rP(X=r)=\sum_r rp_r$，所以我们只需证明

$$\sum_r rp_r^2 \geqslant \left(\sum_r rp_r\right)\left(\sum_r rp_r^2\right)$$

但是

$$E[Xp_X]=\sum_r rp_rP(X=r)=\sum_r rp_r^2,\quad E[p_X]=\sum_r p_r^2,\quad E[X]\sum rp_r$$

故我们只需证明

$$E[Xp_X]\geqslant E[p_X]E[X]$$

上述这个结论可以直接由命题 5.4 推导出来，这是因为 $f(X)=X$ 和 $g(X)=p_X$ 都是 X 的递增函数．■

当 $f(x)$ 是递增函数且 $g(x)$ 是递减函数时，直接运用命题 5.4 可以得到

$$E[f(X)g(X)]\leqslant E[f(X)]E[g(X)]$$

我们把该结论的证明留作课后习题．

下面的例子来论证泊松分布的极限理论．

例 5h 泊松极限结果 进行一系列独立试验，每次试验成功的概率是 p(比如多次抛掷硬币，每次硬币正面朝上的概率是 p)．定义 Y 为首次进行 r 次成功试验时总共进行的试验次数，则 Y 是负二项随机变量，且

$$E[Y]=\frac{r}{p},\quad \mathrm{Var}(Y)=\frac{r(1-p)}{p^2}$$

所以当 $p=\frac{r}{r+\lambda}$时，

$$E[Y]=r+\lambda,\quad \mathrm{Var}(Y)=\frac{\lambda(r+\lambda)}{r}$$

当 r 充分大时，$\mathrm{Var}(Y)\approx\lambda$．所以当 r 越来越大时，Y 的均值按比例 r 增加，而方差趋于 λ．故我们可以想象，随着 r 的增大，Y 将接近它的均值 $r+\lambda$．定义 X 为 Y 次试验中失败的次数，即 X 是在 r 次成功之前失败的总试验次数．故当 r 充分大时，因为 Y 近似为 $r+\lambda$，X

可以近似为在 $r+\lambda$ 次独立试验中失败的总次数，每次试验失败的概率是 $1-p=\frac{\lambda}{\lambda+r}$. 从二项分布的极限是泊松分布的性质可知，这个 X 可以采用均值为 $(r+\lambda)\frac{\lambda}{\lambda+r}=\lambda$ 的泊松分布进行近似．即当 $r\to\infty$ 时，X 的分布趋于一个均值为 λ 的泊松分布．下面我们证明这个结论．

当在第 $r+k$ 次试验时，首次发生事件"成功 r 次试验"，则 $X=k$. 所以

417

$$
\begin{aligned}
P(X=k) &= P(Y=r+k) \\
&= \binom{r+k-1}{r-1} p^r (1-p)^k
\end{aligned}
$$

当 $p=\frac{r}{r+\lambda}$，时，

$$
\begin{aligned}
\binom{r+k-1}{r-1}(1-p)^k &= \binom{r+k-1}{k}\left(\frac{\lambda}{r+\lambda}\right)^k \\
&= \frac{(r+k-1)(r+k-2)\cdots r}{k!}\frac{\lambda^k}{(r+\lambda)^k} \\
&= \frac{\lambda^k}{k!}\frac{r+k-1}{r+\lambda}\frac{r+k-2}{r+\lambda}\cdots\frac{r}{r+\lambda}\to\frac{\lambda^k}{k!} \qquad r\to\infty
\end{aligned}
$$

又因为

$$
\frac{1}{p^r}=\left(\frac{r+\lambda}{r}\right)^r=\left(1+\frac{\lambda}{r}\right)^r\to e^{\lambda} \qquad r\to\infty
$$

所以有

$$
P(X=k)\to e^{-\lambda}\frac{\lambda^k}{k!} \qquad r\to\infty
$$

8.6　用泊松随机变量逼近独立的伯努利随机变量和的概率误差界

本节中，我们要讨论用泊松随机变量逼近具有相同均值的一组独立伯努利随机变量的和的界限问题. 假设我们希望逼近均值分别为 p_1，p_2，…，p_n 的独立伯努利随机变量的和. 首先，设 Y_1，…，Y_n 为独立的泊松随机变量，Y_i 的均值为 p_i，$i=1$，2，…，n，现在由 Y_i 构造出伯努利随机变量 X_i，其参数为 p_i，并满足条件

$$
P\{X_i\neq Y_i\}\leqslant p_i^2 \qquad \text{对每一个 } i
$$

令 $X=\sum_{i=1}^{n}X_i$，$Y=\sum_{i=1}^{n}Y_i$，通过上述不等式可以得到

$$
P\{X\neq Y\}\leqslant\sum_{i=1}^{n}p_i^2
$$

最后，我们将要证明上述不等式对任意实数集 A 有

$$
|P\{X\in A\}-P\{Y\in A\}|\leqslant\sum_{i=1}^{n}p_i^2
$$

因为 X 是一组相互独立的伯努利随机变量序列的和，Y 是泊松随机变量，最后一个不等式

就产生了逼近的界限.

为证明这个结论，令 $Y_i(i=1,\cdots,n)$ 是均值分别为 p_i 的独立泊松变量. 令 $U_1,\cdots,U_n$ 为独立的随机变量序列，且与 $Y_1,\cdots,Y_n$ 独立. U_i 的分布由下式给出： 418

$$U_i=\begin{cases}0 & 概率值为(1-p_i)e^{p_i}\\ 1 & 概率值为\ 1-(1-p_i)e^{p_i}\end{cases}$$

该定义利用了不等式

$$e^{-p}\geqslant 1-p$$

保证了$(1-p_i)e^{p_i}\leqslant 1$，从而保证了定义 U_i 的合理性.

现在定义 $X_i(i=1,\cdots,n)$：

$$X_i=\begin{cases}0 & 若\ Y_i=U_i=0\\ 1 & 其他\end{cases}$$

注意到

$$P\{X_i=0\}=P\{Y_i=0\}P\{U_i=0\}=e^{-p_i}(1-p_i)e^{p_i}=1-p_i$$
$$P\{X_i=1\}=1-P\{X_i=0\}=p_i$$

由 X_i 的定义看出，若 $X_i=0$，则必有 $Y_i=0$. 故

$$\begin{aligned}P\{X_i\neq Y_i\}&=P\{X_i=1,Y_i\neq 1\}=P\{X_i=1,Y_i=0\}+P\{Y_i>1\}\\&=P\{Y_i=0,U_i=1\}+P\{Y_i>1\}\\&=e^{-p_i}[1-(1-p_i)e^{p_i}]+1-e^{-p_i}-p_ie^{-p_i}=p_i-p_ie^{-p_i}\\&\leqslant p_i^2 \qquad 利用\ 1-e^{-p}\leqslant p\end{aligned}$$

记 $X=\sum_{i=1}^n X_i, Y=\sum_{i=1}^n Y_i$，则 X 是独立伯努利随机变量的和，Y 服从泊松分布，其期望值 $E[X]=E[Y]=\sum_{i=1}^n p_i$. 还注意到，不等式 $X\neq Y$ 表明存在 i 使得 $X_i\neq Y_i$，所以

$$\begin{aligned}P\{X\neq Y\}&\leqslant P\{存在\ i\ 使得\ X_i\neq Y_i\}\\&\leqslant\sum_{i=1}^n P\{X_i\neq Y_i\} \qquad 利用布尔不等式\\&\leqslant\sum_{i=1}^n p_i^2\end{aligned}$$

对于任意事件 B，事件 B 的示性随机变量 I_B 可以定义为

$$I_B=\begin{cases}1 & 若\ B\ 发生\\ 0 & 其他\end{cases}$$

现在设 A 为任何实数集合，则

$$I_{\{X\in A\}}-I_{\{Y\in A\}}\leqslant I_{\{X\neq Y\}}$$

由于示性随机变量只取 0 或 1，而上述不等式左端取 1 当且仅当 $I_{\{X\in A\}}=1$ 和 $I_{\{Y\in A\}}=0$，即 $X\in A$ 且 $Y\notin A$，则可以进一步得到 $X\neq Y$，因此不等式右端也恒等于 1，对不等式两边取期望得到 419

$$P\{X \in A\} - P\{Y \in A\} \leqslant P\{X \neq Y\}$$

将X和Y互换，然后进行同样的推导，得到类似结论：

$$P\{Y \in A\} - P\{X \in A\} \leqslant P\{X \neq Y\}$$

综上可知，对任何实数集合 A，

$$|P\{X \in A\} - P\{Y \in A\}| \leqslant P\{X \neq Y\}$$

利用泊松随机变量的性质可知，$Y = \sum_{i=1}^{n} Y_i$ 也是泊松随机变量，其参数为 $\lambda = \sum_{i=1}^{n} p_i$，利用 Y 的分布列可得

$$\left| P\left\{ \sum_{i=1}^{n} X_i \in A \right\} - \sum_{i \in A} \frac{e^{-\lambda}\lambda^i}{i!} \right| \leqslant \sum_{i=1}^{n} p_i^2$$

注释　当所有的 p_i 都等于 p 时，X 就是二项随机变量．因此，对于任意非负整数集合 A，上式变成

$$\left| \sum_{i \in A} \binom{n}{i} p^i (1-p)^{n-i} - \sum_{i \in A} \frac{e^{-np}(np)^i}{i!} \right| \leqslant np^2$$ ■

8.7　洛伦兹曲线

洛伦兹(Lorenz)曲线 $L(p)(0<p<1)$ 是指按收入由最低到最高排序的人口中的前百分之100p对应人口的总收入占人口总收入的百分比的点组成的曲线．例如，$L(0.5)$ 就是最穷的50%人口所占人口总收入的比例．假设用 X_1，X_2，…记为个体的收入值，其中 X_i 是独立同分布的正的连续随机变量，且分布函数为 F. 设随机变量 X 的分布函数为 F，定义 ξ_p 为满足如下方程的值：

$$P\{X \leqslant \xi_p\} = F(\xi_p) = p$$

这里，ξ_p 称为分布 F 的 $100p$ 百分位数．定义 $I(x)$ 为

$$I(x) = \begin{cases} 1, & 若\ x < \xi_p \\ 1, & 若\ x \geqslant \xi_p \end{cases}$$

则 $\frac{I(X_1)+\cdots+I(X_n)}{n}$ 是总体中前 n 个人中收入水平低于 ξ_p 的比例．令 $n \to \infty$，并对独立同分布样本 $I(X_k)(k \geqslant 1)$ 运用强大数定律，以概率1，得

420

$$\lim_{n \to \infty} \frac{I(X_1)+\cdots+I(X_n)}{n} = E[I(X)] = F(\xi_p) = p$$

即 p 是总体中收入低于 ξ_p 的比例以概率1成立．那么这些收入低于 ξ_p 的人口的总收入占比可以通过这部分人的总收入除以这 n 个人的总收入来计算，即 $\frac{X_1 I(X_1)+\cdots+X_n I(X_n)}{X_1+\cdots+X_n}$.

令 $n \to \infty$，得

$$L(p) = \lim_{n \to \infty} \frac{\frac{X_1 I(X_1)+\cdots+X_n I(X_n)}{n}}{\frac{X_1+\cdots+X_n}{n}} = \frac{E[X\,I(X)]}{E[X]}$$

其中最后一个等式是通过对分子和分母分别运用强大数定律得到的．令 $\mu=E[X]$，注意到

$$E[X\,I(X)]=\int_0^{\infty} xI(x)f(x)\mathrm{d}x=\int_0^{\xi_p} xf(x)\mathrm{d}x$$

所以有

$$L(p)=\frac{E[X\,I(X)]}{E[X]}=\frac{1}{E[X]}\int_0^{\xi_p} xf(x)\mathrm{d}x \tag{7.1}$$

例 7a 设 F 是 $(a,\ b)$ 上均匀随机变量的分布函数，其中 $0\leqslant a<b$，则

$$F(x)=\int_a^x \frac{1}{b-a}\mathrm{d}x=\frac{x-a}{b-a},\quad a<x<b$$

因为 $p=F(\xi_p)=\frac{\xi_p-a}{b-a}$，所以 $\xi_p=a+(b-a)p$．因为 $(a,\ b)$ 上均匀分布的均值是 $(a+b)/2$，从式(7.1)可得

$$\begin{aligned}L(p)&=\frac{2}{a+b}\int_a^{a+(b-a)p}\frac{x}{b-a}\mathrm{d}x\\&=\frac{(a+(b-a)p)^2-a^2}{(a+b)(b-a)}\\&=\frac{2pa+(b-a)p^2}{a+b}\end{aligned}$$

当 $a=0$ 时，上式可以推得 $L(p)=p^2$．令 a 趋于 b，得

$$\lim_{a\to b}L(p)=p$$

这点很容易解释，因为所有人的收入是一样的，所以 $L(p)=p$．

下面采用其他方法来推导 $L(p)$．定义

$$J(x)=1-I(x)=\begin{cases}0, & 若\ x<\xi_p\\1, & 若\ x\geqslant\xi_p\end{cases}$$

又

$$1-L(p)=\frac{E[X]-E[X\,I(X)]}{E[X]}=\frac{E[X\,J(X)]}{E[X]}$$

421

在给定 $J(X)$ 的条件下，

$$\begin{aligned}E[X\,J(X)]&=E[X\,J(X)\mid J(X)=1]P(J(X)=1)+E[X\,J(X)\mid J(X)=0]P(J(X)=0)\\&=E[X\mid X\geqslant\xi_p](1-p)\end{aligned}$$

所以

$$1-L(p)=\frac{E[X\mid X\geqslant\xi_p](1-p)}{E[X]} \tag{7.2}$$

例 7b 设 F 是均值为 1 的指数随机变量的分布函数，则 $p=F(\xi_p)=1-\mathrm{e}^{-\xi_p}$，所以，$\xi_p=-\log(1-p)$．由指数分布的无记忆性可得，$E[X\mid X>\xi_p]=\xi_p+E[X]=\xi_p+1$，再由式(7.2)，收入不低于 ξ_p 的人口总收入占比是

$$\begin{aligned}1-L(p)&=(\xi_p+1)(1-p)\\&=(1-\log(1-p))(1-p)\\&=1-p-(1-p)\log(1-p)\end{aligned}$$

则

$$L(p)=p+(1-p)\log(1-p)$$ ■

例 7c　设 F 是参数为 $\lambda>0$，$a>0$ 的帕雷托随机变量的分布函数，则 $F(x)=1-\frac{a^\lambda}{\xi_p^\lambda}$. $x\geqslant a$. 因此，$p=F(\xi_p)=1-\frac{a^\lambda}{\xi_p^\lambda}$所以，

$$\xi_p^\lambda=\frac{a^\lambda}{1-p}\quad 或者\quad \xi_p=a(1-p)^{-1/\lambda}$$

当 $\lambda>1$ 时，在 5.6.5 节已经证明了 $E[X]=\frac{\lambda a}{\lambda-1}$. 又在第 6 章例子 5f 也证明了如果随机变量 X 服从参数为 λ，a 的帕雷托分布，则在给定 $X>x_0$，$x_0>a$ 的条件下，X 的条件分布服从参数为 λ，x_0 的帕雷托分布．所以当 $\lambda>1$ 时，$E[X\mid X>\xi_p]=\frac{\lambda\xi_p}{\lambda-1}$，并且由式(7.2)可得

$$1-L(p)=\frac{E[X\mid X>\xi_p](1-p)}{E[X]}=\frac{\xi_p(1-p)}{a}=(1-p)^{1-1/\lambda}$$

或

$$L(p)=1-(1-p)^{\frac{\lambda-1}{\lambda}}$$ ■

下面我们证明函数 $L(p)$ 的性质．

命题 7.1　$L(p)$ 是 p 的递增凸函数，且 $L(p)\leqslant p$.

证明　从定义可知 $L(p)$ 是递增的．为证明其凸性，只需证明对任意的 $p\leqslant 1-a$，$L(p+a)-L(p)$ 是 p 的递增函数，即收入位于 ξ_p 与 ξ_{p+a} 区间的人群的收入占比随 p 递增．因为对所有的 p，相同比例区间的人口(比如 $100a\%$)的收入位于 ξ_p 与 ξ_{p+a} 之间，而 ξ_p 是 p 的递增函数，所以这个结论成立．(比如，收入在 40～50 百分位数区间的人占总人口的 10%，同样，收入在 45～55 百分位数区间的人也同样占总人口的 10%，因为收入在 40～45 百分位数区间的 5%人口的收入比收入在 50～55 百分位数区间的 5%人口的收入要低，所以收入在 40～50 百分位数区间的人口的总收入要比收入在 45～55 百分位数区间的人口的总收入低．)为证明 $L(p)\leqslant p$，运用式(7.1)，只需证明 $E[X\,I(X)]\leqslant E[X]p$. 因为当 $x<\xi_p$ 时，$I(x)=1$，当 $x\geqslant\xi_p$ 时，$I(x)=0$，所以 $I(x)$ 是递减函数，又 $h(x)=x$ 是 x 的递增函数，由命题 5.4 可知 $E[X\,I(X)]\leqslant E[X]E[I(X)]=E[X]p$. □

422

因为 $L(p)\leqslant p$，等式 $L(p)=p$ 成立的条件是全体成员具有相同的收入，“突峰”部分(即图 8-3 的阴影部分)位于直线与洛伦兹曲线之间围起的部分，就是收入不平等的标志．

采用基尼系数来衡量不平等的大小，基尼系数定义为突峰的面积除以直线 $L(p)=p$ 围起的区域面积．因为三角形面积等于长与宽乘积的一半，所以基尼系数(记为 G)为

$$G=\frac{1/2-\int_0^1 L(p)\mathrm{d}p}{1/2}=1-2\int_0^1 L(p)\mathrm{d}p$$

例 7d　设 F 是总体中个体收入水平的分布函数，分别计算当 F 是(0，1)均匀分布和风险率为 λ 的指数分布下的基尼系数．

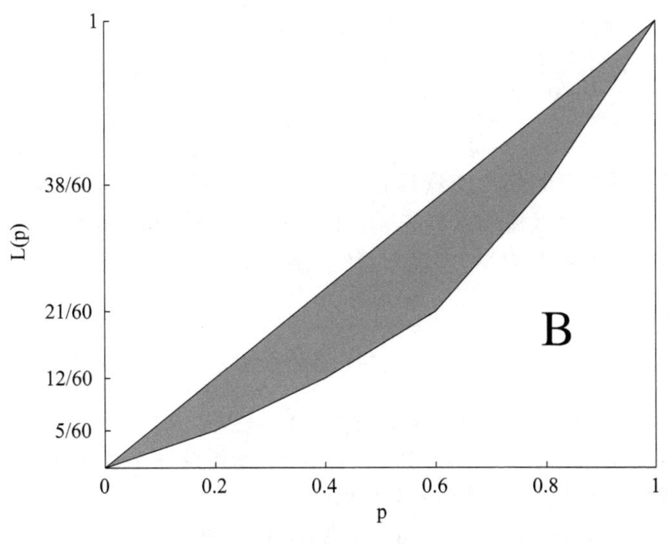

图 8-3　洛伦兹曲线的突峰

解　当 F 是 $(0,\ b)$ 上的均匀分布时，例 7a 已给出 $L(p)=p^2$ 所以 $G=1-2/3=1/3$. 当 F 是指数分布时，由例 7b 得

$$\int_0^1 L(p)\mathrm{d}p=\int_0^1 (p+(1-p)\log(1-p))\mathrm{d}p$$
$$=\frac{1}{2}+\int_0^1 x\log(x)\mathrm{d}x$$

423

运用分部积分和变量替换 $u=\log x$，$\mathrm{d}v=x\mathrm{d}x$ 得到

$$\int_0^1 x\log(x)\mathrm{d}x=-\int_0^1 \frac{x}{2}\mathrm{d}x=-1/4$$

上式中运用洛必达法则得到 $\lim\limits_{x\to 0} x^2\log(x)=0$. 所以 $\int_0^1 L(p)\mathrm{d}p=1/4$，从而 $G=1/2$. 因为 G 值越大，表示越不公平，所以指数分布下的收入分配比均匀分布下的更加不平等．

小结

马尔可夫不等式和切比雪夫不等式提供了两个重要的概率界. 马尔可夫不等式是关于非负随机变量的，对于非负随机变量 X，有

$$P\{X\geqslant a\}\leqslant\frac{E[X]}{a}\qquad a>0$$

切比雪夫不等式是马尔可夫不等式的一个简单推论，设 X 具有均值 μ，方差 σ^2，则对于每一个 $k>0$，有

$$P\{|X-\mu|\geqslant k\sigma\}\leqslant\frac{1}{k^2}$$

中心极限定理和强大数定律是概率论中两个重要的理论结果，二者都讨论独立同分布随机变量序列和的性质. 中心极限定理说明，若随机变量具有有限的均值 μ 和方差 σ^2，则

当 n 充分大时，这个序列的前 n 个变量的和的分布近似地为正态分布，其均值为 $n\mu$，方差为 $n\sigma^2$. 即设 $\{X_i, i\geqslant 1\}$ 是这样的一个序列，则对于每一个实数 a，

$$\lim_{n\to\infty} P\left\{\frac{X_1+\cdots+X_n-n\mu}{\sigma\sqrt{n}}\leqslant a\right\}=\frac{1}{\sqrt{2\pi}}\int_{-\infty}^{a}\mathrm{e}^{-x^2/2}\,\mathrm{d}x$$

强大数定律只要求该序列中的随机变量具有有限均值 μ. 强大数定律说明，当 n 趋于无穷时，这个序列的前 n 项的平均值以概率 1 趋于 μ. 由强大数定律可知，在独立重复试验中，事件 A 出现的频率以概率 1 趋于概率 $P(A)$. 如果将“以概率 1”解释成“一定”，我们就验证了概率的频率定义的合理性.

习题

8.1 假设 X 是均值和方差均为 20 的随机变量，求概率 $P\{0<X<40\}$ 的上界.

8.2 一位教授从过去的经验知道，一个学生期末考试成绩是均值为 75 的随机变量.

(a) 给出学生成绩超过 85 分的概率的一个上界.

(b) 假设还知道学生成绩的方差为 25，对于学生成绩在 65 和 85 之间的概率，有什么结论？

(c) 要有多少学生参加考试，才能有 90% 以上的把握保证学生的平均成绩在 75 ± 5 这个范围内？(不要利用中心极限定理.)

8.3 利用中心极限定理解习题 8.2(c).

8.4 设 $X_1, \cdots, X_{20}$ 是均值为 1 的独立泊松随机变量序列.

(a) 利用马尔可夫不等式求

$$P\left\{\sum_{i=1}^{20}X_i>15\right\}$$

的上界.

(b) 利用中心极限定理求

$$P\left\{\sum_{i=1}^{20}X_i>15\right\}$$

424

的近似值.

8.5 将 50 个数利用舍入法化成 50 个整数并求和，设舍入误差的分布是 $(-0.5, 0.5)$ 上的均匀分布. 求这 50 个整数的和与原来的和相差超过 3 的概率的近似值.

8.6 连续地掷一枚骰子，一直到点数总和超过 300 点为止，求至少需掷 80 次的概率的近似值.

8.7 一个人有 100 个灯泡，每一个灯泡的寿命相互独立且服从指数分布，其平均寿命为 5 小时. 他每次用一个灯泡，灯泡灭了以后立即换上一个新的. 求 525 小时后，他仍有灯泡可用的概率的近似值.

8.8 在习题 8.7 中，假定换一个灯泡需一定时间，换灯泡时间为随机变量，分布为 $(0, 0.5)$ 上的均匀分布. 求在 550 小时的时候，所有灯泡都已经烧掉的概率的近似值.

8.9 设 X 为 Γ 随机变量，其参数为 $(n, 1)$. n 应该多大才能满足

$$P\left\{\left|\frac{X}{n}-1\right|>0.01\right\}<0.01$$

8.10 工程师认为一座桥的载荷 W 以 1000 磅为单位是一个正态随机变量，其均值为 400，标准差为 40. 先假定车辆的重量为随机变量，均值为 3，标准差为 0.3. 约多少辆车在桥上时，可使桥的结构遭破坏的概率超过 0.1？

8.11 许多人相信公司股票价格的每日涨跌幅是一个随机变量，其均值为 0，方差为 σ^2. 设 Y_n 为第 n 天

的股票价格，则

$$Y_n = Y_{n-1} + X_n \qquad n \geqslant 1$$

其中，X_1，X_2，…为独立同分布随机变量，均值为 0，方差为 σ^2. 现假定今日的股票价格为 100，如果 $\sigma^2=1$，对于 10 天以后股票价格超过 105 的概率，能得到什么结论？

8.12 一共有 100 个元件，有替换地使用，即当元件 1 失效以后，立刻换上元件 2，元件 2 失效后，立刻换上元件 3，等等. 设元件 i 的寿命分布是指数分布，其均值为 $10+i/10$，$i=1, 2, \cdots, 100$，估计总寿命超过 1200 的概率. 如果第 i 个元件的寿命服从$(0, 20+i/5)(i=1, 2, \cdots, 100)$上的均匀分布，重新计算上述概率.

8.13 某教师给学生评分的均值为 74，标准差为 14. 现该教师对两个班进行测验，一个班有 25 人，另一个班有 64 人.

(a) 估计在 25 人的班中平均成绩超过 80 分的概率(近似值). (b) 对于 64 人的班，重复(a)的计算.

(c) 估计大班的平均成绩超过小班 2.2 分的概率. (d) 估计小班的平均成绩超过大班 2.2 分的概率.

8.14 设某元件对某电气系统是一个关键的部件，当该元件失效后立即换上一个新的元件. 假定这一型号的元件的平均寿命为 100 小时，标准差为 30 小时，应该储存多少元件，才能以至少 0.95 的概率保证这个系统连续运行 2000 小时？

8.15 一家保险公司有 10 000 个汽车投保人，每个投保人每年索赔的期望值为 240 美元，标准差为 800 美元. 求每年总索赔超过 2 700 000 美元的概率.

8.16 A. J. 有 20 个需要完成的工作，其中每项工作完成的时间是相互独立的随机变量，均值为 50 分钟，标准差为 10 分钟. M. J. 也有 20 个需要完成的工作，其中每项工作完成的时间也是相互独立的随机变量，均值为 52 分钟，标准差为 15 分钟.

(a) 计算 A. J. 在 900 分钟内完成全部工作的概率. (b) 计算 M. J. 在 900 分钟内完成全部工作的概率.

(c) 计算 A. J. 比 M. J. 提前完成全部工作的概率.

8.17 在下列假定下重做例 5b：男女成对的数目是近似正态的. 这个假定是否合理？

8.18 在习题 8.2(a)中进一步假定学生成绩的方差为 25，重做该习题.

8.19 一个湖中有 4 种鱼，假定抓起来的鱼属于 4 种鱼中的哪一种是等概率的，记 Y 为每一种鱼至少抓住一条时所需抓鱼的总条数.

(a) 找一个区间(a, b)，使得 $P\{a \leqslant Y \leqslant b\} \geqslant 0.90$.

(b) 利用单边的切比雪夫不等式，求出所需抓的鱼的条数使得至少以 90%以上的把握保证四种鱼抓全.

425

8.20 设 X 为非负随机变量，其均值为 25. 关于下列的量，我们会有什么结论？

(a) $E[X^3]$；(b) $E[\sqrt{X}]$；(c) $E[\log X]$；(d) $E[\mathrm{e}^{-X}]$.

8.21 设 X 为非负随机变量，证明：

$$E[X] \leqslant (E[X^2])^{1/2} \leqslant (E[X^3])^{1/3} \leqslant \cdots$$

8.22 设在例 5f 中投资者也可以将 $100\alpha\%(0<\alpha<1)$的财产投入一个有风险的计划，而将 $100(1-\alpha)\%$的财产投入无风险的计划，例 5f 的结论会有什么改变？(当他的财产这样被分割时，其投资回报是$R=\alpha X+(1-\alpha)m$.)

8.23 设 X 为泊松随机变量，其均值为 20.

(a) 利用马尔可夫不等式求出

$$p = P\{X \geqslant 26\}$$

的一个上界.

(b) 利用单边切比雪夫不等式求出 p 的一个上界.

(c) 利用切尔诺夫界得到 p 的一个上界.

(d) 利用中心极限定理求 p 的近似值.

(e) 通过运行一个适当的程序求 p 的近似值.

8.24 设 X 是均值为 100 的泊松随机变量，则 $P\{X>120\}$ 接近于(a)0.02、(b) 0.5 或者(c)0.3?

8.25 假设总体成员的收入分布是参数为 λ，$a>0$ 的帕雷托分布，其中 $\lambda=\frac{\log(5)}{\log(4)}\approx 1.161$.

(a) 证明：收入最高的 20%人口占有 80%的收入.

(b) 证明：收入最高的 20%人口中最高的 20%人占有他们 80%的收入.(即证明收入最高的 4%人口占有收入最高的 20%人口的 80%的收入.)

8.26 如果 $f(x)$ 递增，$g(x)$ 递减，证明：$E[f(X)g(X)]\leqslant E[f(X)]E[g(X)]$.

8.27 设 $L(p)$ 是随机变量 X 的洛伦兹曲线，证明：$L(p)=\frac{E[X\mid X<\xi_p]p}{E[X]}$.

8.28 设随机变量 X 的洛伦兹曲线是 $L(p)$，$c>0$.

(a) 求 cX 的洛伦兹曲线.

(b) 证明：$X+c$ 的洛伦兹曲线 $L_c(p)$，是

$$L_c(p)=\frac{L(p)E[X]+pc}{E[X]+c}$$

(c) 当 X 服从 $(0, b-a)$ 上的均匀分布，且 $c=a$ 时，证明：(b)中的结论与例 7a 中的公式一致.

理论习题

8.1 设 X 具有方差 σ^2，则方差的正平方根 σ 称为 X 的标准差. 若 X 具有均值 μ 和标准差 σ，证明：

$$P\{|X-\mu|\geqslant k\sigma\}\leqslant\frac{1}{k^2}$$

8.2 设 X 具有均值 μ 和标准差 σ. 则比值 $r\equiv|\mu|/\sigma$ 称为 X 的测量信噪比. 其思想来源于 X 可写成 $X=\mu+(X-\mu)$，其中 μ 为信号部分，$X-\mu$ 为噪声部分. 定义 $|(X-\mu)/\mu|\equiv D$ 为 X 与 μ 的相对偏差，证明：对于 $\alpha>0$，

$$P\{D\leqslant\alpha\}\geqslant 1-\frac{1}{r^2\alpha^2}$$

8.3 计算下列随机变量的测量信噪比，即计算 $|\mu|/\sigma$，其中 $\mu=E[X]$，$\sigma^2=\text{Var}(X)$.

(a) 泊松随机变量，其均值为 λ；(b) 二项随机变量，其参数为 (n, p)；

(c) 具有几何分布的随机变量，其均值为 $1/p$；(d) (a, b) 上的均匀随机变量；

(e) 指数随机变量，其均值为 $1/\lambda$；(f) 正态随机变量，参数为 (μ, σ^2).

8.4 设 $Z_n(n\geqslant 1)$ 是一个随机变量序列，c 是一个常数，使得对每一个 $\varepsilon>0$，当 $n\to\infty$ 时，$P\{|Z_n-c|>\varepsilon\}\to 0$. 证明：对任何有界连续函数 g，有

426

$$E[g(Z_n)]\to g(c)\quad n\to\infty$$

8.5 设 $f(x)$ 为定义在 $[0, 1]$ 上的连续函数，考虑函数

$$B_n(x)=\sum_{k=0}^{n}f\left(\frac{k}{n}\right)\binom{n}{k}x^k(1-x)^{n-k}$$

(称为伯恩斯坦多项式)证明：

$$\lim_{n\to\infty}B_n(x)=f(x)$$

提示：设 X_1，X_2，…为伯努利随机变量，其均值为 x，利用

$$B_n(x)=E\left[f\left(\frac{X_1+\cdots+X_n}{n}\right)\right]$$

和理论习题 8.4.（因为 $B_n(x)$一致地趋向于 $f(x)$，这就提供了分析中著名的魏尔斯特拉斯定理的概率证明，这个定理说明连续函数可用多项式一致逼近.）

8.6 (a) 令 X 为离散型随机变量，它的可能值为 1，2，…. 若 $P\{X=k\}$为非增序列，$k=1,2,\cdots$，证明：

$$P\{X=k\}\leqslant 2\frac{E[X]}{k^2}$$

(b) 设 X 为非负的连续型随机变量且具有非增的密度函数，证明：

$$f(x)\leqslant\frac{2E[X]}{x^2}\qquad \text{对一切 } x>0 \text{ 成立}$$

8.7 掷一枚均匀的骰子共 100 次. 记 X_i 为第 i 次的结果，计算

$$P\left\{\prod_{i=1}^{100}X_i\leqslant a^{100}\right\}\qquad 1<a<6$$

的近似值.

8.8 参数为(t,λ)的 Γ 随机变量，当 t 很大时与正态分布近似，解释这一结论.

8.9 掷一枚均匀的硬币 1000 次. 若前 100 次都是正面朝上，你认为后面的 900 次正面朝上的比例是多少？试对如下说法加以论述：“强大数定律是强调 n 无穷时的极限结果，有限次的观察结果是不能改变这个极限结果的.”

8.10 设 X 是一个泊松随机变量，其均值为 λ. 证明：对于 $i<\lambda$，

$$P\{X\leqslant i\}\leqslant\frac{e^{-\lambda}(e\lambda)^i}{i^i}$$

8.11 设 X 为二项随机变量，其参数为(n,p). 证明：对于 $i>np$，

(a) 当 t 满足 $e^t=\frac{iq}{(n-i)p}$时，$e^{-ti}E[e^{tX}]$达到最小值，其中 $q=1-p$.

(b) $P\{X\geqslant i\}\leqslant\frac{n^n}{i^i(n-i)^{n-i}}p^i(1-p)^{n-i}$.

8.12 标准正态随机变量 Z 的切尔诺夫界为 $P\{Z>a\}\leqslant e^{-a^2/2}$，$a>0$. 证明：利用 Z 的密度函数，可将上界压缩到原来的一半，即证明

$$P\{Z>a\}\leqslant\frac{1}{2}e^{-a^2/2}\qquad a>0$$

8.13 证明：若随机变量 X 满足 $E[X]<0$，同时存在 $\theta\neq 0$，使得 $E[e^{\theta X}]=1$，则这个 θ 必须满足 $\theta>0$.

8.14 令 X_1，X_2，…是一列独立同分布随机变量，分布函数为 F，均值和方差有限. 虽然中心极限定理告诉我们 $\sum_{i=1}^{n}X_i$ 当 n 趋近于无穷时逼近正态分布，但是我们并不知道当 n 取多大时，正态分布是一个好的近似. 通常这种好的近似需要 $n\geqslant 20$，而对于较小的 n，近似的好坏依赖于 X_i 的分布. 试举出一个分布 F，使得 $\sum_{i=1}^{100}X_i$ 的分布并不接近于正态分布.

提示：考虑泊松随机变量.

8.15 如果 f 和 g 都是密度函数，且在相同的区域取正值．定义密度函数 f 和 g 的 Kullback-Leiber 散度为

$$KL(f,g) = E_f\left[\log\left(\frac{f(X)}{g(X)}\right)\right] = \int \log\left(\frac{f(x)}{g(x)}\right) f(x)\mathrm{d}x$$

其中符号 $E_f[h(X)]$表示 X 的密度函数为 f 时 $h(X)$的期望.

(a) 证明：$KL(f, f)=0$.

427

(b) 运用詹森不等式和等式 $\log\left(\frac{f(x)}{g(x)}\right)=-\log\left(\frac{g(x)}{f(x)}\right)$ 证明：$KL(f, g)\geqslant 0$.

8.16 设随机变量的分布函数为 F，密度函数为 f，均值为 μ，其对应的洛伦兹曲线是 $L(p)$.

(a) 证明：

$$L(p) = \frac{1}{\mu}\int_0^p F^{-1}(y)\mathrm{d}y$$

提示：从 $L(p) = \frac{1}{\mu}\int_0^{\xi_p} xf(x)\mathrm{d}x$ 开始，作变量替换 $y=F(x)$.

(b) 运用(a) 的结论证明 $L(p)$的凸性.

(c) 证明：

$$\int_0^1 L(p)\mathrm{d}p = \frac{1}{\mu}\int_0^\infty (1-F(x))xf(x)\mathrm{d}x$$

(d) 运用(c)的结果来计算(0，1)均匀分布和指数分布的基尼系数，并与例 7d 进行比较.

自检习题

8.1 在某特许经销商那里，每周汽车销售量是一个随机变量，其期望值为 16，求下列事件的概率的上界：(a) 下周销售量超过 18 辆；(b) 下周销售量超过 25 辆.

8.2 假定自检习题 8.1 中汽车周销售量的方差为 9. (a)给出下周销售量在 10 到 22 之间(含 10 和 22)的概率的下界. (b)给出下周销售量超过 18 的概率的上界.

8.3 设 $E[X]=75$，$E[Y]=75$，$\mathrm{Var}(X)=10$，$\mathrm{Var}(Y)=12$，$\mathrm{Cov}(X, Y)=-3$. 给出下列概率的上界：(a) $P\{|X-Y|>15\}$；(b) $P\{X>Y+15\}$；(c) $P\{Y>X+15\}$.

8.4 设工厂 A 每日生产量是一个均值为 20、标准差为 3 的随机变量. 工厂 B 每日生产量是一个均值为 18、标准差为 6 的随机变量. 假定两个厂的日产量是相互独立的，求出今日 B 比 A 产量多的概率的上界.

8.5 设某种元件的寿命(单位：天)是一个随机变量，其密度函数为

$$f(x) = 2x \quad 0<x<1$$

当元件失效后，立即用新的元件替换. 用 X_i 表示第 i 个元件的寿命，$S_n=\sum_{i=1}^n X_i$ 表示第 n 个元件的失效时刻，失效率 r 定义如下：

$$r = \lim_{n\to\infty}\frac{n}{S_n}$$

假设随机变量 $X_i(i\geqslant 1)$相互独立，求出 r.

8.6 在自检习题 8.5 中，为了以 90%的把握维持运行至少 35 天，需要准备多少个元件?

8.7 机修厂修理机器需 2 个阶段，第一阶段所需时间服从指数分布，均值为 0.2 小时. 第二阶段所需时间也服从指数分布，并且与第一阶段独立，均值为 0.3 小时. 现在修理工有 20 台机器需要修理，求出他在 8 小时内完成修理任务的概率的近似值.

8.8 有一种赌博游戏，每次赌博以 0.7 的概率输 1 元，以 0.2 的概率输 2 元，以 0.1 的概率赢 10 元. 求出该赌徒在前 100 次赌博后输的概率的近似值.

8.9 在自检习题 8.7 中，确定时间 t，使得修理工在时间 t 内完成 20 台机器的修理的概率约为 0.95.

8.10 烟草公司宣称一支香烟中尼古丁含量是均值为2.2mg、标准差为0.3mg的随机变量．但实测100支香烟中，尼古丁含量的均值为3.1mg，现在假定烟草公司的说法是对的，问100支香烟中尼古丁含量均值高于3.1mg的概率为多少？

8.11 40个电池中每个电池为A类型的电池或B类型的电池的概率相等．A类型的电池使用时间是均值为50、标准差为15的随机变量；B类型的电池使用时间是均值为30、标准差为6的随机变量．

428

(a) 估算全部40个电池的使用时间超过1700小时的概率．

(b) 假设其中有20个A类型电池和20个B类型电池，试重新估算全部40个电池的使用时间超过1700小时的概率．

8.12 一诊所每天的志愿者医生的人数是一个随机变量，取值为2，3，4，并且这三种情况是等可能的．不管当天来了多少志愿者，每位志愿者所看的病人数为相互独立的泊松随机变量，均值为30．记X为当天由志愿者所看的病人数．

(a) 求$E[X]$；(b) 求$\text{Var}(X)$；(c) 求$P\{X>65\}$的近似值．(利用标准正态分布表．)

8.13 强大数定律指出，独立同分布的随机变量序列的前n项的算术平均以概率为1收敛到它们的公共均值μ．现在的问题是：前n项的几何平均收敛到什么？即

$$\lim_{n\to\infty}\left(\prod_{i=1}^{n}X_i\right)^{1/n}=?$$

8.14 图书馆有40本新书必须经过处理．假设处理一本书的时间是均值为10分钟、标准差为3分钟的随机变量，则

(a) 估算需要超过420分钟才能处理好所有书的概率．

(b) 估算前240分钟内处理好25本书的概率．

估算过程中做出了哪些假设？

8.15 证明切比雪夫和不等式，即证明若$a_1\geqslant a_2\geqslant\cdots\geqslant a_n$且$b_1\geqslant b_2\geqslant\cdots\geqslant b_n$，则

$$n\sum_{i=1}^{n}a_ib_i\geqslant\left(\sum_{i=1}^{n}a_i\right)\left(\sum_{i=1}^{n}b_i\right)$$

429

第 9 章　概率论的其他课题

9.1　泊松过程

在定义泊松过程之前，我们先回忆一个定义．函数 f 称为 $o(h)$，如果它满足

$$\lim_{h\to 0}\frac{f(h)}{h}=0$$

即当 $h\to 0$ 的过程中，f 的值比起 h 来，还要小得多．设某一事件在任一时刻发生，且令 $N(t)$ 表示在时间段 $[0，t]$ 内发生的事件数．随机变量集合 $\{N(t)，t\geqslant 0\}$ 称为具有强度 $\lambda(\lambda>0)$ 的泊松过程，如果

(i) $N(0)=0$.

(ii) 在不相交的时间段内发生的事件数是相互独立的.

(iii) 在给定时间段内发生的事件数的分布只跟该时间段的长度有关，而与时间段的位置无关.

(iv) $P\{N(h)=1\}=\lambda h+o(h)$.

(v) $P\{N(h)\geqslant 2\}=o(h)$.

因此，条件(i)表明过程从 0 时刻开始．条件(ii)的独立增量假设可做如下解释：到 t 时刻发生的事件数(即 $N(t)$)与从时刻 t 到时刻 $t+s$ 发生的事件数(即 $N(t+s)-N(t)$)是相互独立的随机变量．条件(iii)的平稳增量假设表明 $N(t+s)-N(t)$ 的分布与 t 无关.

在第 4 章中，基于泊松分布是二项分布的极限形式，我们可以推导出 $N(t)$ 服从参数为 λt 的泊松分布．现在，我们可以用另一种方法得到这个结论.

430

引理 1.1　对于强度为 λ 的泊松过程，

$$P\{N(t)=0\}=e^{-\lambda t}$$

证明　记 $P_0(t)=P\{N(t)=0\}$，我们由下式导出一个微分方程：

$$\begin{aligned}P_0(t+h)&=P\{N(t+h)=0\}=P\{N(t)=0,N(t+h)-N(t)=0\}\\&=P\{N(t)=0\}P\{N(t+h)-N(t)=0\}=P_0(t)[1-\lambda h+o(h)]\end{aligned}$$

上述倒数第二个等式是独立性条件(ii)的结果，而最后一个等式利用条件(iv)和(v)得到了 $P\{N(h)=0\}=1-\lambda h+o(h)$．因此，

$$\frac{P_0(t+h)-P_0(t)}{h}=-\lambda P_0(t)+\frac{o(h)}{h}$$

再令 $h\to 0$，得

$$P_0'(t)=-\lambda P_0(t)$$

或等价地，

$$\frac{P_0'(t)}{P_0(t)}=-\lambda$$

将上式积分，得

$$\ln P_0(t) = -\lambda t + c$$

或

$$P_0(t) = K\mathrm{e}^{-\lambda t}$$

再利用 $P_0(0)=P\{N(0)=0\}=1$，我们得到

$$P_0(t) = \mathrm{e}^{-\lambda t}$$ □

对于一个泊松过程，令 T_1 表示第一个事件的发生时间．此外，对于 $n>1$，记 T_n 为第 $n-1$ 个事件点到第 n 个事件点的时间间隔，序列$\{T_n, n=1, 2, \cdots\}$称为泊松过程的时间间隔序列．例如，如果 $T_1=5$，$T_2=10$，则说明泊松过程第一个事件发生在时刻 $t=5$，第二个事件发生在时刻 $t=15$.

我们现在来确定 T_n 的分布．首先注意，随机事件$\{T_1>t\}$发生的充要条件是泊松过程在$[0, t]$内没有事件发生，因此，

$$P\{T_1 > t\} = P\{N(t) = 0\} = \mathrm{e}^{-\lambda t}$$

即 T_1 服从均值为 $1/\lambda$ 的指数分布．现在计算

$$P\{T_2 > t\} = E[P\{T_2 > t \mid T_1\}]$$

但是，

$$\begin{aligned} P\{T_2 > t \mid T_1 = s\} &= P\{(s,s+t]\text{ 上有 } 0 \text{ 个事件发生} \mid T_1 = s\} \\ &= P\{(s,s+t]\text{ 上有 } 0 \text{ 个事件发生}\} = \mathrm{e}^{-\lambda t} \end{aligned}$$

431

上式中第二个等式是由独立性假设所得，而第三个等式是由泊松过程的平稳性所得．由上式可以得到两个结论：T_2 也服从均值为 $1/\lambda$ 的指数分布；同时 T_2 与 T_1 相互独立．重复上述推论过程可得命题 1.1.

命题 1.1 强度为 λ 的泊松过程的时间间隔序列 T_1，T_2，…相互独立，且服从均值为 $1/\lambda$ 的指数分布.

另一个我们感兴趣的变量是第 n 个事件发生的时刻 S_n，或者称为第 n 个事件的等待时间．容易看出

$$S_n = \sum_{i=1}^{n} T_i \qquad n \geqslant 1$$

因此，由命题 1.1 和 5.6.1 节知，S_n 服从参数为(n, λ)的 Γ 分布，即 S_n 的概率密度为

$$f_{S_n}(x) = \lambda \mathrm{e}^{-\lambda x} \frac{(\lambda x)^{n-1}}{(n-1)!} \qquad x \geqslant 0$$

现在可以证明 $N(t)$是一个泊松随机变量，均值为 λt.

定理 1.1 对于一个强度为 λ 的泊松过程，

$$P\{N(t) = n\} = \frac{\mathrm{e}^{-\lambda t}(\lambda t)^n}{n!} \qquad n = 0,1,2,\cdots$$

证明 注意到泊松过程的第 n 个事件在 t 或 t 以前发生的充要条件是到 t 时刻为止至少发生了 n 个事件，即

$$N(t) \geqslant n \Leftrightarrow S_n \leqslant t$$

故

$$\begin{aligned}P\{N(t)=n\}&=P\{N(t)\geqslant n\}-P\{N(t)\geqslant n+1\}\\&=P\{S_n\leqslant t\}-P\{S_{n+1}\leqslant t\}\\&=\int_0^t\lambda e^{-\lambda x}\frac{(\lambda x)^{n-1}}{(n-1)!}dx-\int_0^t\lambda e^{-\lambda x}\frac{(\lambda x)^n}{n!}dx\end{aligned}$$

利用分部积分公式 $\int u dv=uv-\int v du$，其中 $u=e^{-\lambda x}$，$dv=\lambda[(\lambda x)^{n-1}/(n-1)!]dx$ 得

$$\int_0^t\lambda e^{-\lambda x}\frac{(\lambda x)^{n-1}}{(n-1)!}dx=e^{-\lambda t}\frac{(\lambda t)^n}{n!}+\int_0^t\lambda e^{-\lambda x}\frac{(\lambda x)^n}{n!}dx$$

定理得证. □

9.2 马尔可夫链

考虑一列随机变量 X_0，X_1，…，它们的可能取值的集合为$\{0, 1, \cdots, M\}$. 通常可将 X_n 解释为系统在时刻 n 的状态. 因此，如果 $X_n=i$ 我们就说这个系统在时刻 n 处于状态 i. 如果系统某时刻处于状态 i，且存在固定的概率 P_{ij}，使得下一时刻以概率 P_{ij} 处于状态 j，则随机变量序列称为马尔可夫链. 即对所有 i_0，…，i_{n-1}，i，j，

432

$$P\{X_{n+1}=j\mid X_n=i,X_{n-1}=i_{n-1},\cdots,X_1=i_1,X_0=i_0\}=P_{ij}$$

P_{ij} ($0\leqslant i\leqslant M$，$0\leqslant j\leqslant M$)称为马尔可夫链的**转移概率**，它们满足

$$P_{ij}\geqslant 0,\quad \sum_{j=0}^{M}P_{ij}=1\qquad i=0,1,\cdots,M$$

(为什么?)转移概率 P_{ij} 可以写成如下方阵形式：

$$\left\|\begin{matrix}P_{00}&P_{01}&\cdots&P_{0M}\\P_{10}&P_{11}&\cdots&P_{1M}\\\vdots&&&\\P_{M0}&P_{M1}&\cdots&P_{MM}\end{matrix}\right\|$$

这样的方阵称为**转移概率矩阵**.

知道了转移概率矩阵和 X_0 的初始分布我们就可以计算所有有关的概率. 例如，X_0，…，X_n 的联合分布列可由下列公式得到：

$$\begin{aligned}&P\{X_n=i_n,X_{n-1}=i_{n-1},\cdots,X_1=i_1,X_0=i_0\}\\&\quad=P\{X_n=i_n\mid X_{n-1}=i_{n-1},\cdots,X_0=i_0\}P\{X_{n-1}=i_{n-1},\cdots,X_0=i_0\}\\&\quad=P_{i_{n-1},i_n}P\{X_{n-1}=i_{n-1},\cdots,X_0=i_0\}\end{aligned}$$

继续这个步骤，最后，推得这个概率等于

$$P_{i_{n-1},i_n}P_{i_{n-2},i_{n-1}}\cdots P_{i_1,i_2}P_{i_0,i_1}P\{X_0=i_0\}$$

例 2a 假设明天下不下雨只取决于今天是否下雨，进一步假设如果今天下雨，则明天也下雨的概率为 α，如果今天不下雨，则明天下雨的概率为 β.

如果我们称下雨为状态 0，不下雨为状态 1，则上述天气系统成为一个两个状态的马尔可夫链，其转移概率矩阵为

$$\left\|\begin{matrix}\alpha&1-\alpha\\\beta&1-\beta\end{matrix}\right\|$$

即 $P_{00}=\alpha=1-P_{01}$，$P_{10}=\beta=1-P_{11}$. ■

例 2b 考虑一个赌徒，他在每次赌博中以概率 p 赢一个单位且以概率 $1-p$ 输一个单位. 假设当赌徒的赌本为 0 或 M 时，他就停止赌博. 那么，赌徒的赌本是一个马尔可夫链，其转移概率为

433

$$P_{i,i+1}=p=1-P_{i,i-1} \qquad i=1,\cdots,M-1$$
$$P_{00}=P_{MM}=1$$
■

例 2c 一对物理学家夫妇 Paul 和 Tatyana Ehrenfest 提出了一个分子运动的理论模型：设有两个坛子，里面共有 M 个分子，每一次随机地选择一个分子，把它从原来的坛子移向另一个坛子. 令 X_n 表示第 1 个坛子经过 n 次转移以后的分子的个数，则$\{X_0, X_1, \cdots\}$是一个马尔可夫链，其转移概率为

$$P_{i,i+1}=\frac{M-i}{M} \qquad 0\leqslant i\leqslant M$$
$$P_{i,i-1}=\frac{i}{M} \qquad 0\leqslant i\leqslant M$$
$$P_{ij}=0 \qquad 若\ j=i\ 或\ |j-i|>1$$
■

因此，对于马尔可夫链，P_{ij} 表示由状态 i 转入 j 的概率，我们也可以定义两步转移的概率 P_{ij}^2，它等于一个系统原来在状态 i，经过两步转移以后到达状态 j 的概率. 即

$$P_{ij}^{(2)}=P\{X_{m+2}=j|X_m=i\}$$

$P_{ij}^{(2)}$ 可以由 P_{ij} 经过下列公式计算得到：

$$P_{ij}^{(2)}=P\{X_2=j|X_0=i\}=\sum_{k=0}^{M}P\{X_2=j,X_1=k|X_0=i\}$$
$$=\sum_{k=0}^{M}P\{X_2=j|X_1=k,X_0=i\}P\{X_1=k|X_0=i\}=\sum_{k=0}^{M}P_{kj}P_{ik}$$

一般情况下，定义 n 步转移概率 $P_{ij}^{(n)}$ 为

$$P_{ij}^{(n)}=P\{X_{n+m}=j|X_m=i\}$$

下面的命题被称为查普曼-科尔莫戈罗夫方程，它为我们提供了计算 $P_{ij}^{(n)}$ 的一种方法.

命题 2.1[查普曼-科尔莫戈罗夫方程]

$$P_{ij}^{(n)}=\sum_{k=0}^{M}P_{ik}^{(r)}P_{kj}^{(n-r)} \qquad 对所有\ 0<r<n$$

434

证明

$$P_{ij}^{(n)}=P\{X_n=j|X_0=i\}=\sum_{k}P\{X_n=j,X_r=k|X_0=i\}$$
$$=\sum_{k}P\{X_n=j|X_r=k,X_0=i\}P\{X_r=k|X_0=i\}=\sum_{k}P_{kj}^{(n-r)}P_{ik}^{(r)}$$
□

例 2d 随机游动 随机游动(random walk)是一个具有可数无限状态空间的马尔可夫链的范例，它追踪质点在一维轴上的运动情况. 假定状态空间是$\{0, \pm1, \cdots\}$，当质点处于状态 i 时，它下一步会以 p 的概率往右移一步，以 $1-p$ 的概率往左移一步. 即质点的路径

形成一个马尔可夫链，其转移概率为

$$P_{i,i+1}=p=1-P_{i,i-1}\qquad i=0,\pm 1,\cdots$$

现在设一个质点处于状态 i，若它经过 n 步转移以后到达状态 j，那么，其中 $(n-i+j)/2$ 步是往右的，而 $n-[(n-i+j)/2]=(n+i-j)/2$ 步是往左的. 因为每一步往右的概率为 p，并且独立于其他各步，所以它恰好是一个二项概率：

$$P_{ij}^{n}=\binom{n}{(n-i+j)/2}p^{(n-i+j)/2}(1-p)^{(n+i-j)/2}$$

其中当 x 不是小于或等于 n 的非负整数时，二项系数 $\binom{n}{x}$ 定义为0. 上述公式可以重新写成

$$P_{i,i+2k}^{2n}=\binom{2n}{n+k}p^{n+k}(1-p)^{n-k}\qquad k=0,\pm 1,\cdots,\pm n$$

$$P_{i,i+2k+1}^{2n+1}=\binom{2n+1}{n+k+1}p^{n+k+1}(1-p)^{n-k}\qquad k=0,\pm 1,\cdots,\pm n,-(n+1)$$ ■

虽然 $P_{ij}^{(n)}$ 是条件概率，但是我们可以通过初始状态概率导出非条件概率. 例如，

$$P\{X_n=j\}=\sum_i P\{X_n=j\mid X_0=i\}P\{X_0=i\}=\sum_i P_{ij}^{(n)}P\{X_0=i\}$$

对于许多马尔科夫链，当 $n\to\infty$ 时，$P_{ij}^{(n)}$ 收敛到一个只和 j 有关的数 π_j. 也就是说，对于足够大的 n，无论初始状态是什么，在 n 步转移后到达状态 j 的概率都近似等于 π_j. 具有这种性质的一个充分条件是：存在 n，$n>0$，使得

435

$$P_{ij}^{(n)}>0,\quad \text{对所有的 } i,j=0,1,\cdots,M \text{ 成立} \tag{2.1}$$

满足公式(2.1)的马尔可夫链称为*遍历的*，由命题2.1可得

$$P_{ij}^{(n+1)}=\sum_{k=0}^{M}P_{ik}^{(n)}P_{kj}$$

上式中令 $n\to\infty$，对于遍历的马尔可夫链，可得

$$\pi_j=\sum_{k=0}^{M}\pi_k P_{kj} \tag{2.2}$$

此外，因为 $1=\sum_{j=0}^{M}P_{ij}^{(n)}$，令 $n\to\infty$，可得

$$\sum_{j=0}^{M}\pi_j=1 \tag{2.3}$$

事实上，可以证明 $\pi_j(0\leqslant j\leqslant M)$ 是方程(2.2)和方程(2.3)的唯一非负解. 所有这些结论，可综合成下面的定理2.1，但是此处没有给出证明.

定理2.1　对于遍历的马尔可夫链，

$$\pi_j=\lim_{n\to\infty}P_{ij}^{(n)}$$

存在，并且 $\pi_j(0\leqslant j\leqslant M)$ 是下列方程组的唯一非负解：

$$\pi_j=\sum_{k=0}^{M}\pi_k P_{kj}$$

$$\sum_{j=0}^{M}\pi_j = 1$$

例 2e 考虑例 2a，其中我们假设如果今天下雨，则明天下雨的概率为 α；如果今天不下雨，则明天下雨的概率为 β. 由定理 2.1，下雨和不下雨的极限概率 π_0 和 π_1 由下面的方程组给出：

$$\pi_0 = \alpha\pi_0 + \beta\pi_1$$
$$\pi_1 = (1-\alpha)\pi_0 + (1-\beta)\pi_1$$
$$\pi_0 + \pi_1 = 1$$

由这个方程组得到

$$\pi_0 = \frac{\beta}{1+\beta-\alpha}, \qquad \pi_1 = \frac{1-\alpha}{1+\beta-\alpha}$$

例如，如果 $\alpha=0.6$，$\beta=0.3$，则下雨的极限概率为 $\pi_0=3/7$. ■ 436

当 n 足够大时，π_j 也等于马尔可夫链处于状态 j 所占的时刻的长程比例，其中 $j=0$，1，…，M. 直观解释如下：记 P_j 表示当 n 很大时，链处于状态 j 的时刻所占的长程比例.（利用强大数定律可以证明，对于遍历的马尔可夫链，这个比例的极限存在，并且是一常数.）现在设链处于状态 k 的比例为 P_k，由于由状态 k 转向状态 j 的概率为 P_{kj}，在这个链中，由状态 k 转向状态 j 的时刻的比例为 P_kP_{kj}. 对所有状态 k 求和，$\sum_k P_kP_{kj}$ 就是链处于状态 j 的比例，于是处于状态 j 的时刻的比例应满足

$$P_j = \sum_k P_kP_{kj}$$

显然，下式也成立：

$$\sum_j P_j = 1$$

再利用定理 2.1，$\pi_j(j=0, \cdots, M)$ 是方程(2.2)和方程(2.3)的唯一解. 可推知 $P_j=\pi_j$，$j=0$，1，…，M. π_j 处于状态 j 的时刻的比例的解释对于非遍历的马尔可夫链也是正确的.

例 2f 假设在例 2c 中，考虑恰好有 j 个分子在第一个坛子中的时刻的比例，$j=0$，1，…，M. 根据定理 2.1，这些量是下述方程组的唯一解：

$$\pi_0 = \pi_1 \times \frac{1}{M}$$
$$\pi_j = \pi_{j-1} \times \frac{M-j+1}{M} + \pi_{j+1} \times \frac{j+1}{M} \qquad j = 1,\cdots,M$$
$$\pi_M = \pi_{M-1} \times \frac{1}{M}$$
$$\sum_{j=0}^{M}\pi_j = 1$$

易知，这个方程组的解为

$$\pi_j = \binom{M}{j}\left(\frac{1}{2}\right)^M \qquad j = 0,\cdots,M$$

这些就是马尔可夫链保持在状态 j 的时刻所占的比例.（习题 9.11 给出了一个估算前面问题的解的方法.） ■

9.3 惊奇、不确定性及熵

考虑一个在试验中可能出现的事件 E. 当事件 E 真正发生的时候我们的惊奇程度会有多大？作为一个合理的假设，我们对事件 E 发生的惊奇程度取决于 E 的概率. 例如，对于一个掷一对骰子的试验，当事件 E 代表两枚骰子上的点数和是偶数$\left(\text{概率为}\frac{1}{2}\right)$时，我们对于事件 E 的发生的惊奇程度并不大；但是当事件 E 代表两枚骰子上的点数和是 12 $\left(\text{概率为}\frac{1}{36}\right)$时，我们的惊奇程度显然会较大.

437

在这一节中，我们希望能够将这种惊奇程度进行量化. 首先，我们必须有这样一个共识：当知道某事件发生以后，感到惊奇的程度只跟这个事件的概率有关. 我们用 $S(p)$表示由概率为 p 的事件发生以后所产生的惊奇的程度. 为了确定 $S(p)$的具体形式，我们需要给出 $S(p)$应该满足的条件，然后根据这些条件确定 $S(p)$的形式. 假定 $S(p)$对一切 $0<p\leqslant 1$ 有定义，但对于概率为 0 的事件没有定义.

关于惊奇的第一个条件是：当听到一个必然事件发生时不会产生任何惊奇.

公理 1　$S(1)=0$.

第二个条件是越不可能发生的事件发生后，造成的惊奇感觉就越大.

公理 2　$S(p)$是 p 的严格递减函数，若 $p<q$，则 $S(p)>S(q)$.

第三个条件是对 p 的微小变动也会导致 $S(p)$的微小变动的数学表述.

公理 3　$S(p)$是一个 p 的连续函数.

为推导出最后一个条件，我们考虑概率分别为 $P(E)=p$ 和 $P(F)=q$ 的两个独立事件 E 和 F. 由 $P(EF)=pq$，事件 E 和 F 同时发生的惊奇程度为 $S(pq)$. 假设我们首先被告知事件 E 发生，然后得知事件 F 也发生. $S(p)$表示听到 E 发生后的惊奇程度，由此可知 $S(pq)-S(p)$表示听到 F 发生以后增加的惊奇程度. 由于 E 和 F 相互独立，E 的发生并不影响 F 的发生，因此，这部分增加的惊奇程度应该是 $S(q)$. 这样，我们有最后一个条件.

公理 4　$S(pq)=S(p)+S(q)\quad 0<p\leqslant 1,\ 0<q\leqslant 1$

现在我们要给出 $S(p)$的表达式.

定理 3.1　若 $S(\cdot)$满足公理 1～4，则

$$S(p)=-C\log_2 P$$

其中 C 为任意正整数.

证明　由公理 4 知，

$$S(p^2)=S(p)+S(p)=2S(p)$$

由此，利用归纳法得

438

$$S(p^m)=mS(p) \tag{3.1}$$

同时，对任何正整数 n，$S(p)=S(p^{\frac{1}{n}}\cdots p^{\frac{1}{n}})=nS(p^{\frac{1}{n}})$，由此推得

$$S(p^{\frac{1}{n}}) = \frac{1}{n}S(p) \tag{3.2}$$

因此，由式(3.1)和式(3.2)可得

$$S(p^{m/n}) = mS(p^{\frac{1}{n}}) = \frac{m}{n}S(p)$$

上式等价于

$$S(p^x) = xS(p) \tag{3.3}$$

其中 x 为正有理数. 但因为 S 为 p 的连续函数(公理 3)，所以式(3.3)对于非负实数都成立.（读者请自己证明此结论.）

现在，对任意 p，$0<p\leqslant 1$，令 $x=-\log_2 p$，则 $p=(1/2)^x$，由式(3.3)得

$$S(p) = S\left(\left(\frac{1}{2}\right)^x\right) = xS\left(\frac{1}{2}\right) = -C\log_2 p$$

其中由公理 1 和公理 2 知 $C=S\left(\frac{1}{2}\right)>S(1)=0$. □

通常情况下令 $C=1$，且惊奇程度的单位用位(二进制数字的简称)表示.

接下来，考虑一个取值范围为 x_1，…，x_n 的随机变量 X，且取值的概率分别为 p_1，…，p_n. 因为 $-\log_2 p_i$ ⊖ 代表当观察到 x_i 以后引起的惊奇，因此，当观察到随机变量 X 的值，所引起的平均的惊奇程度为

$$H(X) = -\sum_{i=1}^{n} p_i \log p_i$$

在信息论中，$H(X)$称为随机变量 X 的熵(当 $p_i=0$ 时，我们规定 $0\log(0)=0$). 可以证明(将在习题中证明这个结论)，当 p_i 相同时，$H(X)$达到其最大值.（这个结论可以直观得到吗?）

因为 $H(X)$表示得知 X 值以后所引起的平均惊奇程度，所以也可以认为 X 的不确定程度. 事实上，在信息理论中，$H(X)$就是观测到 X 的值以后所接收的平均信息量，因此，惊奇程度、不确定性和信息量是从不同角度来看待 X 的同一个特性.

现在考虑两个随机变量 X 和 Y，它们分别取值于 x_1，…，x_n 和 y_1，…，y_m，其联合分布列为

$$p(x_i, y_j) = P\{X = x_i, Y = y_j\}$$

439

随机向量(X，Y)所含的不确定性 $H(X, Y)$为

$$H(X,Y) = -\sum_i \sum_j p(x_i, y_j) \log p(x_i, y_j)$$

假设 $Y=y_j$ 已观测到，此时 X 在 $Y=y_j$ 的条件下的剩余不确定性为

$$H_{Y=y_j}(X) = -\sum_i p(x_i | y_j) \log p(x_i | y_j)$$

其中

⊖ 本章后面我们用 $\log x$ 表示 $\log_2 x$，用 $\ln x$ 表示 $\log_e x$.

$$p(x_i|y_j) = P\{X = x_i|Y = y_j\}$$

因此，当Y被观测到以后，X的平均不确定性为

$$H_Y(X) = \sum_j H_{Y=y_j}(X) p_Y(y_j)$$

其中

$$p_Y(y_j) = P\{Y = y_j\}$$

以下的命题3.1将$H(X, Y)$与$H(Y)$和$H_Y(X)$联系起来，说明X和Y的不确定性等于Y的不确定性加上Y被观测到以后X的平均剩余不确定性.

命题 3.1

$$H(X,Y) = H(Y) + H_Y(X)$$

证明　利用恒等式$p(x_i, y_j) = p_Y(y_j)p(x_i|y_j)$，可得

$$\begin{aligned} H(X,Y) &= -\sum_i \sum_j p(x_i,y_j)\log p(x_i,y_j) \\ &= -\sum_i \sum_j p_Y(y_j)p(x_i|y_j)[\log p_Y(y_j) + \log p(x_i|y_j)] \\ &= -\sum_j p_Y(y_j)\log p_Y(y_j)\sum_i p(x_i|y_j) - \sum_j p_Y(y_j)\sum_i p(x_i|y_j)\log p(x_i|y_j) \\ &= H(Y) + H_Y(X) \end{aligned}$$

□

在信息论中有一个基本结果，即当第二个随机变量Y被观测到以后，X的不确定性在平均意义下应该减少. 在证明这个结论之前，我们首先提出下面的引理，其证明留作习题.

引理 3.1

$$\ln x \leqslant x - 1 \qquad x > 0$$

只有在$x=1$处等号成立.

定理 3.2

$$H_Y(X) \leqslant H(X)$$

440

上述等号成立的充要条件是X和Y相互独立.

证明

$$\begin{aligned} H_Y(X) - H(X) &= -\sum_i \sum_j p(x_i|y_j)\log[p(x_i|y_j)]p(y_j) + \sum_i \sum_j p(x_i,y_j)\log p(x_i) \\ &= \sum_i \sum_j p(x_i,y_j)\log\left[\frac{p(x_i)}{p(x_i|y_j)}\right] \\ &\leqslant \log \mathrm{e}\sum_i \sum_j p(x_i,y_j)\left[\frac{p(x_i)}{p(x_i|y_j)} - 1\right] \qquad \text{利用引理 3.1} \\ &= \log \mathrm{e}\left[\sum_i \sum_j p(x_i)p(y_j) - \sum_i \sum_j p(x_i,y_j)\right] = \log \mathrm{e}[1-1] = 0 \end{aligned}$$

□

9.4　编码定理及熵

假设一个离散型随机向量X在A处被观测到并通过一个通信网络从A处传送到B处，

而通信网络信号由 0 和 1 组成. 为了实现通信，我们必须把 X 的可能值编成一个一个的 0-1 序列. 为了避免混乱，要求编码后的序列不能出现一个序列是另一个序列的延长.

例如，X 可取 4 个可能值 x_1，x_2，x_3 和 x_4，则一个可能的编码方式是

$$x_1 \leftrightarrow 00$$
$$x_2 \leftrightarrow 01$$
$$x_3 \leftrightarrow 10$$
$$x_4 \leftrightarrow 11 \tag{4.1}$$

也就是说，如果 $X=x_1$，则将 00 送到 B 处，如果 $X=x_2$，则将 01 送到 B 处，以此类推，这就形成一个编码系统. 另一种可能的编码方式是

$$x_1 \leftrightarrow 0$$
$$x_2 \leftrightarrow 10$$
$$x_3 \leftrightarrow 110$$
$$x_4 \leftrightarrow 111 \tag{4.2}$$

但是下面的编码是不容许的：

$$x_1 \leftrightarrow 0$$
$$x_2 \leftrightarrow 1$$
$$x_3 \leftrightarrow 00$$
$$x_4 \leftrightarrow 01$$

441

这是因为 x_3 和 x_4 都是 x_1 的延长.

在编码过程中的一个任务是：在把信息从位置 A 传送到位置 B 的过程中，最小化期望码长. 比如，如果

$$P\{X=x_1\}=\frac{1}{2},\qquad P\{X=x_2\}=\frac{1}{4},\qquad P\{X=x_3\}=\frac{1}{8},\qquad P\{X=x_4\}=\frac{1}{8}$$

则利用式(4.2)传递，平均码长为$\frac{1}{2}(1)+\frac{1}{4}(2)+\frac{1}{8}(3)+\frac{1}{8}(3)=1.75$ 位，而利用式(4.1)传递，平均码长为 2 位. 因此，对于上面一组概率，式(4.2)比式(4.1)更有效.

上述讨论引出了一个问题：对于一个给定的随机向量 X，如何找到最有效的编码系统？其结果是，对于任何编码系统，其平均码长大于或等于 X 的熵. 这个结果在信息论中被称为无噪声编码定理，为证明此结果，我们需要下面的引理 4.1.

引理 4.1 设 X 的可能取值为 x_1，…，x_N. 为了把它们编成长度为 n_1，…，n_N 的 0-1 序列(不能让其中一个序列为另一个序列的延长)，其充要条件为

$$\sum_{i=1}^{N}\left(\frac{1}{2}\right)^{n_i}\leqslant 1$$

证明 对于固定的一组正整数 n_1，…，n_N，记 w_j 表示 n_i 中等于 j 的个数，$j=1, 2, \cdots$. 为了使得它们形成编码系统，显然，$w_1\leqslant 2$，又由于不容许一个码为另一个码的延长，w_2 必须满足 $w_2\leqslant 2^2-2w_1$. (其中 2^2 是码长为 2 的所有二进制序列个数，而 $2w_1$ 就是将码长为 1 的序列延长成码长为 2 的序列的个数.)一般情况下，根据相同的理由，w_n 应满足

$$w_n \leqslant 2^n - w_1 2^{n-1} - w_2 2^{n-2} - \cdots - w_{n-1} 2 \qquad n = 1, 2, \cdots \tag{4.3}$$

事实上，仔细思考我们会发现，上述条件对于将 x_1，…，x_N 编成码长为 n_1，…，n_N 不仅是必要的，而且是充分的.

将不等式(4.3)改写成

$$w_n + w_{n-1} 2 + w_{n-2} 2^2 + \cdots + w_1 2^{n-1} \leqslant 2^n \qquad n = 1, 2, \cdots$$

两边除以 2^n，充要条件变成

442

$$\sum_{j=1}^{n} w_j \left(\frac{1}{2}\right)^j \leqslant 1 \qquad \text{对一切 } n \text{ 成立} \tag{4.4}$$

但是，因为 $\sum_{j=1}^{n} w_j \left(\frac{1}{2}\right)^j$ 随 n 的增加不断增加，所以式(4.4)成立的充要条件变成

$$\sum_{j=1}^{\infty} w_j \left(\frac{1}{2}\right)^j \leqslant 1$$

由于 w_j 是 n_1，…，n_N 中等于 j 的个数，这样上式变成

$$\sum_{j=1}^{\infty} w_j \left(\frac{1}{2}\right)^j = \sum_{i=1}^{N} \left(\frac{1}{2}\right)^{n_i} \leqslant 1$$

□

我们现在可以证明定理 4.1.

定理 4.1[无噪声编码定理]　设 X 取值于$\{x_1, \cdots, x_N\}$，其相应的概率为 $p(x_1)$，…，$p(x_N)$. 设有一个编码系统，将 x_i 编成 n_i 位的二进制序列，则

$$\sum_{i=1}^{N} n_i p(x_i) \geqslant H(X) = -\sum_{i=1}^{N} p(x_i) \log p(x_i)$$

证明　记 $P_i = p(x_i)$，$q_i = 2^{-n_i} / \sum_{j=1}^{N} 2^{-n_j}$，$i=1$，…，$N$. 关于这两组数，我们有

$$-\sum_{i=1}^{N} P_i \log\left(\frac{P_i}{q_i}\right) = -\log \mathrm{e} \sum_{i=1}^{N} P_i \ln\left(\frac{P_i}{q_i}\right) = \log \mathrm{e} \sum_{i=1}^{N} P_i \ln\left(\frac{q_i}{P_i}\right)$$

$$\leqslant \log \mathrm{e} \sum_{i=1}^{N} P_i \left(\frac{q_i}{P_i} - 1\right) \qquad \text{利用引理 3.1}$$

$$= 0 \quad \text{由于} \sum_{i=1}^{N} P_i = \sum_{i=1}^{N} q_i = 1$$

由此可得

$$-\sum_{i=1}^{N} P_i \log P_i \leqslant -\sum_{i=1}^{N} P_i \log q_i$$

$$= \sum_{i=1}^{N} n_i P_i + \log\left(\sum_{j=1}^{N} 2^{-n_j}\right)$$

443

$$\leqslant \sum_{i=1}^{N} n_i P_i \qquad \text{利用引理 4.1}$$

□

例 4a　考虑随机变量 X，其分布列为

$$p(x_1)=\frac{1}{2}\qquad p(x_2)=\frac{1}{4}\qquad p(x_3)=p(x_4)=\frac{1}{8}$$

由于

$$H(X)=-\left[\frac{1}{2}\log\frac{1}{2}+\frac{1}{4}\log\frac{1}{4}+\frac{1}{4}\log\frac{1}{8}\right]=\frac{1}{2}+\frac{2}{4}+\frac{3}{4}=1.75$$

根据定理 4.1，我们知道最有效的编码为

$$x_1\leftrightarrow 0$$

$$x_2\leftrightarrow 10$$

$$x_3\leftrightarrow 110$$

$$x_4\leftrightarrow 111$$

■

对于大部分随机向量，不存在一组编码系统，使得平均码长达到下界 $H(X)$. 但是总存在一个编码系统，使得平均码长与 $H(X)$之间的误差小于 1. 为此，记 n_i 为满足下列条件的整数：

$$-\log p(x_i)\leqslant n_i<-\log p(x_i)+1$$

此时，

$$\sum_{i=1}^{N}2^{-n_i}\leqslant\sum_{i=1}^{N}2^{\log p(x_i)}=\sum_{i=1}^{N}p(x_i)=1$$

利用引理 4.1，我们能够构造一个二进制序列，使其长度为 $n_i(i=1,\cdots,N)$，n_i 对应于 x_i. 此时，这个序列的平均长度为

$$L=\sum_{i=1}^{N}n_i p(x_i)$$

显然 L 满足

$$-\sum_{i=1}^{N}p(x_i)\log p(x_i)\leqslant L<-\sum_{i=1}^{N}p(x_i)\log p(x_i)+1$$

或

$$H(X)\leqslant L<H(X)+1$$

例 4b 独立抛掷 10 次硬币，假设每次正面朝上的概率为 p，现在要把这个信息由 A 端传送到 B 端. 试验的结果为随机向量 $X=(X_1,\cdots,X_{10})$，其中

$$X_i=\begin{cases}1 & \text{第 } i \text{ 次抛掷硬币正面朝上}\\ 0 & \text{第 } i \text{ 次抛掷硬币反面朝上}\end{cases}$$

根据刚才得到的结果，必定存在至少一个编码系统，其平均码长 L 满足

$$H(X)\leqslant L$$

444

且

$$L<H(X)+1$$

因为 X_i 为相互独立的随机变量，所以根据命题 3.1 和定理 3.2，得

$$H(X)=H(X_1,\cdots,X_{10})=\sum_{i=1}^{10}H(X_i)=-10[p\log p+(1-p)\log(1-p)]$$

若 $p=1/2$，则 $H(X)=10$，此时，利用 $X=x$ 作为编码系统，其平均码长为 10. 因此，不存在比 $X=x$ 本身这个编码系统更有效的编码系统. 例如，掷硬币，前 5 次正面朝上，后 5 次反面朝上，可将 1111100000 直接传送到 B.

但是，若 $p\neq 1/2$，则可以找到一组编码，使得平均码长比 10 小. 例如 $p=1/4$，此时

$$H(X)=-10\left(\frac{1}{4}\log\frac{1}{4}+\frac{3}{4}\log\frac{3}{4}\right)=8.11$$

因此，我们可以找到一组编码，其平均码长小于 9.11.

一个简单编码方法为，将$(X_1,\cdots,X_{10})$分成 5 对两两一组的随机向量，对于 $i=1,3,5,7,9$，每对编码方法如下：

$$\begin{aligned}
X_i &= 0, & X_{i+1} &= 0\leftrightarrow 0\\
X_i &= 0, & X_{i+1} &= 1\leftrightarrow 10\\
X_i &= 1, & X_{i+1} &= 0\leftrightarrow 110\\
X_i &= 1, & X_{i+1} &= 1\leftrightarrow 111
\end{aligned}$$

这样可把 10 次掷硬币结果通过一对一对的编码将信号传送出去.

例如，若试验结果为 TTTHHTTTTH，H 表示正面朝上，T 表示反面朝上，则编码为 010110010，其平均码长为

$$5\left[1\left(\frac{3}{4}\right)^2+2\left(\frac{1}{4}\right)\left(\frac{3}{4}\right)+3\left(\frac{1}{4}\right)\left(\frac{3}{4}\right)+3\left(\frac{1}{4}\right)^2\right]=\frac{135}{16}\approx 8.44$$ ■

到此为止，我们都假设信息在从位置 A 传送到位置 B 的过程中没有发生错误. 然而，由于随机干扰，在实际通信中，往往会产生误差，例如，发送端发送的消息为 00101101，而接收端变成 01101101.

假设每个信号单位从位置 A 以概率 p 正确地传送到位置 B，且每个信号单位的传送是独立的，这样的通信系统称为*二进制对称通道*. 进一步假设 $p=0.8$，且传送的信号由很多位组成. 由于每位有 0.2 的概率误传，因此，若不经过技术处理而直接传送，则这种错误很严重. 一种减少误传信号的方法是将信号重复 3 次，然后在译码过程中按多数原则，即按照下表中的方法进行编码和译码：

445

编码	解码	编码	解码
0→000	000 001 010 100 } →0	1→111	111 110 101 011 } →1

注意，按这种编码方法，如果传输过程中最多只有一个错误，那么通过译码还能得到正确的信号. 因此，传送一位错误的概率变成

$$(0.2)^3+3(0.2)^2(0.8)=0.104$$

这是一个很大的改进. 事实上，只要在编码时，重复足够多次，且采取多数准则进行译码，就可以将误传概率变得任意小. 例如，下面的系统可将传送一位的错误概率降到 0.01 以下：

编码	解码
0→17 个 0	多数原则
1→17 个 1	

这种编码系统的问题是，虽然它能够减少信号单位发生错误的概率，但是它是以牺牲信号的传送效率为代价的(见表 9-1).

表 9-1 重复传输的编码系统

每一位错误概率	传送信号的效率	每一位错误概率	传送信号的效率
0.20	1	0.01	$0.06\left(=\frac{1}{17}\right)$
0.10	$0.33\left(=\frac{1}{3}\right)$		

事实上，至此，读者一定会觉得将传递错误概率降低到 0，一定会将传递效率同时降低到 0. 然而，在信息论中由香农建立的著名的噪声编码定理(noisy theorem)证明了这个结论是不正确的，现在我们叙述这个定理.

定理 4.2[噪声编码定理] *存在一个数 C，使得对于任何 $R<C$，以及任何 $\varepsilon>0$，存在一个编码译码系统，这个系统以平均速率 R 位传送一个信号，而传送一位的误差概率小于 ε. 最大的 C 值，记为 C^**[⊖]*，称为通道容量，对于二进制对称系统，*

$$C^* = 1 + p\log p + (1-p)\log(1-p)$$

446

小结

参数为 λ 的泊松过程是一族随机变量$\{N(t),\ t\geqslant 0\}$，它涉及时间轴上随机发生的事件. 例如，$N(t)$表示在时间区间$(0,\ t]$上发生事件的个数. 泊松过程由下面几个条件所界定：

(i) 在不相重的时间区间上发生的事件数是相互独立的.

(ii) 在一个区间内发生事件的个数的分布只依赖于这个区间的长度.

(iii) 在一个时刻只发生一个事件.

(iv) 事件发生的强度为 λ.

可以证明 $N(t)$是参数为 λt 的泊松随机变量. 另外，两个相邻事件之间的时间间隔 $T_i\,(i\geqslant 1)$ 是独立同分布的指数随机变量，参数为 λ.

取值于$\{0,\ 1,\ \cdots,\ M\}$的随机变量序列$\{X_n,\ n\geqslant 0\}$称为具有转移概率 P_{ij} 的马尔可夫链，如果对于一切 n，i_0，$\cdots$，i_n，i，j，

$$P\{X_{n+1}=j\,|\,X_n=i,X_{n-1}=i_{n-1},\cdots,X_0=i_0\}=P_{ij}$$

如果我们将 X_n 解释为时刻 n 的状态，则马尔可夫链可以解释为一串连续的状态序列，如果某一时刻在状态 i，下一时刻在状态 j 的概率为 P_{ij}，它与以前的历史相互独立. 有许多马尔可夫链，在时刻 n 时处于状态 j 的概率当 $n\to\infty$时有一个极限概率，它不依赖于初始

⊖ 对于 C^* 的熵的解释见理论习题 9.18.

状态. 若用 $\pi_j(j=0, \cdots, M)$表示这些极限概率，它们是下列方程组的唯一解：

$$\pi_j=\sum_{i=0}^{M}\pi_i P_{ij} \qquad j=0,\cdots,M$$

$$\sum_{j=1}^{M}\pi_j=1$$

此外，π_j 也是马尔可夫链当 n 充分大时，处于状态 j 的时刻的比例.

设 X 是取值于$\{x_1, \cdots, x_n\}$的随机变量，其相应的概率为$\{p_1, \cdots, p_n\}$，量

$$H(X)=-\sum_{i=1}^{n}p_i\log p_i$$

称为随机变量 X 的熵，它可以解释为 X 的平均不确定性，也可以解释为观测到 X 以后所接受的平均信息量. 熵在二进制编码理论中有很重要的应用.

习题与理论习题

9.1 顾客到达一个银行的时间服从参数为 λ 的泊松过程，设在前一小时内有两位顾客到达，求下列事件的概率：

(a) 两位顾客都在前 20 分钟内到达. (b) 在前 20 分钟内至少有一位顾客已经到达.

9.2 假设在高速公路某一处每分钟通过的汽车数是一个泊松过程，其强度 $\lambda=3$ 辆/分钟. 现在设某人不顾一切地要冲过该公路，他走过公路的时间为 s 秒. (假定他在公路上时，若刚好有一辆车通过这一路口，则这个人一定会受伤.)求他不会受伤的概率. 考虑 $s=2, 5, 10, 20$ 的情况，求出其概率.

9.3 假定在习题 9.2 中这个人比较机警，在穿越公路这段时间内(时间为 s 秒)，若只有一辆汽车通过，他不会受伤. 但是，当这段时间内有 2 辆或 2 辆以上的车经过时，他一定会受伤. 求他穿越公路时不会受伤的概率，并计算 $s=5, 10, 20, 30$ 时的概率值.

9.4 设一共有 3 个白球和 3 个黑球，将它们放在 2 个坛子里，每个坛子里放 3 个球. 若第一个坛子里含 i 个白球，则说这个系统处于状态 i，$i=0, 1, 2, 3$. 每一步从两个坛子中各随机地拿出一个球，将第一个坛子中的球放回到第二个坛子，将第二个坛子中的球放回到第一个坛子. 记 X_n 为 n 步以后的状态，计算马尔可夫链$\{X_n, n\geqslant 0\}$的转移概率.

9.5 在例 2a 中，假定今天下雨的概率为 0.5，计算从今天开始连下三天雨的概率($\alpha=0.7$, $\beta=0.3$).

9.6 计算习题 9.4 中模型的极限概率.

447

9.7 称一个转移概率矩阵为双重随机的，如果它还满足

$$\sum_{i=0}^{M}P_{ij}=1 \qquad \text{对所有状态 } j=0,1,\cdots,M \text{ 成立}$$

证明：如果这个马尔可夫链是遍历的，则 $\prod_j=\frac{1}{M+1}, j=0,1,\cdots,M$.

9.8 在给定的任意一天，巴菲的精神可能处于兴奋(c)、平静(s)或郁闷(g)这三种状态，下面是精神状态的转移概率：

	c	s	g
c	0.7	0.2	0.1
s	0.4	0.3	0.3
g	0.2	0.4	0.4

这个矩阵是这样解释的：以 s 行为例，这一行表示若今天他比较平静，那么他明天处于兴奋、平静和郁闷的概率分别为 0.4，0.3，0.3. 其余各行的解释是类似的. 求巴菲处于兴奋天数所占的比例.

9.9 假定明天是否下雨只依赖于过去两天的天气状况，特别地，若昨天和今天都下雨，那么明天下雨的概率是 0.8；若昨天下雨，今天不下雨，则明天下雨的概率为 0.3；如果昨天不下雨，今天下雨，则明天下雨的概率为 0.4；如果昨天和今天都不下雨，则明天下雨的概率为 0.2. 求下雨天的比例.

9.10 某人每天早上出去跑步，他出去的时候可能从前门出去，也可能从后门出去，前门出或后门出的概率相等. 他回家的时候从前门或后门回来的概率也相等. 他一共有 5 双运动鞋，放在两个门的门边，出去的时候随便从门边穿一双出去，回来的时候就把鞋脱在门边. 他出去的时候如果门边没有鞋，就只好光脚跑步.

(a) 建立一个马尔可夫链，给出状态空间和转移概率矩阵.

(b) 求他光脚跑步天数所占的比例.

9.11 在例 2f 中，

(a) 验证 $\prod_j$ 满足例子中的方程组.

(b) 对于给定的分子，求出它在第一个坛子里的(极限)概率.

(c) 你是否认为当时间很长以后，事件“第 $j(j\geqslant 1)$ 个分子落在第一个坛子中”是独立的？

(d) 解释为什么(b)中极限概率是给出的那个.

9.12 设某人掷两枚均匀骰子，并计算所得点数之和，求这个和数的熵.

9.13 证明：若 X 取 n 个值，其相应的概率为 P_1，…，P_n，则当 $P_i=1/n(i=1,\cdots,n)$ 时，$H(X)$ 达到极大值. 计算此时 $H(X)$ 的值.

9.14 某人连续掷两枚均匀骰子，令

$$X=\begin{cases}1 & \text{若其点数之和等于 } 6\\ 0 & \text{其他}\end{cases}$$

令 Y 为第一次掷骰子所得到的点数，计算(a) $H(Y)$，(b) $H_Y(X)$，(c) $H(X,Y)$.

9.15 一枚硬币，抛掷时正面朝上的概率为 $p=2/3$，现连续抛掷 6 次，计算试验结果的熵.

9.16 一个随机变量可取 n 个值 x_1，…，x_n，相应的概率为 $p(x_i)$，$i=1,\cdots,n$. 为了确定 X 的值，我们希望问一系列问题，每次只回答“是”或“否”，例如“是否 $X=x_1$?”或“是否 X 取自 x_1，x_2 或 x_3 之一?”等等. 为了得到 X 的值，你对平均提问的次数有什么结论？

9.17 证明：对任何离散型随机变量 X 和函数 f，

$$H(f(X))\leqslant H(X)$$

9.18 设 X 是在 A 端发送的 0-1 信号，Y 为 B 端接收的信号，$H(X)-H_Y(X)$ 称为从 A 到 B 的信息传输率. 作为 $P\{X=1\}=1-P\{X=0\}$ 的函数，当传输率达到最大时，这个值称为传输通道的容量. 证明：对于一个二进制对称通道，即通道满足 $P\{Y=1\mid X=1\}=P\{Y=0\mid X=0\}=p$，当 $P\{X=1\}=1/2$ 时，通道容量可通过信息传输率获得，其值为 $1+p\log p+(1-p)\log(1-p)$.

自检习题

9.1 一个泊松过程，强度 $\lambda=3$(个/小时)，即平均每小时发生 3 个事件.

(a) 在早晨 8：00～10：00 没有事件发生的概率是多少？

(b) 在早晨 8：00～10：00 发生的事件数的期望值是多少？

(c) 在下午 2：00 以后，第 5 个事件发生的期望时间是多少？

9.2　某一个零售店的客流情况是这样的：顾客按泊松过程到达商店，强度为λ(人/小时)．已知在开门的第一小时内有两位顾客到达，求下列事件的概率：

(a) 两个人都在前20分钟内到达．(b) 至少有一个人在前30分钟内到达．

9.3　在路上，每5辆卡车中有4辆后面跟一辆小汽车，每6辆小汽车后面跟一辆卡车．问在路上卡车所占比例有多大？

9.4　某镇的天气分成晴、雨、阴．如果当天下雨，那么第二天要么是晴天，要么是阴天，两者具有相同的可能性．如果当天不下雨，那么以1/3的概率在下一天会维持原状．如果第二天天气改变的话，它会等可能地变到另外两种状态之一．从长期来看，晴天的比例有多大？雨天的比例有多大？

9.5　设随机变量X可取5个值，其相应概率为0.35，0.2，0.2，0.2，0.05．随机变量Y也可取5个值，其概率分别为0.05，0.35，0.1，0.15，0.35．

(a) 证明$H(X)>H(Y)$．

(b) 利用习题9.13的结果，给出$H(X)>H(Y)$的直观解释．

参考文献

9.1节和9.2节

[1] Kemeny, J., L. Snell, and A. Knapp. *Denumerable Markov Chains*. New York: D. Van Nostrand Company, 1996.

[2] Parzen, E. *Stochastic Processes*. San Francisco: Holden-Day, Inc., 1962.

[3] Ross, S. M. *Introduction to Probability Models*, 11th ed. San Diego: Academic Press, Inc., 2014.

449 [4] Ross, S. M. *Stochastic Processes*, 2d ed. New York: John Wiley & Sons, Inc., 1996.

第10章 模　　拟

10.1 引言

我们怎样确定在一场纸牌赌博中赢的概率?(纸牌是指利用52张牌并具有固定规则的标准纸牌游戏.)一种可能的方法是假设一副牌有(52)! 种可能的排列，各种排列是等可能的，然后观察其中多少种排列能使我们获胜. 然而这种方法显然不现实，因为没有任何系统性的算法能够算出何种组合可以获胜，而且(52)! 是相当大的数，似乎确定的唯一办法是在比赛结束之后真正得到胜利的组合，但这种方法对于我们显然没有任何用处.

看起来，确定一副纸牌的胜出的概率是数学的难题. 然而，并非没有一点希望，因为概率不仅属于数学领域，还属于应用科学领域. 在所有应用科学中，试验是非常有价值的技术. 对于单人纸牌游戏，试验就是玩很多次这样的纸牌游戏，或者可以编制一个计算机程序，让机器去玩牌. 经过几次玩牌以后，比如 n 次，令

$$X_i = \begin{cases} 1 & 第\ i\ 次玩牌赢 \\ 0 & 其他 \end{cases}$$

则 $X_i(i=1, 2, \cdots, n)$是独立的伯努利随机变量，且

$$E[X_i] = P\{第\ i\ 次玩牌赢\}$$

因此，由强大数定律可得

$$\sum_{i=1}^{n} \frac{X_i}{n} = \frac{赢的次数}{玩牌总次数}$$

450

以概率1收敛到 $P\{玩牌赢\}$. 也就是说，玩大量次数的纸牌游戏以后，可以用赢牌的频率来估计赢的概率. 用试验的方法来确定概率值的方法称为模拟.

为了用计算机实现模拟，必须先产生(0，1)上均匀分布的随机变量的值，这些值称为随机数. 大部分计算机有一内置程序，称为随机数发生器，它产生一个伪随机数序列，就所有实用目的来说，这个伪随机数序列与来自(0，1)均匀分布的样本没有区别. 通常随机数的生成是从一个初始值 X_0 开始的，这个初始值被称作种子，然后给定正整数 a，c，m，令

$$X_{n+1} = (aX_n + c) \bmod m \qquad n \geqslant 0 \tag{1.1}$$

上式表明 X_{n+1}的值是 aX_n+c 除以 m 的余数. 这样每个 X_n 的取值范围都是 0，1，…，$m-1$ 且 X_n/m 近似地在(0，1)上均匀分布. 可以证明当取定合适的 a，c，m 值时，式(1.1)可以产生一个类似于独立的(0，1)均匀随机变量的序列.

开始模拟时，我们假定能够模拟(0，1)均匀随机变量，并用随机数序列这一术语表示(0，1)均匀随机变量的一组样本.

在纸牌游戏的例子中，我们首先需要编程产生一个给定的纸牌的排列顺序. 然而初始顺序必须是从(52)! 种顺序中等可能地抽取出. 因此，我们必须产生一个随机的排列. 下

面的算法说明怎样只利用随机数产生一个随机排列：先把 n 个元素放在 1，2，…，n 共 n 个位置上，然后利用一个随机数选定一个随机的位置，将这个位置上的对象放在 n 这个位置上，再在剩下 $n-1$ 个对象中随机选出一个对象放在$(n-1)$这个位置上，最后所有的对象都放在相应的位置上，一个随机排列就产生了.

例 1a 产生一随机排列　假设我们想要产生整数 1，2，…，n 的一个排列，使得所有 $n!$ 种排列都是等可能的. 从任一个初始排列开始，我们将通过 $n-1$ 步得到最终结果，在每一步交换排列中两个数的位置. 在整个过程中，我们用 $X(i)$表示在位置 i 上的数. 其算法如下：

1. 考虑一个初始排列，$X(i)$ 表示在位置 i 上的对象，$i=1, 2, \cdots, n$.（例如，令$X(i)=i$，$i=1, \cdots, n$.）

2. 产生一个随机变量 N_n，N_n 在数集$\{1, 2, \cdots, n\}$上均匀分布.

3. 将 $X(N_n)$与 $X(n)$交换位置，交换以后，$X(n)$就是原来的 $X(N_n)$，并且将这个对象固定在位置 n.（例如，$n=4$，初始状态 $X(i)=i$，$i=1, 2, 3, 4$，若 $N_4=3$，此时，新的排列成为 $X(1)=1$，$X(2)=2$，$X(3)=4$，$X(4)=3$. 而 3 这个对象此后不改位置，永远放在位置 4 上.）

451

4. 产生随机变量 N_{n-1}，它在整数集$\{1, 2, \cdots, n-1\}$上均匀分布.

5. 交换 $X(N_{n-1})$与 $X(n-1)$的位置.（若 $N_3=1$，则新的排列变成 $X(1)=4$，$X(2)=2$，$X(3)=1$，$X(4)=3$.）

6. 产生随机变量 N_{n-2}，它在$\{1, 2, \cdots, n-2\}$上均匀分布.

7. 交换 $X(N_{n-2})$和 $X(n-2)$的位置.（若 $N_2=1$，此时新的排列成为 $X(1)=2$，$X(2)=4$，$X(3)=1$，$X(4)=3$.）

8. 产生 N_{n-3}，…，直到 N_2 产生，然后交换 $X(N_2)$与 $X(2)$的位置，得到最后的排列.

要实现这种算法需要产生在$\{1, 2, \cdots, k\}$上等可能取值的随机变量. 为此，令 U 是一个随机数，即 U 在(0，1)上均匀分布，注意到此时 kU 在区间$(0, k)$上均匀分布，则

$$P\{i-1 < kU < i\} = \frac{1}{k} \qquad i = 1,\cdots,k$$

取 $N_k=[kU]+1$，其中记号$[x]$表示 x 的整数部分(即不大于 x 的最大整数)，则 N_k 就会在$\{1, \cdots, k\}$上均匀分布.

这个算法可以简明地写成下列几步：

第 1 步　令 $X(1)$，…，$X(n)$为 1，2，…，n 的任意排列.（例如，$X(i)=i$，$i=1, \cdots, n$.）

第 2 步　令 $I=n$.

第 3 步　产生一个随机数 U，令 $N=[IU]+1$.

第 4 步　交换 $X(N)$与 $X(I)$的位置.

第 5 步　将 I 的值减去 1，如果 $I>1$，则转向第 3 步.

第 6 步　$X(1)$，…，$X(n)$就是所要求的随机排列.

上述产生随机排列的算法很有用. 例如，假设一个统计学家想通过试验来比较对 n 个试验对象进行 m 种不同处理的效果. 他把试验对象分成容量分别为 n_1，n_2，…，n_m 的 m 组，显然 $\sum_{i=1}^{m} n_i = n$，第 i 组试验对象接受第 i 种处理. 为了消除任何分组偏差(例如，若把最好的个体放在同一组，就会将处理的效果和个体的“好坏”作用相混淆，造成偏差)，我们必须将各个个体随机地分入各组. 怎样做才能完成这个任务?[⊖]

一种简单而有效的方法是随意将试验对象由 1 到 n 进行编号，并产生一个 1，2，…，n 的随机排列 $X(1)$，…，$X(n)$. 将编号为 $X(1)$，…，$X(n_1)$的对象归入第一组，将编号为 $X(n_1+1)$，…，$X(n_1+n_2)$的对象编为第二组，一般地，将编号为 $X(n_1+\cdots+n_{j-1}+k)(k=1, \cdots, n_j)$的对象编为第 j 组，然后对第 j 组施行第 j 种处理. ■

452

10.2　模拟连续型随机变量的一般方法

本节中，我们将要介绍两种利用随机数模拟连续型随机变量的一般方法.

10.2.1　逆变换方法

模拟连续型随机变量的一种一般方法称为*逆变换方法*，它是基于下列命题实现的.

命题 2.1　*设 U 为(0，1)上均匀随机变量，F 为任意一个连续分布函数，如果定义随机变量*

$$Y = F^{-1}(U)$$

则 Y 具有分布函数 F.（$F^{-1}(x)$是方程 $F(y)=x$ 的解.）

证明

$$F_Y(a) = P\{Y \leqslant a\} = P\{F^{-1}(U) \leqslant a\} \tag{2.1}$$

因为 $F(x)$是一个单调函数，所以 $F^{-1}(U)\leqslant a$ 成立的充要条件是 $U\leqslant F(a)$. 因此，由式(2.1)可得

$$F_Y(a) = P\{U \leqslant F(a)\} = F(a)$$ □

由命题 2.1 可知，我们可以通过产生一个随机数 U 并令 $X=F^{-1}(U)$来模拟具有连续分布函数 F 的随机变量 X.

例 2a　模拟一个指数随机变量　设 $F(x)=1-\mathrm{e}^{-x}$，则 $F^{-1}(u)$是下列方程的解 x：

$$1 - \mathrm{e}^{-x} = u$$

或

$$x = -\ln(1-u)$$

因此，若 U 为(0，1)均匀随机变量，则

$$F^{-1}(U) = -\ln(1-U)$$

为指数分布，均值为 1. 因为$(1-U)$也是(0，1)均匀随机变量，所以 $-\ln U$ 也是指数随机变量，其均值为 1. 若 X 具有指数分布，其均值为 1，则 cX 具有指数分布，其均值为 c.

⊖ 对于 $m=2$，第 6 章例 2g 提供了另一种随机分组的方法. 例 2g 介绍的方法更快捷，但需要更多的存储空间.

利用指数分布的这个特点知 $-c\ln U$ 具有指数分布，均值为 c. ■

453

例2a的结果也可以用来模拟 Γ 随机变量.

例2b 模拟一个 $\Gamma(n,\lambda)$ 随机变量　为了模拟参数为 (n,λ) 的 Γ 随机变量，其中 n 是整数，我们可以利用 Γ 随机变量与指数随机变量的关系，即 n 个独立同分布的参数为 λ 的指数随机变量的和具有此分布. 因此，设 U_1，…，U_n 为独立同分布的 $(0,1)$ 均匀随机变量，则

$$X=-\sum_{i=1}^{n}\frac{1}{\lambda}\ln U_i=-\frac{1}{\lambda}\ln\left(\prod_{i=1}^{n}U_i\right)$$

具有 $\Gamma(n,\lambda)$ 分布. ■

10.2.2　舍取法

假设我们有一种方法能够模拟密度函数为 $g(x)$ 的随机变量，我们可以首先模拟一个密度函数为 g 的随机变量 Y，然后以正比于 $f(Y)/g(Y)$ 的概率采用 Y 的值，这样以 Y 为基础就能够模拟一个密度为 $f(x)$ 的随机变量.

具体来说，令 c 为一常数，满足

$$\frac{f(y)}{g(y)}\leqslant c\qquad 对一切\ y\ 成立$$

然后采用下列方法模拟具有密度 f 的随机变量.

舍取法

第1步　模拟具有密度 g 的 Y，同时产生一随机数 U.

第2步　若 $U\leqslant f(Y)/[cg(Y)]$，则 $X=Y$，否则回到第一步.

舍取法模拟流程见图10-1. 下面我们要证明舍取法的可行性.

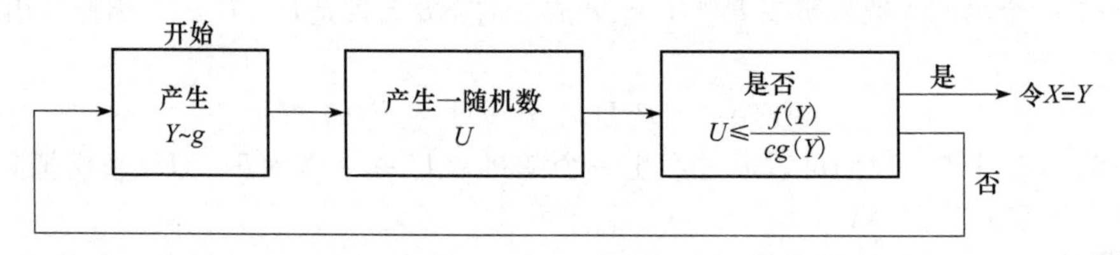

图10-1　利用舍取法产生具有密度函数 f 的随机变量 X

命题2.2　由上述舍取法产生的随机变量具有密度函数 f.

证明　设 X 为由舍取法产生的随机变量，记 N 为舍取法中循环的次数，则

454

$$P\{X\leqslant x\}=P\{Y_N\leqslant x\}=P\left\{Y\leqslant x\,|\,U\leqslant\frac{f(Y)}{cg(Y)}\right\}=\frac{P\left\{Y\leqslant x,U\leqslant\frac{f(Y)}{cg(Y)}\right\}}{K}$$

其中 $K=P\{U\leqslant f(Y)/[cg(Y)]\}$. 因为 Y 与 U 相互独立，所以 Y 与 U 的联合密度由下式给出：

$$f(y,u)=g(y)\qquad 0<u<1$$

利用上述结论，可得

$$P\{X \leqslant x\} = \frac{1}{K} \iint\limits_{\substack{y \leqslant x \\ 0 \leqslant u \leqslant f(y)/[cg(y)]}} g(y)\mathrm{d}u\mathrm{d}y = \frac{1}{K}\int_{-\infty}^{x}\int_{0}^{f(y)/[cg(y)]} \mathrm{d}u g(y)\mathrm{d}y$$

$$= \frac{1}{cK}\int_{-\infty}^{x} f(y)\mathrm{d}y \tag{2.2}$$

由于 $f(y)$为密度函数，上式两边令 $x \to +\infty$，得

$$1 = \frac{1}{cK}\int_{-\infty}^{+\infty} f(y)\mathrm{d}y = \frac{1}{cK}$$

因此，由式(2.2)可得

$$P\{X \leqslant x\} = \int_{-\infty}^{x} f(y)\mathrm{d}y$$

命题得证. □

注释 (a) 注意，前面提到"以概率 $f(Y)/[cg(Y)]$接受 Y"是指产生一个随机数 U，若 $U \leqslant f(Y)/[cg(Y)]$，则令 $X=Y$.

(b) 在产生随机数的过程中，每次循环独立地接受 Y 的概率为 $P\{U \leqslant f(Y)/[cg(Y)]\} = K = 1/c$. 由此可知，循环次数 N 具有以 c 为均值的几何分布.

例 2c 模拟正态随机变量 模拟一个标准正态随机变量 Z(即均值为 0、方差为 1 的正态分布)，首先注意到 $X=|Z|$具有密度函数

$$f(x) = \frac{2}{\sqrt{2\pi}}\mathrm{e}^{-x^2/2} \qquad 0 < x < \infty \tag{2.3}$$

我们首先通过舍取法，模拟 X 取密度函数 $g(x)$，它是均值为 1 的指数分布的密度函数，即

455

$$g(x) = \mathrm{e}^{-x} \qquad 0 < x < \infty$$

注意到

$$\frac{f(x)}{g(x)} = \sqrt{\frac{2}{\pi}}\exp\left\{\frac{-(x^2-2x)}{2}\right\} = \sqrt{\frac{2}{\pi}}\exp\left\{\frac{-(x^2-2x+1)}{2}+\frac{1}{2}\right\}$$

$$= \sqrt{\frac{2\mathrm{e}}{\pi}}\exp\left\{\frac{-(x-1)^2}{2}\right\} \leqslant \sqrt{\frac{2\mathrm{e}}{\pi}} \tag{2.4}$$

因此，取 $c=\sqrt{2\mathrm{e}/\pi}$，由式(2.4)知，

$$\frac{f(x)}{cg(x)} = \exp\left\{-\frac{(x-1)^2}{2}\right\}$$

所以利用舍取法，我们可以按照下面的步骤模拟标准正态随机变量：

(a) 产生独立随机变量 Y 和 U，其中 Y 具有均值为 1 的指数分布，U 在(0, 1)上均匀分布.

(b) 若 $U \leqslant \exp\{-(Y-1)^2/2\}$，则 $X=Y$，否则转向(a).

当得到密度函数为式(2.3)的 X 之后，可令 $Z=+X$ 或 $-X$，以 1/2 的概率取正号，1/2的概率取负号，这样就得到标准正态随机变量 Z.

在步骤(b)中，条件 $U \leqslant \exp\{-(Y-1)^2/2\}$等价于$-\ln U \geqslant (Y-1)^2/2$，而在例 2a 中，$-\ln U$ 是均值为 1 的指数随机变量，因此，步骤(a)和(b)等价于：

(a′)产生两个相互独立的均值为1的指数随机变量Y_1和Y_2.

(b′)若$Y_2 \geqslant (Y_1-1)^2/2$，令$X=Y_1$，否则转向(a′).

现在假设Y_1被接受，此时我们知道Y_2比$(Y_1-1)^2/2$大. 但是Y_2比$(Y_1-1)^2/2$大多少？由上文我们知道Y_2是均值为1的指数随机变量，利用指数分布的无记忆性可知，$Y_2-(Y_1-1)^2/2$也是指数随机变量，其均值为1. 因此，若接受Y_1，则得到X(标准正态随机变量的绝对值)的同时，我们也能得到另一个指数随机变量$Y_2-(Y_1-1)^2/2$，它与X相互独立，并且均值为1.

概括来说，我们可以利用下列步骤产生一个指数随机变量(均值为1)和与之独立的标准正态随机变量.

第1步　产生Y_1，它是均值为1的指数随机变量.

第2步　产生Y_2，它是均值为1的指数随机变量.

第3步　若$Y_2-(Y_1-1)^2/2>0$，令$Y=Y_2-(Y_1-1)^2/2$，转向第4步；否则转向第1步.

456

第4步　产生一个随机数U，令

$$Z=\begin{cases} Y_1 & U \leqslant \frac{1}{2} \\ -Y_1 & U > \frac{1}{2} \end{cases}$$

上述算法产生的随机变量Y和Z是独立的，且随机变量Z服从标准正态分布而随机变量Y服从参数为1的指数分布.（如果想要得到均值为μ、方差为σ^2的正态随机变量，只需取$\mu+\sigma Z$即可.）

注释

(a) 由于$c=\sqrt{2e/\pi}\approx 1.32$，在前述产生随机变量的过程中，第2步中要求有$N$步的循环，其中$N$是均值$c\approx 1.32$的几何随机变量.

(b) 如果我们希望产生一个标准正态随机变量序列，那么可以将第3步中产生的Y代入第1步产生下一个正态随机变量. 因此，产生一个正态随机变量平均需要1.64(=2×1.32−1)个指数随机变量以及1.32次平方运算.

例2d **模拟正态随机变量：极坐标法**　在第6章例7b中指出，若X和Y是相互独立的标准正态随机变量，则它们的极坐标$R=\sqrt{X^2+Y^2}$和$\Theta=\arctan(Y/X)$相互独立，R^2是均值为2的指数随机变量. Θ在$(0, 2\pi)$上均匀分布，因此，设U_1和U_2是随机数，则利用例2a的结果有

$$R=(-2\ln U_1)^{1/2} \qquad \Theta=2\pi U_2$$

从而

$$X=R\cos\Theta=(-2\ln U_1)^{\frac{1}{2}}\cos(2\pi U_2)$$

$$Y=R\sin\Theta=(-2\ln U_1)^{\frac{1}{2}}\sin(2\pi U_2) \tag{2.5}$$

是独立的标准正态随机变量. ■

上述生成标准正态随机变量的方法称为 Box-Muller 方法. 由于要计算正弦值和余弦值，算法的效率受到影响. 有一种方法可以避免这种潜在的费时的困难. 首先注意，若 U 是(0，1)上的均匀随机变量，则 $2U$ 是(0，2)上的均匀随机变量，所以 $2U-1$ 是(－1，1)上的均匀随机变量，因此，假设我们产生 U_1 和 U_2 两个随机数，令

$$V_1 = 2U_1 - 1, \quad V_2 = 2U_2 - 1$$

则(V_1，V_2)是在面积为 4、中心为(0，0)的一个方块上均匀分布的随机向量(见图 10-2).

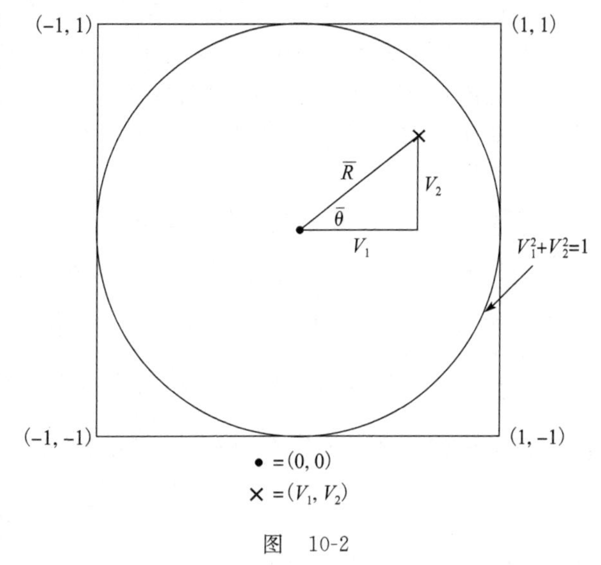

图　10-2

457

现在假设连续产生(V_1，V_2)，直到产生一对(V_1，V_2)满足条件 $V_1^2+V_2^2\leqslant 1$，即(V_1，V_2)处于以(0，0)为中心的单位圆内，显然这样得到的(V_1，V_2)是在单位圆内均匀分布的随机向量. 取($\overline{R}$，$\overline{\Theta}$)为 V_1 和 V_2 的极坐标. 容易验证 $\overline{R}$ 与 $\overline{\Theta}$ 相互独立，并且 $\overline{R}^2$ 是(0，1)上的均匀随机变量，$\overline{\Theta}$ 是(0，2π)上的均匀随机变量(见习题 10.13).

由于

$$\sin\overline{\Theta} = \frac{V_2}{\overline{R}} = \frac{V_2}{\sqrt{V_1^2+V_2^2}}, \qquad \cos\overline{\Theta} = \frac{V_1}{\overline{R}} = \frac{V_1}{\sqrt{V_1^2+V_2^2}}$$

由式(2.5)知，我们可以通过生成随机数 U 并令

$$X = (-2\ln U)^{1/2}V_1/\overline{R}, \qquad Y = (-2\ln U)^{1/2}V_2/\overline{R}$$

生成独立标准正态分布随机变量 X 和 Y. 事实上，因为(在 $V_1^2+V_2^2\leqslant 1$ 的条件下)$\overline{R}^2$ 是(0，1)均匀随机变量，与 $\overline{\Theta}$ 独立，所以 $\overline{R}^2$ 可代替 U 而不必重新产生新的随机数，这表明

$$X = (-2\ln\overline{R}^2)^{1/2}\frac{V_1}{\overline{R}} = \sqrt{\frac{-2\ln S}{S}}V_1$$

$$Y = (-2\ln\overline{R}^2)^{1/2}\frac{V_2}{\overline{R}} = \sqrt{\frac{-2\ln S}{S}}V_2$$

是相互独立的标准正态随机变量，其中

$$S = \overline{R}^2 = V_1^2 + V_2^2$$

综上，对于生成一对独立标准正态随机变量，我们有如下方法：　458

第 1 步　产生随机数 U_1，U_2；

第 2 步　令 $V_1=2U_1-1$，$V_2=2U_2-1$，$S=V_1^2+V_2^2$；

第 3 步　若 $S>1$，则转向第 1 步；

第4步　得到独立的标准正态随机变量

$$X=\sqrt{\frac{-2\ln S}{S}}V_1,\quad Y=\sqrt{\frac{-2\ln S}{S}}V_2$$

上述方法称为极坐标法．因为正方形中的点同时也在圆中的概率是 $\pi/4$（圆面积与正方形面积之比），所以极坐标法平均要经过 $4/\pi\approx1.273$ 次步骤1．因此，要产生2个独立标准正态随机变量平均需要2.546个随机数、一次求对数、一次求平方根、一次除法和4.546次乘法．

例2e 模拟一个 χ^2 随机变量　自由度为 n 的 χ^2 分布就是随机变量 $\chi_n^2=Z_1^2+\cdots+Z_n^2$ 的分布，其中 $Z_1,\cdots,Z_n$ 是独立标准正态随机变量，在6.3节指出，$Z_1^2+Z_2^2$ 服从 χ_2^2 分布，均值为2，因此当 n 为偶数时（例如 $n=2k$），χ_{2k}^2 的分布为 Γ 分布，参数为 $(k,1/2)$．这样，$-2\ln(\prod_{i=1}^{k}U_i)$ 服从自由度为 $2k$ 的 χ^2 分布．当 $n=2k+1$ 为奇数时，我们只需先模拟一个标准正态随机变量 Z，再将 Z^2 加到 χ_{2k}^2 可得到 $2k+1$ 个自由度的 χ^2 随机变量，即

$$\chi_{2k+1}^2=Z^2-2\ln\left(\prod_{i=1}^{k}U_i\right)$$

其中 $Z,U_1,\cdots,U_n$ 相互独立，Z 是标准正态随机变量，$U_1,\cdots,U_n$ 为 $(0,1)$ 均匀随机变量．■

10.3　模拟离散分布

所有模拟连续型随机变量的方法都适用于离散型随机变量的模拟．例如，如果我们想要模拟一个随机变量 Z，它具有如下概率分布列：

$$P\{X=x_j\}=P_j,\qquad j=0,1,\cdots,\qquad \sum_j P_j=1$$

459　可利用下面的方法，它是逆变换方法的离散版本：设 U 为随机数，令

$$X=\begin{cases}x_1 & U\leqslant P_1\\ x_2 & P_1<U\leqslant P_1+P_2\\ \vdots & \\ x_j & \sum_{i=1}^{j-1}P_i<U\leqslant\sum_{i=1}^{j}P_i\\ \vdots & \end{cases}$$

由于

$$P\{X=x_j\}=P\left\{\sum_{i=1}^{j-1}P_i<U\leqslant\sum_{i=1}^{j}P_i\right\}=P_j$$

我们可以看出，所产生的随机变量 X 具有离散分布列 $\{P_j,\ j=1,2,\cdots\}$．

例3a 几何分布　假设有一独立重复试验，每次成功的概率为 p，$0<p<1$，试验一直进行到出现成功为止，记 X 为试验的次数，则

$$P\{X=i\}=(1-p)^{i-1}p \qquad i\geqslant 1$$

$X=i$ 表示前 $i-1$ 次试验均失败，而第 i 次成功. 称随机变量 X 是参数为 p 的几何随机变量. 因为

$$\sum_{i=1}^{j-1}P\{X=i\}=1-P\{X>j-1\}=1-P\{\text{前 } j-1 \text{ 次试验均失败}\}=1-(1-p)^{j-1} \qquad j\geqslant 1$$

所以 X 可以由下列方式产生：产生一个随机数 U，当

$$1-(1-p)^{j-1}<U\leqslant 1-(1-p)^{j}$$

时，X 取为 j，上式与

$$(1-p)^{j}\leqslant 1-U<(1-p)^{j-1}$$

是等价的，又由于 U 与 $1-U$ 具有相同的分布，因此，我们可以定义 X 为

$$X=\min\{j:(1-p)^{j}\leqslant U\}=\min\{j:j\ln(1-p)\leqslant \ln U\}=\min\left\{j:j\geqslant \frac{\ln U}{\ln(1-p)}\right\}$$

上式中有一个不等号反向的过程，这是因为 $\ln(1-p)$ 是负的(原因是 $\ln(1-p)<\ln 1=0$). 利用记号 $[x]$($[x]$为不超过 x 的最大整数)，X 可以写成

460

$$X=1+\left[\frac{\ln U}{\ln(1-p)}\right]$$

■

和连续型分布的情况类似，对于常见的离散型随机变量，有一些特殊的模拟方法. 在这里我们列举两个.

例 3b 模拟二项随机变量 参数为(n, p)的二项随机变量可以表示成 n 个独立的伯努利随机变量之和，利用这一点，很容易进行模拟，设 $U_1, \cdots, U_n$ 为一组随机数，令

$$X_i=\begin{cases}1 & U_i<p\\ 0 & \text{其他}\end{cases}$$

易知 $X\equiv\sum_{i=1}^{n}X_i$ 是二项随机变量，其参数为(n, p). ■

例 3c 模拟泊松随机变量 要模拟一个均值为 λ 的泊松随机变量，首先产生一组随机数 $U_1, U_2, \cdots$，记

$$N=\min\left\{n:\prod_{i=1}^{n}U_i<\mathrm{e}^{-\lambda}\right\}$$

随机变量 $X\equiv N-1$ 即为所求. 也就是说，连续产生一些随机数直到它们的积小于 $\mathrm{e}^{-\lambda}$，此时所产生的随机数的个数减去 1 即为均值为 1 的泊松随机变量. 注意，

$$X+1=\min\left\{n:\prod_{i=1}^{n}U_i<\mathrm{e}^{-\lambda}\right\}$$

与

$$X=\max\left\{n:\prod_{i=1}^{n}U_i\geqslant \mathrm{e}^{-\lambda}\right\} \qquad \text{其中} \prod_{i=1}^{0}U_i\equiv 1$$

是等价的. 两边取对数得

$$X = \max\{n: \sum_{i=1}^{n} \ln U_i \geqslant -\lambda\}$$

或

461

$$X = \max\{n: \sum_{i=1}^{n} -\ln U_i \leqslant \lambda\}$$

然而，$-\ln U_i$ 是参数为 1 的指数随机变量. 现在考虑一个泊松过程，其强度为 1，易知，这个过程在$(0, \lambda)$上事件的个数服从泊松分布，其均值为 λ，而$(0, \lambda)$上每两个相邻事件之间的时间间隔刚好是参数为 1 的指数分布，而且这些时间间隔又相互独立. 由 X 的表达式知，其分布刚好与强度为 1 的泊松过程在$(0, \lambda)$上事件的个数的分布相同. 因此，X 的分布为泊松分布，其均值为 λ. ■

10.4　方差缩减技术

令随机变量 X_1，…，X_n 具有给定的联合分布，现在我们希望计算

$$\theta \equiv E[g(X_1, \cdots, X_n)]$$

其中 g 是一个已知的函数. 有时我们会发现用解析的方法计算这个值是十分困难的，在这种时候，我们可以利用模拟技术去估计 θ 的值. 方法如下：产生一组随机变量 $X_1^{(1)}$，…，$X_n^{(1)}$，使得 $X_1^{(1)}$，…，$X_n^{(1)}$ 与 X_1，…，X_n 具有相同的联合分布，令

$$Y_1 = g(X_1^{(1)}, \cdots, X_n^{(1)})$$

同时，我们还可以模拟另一组随机变量 $X_1^{(2)}$，…，$X_n^{(2)}$，使之与第一组变量相互独立并且具有相同的联合分布，令

$$Y_2 = g(X_1^{(2)}, \cdots, X_n^{(2)})$$

重复上述步骤，直到得到 Y_1，Y_2，…，Y_k(k 事先确定). Y_1，…，Y_k 独立同分布且与 $g(X_1, \cdots, X_n)$分布相同，设 $\overline{Y}$ 为 Y_1，…，Y_k 的平均，即若

$$\overline{Y} = \frac{1}{k}\sum_{i=1}^{k} Y_i$$

则

$$E[\overline{Y}] = \theta, \qquad E[(\overline{Y} - \theta)^2] = \mathrm{Var}(\overline{Y})$$

因此，我们可以用 $\overline{Y}$ 作为 θ 的一个估计. 因为 $\overline{Y}$ 与 θ 之间的均方误差等于 $\overline{Y}$ 的方差，所以我们希望 $\mathrm{Var}(\overline{Y})$越小越好.（在我们所讨论的情况下，$\mathrm{Var}(\overline{Y}) = \frac{1}{k}\mathrm{Var}(Y_i)$，而通常这个量是不知道的，我们必须设法从 Y_1，…，Y_k 的值去估计它.）现在我们需要介绍几个方差缩减技术.

462

10.4.1　利用对偶变量

前面我们提到，用来估计 θ 所产生的随机变量 Y_1 与 Y_2 相互独立且同分布，具有均值 θ. 现在讨论关于方差的一个公式：

$$\mathrm{Var}\left(\frac{Y_1+Y_2}{2}\right)=\frac{1}{4}[\mathrm{Var}(Y_1)+\mathrm{Var}(Y_2)+2\mathrm{Cov}(Y_1,Y_2)]=\frac{1}{2}\mathrm{Var}(Y_1)+\frac{1}{2}\mathrm{Cov}(Y_1,Y_2)$$

因此(在方差减小的意义上)，我们更希望 Y_1 与 Y_2 负相关而不是相互独立．现在看一看如何实现方差缩减，先假定 X_1，…，X_n 是相互独立的，此外，每一个变量都是利用逆变换方法产生的，即 $X_i=F_i^{-1}(U_i)$，其中 U_i 是随机数，F_i 是 X_i 的分布函数．Y_1 可表示成

$$Y_1=g(F_1^{-1}(U_1),\cdots,F_n^{-1}(U_n))$$

因为当 U 是随机数时，$1-U$ 也是(0，1)随机数，所以 $1-U$ 与 U 具有负相关，若定义

$$Y_2=g(F_1^{-1}(1-U_1),\cdots,F_n^{-1}(1-U_n))$$

则 Y_2 与 Y_1 同分布．因此，若 Y_1 和 Y_2 负相关，则 $(Y_1+Y_2)/2$ 的方差就会比 $\frac{1}{2}\mathrm{Var}(Y_1)$ 小．(另外，从计算的角度，也节省了计算量，在产生 Y_2 的时候，就不必产生 n 个新的随机数，而是用 $1-U_i(i=1，\cdots，n)$ 代之．)虽然通常情况下不能确定 Y_2 和 Y_1 是负相关的，但一般而言这是正确的，尤其当 g 是单调函数时，确实可以证明它们是负相关的．

10.4.2 利用“条件”

回忆下列条件方差公式(见 7.5.4 节)：

$$\mathrm{Var}(Y)=E[\mathrm{Var}(Y|Z)]+\mathrm{Var}(E[Y|Z])$$

我们现在估计 $E[g(X_1，\cdots，X_n)]$，先模拟 $\boldsymbol{X}=(X_1，\cdots，X_n)$，再计算 $Y=g(\boldsymbol{X})$．若存在某随机变量 Z，并且能够计算 $E[Y|Z]$，那么，因为 $\mathrm{Var}(Y|Z)\geqslant 0$，所以利用条件方差公式得

$$\mathrm{Var}(E[Y|Z])\leqslant\mathrm{Var}(Y)$$

因此，由 $E[E[Y|Z]]=E[Y]$，可知 $E[Y|Z]$ 是一个比 Y 更好的估计．

例 4a **π 的估计** 令 U_1 和 U_2 为随机数，且令 $V_i=2U_i-1$，$i=1，2$，在例 2d 中已经指出 $(V_1，V_2)$ 在面积为 4、中心为(0，0)的一个正方形内均匀分布，随机点 $(V_1，V_2)$ 落在半径为 1 的以(0，0)为圆心的圆内的概率为 $\pi/4$(见图 10-2，$\pi/4$ 等于内接圆与正方形面积之比)．现在可模拟数组 $(V_1，V_2)$ n 次，n 是一个很大的数，令

463

$$I_j=\begin{cases}1 & \text{第 } j \text{ 次模拟落在单位圆内}\\ 0 & \text{其他}\end{cases}$$

故 I_1，…，I_n 是独立同分布的随机变量，$E[I_j]=\pi/4$，利用强大数定律，

$$\frac{I_1+\cdots+I_n}{n}\to\frac{\pi}{4}\qquad n\to\infty$$

因此，通过模拟大量的数组 $(V_1，V_2)$ 并将这个比例乘以 4，可得 π 的估计．

上述估计可以通过条件期望进行改善．对于示性变量 I，考虑条件概率

$$E[I|V_1]=P\{V_1^2+V_2^2\leqslant 1|V_1\}=P\{V_2^2\leqslant 1-V_1^2|V_1\}$$

由于

$$P\{V_2^2\leqslant 1-V_1^2|V_1=v\}=P\{V_2^2\leqslant 1-v^2\}=P\{-\sqrt{1-v^2}\leqslant V_2\leqslant\sqrt{1-v^2}\}=\sqrt{1-v^2}$$

故

$$E[I|V_1]=\sqrt{1-V_1^2}$$

因此，利用$\sqrt{1-V_1^2}$的平均值作为$\pi/4$的估计是原来的估计的改进. 又由于

$$E[\sqrt{1-V_1^2}]=\int_{-1}^{1}\frac{1}{2}\sqrt{1-v^2}\,\mathrm{d}v=\int_{0}^{1}\sqrt{1-u^2}\,\mathrm{d}u=E[\sqrt{1-U^2}]$$

其中U为随机数，因此，我们模拟产生n个随机数，利用$\sqrt{1-U^2}$的平均值作为$\pi/4$的估计具有更高的精度.（习题10.14指出，利用$\sqrt{1-V^2}$产生的估计与利用$\sqrt{1-U^2}$产生的估计具有相同的精度.）

这个估计可以进一步改进. 注意到$g(u)=\sqrt{1-u^2}\,(0\leqslant u\leqslant 1)$是单调递减函数，利用对偶变量法可以减小$E[\sqrt{1-U^2}]$的估计量的方差. 即我们不产生$n$个随机数，而是利用$\sqrt{1-U^2}$的平均值作为$\pi/4$的估计，因此产生$n/2$个随机数$U$，然后用$n/2$个$(\sqrt{1-U^2}+\sqrt{1-(1-U)^2})/2$的平均值作为$\pi/4$的估计，就得到一个改进的估计值. 表10-1列出了当$n=10\,000$时，π的估计值.

464

表　10-1

方法	π的估计
落入单位圆内随机点的比例	3.1612
$\sqrt{1-U^2}$的平均值	3.128 448
$\frac{1}{2}(\sqrt{1-U^2}+\sqrt{1-(1-U^2)})$的平均值	3.139 578

利用最后一种方法，当$n=64\,000$时，π的估计值为3.143 288. ■

10.4.3　控制变量

假设我们希望通过模拟来估计$E[g(\boldsymbol{X})]$，其中$\boldsymbol{X}=(X_1,\cdots,X_n)$. 但是我们已知某$f(\boldsymbol{X})$的期望，例如$E[f(\boldsymbol{X})]=\mu$. 对于任何常数$a$我们用

$$W=g(\boldsymbol{X})+a[f(\boldsymbol{X})-\mu]$$

作为$E[g(\boldsymbol{X})]$的估计量，此时

$$\mathrm{Var}(W)=\mathrm{Var}[g(\boldsymbol{X})]+a^2\mathrm{Var}[f(\boldsymbol{X})]+2a\mathrm{Cov}[g(\boldsymbol{X}),f(\boldsymbol{X})]\tag{4.1}$$

通过简单运算可知，式(4.1)在

$$a=\frac{-\mathrm{Cov}[f(\boldsymbol{X}),g(\boldsymbol{X})]}{\mathrm{Var}[f(\boldsymbol{X})]}\tag{4.2}$$

时达到极小值，其极小值为

$$\mathrm{Var}(W)=\mathrm{Var}[g(\boldsymbol{X})]-\frac{[\mathrm{Cov}(f(\boldsymbol{X}),g(\boldsymbol{X}))]^2}{\mathrm{Var}[f(\boldsymbol{X})]}\tag{4.3}$$

但是，$\mathrm{Var}[f(\boldsymbol{X})]$和$\mathrm{Cov}[f(\boldsymbol{X}),g(\boldsymbol{X})]$通常是未知的，因此，我们得不到所需的方差缩减. 实践中，我们可以利用模拟数据去估计这个值. 理论上，我们可以利用这种方法对所有的模拟结果缩减相应的方差.

小结

设F是一个连续的分布函数，U是(0，1)上的均匀随机变量(称为随机数)，则$F^{-1}(U)$具有分布F，其中$F^{-1}(u)$是方程$F(x)=u$的解，这种由随机数构造其他随机变量的方法称为逆变换方法.

另一种产生随机变量的方法称为舍取法. 假定对于密度函数 g，我们已经有一个产生随机变量的成熟流程，现在希望模拟一个具有密度函数 f 的随机变量. 舍取法首先确定一个常数 c，它满足

$$\max \frac{f(x)}{g(x)} \leqslant c$$

然后经过下列步骤：

1. 产生 Y，它具有密度 g.
2. 产生随机数 U.
3. 若 $U \leqslant f(Y)/[cg(Y)]$，则令 $X=Y$，过程中止.
4. 回到第 1 步.

此方法循环的次数具有几何分布，其均值为 c.

标准正态随机变量可通过舍取法产生(g 为指数密度，均值为 1)或者利用极坐标方法产生.

465

为了估计某一个参数 θ，首先模拟一个随机变量，使得它的期望值为 θ. 然后，利用统计方法缩减其相应的方差. 本书中介绍了三种缩减方差的技术：

1. 利用对偶变量.
2. 利用条件期望.
3. 利用控制变量.

习题

10.1 下面的算法可能产生$\{1, 2, \cdots, n\}$的一个随机排列. 这种方法比例 1a 中介绍的方法快，但是这种方法直到计算结束，才把每个位置上的元素确定下来. 在这个算法中，$P(i)$表示位置 i 上的元素.

第 1 步　令 $k=1$.

第 2 步　令 $P(1)=1$.

第 3 步　若 $k=n$，则停止，否则令 $k=k+1$.

第 4 步　产生一随机数 U，令

$$P(k)=P([kU]+1)$$
$$P([kU]+1)=k$$

回到第 3 步.

(a) 解释为什么这个算法行得通.

(b) 指出在第 k 次循环，即 $P(k)$确定以后，$P(1)$，$\cdots$，$P(k)$是 1，2，$\cdots$，k 的一个随机排列.

提示：利用归纳法，并且指出

$$P_k\{i_1, i_2, \cdots, i_{j-1}, k, i_j, \cdots, i_{k-2}, i\} = P_{k-1}\{i_1, i_2, \cdots, i_{j-1}, i, i_j, \cdots, i_{k-2}\}\frac{1}{k} = \frac{1}{k!} \quad \text{利用归纳法}$$

10.2 给出一种方法模拟一个随机变量，它具有下列密度：

$$f(x)=\begin{cases} e^{2x} & -\infty < x < 0 \\ e^{-2x} & 0 < x < +\infty \end{cases}$$

10.3 给出一种方法模拟一个随机变量，它具有下列密度：

$$f(x)=\begin{cases}\frac{1}{2}(x-2) & 2\leqslant x\leqslant 3\\ \frac{1}{2}(2-\frac{x}{3}) & 3<x\leqslant 6\\ 0 & 其他\end{cases}$$

10.4　找出一种方法来模拟具有下列分布函数的随机变量：

$$F(x)=\begin{cases}0 & x\leqslant -3\\ \frac{1}{2}+\frac{x}{6} & -3<x<0\\ \frac{1}{2}+\frac{x^2}{32} & 0<x\leqslant 4\\ 1 & x>4\end{cases}$$

10.5　利用逆变换方法产生一个具有威布尔分布的随机变量，威布尔分布的分布函数由下式给出：

$$F(t)=1-\mathrm{e}^{-\alpha t^{\beta}}\qquad t\geqslant 0$$

10.6　给出一种方法来模拟具有下面失效率函数的随机变量：

(a) $\lambda(t)=c$；　(b) $\lambda(t)=ct$；　(c) $\lambda(t)=ct^2$；　(d) $\lambda(t)=ct^3$.

10.7　设 F 是一个分布函数：

$$F(x)=x^n\qquad 0<x<1$$

(a) 只利用一个随机数，给出一种模拟具有此分布的随机变量的方法.

(b) 记 U_1，…，U_n 为独立随机数，证明：

$$P\{\max(U_1,\cdots,U_n)\leqslant x\}=x^n$$

(c) 利用(b)，给出一种模拟具有分布 F 的随机变量的方法.

10.8　假定模拟 $F_i(i=1,\cdots,n)$是比较容易的，如何模拟下列分布函数？

(a) $F(x)=\prod_{i=1}^{n}F_i(x)$.　(b) $F(x)=1-\prod_{i=1}^{n}[1-F_i(x)]$.

466

10.9　假定我们有一种方法模拟具有分布 F_1 和 F_2 的随机变量，说明如何模拟具有分布

$$F(x)=pF_1(x)+(1-p)F_2(x)\qquad 0<p<1$$

的随机变量. 给出一种模拟具有下列分布的随机变量的方法：

$$F(x)=\begin{cases}\frac{1}{3}(1-\mathrm{e}^{-3x})+\frac{2}{3}x & 0<x\leqslant 1\\ \frac{1}{3}(1-\mathrm{e}^{-3x})+\frac{2}{3} & x>1\end{cases}$$

10.10　在例 2c 中，利用舍取法模拟标准正态随机变量时利用了指数随机变量($\lambda=1$，期望为$\frac{1}{\lambda}=1$). 现在的问题是：是否可以利用其他的指数密度，达到更高的效率，例如利用密度 $g(x)=\lambda\mathrm{e}^{-\lambda x}$，$x>0$. 证明：平均循环次数当 $\lambda=1$ 时达到最小.

10.11　利用舍取法，$g(x)=1$，$0<x<1$，求一个模拟下列密度函数的随机变量的算法：

$$f(x)=\begin{cases}60x^3(1-x)^2 & 0<x<1\\ 0 & 其他\end{cases}$$

10.12　怎样利用随机数去逼近 $\int_0^1 k(x)\mathrm{d}x$，其中 $k(x)$是任一函数？

提示：若 U 是随机数，$E[k(U)]$是什么？

10.13　设(X,Y)在以$(0,0)$为圆心、半径为 1 的圆上均匀分布，其联合密度为

$$f(x,y)=\frac{1}{\pi}\qquad 0\leqslant x^2+y^2\leqslant 1$$

记 $R=(X^2+Y^2)^{1/2}$ 和 $\theta=\arctan(Y/X)$ 表示它的极坐标. 证明：R 与 θ 相互独立，R^2 为(0，1)上的均匀随机变量，θ 为(0，2π)上的均匀随机变量.

10.14 在例 4a 中，我们已证明

$$E[(1-V^2)^{1/2}]=E[(1-U^2)^{1/2}]=\frac{\pi}{4}$$

其中 V 在(−1，1)上均匀分布，而 U 在(0，1)上均匀分布. 现证明：

$$\mathrm{Var}[(1-V^2)^{1/2}]=\mathrm{Var}[(1-U^2)^{1/2}]$$

并求值.

10.15 (a) 验证：当 a 由式(4.2)给出时，式(4.1)达到极小值.

(b) 验证式(4.1)的极小值由式(4.3)给出.

10.16 设随机变量 X 取值于(0，1)，其密度为 $f(x)$. 证明：通过模拟 X，然后取 $g(X)/f(X)$ 就可以估计 $\int_0^1 g(x)\mathrm{d}x$. 这种方法称为重点抽样法，其要点是选择 f 与 g 相似，使得 $g(X)/f(X)$ 具有较小的方差.

自检习题

10.1 设随机变量 X 具有概率密度函数

$$f(x)=Ce^x\qquad 0<x<1$$

(a) 求出常数 C.　(b) 给出模拟 X 的方法.

10.2 找出一个模拟随机变量的方法，该随机变量具有密度

$$f(x)=30(x^2-2x^3+x^4)\qquad 0<x<1$$

10.3 找出一个模拟离散型随机变量的有效算法，其分布列为

$$p_1=0.15\qquad p_2=0.2\qquad p_3=0.35\qquad p_4=0.30$$

10.4 设 X 是一个正态随机变量，其均值为 μ，方差为 σ^2. 定义一随机变量 Y，使它与 X 具有相同的分布，但是负相关.

10.5 设 X 和 Y 是相互独立的指数随机变量，其均值都为 1.

(a) 利用模拟方法找出估计 $E[e^{XY}]$ 的方法.

(b) 利用一个控制变量改进(a) 中得到的估计.

参考文献

[1] Ross，S. M. *Simulation*. 5th ed. San Diego：Academic Press，Inc.，2012.

467

附录A　部分习题答案

第1章

1. 67 600 000；19 656 000　**2.** 1296　**4.** 24；4　**5.** 144；18　**6.** 2401　**7.** 720；72；144；72　**8.** 120；1260；34 650　**9.** 27 720　**10.** 40 320；10 080；1152；2880；384　**11.** 720；72；144　**12.** 280 270；**13.** 89　**14.** 24 300 000；17 100 720　**15.** 190　**16.** 2 598 960　**18.** 42；94　**19.** 604 800　**20.** 600　**21.** 896；1000；910　**22.** 36；26　**23.** 35　**24.** 18　**25.** 48　**26.** $52!/(13!)^4$　**30.** 27 720　**31.** 65 536；2520　**32.** 12 600；945　**33.** 564 480　**34.** 165；35　**35.** 1287；14 112　**36.** 220；572

第2章

9. 74　**10.** 0.4；0.1　**11.** 70；2　**12.** 0.5；0.32；149/198　**13.** 20 000；12 000；11 000；68 000；10 000　**14.** 1.057　**15.** 0.0020；0.4226；0.0475；0.0211；0.000 24　**17.** 0.1102　**18.** 0.048；　**19.** 5/18　**20.** 0.9052　**22.** $(n+1)/2^n$　**23.** 5/12　**25.** 0.4　**26.** 0.492 929　**27.** 0.0888；0.2477；0.1243；0.2099　**30.** 1/18；1/6；1/2　**31.** 2/9；1/9　**33.** 70/323　**34.** 1001；120；495　**36.** 0.0045；0.0588　**37.** 0.0833；0.5　**38.** 4　**39.** 0.48　**40.** 0.8134；0.1148　**41.** 0.5177　**44.** 0.3；0.2；0.1　**46.** 5　**47.** 0.1399　**48.** 0.016 97　**49.** 0.4329　**50.** 2.6084×10^{-6}　**52.** 0.091 45；0.4268　**53.** 12/35　**54.** 0.0511　**55.** 0.2198；0.0342

第3章

1. 1/3　**2.** 1/6；1/5；1/4；1/3；1/2；1　**3.** 0.339　**5.** 6/91　**6.** 1/2　**7.** 2/3　**8.** 1/2　**9.** 7/11　**10.** 0.22　**11.** 1/17；1/33　**12.** 2/3　**13.** 0.504；0.3629　**15.** 35/768；210/768　**16.** 0.4848　**17.** 0.9835　**18.** 0.0792；0.264　**19.** 0.331；0.383；0.286；0.4862　**20.** 44.29；41.18　**21.** 0.4；1/26　**22.** 0.496；3/14；9/62　**23.** 5/9；1/6；5/54　**24.** 4/9；1/2　**26.** 1/3；1/2　**28.** 20/21；40/41　**30.** 3/128；29/1536　**31.** 0.0893　**32.** 7/12；3/5　**35.** 0.76；49/76　**36.** 27/31　**37.** 0.62；10/19　**38.** 1/2　**39.** 1/3；1/5；1　**40.** 12/37　**41.** 46/185　**42.** 3/13；5/13；5/52；15/52　**43.** 43/459　**44.** 1.03%；0.3046　**45.** 419　**46.** 1/11　**47.** 0.58；28/58　**50.** 2/3　**52.** 0.175；38/165；17/33　**53.** 0.65；56/65；8/65；1/65；14/35；12/35；9/35　**54.** $\frac{1}{4}(2p^3+p^2+p)$　**55.** 3/20；17/27　**56.** 0.40；17/40；3/8；0.088 25　**57.** $p^3/[p^3+(1+p)^3)]$；$[p^3(1-(1-p)^4)+(1-p)^3(1-p^4)]/[p^3+(1-p)^3]$　**58.** 0.11；16/89；12/27；3/5；9/25　**60.** 9　**62.** (c) 2/3　**65.** 2/3；1/3；3/4　**66.** 1/6；3/20　**69.** 0.4375　**73.** 9；9；18；110；4；4；8；120 所有被128除　**74.** 1/9；1/18　**75.** 38/64；13/64；13/64　**76.** 1/16；1/32；5/16；1/4；31/32　**77.** 9/19　**78.** 3/4；7/12　**81.** $2p^3(1-p)+2p(1-p)^3$；$p^2/(1-2p+2p^2)$　**82.** 0.5550　**84.** 0.9530　**86.** 0.5；0.6；0.8　**87.** 9/19；6/19；4/19；7/15；53/165；7/33　**91.** 9/16　**94.** 97/142；15/26；33/102　**95.** $\frac{1}{n}(1-(1-p)^n)$　**96.** $p_1(1-p_2)-p_1p_2/2$；$p_2/(2-p_2)$

第4章

1. $p(4)=6/91$；$p(2)=8/91$；$p(1)=32/91$；$p(0)=1/91$；$p(-1)=16/91$；$p(-2)=28/91$　**4.** (a)1/2；5/18；5/36；5/84；5/252；1/252；0；0；0；0　**5.** $n-2i$；$i=0,\cdots,n$　**6.** $p(3)=p(-3)=1/8$；$p(1)=p(-1)=3/8$　**11b.** $\log_{10}(j+1)$　**12.** $p(4)=1/16$；$p(3)=1/8$；$p(2)=1/16$；$p(0)=1/2$；$p(-i)=p(i)$；$p(0)=1$　**13.** $p(0)=0.28$；$p(500)=0.27$；$p(1000)=0.315$；$p(1500)=0.09$；$p(2000)=0.045$

14. $p(0)=1/2$；$p(1)=1/6$；$p(2)=1/12$；$p(3)=1/20$；$p(4)=1/5$ **16.** $k/(k+1)!$，$1\leqslant k<n$，$1/n!$，$k=n$ **17.** 1/4；1/6；1/12；1/2 **19.** 1/2；1/10；1/5；1/10；1/10 **20.** 0.5918；否；－0.108 **21.** 39.28；37 **24.** $p=11/18$；最大值=23/72 **25.** 0.46；1.3 **26.** 11/2；17/5 **27.** $A(p+1/10)$ **28.** 3/5 **31.** p^* **32.** $11-10\times(0.9)^{10}$ **33.** 3 **35.** －0.067；1.089 **38.** 82.2；84.5 **40.** 3/8 **41.** 11/243 **43.** 2.8；1.476 **46.** 3 **52.** 17/12；99/60 **53.** 1/10；1/10 **54.** $e^{-0.2}$；$1-1.2e^{-0.2}$ **56.** $1-e^{-0.6}$；$1-e^{-219.18}$ **57.** 253 **58.** 0.5768；0.6070 **59.** 0.3935；0.3033；0.0902 **63.** 0.8886 **64.** 0.4082 **66.** 0.0821；0.2424 **68.** 0.3935；0.2293；0.3935 **69.** $2/(2n-1)$；$2/(2n-2)$；e^{-1} **70.** $2/n$；$(2n-3)/(n-1)^2$；e^{-2} **71.** $e^{-10e^{-5}}$ **73.** $p+(1-p)e^{-\lambda t}$ **74.** 0.1500；0.1012 **76.** 5.8125 **77.** 32/243；4864/6561；160/729；160/729 **81.** $18\times(17)^{n-1}/(35)^n$ **84.** 3/10；5/6；75/138 **85.** 0.3439 **86.** 1.5 **89.** 0.1793；1/3；4/3

第 5 章

2. $3.5e^{-5/2}$ **3.** 否；否 4. 1/2；0.8999 **5.** $1-(0.01)^{1/5}$ **6.** 4；0；∞ **7.** 3/5；6/5 **8.** 2 **10.** 2/3；2/3 **11.** 2/5 **13.** 2/3；1/3 **15.** 0.7977；0.6827；0.3695；0.9522；0.1587 **16.** $(0.9938)^{10}$ **17.** 0.315；0.316 **18.** 22.66 **19.** 14.56 **20.** 0.9994；0.75；0.977 **22.** 0.974 **23.** 0.9253；0.1767 **26.** 0.0606；0.0525 **28.** 0.8363 **29.** 0.9993 **32.** e^{-1}；$e^{-1/2}$ **33.** 参数为 1 的指数分布 **34.** e^{-1}；1/3 **35.** 参数为 λ/c 的指数分布 **39.** 3/5 **41.** $a=-2$，$b=22$ **42.** $1/y$

第 6 章

2. (a) 14/39；10/39；10/39；5/39 (b) 84/429；70/429；70/429；70/429；40/429；40/429；40/429；15/429 **3.** 15/26；5/26；5/26；1/26 **4.** (a)64/169；40/169；40/169；25/169；64/169 **6.** 0.20，0.30，0.30，0.20；0.18，0.30，0.31，0.21；2.5；2.55；1.05；1.0275 **7.** $p(i,j)=p^2(1-p)^{i+j}$ **8.** $c=1/8$；$E[X]=0$ **9.** $(12x^2+6x)/7$；15/56；0.8625；5/7；8/7 **10.** 1/2；$1-e^{-a}$ **11.** 0.1458 **12.** $39.3e^{-5}$ **13.** 1/6；1/2 **15.** $\pi/4$ **16.** $n(1/2)^{n-1}$ **17.** 1/3 **19.** $-\ln(y)$，$0<y<1$；1，$0<x<1$；1/2；1/4 **21.** 2/5；2/5 **22.** 否；1/3 **23.** 1/2；2/3；1/20；1/18 **25.** $e^{-1}/i!$ **28.** $\frac{1}{2}e^{-t}$；$1-3e^{-2}$ **29.** 0.0326 **30.** 0.3372；0.2061 **31.** 0.0829；0.3766 **32.** 5/16；0.0228 **33.** $P(X_1+X_2>25)$；$P(X_1>15)$ **34.** $20+5\sqrt{2}$ **35.** (a)0.6572；(b)是，(d)0.1715 **36.** 0.9346 **37.** e^{-2}；$1-3e^{-2}$ **39.** 5/13；8/13 **40.** 1/6；5/6；1/4；3/4 **45.** $(y+1)^2xe^{-x(y+1)}$；xe^{-xy}；e^{-x} **46.** $1/2+3y/(4x)-y^3/(4x^3)$ **50.** $(1-2d/L)^3$ **51.** 0.792 97 **52.** $1-e^{-5\lambda a}$；$(1-e^{-\lambda a})^5$ **56.** r/π **57.** r **60.** (a) $u/(v+1)^2$

468

第 7 章

1. 52.5/12 **2.** 324；198.8 **3.** 1/2；1/4；0 **4.** 1/6；1/4；1/2 **5.** 3/2 **6.** 35 **7.** 0.9；4.9；4.2 **8.** $(1-(1-p)^N)/p$ **10.** 0.6；0 **11.** $2(n-1)p(1-p)$ **12.** $(3n^2-n)/(4n-2)$；$3n^2/(4n-2)$ **14.** $m/(1-p)$ **15.** 1/2 **18.** 4 **21.** 0.9301；87.5755 **22.** 14.7 **23.** 147/110 **26.** $n/(n+1)$；$1/(n+1)$ **29.** 437/35；12；4；123/35 **31.** 175/6 **33.** 14；45 **34.** 20/19；360/361 **35.** 21.2；18.929；49.214 **36.** $-n/36$ **37.** 0 **38.** 1.94，2.22；0.6964，0.6516；0.0932；0.1384 **40.** 1/8 **43.** 6；112/33 **44.** 100/19；16 200/6137；10/19；3240/6137 **47.** 1/2；0 **49.** $1/(n-1)$ **50.** 6；7；5.8192 **51.** 6.07 **52.** $2y^2$ **53.** $y^3/4$ **55.** 12 **56.** 8 **58.** $N(1-e^{-10/N})$ **59.** 12.5 **64.** $p+1$，$\sum_{i=0}^{4}\binom{4}{i}p^i(1-p)^{4-i}e^{-(4+i)}(4+i)^6/6!$；$(1+p)/(1-p)$；$((1-p)e)/(e^2-p)$ **65.** 1/2；1/3；$1/(n+1)$ **68.** －96/145 **70.** 4.2；5.16 **71.** 218 **72.** $x[1+(2p-1)^2]^n$ **74.** 1/2；1/16；2/81 **75.** 1/2；1/3 **77.** $1/i$；$[i(i+1)]^{-1}$；∞ **78.** μ；$1+\sigma^2$；是；σ^2 **84.** 0.176；0.141

第 8 章

1. ≥19/20　**2.** 15/17；≥3/4；≥10　**3.** ≥3　**4.** ≤4/3；0.8428　**5.** 0.1416　**6.** 0.9431　**7.** 0.3085　**8.** 0.6932　**9.** $(327)^2$　**10.** 117　**11.** ≥0.057　**13.** 0.0162；0.0003；0.2514；0.2514　**14.** $n \geqslant 23$　**16.** 0.013；0.018；0.691　**18.** ≤0.2　**23.** 0.769；0.357；0.4267；0.1093；0.112 184　**24.** (a)

第 9 章

1. 1/9；5/9　**3.** 0.9735；0.9098；0.7358；0.5578　**10.** (b) 1/6　**14.** 2.585；0.5417；3.1267　**15.** 5.5098

469

附录B 自检习题解答

第1章

1.1 (a) 4个字母C，D，E，F共有4！种不同的排序方法，对于每一种这样的排列，可将A，B放在5个位置．即可把它们放在C，D，E，F字母的前面，或放在第2个位置等．但A，B本身又可以以AB或BA的方式嵌入这5个位置，因此，一共有$2\times5\times4!=240$种排列．另一种方法是想象B是粘在A的后面，这样一共有5！种排列，但也可以把B粘在A的前面，这样也有5！种排列，故一共有$2\times5!=240$种排列．

(b) 6个字母一共有$6!=720$种排列方式，其中有一半A在B前，一半A在B后，因此，A在B之前的排列共有$720/2=360$种．

(c) 由于A，B，C三个字母的排列共有3！种，因此，在720种全部排列中，有$720/6=120$种排列为ABC这种顺序．

(d) A在B之前的排列共有$6!/2=360$种，其中一半是C在D之前．因此，A在B前且C在D前的排列共有180种．

(e) 若将B粘于A的后面，C粘于D的后面，这样共有$4!=24$种方法．但由于A，B的位置可以颠倒过来，即A可以粘于B的后面，类似地，D可粘于C的后面．一共有4种不同情况，因此，共有$4\times24=96$种排列．

(f) E在最后共有5！种排列，因此，它不在最后共有$6!-5!=600$种排列．

1.2 由于3个国家有3！种次序．而每个国家的人也有一个排序问题，因此，一共有3！4！3！3！种排序法．

1.3 (a) $10\times9\times8=720$

(b) $8\times7\times6+2\times3\times8\times7=672$

若A，B都不入选，则共有$8\times7\times6$种选法．若只选A，没有B，则有$3\times8\times7$种选法．故A，B中只有一人入选，一共有$2\times3\times8\times7$种选法．

(c) $8\times7\times6+3\times2\times8=384$

(d) $3\times9\times8=216$

(e) $9\times8\times7+9\times8=576$

1.4 (a) $\binom{10}{7}$ (b) $\binom{5}{3}\binom{5}{4}+\binom{5}{4}\binom{5}{3}+\binom{5}{5}\binom{5}{2}$

1.5 $\binom{7}{3,2,2}=210$

1.6 一共有$\binom{7}{3}=35$种位置的选择，每种选择可做成$(26)^3(10)^4$种牌子．因此，总共可做成$35\times(26)^3(10)^4$种不同的牌子．

1.7 n个中选r个等价于n个中剔除$(n-r)$个．因此，等式两边经过计算是相等的．

1.8 (a) $10\times9\times9\times\cdots\times9=10\times9^{n-1}$

(b) $\binom{n}{i}9^{n-i}$，一共有$\binom{n}{i}$种位置选择，这种位置上放0，而其余$n-i$个位置上可以任意放1，2，…，9．

1.9 (a) $\binom{3n}{3}$ (b) $3\binom{n}{3}$ (c) $\binom{3}{1}\binom{2}{1}\binom{n}{2}\binom{n}{1}=3n^2(n-1)$ (d) n^3 (e) $\binom{3n}{3}=3\binom{n}{3}+3n^2(n-1)+n^3$

1.10 一共有 $9\times8\times7\times6\times5$ 个数，其中没有两个数字是相同的．若容许某一指定数可重复一次，则共有 $\binom{5}{2}\times8\times7\times6$ 个数，因此，只容许有一个数可重复出现两次的一共有 $9\times\binom{5}{2}\times8\times7\times6$ 个数．若在 5 位数中有两个数可重复，对于确定的两个数，一共有 $7\times\frac{5!}{2!\ 2!}$个数．这样，一共有 $\binom{9}{2}\times7\times\frac{5!}{2!\ 2!}$个数，其中有两个数字重复一次．因此答案是

$$9\times8\times7\times6\times5+9\times\binom{5}{2}\times8\times7\times6+\binom{9}{2}\times7\times\frac{5!}{2!2!}$$

1.11 (a) 我们可以把这个问题看成 7 阶段试验．首先从小组中选出 6 对具有代表性的夫妻，然后从每对中任选一个人，由计数基本原理，可知有 $\binom{10}{6}2^6$ 种选法．

(b) 首先从小组中选出 6 对具有代表性的夫妻，接着从这 6 对中再选出 3 个来贡献这个男人，因此有 $\binom{10}{6}\binom{6}{3}=\frac{10!}{4!\ 3!\ 3!}$种不同的选法．另一种解决这一问题的办法是，首先选择 3 个男人和 3 个与已选男人无关的女人，同样能够得到 $\binom{10}{3}\binom{7}{3}=\frac{10!}{3!\ 3!\ 4!}$种不同的选法．

470

1.12 $\binom{8}{3}\binom{7}{3}+\binom{8}{4}\binom{7}{2}=3430$

上式左边第一项给出由 3 女和 3 男组成一个委员会的可能组成方式．第二项是由 4 女和 2 男组成委员会的可能组成方式．

1.13 ($x_1+\cdots+x_5=4$ 的解的组数)($x_1+\cdots+x_5=5$ 的解的组数)($x_1+\cdots+x_5=6$ 的解的组数)$=\binom{8}{4}\binom{9}{4}\binom{10}{4}$.

1.14 总和为 j 的正向量共有 $\binom{j-1}{n-1}$个，因此，一共有 $\sum_{j=n}^{k}\binom{j-1}{n-1}$ 个这样的向量．集合$\{1,\ \cdots,\ k\}$的有 n 个元素的子集数是$\binom{j-1}{n-1}$，其中 j 中子集的最大元素．因此，对于一个有 k 个元素的集合来说，其含有 n 个元素的子集总共有 $\sum_{j=n}^{k}\binom{j-1}{n-1}$ 个，表明前面的答案是$\binom{k}{n}$.

1.15 先假定有 k 个学生通过了考试，这样可有$\binom{n}{k}$组．由于每个组内各人成绩还有顺序，因此，由 k 个学生通过考试时，一共有 $\binom{n}{k}k!$ 种可能性．因此，总起来有 $\sum_{k=0}^{n}\binom{n}{k}k!$ 种可能的结果．

1.16 由 4 个数组成的集合个数为$\binom{20}{4}=4845$．其中不含前 5 个数的子集有$\binom{15}{4}=1365$．它的反面，即至少含有$\{1,\ 2,\ \cdots,\ 5\}$中一个数的子集有 $4845-1365=3480$ 个．另一种计算方法是 $\sum_{i=1}^{4}\binom{5}{i}\binom{15}{4-i}$.

1.17 两边乘以 2，得

$$n(n-1)=k(k-1)+2k(n-k)+(n-k)(n-k-1)$$

上式右边经过整理得

$$k^2(1-2+1)+k(-1+2n-n-n+1)+n(n-1)$$

作为组合解释，可考虑 n 个学生中，有 k 个女生. 从 n 个学生中找出 2 个代表，一共有 $\binom{n}{2}$ 种方法. 若两个代表全由女生组成的话，一共有 $\binom{k}{2}$ 种组成方式. 若由一男一女组成的话，一共有 $k(n-k)$ 种组成方法. 若全由男生组成一共有 $\binom{n-k}{2}$ 种方法. 将这些组合方法加起来，就是 $\binom{n}{2}$.

1.18　一个家长一个孩子的家庭有 3 种选择方案；一个家长两个孩子的家庭有 $3\times1\times2=6$ 种选择方案；两个家长一个孩子的家庭有 $5\times2\times1=10$ 种选择方案；两个家长两个孩子的家庭有 $7\times2\times2=28$ 种选择方案；两个家长三个孩子的家庭有 $6\times2\times3=36$ 种选择方案，因而总共有 83 种.

1.19　首先为这些数字选择 3 个位置，然后把数字和字母放进去，因此有 $\binom{8}{3}\times26\times25\times24\times23\times22\times10\times9\times8$ 种不同的排列方式. 如果要求数字是连续的，那么它们就有 6 个摆放位置，因此就有 $6\times26\times25\times24\times23\times22\times10\times9\times8$ 种方式.

1.20　(a) n 个数，其中数字 i 有 $x_i(i=1,\cdots,r)$ 个，且 $\sum_{i=1}^{r}x_i=n$，则这 n 个数的排列共有 $\frac{n!}{x_1!\cdots x_r!}$ 种可能性.

(b) $\sum_{x_1+\cdots+x_r=n}\frac{n!}{x_1!\cdots x_r!}=(1+\cdots+1)^n=r^n$.

1.21　$(1-1)^n=1-\binom{n}{1}+\binom{n}{2}+\cdots+(-1)^n\binom{n}{n}$，已知 $\binom{n}{1}-\binom{n}{2}+\cdots+(-1)^{n+1}\binom{n}{n}=1$.

第2章

2.1　(a) $2\times3\times4=24$　(b) $2\times3=6$　(c) $3\times4=12$

(d) $AB=\{(c,$ 面 $,i),(c,$ 米饭 $,i),(c,$ 土豆 $,i)\}$　(e) 8　(f) $ABC=\{(c,$ 米饭 $,i)\}$

2.2　记 A 为"买一套西服"，B 为"卖一件衬衫"，C 为"买一条领带"，则

$$P(A\cup B\cup C)=0.22+0.30+0.28-0.11-0.14-0.10+0.06=0.51$$

(a) $1-0.51=0.49$

(b) 买两样以上的概率为

$$P(AB\cup AC\cup BC)=0.11+0.14+0.10-0.06-0.06-0.06+0.06=0.23$$

因此，正好买一样东西的概率为 $0.51-0.23=0.28$.

2.3　根据对称性，第 14 张牌可以是 52 张牌中的任意一张，因此概率为 4/52. 更形式的论证是计算 52! 个结果中第 14 张牌是 A 的结果数，由此得概率为

$$p=\frac{4\times51\times50\times\cdots\times2\times1}{(52)!}=\frac{4}{52}$$

记事件 A 为"第 1 张 A 出现在第 14 张牌"，我们有

$$P(A)=\frac{48\times47\times\cdots\times36\times4}{52\times51\times\cdots\times40\times39}=0.0312$$

2.4　记 D 为事件"最低温度为 70℃". 则

$$P(A\cup B)=P(A)+P(B)-P(AB)=0.7-P(AB)$$

$$P(C\cup D)=P(C)+P(D)-P(CD)=0.2+P(D)-P(DC)$$

因为 $A\cup B=C\cup D$，$AB=CD$，所以将上述两式相减得

471

$$0 = 0.5 - P(D)$$

或 $P(D)=0.5$.

2.5 (a) $\frac{52\times 48\times 44\times 40}{52\times 51\times 50\times 49}=0.6761$ (b) $\frac{52\times 39\times 26\times 13}{52\times 51\times 50\times 49}=0.1055$

2.6 记 R 为"两球均为红球的事件"，B 为"两球均为黑球的事件"，则

$$P(R\cup B) = P(R) + P(B) = \frac{3\times 4}{6\times 10} + \frac{3\times 6}{6\times 10} = \frac{1}{2}$$

2.7 (a) $\frac{1}{\binom{40}{8}}=1.3\times 10^{-8}$ (b) $\frac{\binom{8}{7}\binom{32}{1}}{\binom{40}{8}}=3.3\times 10^{-6}$ (c) $\frac{\binom{8}{6}\binom{32}{2}}{\binom{40}{8}}+1.3\times 10^{-8}+3.3\times 10^{-6}=1.8\times 10^{-4}$

2.8 (a) $\frac{3\times 4\times 4\times 3}{\binom{14}{4}}=0.1439$ (b) $\frac{\binom{4}{2}\binom{4}{2}}{\binom{14}{4}}=0.0360$ (c) $\frac{\binom{8}{4}}{\binom{14}{4}}=0.0699$

2.9 令 $S=\bigcup_{i=1}^{n} A_i$，考虑随机地从 S 种选一个元素，则 $P(A)=N(A)/N(S)$，有关结果可从命题 4.3 和命题 4.4 得到.

2.10 当 1 号马的名次确定的情况下，一共有 $5!=120$ 种可能排名．因此，$N(A)=360$，类似地，$N(B)=120$，$N(AB)=2\times 4!=48$. 由自检习题 2.9，我们得 $N(A\cup B)=432$.

2.11 一种办法是先计算它的补事件：至少有一种花色在这一副牌中不出现. 记 A_i 表示"牌中没有花色 i"，$i=1, 2, 3, 4$. 则

$$\begin{aligned}
P\left(\bigcup_{i=1}^{4} A_i\right) &= \sum_i P(A_i) - \sum_j \sum_{i;i<j} P(A_iA_j) + \cdots - P(A_1A_2A_3A_4) \\
&= 4\frac{\binom{39}{5}}{\binom{52}{2}} - \binom{4}{2}\frac{\binom{26}{5}}{\binom{52}{5}} + \binom{4}{3}\frac{\binom{13}{5}}{\binom{52}{5}} \\
&= 4\frac{\binom{39}{5}}{\binom{52}{2}} - 6\frac{\binom{26}{5}}{\binom{52}{5}} + 4\frac{\binom{13}{5}}{\binom{52}{5}}
\end{aligned}$$

用 1 减去上述概率值就是所求事件的概率. 也可以从另一个角度来求解这个问题. 记 A 为"一副牌中 4 种花色都出现"的事件，利用等式

$$P(A) = P(n,n,n,n,o) + P(n,n,n,o,n) + P(n,n,o,n,n) + P(n,o,n,n,n)$$

式中 $P(n, n, n, o, n)$ 表示第 1 张为新花色，第 2 和第 3 张都为新花色，第 4 张为老花色(即第 4 张花色为之前出现过的花色)，第 5 张为新花色. 这样

$$\begin{aligned}
P(A) &= \frac{52\times 39\times 26\times 13\times 48 + 52\times 39\times 26\times 36\times 13}{52\times 51\times 50\times 49\times 48} + \frac{52\times 39\times 24\times 26\times 13 + 52\times 12\times 39\times 26\times 13}{52\times 51\times 50\times 49\times 48} \\
&= \frac{52\times 39\times 26\times 13\times (48+36+24+12)}{52\times 51\times 50\times 49\times 48} = 0.2637
\end{aligned}$$

2.12 一共有$(10)!/2^5$ 种分配方法将 10 个运动员分配到 5 间房. 例如某两个人分配在第一间房，又两个人分配在第二间房等. 如果不计房间次序，那么应该有$(10)!/(5!2^5)$种分配方案. 一共有$\binom{6}{2}\binom{4}{2}$种方

法从前后卫中各选出两个人来组成前后卫组合．但是将这 4 个人分组的时候又有两种方式，至于剩下的 2 个后卫，只能分到一个组了．剩下的 4 个前卫有 3 种方式分成 2 对$(3=4!/(2!\ 2^2))$，这样，

472

$$P\{\text{刚好有两个房间是一个前卫和一个后卫混住的}\}=\frac{\binom{6}{2}\binom{4}{2}\times 2\times 3}{(10)!/(5!2^5)}=0.5714$$

2.13 用 R 表示“两次均选上字母 R”的事件，对于事件 E 和 V 之定义是类似的．则

$$P\{\text{两次选上同一字母}\}=P(R)+P(E)+P(V)=\frac{2}{7}\times\frac{1}{8}+\frac{3}{7}\times\frac{1}{8}+\frac{1}{7}\times\frac{1}{8}=\frac{3}{28}$$

2.14 记 $B_1=A_1$，$B_i=A_i\left(\bigcup_{j=1}^{i-1}A_j\right)^c$，$i>1$，则

$$P\left(\bigcup_{i=1}^{\infty}A_i\right)=P\left(\bigcup_{i=1}^{\infty}B_i\right)=\sum_{i=1}^{\infty}P(B_i)\leqslant\sum_{i=1}^{\infty}P(A_i)$$

此处最后一个等式利用 B_i 互不相容，而不等式利用了 $B_i\subset A_i$．

2.15 $P\left(\bigcap_{i=1}^{\infty}A_i\right)=1-P\left(\left(\bigcap_{i=1}^{\infty}A_i\right)^c\right)=1-P\left(\bigcup_{i=1}^{\infty}A_i^c\right)\geqslant 1-\sum_{i=1}^{\infty}P(A_i^c)=1$

2.16 分割中含$\{1\}$作为子集的，一共有 $T_{k-1}(n-1)$种分割，其中 $T_{k-1}(n-1)$表示将剩余的 $n-1$ 个元素$\{2,\ \cdots,\ n\}$分成 $k-1$ 个非空子集的方法数．另外，分割中不含$\{1\}$，此时，“1”必与其他元素在一起．将$\{2,\ \cdots,\ n\}$分成 k 个非空子集的分割，一共有 $T_k(n-1)$不同的分割，将每一种分割的某一集合加上 1，就成为$\{1,\ 2,\ \cdots,\ n\}$的一个分割，而加“1”的方式共有 k 种，因此，不含$\{1\}$的分割共有 $kT_k(n-1)$个，由此得到题中的等式．

2.17 记 R 为 5 个取出来的球中“没有红球”，W 代表“没有白球”，B 代表“没有蓝球”，则

$$P(R\cup W\cup B)=P(R)+P(W)+P(B)-P(RW)-P(RB)-P(WB)+P(RWB)$$

$$=\frac{\binom{13}{5}}{\binom{18}{5}}+\frac{\binom{12}{5}}{\binom{18}{5}}+\frac{\binom{11}{5}}{\binom{18}{5}}-\frac{\binom{7}{5}}{\binom{18}{5}}-\frac{\binom{6}{5}}{\binom{18}{5}}-\frac{\binom{5}{5}}{\binom{18}{5}}\approx 0.2933$$

这样，5 个球出现所有颜色的概率近似地等于 $1-0.2933=0.7067$．

2.18 (a) $\frac{8\times 7\times 6\times 5\times 4}{17\times 16\times 15\times 14\times 13}=\frac{2}{221}$

(b) 由于有 9 个球不是蓝色，所以概率为$\frac{9\times 8\times 7\times 6\times 5}{17\times 16\times 15\times 14\times 13}=\frac{9}{442}$．

(c) 由于不同颜色有 3! 种排列方式，而且这最后 3 个球也是同样的情况，所以概率为$\frac{3!\times 4\times 8\times 5}{17\times 16\times 15}=\frac{4}{17}$．

(d) 红色球在指定 4 个位置的概率是$\frac{4\times 3\times 2\times 1}{17\times 16\times 15\times 14}$．因为这些红色球有 14 个可能的位置，所以概率是$\frac{14\times 4\times 3\times 2\times 1}{17\times 16\times 15\times 14}=\frac{1}{170}$．

2.19 (a) 10 张牌种有 4 张黑桃、3 张红桃、2 张方片和 1 张梅花的概率是$\frac{\binom{13}{4}\binom{13}{3}\binom{13}{2}\binom{13}{1}}{\binom{52}{10}}$．因为四种花

色分别有 4 张、3 张、2 张、1 张的组合有 4！种可能的选择，概率是$\dfrac{24\binom{13}{4}\binom{13}{3}\binom{13}{2}\binom{13}{1}}{\binom{52}{10}}$.

(b) 因为两种花色分别取 3 张牌的组合有$\binom{4}{2}=6$种，而在其他两种花色中选择一种取 4 张牌的话有 2 种选择，故而概率是$\dfrac{12\binom{13}{3}\binom{13}{3}\binom{13}{4}}{\binom{52}{10}}$.

2.20 所有红球在蓝球去掉之前就移除等价于最后去掉的球是蓝球．由于所有 30 个球最后被移除的概率相同，所以概率为$\dfrac{10}{30}$.

第 3 章

3.1 (a) $P(没有\ A)=\binom{35}{13}\Big/\binom{39}{13}$

473

(b) $1-P(没有\ A)-4\binom{35}{12}\Big/\binom{39}{13}$

(c) $P(i\ 个\ A)=\binom{3}{i}\binom{36}{13-i}\Big/\binom{39}{13}$

3.2 令 L_i 表示事件“汽车电池寿命超过 10 000$\times i$ 英里”.

(a) $P(L_2\mid L_1)=P(L_1L_2)/P(L_1)=P(L_2)/P(L_1)=1/2$

(b) $P(L_3\mid L_1)=P(L_1L_3)/P(L_1)=P(L_3)/P(L_1)=1/8$

3.3 将 1 个白球和 0 个黑球放进坛子 1，将 9 个白球和 10 个黑球放进坛子 2.

3.4 令 T 表示“转移的球为白球”这一事件，W 表示“从坛子 B 中随机抽取一个白球”，则

$$P(T\mid W)=\frac{P(W\mid T)P(T)}{P(W\mid T)P(T)+P(W\mid T^c)P(T^c)}=\frac{2/7\times 2/3}{2/7\times 2/3+1/7\times 1/3}=4/5$$

3.5 (a) $P(E\mid E\cup F)=\dfrac{P(E(E\cup F))}{P(E\cup F)}=\dfrac{P(E)}{P(E)+P(F)}$

因为 $E(E\cup F)=E$，$P(E\cup F)=P(E)+P(F)$(由于 E 和 F 互不相容).

(b) $P(E_j\mid \bigcup\limits_{i=1}^{\infty}E_i)=\dfrac{P(E_j(\bigcup\limits_{i=1}^{\infty}E_i))}{P(\bigcup\limits_{i=1}^{\infty}E_i)}=\dfrac{P(E_j)}{\sum\limits_{i=1}^{\infty}P(E_i)}$

3.6 用 B_i 表示第 i 次抽出的球是黑球，令 $R_i=B_i^c$，则

$$\begin{aligned}P\{B_1\mid R_2\}&=\frac{P(R_2\mid B_1)P(B_1)}{P(R_2\mid B_1)P(B_1)+P(R_2\mid R_1)P(R_1)}\\&=\frac{[r/(b+r+c)][b/(b+r)]}{[r/(b+r+c)][b/(b+r)]+[(r+c)/(b+r+c)][r/(b+r)]}\\&=b/(b+r+c)\end{aligned}$$

3.7 记 B 为“两张牌均为 A”的事件.

(a) $P\{B\mid 肯定其中一张为黑桃\ A\}=\dfrac{P\{B,肯定其中一张为黑桃\ A\}}{P\{肯定其中一张为黑桃\ A\}}=\dfrac{\binom{1}{1}\binom{3}{1}}{\binom{52}{2}}\Bigg/\dfrac{\binom{1}{1}\binom{51}{1}}{\binom{52}{2}}=3/51$

(b) 由于第 2 张可以是余下 51 张牌中的任意一张，而且各张牌都是以相同的概率出现，因此，其解仍然是 3/51.

(c) 由于我们可以交换前两张牌的次序，因此，答案与(b)是一样的. 但也可以由下面形式地推导：

$$P\{B \mid 第二张为\ A\} = \frac{P\{B,第二张为\ A\}}{P\{第二张为\ A\}} = \frac{P\{B\}}{P\{B\} + P\{第一张不是\ A,第二张是\ A\}}$$

$$= \frac{4/52 \times 3/51}{4/52 \times 3/51 + 48/52 \times 4/51} = 3/51$$

(d) $P\{B \mid 至少有一张\ A\} = \dfrac{B}{P\{至少有一张\ A\}} = \dfrac{4/52 \times 3/51}{1 - 48/52 \times 47/51} = 1/33$

3.8 $\dfrac{P(H \mid E)}{P(G \mid E)} = \dfrac{P(HE)}{P(GE)} = \dfrac{P(H)P(E \mid H)}{P(G)P(E \mid G)}$

新的证据出现后，H 出现的概率是 G 出现的概率的 1.5 倍.

3.9 用 A 表示"植物存活"的事件，W 表示"给植物浇水"的事件.

(a) $P(A) = P(A \mid W)P(W) + P(A \mid W^c)P(W^c) = 0.85 \times 0.9 + 0.2 \times 0.1 = 0.785$

(b) $P(W^c \mid A^c) = \dfrac{P(A^c \mid W^c)P(W^c)}{P(A^c)} = \dfrac{0.8 \times 0.1}{0.215} = \dfrac{16}{43}$

3.10 (a) 令 R 表示事件"至少取到 1 个红球"，则

$$P(R) = 1 - P(R^c) = 1 - \frac{\binom{22}{6}}{\binom{30}{6}}$$

(b) 令 G_2 表示"刚好取到 2 个绿球"，利用减小的样本空间可得

$$P(G_2 \mid R^c) = \frac{\binom{10}{2} \times \binom{12}{4}}{\binom{22}{6}}$$

3.11 令 W 代表"电池工作"事件，并且令 C 和 D 表示"是 C 型电池"和"是 D 型电池"，那么情况分别如下：

(a) $P(W)=P(W \mid C)P(C)+P(W \mid D)P(D)=0.7\times8/14+0.4\times6/14=4/7$

(b) $P(C \mid W^c)=\dfrac{P(CW^c)}{P(W^c)}=\dfrac{P(W^c \mid C)P(C)}{3/7}=\dfrac{0.3\times8/14}{3/7}=0.4$

3.12 令 L_i 代表事件 Maria 喜欢第 i 本书，$i=1$，2. 那么

$$P(L_2 \mid L_1^c) = \frac{P(L_1^c L_2)}{P(L_1^c)} = \frac{P(L_1^c L_2)}{0.4}$$

474

L_2 是两个互不相容的事件 $L_1 L_2$ 和 $L_1^c L_2$ 的并，那么

$$0.5 = P(L_2) = P(L_1 L_2) + P(L_1^c P_2) = 0.4 + P(L_1^c L_2)$$

因此，

$$P(L_2 \mid L_1^c) = \frac{0.1}{0.4} = 0.25$$

3.13 (a) 由于这 30 个球被最后移出的概率相同，因此最后移出的球是蓝色的概率为 1/3.

(b) 这就是最后被移出的球是蓝球的概率. 由于这 30 个球被最后移出的概率相同，因此最后移出的球是蓝色的概率为 1/3.

(c) 令 B_1，R_2，G_3 分别代表"最早被完全移出的球是蓝球"，"第二被完全移出的球是红球"，"第

三被完全移出的球是绿球”，那么，

$$P(B_1R_2G_3) = P(G_3)P(R_2 \mid G_3)P(B_1 \mid R_2G_3) = \frac{8}{38} \times \frac{20}{30} = \frac{8}{57}$$

其中，$P(G_3)$是最后一个球是绿色的概率，$P(R_2 \mid G_3)$是在最后一个球是绿色的条件下，倒数第二个球是红色的概率，为 20/30.（当然，$P(B_1 \mid R_2G_3)=1$.）

(d) $P(B_1)=P(B_1G_2R_3)+P(B_1R_2G_3)=\frac{20}{38}\times\frac{8}{18}+\frac{8}{57}=\frac{64}{171}$

3.14 令 H 代表事件“硬币正面朝上”，T_h 代表事件“B 被告知当前硬币正面朝上”，F 代表事件“A 忘记硬币投掷的结果”，C 代表事件“B 被告知试验的正确结果”. 那么

(a) $P(T_h) = P(T_h \mid F)P(F) + P(T_h \mid F^c)P(F^c) = 0.5 \times 0.4 + P(H)(0.6) = 0.68$

(b) $P(C) = P(C \mid F)P(F) + P(C \mid F^c)P(F^c) = 0.5 \times 0.4 + 1 \times 0.6 = 0.80$

(c) $P(H \mid T_h)=\frac{P(HT_h)}{P(T_h)}$，现在，

$$P(HT_h) = P(HT_h \mid F)P(F)+P(HT_h \mid F^c)P(F^c) = P(H \mid F)P(T_h \mid HF)P(F)+P(H)P(F^c)$$
$$= 0.8 \times 0.5 \times 0.4 + 0.8 \times 0.6 = 0.64$$

所以，$P(H \mid T_h)=0.64/0.68=16/17$.

3.15 由于黑色的耗子有棕色的兄弟，我们可以确定它的双亲均具有一个黑色和一个棕色的基因.

(a) $P\{\text{两个黑色基因} \mid \text{至少一个黑色基因}\} = \frac{P\{\text{两个黑色基因}\}}{P\{\text{至少一个黑色基因}\}} = \frac{1/4}{3/4} = \frac{1}{3}$

(b) 记 F 表示“5 个后代均为黑色”，B_2 表示“黑色的耗子具有 2 个黑色基因”，B_1 表示“黑色的耗子具有一黑一棕基因”，

$$P(B_2 \mid F) = \frac{P(F \mid B_2)P(B_2)}{P(F \mid B_2)P(B_2)+P(F \mid B_1)P(B_1)} = \frac{1 \times 1/3}{1 \times 1/3 + (1/2)^5 \times (2/3)} = \frac{16}{17}$$

3.16 记 F 为由 A 到 B 通电，C_i 表示第 i 个开关闭合，则

$$P(F) = P(F \mid C_1)p_1 + P(F \mid C_1^c)(1-p_1)$$

由于

$$P(F \mid C_1) = P(C_4 \cup C_2C_5 \cup C_3C_5) = p_4 + p_2p_5 + p_3p_5 - p_4p_2p_5 - p_4p_3p_5 - p_2p_3p_5 + p_4p_2p_5p_3$$

和

$$P(F \mid C_1^c) = P(C_2C_5 \cup C_2C_3C_4) = p_2p_5 + p_2p_3p_4 - p_2p_3p_4p_5$$

因此，对于(a)，我们有

$$P(F) = p_1(p_4+p_2p_5+p_3p_5-p_4p_2p_5-p_4p_3p_5-p_2p_3p_5+p_4p_2p_5p_3)+(1-p_1)p_2(p_5+p_3p_4-p_3p_4p_5)$$

对于(b)，令 $q_i=1-p_i$，则

$$P(C_3 \mid F) = P(F \mid C_3)P(C_3)/P(F) = p_3[1-P(C_1^cC_2^c \cup C_4^cC_5^c)]/P(F)$$
$$= p_3(1-q_1q_2-q_4q_5+q_1q_2q_4q_5)/P(F)$$

3.17 记 A 为“元件 1 工作”，F 为“系统工作”.

(a) $P(A \mid F) = \frac{P(AF)}{P(F)} = \frac{P(A)}{P(F)} = \frac{1/2}{1-(1/2)^2} = \frac{2}{3}$

其中 $P(F)$等于 1 减去元件 1 和元件 2 都失效的概率.

(b) $P(A \mid F) = \frac{P(AF)}{P(F)} = \frac{P(F \mid A)P(A)}{P(F)} = \frac{3/4 \times 1/2}{(1/2)^3 + 3 \times (1/2)^3} = \frac{3}{4}$

其中 $P(F)$等于 3 个元件都工作的概率加上 3 个元件中恰有 2 个元件工作的概率.

3.18 如果我们接受这样的事实，即各次转动的结果是相互独立的，那么即使前面已经有 10 次停在黑格处，下一次的结果也不会因此而改变其统计规律.

475

3.19 根据三人投币的结果，

$$P(A\text{ 为奇异人}) = P_1(1-P_2)(1-P_3)+(1-P_1)P_2P_3+P_1P_2P_3(A\text{ 为奇异人}) \\ +(1-P_1)(1-P_2)(1-P_3)P(A\text{ 为奇异人})$$

故

$$P(A\text{ 为奇异人}) = \frac{P_1(1-P_2)(1-P_3)+(1-P_1)P_2P_3}{P_1+P_2+P_3-P_1P_2-P_1P_3-P_2P_3}$$

3.20 记 A 为“第一次试验结果大于第二次试验结果”，B 为“第二次试验结果大于第一次试验结果”，E 为“两次试验结果相等”，则

$$1 = P(A)+P(B)+P(E)$$

由对称性，$P(A)=P(B)$，因此，

$$P(B) = \frac{1-P(E)}{2} = \frac{1-\sum_{i=1}^{n}p_i^2}{2}$$

此题的另一种解法是

$$P(B) = \sum_i\sum_{j>i}P\{\text{第一次试验结果为 }i,\text{第二次试验结果为 }j\} = \sum_i\sum_{j>i}p_ip_j$$

由下面的恒等式看出两种方法得到的结果是相同的：

$$1 = \sum_{i=1}^{n}p_i\sum_{j=1}^{n}p_j = \sum_i\sum_j p_ip_j = \sum_i p_i^2+\sum_i\sum_{j\neq i}p_ip_j = \sum_i p_i^2+2\sum_i\sum_{j>i}p_ip_j$$

3.21 记 $E=\{A$ 比 B 得到更多正面朝上$\}$，$A_w=\{n$ 次掷硬币后，A 的正面朝上次数比 B 的正面朝上次数多$\}$，$B_w=\{n$ 次掷硬币后，B 的正面朝上次数比 A 的正面朝上次数多$\}$，$A_e=\{n$ 次掷硬币后，A 的正面朝上次数与 B 的正面朝上次数相同$\}$，则

$$\begin{aligned}P(E) &= P(E|A_w)P(A_w)+P(E|B_w)P(B_w)+P(E|A_e)P(A_e)\\ &= 1\times P(A_w)+0\times P(B_w)+\frac{1}{2}P(A_e) = P(A_w)+\frac{1}{2}P(A_e)\end{aligned}$$

由对称性知，$P(A_w)=P(B_w)$. 又由等式 $1=P(A_w)+P(B_w)+P(A_e)$得 $P(A_w)=\frac{1}{2}-\frac{1}{2}P(A_e)$.

因此，

$$P(E) = P(A_w)+\frac{1}{2}P(A_e) = \frac{1}{2}-\frac{1}{2}P(A_e)+\frac{1}{2}P(A_e) = \frac{1}{2}$$

3.22 (a) 不真. 在掷两个骰子的游戏中，记 $E=\{$和为 7 点$\}$，$F=\{$第一次掷的结果不是 4$\}$，$G=\{$第二次掷的结果不是 3$\}$. 可以验证，E 和 F 相互独立，E 和 G 相互独立，但

$$P(E|F\cup G) = \frac{P\{\text{和为 }7,\text{但没有}\{4,3\}\}}{P\{\text{没有}\{4,3\}\}} = \frac{5/36}{35/36} = \frac{5}{35} \neq P(E)$$

(b) $$\begin{aligned}P(E(F\cup G)) &= P(EF\cup EG) = P(EF)+P(EG) \quad \text{因为 } EFG=\varnothing\\ &= P(E)[P(F)+P(G)] = P(E)P(F\cup G) \quad \text{因为 } FG=\varnothing\end{aligned}$$

(c) $$\begin{aligned}P(G|EF) &= \frac{P(EFG)}{P(EF)} = \frac{P(E)P(FG)}{P(EF)} \quad \text{由于 } E\text{ 与 }FG\text{ 相互独立}\\ &= \frac{P(E)P(F)P(G)}{P(E)P(F)} \quad \text{由独立性假设}\end{aligned}$$

$= P(G)$

3.23 (a) 一定不对. 若它们互不相容，则

$$0 = P(AB) \neq P(A)P(B)$$

(b) 一定不对. 若它们相互独立，则

$$P(AB) = P(A) \times P(B) > 0$$

(c) 一定不对. 若它们互不相容，则

$$P(A \cup B) = P(A) + P(B) = 1.2$$

(d) 可能正确.

3.24 (a)，(b)，(c)三个概率分别为0.5，$(0.8)^3=0.512$，$(0.9)^7\approx 0.4783$.

3.25 记 $D_i(i=1,2)$ 为第 i 个收音机是坏的. 又令 $A(B)$ 表示“这批收音机是由工厂A(工厂B)生产的”.

$$P(D_2 \mid D_1) = \frac{P(D_1D_2)}{P(D_1)} = \frac{P(D_1D_2 \mid A)P(A) + P(D_1D_2 \mid B)P(B)}{P(D_1 \mid A)P(A) + P(D_1 \mid B)P(B)}$$

476

$$= \frac{0.05^2 \times 1/2 + 0.01^2 \times 1/2}{0.05 \times 1/2 + 0.01 \times 1/2} = \frac{13}{300}$$

3.26 $P(A \mid B)=1$ 即 $P(AB)=P(B)$，而 $P(B^c \mid A^c)=1$ 即 $P(A^cB^c)=P(A^c)$. 因此，为证明本题，只需由 $P(AB)=P(B) \Rightarrow P(A^cB^c)=P(A^c)$. 这可由下式推得:

$$P(B^cA^c) = P((A \cup B)^c) = 1 - P(A \cup B) = 1 - P(A) - P(B) + P(AB) = 1 - P(A) = P(A^c)$$

3.27 当 $n=0$ 时，结论显然成立. 令 A_i 表示“经过 n 步以后，在坛子内有 i 个红球”，依归纳法假设

$$P(A_i) = \frac{1}{n+1} \qquad i = 1, \cdots, n+1$$

令 $B_j(j=1, \cdots, n+2)$ 表示“经过 $n+1$ 步以后坛子里有 j 个红球”这一事件，则

$$P(B_j) = \sum_{i=1}^{n+1} P(B_j \mid A_i)P(A_i) = \frac{1}{n+1}\sum_{i=1}^{n+1} P(B_j \mid A_i) = \frac{1}{n+1}[P(B_j \mid A_{j-1}) + P(B_j \mid A_j)]$$

因为经过 n 步以后，坛子内一共有 $n+2$ 个球，所以 $P(B_j \mid A_{j-1})$ 表示坛子中有 $n+2$ 个球，其中 $j-1$ 个红球，从中随机地取出的是一个红球的概率，这样，$n+1$ 步以后，坛子内就有 i 个红球，显然

$$P(B_j \mid A_{j-1}) = \frac{j-1}{n+2}$$

而相应的 $P(B_j \mid A_j)$ 表示在抽球之前坛子内有 j 个红球，$n+2-j$ 个蓝球，而取出的是一个蓝球的概率，这样

$$P(B_j \mid A_j) = \frac{n+2-j}{n+2}$$

将这些概率代入 $P(B_j)$ 的公式，得

$$P(B_j) = \frac{1}{n+1}\left[\frac{j-1}{n+2} + \frac{n+2-j}{n+2}\right] = \frac{1}{n+2}$$

这就完成了归纳证明.

3.28 记 A_i 为“第 i 位选手宣称拿到了A”，则

$$P(A_i) = 1 - \frac{\binom{2n-2}{n}}{\binom{2n}{n}} = 1 - \frac{1}{2} \times \frac{n-1}{2n-1} = \frac{3n-1}{4n-2}$$

A_1A_2 表示“第一位选手只能从2张A中选一张，从 $2n-2$ 张非A中选 $n-1$ 张”. 这样，

$$P(A_1A_2)=\frac{\binom{1}{2}\binom{2n-2}{n-1}}{\binom{2n}{n}}=\frac{n}{2n-1}$$

因此，

$$P(A_2^c\,|\,A_1)=1-P(A_2\,|\,A_1)=1-\frac{P(A_1A_2)}{p(A_1)}=\frac{n-1}{3n-1}$$

可以将分牌的结果看成两次试验，试验 i 成功表示第 i 张 A 给了第一位选手，当 n 充分大时，这两个试验就相互独立，成功的概率为 1/2，这样，问题变成了两次试验至少有一次成功的条件下，求两次都成功的概率(=1/3)，因此，n 充分大时，可用例 2b 那样的伯努利试验来逼近.

3.29 (a) 对于 1，2，…，n 的任意排列 i_1，i_2，…，i_n，设 n 次收集到的优惠券的顺序为 i_1，i_2，…，i_n，其相应的概率为 $p_{i_1}\cdots p_{i_n}=\prod_{i=1}^{n}p_i$. 因此，$n$ 次收集到 n 种不同的优惠券的概率为 $n!\prod_{i=1}^{n}p_i$.

(b) 设 i_1，…，i_k 各不相同，则

$$P(E_{i_1}\cdots E_{i_k})=\left(\frac{n-k}{n}\right)^n$$

此处 E_{i_1}，…，E_{i_k} 表示没有 i_1，…，i_k 类型的优惠券，在 n 次收集优惠券，每次都没有收集到 i_1，…，i_k，而各次收集优惠券又相互独立，因此 $P(E_{i_1}\cdots E_{i_n})$有上述表达式. 现在利用容斥恒等式得到

$$P\left(\bigcup_{i=1}^{n}E_i\right)=\sum_{k=1}^{n}(-1)^{k+1}\binom{n}{k}\left(\frac{n-k}{n}\right)^n$$

由于 $1-P\left(\bigcup_{i=1}^{n}E_i\right)$ 表示 n 种优惠券都收集到的概率，由(a) 知这个数等于 $n!/n^n$，将这个值代入 $P\left(\bigcup_{i=1}^{n}E_i\right)$ 的展开式中，得到

$$1-\frac{n!}{n^n}=\sum_{k=1}^{n}(-1)^{k+1}\binom{n}{k}\left(\frac{n-k}{n}\right)^n$$

或

$$n!=n^n-\sum_{k=1}^{n}(-1)^{k+1}\binom{n}{k}(n-k)^n$$

或

$$n!=\sum_{k=0}^{n}(-1)^k\binom{n}{k}(n-k)^n$$

3.30 记 $A=EF^c$，$B=FE^c$，$C=E\cap F$，则 A，B，C 互不相容，且

$$E\cup F=A\cup B\cup C\quad E=A\cup C\qquad F=B\cup C$$

$$P(E|E\cup F)=\frac{P(E\cap(E\cup F))}{P(E\cup F)}=\frac{P(A)P(C)}{P(A)+P(B)+P(C)}$$

$$P(E|F)=\frac{P(EF)}{P(F)}=\frac{P(C)}{P(B)+P(C)}$$

由上式看，$P(E|E\cup F)\geqslant P(E|F)$是显然的.

477

3.31 (a)2/5

(b)5/6

3.32 (a)1/7

(b)1/6

3.33

$$
\begin{aligned}
P(E \mid FG^c) &= \frac{P(EFG^c)}{P(FG^c)} \\
&= \frac{P(EF) - P(EFG)}{P(F) - P(FG)} \\
&= \frac{P(E)P(F) - P(E)P(F)P(G)}{P(F) - P(F)P(G)} \\
&= P(E)
\end{aligned}
$$

上式的第二个等式运用了 $EF = EFG \cup EFG^c$

3.34 设 W_1 为“选手 1 为冠军”，O 为“选手 1 没有参加第一轮比赛”. 我们以事件 O 发生与否为条件，计算

$$
\begin{aligned}
P(W_1) &= P(W_1 \mid O)P(O) + P(W_1 \mid O^c)P(O^c) \\
&= P(W_1 \mid O)\frac{1}{3} + \frac{1}{3}\frac{1}{4}\frac{2}{3}
\end{aligned}
$$

上式中，如果 O 没有发生，则选手 1 就会同时击败 2 和 3. 以 2 或 3 赢得首次比赛为条件来计算 $P(W_1 \mid O)$. 记 B_i 为“选手 i 赢得首次比赛”，则

$$
\begin{aligned}
P(W_1 \mid O) &= P(W_1 \mid O, B_2)P(B_2 \mid O) + P(W_1 \mid O, B_3)P(B_3 \mid O) \\
&= \frac{1}{3}\frac{2}{5} + \frac{1}{4}\frac{3}{5} = 17/60
\end{aligned}
$$

因此有 $P(W_1) = 3/20$. 故有，

$$
P(O \mid W_1) = \frac{P(W_1 \mid O)P(O)}{P(W_1)} = \frac{(17/60)(1/3)}{3/20} = 17/27
$$

3.35

$$
P(\text{都是白色} \mid \text{同色}) = P(\text{都是白色})/P(\text{同色})
$$

又

$$
P(\text{都是白色}) = \frac{\binom{5}{4}}{\binom{22}{4}} \qquad P(\text{同色}) = \frac{\binom{4}{4} + \binom{5}{4} + \binom{6}{4} + \binom{7}{4}}{\binom{22}{4}}
$$

所以

$$
P(\text{都是白色} \mid \text{同色}) = \frac{\binom{5}{4}}{\binom{4}{4} + \binom{5}{4} + \binom{6}{4} + \binom{7}{4}} = \frac{5}{56}
$$

3.36 设 B_3 为 3 打败 4 的概率. 因为 1 打败 2 的概率是 1/3，所以

$P(1) = P(1 \mid B_3)P(B_3) + P(1 \mid B_3^c)P(B_3^c) = (1/3)(1/4)(3/7) + (1/3)(1/5)(4/7) = 31/420$

3.37 (a) 以给定赢第一局比赛的选手为条件，计算

$$
\begin{aligned}
P(W_3) &= P(W_3 \mid 1\text{ 赢})(1/3) + P(W_3 \mid 2\text{ 赢})(2/3) \\
&= (1/3)(3/4)\prod_{i=4}^{n} \frac{3}{i+3} + (2/3)(3/5)\prod_{i=4}^{n} \frac{3}{i+3}
\end{aligned}
$$

$$= \frac{13}{20}\prod_{i=4}^{n}\frac{3}{i+3}$$

(b) 以选手 4 的对手为条件．记 O_i 为“i 是对手，$i=1,2,3$”．则

$$P(O_1)=\frac{1}{3}\,\frac{1}{4}=\frac{1}{12}$$

$$P(O_2)=\frac{2}{3}\,\frac{2}{5}=\frac{4}{15}$$

$$P(O_3)=1-\frac{1}{12}\,\frac{4}{15}=\frac{13}{20}$$

所以

$$P(W_4)=\sum_{i=1}^{3}P(W_4\mid O_i)P(O_i)=\frac{4}{5}\,\frac{1}{12}+\frac{4}{6}\,\frac{4}{15}+\frac{4}{7}\,\frac{13}{20}=\frac{194}{315}$$

第 4 章

4.1 由于概率之和为 1，我们利用这个条件得 $4P\{X=3\}+0.5=1$，从而 $P\{X=0\}=0.375$，$P\{X=3\}=0.125$，故 $E[X]=1\times0.3+2\times0.2+3\times0.125=1.075$.

4.2 利用题中的关系，得 $p_i=c^ip_0$，$i=1,2$，其中 $p_i=P\{X=i\}$．由于这些概率之和为 1，得

$$p_0(1+c+c^2)=1\Rightarrow p_0=\frac{1}{1+c+c^2}$$

因此，

$$E[X]=p_1+2p_2=\frac{c+2c^2}{1+c+c^2}$$

4.3 令 X 为掷硬币的次数，X 的分布列为

$$p_2=p^2+(1-p)^2 \qquad p_3=1-p_2=2p(1-p)$$

因此，

$$E[X]=2p_2+3p_3=2p_2+3(1-p_2)=3-p^2-(1-p)^2$$ 478

4.4 随机地选定一个家庭，而这个家庭有 i 个孩子的概率为 n_i/m，因此，

$$E[X]=\sum_{i=1}^{r}in_i/m$$

因为有 i 个孩子的家庭总数为 n_i，所以这些孩子的总数为 in_i，抽到的孩子来自这样的家庭的概率为 $in_i/\sum_{j=1}^{r}jn_j$．因此，

$$E[Y]=\frac{\sum_{i=1}^{r}i^2n_i}{\sum_{i=1}^{r}in_i}$$

因此，我们必须证明

$$\frac{\sum_{i=1}^{r}i^2n_i}{\sum_{i=1}^{r}in_i}\geqslant\frac{\sum_{i=1}^{r}in_i}{\sum_{i=1}^{r}n_i}$$

或等价地，

$$\sum_{j=1}^{r} n_j \sum_{i=1}^{r} i^2 n_i \geqslant \sum_{i=1}^{r} i n_i \sum_{j=1}^{r} j n_j$$

或等价地，

$$\sum_{i=1}^{r} \sum_{j=1}^{r} i^2 n_i n_j \geqslant \sum_{i=1}^{r} \sum_{j=1}^{r} i j n_i n_j$$

对于固定的(i, j)，左边和式 $n_i n_j$ 的系数为 i^2+j^2，右边和式 $n_i n_j$ 系数为 $2ij$，所以上式等价于

$$i^2 + j^2 \geqslant 2ij$$

因为$(i-j)^2 \geqslant 0$，上式显然成立.

4.5 记 $p=P\{X=1\}$，则 $E[X]=p$，$\mathrm{Var}(X)=p(1-p)$，由问题条件知，

$$p = 3p(1-p)$$

解此方程得 $p=2/3$. 因此 $P\{X=0\}=1/3$.

4.6 假定你押上 x，而赢 x 的概率为 p，输 x 的概率为 $1-p$. 此时，你赢钱的期望为

$$xp - x(1-p) = (2p-1)x$$

当 $p>1/2$ 时，这个值为正；当 $p<1/2$ 时，这个值为负. 因此，若 $p<1/2$，你押 0 元能最大化你的期望收入；若 $p>1/2$，你押得越多越能最大化你的期望收入. 若告诉你正面朝上的概率为 0.6，则你应该押 10 元；若告诉你是 0.3，则你应该押 0 元，这样你的期望收入为

$$\frac{1}{2} \times (1.2-1) \times 10 + \frac{1}{2} \times 0 - C = 1 - C$$

其中 C 为信息费. 若没有这个信息，则你的期望收入为

$$\frac{1}{2}(2\times 0.6-1)x + \frac{1}{2}(2\times 0.3-1)x = \left[\frac{1}{2}\times 0.2 + \frac{1}{2}\times(-0.4)\right]x = -0.1x$$

因此，在没有信息的情况下，你应该押 0 元，使损失最小. 比较这两种赌博方式可看出，只要 $C<1$ 你就买这个信息.

4.7 (a) 若你翻开红纸，观察得到 x，那么，若你转向蓝纸，你的期望收入为

$$2x(1/2) + x/2(1/2) = 5x/4 > x$$

因此，你应该转向蓝纸，而期望得到更多.

(b) 设慈善家写的数为 x(写在红纸上)，则在蓝纸上写上 $2x$ 或 $x/2$，注意若 $x/2 \geqslant y$，此时蓝纸上写的数字总是比 y 大，因此按规定接受了蓝纸上提供的数字，即 $2x$ 或 $x/2$.

$$E[R_y(x)] = 5x/4 \qquad \text{若 } x/2 \geqslant y$$

如果 $x/2<y\leqslant 2x$，此时，如果蓝纸上写的是 $2x$，你就接受 $2x$；若蓝纸上写的是 $x/2$，你就转向红纸，此时，你得到的是

$$E[R_y(x)] = 2x(1/2) + x(1/2) = 3x/2 \qquad \text{若 } x/2 < y \leqslant 2x$$

最后，若 $2x<y$，则蓝纸上的数被拒绝，你的收入为

$$R_y(x) = x \qquad \text{若 } 2x < y$$

即我们已经证明了当红纸上写的是 x 时，对于 y 值，期望收入为

$$E[R_y(x)] = \begin{cases} x & x < y/2 \\ 3x/2 & y/2 \leqslant x < 2y \\ 5x/4 & x \geqslant 2y \end{cases}$$

4.8 设 n 次独立重复试验每次成功的概率为 p，成功数小于或等于 i 的充要条件为失败数大于或等于 $n-i$，但是每次试验失败的概率为 $1-p$，因此失败数的分布为二项分布，参数为$(n, 1-p)$，故

$$P\{\text{Bin}(n,p)\leqslant i\}=P\{\text{Bin}(n,1-p)\geqslant n-i\}=1-P\{\text{Bin}(n,1-p)\leqslant n-i-1\}$$

上面最后一个等式用到了事件与它的对立事件的概率之间的关系.

479

4.9 由 $E[X]=np$，$\text{Var}(X)=np(1-p)$. 通过 $np=6$，$np(1-p)=2.4$，解得 $p=0.6$，$n=10$，故

$$P\{X=5\}=\binom{10}{5}(0.6)^5(0.4)^5$$

4.10 令 $X_i(i=1,\cdots,m)$为第 i 次取出的球的号码，则

$$P\{X\leqslant k\}=P\{X_1\leqslant k,X_2\leqslant k,\cdots,X_m\leqslant k\}=P\{X_1\leqslant k\}P\{X_2\leqslant k\}\cdots P\{X_m\leqslant k\}=\left(\frac{k}{n}\right)^m$$

因此，

$$P\{X=k\}=P\{X\leqslant k\}-P\{X\leqslant k-1\}=\left(\frac{k}{n}\right)^m-\left(\frac{k-1}{n}\right)^m$$

4.11 (a) 给定 A 赢第一局，A 最终获胜的充要条件 A 在 B 赢 3 局以前赢 2 局. 故

$$P\{A\text{ 胜}\,|\,A\text{ 赢第一局}\}=\sum_{i=2}^{4}\binom{4}{i}p^i(1-p)^{4-i}$$

(b) $$P\{A\text{ 赢第一局}\}\,|\,A\text{ 胜}\}=\frac{P\{A\text{ 胜}\,|\,A\text{ 赢第一局}\}P\{A\text{ 赢第一局}\}}{P\{A\text{ 胜}\}}=\frac{\sum_{i=2}^{4}\binom{4}{i}p^{i+1}(1-p)^{4-i}}{\sum_{i=3}^{5}\binom{5}{i}p^i(1-p)^{5-i}}$$

4.12 为计算至少赢三场的概率，必须计算本周赢或输的条件之下的事件的概率，因此，答案为

$$0.5\sum_{i=3}^{4}\binom{4}{i}0.4^i0.6^{4-i}+0.5\sum_{i=3}^{4}\binom{4}{i}0.7^i0.3^{4-i}$$

4.13 记 C 为“陪审团作出正确决定”的事件，记 F 为“其中有 4 个审判员的结论相同”，则

$$P(C)=\sum_{i=4}^{7}\binom{7}{i}0.7^i0.3^{7-i}$$

$$P(C\,|\,F)=\frac{P(CF)}{P(F)}=\frac{\binom{7}{4}0.7^40.3^3}{\binom{7}{4}0.7^40.3^3+\binom{7}{3}0.7^30.3^4}=0.7$$

4.14 假定飓风次数服从泊松分布，则我们的解为

$$\sum_{i=0}^{3}e^{-5.2}(5.2)^i/i!$$

4.15 $$E[Y]=\sum_{i=1}^{\infty}iP\{X=i\}/P\{X>0\}=E[X]/P\{X>0\}=\frac{\lambda}{1-e^{-\lambda}}$$

4.16 (a) $1/n$

(b) 令 D 表示“女生 i 和女生 j 选择不同的男生”，则有

$$P(G_iG_j)=P(G_iG_j\,|\,D)P(D)+P(G_iG_j\,|\,D^c)P(D^c)=(1/n)^2(1-1/n)=\frac{n-1}{n^3}$$

因此 $P(G_i\,|\,G_j)=P(G_iG_j)/P(G_j)=\frac{n-1}{n^2}$.

(c) (d) 当 n 充分大时，$P(G_i\,|\,G_j)$很小，并且与 $P(G_i)$很接近. 由此可知形成夫妇的对数近似服从泊松分

布，均值为 $\sum_{i=1}^{n}P(G_i)=1$. 从而，$P_0\approx e^{-1}$，$P_k\approx e^{-1}/k!$.

(e) 为求给定 k 个女生都被配成夫妇的概率，利用条件概率计算. 记 D 为"这 k 个女生都选择不同的男生".

$$P(G_{i_1}\cdots G_{i_k})=P(G_{i_1}\cdots G_{i_k}\mid D)P(D)+P(G_{i_1}\cdots G_{i_k}\mid D^c)P(D^c)=P(G_{i_1}\cdots G_{i_k}\mid D)P(D)$$
$$=\left(\frac{1}{n}\right)^k\frac{n(n-1)\cdots(n-k+1)}{n^k}=\frac{n!}{(n-k)!n^{2k}}$$

因此，

$$\sum_{i_1<\cdots<i_k}P(G_{i_1}\cdots G_{i_k})=\binom{n}{k}P(G_{i_1}\cdots G_{i_k})=\frac{n!n!}{(n-k)!(n-k)!k!n^{2k}}$$

利用容斥恒等式得

480

$$1-P_0=P\left(\bigcup_{i=1}^{n}G_i\right)=\sum_{k=1}^{n}(-1)^{k+1}\frac{n!n!}{(n-k)!(n-k)!k!n^{2k}}$$

4.17 (a) 由于第 i 个妇女与其余每个人结成对的可能性相同，因此 $P(W_i)=1/(2n-1)$.

(b) 由于在 W_j 的条件下，第 i 个妇女与其余 $2n-3$ 个人结成对的可能性相同，因此 $P(W_i\mid W_j)=1/(2n-3)$.

(c) 当 n 很大时，妇女和她的丈夫结成对的数目近似服从泊松分布，其均值近似为 $\sum_{i=1}^{n}P(W_i)=n/(2n-1)\approx 1/2$. 因此，没有夫妻结成对的概率近似等于 $e^{-1/2}$.

(d) 这个问题变成了配对问题.

4.18 (a) $\binom{8}{3}(9/19)^3(10/19)^5(9/19)=\binom{8}{3}(9/19)^4(10/19)^5$

(b) 记 W 为他的最后所得，X 为赌的次数，由于他要赢 4 次，输 $X-4$ 次，所以他的所得为

$$W=20-5(X-4)=40-5X$$

因此，

$$E[W]=40-5E[X]=40-5\times[4/(9/19)]=-20/9$$

4.19 当三个人抛掷硬币的结果相同时，就不会产生"奇人"，此概率为 1/4.

(a) $(1/4)^2(3/4)=3/64$　(b) $(1/4)^4=1/256$.

4.20 令 $q=1-p$，则

$$E[1/X]=\sum_{i=1}^{\infty}\frac{1}{i}q^{i-1}p=\frac{p}{q}\sum_{i=1}^{\infty}q^i/i=\frac{p}{q}\sum_{i=1}^{\infty}\int_0^q x^{i-1}\mathrm{d}x=\frac{p}{q}\int_0^q\sum_{i=1}^{\infty}x^{i-1}\mathrm{d}x$$
$$=\frac{p}{q}\int_0^q\frac{1}{1-x}\mathrm{d}x=\frac{p}{q}\int_p^1\frac{1}{y}\mathrm{d}y=-\frac{p}{q}\ln p$$

4.21 由于 $(X-b)/(a-b)$ 以概率 p 为 1，以概率 $(1-p)$ 为 0，故它是一个伯努利随机变量，其参数为 p，方差为 $p(1-p)$. 即

$$p(1-p)=\mathrm{Var}\left(\frac{X-b}{a-b}\right)=\frac{1}{(a-b)^2}\mathrm{Var}(X-b)=\frac{1}{(a-b)^2}\mathrm{Var}(X)$$

故

$$\mathrm{Var}(X)=(a-b)^2p(1-p)$$

4.22 记 X 为你玩的局数，Y 为你输掉的局数.

(a) 玩了 4 局以后，你再继续玩，直到你输为止. 因此 $X-4$ 是几何随机变量，其参数为(1−

p)，故

$$E[X]=E[4+(X-4)]=4+E[X-4]=4+\frac{1}{1-p}$$

(b) 令 Z 为前 4 局中输的局数，则 Z 为二项随机变量，其参数为(4，$1-p$)．由于 $Y=Z+1$，我们有

$$E[Y]=E[Z+1]=E[Z]+1=4(1-p)+1$$

4.23 "在抽出 m 个黑球以前抽出 n 个白球"这一事件等价于"在前 $n+m-1$ 次抽球中至少抽出 n 个白球"(与第 3 章例 4j 的点数问题进行比较)．记 X 为前 $n+m-1$ 次抽出的球中白球个数，X 是超几何随机变量，可得

$$P\{X\geqslant n\}=\sum_{i=n}^{n+m-1}P\{X=i\}=\sum_{i=n}^{n+m-1}\frac{\binom{N}{i}\binom{M}{n+m-1-i}}{\binom{N+M}{n+m-1}}$$

4.24 因为每个球都以相同的概率 P_i 独立地进入盒子，所以 X_i 服从参数为 $n=10$，$p=p_i$ 的二项分布．首先记 X_i+X_j 为进入第 i 个盒子或第 j 个盒子的球的个数，那么由于这 10 个球中每个球独立进入一个盒子的概率为 p_i+p_j，所以 X_i+X_j 服从 $n=10$，$p=p_i+p_j$ 的二项分布．同样道理，$X_1+X_2+X_3$ 是参数为 $n=10$，$p=p_1+p_2+p_3$ 的二项随机变量，因此，

$$P\{X_1+X_2+X_3=7\}=\binom{10}{7}(p_1+p_2+p_3)^7(p_4+p_5)^3$$

481

4.25 记 X_i 为 1，如果第 i 个人匹配，否则为 0．那么

$$X=\sum_{i=1}^{n}X_i$$

是匹配的人数，由于第 i 个人等可能地从 n 顶帽子中取帽，因而取其期望得到

$$E[X]=E\Big[\sum_{i=1}^{n}X_i\Big]=\sum_{i=1}^{n}E[X_i]=\sum_{i=1}^{n}P\{X_i=1\}=\sum_{i=1}^{n}1/n=1$$

为了计算 Var(X)，我们使用公式(9.1)，表达式如下所示：

$$E[X^2]=\sum_{i=1}^{n}E[X_i]+\sum_{i=1}^{n}\sum_{j\neq i}E[X_iX_j]$$

那么，针对 $i\neq j$ 的情况，

$$E[X_iX_j]=P\{X_i=1,X_j=1\}=P\{X_i=1\}P\{X_j=1\mid X_i=1\}=\frac{1}{n}\frac{1}{n-1}$$

因此，

$$E[X^2]=1+\sum_{i=1}^{n}\sum_{j\neq i}\frac{1}{n(n-1)}=1+n(n-1)\frac{1}{n(n-1)}=2$$

这就得到

$$\mathrm{Var}(X)=2-1^2=1$$

4.26 $q=1-p$，一方面，

$$P(E)=\sum_{i=1}^{\infty}P\{X=2i\}=\sum_{i=1}^{\infty}pq^{2i-1}=pq\sum_{i=1}^{\infty}(q^2)^{i-1}=pq\frac{1}{1-q^2}=\frac{pq}{(1-q)(1+q)}=\frac{q}{1+q}$$

另一方面，

$$P(E)=P(E\mid X=1)p+P(E\mid X>1)q=qP(E\mid X>1)$$

然而，给定第一次试验不成功的条件下，试验首次成功所需试验次数是 1 加上几何分布所需另外

的试验次数，因此，

$$P(E|X>1)=P(X+1\text{ 是偶数})=P(E^c)=1-P(E)$$

即 $P(E)=\dfrac{q}{1+q}$.

4.27 (a) 要使 $N=6$，某支球队必须在前 5 局获胜 3 局，且在第 6 局获胜，所以

$$\begin{aligned}P(N=6)&=\binom{5}{3}p^3(1-p)^2p+\binom{5}{3}(1-p)^3p^2(1-p)\\&=10(p^4(1-p)^2+(1-p)^4p^2)\end{aligned}$$

要使 $N=7$，两支球队必须在前 6 局打成平手，所以

$$P(N=7)=\binom{6}{3}p^3(1-p)^3=20p^3(1-p)^3$$

所以

$$\begin{aligned}P(N=6)-P(N=7)&=p^2(1-p)^2\\&\quad(10p^2+10(1-p)^2-20p(1-p))\\&=p^2(1-p)^2(40p^2-40p+10)\end{aligned}$$

而函数 $40p^2-40p+10$ 在 $p=1/2$ 处取得最小值 0.

(b) 要使 $N=6$，则必须有支球队在前 5 局获胜 3 局，另一支球队获胜 2 局，因为 $p=1/2$，所以两支球队等可能在第 6 局获胜，所以 $N=6$ 与 $N=7$ 的概率相同．

(c) 可以想象，即使某支球队已经赢了比赛，比赛继续进行下去．赢了第一局比赛的球队在后面的 6 场比赛中，必须至少赢 3 场才能赢得冠军．所以，答案是 $\sum_{i=3}^{6}\binom{6}{i}(1/2)^6=42/64$．

4.28 (a) 负二项随机变量表示在一个类似取球的试验中取出球的个数，只不过取球是有放回的.

(b) 根据提示，我们记 $X=r$，如果前 $r-1$ 个取出的球中正好包含了 $k-1$ 个白球，并且下一个取出的球为白色，因此，

$$P\{X=r\}=\frac{\binom{n}{k-1}\binom{m}{r-k}}{\binom{n+m}{r-1}}\frac{n-k+1}{n+m-r+1},\qquad k\leqslant r\leqslant m+k$$

4.29 (a) $\dfrac{1}{3}\binom{8}{5}((1/3)^5(2/3)^3+(1/2)^8+(3/4)^5(1/4)^3)$

(b) $\dfrac{1}{3}[(2/3)^4(1/3)+(1/2)^5+(1/4)^4(3/4)]$

482

4.30 参数为 n 和 $1-p$ 的二项分布．

4.31

$$P(X=k)=\frac{\binom{k-1}{i-1}\binom{n+m-k}{n-i}}{\binom{n+m}{n}}$$

4.32 如果前 $i-1$ 个球有 $r-1$ 个红球，$i-r$ 个蓝球，下一个球是红球，就记 $X=i$. 则

$$P(X=i)=\frac{\binom{n}{r-1}\binom{m}{i-r}}{\binom{n+m}{i-1}}\frac{n-r+1}{n+m-i+1}$$

设 Y 为首次取出 s 个蓝球时从坛中取出的总球数．则 $V=\min(X,Y)$，且对 $i<r+s$，

$$P(V=i)=P(X=i)+P(Y=i)$$
$$=\frac{\binom{n}{r-1}\binom{m}{i-r}}{\binom{n+m}{i-1}}\frac{n-r+1}{n+m-i+1}+\frac{\binom{m}{s-1}\binom{n}{i-s}}{\binom{n+m}{i-1}}\frac{m-s+1}{n+m-i+1}$$

又 $Z=\max(X,Y)$．因为 $Z\geqslant r+s$，且当 $Z=i\geqslant r+s$ 时，要么 $X=i$，要么 $Y=i$，所以对 $i\geqslant r+s$，

$$P(Z=i)=P(X=i)+P(Y=i)$$
$$=\frac{\binom{n}{r-1}\binom{m}{i-r}}{\binom{n+m}{i-1}}\frac{n-r+1}{n+m-i+1}+\frac{\binom{m}{s-1}\binom{n}{i-s}}{\binom{n+m}{i-1}}\frac{m-s+1}{n+m-i+1}$$

如果在取出 $r+s$ 个球之前，就取出了第 i 个红球，那么 $X<Y$，所以

$$P(X<Y)=P(X<r+s)$$
$$=\sum_{i=r}^{r+s-1}\frac{\binom{n}{r-1}\binom{m}{i-r}}{\binom{n+m}{i-1}}\frac{n-r+1}{n+m-i+1}$$

第5章

5.1 设 X 是上场时间(分)

(a) $P\{X>15\}=1-P\{X\leqslant 15\}=1-5\times 0.025=0.875$

(b) $P\{20<X<35\}=10\times 0.05+5\times 0.025=0.625$

(c) $P\{X<30\}=10\times 0.025+10\times 0.05=0.75$

(d) $P\{X>36\}=4\times 0.025=0.1$

5.2 (a) $1=\int_0^1 cx^n\,\mathrm{d}x=c/(n+1)\Rightarrow c=n+1$

(b) $P\{X>x\}=(n+1)\int_x^1 x^n\,\mathrm{d}x=x^{n+1}\mid_x^1=1-x^{n+1}$

5.3 首先由下式确定 c 的值：

$$1=\int_0^2 cx^4\,\mathrm{d}x=32c/5\Rightarrow c=5/32$$

(a) $E[X]=\frac{5}{32}\int_0^2 x^5\,\mathrm{d}x=\frac{5}{32}\times\frac{64}{6}=5/3$

(b) $E[X^2]=\frac{5}{32}\int_0^2 x^6\,\mathrm{d}x=\frac{5}{32}\times\frac{128}{7}=20/7\Rightarrow \mathrm{Var}(X)=20/7-(5/3)^2=5/63$

5.4 由于

$$1=\int_0^1(ax+bx^2)\,\mathrm{d}x=a/2+b/3$$
$$0.6=\int_0^1(ax^2+bx^3)\,\mathrm{d}x=a/3+b/4$$

我们得到 $a=3.6$，$b=-2.4$．因此，

(a) $P[X<1/2]=\int_0^{1/2}(3.6x-2.4x^2)\,\mathrm{d}x=(1.8x^2-0.8x^3)\mid_0^{1/2}=0.35$

(b) $E[X^2]=\int_0^1(3.6x^3-2.4x^4)\,\mathrm{d}x=0.42\Rightarrow \mathrm{Var}(X)=0.06$

5.5 对于$i=1$，…，n，

$$P\{X=i\}=P\{\text{Int}(nU)=i-1\}=P\{i-1\leqslant nU<i\}=P\left\{\frac{i-1}{n}\leqslant U<\frac{i}{n}\right\}=1/n$$

5.6 如果你的竞价为x，$70\leqslant x\leqslant 140$，则你将以概率$(140-x)/70$赢得该工程，利润为$x-100$，或者失去工程，利润为0. 因此，若你竞价$x$，期望利润为

$$\frac{1}{70}(x-100)(140-x)=\frac{1}{70}(240x-x^2-14\,000)$$

上式求导并使之为0，得方程

$$240-2x=0$$

因此，你应该竞价120(千美元)，期望利润为40/7(千美元).

5.7 (a) $P\{U>0.1\}=9/10$

(b) $P\{U>0.2\,|\,U>0.1\}=P\{U>0.2\}/P\{U>0.1\}=8/9$

(c) $P\{U>0.3\,|\,U>0.2, U>0.1\}=P\{U>0.3\}/P\{U>0.2\}=7/8$

(d) $P\{U>0.3\}=7/10$

将(a)，(b)，(c)所得的概率相乘得到(d)的概率.

5.8 记X为测试数据，令$Z=(X-100)/15$，注意Z是标准正态随机变量.

(a) $P\{X>125\}=P\{Z>25/15\}\approx 0.0478$

(b) $P\{90<X<110\}=P\{-10/15<Z<10/15\}=P\{Z<2/3\}-P\{Z<-2/3\}=P\{Z<2/3\}-[1-P\{Z<2/3\}]\approx 0.4950$

483

5.9 设X是路上花的时间，我们需要确定x，使

$$P\{X>x\}=0.05$$

它等价于

$$P\left\{\frac{X-40}{7}>\frac{x-40}{7}\right\}=0.05$$

即我们需要求满足

$$P\left\{Z>\frac{x-40}{7}\right\}=0.05$$

的x，其中Z为标准正态随机变量. 但是

$$P\{Z>1.645\}=0.05$$

因此，

$$\frac{x-40}{7}=1.645 \quad 或 \quad x=51.515$$

这样，你应该在12点过8.485分以前动身.

5.10 令X为轮胎的寿命(单位：1000英里)，令$Z=(X-34)/4$，则Z为标准正态随机变量.

(a) $P\{X>40\}=P\{Z>1.5\}\approx 0.0668$

(b) $P\{30<X<35\}=P\{-1<Z<0.25\}=P\{Z<0.25\}-P\{Z>1\}\approx 0.44$

(c) $P\{X>40\,|\,X>30\}=P\{X>40\}/P\{X>30\}=P\{Z>1.5\}/P\{Z>-1\}\approx 0.079$

5.11 令X为下一年的降雨量，记$Z=(X-40.2)/8.4$.

(a) $P\{X>44\}=P\{Z>3.8/8.4\}\approx P\{Z>0.4524\}\approx 0.3255$

(b) $\binom{7}{3}(0.3255)^3(0.6745)^4$

5.12 记M_i为样本中每年至少有收入i(单位：千元)的男人数. W_i为相应的女人数，令Z为标准正态随

机变量.

(a) $P\{W_{25} \geqslant 70\} = P\{W_{25} \geqslant 69.5\} = P\left\{\frac{W_{25} - 200 \times 0.34}{\sqrt{200 \times 0.34 \times 0.66}} \geqslant \frac{69.5 - 200 \times 0.34}{\sqrt{200 \times 0.34 \times 0.66}}\right\}$

$\approx P\{Z \geqslant 0.2239\} \approx 0.4114$

(b) $P\{M_{25} \leqslant 120\} = P\{M_{25} \leqslant 120.5\} = P\left\{\frac{M_{25} - 200 \times 0.587}{\sqrt{200 \times 0.587 \times 0.413}} \leqslant \frac{120.5 - 200 \times 0.587}{\sqrt{200 \times 0.587 \times 0.413}}\right\}$

$\approx P\{Z \leqslant 0.4452\} \approx 0.6719$

(c) $P\{M_{20} \geqslant 150\} = P\{M_{20} \geqslant 149.5\} = P\left\{\frac{M_{20} - 200 \times 0.745}{\sqrt{200 \times 0.745 \times 0.255}} \leqslant \frac{149.5 - 200 \times 0.745}{\sqrt{200 \times 0.745 \times 0.255}}\right\}$

$\approx P\{Z \geqslant 0.0811\} \approx 0.4677$

$P\{W_{20} \geqslant 100\} = P\{W_{20} \geqslant 99.5\} = P\left\{\frac{W_{20} - 200 \times 0.534}{\sqrt{200 \times 0.534 \times 0.466}} \geqslant \frac{99.5 - 200 \times 0.534}{\sqrt{200 \times 0.534 \times 0.466}}\right\}$

$\approx P\{Z \geqslant -1.0348\} \approx 0.8496$

因此，$P\{M_{20} \geqslant 150\}P\{W_{20} \geqslant 100\} \approx 0.3974$.

5.13 由指数分布的无记忆知，其结果为 $e^{-4/5}$.

5.14 (a) $e^{-2^2} = e^{-4}$

(b) $F(3) - F(1) = e^{-1} - e^{-9}$

(c) $\lambda(t) = 2te^{-t^2}/e^{-t^2} = 2t$

(d) 令 Z 为标准正态随机变量，利用恒等式 $E[X] = \int_0^\infty P\{X > x\}dx$，得到

$$E[X] = \int_0^\infty e^{-x^2}dx = 2^{-1/2}\int_0^\infty e^{-y^2/2}dy = 2^{-1/2}\sqrt{2\pi}P\{Z > 0\} = \sqrt{\pi}/2$$

(e) 利用理论习题 5.5，得到

$$E[X^2] = \int_0^\infty 2xe^{-x^2}dx = -e^{-x^2}\Big|_0^\infty = 1$$

因此，$\mathrm{Var}(X) = 1 - \pi/4$.

5.15 (a) $P\{X > 6\} = \exp\{-\int_0^6 \lambda(t)dt\} = e^{-3.45}$

484

(b) $P\{X < 8 \mid X > 6\} = 1 - P\{X > 8 \mid X > 6\} = 1 - P\{X > 8\}/P\{X > 6\} = 1 - e^{-5.65}/e^{-3.45} \approx 0.8892$

5.16 对于 $x \geqslant 0$，

$$F_{1/X}(x) = P\{1/X \leqslant x\} = P\{X \leqslant 0\} + P\{X \geqslant 1/x\} = 1/2 + 1 - F_X(1/x)$$

上式求导，得

$$f_{1/X}(x) = x^{-2}f_X(1/x) = \frac{1}{x^2\pi(1 + (1/x)^2)} = f_X(x)$$

对于 $x < 0$ 的证明是类似的.

5.17 令 X 表示 n 次赌博中你赢的次数，你所赢的钱数为

$$35X - (n - X) = 36X - n$$

你赢钱的概率为

$$a = P\{36X - n > 0\} = P\{X > n/36\}$$

其中 X 是二项随机变量，参数为 n，$p = 1/38$.

(a) 当 $n = 34$ 时，

$$
\begin{aligned}
a = P\{X \geqslant 1\} &= P\{X > 0.5\} \qquad \text{(连续性修正)}\\
&= P\left\{\frac{X-34/38}{\sqrt{34\times 1/38\times 37/38}} > \frac{0.5-34/38}{\sqrt{34\times 1/38\times 37/38}}\right\}\\
&= P\left\{\frac{X-34/38}{\sqrt{34\times 1/38\times 37/38}} > -0.4229\right\}\\
&\approx \Phi(0.4229) \approx 0.6638
\end{aligned}
$$

(因为 34 次赌博后，如果你能赢一次以上的话，你就会赢. 准确概率为$1-(37/38)^{34}=0.5961$.)

(b) 当 $n=1000$ 时，

$$
\begin{aligned}
a = P\{X > 27.5\} &= P\left\{\frac{X-1000/38}{\sqrt{1000\times 1/38\times 37/38}} > \frac{27.5-1000/38}{\sqrt{1000\times 1/38\times 37/38}}\right\}\\
&\approx 1-\Phi(0.2339) \approx 0.4075
\end{aligned}
$$

准确概率(即参数为 $n=1000$，$p=1/38$ 的二项随机变量大于 27 的概率)为 0.3961.

(c) 当 $n=100\,000$ 时，

$$
\begin{aligned}
a = P\{X > 2777.5\} &= P\left\{\frac{X-100\,000/38}{\sqrt{100\,000\times 1/38\times 37/38}} > \frac{2777.5-100\,000/38}{\sqrt{100\,000\times 1/38\times 37/38}}\right\}\\
&\approx 1-\Phi(2.883) \approx 0.0020
\end{aligned}
$$

准确概率为 0.0021.

5.18 设 X 表示电池的寿命，那么所求的概率为 $P\{X>s+t\mid X>t\}$，故

$$
\begin{aligned}
P\{X > s+t\mid X > t\} &= \frac{P\{X > s+t, X > t\}}{P\{X > t\}} = \frac{P\{X > s+t\}}{P\{X > t\}}\\
&= \frac{P\{X > s+t\mid \text{类型 1 电池}\}p_1 + P\{X > s+t\mid \text{类型 2 电池}\}p_2}{P\{X > t\mid \text{类型 1 电池}\}p_1 + P\{X > t\mid \text{类型 2 电池}\}p_2}\\
&= \frac{e^{-\lambda_1(s+t)}p_1 + e^{-\lambda_2(s+t)}p_2}{e^{-\lambda_1 t}p_1 + e^{-\lambda_2 t}p_2}
\end{aligned}
$$

另一种方法是以电池类型为条件，然后利用指数分布的无记忆性，

$$
\begin{aligned}
P\{X > s+t\mid X > t\} &= P\{X > s+t\mid X > t, \text{类型 1}\}P\{\text{类型 1}\mid X > t\}\\
&\quad + P\{X > s+t\mid X > t, \text{类型 2}\}P\{\text{类型 2}\mid X > t\}\\
&= e^{-\lambda_1 s}P\{\text{类型 1}\mid X > t\} + e^{-\lambda_2 s}P\{\text{类型 2}\mid X > t\}
\end{aligned}
$$

对于类型 $i(i=1,2)$，

$$
\begin{aligned}
P\{\text{类型 } i, X > t\} &= \frac{P\{\text{类型 } i, X > t\}}{P\{X > t\}} = \frac{P\{X > t\mid \text{类型 } i\}p_i}{P\{X > t\mid \text{类型 1}\}p_1 + P\{X > t\mid \text{类型 2}\}p_2}\\
&= \frac{e^{-\lambda_i t}p_i}{e^{-\lambda_1 t}p_1 + e^{-\lambda_2 t}p_2}
\end{aligned}
$$

计算结果与前一种方法是一致的.

5.19 令 X_i 为指数随机变量，具有均值 i，$i=1,2$.

(a) c 的值应满足 $P\{X_1>c\}=0.05$，故

$$e^{-c} = 0.05 = 1/20$$

或

$$c = \ln 20 = 2.996$$

(b) $P\{X_2>c\}=e^{-c/2}=\dfrac{1}{\sqrt{20}}=0.2236$

5.20 (a) $E[(Z-c)^+]=\frac{1}{\sqrt{2\pi}}\int_{-\infty}^{\infty}(x-c)^+\mathrm{e}^{-x^2/2}\mathrm{d}x=\frac{1}{\sqrt{2\pi}}\int_{c}^{\infty}(x-c)\mathrm{e}^{-x^2/2}\mathrm{d}x$

$$=\frac{1}{\sqrt{2\pi}}\int_{c}^{\infty}x\mathrm{e}^{-x^2/2}\mathrm{d}x-\frac{1}{\sqrt{2\pi}}\int_{c}^{\infty}c\mathrm{e}^{-x^2/2}\mathrm{d}x=-\frac{1}{\sqrt{2\pi}}\mathrm{e}^{-x^2/2}\Big|_c^{\infty}-c(1-\Phi(c))$$

$$=\frac{1}{\sqrt{2\pi}}\mathrm{e}^{-c^2/2}-c(1-\Phi(c))$$

(b) 利用 X 和 $\mu+\sigma Z$ 具有相同分布这一事实，其中 Z 是标准正态随机变量，从而，

$$E[(X-c)^+]=E[(\mu+\sigma Z-c)^+]=E\left[\left(\sigma\left(Z-\frac{c-\mu}{\sigma}\right)\right)^+\right]=E\left[\sigma\left(Z-\frac{c-\mu}{\sigma}\right)^+\right]$$

$$=\sigma E\left[\left(Z-\frac{c-\mu}{\sigma}\right)^+\right]=\sigma\left[\frac{1}{\sqrt{2\pi}}\mathrm{e}^{-a^2/2}-a(1-\Phi(a))\right]$$

其中 $a=\frac{c-\mu}{\sigma}$.

5.21 只有(b)真.

5.22 (a) 如果 $b>0$，那么对于 $0<x<b$，

$$P(bU<x)=P\{U<x/b\}=x/b.$$

因此，

$$f_{bU}(x)=1/b,0<x<b$$

$b<0$ 的情况相同.

(b) 对于 $a<x<1+a$，

$$P\{a+U<x\}=P\{U<x-a\}=x-a$$

求导之后可得

$$f_{a+U}(x)=1,\quad a<x<1+a.$$

(c) $a+(b-a)U$

(d) 对于 $0<x<1/2$，

$$P\{\min(U,1-U)<x\}=P\Big(\{U<x\}\cup\{U>1-x\}\Big)=P\{U<x\}+P\{U>1-x\}=2x$$

求导之后可得

$$f_{\min(U,1-U)}(x)=2,0<x<1/2$$

(e) 利用 $\max(U,1-U)=1-\min(U,1-U)$，根据(a)，(b)，(d)可得结果. 对于 $1/2<x<1$，直接论证如下：

$$P\{\max(U,1-U)<x\}=1-P\{\max(U,1-U)>x\}=1-P(\{U>x\}\cup\{U<1-x\})$$
$$=1-(1-x)-(1-x)=2x-1$$

因此，

$$f_{\max(U,1-U)}(x)=2,\qquad 1/2<x<1$$

5.23 (a) $\int_{-\infty}^{0}\mathrm{e}^x\mathrm{d}x+1+\int_1^{\infty}\mathrm{e}^{-(x-1)}\mathrm{d}x=1+1+1=3.$

(b) $E[X]=1/2$

5.24 (a) $\frac{\theta}{1+\theta}\int_0^{\infty}(1+x)\theta\mathrm{e}^{-\theta x}\mathrm{d}x=\frac{\theta}{1+\theta}\left(1+\frac{1}{\theta}\right)=1.$

(b) Y 服从参数为 θ 的指数分布，$E[X]=\frac{\theta}{1+\theta}(E[Y]+E[Y^2])=\frac{2+\theta}{\theta(1+\theta)}$.

(c) $E[X^2]=\frac{\theta}{1+\theta}(E[Y^2]+E[Y^3])=\frac{\theta}{1+\theta}\left(\frac{2}{\theta^2}+\frac{6}{\theta^3}\right)$. 因此，

$$\mathrm{Var}(X)=\frac{\theta}{1+\theta}\left(\frac{2}{\theta^2}+\frac{6}{\theta^3}\right)-\left(\frac{2+\theta}{\theta(1+\theta)}\right)^2$$

第 6 章

6.1 (a) $3C+6C=1\Rightarrow C=1/9$

(b) 令 $p(i,j)=P\{X=i, Y=j\}$，则

$$p(1,1)=4/9 \qquad p(1,0)=2/9 \qquad p(0,1)=1/9 \qquad p(0,0)=2/9$$

(c) $\frac{(12)!}{2^6}(1/9)^6(2/9)^6$ (d) $\frac{(12)!}{(4!)^3}(1/3)^{12}$ (e) $\sum_{i=8}^{12}\binom{12}{i}(2/3)^i(1/3)^{12-i}$

6.2 (a) 记 $p_j=P\{XYZ=j\}$，我们有

$$p_6=p_2=p_4=p_{12}=1/4$$

因此，$E[XYZ]=(6+2+4+12)/4=6$

(b) 记 $q_j=P\{XY+XZ+YZ=j\}$，我们有

$$q_{11}=q_5=q_8=q_{16}=1/4$$

486

因此，$E[XY+XZ+YZ]=(11+5+8+16)/4=10$

6.3 此题中，我们要用到恒等式

$$\int_0^{\infty}\mathrm{e}^{-x}x^n\mathrm{d}x=n!$$

实际上，$\mathrm{e}^{-x}x^n/n!(x>0)$是$\Gamma$随机变量的密度函数(参数为$n+1$，$\lambda$)，积分必为 1.

(a) $1=C\int_0^{\infty}\mathrm{e}^{-y}\int_{-y}^{y}(y-x)\mathrm{d}x\mathrm{d}y=C\int_0^{\infty}\mathrm{e}^{-y}2y^2\mathrm{d}y=4C$

因此，$C=1/4$.

(b) 因为联合密度只在$-y<x<y$，$y>0$上为非零，所以当$x>0$时，

$$f_X(x)=\frac{1}{4}\int_x^{\infty}(y-x)\mathrm{e}^{-y}\mathrm{d}y=\frac{1}{4}\int_0^{\infty}u\mathrm{e}^{-(x+u)}\mathrm{d}u=\frac{1}{4}\mathrm{e}^{-x}$$

当$x<0$时，

$$f_X(x)=\frac{1}{4}\int_{-x}^{\infty}(y-x)\mathrm{e}^{-y}\mathrm{d}y=\frac{1}{4}[-y\mathrm{e}^{-y}-\mathrm{e}^{-y}+x\mathrm{e}^{-y}]\big|_{-x}^{\infty}=(-2x\mathrm{e}^{x}+\mathrm{e}^{x})/4$$

(c) $f_Y(y)=\frac{1}{4}\mathrm{e}^{-y}\int_{-y}^{y}(y-x)\mathrm{d}x=\frac{1}{2}y^2\mathrm{e}^{-y}, y>0$

(d) $$E[X]=\frac{1}{4}\left[\int_0^{\infty}x\mathrm{e}^{-x}\mathrm{d}x+\int_{-\infty}^{0}(-2x^2\mathrm{e}^{x}+x\mathrm{e}^{x})\mathrm{d}x\right]=\frac{1}{4}\left[1-\int_0^{\infty}(2y^2\mathrm{e}^{-y}+y\mathrm{e}^{-y})\mathrm{d}y\right]$$
$$=\frac{1}{4}[1-4-1]=-1$$

(e) $E[Y]=\frac{1}{2}\int_0^{\infty}y^3\mathrm{e}^{-y}\mathrm{d}y=3$

6.4 在n次独立试验中，每次试验出现结果 1，…，r的概率分别为p_1，…，p_r，那么多元随机变量X_i ($i=1$，…，r)可代表n次独立试验的结果数. 现在，当试验出现形如 1，…，r_1 的任意结果，我们定义试验结果为第一种，当试验出现形如r_1+1，…，r_1+r_2的任意结果，定义试验结果为第二种，以此类推. 根据以上定义，Y_1，…，Y_k 分别代表n次独立试验的第 1，…，k种结果，出现的概率分别为 $\sum_{j=r_{i-1}+1}^{r_{i-1}+r_i}p_j, i=1,\cdots,k$. 由定义可知，这一向量服从多元分布.

6.5 (a) 令 $p_j=P\{XYZ=j\}$，我们得到

$$p_1 = 1/8 \qquad p_2 = 3/8 \qquad p_4 = 3/8 \qquad p_8 = 1/8$$

(b) 令 $p_j = P\{XY+XZ+YZ=j\}$，我们得到

$$p_3 = 1/8 \qquad p_5 = 3/8 \qquad p_8 = 3/8 \qquad p_{12} = 1/8$$

(c) 令 $p_j = P\{X^2+YZ=j\}$，我们得到

$$p_2 = 1/8 \qquad p_3 = 1/4 \qquad p_5 = 1/4 \qquad p_6 = 1/4 \qquad p_8 = 1/8$$

6.6 (a) $1 = \int_0^1\int_1^5 (x/5 + cy)\mathrm{d}y\mathrm{d}x = \int_0^1 (4x/5 + 12c)\mathrm{d}x = 12c + 2/5$

因此，$c=1/20$.

(b) X 和 Y 不独立，不能将密度函数分解.

(c) $P\{X+Y>3\} = \int_0^1\int_{3-x}^5 (x/5 + y/20)\mathrm{d}y\mathrm{d}x = \int_0^1 [(2+x)x/5 + 25/40 - (3-x)^2/40]\mathrm{d}x$

$= 1/5 + 1/15 + 5/8 - 19/120 = 11/15$

6.7 (a) X 和 Y 相互独立，密度函数可分解因子.

(b) $f_X(x) = x\int_0^2 y\mathrm{d}y = 2x \qquad 0<x<1$

(c) $f_Y(y) = y\int_0^1 x\mathrm{d}x = y/2 \qquad 0<y<2$

(d) $P\{X<x, Y<y\} = P\{X<x\}P\{Y<y\} = \min(1,x^2)\min(1,y^2/4) \qquad x>0, y>0$

(e) $E[Y] = \int_0^2 y^2/2\mathrm{d}y = 4/3$

(f) $P\{X+Y<1\} = \int_0^1 x\int_0^{1-x} y\mathrm{d}y\mathrm{d}x = \frac{1}{2}\int_0^1 x(1-x)^2\mathrm{d}x = 1/24$

6.8 记 T_i 表示第 i 种冲击的来临时刻，$i=1$，2，3. 对于 $s>0$，$t>0$，

$$P\{X_1>s, X_2>t\} = P\{T_1>s, T_2>t, T_3>\max(s,t)\} = P\{T_1>s\}P\{T_2>t\}P\{T_3>\max(s,t)\}$$
$$= \exp\{-\lambda_1 s\}\exp\{-\lambda_2 t\}\exp\{-\lambda_3\max(s,t)\} = \exp\{-(\lambda_1 s + \lambda_2 t + \lambda_3\max(s,t))\}$$

487

6.9 (a) 不. 若在一页上有很多广告，那么这些广告被选中的机会比具有较少广告页上的广告被选中的机会小.

(b) $\frac{1}{m}\frac{n(i)}{n}$

(c) $\sum_{i=1}^m n(i)/(mn) = \overline{n}/n$，其中 $\overline{n} = \sum_{i=1}^m n(i)/m$

(d) $(1-\overline{n}/n)^{k-1}\frac{1}{m}\frac{n(i)}{n}\frac{1}{n(i)} = (1-\overline{n}/n)^{k-1}/(nm)$

(e) $\sum_{k=1}^\infty \frac{1}{nm}(1-\overline{n}/n)^{k-1} = \frac{1}{\overline{n}m}$

(f) 循环次数的分布为几何分布，其均值为 $n\sqrt{n}$

6.10 (a) $P\{X=i\}=1/m$，$i=1$，…，m.

(b) 第 2 步　产生一个随机数 U，若 $U<n(X)/n$，转到第 3 步，否则回到第 1 步.

第 3 步　产生一随机数 U，选择第 X 页上第 $[n(X)U]+1$ 个元素.

6.11 是，它们相互独立. 我们可以这样看：当我们知道这个序列在某时刻 N 超过 c 的时候，并不影响这个超过 c 的随机变量的概率分布，它仍然在 $(c, 1)$ 上均匀分布.

6.12 记 p_i 为掷镖得到 i 分的概率，则

$$p_{30} = \pi/36$$

$$p_{20}=4\pi/36-p_{30}=\pi/12$$
$$p_{10}=9\pi/36-p_{20}-p_{30}=5\pi/36$$
$$p_0=1-p_{10}-p_{20}-p_{30}=1-\pi/4$$

(a) $\pi/12$　(b) $\pi/9$　(c) $1-\pi/4$　(d) $\pi(30/36+20/12+50/36)=35\pi/9$

(e) $(\pi/4)^2$　(f) $2(\pi/36)(1-\pi/4)+2(\pi/12)(5\pi/36)$

6.13　令 Z 为标准正态随机变量.

(a) $$P\left\{\sum_{i=1}^{4}X_i>0\right\}=P\left\{\frac{\sum_{i=1}^{4}X_i-6}{\sqrt{24}}>\frac{-6}{\sqrt{24}}\right\}\approx P\{Z>-1.2247\}\approx 0.8897$$

(b) $$P\left\{\sum_{i=1}^{4}X_i>0\,\Big|\,\sum_{i=1}^{2}X_i=-5\right\}=P\{X_3+X_4>5\}=P\left\{\frac{X_3+X_4-3}{\sqrt{12}}>2\sqrt{12}\right\}$$
$$\approx P\{Z>0.5774\}\approx 0.2818$$

(c) $$P\left\{\sum_{i=1}^{4}X_i>0\,\Big|\,X_1=5\right\}=P\{X_2+X_3+X_4>-5\}=P\left\{\frac{X_2+X_3+X_4-4.5}{\sqrt{18}}>-9.5\sqrt{18}\right\}$$
$$\approx P\{Z>-2.239\}\approx 0.9874$$

6.14　在下式中，常数 C 不依赖于 n.

$$P\{N=n|X=x\}=f_{X|N}(x|n)P\{N=n\}/f_X(x)=C\frac{1}{(n-1)!}(\lambda x)^{n-1}(1-p)^{n-1}$$
$$=C(\lambda(1-p)x)^{n-1}/(n-1)!$$

它指出，在 $X=x$ 的条件下，$N-1$ 是泊松随机变量，其均值为 $\lambda(1-p)x$，即

$$P\{N=n|X=x\}=P\{N-1=n-1|X=x\}=e^{-\lambda(1-p)x}\frac{(\lambda(1-p)x)^{n-1}}{(n-1)!}\qquad n\geqslant 1$$

6.15　(a) 这个变换的雅可比值为

$$J=\begin{vmatrix}1&0\\1&1\end{vmatrix}=1$$

由于从方程 $u=x$，$v=x+y$ 可解得 $x=u$，$y=v-u$，所以我们得到

$$f_{U,V}(u,v)=f_{X,Y}(u,v-u)=1\qquad 0<u<1,0<v-u<1$$

或等价地，

$$f_{U,V}(u,v)=1\qquad \max(v-1,0)<u<\min(v,1)$$

(b) 对于 $0<v<1$，

$$f_V(v)=\int_0^v du=v$$

对于 $1\leqslant v\leqslant 2$，

488

$$f_V(v)=\int_{v-1}^1 du=2-v$$

6.16　记 U 为(7，11)上均匀随机变量，如果你出价 x，$7\leqslant x\leqslant 10$，你会以概率

$$(P\{U<x\})^3=\left(P\left\{\frac{U-7}{4}<\frac{x-7}{4}\right\}\right)^3=\left(\frac{x-7}{4}\right)^3$$

赢得这个项目. 因此，如果出价 x，你赚的钱数期望值 $E[G(x)]$ 为

$$E[G(x)]=\frac{1}{64}(x-7)^3(10-x)$$

由计算知，当 $x=37/4$ 时，你赚的钱数达到最大值.

6.17　记 i_1，…，i_n 为 1，2，…，n 的一个排列. 则

$$P\{X_1=i_1,X_2=i_2,\cdots,X_n=i_n\}=P\{X_1=i_1\}P\{X_2=i_2\}\cdots P\{X_n=i_n\}=p_{i_1}p_{i_2}\cdots p_{i_n}=p_1p_2\cdots p_n$$

因此，所求概率为 $n!p_1\cdots p_n$. 当所有 $p_i=1/n$ 时，该概率变成 $n!/(n^n)$.

6.18 (a) 因为 $\sum_{i=1}^{n}X_i=\sum_{i=1}^{n}Y_i$，所以 $N=2M$.

(b) 我们先在$(Y_1,\cdots,Y_n)$固定的条件下求出 M 的分布. 若这个分布与 $Y_1,\cdots,Y_n$ 的值无关，则 M 的条件分布就是 M 的无条件分布. 现假定$(Y_1,\cdots,Y_n)$的值为

$$(1,\cdots,1,0,\cdots,0)$$

即 $Y_1=\cdots=Y_k=1$，$Y_{k+1}=\cdots=Y_n=0$. 我们把 0，…，0 看成红球，一共有 $n-k$ 个红球. 现在再看 X 的值，它是一个随机的序列，这个序列中有 k 个 1，$n-k$ 个 0.

$$Y=(1,\cdots,1,0,0,\cdots,0)$$
$$X=(i_1,\cdots,i_k,i_{k+1},\cdots,i_n)$$

将 $i_l=1$ 看成取到第 l 个球，这样，M 刚好为随机取 k 个球，其中$\{X_i=1,\ Y_i=0\}$的个数. 由于把 $Y=0$ 解释为红球，这样 M 就是从 n 个球中随机地抓 k 个球以后，其中红球的个数，而红球的总个数是 $n-k$，这个分布是超几何分布. 由于这个分布与向量 Y 中 0 或 1 的位置排列无关，因此我们求得的 M 的分布也是无条件分布.

(c) $E[N]=E[2M]=2E[M]=2k(n-k)/n$

(d) 利用第 4 章例 8j 中关于超几何分布的方差公式可得

$$\text{Var}(N)=4\text{Var}(M)=4\frac{n-k}{n-1}k\left(1-\frac{k}{n}\right)(k/n)$$

6.19 (a) 由于 $S_n-S_k=\sum_{i=k+1}^{n}Z_i$，它具有均值 0 和方差 $n-k$，并且与 S_k 相互独立. 因此，给定 $S_k=y$，S_n 是一个均值为 y，方差为 $n-k$ 的正态随机变量.

(b) 在求 $S_n=x$ 之下，S_k 的密度 $f_{S_k|S_n}(y|x)$的过程中，将 x 看成一个与 y 无关的常数. 在下面的推论中，$C_i(i=1,2,3,4)$都是与 y 无关的常数.

$$\begin{aligned}
f_{S_k|S_n}(y|x)&=\frac{f_{S_k,S_n}(y,x)}{f_{S_n}(x)}=C_1f_{S_n|S_k}(x|y)f_{S_k}(y)\quad 其中\ C_1=\frac{1}{f_{S_n}(x)}\\
&=C_1\frac{1}{\sqrt{2\pi}\sqrt{n-k}}e^{-(x-y)^2/2(n-k)}\frac{1}{\sqrt{2\pi}\sqrt{k}}e^{-y^2/2k}=C_2\exp\left\{-\frac{(x-y)^2}{2(n-k)}-\frac{y^2}{2k}\right\}\\
&=C_3\exp\left\{\frac{2xy}{2(n-k)}-\frac{y^2}{2(n-k)}-\frac{y^2}{2k}\right\}=C_3\exp\left\{-\frac{n}{2k(n-k)}\left(y^2-2\frac{k}{n}xy\right)\right\}\\
&=C_3\exp\left\{-\frac{n}{2k(n-k)}\left[\left(y-\frac{k}{n}x\right)^2-\left(\frac{k}{n}x\right)^2\right]\right\}\\
&=C_4\exp\left\{-\frac{n}{2k(n-k)}\left(y-\frac{k}{n}x\right)^2\right\}
\end{aligned}$$

上式是一个正态随机变量的密度函数，均值为 kx/n，方差为 $k(n-k)/n$.

6.20 (a) $P\{X_6>X_1|X_1=\max(X_1,\cdots,X_5)\}=\dfrac{P\{X_6>X_1,X_1=\max(X_1,\cdots,X_5)\}}{P\{X_1=\max(X_1,\cdots,X_5)\}}$

$$=\frac{P\{X_6=\max(X_1,\cdots,X_6),X_1=\max(X_1,\cdots,X_5)\}}{1/5}=5\times\frac{1}{6}\times\frac{1}{5}=\frac{1}{6}$$

因此 X_6 是最大值的概率与前面 5 个 X_i 中哪个最大是无关的.（当然，当 X_i 具有不同分布时，这个结论不一定成立.）

(b) 取条件于是否有 $X_6>X_1$，注意

$$P\{X_6 > X_2 \mid X_1 = \max(X_1,\cdots,X_5), X_6 > X_1\} = 1$$

根据对称性，

$$P\{X_6 > X_2 \mid X_1 = \max(X_1,\cdots,X_5), X_6 < X_1\} = \frac{1}{2}$$

利用(a)，得到

489

$$P\{X_6 > X_1 \mid X_1 = \max(X_1,\cdots,X_5)\} = \frac{1}{6}$$

因此，取条件是否有 $X_6>X_1$，得到

$$\begin{aligned}&P\{X_6 > X_2 \mid X_1 = \max(X_1,\cdots,X_5)\}\\ =&P\{X_6 > X_2 \mid X_1 = \max(X_1,\cdots,X_5), X_6 > X_1\}P\{X_6 > X_1 \mid X_1 = \max(X_1,\cdots,X_5)\}\\ &+P\{X_6 > X_2 \mid X_1 = \max(X_1,\cdots,X_5), X_6 < X_1\}P\{X_6 < X_1 \mid X_1 = \max(X_1,\cdots,X_5)\}\\ =&1\times\frac{1}{6}+\frac{1}{2}\times\frac{5}{6}=\frac{7}{12}\end{aligned}$$

6.21 $P\{X>s,Y>t\}=1-P(\{X\leqslant s\}\cup\{Y\leqslant t\})=1-P\{X\leqslant s\}-P\{Y\leqslant t\}+P\{X\leqslant s,Y\leqslant t\}$

6.22 假设 $j<i$，考虑 $P(X_r=i,\ Y_s=j)$因为在 j 次试验之后如果 s 次失败，则 $j-s$ 次成功．所以，给定 $Y_s=j$，X_r 的条件分布是 $j+j$ 次试验之后直到 $r-j+s$ 次成功而增加的试验次数．所以，对于$j<i$，

$$\begin{aligned}P(X_r=i,Y_s=j)&=P(Y_s=j)P(X_r=i\mid Y_s=j)\\ &=P(Y_s=j)P(X_{s+r-j}=i-j)\\ &=\binom{j-1}{s-1}(1-p)^s p^{j-s}\\ &\binom{i-j-1}{s+r-j-1}p^{s+r-j}(1-p)^{i-s-r},j<i\end{aligned}$$

6.23 对于 $x>x_0$，$P(X>x\mid X>x_0)=\dfrac{P(X>x)}{P(X>x_0)}=\dfrac{a^\lambda x^{-\lambda}}{a^\lambda x_0^{-\lambda}}=x_0^\lambda x^{-\lambda}$

6.24

$$\begin{aligned}\int_{-\infty}^{\infty}f_{X|Y}(x|y)f_Y(y)\mathrm{d}y&=\int_{-\infty}^{\infty}\frac{f(x,y)}{f_Y(y)}f_Y(y)\mathrm{d}y\\ &=\int_{-\infty}^{\infty}f(x,y)\mathrm{d}y\\ &=f_X(x)\end{aligned}$$

6.25 (a)

$$p_i^k\Big(1-\prod_{j\neq i}(1-p_j^k)\Big)$$

(b) 如果 i 可以无穷次晋级，则以 i 晋级的次数为条件计算所求概率，得到 $\sum_{k=0}^{\infty}p_i^k(1-p_i)\prod_{j\neq i}(1-p_j^{k+1})$.

(c)

$$\sum_{k=0}^{\infty}p_i^k(1-p_i)\prod_{j\neq i}(1-p_j^k).$$

6.26 (a) 偶数．

(b) 1；

(c) $\prod_{i=1}^{n}(2\alpha_i-1)$；

(d)

$$\prod_{i=1}^{n}(2\alpha_i-1)=E\Big[\prod_{i=1}^{n}Y_i\Big]=P\Big(\prod_{i=1}^{n}Y_i=1\Big)-P\Big(\prod_{i=1}^{n}Y_i=-1\Big)$$
$$=2P\Big(\prod_{i=1}^{n}Y_i=1\Big)-1$$

所以

$$P(S\text{是偶数})=P\Big(\prod_{i=1}^{n}Y_i=1\Big)=\frac{1+\prod_{i=1}^{n}(2\alpha_i-1)}{2}$$

6.27　对于 $0<x<1$,

$$f_{X|N}(x\mid n)=\frac{P(N=n\mid X=x)f_X(x)}{P(N=n)}$$
$$=\frac{\binom{n+m}{n}x^n(1-x)^m x^{a-1}(1-x)^{b-1}}{B(a,b)P(N=n)}$$
$$=Kx^{n+a-1}(1-x)^{m+b-1}$$

其中 $K=\dfrac{\binom{n+m}{n}}{B(a,\ b)P(N=n)}$不依赖 x. 所以，我们得到 X 在给定 $N=n$ 条件下的条件密度服从参数为$n+a$，$m+b$ 的β 分布．这样可以得到$\dfrac{\binom{n+m}{n}}{B(a,\ b)P(N=n)}=\dfrac{1}{B(a+n,\ b+m)}$或者

$$P(N=n)=\frac{\binom{n+m}{n}b(a+n,b+m)}{B(a+b)}$$

第7章

7.1　(a) $d=\sum_{i=1}^{m}1/n(i)$

(b) $P\{X=i\}=P\{[mU]=i-1\}=P\{i-1\leqslant mU<i\}=1/m,\quad i=1,\ \cdots,\ m$

(c) $E\Big[\dfrac{m}{n(X)}\Big]=\sum_{i=1}^{m}\dfrac{m}{n(i)}P\{X=i\}=\sum_{i=1}^{m}\dfrac{m}{n(i)}\dfrac{1}{m}=d$

7.2　令

$$I_j=\begin{cases}1 & \text{若第 } j \text{ 次取出的是白球,而第 } j+1 \text{ 次取出的是黑球}\\ 0 & \text{其他}\end{cases}$$

设 X 是取出一个白球紧接着取出一个是黑球的次数，则

$$X=\sum_{j=1}^{n+m-1}I_j$$

因此，

$$E[X]=\sum_{j=1}^{n+m-1}E[I_j]=\sum_{j=1}^{n+m-1}P\{\text{第 } j \text{ 次取出白球,第 } j+1 \text{ 次取出黑球}\}$$
$$=\sum_{j=1}^{n+m-1}P\{\text{第 } j \text{ 次取出白球}\}P\{\text{第 } j+1 \text{ 次取出黑球,第 } j \text{ 次取出白球}\}$$
$$=\sum_{j=1}^{n+m-1}\frac{n}{n+m}\times\frac{m}{n+m-1}=\frac{nm}{n+m}$$

490

前面的论证中用到这样的事实：$n+m$ 个球中的任意一个球都具有相同的机会在第 j 次被取出，因此，在 j 次取出白球的条件下，第 $j+1$ 次抽出黑球的条件概率为 $m/(n+m-1)$.

7.3 将各对夫妇编上号，令 $I_j=1$ 表示第 j 对夫妇坐在同一桌，否则令 $I_j=0$. 若 X 代表坐在同一桌的夫妇的对数，则我们有

$$X=\sum_{j=1}^{10} I_j$$

因此，

$$E[X]=\sum_{j=1}^{10} E[I_j]$$

(a) 为计算 $E[I_j]$，考虑妇女 j，其余 19 人的任意 3 人组合都有相同的机会与她同桌，这种三人组合共有 $\binom{19}{3}$ 个. 这样，她与丈夫同坐一桌的概率为

$$\frac{\binom{1}{1}\binom{18}{2}}{\binom{19}{3}}=\frac{3}{19}$$

因此，$E[I_j]=3/19$，且

$$E[X]=30/19$$

(b) 这种情况下，10 个男人的任何组合都有相同的机会与妇女 j 同桌，她的丈夫在这两人组内的可能性是 2/10. 因此，

$$E[I_j]=2/10 \qquad E[X]=2$$

7.4 在例 2i 中，我们已经指出，要使所有 1 点到 6 点均出现，所需掷骰子次数的平均值为 $6(1+1/2+1/3+1/4+1/5+1/6)=14.7$. 现在令 X_i 表示在这个过程中 i 点出现的次数，由于 $\sum_{i=1}^{6} X_i$ 表示出现全部 6 个点数所需的掷骰子次数，则

$$14.7=E\left[\sum_{i=1}^{6} X_i\right]=\sum_{i=1}^{6} E[X_i]$$

由对称性，所有 $E[X_i]$对于所有 i 都是相等的. 故 $E[X_1]=14.7/6=2.45$.

7.5 若当第 j 张红牌翻过来时，我们赢 1 个单位，令 $I_j=1$；其他情况，令 $I_j=0$. 若 X 是我们赢的单位数，则

$$E[X]=E\left[\sum_{j=1}^{n} I_j\right]=\sum_{j=1}^{n} E[I_j]$$

此处 $I_j=1$，如果已经翻出黑牌的张数比 j 少(此时已翻出 j 张红牌)，由对称性，$E[I_j]=1/2$. 故 $E[X]=n/2$.

7.6 先证明：$N\leqslant n-1+I$. 若所有事件都发生，则此不等式两边相等. 若不是所有事件都发生，显然 $N\leqslant n-1$，这样该不等式成立. 现在将此不等式两边求期望，得

$$E[N]\leqslant n-1+E[I]$$

若令 I_i 为事件 A_i 的示性变量，即当 A_i 发生时 $I_i=1$，否则 $I_i=0$. 则

$$E[N]=E\left[\sum_{i=1}^{n} I_i\right]=\sum_{i=1}^{n} E[I_i]=\sum_{i=1}^{n} P(A_i)$$

但 $E[I]=P(A_1\cdots A_n)$，故结论成立.

7.7 我们想象一共有 n 个球，其中 k 个红球，$n-k$ 个白球. 随机地从这 n 个球中取出 1 个球，并在球上

标上1号，然后无放回地取出第2个球，标上2号，以此下去，直到最后一个球，将它标上n号，现在看一看这k个红球，这k个红球的号码是$\{1, 2, \cdots, n\}$的一个大小为k的子集$(i_1, \cdots, i_k)$，显然$(i_1, \cdots, i_k)$是随机子集，并且所有$\binom{n}{k}$个子集都有相同的机会被取到．这样$(i_1, \cdots, i_k)$就是$\{1, 2, \cdots, n\}$的一个简单随机抽样．另一方面，不妨设$i_1<\cdots<i_k$，其中i_1就是第一次取到红球时取球的次数，由例3e可知，它是负超几何分布，其均值为$1+\frac{n-k}{k+1}=\frac{n+1}{k+1}$.

也可用下列形式求得X的分布，其中X表示从$\{1, 2, \cdots, n\}$中随机抽取k个数中的最小数．$\{X\geqslant j\}$表示抽取的k个数都比$j-1$大．故

$$P\{X \geqslant j\} = \frac{\binom{n-j+1}{k}}{\binom{n}{k}} = \frac{\binom{n-k}{j-1}}{\binom{n}{j-1}}$$

X的分布就是超几何分布．

7.8　记X表示在桑切斯家离开以后离开机场的户数，将其余的$N-1$户人家任意编号．记$I_r=1(1\leqslant r\leqslant N-1)$，若$r$家比桑切斯家晚离开机场；$I_r=0$，若$r$家比桑切斯家早离开机场．此时，$X$与$I_r$之间有如下关系：

$$X = \sum_{r=1}^{N-1} I_r$$

两边求期望得

$$E[X] = \sum_{r=1}^{N-1} P\{r = 0\text{家在桑切斯家后离开机场}\}$$

491

现在考虑i家，设i家有k件行李，而桑切斯家有j件行李．两家一共有$k+j$件行李，这$k+j$件在行李线上排成了一个队．(当然中间还会有其他家庭的行李，但是我们关心的只是这两家的行李．这两家的行李也形成了一个次序，排成了一个队．)这两家的行李的排序决定了哪一家先离开机场，若这$k+j$件行李中排在最后的一件行李是桑切斯家的，那么，桑切斯家比i家后离开机场．否则，桑切斯家比i家早离开机场．由于这$k+j$件行李中的每一件都以相同的机会排在最后，因此i家比桑切斯家晚离开机场的概率为$k/(k+j)$．对于除了桑切斯以外的家庭，具有k件行李的户数为n_k，$k\neq j$，当$k=j$时，户数为n_j-1．这样，我们得到

$$E[X] = \sum_k \frac{kn_k}{k+j} - \frac{1}{2}$$

7.9　对于单位圆周上的一个点，它的邻域是指从这个点出发逆时针方向距离为1的那样的一段弧(这与几何上的邻域的概念有区别)．现在这一圆周上随机地取一个点，这个点在长度为x的弧上的概率为$x/2\pi$．记X表示圆周上的19个点在这个随机点的邻域上的点数．如果第j个点在这个随机点的邻域上，令$I_j=1$，其他情况，$I_j=0$．则

$$X = \sum_{j=1}^{19} I_j$$

两边取期望得

$$E[X] = \sum_{j=1}^{19} P\{\text{第}j\text{个点在随机点的邻域内}\}$$

事实上，任意一个点在这个随机点的领域内的概率都等于$1/2\pi$．这样

$$E[X] = 19/2\pi > 3$$

由 $E[X]>3$ 可知，至少有一个 X 的可能值使得 $X>3$，即至少有一个随机点，使得在这个点的邻域内有 4 个以上的点.

7.10　令 $g(x)=x^{1/2}$，则

$$g'(x)=\frac{1}{2}x^{-1/2}\qquad g''(x)=-\frac{1}{4}x^{-3/2}$$

因此，$\sqrt{X}$ 在 λ 处泰勒展开得：

$$\sqrt{X}\approx\sqrt{\lambda}+\frac{1}{2}\lambda^{-1/2}(X-\lambda)-\frac{1}{8}\lambda^{-3/2}(X-\lambda)^2$$

两边求期望得

$$E[\sqrt{X}]\approx\sqrt{\lambda}+\frac{1}{2}\lambda^{-1/2}E[X-\lambda]-\frac{1}{8}\lambda^{-3/2}E[(X-\lambda)^2]=\sqrt{\lambda}-\frac{1}{8}\lambda^{-3/2}\lambda=\sqrt{\lambda}-\frac{1}{8}\lambda^{-1/2}$$

因此，

$$\mathrm{Var}(\sqrt{X})=E[X]-(E[\sqrt{X}])^2\approx\lambda-\left(\sqrt{\lambda}-\frac{1}{8}\lambda^{-1/2}\right)^2=1/4-\frac{1}{64\lambda}\approx 1/4$$

7.11　将桌子编号，1，2，3 是 4 座位桌子，4，5，6，7 是 2 座位桌子. 如果妻子 i 与她的丈夫坐在桌子 j，令 $X_{ij}=1$，否则令 $X_{ij}=0$. 注意

$$E[X_{ij}]=\frac{\binom{2}{2}\binom{18}{2}}{\binom{20}{4}}=\frac{3}{95}\qquad j=1,2,3$$

$$E[X_{ij}]=\frac{1}{\binom{20}{2}}=\frac{1}{190}\qquad j=4,5,6,7$$

记 X 表示夫妻坐在同一桌的对数，我们有

$$E[X]=E\Big[\sum_{i=1}^{10}\sum_{j=1}^{7}X_{ij}\Big]=\sum_{i=1}^{10}\sum_{j=1}^{3}E[X_{ij}]+\sum_{i=1}^{10}\sum_{j=4}^{7}E[X_{ij}]=30\times 3/95+40\times 1/190=22/19$$

7.12　如果第 i 个人没有招聘到任何人，令 $X_i=1$，其他情况，$X_i=0$. 则

$$E[X_i]=P\{i\text{ 没有招聘到 }i+1,\cdots,n\text{ 中的任意一人}\}=\frac{i-1}{i}\frac{i}{i+1}\cdots\frac{n-2}{n-1}=\frac{i-1}{n-1}$$

因此，

492

$$E\Big[\sum_{i=1}^{n}X_i\Big]=\sum_{i=1}^{n}\frac{i-1}{n-1}=\frac{n}{2}$$

由于 X_i 为伯努利随机变量，我们有

$$\mathrm{Var}(X_i)=\frac{i-1}{n-1}\left(1-\frac{i-1}{n-1}\right)=\frac{(i-1)(n-i)}{(n-1)^2}$$

对于 $i<j$，

$$E[X_iX_j]=\frac{i-1}{i}\cdots\frac{j-2}{j-1}\frac{j-2}{j}\frac{j-1}{j+1}\cdots\frac{n-3}{n-1}=\frac{(i-1)(j-2)}{(n-1)(n-2)}$$

故

$$\mathrm{Cov}(X_i,X_j)=\frac{(i-1)(j-2)}{(n-2)(n-1)}-\frac{i-1}{n-1}\frac{j-1}{n-1}=\frac{(i-1)(j-n)}{(n-2)(n-1)^2}$$

从而

$$\mathrm{Var}\Big(\sum_{i=1}^{n}X_i\Big)=\sum_{i=1}^{n}\mathrm{Var}(X_i)+2\sum_{i=1}^{n-1}\sum_{j=i+1}^{n}\mathrm{Cov}(X_i,X_j)$$

$$= \sum_{i=1}^{n} \frac{(i-1)(n-i)}{(n-1)^2} + 2\sum_{i=1}^{n-1}\sum_{j=i+1}^{n} \frac{(i-1)(j-n)}{(n-2)(n-1)^2}$$

$$= \frac{1}{(n-1)^2}\sum_{i=1}^{n}(i-1)(n-i) - \frac{1}{(n-2)(n-1)^2}\sum_{i=1}^{n-1}(i-1)(n-i)(n-i-1)$$

7.13 如果第 i 个三人组内包含每种类型的球员，令 $X_i=1$，其他情况，$X_i=0$. 此时

$$E[X_i] = \frac{\binom{2}{1}\binom{3}{1}\binom{4}{1}}{\binom{9}{3}} = \frac{2}{7}$$

因此，对于(a)我们得到

$$E\Big[\sum_{i=1}^{3} X_i\Big] = 6/7$$

由于 X_i 为伯努利随机变量，我们得到

$$\mathrm{Var}(X_i) = (2/7)(1-2/7) = 10/49$$

对于 $i \neq j$

$$E[X_iX_j] = P\{X_i = 1, X_j = 1\} = P\{X_i = 1\}P\{X_j = 1 \mid X_i = 1\}$$

$$= \frac{\binom{2}{1}\binom{3}{1}\binom{4}{1}}{\binom{9}{3}} \times \frac{\binom{1}{1}\binom{2}{1}\binom{3}{1}}{\binom{6}{3}} = 6/70$$

因此，对于(b)我们得到

$$\mathrm{Var}\Big(\sum_{i=1}^{3} X_i\Big) = \sum_{i=1}^{3}\mathrm{Var}(X_i) + 2\sum_{i=1}^{3}\sum_{j>1}\mathrm{Cov}(X_i, X_j) = 30/49 + 2\times\binom{3}{2}\times(6/70 - 4/49) = \frac{312}{490}$$

7.14 若第 i 张牌是“A”，令 $X_i=1$，否则，$X_i=0$. 又若第 j 张牌是黑桃，令 $Y_j=1$，否则 $Y_j=0$. i，$j=1$，2…，13. 令 $A_{i,s}$，$A_{i,h}$，$A_{i,d}$，$A_{i,c}$分别为第 i 张牌是黑桃、红心、方块、梅花的事件，则

$$P\{Y_j = 1\} = \frac{1}{4}(P\{Y_j = 1 \mid A_{i,s}\} + P\{Y_j = 1 \mid A_{i,h}\} + P\{Y_j = 1 \mid A_{i,d}\} + P\{Y_j = 1 \mid A_{i,c}\})$$

根据对称性，等式右边四项相等，所以

$$P\{Y_j = 1\} = P\{Y_j = 1 \mid A_{i,s}\}$$

493

因此，X_i 与 Y_j 是相互独立的，$i \neq j$，进一步可以证明，即使 $i=j$，也是相互独立的. 利用这个事实，我们得到

$$\mathrm{Cov}(X, Y) = \mathrm{Cov}\Big(\sum_{i=1}^{13} X_i, \sum_{j=1}^{13} Y_j\Big) = \sum_{i=1}^{13}\sum_{j=1}^{13}\mathrm{Cov}(X_i, Y_j) = 0$$

但是 X 和 Y 是不独立的. 事实上，$P\{Y=13\}$表示得到一副 13 张全是黑桃的牌，显然其概率不为 0. 但是 $P\{Y=13 \mid X=4\}=0$.

7.15 (a) 当没有任何信息时，你的期望收入为 0.

(b) 当知道 $p>1/2$ 时，你应该猜正面朝上；当 $p\leqslant 1/2$ 时，应猜反面朝上.

(c) 当知道 V(硬币的 p)的值时，则你赢得的单位数的期望值为

$$\int_0^1 E[\text{赢得} \mid V = p]\mathrm{d}p = \int_0^{1/2}[1\times(1-p) - 1\times p]\mathrm{d}p + \int_{1/2}^1[1\times p - 1\times(1-p)]\mathrm{d}p = 1/2$$

7.16 首先指出列表有 m 个位置，而构造的随机变量 X 是在 m 个位置{1，2，…，m}上均匀分布的随机变量. 当 $X=i$ 时，$n(X)=n(i)$而 $n(i)$是列表上与位置 i 上的名称相同的名称的个数. 于是

$$E[m/n(X)]=\sum_{i=1}^{m}\frac{m}{n(i)}P\{X=i\}=\sum_{i=1}^{m}\frac{m}{n(i)}\times\frac{1}{m}=\sum_{i=1}^{m}\frac{1}{n(i)}=d$$

我们来解释一下上面的最后一个等式．将和号分成 d 个部分之和：

$$\sum_{i=1}^{m}\frac{1}{n(i)}=\sum_{j=1}^{d}\sum_{i\in A_j}\frac{1}{n(i)}$$

其中 A_j 表示具有相同名称的位置 i 的集合．A_j 中有 $n(i)$ 个位置，因此，

$$\sum_{i\in A_j}\frac{1}{n(i)}=n(i)\times\frac{1}{n(i)}=1$$

这样便得到 $\sum_{i=1}^{m}\frac{1}{n(i)}=d$，但是 $n(X)$ 不好计算．我们用 I 代替 $1/n(X)$．现在计算 $E[I\,|\,n(X)]$．

$$E[I\,|\,n(X)=n(i)]=P\{I=1\,|\,n(X)=n(i)\}=\frac{1}{n(i)}$$

上面最后一个等式是由于当 $n(X)=n(i)$ 时，X 可能存在 $n(i)$ 种情况，哪一种情况都是等可能的，只有 X 取其中最小值时，I 才等于 1．两边再取期望，得

$$E[I]=E[E[I\,|\,n(X)]]=E[1/n(X)]$$

这样我们得到

$$E[mI]=E[m/n(X)]=d$$

7.17　如果第 i 件物品放入某房间时发生碰撞，令 $X_i=1$；否则 $X_i=0$．这样碰撞总数为

$$X=\sum_{i=1}^{m}X_i$$

因此，

$$E[X]=\sum_{i=1}^{m}E[X_i]$$

为求 $E[X_i]$，可以利用条件期望，

$$E[X_i]=\sum_{j=1}^{n}E[X_i\,|\,\text{物品 } i \text{ 放入房间 } j]p_j=\sum_{j=1}^{n}P\{\text{物品 } i \text{ 形成碰撞}\,|\,\text{物品 } i \text{ 放入房间 } j\}p_j$$

$$=\sum_{j=1}^{n}[1-(1-p_j)^{i-1}]p_j=1-\sum_{j=1}^{n}(1-p_j)^{i-1}p_j$$

上面第二个等式是这样解释的，在物品 i 放入房间 j 的条件下，形成碰撞的意思是前面 $i-1$ 个物品中至少有一个已经放入房间 j，而它的概率刚好是 $1-(1-p_j)^{i-1}$．有了 $E[X_i]$ 的等式以后，我们得到

$$E[X]=m-\sum_{i=1}^{m}\sum_{j=1}^{n}(1-p_j)^{i-1}p_j$$

改变求和次序得

$$E[X]=m-n+\sum_{j=1}^{n}(1-p_j)^m$$

由上式可以看出，这个等式可以以更加容易的方式导出，只需对下面的恒等式求期望即可：

$$m-X=\text{非空的房间数}$$

其中 m 为物品总数，当 m 大于非空房间数时，必定有房间放入 2 个或 2 个以上的物品，那些多余的物品数就是碰撞次数．两边求期望时，求非空房间数的期望，还需要一个技巧，即将非空房间数分解成 n 个示性变量的和，而每个示性变量的期望就是某房间是否为非空房间的概率．

7.18 记 L 为第一个游程的长度，以第一个值为条件求期望可得

$$E[L] = E[L \mid 第一个值为1]\frac{n}{n+m} + E[L \mid 第一个值为0]\frac{m}{n+m}$$

现在考虑 $E[L \mid 第一个值为1]$. 此时，这个序列具有形式

1 1 0 0 1 … 10

一共有 n 个 1，m 个 0，但第一个值为 1，若将这个序列的第一个 1 去掉，这样，这个子序列成为

1 0 0 1 … 10

其中有 $n-1$ 个 1，m 个 0. 原来序列的第一个游程的长度就是这个子序列中第一个 0 的位置. 例如，在我们列出序列中的第一个游程的长度为 2(两个 1)，它就是子序列中第一个 0 的位置. 现在的问题化成将 $n-1$ 个 1，m 个 0，随机地排成一个序列，求这个序列的第一个 0 的位置的期望值，这个值刚好等于从 $n-1$ 个白球，m 个红球中，随机地一个一个往外取球，直到拿出第一个红球所需的平均次数. 利用例 3e 的结果，这个平均数等于$(n+m)/m+1$. 对于 $E[L \mid 第一个值为0]$的计算是类似的. 这样，我们得到

$$E[L] = \frac{n+m}{m+1}\frac{n}{n+m} + \frac{n+m}{n+1}\frac{m}{n+m} = \frac{n}{m+1} + \frac{m}{n+1}$$

7.19 设 X 是将两个盒子内物件拿光所需要的抛掷次数. 记 Y 为前 $n+m$ 次掷硬币所得正面朝上次数，利用条件期望的性质，

$$E[X] = \sum_{i=0}^{n+m} E[X \mid Y=i]P\{Y=i\} = \sum_{i=0}^{n+m} E[X \mid Y=i]\binom{n+m}{i}p^i(1-p)^{n+m-i}$$

现在假定在 $n+m$ 次抛掷硬币中，得到正面朝上 i 次，$i \leqslant n$. 此时，附加的次数只是出现 $n-i$ 个正面朝上所需的次数. 若 $i=n$，两个盒子中的物件已经取光，无须再做附加的抛掷硬币试验. 若 $i>n$，此时盒子 H 内的物件已经取光，在盒子 T 内还有 $i-n$ 个物件尚未取光. 附加的掷硬币次数只是出现 $i-n$ 次反面朝上所需的掷硬币次数. 这样

494

$$E[X] = \sum_{i=0}^{n} \frac{n-i}{p}\binom{n+m}{i}p^i(1-p)^{n+m-i} + \sum_{i=n+1}^{n+m} \frac{i-n}{1-p}\binom{n+m}{i}p^i(1-p)^{n+m-i}$$

7.20 利用提示中的等式，两边求期望得

$$E[X^n] = E\left[n\int_0^\infty x^{n-1}I_X(x)\mathrm{d}x\right] = n\int_0^\infty E[x^{n-1}I_X(x)]\mathrm{d}x = n\int_0^\infty x^{n-1}E[I_X(x)]\mathrm{d}x = n\int_0^\infty x^{n-1}\overline{F}(x)\mathrm{d}x$$

上述论证中积分号与期望号可交换是由于所涉及的随机变量均非负.

7.21 考虑一个随机排列 I_1，…，I_n，它取任何一个具体的排列 i_1，…，i_n 的概率都是相同的(等于 $1/n!$). 这样，

$$\begin{aligned}
E[a_{I_j}a_{I_{j+1}}] &= \sum_k E[a_{I_j}a_{I_{j+1}} \mid I_j=k]P\{I_j=k\} = \frac{1}{n}\sum_k a_k E[a_{I_{j+1}} \mid I_j=k] \\
&= \frac{1}{n}\sum_k a_k \sum_i a_i P\{I_{j+1}=i \mid I_j=k\} = \frac{1}{n(n-1)}\sum_k a_k \sum_{i\neq k} a_i \\
&= \frac{1}{n(n-1)}\sum_k a_k(-a_k) < 0
\end{aligned}$$

其中最后一个等式是由于 $\sum_{i=1}^{n} a_i = 0$，有了上述不等式，我们可得

$$E\left[\sum_{j=1}^{n-1} a_{I_j}a_{I_{j+1}}\right] < 0$$

这说明必有一个排列 i_1，…，i_n，使得

$$\sum_{j=1}^{n-1} a_{i_j} a_{i_{j+1}} < 0$$

7.22 (a) $E[X]=\lambda_1+\lambda_2$，$E[Y]=\lambda_2+\lambda_3$

(b) $\mathrm{Cov}(X,Y) = \mathrm{Cov}(X_1+X_2, X_2+X_3) = \mathrm{Cov}(X_1, X_2+X_3) + \mathrm{Cov}(X_2, X_2+X_3)$
$= \mathrm{Cov}(X_2, X_2) = \mathrm{Var}(X_2) = \lambda_2$

(c) 利用条件期望的性质，

$$\begin{aligned}
P\{X=i, Y=j\} &= \sum_k P\{X=i, Y=j \mid X_2=k\} P\{X_2=k\} \\
&= \sum_k P\{X_1=i-k, X_3=j-k \mid X_2=k\} \mathrm{e}^{-\lambda_2} \lambda_2^k / k! \\
&= \sum_k P\{X_1=i-k, X_3=j-k\} \mathrm{e}^{-\lambda_2} \lambda_2^k / k! \\
&= \sum_k P\{X_1=i-k\} P\{X_3=j-k\} \mathrm{e}^{-\lambda_2} \lambda_2^k / k! \\
&= \sum_{k=0}^{\min(i,j)} \mathrm{e}^{-\lambda_1} \frac{\lambda_1^{i-k}}{(i-k)!} \mathrm{e}^{-\lambda_3} \frac{\lambda_3^{j-k}}{(j-k)!} \mathrm{e}^{-\lambda_2} \frac{\lambda_2^k}{k!}
\end{aligned}$$

7.23

$$\begin{aligned}
\mathrm{Corr}\left(\sum_i X_i, \sum_j Y_j\right) &= \frac{\mathrm{Cov}\left(\sum_i X_i, \sum_j Y_j\right)}{\sqrt{\mathrm{Var}\left(\sum_i X_i\right) \mathrm{Var}\left(\sum_j Y_j\right)}} = \frac{\sum_i \sum_j \mathrm{Cov}\left(X_i, Y_j\right)}{\sqrt{n\sigma_x^2 n\sigma_y^2}} \\
&= \frac{\sum_i \mathrm{Cov}(X_i, Y_i) + \sum_i \sum_{j \neq i} \mathrm{Cov}(X_i, Y_j)}{n\sigma_x\sigma_y} \\
&= \frac{n\rho\sigma_x\sigma_y}{n\sigma_x\sigma_y} = \rho
\end{aligned}$$

其中倒数第二个等式是利用了 $\mathrm{Cov}(X_i, Y_i)=\rho\sigma_x\sigma_y$.

7.24 令

$$X_i = \begin{cases} 1 & \text{如果第 } i \text{ 张牌为 A} \\ 0 & \text{其他} \end{cases}$$

因为

$$X = \sum_{i=1}^{3} X_i$$

495

且 $E[X_i]=P\{X_i=1\}=1/13$(牌A是1点!). 现在用 A 表示事件"黑桃已被选中".

$$\begin{aligned}
E[X] &= E[X|A]P(A) + E[X|A^c]P(A^c) = E[X|A]\frac{3}{52} + E[X|A^c]\frac{49}{52} \\
&= E[X|A]\frac{3}{52} + \frac{49}{52}E\left[\sum_{i=1}^{3} X_i \mid A^c\right] = E[X|A]\frac{3}{52} + \frac{49}{52}\sum_{i=1}^{3} E[X_i \mid A^c] \\
&= E[X|A]\frac{3}{52} + \frac{49}{52} \times 3 \times \frac{3}{51}
\end{aligned}$$

利用 $E[X]=3/13$，可求得

$$E[X|A] = \frac{52}{3} \times \left(\frac{3}{13} - \frac{49}{52} \times \frac{3}{17}\right) = \frac{19}{17} = 1.1176$$

类似地，令 L 表示"至少有一张A被选中"，此时

$$E[X] = E[X|L]P(L) + E[X|L^c]P(L^c) = E[X|L]P(L) = E[X|L]\left(1 - \frac{48 \times 47 \times 46}{52 \times 51 \times 50}\right)$$

这样，

$$E[X|L]=\frac{3/13}{1-(48\times47\times46)/(52\times51\times50)}\approx1.0616$$

另一种解法是将4张牌A进行编号，将黑桃A编号为1，令

$$Y_i=\begin{cases}1 & 如果第 i 张 A 被选中\\ 0 & 其他\end{cases}$$

此时，

$$E[X|A]=E\Big[\sum_{i=1}^{4}Y_i\,|\,Y_1=1\Big]=1+\sum_{i=2}^{4}E[Y_i\,|\,Y_1=1]=1+3\times\frac{2}{51}=19/17$$

其中我们用到了事实：给定黑桃A被选中的条件下，其他2张牌等可能地是其余51张牌中的任意一对．所以任何一张牌(不是黑桃A)被选中时，条件概率是2/51．同样，

$$E[X|L]=E\Big[\sum_{i=1}^{4}Y_i\,|\,L\Big]=\sum_{i=1}^{4}E[Y_i\,|\,L]=4P\{Y_1=1\,|\,L\}$$

因为

$$P\{Y_1=1\,|\,L\}=P(A|L)=\frac{P(AL)}{P(L)}=\frac{P(A)}{P(L)}=\frac{3/52}{1-(48\times47\times46)/(52\times51\times50)}$$

与前面的结果完全相同．

7.25 (a) $E[I\,|\,X=x]=P\{Z<X\,|\,X=x\}=P\{Z<x\,|\,X=x\}=P\{Z<x\}=\Phi(x)$

(b) 由(a)知 $E[I\,|\,X]=\Phi(X)$，因此，

$$E[I]=E[E[I\,|\,X]]=E[\Phi(X)]$$

再由 $E[I]=P\{I=1\}=P\{Z<X\}$ 可得所需结论．

(c) 由于 $X-Z$ 为正态随机变量，均值为 μ，方差为2，所以我们有

$$P\{X>Z\}=P\{X-Z>0\}=P\left\{\frac{X-Z-\mu}{\sqrt{2}}>\frac{-\mu}{\sqrt{2}}\right\}=1-\Phi\Big(\frac{-\mu}{\sqrt{2}}\Big)=\Phi\Big(\frac{\mu}{\sqrt{2}}\Big)$$

7.26 设前 $n+m-1$ 次抛掷硬币时出现正面朝上的次数为 N．令 $M=\max(X,Y)$ 表示抛掷硬币一直到出现 n 个正面朝上和 m 个反面朝上所需的抛掷硬币次数．利用条件期望的性质，

$$E[M]=\sum_{i}E[M\,|\,N=i]P\{N=i\}=\sum_{i=0}^{n-1}E[M\,|\,N=i]P\{N=i\}+\sum_{i=n}^{n+m-1}E[M\,|\,N=i]P\{N=i\}$$

现在假定在 $n+m-1$ 次试验中一共 i 个正面朝上．若 $i<n$，此时，我们至少已经有 m 个反面朝上的硬币．为了达到既有 n 个正面朝上，又有 m 个反面朝上，我们只需进行附加试验，获取另外 $n-i$ 个正面朝上即可．而 $E[M\,|\,N=i]=n+m-1+(n-i)/p$．类似地，如果 $i\geqslant n$，此时正面朝上数已满足了要求，为了达到既有 n 个正面朝上，又有 m 个反面朝上，我们只需继续做附加试验，达到 $m-(n+m-1-i)$ 次反面朝上即可．此时，$E[M\,|\,N=i]=n+m-1+(i+1-n)/(1-p)$．这样，我们得到

$$\begin{aligned}E[M]&=\sum_{i=0}^{n-1}\Big(n+m-1+\frac{n-i}{p}\Big)P\{N=i\}+\sum_{i=n}^{n+m-1}\Big(n+m-1+\frac{i+1-n}{1-p}\Big)P\{N=i\}\\&=n+m-1+\sum_{i=0}^{n-1}\frac{n-i}{p}\binom{n+m-1}{i}p^i(1-p)^{n+m-1-i}\\&\quad+\sum_{i=n}^{n+m-1}\frac{i+1-n}{1-p}\binom{n+m-1}{i}p^i(1-p)^{n+m-1-i}\end{aligned}$$

496

这样，$E[\min(X,Y)]$ 可由下式给出：

$$E[\min(X,Y)] = E[X+Y-M] = \frac{n}{p} + \frac{m}{1-p} - E[M]$$

7.27 这是例 2i 的一种特例，从 n 种礼券中收集到 $n-1$ 种的期望收集次数，根据例 2i 的结果我们知道答案应该为

$$1 + \frac{n}{n-1} + \frac{n}{n-2} + \cdots + \frac{n}{2}$$

7.28 $q=1-p$，

$$E[X] = \sum_{i=1}^{\infty} P\{X \geqslant i\} = \sum_{i=1}^{n} P\{X \geqslant i\} = \sum_{i=1}^{n} q^{i-1} = \frac{1-q^n}{p}$$

7.29 $\text{Cov}(X,Y) = E[XY] - E[X]E[Y] = P(X=1,Y=1) - P(X=1)P(Y=1)$

因此，

$$\text{Cov}(X,Y) = 0, \Leftrightarrow P(X=1,Y=1) = P(X=1)P(Y=1)$$

又因为，

$$\text{Cov}(X,Y) = \text{Cov}(1-X,1-Y) = -\text{Cov}(1-X,Y) = -\text{Cov}(X,1-Y)$$

上述证明说明了，当 X 和 Y 都服从伯努利分布时有以下等式：

(1) $\text{Cov}(X, Y)=0$

(2) $P(X=1, Y=1)=P(X=1)P(Y=1)$

(3) $P(1-X=1, 1-Y=1)=P(1-X=1)P(1-Y=1)$

(4) $P(1-X=1, Y=1)=P(1-X=1)P(Y=1)$

(5) $P(X=1, 1-Y=1)=P(X=1)P(1-Y=1)$

7.30 标记个体，如果第 j 个人选取符合自己型号 i 的帽子，那么令 $X_{i,j}=1$，否则令 $X_{i,j}=0$. 那么选到适合自己型号帽子的人数是

$$X = \sum_{i=1}^{r} \sum_{j=1}^{n_i} X_{i,j}$$

因此，

$$E[X] = \sum_{i=1}^{r} \sum_{j=1}^{n_j} E[X_{i,j}] = \sum_{i=1}^{r} \sum_{j=1}^{n_i} \frac{h_i}{n} = \frac{1}{n} \sum_{i=1}^{r} h_i n_i$$

7.31 令 σ_x^2 和 σ_y^2 分别是 X 和 Y 的方差，两边平方，我们得到等价的不等式

$$\text{Var}(X+Y) \leqslant \sigma_x^2 + \sigma_y^2 + 2\sigma_x\sigma_y$$

已知

$$\text{Var}(X+Y) = \sigma_x^2 + \sigma_y^2 + 2\text{Cov}(X,Y)$$

结合上面的不等式，可以有以下结果：

$$\text{Corr}(X,Y) = \frac{\text{Cov}(X,Y)}{\sigma_x\sigma_y} \leqslant 1$$

这一结果是很显然的.

7.32 注意到 $X=i+R_{n+1}$，…，R_{n+m} 中小于 X 的个数．定义随机变量 I_{n+k}，如果 $R_{n+k}<X$，则定义 $I_{n+k}=1$，否则为 0. 则

$$X = i + \sum_{k=1}^{m} I_{n+k}$$

取期望得

$$E[X] = i + \sum_{k=1}^{m} E[I_{n+k}]$$

又因为

$$\begin{aligned}E[I_{n+k}] &= P(R_{n+k} < X)\\ &= P(R_{n+k} < R_1,\cdots,R_n)\text{ 中第 } i \text{ 个最小值}\\ &= P(R_{n+k}\text{ 是 } R_1,\cdots,R_n,R_{n+k}\text{ 中前 } i \text{ 个最小值中的一个})\\ &= \frac{i}{n+1}\end{aligned}$$

最后一个等式成立，是因为R_{n+k}等可能地是R_1，…，R_n，R_{n+k}中最小的，第 2 小的，……，或者第$(n+1)$小的. 所以

$$E[X] = i + m\frac{i}{n+1}$$

7.33 (a) $E[X] = \int_0^1 E[X|Y=y]\mathrm{d}y = \int_0^1 \frac{y}{2}\mathrm{d}y = 1/4$

(b) $E[XY] = \int_0^1 E[XY|Y=y]\mathrm{d}y = \int_0^1 \frac{y^2}{2}\mathrm{d}y = 1/6$，所以 $\mathrm{Cov}(X, Y)=1/6-1/8=1/24$

(c) $E[X^2] = \int_0^1 E[X^2|Y=y]\mathrm{d}y = \int_0^1 \frac{y^2}{3}\mathrm{d}y = 1/9$，所以 $\mathrm{Var}(X)=\frac{1}{9}-\frac{1}{16}=\frac{7}{144}$

(d)

$$\begin{aligned}P(X\leqslant x) &= \int_0^1 P(X\leqslant x|Y=y)\mathrm{d}y\\ &= \int_0^x P(X\leqslant x|Y=y)\mathrm{d}y + \int_x^1 P(X\leqslant x|Y=y)\mathrm{d}y\\ &= \int_0^x \mathrm{d}y + \int_x^1 \frac{x}{y}\mathrm{d}y\\ &= x - x\log(x)\end{aligned}$$

(e) 对(d)求微分得到密度 $f(x)=-\log(x)$，$0<x<1$.

第 8 章

8.1 设 X 为下一周的汽车销售量，注意到 X 取整数值，利用马尔可夫不等式可得

(a) $P\{X>18\}=P\{X\geqslant 19\}\leqslant\frac{E[X]}{19}=16/19$

(b) $P\{X>25\}=P\{X\geqslant 26\}\leqslant\frac{E[X]}{26}=16/26$

8.2 (a) $P\{10\leqslant X\leqslant 22\} = P\{|X-16|\leqslant 6\} = P\{|X-\mu|\leqslant 6\} = 1-P\{|X-\mu|>6\}\geqslant 1-9/36=3/4$

(b) $P\{X\geqslant 19\}=P\{X-16\geqslant 3\}\leqslant\frac{9}{9+9}=1/2$

在(a)中利用了切比雪夫不等式，而(b)利用了单边的切比雪夫不等式(见命题 5.1).

8.3 关于 $X-Y$，有下列结论：

$$E[X-Y]=0$$
$$\mathrm{Var}(X-Y)=\mathrm{Var}(X)+\mathrm{Var}(Y)-2\mathrm{Cov}(X,Y)=28$$

下面不等式中，(a) 利用了切比雪夫不等式，(b) 和 (c) 利用了单边切比雪夫不等式：

(a) $P\{|X-Y|>15\}\leqslant 28/225$

(b) $P\{X-Y>15\}\leqslant\frac{28}{28+225}=28/253$

(c) $P\{Y-X>15\}\leqslant\frac{28}{28+225}=28/253$

8.4　设工厂 A 的生产量为 X，工厂 B 的生产量为 Y，则

$$E[Y-X]=-2 \qquad \mathrm{Var}(Y-X)=36+9=45$$

$$P\{Y-X>0\}=P\{Y-X\geqslant 1\}=P\{Y-X+2\geqslant 3\}\leqslant \frac{45}{45+9}=45/54$$

8.5　注意到

$$E[X_i]=\int_0^1 2x^2\,\mathrm{d}x=2/3$$

利用强大数定律可得

$$r=\lim_{n\to\infty}\frac{n}{S_n}=\lim_{n\to\infty}\frac{1}{S_n/n}=\frac{1}{\lim\limits_{n\to\infty}S_n/n}=1/(2/3)=3/2$$

8.6　上题中得到 $E[X_i]=2/3$，由

$$E[X_i^2]=\int_0^1 2x^3\,\mathrm{d}x=1/2$$

我们得到 $\mathrm{Var}(X_i)=1/2-(2/3)^2=1/18$. 因此，若一共有 n 个元件，则

$$\begin{aligned}P\{S_n\geqslant 35\}&=P\{S_n\geqslant 34.5\} \qquad \text{连续性修正}\\&=P\left\{\frac{S_n-2n/3}{\sqrt{n/18}}\geqslant\frac{34.5-2n/3}{\sqrt{n/18}}\right\}\\&\approx P\left\{Z\geqslant\frac{34.5-2n/3}{\sqrt{n/18}}\right\}\end{aligned}$$

其中 Z 为标准正态随机变量. 因为

$$P\{Z>-1.284\}=P\{Z<1.284\}\approx 0.90$$

所以元件数 n 应满足

$$34.5-2n/3\approx -1.284\sqrt{n/18}$$

由计算给出 $n=55$.

8.7　设 X 是修理一台机器所用的时间，则

$$E[X]=0.2+0.3=0.5$$

利用指数随机变量的方差等于它的均值的平方，得

$$\mathrm{Var}(X)=0.2^2+0.3^2=0.13$$

现设 $X_i(i=1,2,\cdots,20)$ 为 20 台机器的修理时间，Z 为标准正态随机变量，

$$\begin{aligned}P\{X_1+\cdots+X_{20}<8\}&=P\left\{\frac{X_1+\cdots+X_{20}-10}{\sqrt{2.6}}<\frac{8-10}{\sqrt{2.6}}\right\}\\&\approx P\{Z<-1.24035\}\approx 0.1074\end{aligned}$$

8.8　首先设 X 为赌徒一次所赢的钱数(负数为输)，则

$$E[X]=-0.7-0.4+1=-0.1 \qquad E[X^2]=0.7+0.8+10=11.5$$

$$\to \mathrm{Var}(X)=11.49$$

$$\begin{aligned}P\{X_1+\cdots+X_{100}\leqslant -0.5\}&=P\left\{\frac{X_1+\cdots+X_{100}+10}{\sqrt{1149}}\leqslant\frac{-0.5+10}{\sqrt{1149}}\right\}\\&\approx P\{Z\leqslant 0.2803\}\approx 0.6104\end{aligned}$$

其中 Z 是标准正态随机变量.

8.9　利用自检习题 8.7 中的记号，

498

$$P\{X_1+\cdots+X_{20}<t\}=P\left\{\frac{X_1+\cdots+X_{20}-10}{\sqrt{2.6}}<\frac{t-10}{\sqrt{2.6}}\right\}\approx P\left\{Z<\frac{t-10}{\sqrt{2.6}}\right\}$$

因为 $P\{Z<1.645\}\approx 0.95$，所以 t 应满足

$$\frac{t-10}{\sqrt{2.6}}\approx 1.645$$

得 $t\approx 12.65$.

8.10 如果烟草公司宣布的结论是正确的，那么根据中心极限定理，尼古丁的平均含量(记为 X)近似服从均值为 2.2、标准差为 0.03 的正态分布. 因此平均含量超过 3.1 的概率为

$$P\{X>3.1\}=P\left\{\frac{X-2.2}{0.03}>\frac{3.1-2.2}{0.03}\right\}\approx P\{Z>30\}\approx 0$$

其中 Z 为标准正态随机变量.

8.11 (a) 如果我们给这些电池随机标号，并令 X_i 表示第 $i(i=1,\cdots,40)$ 个电池的寿命，那么 X_i 是独立同分布的随机变量. 为计算电池 1 的均值和方差，我们将电池的类型作为条件. 若第 1 个电池是 A 类电池，则令 $I=1$；若它是 B 类，则令 $I=0$. 那么

$$E[X_1\mid I=1]=50,\qquad E[X_1\mid I=0]=30$$

从而可以证明

$$E[X_1]=50P\{I=1\}+30P\{I=0\}=50(1/2)+30(1/2)=40$$

另外，由 $E[W^2]=(E[W])^2+\mathrm{Var}(W)$ 可得

$$E[X_1^2\mid I=1]=(50)^2+(15)^2=2725$$

$$E[X_1^2\mid I=0]=(30)^2+6^2=936$$

从而有

$$E[X_1^2]=(2725)(1/2)+(936)(1/2)=1830.5$$

因此，$X_1,\cdots,X_{40}$ 独立同分布，均值为 40，方差为 $1830.5-1600=230.5$. 对于 $S=\sum_{i=1}^{40}X_i$，我们有

$$E[S]=40\times 40=1600,\quad \mathrm{Var}(S)=40\times 230.5=9220$$

由中心极限定理得

$$P\{S>1700\}=P\left\{\frac{S-1600}{\sqrt{9220}}>\frac{1700-1600}{\sqrt{9220}}\right\}\approx P\{Z>1.041\}=1-\Phi(1.041)=0.149$$

(b) 这一部分，令 S_A 作为 A 类电池的寿命之和，同时令 S_B 作为 B 类电池的寿命之和，那么，由中心极限定理可知，S_A 近似服从均值是 $20\times 50=1000$、方差是 $20\times 225=4500$ 的正态分布，S_B 近似服从均值是 $20\times 30=600$、方差是 $20\times 36=720$ 的正态分布，由于独立正态随机变量的和仍然服从正态分布，所以 S_A+S_B 是均值为 1600、方差为 5220 的正态随机变量. 从而由 $S=S_A+S_B$.

$$P\{S>1700\}=P\left\{\frac{S-1600}{\sqrt{5220}}>\frac{1700-1600}{\sqrt{5220}}\right\}\approx P\{Z>1.384\}=1-\Phi(1.384)=0.084$$

8.12 令 N 表示志愿医生的人数. 对于固定的 $N=i$，当天看病的病人数是 i 个独立同分布的泊松随机变量的和，其公共均值为 30. 由于独立的泊松随机变量的和也是泊松随机变量，所以在 $N=i$ 给定的条件下，X 的条件分布是泊松分布，其参数为 $30i$. 因此，

$$E[X\mid N]=30N\qquad \mathrm{Var}(X\mid N)=30N$$

从而

$$E[X]=E[E[X\mid N]]=30E[N]=90$$

此外，我们还得利用全方差公式，

$$\mathrm{Var}(X)=E[\mathrm{Var}(X|N)]+\mathrm{Var}(E[X|N])=30E[N]+30^2\mathrm{Var}(N)$$

由于

$$\mathrm{Var}(N)=\frac{1}{3}(2^2+3^2+4^2)-9=2/3$$

我们得到 $\mathrm{Var}(X)=690$.

为求得 $P\{X>65\}$，我们还不能肯定 X 近似地是正态随机变量(其均值为 90，方差为 690). 但是我们有

$$P\{X>65\}=\sum_{i=2}^{4}P\{X>65|N=i\}P\{N=i\}=\frac{1}{3}\sum_{i=2}^{4}\overline{P}_i(65)$$

此处 $\overline{P}_i(65)$是泊松随机变量大于 65 的概率，而这个随机变量的均值为 $30i$，即

$$\overline{P}_i(65)=1-\sum_{j=0}^{65}\mathrm{e}^{-30i}(30i)^j/j!$$

由于均值为 $30i$ 的泊松随机变量可以看成 $30i$ 个独立的均值为 1 的泊松随机变量之和，由中心极限定理知，它们的和可以近似地看成正态随机变量，其均值和方差均为 $30i$，因此，

499

$$\overline{P}_i(65)=P\{X>65\}=P\{X\geqslant 65.5\}=P\left\{\frac{X-30i}{\sqrt{30i}}\geqslant\frac{65.5-30i}{\sqrt{30i}}\right\}\approx P\left\{Z\geqslant\frac{65.5-30i}{\sqrt{30i}}\right\}$$

其中 Z 为标准正态随机变量，X_i 为泊松随机变量，其均值为 $30i$. 经计算，

$$\overline{P}_2(65)\approx P\{Z\geqslant 0.7100\}\approx 0.2389$$

$$\overline{P}_3(65)\approx P\{Z\geqslant -2.583\}\approx 0.9951$$

$$\overline{P}_4(65)\approx P\{Z\geqslant -4.975\}\approx 1$$

最后得到

$$P\{X>65\}\approx 0.7447$$

如果我们把 X 看成正态随机变量，将会造成很大的误差，这样的近似计算的结果为 0.8244，而实际的概率为 0.7440.

8.13 取对数，并应用强大数定律，得到

$$\ln\left[\left(\prod_{i=1}^{n}X_i\right)^{1/n}\right]=\frac{1}{n}\sum_{i=1}^{n}\ln(X_i)\to E[\ln(X_i)]$$

因此，

$$\left(\prod_{i=1}^{n}X_i\right)^{1/n}\to \mathrm{e}^{E[\ln(X_i)]}$$

8.14 令 X_i 为处理第 i 本书的时间，那么 $S_n=\sum_{i=1}^{n}X_i$.

(a) Z 服从标准正态分布，

$$P\{S_{40}>420\}=P\left\{\frac{S_{40}-400}{\sqrt{40\times 9}}>\frac{420-400}{\sqrt{40\times 9}}\right\}\approx P\left\{Z>\frac{20}{\sqrt{360}}\right\}\approx 0.146$$

(b) $P\{S_{25}\leqslant 240\}=P\left\{\frac{S_{25}-250}{\sqrt{25\times 9}}\leqslant\frac{240-250}{\sqrt{25\times 9}}\right\}\approx P\left\{Z\leqslant-\frac{10}{15}\right\}\approx 0.2525$

假设逐次处理的时间互相独立.

8.15 设 $P(X=i)=1/n$，$i=1$，…，n. 且令 $f(x)=a_x$，$g(x)=b_x$. 那么 f 和 g 都是递增函数，且有 $E[f(X)g(X)]\geqslant E[f(X)]E[g(X)]$，等价于

$$\frac{1}{n}\sum_{i=1}^{n}a_ib_i \geqslant \left(\frac{1}{n}\sum_{i=1}^{n}a_i\right)\left(\frac{1}{n}\sum_{i=1}^{n}b_i\right)$$

第9章

9.1 由泊松过程定义的条件(iii)知在8到10之间发生的事件数与0到2之间发生的事件数具有相同的分布. 这个分布是泊松分布，均值为6. 对于问题(a)和(b)，其答案为

(a) $P\{N(10)-N(8)=0\}=e^{-6}$

(b) $E[N(10)-N(8)]=6$

(c) 由泊松过程的条件(ii)和(iii)知，从任何时间点开始，关于这个时间轴上的过程都是具有相同参数的泊松过程，因此，从2:00PM以后，第5个事件的发生的期望时间为$2+E[S_5]=2+5/3$，即3:40PM.

9.2 (a)
$$\begin{aligned}
P\{N(1/3)=2\,|\,N(1)=2\} &= \frac{P\{N(1/3)=2, N(1)=2\}}{P\{N(1)=2\}} \\
&= \frac{P\{N(1/3)=2, N(1)-N(1/3)=0\}}{P\{N(1)=2\}} \\
&= \frac{P\{N(1/3)=2\}P\{N(1)-N(1/3)=0\}}{P\{N(1)=2\}} \qquad \text{根据泊松过程定义条件(ii)} \\
&= \frac{P\{N(1/3)=2\}P\{N(2/3)=0\}}{P\{N(1)=2\}} \qquad \text{根据泊松过程定义条件(iii)} \\
&= \frac{e^{-\lambda/3}(\lambda/3)^2/2!\,e^{-2\lambda/3}}{e^{-\lambda}\lambda^2/2!} = 1/9
\end{aligned}$$

(b)
$$\begin{aligned}
P\{N(1/2)\geqslant 1\,|\,N(1)=2\} &= 1-P\{N(1/2)=0\,|\,N(1)=2\} \\
&= 1-\frac{P\{N(1/2)=0, N(1)=2\}}{P\{N(1)=2\}} \\
&= 1-\frac{P\{N(1/2)=0, N(1)-N(1/2)=2\}}{P\{N(1)=2\}} \\
&= 1-\frac{P\{N(1/2)=0\}P\{N(1)-N(1/2)=2\}}{P\{N(1)=2\}} \\
&= 1-\frac{P\{N(1/2)=0\}P\{N(1/2)=2\}}{P\{N(1)=2\}} \\
&= 1-\frac{e^{-\lambda/2}e^{-\lambda/2}(\lambda/2)^2/2!}{e^{-\lambda}\lambda^2/2!} \\
&= 1-1/4 = 3/4
\end{aligned}$$

9.3 在路上取一观察点，令$X_n=0$表示通过该点的第n辆车是小汽车，令$X_n=1$表示第n辆车是大卡车，$n\geqslant 1$. 现在将X_n看成一个马尔可夫链，其转移概率为 500

$$P_{0,0}=5/6 \qquad P_{0,1}=1/6 \qquad P_{1,0}=4/5 \qquad P_{1,1}=1/5$$

记π_0表示路过某点的车为小汽车的概率，π_1表示为大卡车的概率. 它们是下列方程组的解：

$$\begin{aligned}
\pi_0 &= \pi_0(5/6)+\pi_1(4/5) \\
\pi_1 &= \pi_0(1/6)+\pi_1(1/5) \\
\pi_0+\pi_1 &= 1
\end{aligned}$$

解此方程组，得

$$\pi_0 = 24/29 \qquad \pi_1 = 5/29$$

这样，在路上，$\frac{2400}{29}\%\approx 83\%$的车是小汽车.

9.4 每天的气候分类形成一个马尔可夫链，令状态0为雨天，1为晴天，2为多云，此时转移概率矩阵为

$$\boldsymbol{P}=\begin{pmatrix}0 & 1/2 & 1/2\\ 1/3 & 1/3 & 1/3\\ 1/3 & 1/3 & 1/3\end{pmatrix}$$

各种气候的长程比例应该满足

$$\pi_0=\pi_1(1/3)+\pi_2(1/3)$$
$$\pi_1=\pi_0(1/2)+\pi_1(1/3)+\pi_2(1/3)$$
$$\pi_2=\pi_0(1/2)+\pi_1(1/3)+\pi_2(1/3)$$
$$1=\pi_0+\pi_1+\pi_2$$

这组方程的解为：

$$\pi_0=1/4 \qquad \pi_1=3/8 \qquad \pi_2=3/8$$

因此，3/8为晴天，1/4为雨天.

9.5 (a) 直接计算得结果

$$H(X)/H(Y)\approx 1.06$$

(b) 首先指出，在X的取值空间内有两个值，X取这两个值的概率分别为0.35和0.05. 在Y的取值空间中也有两个值，它们取相应值的概率也是0.35和0.05. 但是，当X不取这两个值的时候，X以相同的概率取其余的三个值，而Y却不是这样的. 根据理论习题9.13的结论，$H(X)$应该大于$H(Y)$.

第10章

10.1 (a) $1=C\int_0^1 \mathrm{e}^x\mathrm{d}x \Rightarrow C=1/(\mathrm{e}-1)$

(b) $F(x)=C\int_0^x \mathrm{e}^y\mathrm{d}y=\frac{\mathrm{e}^x-1}{\mathrm{e}-1} \qquad 0\leqslant x\leqslant 1$

如果令$X=F^{-1}(U)$，则

$$U=(\mathrm{e}^X-1)/(\mathrm{e}-1)$$

或

$$X=\ln(U(\mathrm{e}-1)+1)$$

我们可以通过产生随机数U然后令$X=\ln(U(\mathrm{e}-1)+1)$模拟得到随机变量X.

10.2 利用舍取法. 取$g(x)=1$，$0<x<1$. 利用微积分知识可知，$f(x)/g(x)$在[0，1]上的极大值点$x(0<x<1)$必满足下列方程：

$$2x-6x^2+4x^3=0$$

或等价地，

$$4x^2-6x+2=(4x-2)(x-1)=0$$

$f(x)/g(x)$的最大值在$x=1/2$处取得，并且

$$C=\max f(x)/g(x)=30(1/4-2/8+1/16)=15/8$$

因此，可采用以下算法：

第1步 产生一随机数U_1.

第2步 产生一随机数U_2.

第3步 若$U_2\leqslant 16(U_1^2-2U_1^3+U_1^4)$，则令$X=U_1$，否则转向第1步.

10.3 最有效的方法是首先检验具有最大概率的值. 本题中，采用下面的算法：

第 1 步 产生一随机数 U.

第 2 步 若 $U \leqslant 0.35$，则令 $X=3$，并且停止程序.

第 3 步 若 $U \leqslant 0.65$，则令 $X=4$，并且停止程序.

第 4 步 若 $U \leqslant 0.85$，则令 $X=2$，并且停止程序.

第 5 步 $X=1$.

10.4 $2\mu - X$

10.5 (a) 产生 $2n$ 个独立同分布的指数随机变量 X_i，Y_i，$i=1$，…，n，它们的公共均值为 1，然后利用

$$\sum_{i=1}^{n} \mathrm{e}^{X_i Y_i} / n$$

作为估计量.

(b) 可以利用 XY 作为控制变量，得到估计量

$$\sum_{i=1}^{n} (\mathrm{e}^{X_i Y_i} + c X_i Y_i) / n$$

另一种方法是用 $XY + X^2 Y^2/2$ 作为控制变量，得到估计量

$$\sum_{i=1}^{n} \left(\mathrm{e}^{X_i Y_i} + c(X_i Y_i + X_i^2 Y_i^2/2 - 1/2) \right) / n$$

我们之所以用这样的控制变量，是由于 e^{xy} 展开式的前三项为 $1 + xy + x^2 y^2/2$. 501

索 引

索引中的页码为英文原书页码，与书中页边标注的页码一致.

D

E

F

G

H

I

J

K

L

M

N

S

T

U

V

W

Y

Z

推荐阅读

数理统计与数据分析（原书第3版）

作者：John A. Rice ISBN：978-7-111-33646-4 定价：85.00元

数理统计学导论（原书第7版）

作者：Robert V. Hogg，Joseph W. McKean，Allen Craig
ISBN：978-7-111-47951-2 定价：99.00元

统计模型：理论和实践（原书第2版）

作者： David A. Freedman ISBN：978-7-111-30989-5 定价：45.00元

例解回归分析（原书第5版）

作者：Sampritt Chatterjee；Ali S.Hadi ISBN：978-7-111-43156-5 定价：69.00元

线性回归分析导论（原书第5版）

作者：Douglas C.Montgomery ISBN：978-7-111-53282-8 定价：99.00元